石油知识精品文萃

1985—2025

《石油知识精品文萃》编委会 编

石油工业出版社

图书在版编目（CIP）数据

石油知识精品文萃 /《石油知识精品文萃》编委会编 . -- 北京：石油工业出版社，2025.2. --ISBN 978-7-5183-7228-7

Ⅰ . TE626-49

中国国家版本馆 CIP 数据核字第 2024J4T428 号

选题策划：李俊军　雷　平
策划编辑：李　中　崔玉波
责任编辑：白云雪
责任校对：张　磊
装帧设计：周　彦

出版发行：石油工业出版社
（北京安定门外安华里 2 区 1 号楼　100011）
网　　址：www.petropub.com
编辑部：（010）64523604　　图书营销中心：（010）64523633
经　　销：全国新华书店
印　　刷：北京中石油彩色印刷有限责任公司

2025 年 2 月第 1 版　2025 年 2 月第 1 次印刷
889×1194 毫米　开本：1/16　印张：36.75　插页：4
字数：990 千字

ISBN 978-7-5183-7228-7

定价：260.00 元
（如出现印装质量问题，我社图书营销中心负责调换）
版权所有，翻印必究

解放思想，勇于探索发展石油勘探开发新理论新技术。

康世恩
一九八五
元月七日

1985年国务委员康世恩为《石油知识》创刊题词

当好石油科普工作尖锋
贺石油知识创刊十周年
侯祥麟
一九九五.〇.廿六

1995年侯祥麟院士为《石油知识》创刊十周年题词

贺石油知识改版
播科学种子 开文明之花
王涛
二〇〇〇年十二月一日

2000年原石油工业部部长王涛为《石油知识》迁址北京后改版题词

广聚英才千论
普及石油创新篇

翟光明
二〇二五年元月

祝石油知识创刊四十周年

2025年翟光明院士为《石油知识》创刊四十周年题词

祝《石油知识》创刊四十周年

油气科普的先锋

戴金星
2025年元月

2025年戴金星院士为《石油知识》创刊四十周年题词

科学普及是利在当代
功在千秋的伟大事业！
祝《石油知识》坚持
风格保持特色越办越好！

贾承造
二〇二五年元月

2025年贾承造院士为《石油知识》创刊四十周年题词

贺石油知识创刊四十年

办好石油知识
讲好石油故事
传播石油科学
弘扬石油精神

焦方正　乙巳元．

2025年中国石油学会理事长焦方正为《石油知识》创刊四十周年题词

《石油知识精品文萃》
编委会

主　　　任：焦方正

副　主　任：李俊军　雷　平

委　　　员：（按姓氏笔画排序）

于明祥　王　涛　王大锐　王金凤　王屿涛　石道涵

田松柏　闫建文　齐树斌　关中原　李　中　李　庆

杨　桦　吴昌吉　何庆华　汪云家　余琪祥　张卫国

金　旭　金　强　金平阳　周大胜　周立宏　周抚生

周德军　庞奇伟　宗　杰　孟　伟　洪定一　宫　柯

郭永峰　秦胜飞　徐凤银　徐英俊　章卫兵　潘玉全

编辑组组长：熊　英

编辑组成员：（按姓氏笔画排序）

马德起　王　旻　王　瑞　王长会　王培玺　王鹤楠

申公晁　白云雪　刘茂诚　何丽萍　沈瞳瞳　张旭东

陈　颖　钟思源　高　堋　常泽军　崔玉波　董　檬

一张优秀的答卷

——代序

中国石油学会自1978年成立以来，十分重视科学普及工作。1983年11月7日，第一任理事长侯祥麟院士在中国石油学会第一届理事会上提出："要面向石油工人、面向社会、面向广大青少年做好石油科学普及工作，让更多的人了解石油科学技术知识，更多的人来支持和参加石油工业建设。"他还在这次会上建议中国石油学会"出一份石油方面的科普期刊，面向石油工人和全社会"。这是中国石油学会首次提出创办石油科普期刊的动议。

1984年夏，石油工业部科技司的石宝珩被选为中国石油学会科学普及教育委员会委员。在这一年的科普教育委员会会议上，他正式提出创办石油科普期刊的建议。中国石油学会理事长侯祥麟、科普教育委员会主任田在艺都表示大力支持。会议决定在辽河石油勘探局创办《石油知识》期刊，1985年1月，《石油知识》在辽河油田正式创刊，从此，我国以传播石油石化科技知识为主的科普期刊诞生了。创刊40年来，期刊几经改版升级，办刊地点发生变化，但办刊宗旨一直保持不变，那就是传播石油石化科技知识，为提高全民科学素质服务。

在这四十年里，《石油知识》发表了很多介绍科技知识、探讨创新方法、宣传科技人物和讲述石油故事的优秀文章，深受读者喜爱。戴金星、张抗等人创作的文章已经成为科普创作的经典。2025年1月，时值《石油知识》创刊40周年，编委会挑选了一部分优秀的文章，编选为《石油知识精品文萃》（以下简称为《文萃》）。这是一件有意义的事情，因为这可以让优秀文章重新参与到石油科学普及的热潮中来，又能让大家共同回顾一下办刊历程，总结经验，为将来把《石油知识》办得更好提供借鉴。

通读之后，可以总结出《文萃》具有以下特点：一是内容丰富，从地质勘探到化工新材料都有所涉猎；二是紧跟科学进步的步伐，各个时代的科技创新节点几乎都在其中；三是语言风格通俗易懂，很多文章都是科普创作的典范；四是收录了较多讲述科技创新和研发的叙事文章，史料性较强，读者可以从中回顾石油工业发展的难忘历程；五是胡见义、阎敦实、田在艺、戴金星、胡文瑞等"大师级"作品众多，为本书添光增色。总之，这是一本内容厚重、语言通俗、文体多样的文集，值得石油科学爱好者阅读。

《文萃》一书也向大家说明了一个道理，《石油知识》的办刊成果，是在党和国家相关政策方针指引下取得的成果。习近平总书记指出科技创新、科学普及是实现创新发展的两翼，要把科学普及放在与科技创新同等重要的位置。科普工作提高到了前所未有的战略高度，开创了我国科学普及的新局面，也为继续办好《石油知识》指明了方向。办好《石油知识》是当代石油石化科技工作者和科普作家的一项光荣任务。

普及石油知识是中国科普事业的重要组成部分。石油被称为"工业的血液"。石油工业是国民经济的重要支柱之一，不仅工业、农业、交通等各行各业离不开石油，每个人在生活中也与石油石化产品密不可分。目前，各种学科的科学普及创作进入了多融媒体时代，从博客微博、微信公众号再到视频号等，乱花渐欲迷人眼，不一而足。但相较而言，期刊的科普工作，站位更高、视野更广、科学性更强、文化内涵更丰富，所秉持的观点也更客观。因此，办好《石油知识》意义非凡，作用重大。

百年未有之大变局正在加速演进，世界能源格局发生了深刻变革。中国石油工业经历了大会战、战略大重组等难忘阶段，在创新创造的时代征程之中涌现出了一大批爱国报国的科技先锋，塑造了以大庆精神铁人精神等为主要内涵的石油精神。因此，讲好石油故事、弘扬石油科学、传播石油精神，是《石油知识》的责任，也是所有石油科技工作者义不容辞的义务。

1989年5月，侯祥麟理事长提出，要"把'石油知识'真正办成科普教育的园地"。侯老讲话至今言犹在耳。这本《文萃》就是向前辈专家们交出的一张汇报石油科普工作的优秀答卷。这只是过去40年优秀作品的集合，更大的责任来自于未来。相信在今后的办刊工作中，还会有新的《文萃》不断出版。因为中国石油工业在不断向前发展，中国石油科技创新永不止步，中国石油人的创业精神永在闪光。

是为序。

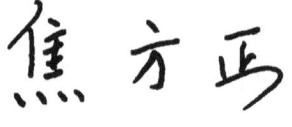

2025年元月

目 录

勘探开发

世界上开发最早的大气田	王奎达（3）
八十年代油气勘探新领域	胡见义（5）
谈大力发展天然气工业问题	阎敦实（9）
板块构造与石油	姚慧君（11）
浅谈盆地	张 抗（14）
石油在地下像大湖大海一样吗？	杜博民（17）
化石油之丛生物礁 蕴藏油气真富饶	戴金星（19）
裂谷盆地与油气分布	王同和（22）
化石能源的形成与演化	张 抗（24）
石油怎样采出来	程云山（26）
撒哈拉沙漠的石油勘探	王大锐（28）
陕甘宁盆地的油气勘探与开发	张伯荣（30）
四川天然气的成长之路	曾道富（32）
油气勘探与开发是一门综合性工程	田在艺（35）
滇西程海气苗调查记	戴金星（37）
板块构造与油气资源	童崇光（39）
黑油山——油苗博物馆	戴金星 王霞川（41）
三次现场采气样纪实	戴金星（43）
石油来自地球的深处	
——一种新的石油成因学说	李维安（45）
对我国进一步勘探油气的建议	田在艺（47）
"齐波夫规律"与油气资源勘测	魏新善（50）
五大连池天然气探源	戴金星（51）
"世界屋脊"的油气资源	朱起煌（55）
话说地洼学说与油气勘探	潘景为（57）
旋回地层学与油气	魏新善（58）
天涯何处无"石油"	王辉平（60）

I

古石油与油气……………………………………………………李钟模（62）
陕甘宁盆地古生界天然气勘探回顾………………………………金衍泰（65）
等深岩丘，一个潜在的油气勘探新领域…………………………何幼斌（68）
柴达木盆地石油勘探第一年………………………………………葛泰生（70）
仅凭地质理论发现了鸭儿峡油田…………………………………李兴国（75）
有关石油成因的概念………………………………………………陈文森（76）
从蚊子说到石油钻井………………………………………………陈　国（78）
陆相石油与生油理论………………………………………………何志高（80）
准噶尔盆地南部油气勘探今昔的启示……………………吴华元　张超生（83）
独山子油田的发现……………………………罗治形　许长福　陈　鹏（86）
造山运动与油气勘探………………………………………………支家生（88）
沉积岩——石油娃娃的摇篮………………………………………肖　博（89）
冲破思想的牢笼
　　——回顾"陆相生油"的诞生…………………………………田　雨（92）
准噶尔盆地南缘泥火山与油气苗…………………………………余琪祥（94）
盘点全球八大奇特油气藏…………………………………………王苏涵（97）
从"夺命杀手"到战略资源
　　——煤层气产业大解密………………………………孟　伟　王力兵（100）
11枚"金钉子"……………………………………………………余琪祥（103）
话说油气钻井………………………………………………………苏义脑（106）
关于煤层气开发的问答……………………………………………王　濮（109）
地球深部的期待……………………………………………………郑秀娟（114）
深部煤层气助力产业发展进入新阶段……………………………徐凤银（117）
人类世　正在改变地球的新时代…………………………………高　堋（120）
氦气是如何发现的…………………………………………………秦胜飞（122）
甲子大庆的古龙新传………………………………………………刘　合（124）
乌山顶泥火山………………………………………………………戴金星（127）

炼化世界

炼油工业中的热加工技术…………………………………………卢仁严（131）
来自石油五彩缤纷的塑料世界……………………………………阎振乾（133）
碳纤维的新品种……………………………………………………宋育贤（135）
用于催化裂化的催化剂……………………………………………陈祖庇（138）

炼油生产的一个重要工艺——油品调合	吴宏禄（141）
汽油，从废弃物到宠儿	陈宝林（143）
凝固汽油闲说	王　英（144）
塑料家族的新成员——导电塑料	郑　伟（146）
漫说油品的老化	何品昌（147）
人造器官与医用合成高分子材料	温书棠（149）
色彩纷呈的合成纤维	倪峭丹（151）
浅谈高分子功能涂料	温树棠（154）
尼龙趣谈	杨克训（156）
未来汽车和你吃同样的油	李钟模（158）
汽油清洁化历程漫谈	韩德奇（160）
塑料传奇	杨克训（162）
油品知识漫谈——汽油篇	董仕宝　胡利明（164）
油品知识漫谈——柴油篇	胡利明　董仕宝（167）
科技点亮蜡烛——蜡烛用蜡	韩德奇（170）
油品知识漫谈——喷气燃料篇	董仕宝　胡利明（172）
城市家用燃气：选择管道气还是瓶装气	王　勇　杨印臣（176）
石油的替代品——生物燃油	高　峰（178）
空中加油——液体燃料的高难度输送	董仕宝　胡利明（179）
天然气与我们的衣食住行	林燕红　于　静（183）
一场由白油护肤惹起的风波	吴建卿（185）
如何给你的爱车加油	高　峰（187）
割舍不下的"塑料"生活	瑞　健（189）
可以救命的"面子" 　　——漫谈防弹衣面料的变迁	瑞　健（192）
石油是如何走上餐桌的？	孟　迪（195）
美军战时航母编队油料是从哪儿来的？	魏岳江（197）
二氧化碳真能变汽油？	王巧然（199）
为什么防爆手机在加油站也不能用？	张　竹（201）
天然气比汽油便宜，为啥烧气的车却越来越少？	王　伟（202）
说说你的"耗油量"	激　扬（204）
高效环保芳烃成套技术研发始末	崔玉波（206）
碳纤维加持的"塑料地铁"	崔玉波（210）

| 膜结构中的建筑"膜法" | 崔玉波（213） |
| 雪花膏、口红和女人之美 | 王　旻（216） |

油气储运

形形色色的油气库	徐晓斌（221）
新中国第一条长输管道与西北油气管道	李玉屏（222）
一波三折的中俄石油管道	阿　彬（224）
探源世界上第一座加油站	王保群　林燕红（226）
我的神秘之旅——石油的自述	王彩凤（227）
长输油气管道十大穿跨越方式	王保群（229）
战略石油储备方式大解密	孟　伟（232）
千里气龙　造福中俄	关中原（235）

技术装备

我国石油测井技术	谭廷栋（241）
喷射钻井技术的发展	李丕训（243）
我国宋代钻凿工艺的重大革新——卓筒井	李仲钧（246）
开采石油为何要注水	
——以大庆为例	蔡守诚（248）
超深井——研究地球结构的窗口	郭公喜（250）
原子能与石油开采	罗付绪（252）
油气勘探的指示灯——碘	张荫本（253）
种类繁多的抽油杆	林成德　周元敬（255）
激光——石油工业的"希望之光"	周有恒（257）
人类钻井的发展过程	陈山俊（258）
压裂——刺向油气层的神剑	夏步梅（261）
核技术——油田开发的有力武器	孙汉城（263）
遥感技术在油气勘探中的兴起	刘东海　邱晓红（265）
奇怪的"孪生兄弟"	李大荣（267）
金刚石与油气结缘	张子枢（269）
画龙点睛的岩石镜下素描图	张荫本（271）
核弹用于油田为期并不遥远	郑玉龙（273）
漫话细菌采油	倪峭丹（275）

话说钻头长慧眼	罗景琪（277）
牙轮钻头发展小史	申守庆（278）
进入地宫的敲门砖——油井测试	张子枢（280）
固井：油气井的护身甲	牟 枢（281）
引"龙"出"洞"的压裂术	勤 耕（282）
环保使者——加氢技术的自我介绍	韩德奇（283）
纳米技术与石油勘探开发	李大荣（285）
漫谈炼厂的"老黄牛"	韩德奇（287）
流态化催化裂化的发明	闵恩泽（290）
铂重整的发明	闵恩泽（292）
钻具是如何炼成的	孟 伟（294）
核能压裂：一段悄无声息的历史	白小明 王 月（297）
水平井技术发展的历程	安 飞（300）

绿 色 话 题

绿色石油大有可为	胥尚湘（305）
埃克森·瓦尔迪兹号事件	王才良（307）
地沟油到底是上桌还是"上天"？	高 峰（310）
陆地和海洋两大碳汇主力军	张梦媛 赵宇峰 刘文彬 张 杰（312）
未来油气开发可以减碳？	
——揭开CCUS的面纱	高 堋（315）
"工业森林"CCUS	李 中 章卫兵 王 瑞（318）
绿氢：能源的未来在这里	董 功 赵冰婷 柳忠学（321）
碳循环：地球上最广大的循环	王大锐（324）
华北老探区地热资源与油气勘探协同利用	杨洁媛（327）

产油国与石油组织

人类征服海洋的典范——北海油田	王大锐（331）
昙花一现的油城	
——加拿大早期石油工业一瞥	刘会庚（333）
北海大油气区发现始末	涂 敏（335）
马塞勒斯页岩区——美国页岩气生产的骄傲	金 文（338）
二十世纪中叶苏联的石油工业	宫 柯（340）

沙特阿拉伯加瓦尔宇宙级大油田
　　——背斜地质理论的巅峰之作、沙漠土豪财富的经典标志、国际地缘政治的革命
　　……………………………………………………………………… 章卫兵（342）

百　　科

天然气中的氦………………………………………………………… 张子枢（349）
明清两代有关天然气的科学著作与文学作品………………………… 陈　实（351）
灾变与石油…………………………………………………………… 张　敏（353）
石油的"特异功能"…………………………………………………… 张继武（356）
色素与石油…………………………………………………………… 侯读杰（359）
两幅石油古画………………………………………………………… 张　抗（361）
是祸水，还是圣火
　　——甲烷水合物发现的前前后后……………………… 冯明章　魏传娟（363）
"海洋钻井平台"专利谈趣…………………………………………… 陈楫国（366）
不可小觑的甲烷……………………………………………………… 何品昌（368）
石油、太阳能及其他………………………………………………… 何品昌（370）
我国各大油田是如何命名的………………………………………… 吴　名（372）
深冷到底有多冷……………………………………………………… 娄舒洁（375）
氦气到底有什么用？……………………………………… 秦胜飞　李济远（377）
神奇的氦-3 ……………………………………… 秦胜飞　东归霖　周俊林（380）

石　油　史　话

从泽中有火到赤壁之战……………………………………………… 程希荣（385）
石油古今异名考……………………………………………………… 仲岩春（387）
关于国外石油名称的转变…………………………………………… 程希荣（389）
古人对石油性质的认识与利用……………………………………… 李仲钧（391）
外国油品在中国的倾销……………………………………………… 李仲钧（393）
石油工人迎红军……………………………………………………… 王保国（396）
抗战时期我国的石油工业…………………………………………… 夏步海（398）
中国近代石油史从何时起？
　　——同张文昭同志商榷…………………………………………… 石宝珩（400）
日本对中国石油的掠夺……………………………………………… 王仰之（402）
石油与现代战争……………………………………………………… 张毓富（404）

| 我国采气工艺史上的一口关键井——陵州盐井 | 陈　实（407） |

| 临邛火井与鸿门火井 | 林　甫（409） |

关于新疆石油的最早记载
　　——与王连芳同志商榷　　　　　　　　　　　　石宝珩　李仲钧（411）

"战略东移"找油决策的提出　　　　　　　　　　　　　　　　王仰之（412）

古油井考　　　　　　　　　　　　　　　　　　　　　　　　　程希荣（415）

"干酪根"一词的来历及对石油地质的贡献　　　　　　　　　　苟玉森（417）

《梦溪笔谈》中所论述的石油和地质问题　　　　　　　　　　　潘景为（418）

台湾的石油勘探开发与现阶段的油气供应　　　　　　　　　　　王树芝（420）

"红线协定"与古尔本基安　　　　　　　　　　　　王才良　周　珊（422）

资源委员会的陕北探油　　　　　　　　　　　　　　　　　　　李玉屏（425）

海上石油平台转换角色
　　——介绍用于航天发射的"希隆奇"国际合作计划　　　　　　周有恒（427）

回忆毛主席视察隆昌气矿　　　　　　　　　　　　　　　　　　刘学如（429）

科索沃战争与石油　　　　　　　　　　　王　丰　侯朝利　盛富林（431）

辽河找油峥嵘岁月　　　　　　　　　　　　　　　　　　　　　陈专初（432）

现代战争的发轫与石油　　　　　　　　　　　　　　　　　　　解晓燕（435）

不可忽视的油砂矿资源
　　——关于阜新盆地油砂炼油试验的回忆　　　　　　　　　　胡朝元（438）

新疆与苏联合作开发独山子油矿始末　　　　罗治形　董海海　罗　刚（440）

BP墨西哥湾"深水地平线"爆炸漏油三宗罪　　　　　　　　　　宋玉春（443）

大庆最早的石油科普馆——"地宫"　　　　　　　　　　　　　宫　柯（446）

仿照苏联模式创建北京石油学院　　　　　　　　　　　　　　　宫　柯（449）

苏联专家为玉门和克拉玛依油田编制开发方案　　　　　　　　　宫　柯（451）

大庆成就展第一次就办到了北京！　　　　　　　　　　　　　　张　彬（454）

周恩来总理哪年宣布过"我国石油基本实现自给"　　　　　　　许俊德（455）

中国海上第一井——海1井　　　　　　　　　　　　　　　　　闫建文（457）

二战时美英盟军在英吉利海峡秘密铺设燃油管道始末　　　　　　郭永峰（460）

"诺曼底"战役前美国神秘的"跨大陆"燃油管线　　　　　　　郭永峰（462）

大庆油田照片泄密说因何而起？　　　　　　　　　　　　　　　宫　柯（464）

古近代石油的用途　　　　　　　　　　　　　　　　　　　　　马新福（466）

两次中东"阿以"战争背后的油田争夺　　　　　　　　　　　　沙　峰（471）

欧美军舰从燃煤到燃油的转型之路　　　　　　　　　　　　　　沙　峰（474）

我国曾经历军用油危机	高梁红（477）
中国古代钻井工具的"西传"之谜	郭永峰（479）
彩南油田更出彩	
——准噶尔盆地典型油气田发现背后的故事之五	王屿涛（481）
海洋石油钻井早期的三大探索 王一端 岳渤峥	魏颂河（484）

石 油 人 物

我国石油工业的奠基人——翁文波	潘云唐（489）
孙越崎对我国石油工业的贡献	潘云唐（492）
刘铭传与台湾石油	王仰之（495）
诺贝尔兄弟——沙俄的石油大王	周 珊（496）
我国早期的石油专家——严爽	张叔岩（498）
翁文灏的陆相生油说	张叔岩（501）
侯祥麟与我国炼油工艺技术的"五朵金花"	王志明（503）
坚实的足迹	
——记中国工程院院士胡永康	郑 伟（506）
洛克菲勒和他的"美孚"	石 清（508）
攀登，未有穷期	
——记著名催化专家闵恩泽院士	陈贵信（511）
皇家荷兰石油公司及总经理	石 清（515）
受诲于李四光的著名石油地质学家——康玉柱	陈伟立（518）
成也石油？败也石油？	
——伊朗国王巴列维命运	解晓燕（521）
丘吉尔与石油	解晓燕（523）
怀念石宝珩先生	谈 谈（526）
为准噶尔盆地勘探把脉的安德列依柯	
——援华石油专家略记之四	宫 柯（529）
两个代县人与新中国的石油事业	张卫平（532）
中国测井第一人与测井诞生日	子 长（536）
美国"页岩气革命"中的"三个火枪手"	
——技术狂、冒险家和商业奇才的淘金之旅	章卫兵（538）
陈俊武留下了一束康乃馨	谈 谈（545）
为女基井"输血"的罗平亚	谈 谈（546）

课堂笔记

重新发现新能源？ ………………………………………… 胡文瑞　崔玉波（549）

中国要迎来页岩革命？ ……………………………………… 金之钧　崔玉波（552）

氢能的能与不能 ……………………………………………… 张玉卓　崔玉波（555）

中国陆相页岩油革命 ……………………………… 赵文智　王大锐　赵　霞（558）

郭尚平院士谈微观渗流 ……………………………………… 郭尚平　崔玉波（561）

听孙金声院士讲"地下珠峰"如何开采出油气宝藏 ………… 孙金声　崔玉波（565）

听李宁院士揭秘特深地球物理测井 ………………………… 李　宁　王大锐（568）

听刘合院士揭秘大庆古龙页岩油 …………………… 刘　合　白云雪　唐大麟（571）

后记 ……………………………………………………………………………（575）

勘探开发

世界上开发最早的大气田

王奎达

我国古代劳动人民在发现、开采和利用石油及天然气的历史上,曾经创造过辉煌的成就。但是,自从鸦片战争以后,中国的近代石油天然气工业,同半封建半殖民地的国家一样,陷入了极其艰难困苦的境遇。然而,当我们沿着历史的长河,追溯到一百多年以前,寻觅祖国石油天然气工业在近代史期的发祥时,令人欣慰的是四川省富顺县自流井大气田的开发,繁盛的手工业采气工场,犹如灿烂的明珠,瞩目于世。

我国四川省富顺县自流井区的大气田,是世界上发现和开发最早的大气田,早在一千多年前,这里就发现了"火井"。所谓"火井",是当时劳动人民在开凿盐卤井,汲取盐卤水用来熬制食盐时,对有的井筒冒出了天然气,遇到明火发生爆炸燃烧现象的一种称呼。经过长期实践,人们认识了天然气的使用价值,便把天然气引入盐灶,用来煮卤熬盐。

从凿井汲卤发现"火井",到引用天然气为熬盐的燃料,人们逐渐把制盐业与采气业联系起来了。于是,凿井找卤,凿井采气,变成了共同目标,推动着凿井工具和凿井技术不断向前发展。在1041—1053年间,自流井区的凿井技术产生了一个新的突变。人们用竹木为主要材料,成功地制造了钻井机械,钻成了小口径深井。为有别于人工挖掘的大口径井,称它为"卓筒井"。在这以前,凿井靠人使用简单的工具在井底掘进,不仅口径大,耗工多,速度慢,而且深度受到局限。

钻井工具和钻井技术的进步,为自流井大气田的开发创造了条件。清嘉庆二十年,即1815年前后,人们在自流井区已经钻凿出了一批800多米深的深井。这些井已经钻到了自流井大气田构造的顶部,钻穿了嘉陵江石灰岩地层。其中有的井开采出了黑色的盐卤水,人们叫作"黑卤"。也有的井是盐卤水与天然气并出,则卤气同采。到清道光初年,即1821年,人们为开采天然气而钻凿的气井获得成功,从而开始了自流井大气田的正式开发。因此,1821年是值得铭记的一年。在这以前,使用天然气熬盐的盐灶只占十分之一,成功地钻出了天然气开发井之后,以天然气作燃料熬制食盐,有了普遍应用。尤其是在1846年前后,钻井深度又有了新的突破。钻井的工匠们使用竹木钻机,在自流井构造顶部,打成了一千多米的深井,穿透了三叠系嘉陵江组石灰岩主气层。由于当时没有防喷工具和钻高压气井的经验,打开一百多个大气压的高压气层后,发生了强烈的井喷着火事故。史书曾记载说,气冲地裂,石崩打火,引爆了气井,火舌高几十丈,像一座火山一样,在附近几里[1]之内燃成一片。这就

---

[1] 1里=500米。

是当地众所周知的"磨子井",也称为"自贡古今第一大火井——火井王"。据推算这口井的日产气量可能在五万立方米以上。总结"磨子井"井喷着火的教训,工匠们琢磨出了控制井喷的方法,提高钻井技术,接连钻凿了名为"火工、火连、皂角、海顺"等十余口高产气井。其中海顺井的天然气产量,可以同时烧盐灶七百多座,估计日产气量7万立方米以上。这些天然气井打成以后,为周围的盐灶提供了充足的燃料,相比之下已感到盐卤水的不足,所以这里一度出现"火贱水贵"的局面。

清同治年间(1862—1875年),正是自流井大气田的采气业的兴旺时期。不仅钻井技术已达到足以开发嘉陵江组石灰岩主气层的水平,同时对井口控制、计量和输送的主要技术问题也相应解决了。天然气井完钻以后,用一个木桶扣到井口上,经过加固封闭后,周围装上竹筒,由地下穿过向外引出天然气。人们把这种简单的井口装置,叫作"康盆"。为计量天然气的产量,人们在水平的出气管上,装上一排直立的小竹管,然后逐个点燃,根据火焰高低与被点燃的竹管的根数,推算出天然气的产量。其计算的准确程度是相当高的,与后来的考证者用近代方法测得的结果相差无几。输气问题的解决在公元1875年前后,一位福建籍的技师,名字叫林启公,他来到自流井大气田以后,用当地盛产的竹子和圆木作材料,破成两半后打通中间的竹节或挖掉圆木的心部,再重新合起来用麻布绕紧,涂抹一层桐油,经过晒干用作输气管线。竹木管线的成功制造和使用,为天然气的远距离输送提供了条件。天然气不仅只在气井附近使用,而且可以为远处的盐灶提供燃料,使天然气的销路为之大开,进一步推动了气田的开发。当时在自流井区周围的一、二十里内,已经建起了庞大的天然气输气网,主干线就有十二条之多,绵亘交织,穿山越涧,总长达二、三百里,气势相当雄伟。仅从事制作管线和输送天然气的工匠和工人就有1万多人,整个大气田竟有十余万工匠和力工投入开发工作,天然气的年产量至少有7200万立方米。

由于开发天然气主要是用作熬盐的燃料,因此经营天然气开发的也多是盐商和乡绅,他们集采气与制盐为一体,建立起了许多规模盛大的天然气开发和汲卤熬盐的手工业工场。工场的生产方式具有一定的资本主义萌芽,规模庞大,分工管理都比较明确。

清政府一向把明末的开发矿业,看作是弊害。所以清朝开国伊始便实行了禁矿政策,即各省矿山除盐铁以外,已开者封闭,未开者恒禁。由于盐的开采不在封禁之例,天然气的开发有助于制盐业的发展,因此在自流井区这种特殊的条件下,使大气田的开发利用,走在世界各国的前面,成为世界上开发得最早的大气田。它代表着我国人民的勤劳和智慧,为我国的近代工业史写下了光辉的一页。

(1985年创刊号)

八十年代油气勘探新领域

胡见义

（石油工业部石油勘探开发科学研究院）

随着对油气需求的急剧增长，世界各国大力加强油气普查，找油气领域日益扩大，从陆地发展到海洋和深海，从地理条件较好地区进入沙漠和极地，从地质结构相对简单扩展到复杂地区，从简单的构造型油气藏到勘探非背斜油气藏或非常规油气藏。归纳起来，有八个方面：

（1）油气深层勘探。随着勘探技术的发展和地质、地球化学、地球物理理论的研究深入，同时中浅层（4000米以内）油气的大量发现，深层油气勘探逐步发展起来，已有100个国家钻探超过4000米井深，其中有47个国家钻探深度超过5000米，最深的探井是苏联科拉半岛的超深井，已达12千米，最深的气藏是美国西部盆地贾伊费尔德气田，深达8088米，最深的油气藏是美国墨西哥湾别伊克别尔油田，深达6530米。根据A·H奏拉坨夫等，全世界4000米以下已证实1000余个油气藏，其中年青地台区有478个油气藏，石油储量28亿吨，天然气储量1.4万亿立方米；古老地台区有400余个油气藏，石油储量0.5亿吨，天然气储量3.6万亿立方米，其余小部分分布在地槽区盆地。深层储量目前占总储量仍然微不足道。

野外勘探

深层油气的发生、聚集与保存的许多重大理论问题正在探索，并取得了不少进展。不少地区深层（包括年青地台和古老地台）在4000～9000米深处有机物和有机物沥青化是存在的；决定烃类相态温度界限的地质因素很复杂，但根据实际资料和烃类同位素的研究，在古老地台液态烃在古温度150℃时仍可存在，相当4000～5000米深度，天然气存在温度界限可达到250℃，相当6000～9000米；地层异常高压的存在可以保存油气在较大的深度，特别是在含盐岩盆地。深层油气的研究规模与程度都越来越大，许多科学家对深层油气的发现将是今后油气储量增长的一个重要方向深信不疑。

（2）非背斜油气藏包括地层、岩性圈闭的油气藏，是勘探程度较高地区油气储量和产量持续增长的重要领域之一。据不完全统计，非背斜油气藏的储量一般占世界油气总储量10%以上，勘探程度较高的美国，非背斜油气藏储量已占33%，且还有上升的趋势。世界上高成熟勘探区，如美国俄克拉荷马州和苏联的乌拉尔—伏尔加油气区，非构造油气藏数量远远超过构造油气藏数量，其数量比值约为3.5∶1，其规模以中小型油气田为主，也能形成大型油气田。随着勘探度的提高，非构造油气藏在油气储量和产量增长中会起重要作用。为此，非构造油气藏的研究和勘探越来越引起全世界石油地质学家的重视。近年来美国和苏联都分别召开专业学术会议，专门讨论这方面问题，并出版专著和论文集，十分重视非构造油气藏形成及其勘探方法的研究，主要是加强盆地沉积相、储集岩体类型和地震地层学研究。我国在非构造油气藏研究和勘探方面也取得一定成果，在分析研究湖盆沉积特征、储集岩体类型和地层不整合等因素基础上，总结了陆相盆地非构造油气藏类型、成因和分布规律，还建立不同类型盆地非构造油气藏分布模式。

（3）逆掩断层带勘探领域。从20世纪70年代后半期以来，美国落基山逆掩断层带成为美国陆上找油的重点地区之一，逆掩断层带南北长约110千米，宽30多千米。1974年发现了第一个油田——盘维油田，至1981年底共找到19个油气田，探明石油可采储量1.3亿吨，天然气储量2750亿立方米。盘维油田是本带最大油气田，油田面积64平方千米，油气层厚度200米，石油可采储量1200万吨，天然气储量1076亿立方米。

美国落基山逆掩断层带勘探的成功，扩大了油气勘探视野，目前，美国已在落基山逆掩断层带的北段和南段，以及东部阿巴拉契亚逆掩断层带开展勘探工作。加拿大阿尔伯塔盆地西缘的落基山逆掩断层带也是一个勘探的重点地区。在我国西部也有一系列逆掩断层带，已发现了不少油气田。正在引起我国石油地质工作者的高度重视。

（4）沥青、稠油资源勘探。据估计，世界上已知沥青、稠油地质储量有3000多亿吨，一般都含有多种贵重的稀有元素：Zn、Ag、Hg、Sn、Mo、Co、Cd、V、Ni等，在世界燃料能源结构中约占10%，其中加拿大、委内瑞拉、美国和苏联拥有较多沥青稠油资源，已发现若干沥青稠油大型油田，如加拿大著名阿萨巴斯卡沥青砂矿，石油地质储量1500亿吨，原油相对密度大于0.98，黏度大于1万毫帕·秒（地层条件下）。又如委内瑞拉奥林诺克沥青带，长600千米，宽90千米，分布面积2万平方千米，地质储量1600亿吨，约为委内瑞拉全国剩余可采储量18.5倍，产自古近—新近系奥林诺克砂岩，埋深180~2100米。美国已知550个沥青稠油油田，总储量25亿~37.5亿吨。近年来，稠油开采已引起广泛重视，主要采用注热蒸汽、热汽浸（单井吞吐）、干烧和湿烧等方式开采。我国松辽、辽河、济阳和新疆等地稠油资源较为丰富，是一个不可忽视的勘探领域。

（5）海洋勘探继续深入发展。全球海洋油气资源的整体分布研究正在进一步深化，虽然目前海洋石油储量只占全世界石油总储量的26%，天然气只占23%，但是随着地质理论和勘探技术的发展，海洋油气资源将占越来越重要的地位，一些专家预计将发现的油气资源中，海洋将占主要地位。从以陆上油气区向海上延伸为主勘探和开采而进入到独立的大型海中盆地的勘探阶段（如北海盆地和西班牙巴伦西亚湾油气区的勘探与开采）；从海洋浅水部位逐步进入到深水（300米以下）部位勘探和开采，美国海域已在水深2110米进行钻探。

世界具有找油远景位于海域的盆地面积，可达2639万平方千米，其中中国80万平方千米，日本50万平方千米，南亚—东南亚500万平方千米，澳大利亚—新西兰218万平方千米，美国164万平方千米，南美洲300万平方千米，苏联490万平方千米，非洲—马达加斯加150万平方千米。

海洋油气勘探有如下三个特点值得注意：

① 海洋油气资源研究及评价已更好地重视海域的深水部分（200~300米水深以下），浅海的油气勘探一般情况下是陆地油气区勘探的继续和海洋拟探的过渡，随着深海勘探技术的发展和对海洋油气分布的认识加深，特别是北海数探的重大成果，向深水部分勘探油气有了较大的发展。1975年在南大西洋加蓬海域钻探水深达760米，1982年在法国海钻探水深1850米，1983年在美国加里尼亚海域水

深达 2000 米以上。

② 北极圈内北冰洋海域油气勘探有关国家争先进行。很多专家预计这一区域将是世界待发现油气资源最富集的地区，将占世界待发现油气资源的一半。苏联从西西伯利亚和俄罗斯地台别朝尔地区向北在科拉海和巴伦支海推进勘探，很多油气田位于陆海交界地区，已发现一些大的气田、气油田，亚马尔半岛海域也在进行勘探。美国阿拉斯加波费特海勘探区，1982 年已开始钻探，白令海峡诺顿地区也开始钻探。加拿大在北极斯沃德鲁梯群岛海区盆地集中若干钻井装置钻探海域，已钻 20 余口，见到了油气。挪威也开始在北极海域进行勘探工作，并已钻了 14 口探井，发现了天然气。

③ 越来越多的国家，特别是第三世界国家进行海上勘探和开采，取得很大进展。印度在大陆东西海域普遍进行油气勘探，近几年经常有近 20 座钻井装置进行工作。孟买湾油气勘探开发在印度占有重要地位，是印度克拉通向海的延伸部分，主要目的层为古近—新近系，已钻探了 46 个构造，其中 22 个具有油气，证实的石油地质储量 25 亿吨，占印度石油地质储量一半以上。1983 年在该海域钻探已有新的发现。在东海岸马哈纳迪盆地经钻探尚无结果。印度海上勘探已制定一个长远勘探规划，在印度西北苏拉特海域开始进行地震测量，并已开始钻探。

东南亚缅甸、印尼、泰国、马来西亚和菲律宾都积极地扩大海上的勘探。印尼通过海上勘探已发现了一系列油田，预计在 5 年内开发海上油田，增加石油产量约 1500 万吨，印尼 1987 年石油产量总计将达 8360 万吨；马来西亚海域已累计发现 40 多个油田，已投产 20 余个，储量近 4 亿吨。菲律宾虽遭到一系列挫折仍继续钻探，在巴拉望岛海域加络克日产获得天然气近 30 万立方米和凝析油 1200 桶。缅甸在莫塔马湾海域中新统石灰岩和砂岩中 3 口探井均获得高产天然气和轻质油（井深 2000 余米），天然气最高日产量达 200 万立方米以上。

西非海域加蓬、象牙海岸、刚果、卡宾达、尼日利亚等勘探也很活跃，特别是刚果发现了帕兰加大油田，象牙海岸发现了高产油田，并在埃斯帕尔油田正式开采。

南美洲巴西海域又陆续发现一系列油田，预计 1985 年石油日产量可达 6.5 万～7 万吨。澳大利亚西北岸外海域北斯哥得获得高产气流，日产达 100 万立方米。

波兰、东德、苏联开始在波罗的海联合勘探。

美国海域及墨西哥仍然是世界海上钻探最活跃的地区，陆续有新的发现，北海仍在以很大工作量进行深入钻探。

（6）重视老油区的继续勘探。如苏联近 20 年来以绝对优势力量投入西西伯利亚油气勘探是起了重要作用的。但是，对其他地区，包括老油气区和新探区减缓了勘探—详探进程。二十世纪七十年代以来，特别是进入八十年代，总体力量部署有所调整，其他探区的勘探也随之活跃起来，如俄罗斯地台东北部、东南部、里海盆地海上和陆上、中亚细亚、东西伯利亚相继活跃起来，也有不少新的发现，甚至在原有的油气田附近也有新的、大的发现，对老区的储量和产量的稳定都将起到一定的好作用。现在也开始老区的非构造油气藏的研究和勘探工作。1983 年召开了全国性会议研究部署地层岩性油气藏的科研和勘探工作。在一些老区，如阿塞拜疆油区、乌拉尔—伏尔加油区等开辟勘探试验区。

（7）天然气勘探广泛开展，正在改变天然气在能源中的比例。深层勘探的逐步开展，煤系—腐殖性地层生气岩的研究与勘探，深海勘探和北极圈的勘探都加速了天然气资源的开拓，加之集输工艺技术的发展，大大加强了天然气资源的勘探发现和建设。在石油剩余可采储量增加缓慢和下降的趋势下，天然气储量不断增加，目前全世界已超过 90 万亿立方米，其中苏联天然气储量增长很快，剩余储量达 39 万亿立方米，其次为中东各国，达 22 万亿立方米。世界天然气产量从 1970 年 11400 亿立方米，到 1983 年已增加到年产 15584 亿立方米，其中苏联为 5350 亿立方米，美国为 4690 亿立方米。许多地质学者预测未来油气能源的发现，天然气将是主要的。

海上钻井平台是海洋勘探的利器

（8）非常规油气藏领域勘探。美国等国家石油工业持续发展的一个重要因素之一，即是十分注重为勘探开发非常规油气藏创造条件。近年来，在世界上发现了水封气藏、水溶气藏和水合气藏等多种油气藏，有的已成为某些国家能源来源之一。

水溶气藏：即地层水中可溶甲烷等烃类气体，当其溶解量达到可采数量时，称为水溶气藏。共分为两种类型：① 浅层低温条件下形成的生物成因气藏；② 深层高温条件下形成的"地热型"气藏。

浅层水溶气是日本天然气的主要来源之一，可采储量在5000亿立方米以上，年产量5.26亿立方米，约占日本天然气产量六分之一。

"地热型"天然气，一般是地热利用的副产品。埋深为3000～5000米，温度为36～60℃，美国是高压水溶气储量最多的国家之一，其地质储量约为85亿立方米，主要富集在墨西哥湾沿岸的古近—新近系沉积中。

水封气藏是岩性油气藏的一种，形成于致密砂岩之中，其主要特点是气水倒置，在剖面上水处于上方，气位于下部。一般分布在盆地深部，故又称"深盆气"。在美国和加拿大都发现这类气藏，如美国圣胡安盆地梅萨弗德气藏，储量7000多亿立方米，加拿大阿尔伯塔盆地埃尔姆沃斯气田，可采储量为5000多亿立方米等。

水合气藏：当地层温度低于10℃或5℃时，烃类气体（主要是甲烷）就会与水结合形成半固态的气体水合物。当气体水合物大量富集时就成为水合气藏。主要分布在极区的冻土带和水深大于1000米的深海地区。如苏联冻土带的梅索雅卡气田，储量约4000亿立方米。

（1985年创刊号）

谈大力发展天然气工业问题

阎敦实

（石油工业部总地质师）

目前苏联、美国原油产量与天然气产量的比例，大体上是 1∶1。而我国去年石油和天然气产量之比只有 1∶0.1。因此，必须加快天然气勘探、开发步伐，迅速改变这一落后状况。要改变我国天然气工业发展较慢的现状，必须从对天然气资源的科学研究，勘探开发的方法和技术，天然气的经营管理，天然气的价格政策等多方面采取有力的新措施、新方法。

概括起来，在搞天然气工业方面，大体有以下几点需要改进：

1985 年 4 月 15 日阎郭实在"东部石油勘探会议上"谈大力发展天然气工业问题

第一，搞天然气的人完全不同于搞油的人。美国百年来的经验证明，只靠搞油的人捎带着去搞天然气是不可能建立和发展起强大的天然气工业的。世界上天然气的资源量要比油的资源量大得多，没有发现的天然气资源也比油的潜在资源大得多。从全球来看，油的储量、产量增长高峰期业已过去，天然气的储量、产量发展高峰期将在 21 世纪初出现。最廉价、最有希望补充石油不足的能源，就是多种成因的天然气，包括石油共生天然气、煤成气，含有机质岩层变质过程中的热解天然气、地幔物质上涌过程中生成的热解气及本身所释放的烃类气体等。生气的地质环境，要求低，范围广，时期长，深度大。世界上生气规模比生油规模大。

第二，天然气的分子比石油小得多，它在三度空间的活动能力比油大得多，天然气可以从气源区经过几个不整合面，几套很厚的层系，运转到数十千米、数百千米以外，在人们完全没有意想的地方富集起来。天然气勘探要比石油勘探更富有冒险精神，且勘探地质工作要更加精心。寻找天然气的领域，在深度、广度上比找油更为广阔。美国最深的气层已超过 8000 米。

第三，气对储层的要求比较低，无论是裂缝性的，还是孔隙性的、碎屑岩、碳酸盐岩、结晶岩都可以作为贮气岩，孔隙度 2%～5%、渗透率 0.1 毫达西的特低渗透油层，可以是较高产量的气层。

第四，天然气本身，尤其是甲烷，无色、无嗅，钻井过程中即使取了岩心、岩屑样品，也难以察觉它的存在。如果钻井液密度偏大，不及时进行测井、测试，钻井过程中不进行高灵敏度气测，钻探漏掉气层的现象是随时都可以发生的。

第五，气的压缩比要比油的压缩比大得多。搞浅气层，钻井是少用了点钱，找到了很大的气田，但压力低，压缩比很小，储量不多，经济上并不划算。搞深层气，钻井多花点钱，找到一个很小的气田，但储量大，产量高。在 7000 米深的甲烷，到地面的单位体积就要增大 1000 倍。找气要着眼于深层高压气。找到了超级气井（美国标准是日产 50 万立方米的气井），投资很快即可收回。四川盆地，沉积岩层厚达 13000～15000 米，而且主要是海相沉积，有多套生油气岩系，多套孔隙、裂缝性贮气层和高质量蒸发岩盖层，是世界上很难找到的深层高压气的地区。估计四川气的资源量，最少有 6 万亿立方米。年产量将来可超过美国阿纳达科盆地（该盆地年产气 500 亿立方米）。

第六，美国在搞深层天然气方面有重大技术突破。一是太空技术中发展的高强度、抗腐蚀合金，已用于钻具及井下作业工具上，使钻深井速度加快，4500米深井，中硬地层50天打完。6000米井四个多月一口。二是把太空技术上发展的耐高温、高压的密封材料，用在深井作业上，可在6000~7000米深度搞大型酸化压裂。三是支撑剂，即用高硬度人造烧结硅酸铝小球作支撑剂。其抗压强度比石英砂高七倍以上。过去深井压裂用天然石英砂，压入地层，卸压后地层闭合，石英砂被岩层静压压成粉末，实际成了堵塞剂。现在深井压裂效果大幅度提高了，使0.1~0.5毫达西的深部气层，改造后获中、高产。这一技术突破使美国和加拿大发现大片的深层气田。

第七，气不像油那样易于大量储存和散装运输，一旦发现气田就要有用户，就要涉及一系列净化处理、外输及复杂的配气系统建设及相应的投资，还有销售经营、价格等问题，这些相应的环节跟不上，反过来又影响天然气工业的发展。

应该考虑用新方式引进人才和新技术，加快发展天然气，争取在20世纪末，把天然气储量搞到25000亿立方米。

按照美国天然气公司的地质家罗伯特·A.哈夫那介绍，美国天然气工业发展的进程中，也走了不少弯路，对天然气资源潜力的估计，多数情况下是相当偏低的，钻井工艺技术上的措施不利于发现气层、探明气层，气价也经常抑制天然气工业的发展，有不少经验教训，值得借鉴。

（1985年第2期）

板块构造与石油

姚慧君

(石油工业部勘探开发研究院)

板块构造理论发展到二十世纪八十年代,已被大多数地质学家所接受,并用它来解释错综复杂的地质现象,为寻找各类地质矿床打开了新领域。所以有人说它是地质学的一场革命。

板块构造学的由来

二十世纪二十年代,德国气象学家魏格纳在阅读世界地图时,曾被大西洋两岸的相似性所引。后来他又得知巴西与非洲的古生物相同,因而形成了"大陆漂移"的概念。以后,他又从地理学、地球物理学、地质学、古生物学、古气候学和大地测量学等方面进行了系统的论证,认为大陆是由较轻的刚性的硅铝质所组成,它漂浮在较重的、黏性高的、可流动的硅镁层之上。魏格纳认为,古生代末期二叠纪时,整个地球表面是一块完整的大陆,叫泛大陆。后来,由于地球自转离心力和因此而造成的地球赤道膨胀部分对泛大陆的额外吸引力,使之向赤道地区移动,同时又受潮汐力影响,漂浮的大陆就由东向西相对漂移。从白垩纪大西洋开始裂开直到第四纪才形成现在这样,印度洋从侏罗纪开始裂开。

但由于时代的局限,大陆漂移说当时远非完善,而且有许多不正确的地方,因此遭到了非难和嘲笑。但是,它包含着的启迪人类智慧的魅力,却向后来者发出了探索的召唤。

德国科学家魏格纳

二十世纪五十至六十年代,地球物理科学的发展为大陆漂移说的兴起奠定了科学的基础。首先是古地磁研究的突破。组成地壳的岩石中,含有许多铁磁性矿物,它们能够把最初获得的磁性"记忆"下来。这样,现在我们所测到的岩石磁性,在相当程度上保留了它成岩的那个时期、那个地点的古地磁场的方向。在全世界测了许多磁性点以后发现:轴向偶极场定律不仅适用于现代地球磁场,也基本正确地描绘了古地磁场的面貌。古地磁成果就是大陆漂移的新证据之一。

人们对地震波的研究得出了地幔中有低速层的存在,并且用不同的方式都得到了同样的结论,即在地表以下 60~250 千米处,存在着低速层,也就是软流圈,为地幔对流说提供了依据。软流圈内的密度比周围的地幔密度小,一般为 2.85 克每立方厘米,而周围物质的密度为 8.45 克每立方厘米,因为它是轻物质,有向上冲的劲头,所以它是岩石圈构造运动力的源泉。

技术的进步,也发现了洋底有绵亘 6 万余千米的海底山脉。这些山脉绝大部分位于大洋的中间,所以又叫它"大洋中脊"。其组成和陆地上的迥然不同,找不到一丝一毫沉积岩的痕迹,而完全由火山熔岩物质组成。山脉的中轴线不是最高的地方,在不少地段尽是深深的峡谷,峡谷两坡陡峻壁立,几乎对称。海底的古地磁测定,获得了惊人的成果。在大洋中,与大洋中脊平行,条带状对称地分布着磁异常。为什么会出现上述现象呢?英国海洋物理学家厄因和马修斯认为海洋地壳的主体是由岩石圈以下软流圈物质上升冷凝而形成的。具体地说，软流层的玄武质岩浆由海岭处上升到地球表层，逐步冷却硬结。它冷到自身居里点以下时，就按当时的地磁场方向发生磁化。继续由地壳下部上升的岩浆又劈开新形成的海洋地亮，把它们推向两旁。海底地壳就是这样不断地在大洋中脊形成，并不停地向两侧扩张推移。与此同时大洋中脊处新生成的海洋地壳总是记录着它生成时的地磁场方向，在它向两侧扩张推移时，就把保存在它身上的记录带向两旁。从磁异常条带的推移距离，可计算出洋底的扩张速度，得出太平洋大约以4厘米每年的速度扩张着。海底调查还发现全球性的洋中脊和海沟—岛弧系统，在地质地貌上都有明显特征。洋中脊属张生构造，海沟—岛弧体系属挤压性构造。它们是对立的统一。事实说明了为什么大洋本身非常古老，而它的洋底年龄却非常年青，没有超过侏罗纪的。它与大陆沉积物年龄形成了明显的对照。这也进一步说明了洋底不断更新的局面。这些新发现使大陆漂移说向海底扩张说发展了。

对海洋底部地磁异常条带图像的分析，又发现了大量的水平断错带。有的水平断错达1150千米。威尔逊把这种特殊的断层称为转换断层。它不同于一般的横推断层，它的断面几乎直立，直达软流圈。它是板块的一种边界。板块沿这种断层发生平移错动，但两侧板块移动速度并不相同。无疑，大陆漂移、海底扩张、转换断层概念的全球性研究为板块学说的建立奠定了基础。

板块构造学说的理论是立足于岩石圈的现状的。目前阶段的岩石圈，有几条明显的裂隙，将整个岩石圈分割成一些碎块。这些"碎块"的面积和岩石圈的厚度相比是相当大的，以至这些"碎块"看上去像一块块形状各异的板子，所以把这些"碎块"叫作板块。它们在软流圈上的运动就叫板块运动。地球表面有许多缝隙，其中，只有穿透整个岩石圈的深大裂缝，才成为板块界线，寻找这些界线的最好标志就是世界地震震中成带状的集中分布，它们是现今还在活动的板块界线。

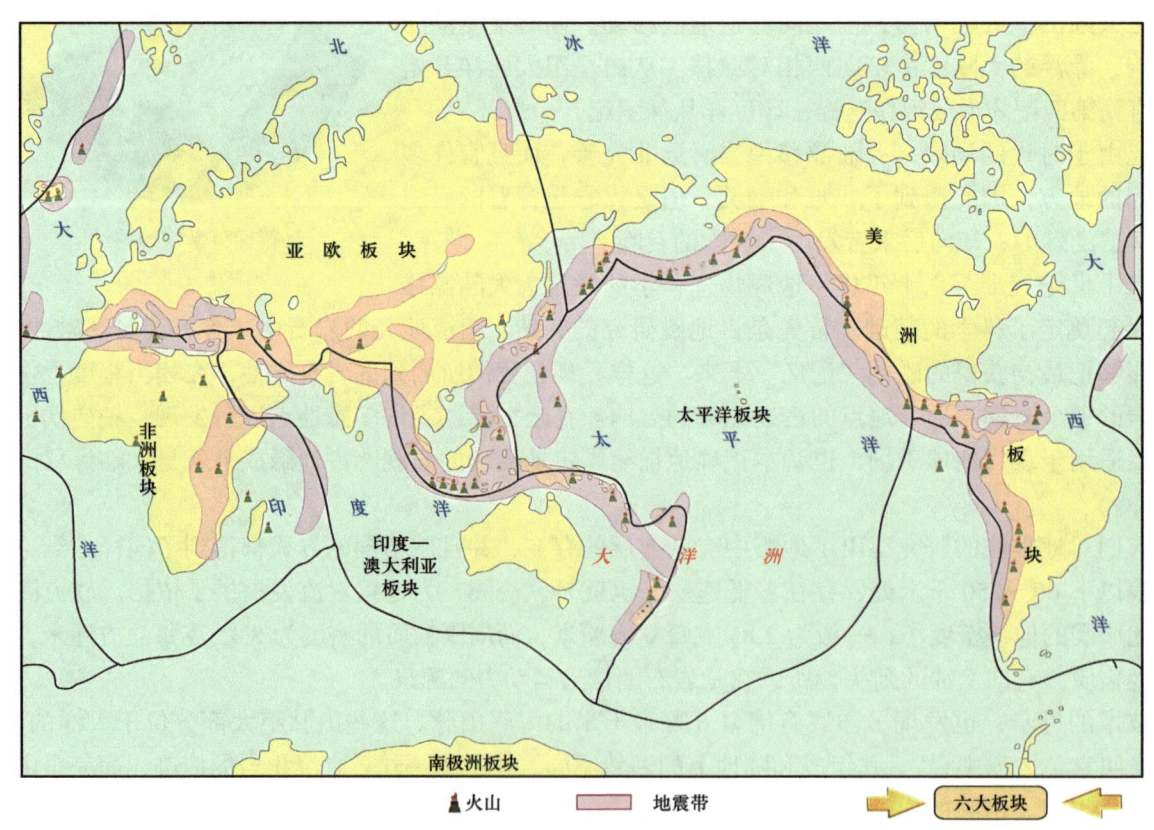

六大板块示意图

目前把世界划分为六大板块，即欧亚板块、太平洋板块、美洲板块、非洲板块、印度—澳大利亚板块和南极洲板块。板块与板块之间有着不同的边界类型，基本上分为三种，一种是分离型，如红海属裂谷分离，它是非洲板块与欧亚板块的分界线；一种是汇聚型，如西太平洋日本东海沟，是太平洋板块与欧亚板块的边界；另一种是转换断层型，如美国西海岸附近的圣安德列斯大断层，它是太平洋板块与美洲板块的分界线。

由于地球体积基本没有多大变化，根据物质平衡原理，板块之间有扩张就应有消减。汇聚型的板块边界就是岩石圈板块沿深海沟俯冲到另一个岩石圈板块之下，进入地幔而消失的地方。大量资料表明，岩石圈的消减是沿着深海沟发生的，此处也称俯冲消减带。深海沟位于两个板块之间，它平行于板块边界，属俯冲板块的一侧，可以延伸很长，达数千千米。沟底可以很深，最深超过10000余米。但是沟里沉积物并不厚，因为它是不断活动的单元。世界上有名的马里亚纳海沟就有1万多米深。海沟俯冲带的存在是通过毕乌夫对地震震源深度和分布的分析而认识的。所以也称毕乌夫带。俯冲消减最终导致大陆碰撞，最后形成高山峻岭。当今世界屋脊喜马拉雅山就是印度板块与欧亚板块碰撞的结果。

大陆漂移、海底扩张、转换断层、岩石圈消减和大陆碰撞是板块构造的基本运动形式，它有效地解释了当今世界上大地构造的一系列问题，解释了不少从前从未解释清楚的地质现象，受到了世界上大多数地质学家的重视和应用。

板块构造学说在石油地质中的应用

板块构造学说不仅以其富有哲理的理论引人入胜，而且它在实际应用中，也展示了诱人的前景。

油气藏的形成按有机生油说其必不可缺的两个条件是：能生成石油的有机物质和能储存石油的构造条件。在研究石油的生成和聚集时，热动力条件是非常重要的一环。近十多年来，热成熟度对有机物转化所起的作用，越加被人们重视。它可以使人们掌握油气随埋藏深度、温度和时间的关系，从而了解油气的热演化规律，研究其在地壳中的垂直分布情况。板块构造理论是地热史研究的一个有利条件，对评价一个含油气盆地和掌握油气在盆地不同深度的分布规律，有着重要的意义。目前已知有几种类型的含油气盆地有着较高的热流值（大于平均值），是油气生成的有利地区。一是裂谷盆地，它们与软流圈，地幔热柱有着直接的联系；二是与俯冲带陆缘岩浆弧、火山弧有关的各类盆地（如弧后盆地等）；三是与大陆碰撞有关的盆地；四是与扩张脊和转换断层有关的盆地。它们都是板块边缘附近的盆地，这类盆地大多是中、新生代高热流含油气盆地。目前世界油气储量的绝大多数是在这些盆地中找到的。板块构造理论提供了寻找各个时代板块边界的条件，为油气勘探提供了广阔的新领域。

板块构造学说对寻找海底石油资源所起的重要作用就在于它能较好地说明古代水下三角洲的分布规律，开拓寻找石油资源的新途径。板块边界附近的大陆架或海盆，都可能是埋藏石油资源的好场所。

（1985年第2期）

浅谈盆地

张 抗

（地矿部石油地质研究所）

"盆地"这个词汇在寻找油气的人们中间是脍炙人口的。但究竟什么是"盆地"呢？

从地理上来看，盆地，顾名思义是指四周高起的山脉所围限的洼地，像四川盆地、塔里木盆地、吐鲁番盆地等。但从广义上说，对现在是平原、高原、山地，以及海区等也可冠以盆地的称呼。如黄河中游的鄂尔多斯盆地是跨陕、甘、宁、内蒙古、晋的黄土高原的一部分（因此也称陕甘宁盆地）；苏北—南黄海盆地则从江淮平原到大陆架；珠江口盆地是指珠江水下三角洲部分等等。显然，石油地质上的"盆地"与地理上的"盆地"并不是同义词。

原生沉积盆地

按照有机生油论的观点，石油是由地质历史上沉积岩中的有机物质演化而来的。沉积岩，特别是可以形成大量石油的巨厚的沉积岩层，总是在一定的古地理和古构造条件下堆积的。这首先要求有一个能持续相当长时期的构造沉降区，形成一个还原的地球化学条件。这就可以使伴随沉积物一起堆积的有机物质不被氧化破坏而得以保存。这个低洼的接受沉积的地区，即使从当时的地貌上看也不一定是被山脉和高地包围的地区，它可以是平原、大陆架、大陆坡或海槽。一个有自己沉积特性和沉积相体系的沉积区便是一个独立的沉积盆地。它与其他盆地可以（但不一定必需）以隆起区相隔。从地质历史上看，接受沉积的构造沉降总是和被侵蚀的隆起互相依存和互相转化。因而，某一时间的沉积盆地在另一时期则可能消失。即使也接受沉积，盆地的范围、中心、内部结构和潜在的生油气能力也可以有很大的变化，甚至不能再归属于同一个沉积盆地。因此，要强调沉积盆地的时间性。从古地理和古构造研究来说，就是从保存下来的沉积岩出发，力求排除沉积以后的各种变化的干扰，尽可能完美地重塑这一沉积盆地的边界、内部结构，以及其中有机质的类型、丰度和分布。这是评价含油气远景的基本前提之一。

这是沉积盆地的最初形态，所以又称原生盆地，或原生沉积盆地。

次生构造盆地

沉积岩层形成后有两种命运在等待着它：一是下降被掩埋在地壳内，一是隆起被侵蚀破坏。实际上多半是沉积盆地内的一部分被剥蚀破坏，另一部分被埋藏保存。这是后期构造运动对原生沉积盆地改造的形式之一。另外，在构造应力作用下，沉积岩层形成了一系列的构造形变，发生褶皱、断裂乃至形成不同岩层的叠置。经过长期的、有时是多次的构造运动的影响，盆地面貌可发生巨大的变化，成为次生盆地。由于这种改造主要是构造原因造成的，所以往往也称为构造盆地或次生构造盆地。

如果一个统一的原生沉积盆地在后期隆起，受到部分侵蚀和破坏，那么它就可被分割成若干块。它们可因各自所处的构造条件不同，或被掩埋，或部分地出露。在石油地质研究初期，我们首先对一块块沉积体进行认识。只有在工作相当深入，从而对其古地理状况有较多认识时，才有可能推断它们属于一个统一的沉积盆地并恢复那个被肢解了的原生沉积盆地的概貌。在实际工作中，各个被分割的沉积岩实体曾被作为一个独立的研究对象，并被称为某某盆地。对这种历史上曾有密切的联系，可归属一个统一的原生沉积盆地的各沉积岩层实体可称为盆地群。只有以盆地群作为整体去对这些盆地对比和归纳时，才能更深入、更本质地评价其含油气远景。

如四川地区，大约在侏罗纪末到白垩纪初才形成一个与地理上的四川盆地大致吻合的盆地。在这之前的中、古生代其沉积范围远大于此。以陆相的侏罗纪而论，它的原生沉积盆地至少南达云南楚雄和黔西。以晚古生代而论，它可以达到四川及以东的几乎整个扬子江流域。这个大的沉积盆地在印支及以后的构造运动中发生了程度不同的构造形变并被分割成一个个次生构造盆地组成的盆地群。"四川盆地"只是其中保存较大、较完整的一块。以华北地区的三叠系而论，曾是一个包括了其大部分地区的统一沉积盆地。在燕山期以后才被分割，形成了鄂尔多斯、大同、泌水、晋中、济源及华北平原新生界以下的若干残余分割盆地，即三叠系次生盆地群。这样，就可从保存较完整，并且研究程度较高的鄂尔多斯盆地的三叠系含油气性出发，来对华北南部被掩盖的三叠系的含油气性作出某些推断。

四川盆地

盆地的结构类型

后期构造运动使原生沉积盆地发生了复杂的演变，往往使不同时期的沉积盆地在垂直剖面上互相叠置。例如，从下辽河、渤海湾、华北平原到江汉平原，在古近纪都发育一种断陷盆地，它们虽成排成带分布，但有些彼此并不连通。在新近纪到第四纪，它们被广泛分布的沉积盆地所掩埋。鄂尔多斯盆地是由中元古界、古生界、中生界等不同性质的沉积盆地所组成。有人称这种盆地为"叠合盆地"。

那么，我们怎样对各种复杂型式和结构进行系统地分类、归纳和研究呢？可把各具特征的盆地归纳为几个简单的构造类型，看作是构成各种复杂型式盆地的基本"构造元素"。初步看来，这几个类型是：（1）断陷型，它是被断层所控制的狭长槽状沉降区。常在短对期内形成巨厚的沉积。具体可再分为单断（箕状断陷），双断和复式断陷。（2）坳陷型，它是块状或碟状沉积区。一般说来，其面积可较大，边缘受断层控制不如前者明显，沉积速度也比前者慢。这两种类型分布最广。此外，还有处于二者间的过渡性类型。（3）楔状体型，它可以是一侧受断层控制的单向楔状体，也可以是双向楔状体，前者常见于被动式充填的山前洪积裙，后者常见于被动大陆边缘，因而也被称为沉积棱柱体。

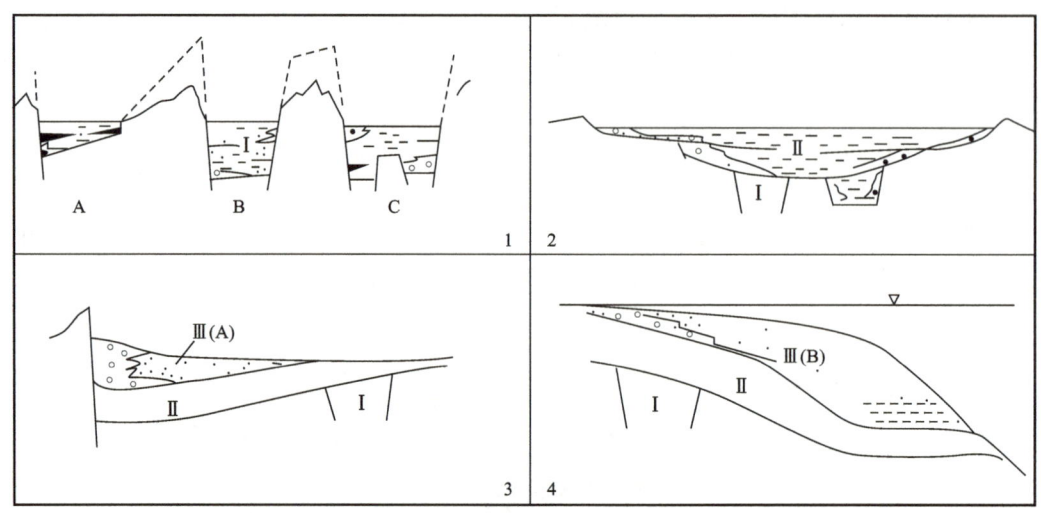

盆地结构类型示意图

Ⅰ断陷型（A单断，B双断，C复式断陷）；Ⅱ坳陷型；Ⅲ楔状体型，Ⅲ（A）单向楔状体，Ⅲ（B）双向楔状体

初步看来，大陆及其边缘地区大多数盆地可以是这几种类型在剖面上和平面上的某种组合形式。我国东部多数具有较好含油气性的中、新生代盆地的剖面是断陷—坳陷的二元式结构。如松辽、下辽河、渤海湾、华北、江汉等。东海和珠江口盆地至少具三元式结构。鄂尔多斯盆地也是复杂的三元式结构，即，断陷的中元古界，坳陷的古生界到中侏罗统，单向楔状体的上侏罗统，坳陷的下白垩统。可以认为，多数盆地是二元、三元式结构，甚至是几种类型在剖面上多次的不完全重复。

盆地是油气等沉积矿产（资源），实施普查勘探的地质实体，是特定空间范围内沉积岩层的总和。在近代构造沉降区中，由于沉积岩层，特别是富含油气的中、新生界沉积层保存较好，它的四周多被老地层组成的山地所包围，因而地理上的盆地多构成一个带有独立性的找油气对象。这类地理上的盆地也属于石油地质盆地的范畴。

在石油普查勘探中，我们必须对整个沉积剖面上各构造层进行整体的评价。在工作初期由于力量和手段的限制，即使不能对较深部地层实行直接或有效的探索，也应提高全面评价的自觉性，注意深部的信息，考虑到深层油气保存和向上运移的可能性。实践证明，这对少花钱多办事，早日突破中、深层油气田是大有裨益的。由于研究所限定的范围往往不是原生沉积盆地，而是复杂结构的盆地，因此，应逐层进行分析，并在平面上与周围的盆地相联系而加以对比研究。

（1986年第1期）

石油在地下像大湖大海一样吗?

杜博民

二十世纪五十年代中,我就曾听有人讲"听说石油在地下就像是大湖一样,克拉玛依油田是与外国连通的,外国抽油抽得多,克拉玛依就会减产了"。后来,我在大庆油田时又有人对我讲:"听说石油在地下如大海,大庆地下的石油与外国是一个油海。你们要猛劲采油呀,别叫人家给采去了。"提出以上问题并不奇怪,因为"隔行如隔山"嘛!这类说法是由于不了解石油在地下的储藏情况而引起的误解。

那么,石油在地下是怎样储藏着呢?

先简单讲一讲我们居住的地球。它是个椭圆球体。从地心到地表有三圈:中心是核心,中间是地幔,最外层是地壳。

地壳是由三大类固体岩石组成的,即:岩浆岩(从前叫火成岩)、沉积岩(从前叫水成岩)和变质岩。

岩浆岩是由地壳内部高温的岩浆,冷凝而成的岩石。比如,黑龙江省大兴安岭、小兴安岭的花岗岩就是一种岩浆岩;黑龙江省五大连池分布着带有气孔的火山岩,那也是岩浆岩喷出地面形成的岩石。

沉积岩是地表的岩石经过阳光、风、水、冰或生物等的风化、剥蚀作用,成为矿物或岩石碎屑,又经过水流、河流、湖、海、冰川或风等的搬运、沉积作用,再经过固结作用而形成的岩石。比如松花江边陡立的江岸出露的砂岩、泥岩等。

沉积岩

变质岩是地壳中已形成的岩石,在地下又经过高温和高压的影响,使原来岩石的性质有所改变,成为一种具有新的特性的岩石。这种新岩石就是变质岩。比如大兴安岭、小兴安岭的片岩、石英岩等。

全世界目前发现三万多个油田,其中有99.9%的油田都在沉积岩里。经过具体分析,即使储藏在岩浆岩或变质岩中的石油,也是从沉积岩中运动、迁移过去的。这个事实,充分说明石油是在沉积中形成的。

变质岩

我们举大庆地区作个例子来说明。远在一亿几千万年以前（那时还没有人类，三百万年[1]以前，才开始出现古人猿的），大庆地区是一个内陆湖泊，周围是年老的山脉，经过很长时期日晒、风吹、雨打、冰冻，以及植物根延伸等的破坏作用，老山上的岩石被风化、剥蚀成为碎屑颗粒，被流水搬运到广阔的低洼地区，自下而上，一层一层地沉积起来，较老的沉积物在下面，较新的沉积物盖在上面，下部受到压力，沉积物便经过压实和固结作用，变成岩石，这样，便形成了一层一层的"地层"。各层岩石的性质是不同的，有时流水带来的沉积物的颗粒较粗，便形成砂粒与砂粒互相胶结在一起的"砂岩"；有的流水带来的沉积物颗粒很细，便会形成"泥岩"。大庆地下的石油就是储藏在砂岩里的。让我们拿一块从大庆井下钻取上来的含油砂岩，放在放大镜或显微镜下看一看，啊！原来石油都储藏在小砂粒与小砂粒之间的孔隙里呢！我们再拿一块从华北的一个高产油田钻取上来的含油白云岩（是一种化学岩）看一看，那里的石油是储藏在白云岩的裂缝或溶洞里的。

所以，我们讲，石油是在地下岩石的孔隙、裂缝，或溶洞里储集起来的。石油在地下并不像大湖、大海。克拉玛依油田在新疆准噶尔盆地的西北部，大庆油田在东北松辽盆地的中部（黑龙江省境内），它们并没有延伸到外国，它们自从发现开发，产量一直上升，并没有减产。它们附近还在不断地发现新的油田。

石油储藏方式

（1986年第1期）

---

[1] 最新研究是距今500万～1000万年。

化石油之丛生物礁　蕴藏油气真富饶

戴金星

> 热洋暖海生物礁，抵波抗涛呈英豪；
> 海下长城筑千里，洋底崛柱千仞高。
> 化石之丛生物礁，深埋地腹是珍宝；
> 浑身多孔渗透好，蕴藏油气真富饶。

生物礁及其"家族"成员

一说生物礁，人们就自然地浮现出一幅美丽的景象：在我们伟大的祖国，不论在广阔无垠南海中的南沙群岛、西沙群岛、中沙群岛、东沙群岛，或在"海疆二目"的台湾岛与海南岛滨海，都点缀着无数迎浪击涛的珊瑚岛屿和暗礁。珊瑚形繁状奇，有的似鹿角，有的如芦笙，有的像灵芝，有的若半球……把海底世界装饰得格外妖娆。那个个礁岛，簇簇暗礁，屹立在万丈深渊的浩瀚无际的海域里，像无数坚贞、顽强的战士，守卫着祖国南东海疆。其实，珊瑚只不过是生物礁"家族"中常见的一员罢了。在漫长的地质历史长河中，广阔无际的海洋里，生息着千百万种生物，但有资格成为生物礁"家族"成员者，仅只有极少数经得起惊涛骇浪"考验"岿然不动的造礁生物：珊瑚、藻类、层孔虫、苔藓虫和古杯类。这些钢筋铁骨的造礁生物，分泌出碳酸钙骨架与壳体，精巧、顽强、坚固地在海洋中建造起万顷波涛推不倒，千重骇浪摧不垮的千姿百态的生物礁。

根据生物礁在地质历史中的生活时代，成岩程度等因素，可分出古生物礁与今生物礁（泛指第四纪以来的生物礁）。

造礁生物"家庭"中的"大哥"——藻类，早在六亿二千万年以前晚元古代就诞生了，它是礁类的"开国元勋"，其造礁规模往往较小。生物礁家族"人丁兴旺"极盛时期，要算在二亿二千七百万年至四亿四千万年前之间的大部分古生代时期，在那时，藻类、古杯类、珊瑚、层孔虫、苔藓虫都是造礁"积极分子"，从二亿二千七百万年起，古杯类、层孔虫等便退出造礁舞台，只有藻类与珊瑚还是"老将不减当年勇"坚持着造礁。生物礁既可由一种造礁生物为主构成，也可是几种造礁生物"共聚一堂"的大家庭。一般除造礁生物为主体外，尚有一定数量的喜礁生物——海百合、有孔虫等掺和共居。由此可见，把古生物礁理解为化石之丛是恰如其分的。

一般认为：生物礁是指由造礁生物组成的、原地埋藏的、具有抗浪结构的海相碳酸盐地质体。在地史上，它只存在一定的地质、构造、气候、水文等条件下。在岩性上，礁体的分布一般与浅、深水相过渡带、岩性变化带、厚度变化带有关；在构造上，往往发育在稳定持续下沉的碳酸盐岩与蒸发岩盆地的陡缘、陆棚或地台边缘水下隆起带、水下高断块带、挠摺带和构造台阶上；在气候上，要求热带与亚热带海域；在水文上，喜生长在清洁干净、透明度好的水域，通常要求水不深于八十米，以五十米为最宜。我国西沙群岛气候炎热，海水碧绿，透明如镜，海底又有一些持续下沉的高断块，为今天星罗棋布的珊瑚岛与暗礁形成提供了优越的条件。

根据整个礁体的形态及其与陆地的配置关系，礁可分为：（1）岸礁：在海岸边缘；（2）堤礁：呈堤坝状长条，与陆地间常隔狭长潟湖；（3）环礁：圆形或椭圆形的连续堤礁，有时围绕一个小岛，中间隔着潟湖；（4）马蹄形礁：是个缺段的环礁；（5）弧礁：体积较小，零星分布。在各类生物礁中，一般以堤礁最为巨大，其不愧为海下"伏龙"、洋底"长城"。现代世界上最大的堤礁在澳大利亚东北海岸外面，其与海岸之间有长条状潟湖，堤礁长达1800千米。

油气丰富的古生物礁

人们或许要问：世界上哪口油井日产量最高？哪口气井日产气最多？世界油气开采史给出了答案：墨西哥塞罗·阿苏耳油田4号井，日产石油37140吨；加拿大阿尔伯塔省纳尔孙堡地区一口气井，日产天然气2200万立方米（相当于22000吨石油），分别成为世界日产油、气的"冠军井"，其油气产层正是生物礁岩层。

在古生物礁中，油气显示丰富，已从奥陶系至新近系的礁中，发现了相当普遍的油气田。在今生物礁中，由于成岩程度较差、封闭条件不佳，故现还很少发现工业性的油气。目前世界上礁型大油田（可采储量在0.67亿吨以上）有十二个以上。迄今国外共发现日产一万吨以上油井九口，其中生物礁中就有四口。加拿大的油气储量60%以上赋存于礁型油气田中。加拿大1973年产油量为10012万吨，其中约75%来自礁型油田。世界最大的礁型油田——基尔库克油田，1976年的产量为4795万吨，约占当年伊拉克产油量的46%，油田投产四十三年后，即到1976年单井平均日产还高达2919吨，至1976年底累计产油10.5亿吨。世界著名的波扎·里卡礁型油田，一九四〇年的产量占墨西哥总产油量的65%。墨西哥东海岸与海上的黄金巷环礁带上有许多油田，单井产量都较高，这里曾有三个油田的三口井日产都在一万吨以上。1967年在利比亚锡尔特盆地发现茵蒂萨尔A、C、D三个礁型油田，古近纪和早白垩世的礁生长在上升高断块上，礁相对面积不大，但储量大，产量高，孔隙率大（15%～26%），主要产层是上新统的礁灰岩，它是世界上最高产礁型油田之一，D油田发现井日产油10050吨。

二十世纪七十年以来，我国也发现了一些生物礁型油气藏。四川盆地东部的建南、石宝寨和双龙发现了长兴组生物礁型气藏，这些生物礁中气井获得了高产。在胜利油田的古近系中发现生物礁型油藏。这说明我国生物礁中油气也是丰富的，勘探前景良好。

正因为生物礁受一定的地质、构造、气候、水文等因素控制，而这些因素出现往往有一定规律性与分带性，所以石油地质工作者就利用这些因素的规律性，分析和揭开地史上各个时期可能出现生物礁的地带、地区，进而开展综合地质研究、地震勘探和重力勘探，把沉睡在地覆亿万年的古生物礁的"容貌"、长短、深浅、方向搞得水落石出，之后上钻机钻探，向隐藏的生物礁索油取气。当然，由于各种地质因素的影响，不是所有隐藏的生物礁都有油气，但多数是有油气的。当一个地区发现一个礁型油气田后，绝不是孤立的，它往往是将要发现一系列礁型油气田的先声，因此，必须在勘探上进行"跟踪追击"，这样往往能获得大量"战利品"——一群礁型油气田。目前，从地理分布上看，除南极洲外，世界各洲都发现了礁型油气田：加拿大阿尔伯塔盆地，美国二叠系盆地，墨西哥黄金巷油区，利比亚锡尔特盆地，苏联乌拉尔山前坳陷、滨里海盆地北部和西部，中东的美索不达米亚前缘坳陷，印度尼西亚一带等都发现了成群成带的礁型油气田。

古生物礁中油气之所以丰富，是由其许多有利因素所决定的：其一，生物礁往往是"千疮百孔"，常有很大的渗透率和孔隙率（可达50%），即礁体本身留有相当多"房间"让油气"居住"，并有四通八达的孔隙通道，当人们开采时，油气能畅通无阻地向油气井集中。现代珊瑚孔隙繁多是一目了然的；苏联乌尔达布拉克气田的礁灰岩，孔隙率高达24%～26%，所以1号气井日产天然气达1300万立方米。其二，生物礁的圈闭早而类型多，是其油气多的原因之一。在日常生活中，我们有这样的经验，要去买汽油或液化气，必须准备好封闭瓶或桶，否则，放在敞口容器中，再多油气也会因无法长期保存而蒸发掉。生物礁就是一个天生的储油气"封闭瓶"——圈闭体。礁向周围往往变为相对不渗透的岩类，所以形成普遍的岩性圈闭的油气藏；礁在形成过程中，其堆积速度比四周沉积物沉积速度要快，故形成水下地形隆起，这种同期沉积隆起（古构造），是自然界"不打无准备之仗"先准备好的"封闭瓶"，使礁比同期沉积具有圈闭形成早，有更多机会获得油气聚集；此外地层由于地壳运动，常形成隆起形状像拱桥或馒头的背斜和穹窿，而礁有时居其核心部分，而成礁背斜。具有岩性圈闭和古构造特征，有时兼备构造圈闭的"封闭瓶"古生物礁，当油气水向其运移时，由于油气比水轻，"油往高处浮，水向低处流"，油气被捕获集中而成油气田。其三，生物礁的油源繁多。一般认为石油和天然气是由被埋藏的生物遗体，在还原环境下，由细菌作用及上覆地层压力和地温作用下，不断发生化学变化而形成的。关于生物礁的油气来源，有两种看法：（1）自生说（原生说）：礁中的油气是造礁生物及喜礁生物的自生产物。当然，似乎此说颇有理由，因为生物礁往往是数种或更多种生物的密居"城区"，生油问题不大。但一般认为，虽然礁中生物繁多，然而，因其在波浪作用带中，处于氧化条件下，一般有机物难以保存，所以礁本身作生油层条件不利。当然不排除可能生成部分油气。（2）它生说（次生说）：礁中的油气来自礁外的生油岩。就以现代澳大利亚东堤礁来说，堤礁长达1800千米，珊瑚成长又迅速（每年长高一厘米），不难想象只有堤礁附近（主要在东面）有丰富的食饵，才能使珊瑚虫饱食终日得以成长。所以，不论古今，在生物礁周围海域，总是有动植物供应丰富的广阔"市场"。我国科学工作者考察西沙群岛结果也是如此。辽阔丰富的动植物"市场"海域的水下，常埋藏大量动植物尸体，有较深水域还原环境，成为良好的生油区。

国外日产一万吨油以上高产井一览表

国家	油田名称	发现年代	井号	初产（吨/日）	生产层 时代	生产层 岩性
墨西哥	圣地亚哥·特·拉玛	1908	多斯波卡斯井	11000~20000	白垩纪	礁灰岩
墨西哥	彼特雷罗·德·拉诺	1910	4井	14000~15700	白垩纪	礁灰岩
墨西哥	塞罗·阿苏耳	1913	4井	37140	白垩纪	礁灰岩
利比亚	茵蒂萨尔D	1967	D-1井	10050	第三纪	石灰岩
伊朗	阿加贾里	1936	AJ59井	8000~11000	第三纪	石灰岩
伊朗	加奇萨兰	1928	GS35井	13000	第三纪	石灰岩
伊朗	加奇萨兰	1928	GS45井	11000	第三纪	石灰岩
伊朗	阿尔包尔兹	1956	5井	10000~11000	第三纪	石灰岩
美国	斯宾徒	1901	发现井	14000	第三纪	石灰岩

（1986年第3期）

裂谷盆地与油气分布

王同和

（石油工业部物探局）

裂谷（rift valley）是由地壳拉张引起断裂活动而形成的裂陷带，裂谷按一定规律排列组合构成裂谷系或裂谷带。

"裂谷"这一名词是格列高里（Gregory）于1893年在研究东非地堑时提出的，并为以后的许多地质学家所采用。随着裂谷研究工作的不断进展，特别是在国际地球物理年期间，通过对洋底和典型大陆裂谷的地质和地球物理研究，发现地球表面的裂谷系大体有三类：即以大洋中脊为代表的大洋型地壳的大洋裂谷；以东非裂谷系、莱茵裂谷系为代表的大陆型地壳的大陆裂谷系，以及由大陆向大洋过渡的以亚丁湾、红海和加利福尼亚湾为代表的具有过渡型地壳的陆间裂谷系。各类裂谷具有相似的成因和演化特点，同时，不同的裂谷类型代表着统一发展过程的不同阶段，大致按大陆裂谷→陆间裂谷→大洋裂谷方向演化。因此，裂谷系既存在于海洋，也形成于大陆；既存在于漫长的地史阶段，又活跃于最新的地质时代。

随着板块构造学的进展和全球裂谷系的确立，系统、完整的裂谷理论已基本建立，特别是近年来人们以裂谷的观点来研究能源矿产的生成与分布规律，获得许多令人鼓舞的成果。因此，张性裂谷体系在全球构造中的研究与挤压的弧—沟体系具有同等重要的地位，引起了国际上地学界的广泛重视，并成为地球科学最活跃的研究课题之一。

大陆裂谷的特征：在空间上，裂谷系往往沿袭地下不同深度的古老断裂，尤其是受基底剪切断裂网络影响，多呈锯齿状、雁行状、平行状和以不同的角度相交等复杂而有规律的形态排列。在剖面上，两侧阶状的正断层彼此相向，中间断块陷落成谷，构成对称式或不对称式的"V"字形地堑。裂谷的形态特征主要取决于边界断层的产状、切割深度和活动方式等因素。由于正断层的活动，裂谷中央下陷，两侧显著上升，谷缘带表现为陡峻崖。谷内为一系列湖泊、沼泽或低地组成。中央的低洼处有时低于海平面，成为大陆上最低部分。如贝加尔湖底高程为-1000米，形成世界上有名的最大深水湖。

在裂谷构造演化过程中，多数裂谷自始至终伴有复杂、多期的岩浆喷发活动，成为大陆上的主要火山岩带，其中包括许多世界著名的活火山。据其成分，推测岩浆应来自上地幔。不过裂谷岩浆活动并非都一样。如莱茵和贝加尔裂谷的岩浆岩比东非裂谷逊色得多。

有人在研究肯尼亚裂谷时发现，火山活动的年龄随着离开裂谷轴部的距离而增大，这不仅提供了裂谷不断向两侧扩张的证据，而且可以推算由中央破裂处向两侧扩张的速率。

裂谷沉积以巨厚的陆相碎屑岩为主，一般厚3～5千米，最厚达8～10千米。其沉积序列为双层结构，即裂谷早期扩张的非补偿型沉积和晚期的超补偿型沉积。如我国东部的华北裂谷系均具有类似的结构特点，即古近纪为断陷式沉积，新近纪为坳陷式沉积。此外，与断裂活动有关的陆相沉积体系，尤其是洪积扇、滑塌沉积、深湖相组合是裂谷的典型沉积。它们具有相带窄、相变剧烈、沉积厚度巨大、沉积速率高及厚度梯度大等特点。

裂谷系内的重、磁力场一般表现为负布格重力异常及负磁异常（如贝加尔、莱茵裂谷）。另一类为在负背景上出现有一个正重、磁异常（如东非、红海和亚丁湾裂谷）。裂谷边界为明显的重、磁梯度带。引起布格重力异常的原因目前有两种解释，一是在裂谷内充填了巨厚的低密度松散沉积物；二是在裂谷的壳下地幔有低密度的异常体。在负异常背景上出现的正异常峰值被解释为异常地幔体已向上穿入地壳，其密度高于地壳。这与裂谷伴有大量岩浆喷发的地质背景相符。磁异常产生的原因一般被认为与浅层构造，特别是与火山岩和磁性岩石有直接关系。

裂谷普遍具有较高的热流值，且裂谷轴部最大（4～5HFU），而远离之则锐减（1.5～3.5HFU）。这对预测生油门限深度是有重要意义的。

地震测深和重力实测资料表明，裂谷的地壳较毗邻地区为薄。如我国东部裂谷盆地的地壳厚度较两侧山区薄3～5千米。这是深部地幔上涌造成的。莫霍面下的P波速度减小，并常存在异常地幔或"裂谷枕"。多数学者认为地幔上涌及"裂谷枕"的存在是裂谷盆地发生、发展的动力源，也是烃类转化及各种地球物理场的深部背景。

近年来，从裂谷的运动学、地球动力学观点探讨与其密切相关的石油、天然气等矿产的形成与分布规律，特别是利用沿大陆架、大陆坡的海洋油气勘探所获得的新资料，强调活动和被动大陆边缘裂谷对油气分布的影响，使得对世界油气储量在全球裂谷系的分布有了新的认识。研究表明，世界上一些最盛产石油的裂谷系主要分布在大陆解体的中生洋（即中生代生成的大洋）轴部或其一侧。在中生洋边缘堆积的生油岩和储油岩中，生成和聚集了占世界储量73%的石油和61%的天然气。这些储量产出的地区，有中东、北美洲东南部的古近—新近纪发育区和中生代活动带前渊的克拉通裂谷盆地，有加勒比海、欧洲、东南亚等地的弧后和弧前裂谷盆地，有墨西哥湾和许多与中生洋边缘有关的裂谷区（如利比亚等）。属于中生洋范畴的有墨南哥湾和利比亚油气富集带。中生洋区域一个十分有利的特征是至少交替发生过三次裂开和闭合幕，导致裂谷在古生代、中生代和新生代具有多阶段性的裂陷与变形，以及相应的多套生、储、盖组合的形成。这就为油气的生成、运移和富集提供了极为有利的地质背景。

太平洋区域的大部分油气带亦与沿太平洋东侧分布的裂谷有关。这些油气带大多分布于北美盆地—山脉省裂谷系和南美的厄瓜多尔、秘鲁和阿根廷等裂谷盆地中，西太平洋区的油气储量较小，反映了活动边缘和沿太平洋边缘分布的裂谷系具有恒存性，它限制了中生代较大克拉通裂谷盆地和克拉通边缘裂谷盆地的形成。

除中生洋和太平洋区域外，主要的油气储量产出于西西伯利亚和东欧的克拉通裂谷盆地、南大西洋和中国东部裂谷盆地中。其中西西伯利亚裂谷区拥有世界石油储量的6%和天然气储量的18%。

据统计，克拉通裂谷盆地的油气量占世界油气储量的45%左右，如果再加上克拉通边缘裂谷盆地，则其所占比例可达62%。反复活动的裂谷盆地的油气量占世界油气储量的15%。如墨西哥湾、尼日利亚、利比亚和北海裂谷盆地，其时代，主要是从中生代到古近—新近纪。它们的重要性随着地质时代的变新而逐步增加。

全球裂谷系之所以成为油气的富集地带，主要取决于裂谷的板块构造背景和裂谷本身的独特演化进程。如高速的沉积速率、偏高的热流值和不同方向正断层组合所围限的断块的倾斜运动，以及裂谷后期坳陷作用或大型断块的均衡调整。这些因素的相互制约与影响，使裂谷成为重要的油气富集场所。从运动学和地球动力学观点考虑，裂谷带是由上地幔驱动的引张带、现代火山和地震的活动带、能源矿产富集带。

（1986年第3期）

化石能源的形成与演化

张 抗

（地矿部石油地质研究所）

奇名的由来

我国的煤、石油、天然气三项占能源构成的96.3%。它们与油页岩、沥青砂岩、石煤等一起有一个令人生趣的怪名——化石能源。

"化石"，本来是指地质历史时期的生物及其遗迹保存在地层中并被石化的产物。地质历史时期的生物（包括植物及由它们直接或间接供养的动物）遗体和沉积物一起汇入沉积盆地而被保存下来。它们在成岩过程中经历了各种脱胎换骨的变化，形成了能源资源。其中固态的有煤、石煤、油页岩、沥青等，液态的为石油，气态的便是我们常称的天然气。从能源角度看，归根结底它们都是在石化过程中保存下来的地质历史时期的太阳能的生成物，因而得到化石能源的美名。显然，影响化石能源形成的最主要的因素是生物的类型和数量、沉积盆地的性质和演化。

化石能源的母体——有机质

在石油地质上，把沉积物中不溶于有机溶剂的有机质称为干酪根，它近似地反映了有机质类型和数量。干酪根的类型取决于其组成中的类脂组（包括无定形质点、藻质体、孢粉体、角质体等）和腐殖组（包括由木质素和纤维素形成的各种镜质体和纤维体）的相对含量。当有机质主要来源于陆生植物时，其木质素和纤维素含量很高，这就奠定了成煤的物质基础。当以微生物为主要来源时，则形成所谓生油岩。但很多情况下是两种有机组分以一定的比例共生，这就可能同时具备了成煤和生油条件。

从地质历史上看，生物和它的环境都有一个不可逆的演化过程。某些时代植物特别繁盛（如寒武纪的藻类、石炭—二叠纪的蕨类等），另一些时期缺氧，非常适合水体中微生物在还原性较强的水底保存。因而有成煤期和生油期之说。但从石油地质观点看，只要有利于微生物繁衍的较大水体存在，无论哪一时期都有生油岩存在的可能。

化石能源的摇篮——沉积盆地

有机质必须在沉积物的掩埋下才能保存。它在沉积盆地里的分布也是有一定规律的。从一个沉积盆地或沉积区来说，边缘地带的河流可带来大量陆生植物残体，沼泽地带更繁殖着大量植物。随着水体加深，逐渐变得以微生物为主，因而构成一个从成煤、到形成油页岩和生油岩的序列。从盆地组合上看，从内陆河湖、近海湖群到滨海、浅海乃至深海，也存在这样一个大致的变化序列。因而构成不同能源资源的不同有机质，既有各自特别发育的地段，又有一定的共生关系。它们在近海湖群和大陆架上特别丰富，并且彼此间关系颇为密切。

随着地壳运动和环境气候的变化，沉积盆地的范围和水体性质也发生了相应变化。在反映这一变化的地层柱状剖面上也就出现不同类型有机质的叠置，使可能生油、成煤的层段共存于一套沉积岩系（如含煤系）中。因而，把成煤和生油过分对立的看法是不合适的。在不少地方可以见到煤、油共生的现象，如陕西渭北焦坪煤矿及浙江长兴煤矿、四川江油煤矿的平巷中就有原油渗涌。

在沉积盆地这个大摇篮里共存的各类有机质"兄弟"也和沉积物一起经历着各自的演化。

化石能源的演化

生命一旦死亡，有机质中的蛋白质和多数碳水化合物便很快受到破坏而分解。当上覆沉积物不断加厚时，类脂组和腐殖组的有机化合物便伴随着沉积物的压实和成岩作用开始了新的演化历程。在浅部以微生物的改造分解为主，形成大量以甲烷为主的"生物气"。它们大部分都逸散了，但条件合适亦可构成工业气藏，如柴达木东部。相应的残留组分可形成泥炭。当埋深再增大，温度和压力亦增加，有机质中可溶于酸、碱的组分及化合物中的亲氧基团消失，析出大量的 CO_2、CH_4、NH_3、H_2S 和 H_2O。它们均可混合或以某一成分为主构成工业气藏。相应地，类脂组分开始降解和氢化，并形成石油，泥炭则变成褐煤。

埋深继续增大，温度和压力也不断升高，当超过生油的"门限"值后，类脂组分便大量地形成液态烃——石油，同时产出干气（甲烷）和湿气（分子中碳原子数大于1的气态烃）。褐煤在析出大量甲烷后挥发分进一步减少，形成长焰煤、气煤、肥煤等烟煤。

在有机质热演化的第三阶段，埋深和温度压力的增加使类脂组和已产生的石油逐步裂解，让位于低分子的气态烃，而且其中的湿气成分越来越少。煤化作用的加强，析出大量天然气的同时形成焦煤、贫煤、瘦煤等半无烟煤直至无烟煤。如果说，前两个阶段不同有机组分间演化的分异性增强的话，这一阶段则统一性更趋明显。在热演化的最后阶段形成固态的沥青、烟煤，甚至次石墨。它们中的碳元素比重越来越大、直至纯碳，另一方面则逸出甲烷。总的趋势是分子结构由复杂的高分子变成较简单的低分子。

综上所述，我们看到各种化石能源形成、演化和赋存的规律性。这对于认识我国能源资源是大有助益的。无论是哪种有机质，无论是集中（如煤层）还是分散（如碳质页岩）状态的，它们在热演化过程中必然形成大量的天然气。我国煤系地层发育，煤藏量丰富，预测的石油资源量也很大，这就说明相应地应有大量天然气赋存。它增强了我们在能源对策中综合规划。特别是加强对天然气的工作的自觉性和主动性。同时，明确地认识到各种化石能源有序的空间关系，便有利于我们的油气和煤田勘探。扭转不重视在煤系地层中找油气的倾向，当认识到不同化石能源的共生关系，则在综合开发中可以化害为利、化废为宝，从而大大增加经济效益。总之，对化石能源家族关系的深入认识，可以促进综合规划、勘探、开发和利用。

（1987年第1期）

石油怎样采出来

程云山

（乌鲁木齐石化总厂）

油气田如果确定有工业开采价值，就要进行开发、生产石油。

石油埋藏在地下几百米到几千米的地层里，怎样把它开采出来呢？首先要打采油井，即建造一个从地面到油层的直接通道，让油层中的石油顺着这个通道流到地面上来，或者用机械把它抽到地面上来。由于石油埋藏较深，因此，必须采用钻井机械设备，从地面到地下钻出一个直径只有十几厘米的孔眼，通到油层里，这就叫钻生产井。

油井钻成以后，地下石油就顺着油层流向井底，这同挖好的水井相似。但为使石油从井底流出地面还要做很多复杂的技术准备工作。在油井通道上要下一根叫套管的钢管，并且用水泥封固在通道壁上，防止地层坍塌。套管中再下一根引油钢管，叫油管。地面井口上还要安装一套井口设备。它很像一棵树，所以人们叫它"采油树"。采油树由若干阀门和压力表组成。

能否把原油从地下采出来，还要看油层压力的大小。油层压力的大小直接反映油田是"活"油田，还是"死"油田。我国的大庆、胜利、辽河、大港、克拉玛依等油区的许多油田，都是压力充足的"活"油田。这些油田，只要一打开油井采油树的阀门，地下的石油和天然气就会一个劲儿地往外喷。这种油井通常叫"自喷井"。据统计，现在世界上有60%～70%的石油是靠自喷井开采出来的。有的自喷井最高日产量可达万吨以上。

地底下的石油之所以能从井里源源不断地喷出来，是因为油层中有充足的地层压力。石油埋藏在很深的地底下，上覆岩层和岩层中的水会给石油造成很大的压力。在钻开油层之前，压力处于平衡状态。当油层上覆岩层被钻穿以后，这种平衡状态就被打破，石油就从井的四周向压力突然降低的油井底部流动。另外，石油中还常常溶有许多天然气，它和石油像一对"双胞胎"紧紧相连。由于压力减少，天然气就不断地从石油中分离出来，夹带着原油喷出井口。若把油藏的地层比作一个汽水瓶，把溶有天然气的石油比作瓶内的汽水，那么在采油的时候，就像打开了汽水瓶的盖子，油层里的石油就会随着溶解气体的膨胀，先挤压到井筒，然后由井筒喷出井口。

自喷井自喷一段时间后，由于地层压力降低，会慢慢减弱它的喷力，以后变成喷喷停停，最后就不能自喷了。为从地下多采出些石油，就得设法维持油井的压力。国内外最常用的人工维持压力的方法，就是把水从另外一些钻井中打进油层中去，补充由于石油开采而腾出的空间，从而保持井的压力，这是使油井顺利生产，保持自喷的关键措施。现在世界上绝大多数油田都采用了这种"以水换油"的方法。我国大庆油田采取了早期内部注水措施，使油层压力长期保持不降。有的开发区虽已开采20年，油层压力不仅没降，还有上升的趋势，使原油采收率达到了国际先进水平。

有的油田从一开始就不喷油。人们把这种有气无力的油田叫作"死"油田。这类油田多采用"抽油法"也叫深井泵采油法开采。现在，世界上有90%以上的"死"油田油井，都是采用抽油法开采的。深井泵是放在油井里面的一种活塞泵。它就像抽水机一样，通过抽油机的抽吸，把井底原油抽到地面上来。原来自喷的油田，一段时间后，老了，不再自喷了。这时也得用机械采油法，其最常用的，也是深井泵采油法。

改善井底附近地层的渗透性，同样是提高采油井和注水井生产能力的重要措施。一般有两种方法，即物理法和化学法。对坚硬地层用物理法，用炸弹或核爆炸来增加油层裂缝，使石油大量流到井里；但常用的是在地面利用加压设备压裂油层。增加油层中的裂缝，同时，在压裂液中加砂，让砂子撑住裂缝不再合拢。这时，大量石油就会顺裂缝涌向井底。化学法是使用盐酸溶解堵塞油层的含钙等物质的特性，使油在孔道中畅流到井底，这种方法称"酸化法"。

在油田开发后期，为了采出残留在油层中的石油，还要采用二次采油法，甚至三次采油法，如注蒸汽或火烧油层法，以提高油田最终采收率。

海洋采油不但比陆地困难，而且成本也高。目前主要有四种形式。一是从海岸陆地上钻斜井至海底油层，最远可以达到海中三千米。二是在海中建造人工岛，在岛上钻井采油。这两种方法适于水深不超过十多米的近海浅水区。三是海上平台采油。即在海上建造一个钢结构或钢筋混凝土结构的固定平台，它像公园湖中的亭子一样，用定向钻井法在平台上钻井，可同时打出多口采油井，进行采油。四是海底采油装置采油。这是近年来随着潜水工具的改进和电子计算机的广泛应用而逐渐发展起来的一种新的采油方式。

由于海底采油装置能避免海浪和冰流冲击，所以要比人工岛和平台采油方法安全。但技术复杂，难度较大。

（1987年第1期）

撒哈拉沙漠的石油勘探

王大锐

(石油勘探开发科学研究院)

非洲北部的撒哈拉大沙漠曾是地球上最荒漠的地区之一。昔日，这里仅有少数小镇与村庄，人们生活极为艰苦。但是，随着人类不断地去探索未知的领域，荒漠也会日渐繁盛。二十世纪五十年代，在阿尔及利亚和利比亚的沙漠中找到了石油，这里一跃成为富有之区。

撒哈拉地区的石油勘探工作开始于1952年。从前，有的商人在穿越沙漠的漫长旅途中，就曾多次见到过露出地表的油苗。初步的勘查表明，砂层下面的岩石可以成为良好的石油储层。法国的科学家首先决定在阿尔及利亚的沙漠中寻找石油，他们来到炎热荒芜的大沙漠安营扎寨，并开始在518万平方千米的沙漠中进行勘探工作——这个区域近似于法国的面积。

地质工作者们用了近三年勘查大沙漠。松散的沙层给征途带来了巨大困难，沙漠里60℃的酷热使人难以忍受。但科学家们根据初步勘探确信撒哈拉地区有许多巨大工业价值的大油田，当然这还要靠钻探才能证实。

法国与非洲的工程人员联合作业，历尽艰辛，终于运来了各种钻具，竖起了一座座50多米高的钻塔。1956年1月，在一个名叫埃杰累的地方第一次找到了油田！该地区距利比亚仅仅几千米。几个月后，勘探人员在阿尔及利亚腹地的哈西麦萨乌德又找到了面积更大、储量更高的油田。此间，钻井遍及1160余平方千米的整个油区。1956年四季度，勘探工作再传捷报，在距阿尔及利亚首都阿尔及尔以南400余千米的哈西阿麦尔获得了第三个重大发现：找到了一个巨大的天然气田。因此，1956年作为撒哈拉沙漠中最激动人心的一年而载入史册。

哈区距地中海海岸640余千米。当时唯一可以称为建筑物的是一口曾用来饮马的干枯废水井。这里根本没人居住，距它最近的城市也将近200千米。应聘前来开发哈区油田的法国两家石油公司，用了整整一年的时间进行设计和准备工作。在钻探第一口探井时，七八个人挤住在只能供两人居住的临时住所里。在大沙漠上修飞机场要比建公路快得多也容易得多。大批建筑工人以极高的速度在哈区兴建了两个飞机场。随着勘探的深入，以各家石油公司为中心的"石油新村"也相继出现。工人们还在探区修了近百千米的坚实道路，这项庞大而艰巨的工程需要的建筑材料极为庞杂，其造价每千米达2300多英镑。

1958年6月，哈西麦萨乌德油田正式投产。原油通过管道被输送到图古尔特，再经铁路运往菲利普维尔的地中海港，然后用油轮输到法国去。1961年，在哈区钻成了一百多口油井。所生产的原油除少量在北非出售以外，绝大部分是经管线输往地中海沿岸的波基港，然后再运往欧洲和世界各地。哈西麦乌萨德的工程人员在第一口油井打成以后，只用了四年时间就把原油产量提高到八百万吨。

撒哈拉各地喜报频传，各石油公司又在依基里地区开发了四个油田。1961年该区原油产量突破七百万吨，与此同时还找到了哈西麦尔、卡西等世界闻名的大气田。为了便于输送，工程人员首先将第一条管线铺到了突尼斯东岸的斯基尔拉小渔村，不久这里就被建成一座可供大型油轮停泊的良港了。接着，他们又铺设了从油区通往哈西麦萨乌德的管线，与该地通往波基的主干线连接起来。这样，在阿尔及利亚和突尼斯都有了可供输油的港口。

法国人在撒哈拉的石油勘探成果使美国的一些石油公司垂涎欲滴。终于在法国人工作三年之后也挤了进去。美国人先在利比亚寻找石油，工作条件比法国人的更加恶劣，甚至连饮用水也需要从海岸一带运来。另外，在美国人的工作区还有不少第二次世界大战期间被埋在沙层下面的地雷，所以首批到达探区的是一些军事工程专家，他们还要担负起雷的艰巨任务。

撒哈拉沙漠中的钻井井场

1957年，在离阿尔及利亚边境不远的西部地区的费撒首先找到了石油；接着于1960年在其腹地的锡尔特盆地中找到了德法、瓦哈和霍夫拉油田，1961年找到了萨里尔、贾洛、腊古巴油田，1962年发现了杰贝尔、扎古特等大油田。在短短几年内连续地发现大油田，使利比亚的石油生产建设迅速发展。1962年，达赫腊至地中海港口的锡德尔的管线建成投产，从而使石油产量迅速上升。特别是1967年找到了因蒂萨尔的古近系古新统礁相大油田。单井日产可达万吨，这在世界上也是极罕见的。1970年，利比亚的石油生产达到了顶峰，年产量高达1.6亿吨，远远高于阿尔及利亚的产量。1969年利比亚人民推翻了伊特里斯王朝后，政府采取提高税收和部分收归国有及保护资源等措施，产量有所下降。1985年年产为5000万吨，居世界各主要产油国的第12位。

目前，辽阔而荒芜的撒哈拉大沙漠已是新兴的繁荣的石油工业区。这一地区的战略地位也显得日趋重要起来。

（1987年第1期）

陕甘宁盆地的油气勘探与开发

张伯荣

（长庆油田勘探开发研究院）

陕甘宁盆地包括周边的河套地堑、银川地堑和汾渭地堑，总面积32万平方千米，是我国陆上仅次于塔里木盆地的第二大盆地。包括陕西北部、甘肃东部、宁夏大部，以及内蒙古南部和山西西部。盆地南部是世界罕见的黄土高原，北部为草原和沙漠覆盖。黄河从西、北、东三面绕过，盆地东南部还有几条较小的河流。盆地内交通以公路为主，两端有铁路通过，西北边为包（头）兰（州）路，南边是陇海路，现正在兴建的由宝鸡到中卫的铁路将通过盆地西边。

陕甘宁盆地又称鄂尔多斯盆地。鄂尔多斯是蒙古语，意为"河南之地"，是指黄河以南的漠原。

陕甘宁盆地在中华民族发展史上有其重要的地位，黄帝陵在盆地南部，长城和丝绸之路都从盆地经过。陕甘宁盆地又是中国革命的根据地，老一辈革命家都对陕甘宁地区有着深厚的感情。

陕甘宁盆地作为油气资源盆地有着悠久的历史，关于石油的最早记载始见于《汉书》。新中国成立前在延长油矿曾进行过小量开采，但大规模的勘探开发是在新中国成立以后，至今已找到24个油田和一批有工业价值的油气井。党和政府非常关心陕甘宁盆地的油气工业，中央领导同志1983年曾到油田视察，我国许多著名的地质学家都在盆地进行过实地考察。

陕甘宁盆地四面大山环绕，北为阴山，南为秦岭，东为吕梁山，西面是贺兰山和六盘山，形成最外的一圈。靠里边一圈是断陷，北是河套地堑，南和东南为汾渭地堑，西有银川地堑和六盘山断陷。再里一圈是隆起区，北为伊克昭盟隆起，南为渭北隆起，东为晋西挠褶带，西为西缘掩冲带。再向里就是盆地本部，地层平缓。盆地为一不对称的向斜，向斜中心在天池环县一线。

在距今五亿年前的早古生代时期，陕甘宁为一片汪洋大海，远非今天的干旱环境。以后水域逐渐变小，大约到3亿年前的晚古生代海陆交错，沉积了一套煤系地层，成为我们今天寻找煤成气的主要烃源岩。大约到二亿年前的三叠纪，海盆收缩为湖，湖中心在盆地西南部的庆阳附近，湖边有许多河流入口三角洲，三角洲沉积已成为盆地内的主要储油层了。大约到一亿五千万年前的侏罗纪，水域进一步缩小，变为河流平原，平原上发育着大小不等的河流，大致流向西南，因之在盆地西南方当时沉积的河流砂岩形成了另一类重要的储油层。大约在七千万年以前发生的板块运动，欧亚板块向南推，印度板块和太平洋板块向北挤，在陕甘宁盆地周边造成了褶皱、断层和地堑，造就了今天的盆地面貌。

陕甘宁盆地开展现代石油勘探始于二十世纪初，1907年（光绪33年）在陕北延长钻了第一口油井，这就是康世恩同志为之题名的我国陆上第一口油井——延一井。此后又陆续在延长地区钻了一些浅井。1935年刘志丹率领工农红军解放了延长。从1907年至1946年共钻井四十多口，产油六千余吨。这就是盆地勘探前期阶段的四十年。

新中国成立以后，开始了陕甘宁盆地区域性勘探。1950—1969的二十年是盆地勘探的初期阶段，使用地质、地震重磁力、电法、钻井等多种手段在全盆地展开油气调查。分别在盆地北部乌兰格尔隆起、西部马家滩断褶带、中部庆阳、志丹一带见到油流，发现了马家滩、李庄子、大水坑等油田，在盆地西缘打出工业气井。

盆地勘探的第三个阶段从1970年组织长庆石油会战开始。目前的油田和气井大多是在此阶段发现的。这一阶段的主要收获有：

1970—1972 年间证实的马岭、红井子、吴旗等油田揭示了侏罗系延安组油层受古地貌控制，油田沿古河流分布。

近几年在盆地西缘连续打出的几口工业气井，加上已经发现的马家滩、李庄子、大水坑、百宴井油田，证实西缘掩冲带是勘探油气的有利地区。

1983 年在陕北安塞地区钻井见油，证实了三叠系延长组三角洲沉积含油丰富。

1986 年在陕北子洲和宁夏盐池，以及地质部第三普查大队在榆林钻井，分别在奥陶系见气，且有高产能力。这一重大突破，为在盆地找气展示了广阔的前景。

当前，长庆油田和延长油矿投入开发的有三类油田：

古地貌油田：这类油田位于盆地西南部，分布在陕、甘、宁三省区。包括马岭、红井子、马坊、油坊庄、吴旗、华池等油田，都是目前盆地内的主力油田，到 1979 年产量已突破 100 万吨。产出的油大部分通过输油管线送到宁夏中宁，然后由火车送到兰州炼油厂。

三角洲油田：这类油田位于盆地东南部，分布在陕北一带。包括安塞、延长、永坪、子长、直罗等油田。现在的产量尚不多。影响开发的主要因素是油层非常致密，开采成本高。

西缘掩冲带油田：位于宁夏回族自治区内，已发现的四个油田都在生产，总产量不大。发现的气井尚未动用。

近年来，在安塞地区三角洲发现的油田，在西缘掩冲带钻出的多口上古生界气井，以及在盆地中北部奥陶系发现的气井，表明陕甘宁盆地地下油气层叠置（储层时代从奥陶纪到侏罗纪，深度从几十米到 3940 米），地上勘探区域广阔，油气工业前景良好。

迄今延安组古地貌油田的勘探程度最高，已发现 1 亿多吨储量，占预计总资源量的 45%～90%，进一步勘探估计还能发现一些新油田，但油田多呈零散分布。

延长组三角洲油田的总资源量预测是古地貌资源的 5～6 倍。已发现地质储量 2 亿多吨。由于储层属于低渗透（0.01 达西）或特低渗透（0.1 毫达西），给开采造成很大困难。随着开发工艺水平的提高，这类油田必将发挥更大的作用。

西缘掩冲带油气田具有含油层系多、圈闭类型多的特点。构造成排成串，有利于形成丰富的油气聚集。冲断推覆可以把很老的油层冲到浅处，也可以把年青的油层埋在底下，有利于生储盖层组合配套，有着良好的勘探前景。

古生界气资源丰富。包括下古生界碳酸盐层和上古生界煤系地层，都是大范围发育的良好烃源岩，开发古生界天然气的时机现已成熟。

延长组浅油区。在三角洲油区之南，延长组油层很浅。这些浅油层资源可靠，易于钻探。只是由于低渗透低产量，致使这一资源长期以来未被利用，至今只开采了延长、永坪、青化砭等少数几个油田。随着科学技术不断发展，会逐渐创出一套经济开发浅油层的办法，使之有利可图。比如可以采用简单轻巧的钻井设备和非正规的等距井位，像采煤一样挖坑道采油等。还可设想改革管理体制，承包给个人，农民可在庄稼地里或庭院里打几口油井采油。延长油田油井深 150～200 米，单井日产油 0.3 吨，永坪油田油井深 150 米，单井日产油 0.1 吨。如果以单井日产油 0.2 吨计算，一家有五口油井，日采油 1 吨，作为家庭副业也是发展陕北经济的一条出路。

（1987 年第 2 期）

四川天然气的成长之路

曾道富

（地矿部西南地质局）

在漫长的地质历史中，四川盆地堆积了 200 多万立方千米的沉积岩系，蕴藏着极其丰富的天然气资源，可以说它是一个巨大的聚宝盆。四川盆地是多旋回的沉积盆地，地壳活动几起几伏，一般经历了加里东运动、海西运动、印支运动、燕山运动、喜马拉雅运动等几次较大的地壳变革。从沉积有机质开始，经过几万万年的艰苦跋涉，终于形成了今天我们正在勘探和开采的天然气。

本文拟根据追溯油气成长道路的一些基本方法来探讨四川盆地的沉积有机质—石油—天然气的形成过程。

大约在二亿三千万年前，四川盆地和整个中国南方一样，为一片汪洋大海。从晚元古代到中生代中三叠世的六七亿年间，沉积了 4000～6000 米的海相沉积岩系，其中共有 17 个生油层系，总厚度达 2000～3000 米。这些生油岩系包含着丰富的生物遗体，它们在持续下沉、快速埋藏过程中造成了缺氧还原环境，经过厌氧细菌的代谢改造，有可能变成石油与天然气的原始母质——干酪根。这种演变通常出现在成岩作用的早期，埋藏深度一般小于 2000 米。科学家们将这个过程叫作未成熟生化气阶段，其主要产物是生物化学气（简称生化气），包括甲烷气体和二氧化碳等。随着上覆沉积物的不断叠加和埋藏时间的增长，在温度—时间等因素的作用下，干酪根开始裂解，生成液态烃和气态烃，这就是石油和天然气。石油地质学家将干酪根裂解大量形成油（气）时的温度界限叫作门限温度。各生油岩系被埋藏的地温达到或超过这个门限，演化阶段就发生了变更。以生成液态烃为主者称为成熟生油阶段；以液态烃的裂解，并以生成气态烃（重烃含量大于 5%）为主者称为高成熟湿气阶段；先前生成的液态烃和大分子重烃大量裂解，并以生成甲烷气为主（大于 95%）者则称为过成熟干气阶段。四川盆地的这些生油岩系不仅都从未成熟生化气阶段演化进入了成熟生油阶段，而且绝大部分都相继演化进入了高成熟湿气阶段和过成熟干气阶段。

大约在五亿多年前的寒武纪，在 20 余万平方千米的四川盆地内，沉积了 18.6 万立方千米的沉积岩系，平均厚度近 1000 米，其中生油岩约占 50%，是四川盆地一套重要的生油岩系。

这套岩系在加里东期末（距今大约四亿一千万年），被埋藏的作用时间一般达一亿八千万年，根据有效作用时间（t，单位：百万年）与成熟生油的门限温度（T，单位：开）之间的关系式：

$$\lg t = \frac{3116}{T} - 7.086$$

可求出其成熟生油的门限温度在 60.6℃ 左右。再根据寒武系、奥陶系、志留系的沉积厚度和古地温梯度可分别计算出加里东期末，四川盆地任何一个地点的古地温。这个古地温是一个变数，它将随上覆地层的剥蚀而减小，也将随上覆地层的叠加而增加。如果它大于或等于 60.6℃，则为已成熟生油；若小于 60.6℃，则仍处于未成熟生化气阶段。

四川盆地下古生界各地层的古地温梯度由西往东虽然略有降低，但川东南及鄂西一带寒武系的有机质成熟度仍然较高。达县、重庆及鄂西一带在早志留世即已成熟生油，城口及其以北地区则到中志留世末期才开始大量生成液态烃，而其余川中、川北、川西等地区仍处于未成熟生化气阶段。

在加里东期以后，四川盆地抬升剥蚀，长达一亿一千万余年，将川中古隆起地区先前沉积的志留系、奥陶系和寒武系剥蚀殆尽，其余广大地区的志留系也遭到不同程度的厄运，致使下伏各生油岩系的油气演化日趋缓慢。

到了海西期末（距今大约二亿四千八百万年），寒武系各生油岩系被埋藏的有效受热时间约达三亿四千万年。其成熟生油的门限温度为51℃。在海西期虽然又沉积了二叠系和中石炭统，但沉积厚度薄，其沉积埋深所增加的温度主要用于补偿加里东期剥蚀地层所降低的温度。因此，在海西期末，下古生界各生油岩系在有些地区仍停滞于加里东期末的演化阶段；局部地区则从加里东期末的未成熟生化气阶段演化进入了成熟生油阶段，如九龙山、通江一带的川北地区。

发生于中三叠世末（大约距今二亿三千一百万年）的印支运动早幕，在四川盆地有着普遍而较强烈的表现，它基本上结束了四川盆地的海相沉积历史。在这一时期沉积了中、下三叠统海相碳酸盐岩地层，厚达1600～2000米。由于其持续时间短，沉积速率高（一般为100～350米/百万年），下伏各生油岩系被埋藏的增温率大，一般为3～9℃/百万年，致使油气演变速率加快。因此，印支期是古生界各生油岩系成熟生油的重要时期。

到中三叠世末，寒武系被埋藏的有效受热时间约为三亿六千万年。据计算，其成熟生油、高成熟生成湿气和过成熟生成干气各阶段的门限温度相应为50.2℃、132.2℃和158.1℃。因而不难看出在印支期（中三叠世末）四川盆地的寒武系等下古生界各生油岩系已全部成熟生油，而且达县、重庆一带和鄂西地区的寒武系生油岩已相继进入了高成熟湿气阶段和过成熟干气阶段，大量的液态烃石油和重烃已开始裂解成甲烷气体。

大约发生在二亿一千三百万年前的印支运动中、晚幕，主要表现于川西龙门山地区强烈的褶皱运动，致使川西地区补偿沉积了数千米厚的上三叠统陆相地层；而在四川盆地内部的广大地区则相对平静，上三叠统沉积较薄。燕山早期，四川盆地内普遍沉积了下侏罗统，但其厚度亦薄，一般只有200～350米。因此，在晚三叠世至早侏罗世约四千万年间，除川西凹陷区油气演化速率比较快之外，盆地内广大地区的沉积速率都比较小，增温率低，一般为0.3℃/百万年左右，且要补偿印支运动早幕后，由于剥蚀地层所降低的温度。因而，晚三叠世至早侏罗世期间是继海西期后，又一次油气演变速率比较缓慢的时期。

大约在一亿年前的燕山中、晚期，沉积了中侏罗统、上侏罗统及下白垩统的一套巨厚陆相地层，厚达3500～5000米。其持续时间较短，沉积速率大，下伏各海相地层的增温率高，一般为2℃/百万年。因此，它是继印支早期后，油气演化速率较快的又一次重要时期。同时，印支期的泸州—开江古隆起和川西凹陷及梓潼大向斜不仅控制了燕山期的沉积格局，而且也控制了下伏各生油岩系的油气成熟度及演变规律。

到了燕山期，寒武系各生油岩系一般被埋藏的有效受热时间达四亿年左右就开始大量转化为以甲烷为主的天然气。这一时期寒武系各生油岩系的高成熟湿气阶段和过成熟干气阶段的门限温度分别为130℃或157℃左右。燕山期中侏罗世前，四川盆地寒武系各生油岩系便相继演化进入了高成熟湿气阶段到过成熟干气阶段。

喜马拉雅期从晚白垩世至今已持续了九千七百五十万年。沉积岩包括上白垩统和古新统，虽然其厚度不大，但对深埋于几千米以下的各海相生油岩系的油气演化都起着重要作用。因此，燕山期以后，下伏各生油岩系的有机质继续向更高的成熟阶段演变。然而，自渐新世（大约五千四百九十万年）以来，四川运动使四川盆地再次褶皱、抬升、剥蚀，致使下伏各生油岩系的油气演化步伐又一次逐渐缓慢下来。

四川盆地的寒武系各生油岩系在五亿多年的历史长河中，沿着从沉积有机质—石油—天然气的成长过程，逐渐形成了今天的天然气产出现状，即四川盆地内寒武系各生油岩系已全部成长为以甲烷气为主的过成熟干气阶段，仅明通井大断裂和盆地边缘地区仍处于成熟生油阶段。

四川盆地其他生油岩系演变到现代的油气成熟度及其分布规律大致归纳、概述于下：

（1）下二叠统及其下伏各生油岩系几乎都已演变迈入了过成熟干气阶段，仅明通井大断裂以北地区及盆地边缘由于上覆陆相地层不发育，仍处于印支期及其以前进入的成熟生油阶段。

（2）上二叠统和下三叠统飞仙关组各生油岩系在泸州古隆起以北和华蓥山大断裂以西地区以过成熟干气为主；在古隆起和大断裂及其南部则以高成熟的湿气为主；而在华蓥山大断裂以东的向斜部位以过成熟干气为主，背斜部位以高成熟湿气为主，并在褶皱强烈的背斜顶部的局部地区仍有成熟阶段的液态烃存在。

（3）下三叠统嘉陵江组和中、上三叠统各生油岩系在川西凹陷和梓潼大向斜内以高成熟湿气为主，其周围则为成熟阶段的生油区。在四川盆地内，目前只有中、下侏罗统生油岩系以产石油为主，正处于成熟生油阶段。

综上所述，四川盆地各生油岩系几经沉降抬升，成长为今天的天然气勘探与开发基地，形成了至少几万亿立方米的天然气资源量。其中已探明的地质储量还不到一万亿立方米，尚待我们去发现的潜在资源量是非常巨大的。因此，可以说，四川盆地是一个正处于开发中的年青盆地。

（1987年第2期）

油气勘探与开发是一门综合性工程

田在艺

（石油工业部勘探开发科学研究院）

油气深埋地下，只有发现、开采、贮运、炼制，最后才为四化建设、为人类造福所用。要勘探深埋在地下的油气，就得运用现代科学技术。如石油地质学，研究含油气盆地形成机理，就其不同的运动体制研究含油气盆地演化，根据地质历史发展，研究盆地建造与改造，从而对盆地进行科学地分类与类比。研究油气分布规律与盆地类型的关系，研究不同类型盆地的地热梯度、地热流与油气藏形成的关系；运用地震技术研究各种油气藏形成的规律，发展航天遥感技术为研究石油地质构造开辟新的途径，发展电子显微镜技术，丰富微观地质构造领域。

沉积岩是含油气盆地的物质基础，沉积岩石学是石油地质学的基础学科。在油气勘探开发过程中，研究沉积岩石的组分和结构的特点，沉积相标志，建立沉积模式，恢复古地理沉积环境与构造环境，研究岩石组分结构，分析成因与分布规律；应用地震地层学原理和技术，建立盆地沉积模式，结合盆地构造模式，寻找不同类型油气藏；对现代沉积研究，成岩后生作用与储层非均质研究，以及实验室模拟实验，利用电子计算机进行沉积作用模拟研究，从而搞清沉积岩的成因与油气藏形成的关系。

石油天然气的生成是很复杂的，石油地球化学的发展，为油气生成研究提供了手段。目前，能应用红外光谱、紫外光谱、气相色谱、色谱—质谱联用核磁共振、顺磁共振等先进技术手段和方法，在分子级的水平上，日益深入地揭示岩石中有机质的组成和结构，从而可靠地确定油/岩之间的成因关系，发展并完善有机成油学说。岩石中有机质的演化和地化参数的研究，已经成为油气资源评价的重要环节和基础。今后的发展方向，还应深入研究油气形成机理，特别是干酪根、原生运移、碳酸盐岩生油机理，以及含油气盆地地球化学综合评价理论与方法，研究干酪根的组成和结构，研究生物标志物的成因机制，研究分离鉴定技术和模拟实验等。

在油气勘探中，地球物理学是一门很重要的应用学科。如地震在20世纪60年代中期以前，主要技术方法是炸药震源、单次观测、模拟记录和人工解释。在这种技术条件下，地震主要用来研究地下构造，查明构造形态，为钻探构造油藏提供井位。20世纪60年代中期以后，地震技术出现了一个飞跃，地震勘探进入了一个新的时期，不仅能为研究更为复杂的埋藏更深的地下构造提供资料，而且为研究地层岩性和检测油气提供信息和资料。地震技术发展方向是地震地层学，即用地震资料研究地下地层岩性变化。三维地震即采用面积观测、三维数字处理成像和彩色显示方法，加强横波地震勘探，由于横波比纵波的分辨率高，更有利于识别岩性和岩石中流体性质，高精度的数字处理，尽量采用新的反褶积法和提取多种信息的新方法。油气检测技术，应综合利用地震震幅、频率、速度、吸收系数、横波参数来检测油气藏，并利用磁电测量方法来检测油气藏。

测井是油气勘探中一门重要的技术，国外发展已由仪器系列化、数字化、标准化进入到数控测井。在全面实现数字化的基础上，应用电子计算机对数字磁带测井信息进行全面处理解释。由单井评价发展到多井分析，由油气水解释发展到油田地质研究、储量计算和产能预测。应用高分辨率地层倾角测井信息研究构造、岩相和沉积环境；应用自然伽马射线能谱测井信息研究生油；应用岩性—密度测井信息研究复杂岩性矿物成分；应用声波和密度测井信息合成垂直地震剖面，计算异常地层压力；应用数字测井信息研究地热等。今后发展趋势是在数控测井的基础上发展测井数字信息电缆通信传输系统，进行测井全信息记录，建立数字传输计算机网络和数据库，进行微观和宏观油田地质研究，发展探测地层声、光、电、磁、热、核信息的探测器和解释方法及随钻测井技术等。

沙漠地震勘探

油气从地下喷出来，还得钻井，钻入几千米深的地下，要钻得快钻得好，就得要耐高温的优质钢材和优质钻井设备，为此要有工程力学、岩石力学、材料力学、胶体化学等一系列的科学知识。要把油气从地下采出来，就得需要油藏工程学、流体力学、空气动力学、非均质渗流力学，以及采油工艺学等等。油气是流动性的液体和气体，又是易燃物质，腐蚀性强，远程运输是一项专门的学问。至于石油炼制，把高分子有机化合物经过化学工程的复杂加工处理，成为各种油品和化工原料，为工业和生活所直接利用，这更需要高深的化学工程知识。

总之，油气工程是一个跨行业跨部门的多科学的系统工程，需要多种学科为它服务，需要更多的人为它去出力献计。

（1987年第2期）

滇西程海气苗调查记

戴金星

二月一个早晨，春光明媚，我们从洱海之滨下关出发，驱车去程海考察气苗。滇西群山巍峨，汽车越山穿峡奔驰着，祖国西南边陲的大好风光映入我们眼帘：仰眺苍山峰巅积雪皑皑，俯视山麓谷原碧绿成茵；春风掀起河谷地上千重麦浪，像翠碧碧无垠的绸缎，起舞滚动着，嵌镶在麦地中的块块油菜田，怒放着金黄花朵，飘散着阵阵芳香……下午，被滇西之东缘群山怀抱蓝绿色的程海便展示在眼前。

据《永北府志》载：程海俗传本为陆地，有姓程者居于此，一夕忽成海，故此得名。程海位于云南省永胜县城西南约7千米，呈南北延伸的淡水湖，面积约70平方千米。浩瀚的海面，激动时，波滚涛涌；平静时，漪涟粼粼。叶叶渔舟，穿梭海面，水上空中，群鸟鸣翔，令人赞叹陶醉。

海色美、峰谷秀，星罗棋布在程海上及其滨岸的气苗更诱人。我们对程海气苗进行了两天的调查考察。形似梭子的程海水域，在南、北端水面上各有一个大气苗，几乎呈对称状。北端气苗位于青草湾和小杨堡之间略偏西的海中，气流直径约有一筷之长，影响水面达1平方米，致使渔船难以靠拢。20世纪60年代中以前渔民们传说其是海底大出水口，后经永胜县水利局调查，此处水质与程海它处无异，主要是受气苗上冒影响水面而被误认为出水口。集其气可燃，气苗出于水深39米呈漏斗状的海底，其为程海最深处，喷气之海底展布着卵石，渐远则分布砂子，这无疑是上升的气流分选沉积物的结果；南端气苗位于支阳村和金兰村之间水面上，为程海最大气苗，在15平方米范围为气泡不断冒出水面，水面像开放着一朵多瓣的巨大银花。由于气流的冲喷力使水面高出正常水面8厘米，使船无法接近。程海东、西两侧气苗更多，尤以东侧为甚。气苗既发现在水域中，也出现在陆地上。气苗冒气范围，大的波及10多平方米，小的如豌豆，有的气泡连续不断地嗞嗞上冒，像从水下抛出串串晶莹的珍珠；有的气泡如银丸有节奏地抛散在碧蓝的水里，像节日的礼花。据民间查询，大的气苗至少有100年历史。

为了寻找更多的能源和探索程海天然气的来踪，我们对一些气苗进行了详细的考察和取样。在支阳村之西海湾浅滩上，距岸15米有2个相距1米，冒气面积各达0.4平方米的主冒气口（Ⅲ号气苗）。以15厘米直径漏斗反扣水里用排水取气法，对一个主冒气口30秒取气550毫升；用同直径漏斗盖住冒气口上，水柱最大喷高达10厘米。在此，离岸1米左右，还有15个以上直径约2厘米冒气口。在刘家湾西南约1华里距海岸100米左右干蚕豆地中，一个直径半米左右的小泥浆水坑把我们吸引住了。小坑像一口烧沸的大锅，许多气泡嘟嘟作响而出（一个直径10厘米主冒气口10秒钟发出14次嘟嘟响声），似乎向人们发出研究它和利用它的恳求声。我们用上述直径的漏斗盖住主冒气口用排泥浆取气法，100秒取气700毫升（Ⅰ号气苗）。据在场一位60多岁老人说，在他童年时此小坑就冒气了，不过那时比现在冒气厉害些，当时村童常以泥巴封住冒气孔口，再在泥巴上开一小孔点火可燃，借此作乐。

根据Ⅰ、Ⅱ、Ⅲ、Ⅳ号气苗取样所获得的各自的面积和产气率数据计算，这4个气苗日产气量共约259立方米；以民间查询它们已有100年历史计算，这些气苗总出气量达948万立方米；程海南端中心的最大气苗的面积为Ⅳ号气苗的38倍，若以Ⅳ号气苗产气率系数计算，日产气量为6737立方米，100年累计已出气2.46亿立方米。可见，程海气苗出气量是非常可观的。因此，研究这些气苗的产层及成因是十分有意义的。

关于程海气苗的成因，前人认为主要可能有：（1）程海处于晚三叠世平浪群和祥云煤系发育的楚雄盆地西北缘，气苗可能是煤成气；（2）程海附近阳新统，泥盆系顶部有深灰色、黑色石灰岩夹油页岩，具有一定生气能力，故气苗可能是油型气；（3）程海位于近南北向程海大断裂北部，据地震资料发现大小断层35条，二叠系喷发岩最大厚度达2500米，燕山期有酸碱性侵入岩，喜马拉雅期又有基性喷发岩。由于断裂发育时间长，岩浆活动频繁，气苗也可能是从地壳深处来的无机成因气。

根据气样分析成果：天然气组分以甲烷为主，一般为94%～99.5%，是没有重烃气的干气，氮的含量一般为0.5%～6%。甲烷碳同位素为 $-62.9‰$ 至 $-68.7‰$。从天然气组分与甲烷碳同位素资料，可以肯定气苗不是无机成因的，因为无机成因天然气的甲烷碳同位素一般小于 $-30‰$。由于气苗的组分为干气，甲烷的碳同位素均小于 $-55‰$，具有典型生物成因气的特征，也就是说气苗来自较新的沉积物。根据浅井资料，程海是新近纪至第四纪连续发育的湖盆地，新近系与第四系以杂色沉积为主，生油条件一般不好，但在东岸昔拉湾第四系下部出现10多层腐殖层，并向西，即向湖盆中央加厚，向东尖灭，尖灭线以西气苗多，说明这些腐殖层是主要产气层之一；程海与非洲的乍得湖及墨西哥坦克斯可可湖为目前世界上三个盛产天然藻类蛋白的湖泊，它每年清明以后，水面上被厚厚的一层拟鱼腥藻覆盖，最厚时可达十几厘米。拟鱼腥藻是获取藻类蛋白的重要资源，其蛋白质平均含量在50%以上。经估算，程海每年可获得拟鱼腥藻干粉一万吨。可见程海拟鱼腥藻资源量巨大，其遗体理当是其现代湖底沉积一个重要有机组成部分，推之也是气苗生物气的主要母质之一。

程海地区气苗多、分布广，出气时间长，出气量大，说明气源较丰富。但基于它是产于第四系的生物成因气，又在盖层、圈闭极不佳的新沉积物中，故要找较大气藏可能性不大。但可能形成长江式浅而小的生物气藏，可因地制宜加以开发利用，具有一定的经济效益。一九五八年前后，当地曾利用一些大气苗的天然气发电、煮饭就是例证。今后应充分利用这种生物气，特别适用于家庭工业作能源。

（1987年第4期）

板块构造与油气资源

童崇光

(成都地质学报)

近20多年来,地质及地球物理学家们,综合了大量的海洋地质和上地幔的研究成果,以地幔对流、洋底扩张、大陆漂移和转换断层为基础,形成了新的全球板块构造理论。这种新理论可以帮助地质学家们站在全球的视野上,认识含油气盆地形成机制,分析盆地内沉积和构造的演化,探讨油气资源在地壳上分布的规律。从而为发现新的油气区及油气田提供线索。世界上沉积盆地含油气的丰度与不同时代的板块构造体制有关,也和沉积盆地在板块构造体系中所处的位置有关。例如板内大陆裂谷型沉积盆地含有丰富的油气资源。我国东部陆上及海域的裂谷型盆地就是如此。据研究,沉积盆地内存在的油气资源和地热体制的变化有关。世界上已知95%的油气储量是储集在后海西期形成的沉积盆地内各种圈闭中。这可能是由于海西期全球性板块运动后,地壳因张裂活动形成大量的沉积盆地,地球内部大量的热流值向地表层传导,使气候变温湿,海陆生物大量繁殖,为油气生成提供了良好的地质环境和丰富的有机质。中、新生代沉积盆地含油气丰度比古生代沉积盆地高的原因,可能是和古生代沉积盆地后来又遭受到中、新生代板块构造运动的改造,使古生界的石油部分因深埋而演化成天然气,部分因地层断褶而又抬升遭到破坏。这在我国南方古生代海相碳酸盐岩地区表现较明显。国内外很多油气勘探家们都在应用板块构造理论来指导油气勘探,并取得了显著的效果。

根据古地磁资料结合古生物、古气候及岩石构造组合的研究成果,对古生代以来的大陆构造环境作了复原。在元古宙时,存在三个超级大陆,即劳亚、东冈瓦纳、西冈瓦纳古陆。在前寒武纪晚期,这些古陆开始破裂。在寒武纪,劳亚古陆破裂为劳伦舍、波罗的、西伯利亚、哈萨克斯坦和中国等古陆块。奥陶纪中期,冈瓦纳古陆正向南极移动导致非洲古陆出现冰川。劳伦舍经历了逆时针旋转;但仍居其低纬度位置。志留纪,波罗的和西伯利亚古陆向着劳伦舍和冈瓦纳古陆移动,并在南极附近聚合。志留纪出现广泛的海侵,标志着快速的海底扩张和广为延伸的洋脊发展。沿劳亚古陆与波罗的古陆之间的亚派图斯大洋两侧边缘的俯冲带体系逐渐加长。泥盆纪,亚派图斯大洋关闭,导致欧洲北部和北美东部的加里东期和阿卡德期碰撞运动发生,波罗的古陆的东北和东南也开始拼合。石炭纪—二叠纪,劳亚古陆同冈瓦纳古陆开始碰撞与拼合,哈萨克斯坦和西伯利亚古陆相拼合,产生海西期运动,代表破裂的超级大陆又联合成一个统一的大陆,又称联合古陆。此时唯有中国西藏、伊朗及土耳其因张裂而远离冈瓦纳古陆。南边的冈瓦纳、北边的劳亚、西伯利亚和中国古陆之间特提斯洋开始出现。二叠—三叠纪,劳亚古陆相对于波罗的古陆向北移动。西伯利亚古陆与波罗的及中国古陆相碰撞,形成了乌拉尔山系,三叠纪晚期,中国—马来亚和劳亚古陆相拼合。这次大陆联合时间短暂,侏罗纪中—晚期,南美洲与非洲分裂开,使南大西洋张开,形成大西洋雏形。白垩纪,在北美古陆与格陵兰之间开始裂开。在古新世,又在格陵兰与欧洲古陆之间再裂开形成统一的大西洋。在整个大西洋扩张过程中,推动了两侧的大陆向东和向西漂移,两侧大陆前缘朝向太平洋洋壳仰冲,使昔日浩瀚的太平洋走向缩小和消亡的历程。印度洋是在侏罗纪末期当南美古陆同非洲古陆分离并分别向北和北东方向漂移时,南极洲和澳大利亚相对向南移动而开始张开的。到古近—新近纪,澳大利亚也脱离了南极洲而向北漂移。印巴次大陆可能更早地脱离了冈瓦纳古陆而向北漂移,到古近—新近纪,它同原来作逆时针旋转的非洲古陆一起和欧亚大陆相拼合,它们之间的强大的碰撞和挤压作用,形成了雄伟的阿尔卑斯—喜马拉雅褶皱山系。从显生宙以来，地壳板块的演化可分为两个阶级，即前中生代阶段，分离古陆走向联合，和中、新生代阶段，联合古陆又走向分离，导演出大西洋、印度洋的张开史和太平洋、古地中海极其复杂收缩及关闭史。每当大陆裂开时，陆内裂陷带及大陆边缘的裂陷带，常是沉积盆地发育地区，由于物源丰富，总是沉积了巨厚的沉积层，常是油气生成和聚集的场所。每当大陆拼合时，缝合带总是造山带分布地区：随之而成山前盆地，山间盆地及中间地块盆地，常是油气生成和聚集的地区。这在中国的西部地区表现最为明显。地壳上各个时代的含油气盆地都是在全球板块构造运动体制下，在一定的构造环境中形成的，因而也有它们发生、发展和消亡的过程，控制着地壳内油气分布的规律性，根据板块构造理论可以对沉积盆地的含油气远景作出预测。

C.Bois 等研究了全球地质历史与油气储量分布的关系后指出，古生代地层的油气储量，大部分是与稳定的地台环境有关，拥有世界已知石油储量的14%，天然气储量的29%，主要分布在北美洲和欧洲。中、新生代地层的油气储量，分布在各种不同的构造环境中，主要是分布在古地中海（即特提斯海）及其邻近的地区内，拥有世界油气储量的69%，有趣的是，分布在古陆相对两岸的油气储量是大致相等的。古地中海地区拥有巨大的油气储量是和该区大陆反复地张开和关闭、长期稳定下沉的沉积盆地广泛发育有关。那里有一些不受全球性洋流干扰的闭塞的沉积盆地，有利于生物繁殖、沉积物堆积、有机质富集和保存，因而分布有大量的油气资源。

据 C.Bois 等统计表明地壳内的油气储量是随着储油层和生油层的时代变老而减少，这可能是受油气热演化程度的增高和油气向上层运移的影响所致。

白垩系油气储量出现高峰值，这可能是和地台型盆地的全球性海进、古地中海环流受限制、海水温度升高及有机质的丰产有关。泥盆系油气储量的高峰值也可能有类似上述的原因。古近—新近系和中、上石炭统油气储量的高峰值，可能是和位于或靠近板块活动带上发展起来的快速下降的沉积盆地有关，它们具有较好的油气生成和保存条件。中东地区拥有巨大的油气储量，可能是中生界和古近—新近系的蒸发岩的有效盖层对油气富集和保存起了重要作用。二叠系天然气储量具有高峰值，也可能是二叠—三叠系广泛发育的蒸发岩起了封闭作用。

总之，地壳内油气储量在空间和时间上的分布，主要是受全球性板块构造运动体制的控制，它们控制着大陆和海洋的分布及演化、全球性洋流活动、各类沉积盆地的形成和展布，以及盆地内的构造演化等。因此，可以应用板块构造理论来概略地分析和预测沉积盆地的油气远景，指出油气勘探的方向。

（1988 年第 2 期）

黑油山——油苗博物馆

戴金星　王霞川

黑油山顶的石碑

　　黑油山顶三米多高三角锥体形的花岗岩石碑，在七月朝阳下显得挺拔俊秀，碑的一面刻着苍劲有力的黑油山三个大字；碑的另两面分别用维文与汉文刻着"黑油山位于成吉思汗山麓，是克拉玛依油田的露头，因原油长年外溢凝结成沥青丘，高13米，面积0.2平方千米，1906年发现并载册，油质为珍贵低凝油，新中国成立后经勘探开发建成当时我国的一个大油田而闻名中外"。

　　黑油山坐落在克拉玛依市东北约1.5千米，出露的地层为三叠系克拉玛依组，该组是克拉玛依油田目前的主力油层。在黑油山克拉玛依组中有种类繁多的油苗：既有沥青脉和沥青砂岩或沥青砂砾岩的死油苗，又有正在不断渗出和冒出原油的含油砂岩或含油砂砾岩活油苗，还有蠕流着原油的石油溪。可见，黑油山作为油苗博物馆是当之无愧的。

　　黑油山出露的克拉玛依组砂岩和砂砾岩，大部分是含油的，由于表面受到风化现多数呈灰色、浅灰蓝色和灰褐色，用地质锤击开，可见褐色含油砂岩或含油砂砾岩本色，并有油味。克拉玛依组有的还贯穿着宽窄不一、长短不同的沥青脉，是原油沿着不同成因裂缝运移、渗透充填而失去轻组分形成的。其中轻组分挥失殆尽的原油产物，称硬沥青脉；而挥发了大部分轻组分的原油演化物，称软沥青脉。

　　站在黑油山石碑基座上四顾黑油山丘，最引人注目的是大小不一，星罗棋布黑黝黝的积油坑。小的积油坑碗口大，通常是含油砂岩在低凹处渗油而成，其量较多；大的积油坑可达1平方米以上，粗略统计不下16个。有较大面积含油砂岩或含油砂砾岩渗油在低凹处汇集而成；有由数个较小积油坑间断的或不断地供油汇集而成；还有由一个强烈活油苗冒油而成，或由浅钻套管冒油构成。例如：在黑油山石碑西北16.5米处的一个1.2米×0.9米的积油坑，在居中处有个23厘米×25厘米冒油口，不断冒油气泡，油气泡直径小的为0.2厘米，大的达7厘米。大的油气泡每隔20～30秒连续冒3～4秒，冒出大的油气泡高出积油坑油面4厘米。油气泡在朝阳照耀下犹如向地表抛散的五颜六色的珍珠，传送着克拉玛依地区地下石油资源丰富的信息，呼唤着人们去勘探开发。

在黑油山石碑西北约50米处，一个直径8米的圆形积油坑，油从一缺口向外溢出，沿着山坡朝北流，沿途与其他积油坑油源及山坡含油砂岩或含油砂砾岩渗出的原油汇合后，形成一条蜿蜒的长约80米的黑色带状的石油溪。石油溪有双层结构：石油溪的主体油流铺盖在山坡岩石低凹处，由于黏度大，以难以察觉的速度蠕流着，形成底层的基层结构；上层结构则为水流，由于水少，在油流层上往往只见间断性水的线状流，有时甚至是水珠流，亮晶晶的水珠，在油流层上快速地向下滚流，像莹晶珠宝散落在石油溪中。造成石油溪水上油下反常的双层结构，这是由这

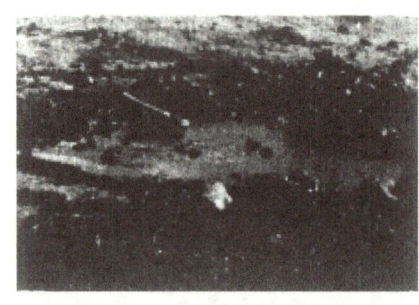

黑油山一个正在冒油气泡的积油坑

里石油多、黏度大而水少等因素所致。石油溪的地质景观令人陶醉，黑油山的油苗使人饱赏眼福。黑油山不愧为克拉玛依油田和克拉玛依市之母。

（1988年第2期）

三次现场采气样纪实

戴金星

我是"六五"煤成气的开发研究和"七五"天然气（含煤成气）资源评价与勘探测试技术研究，国家重点科技攻关项目的参加者。参加攻关的科技人员，为了取得丰硕成果和显著效益，精心调研，不畏艰难，出现了许多平凡而又动人的事迹。今摘录日记三则，以见一斑。

1984年3月29日，晴，云南怒江猛古渡口。滇西的大地绿山碧水，风光旖旎。千峰万峦、巉崖峭壁的横断山脉，以豪迈气势贯穿南北。斩隔高黎山与怒山的怒江，从北向南奔流着。

在怒江流经保山县境内多处发现气苗。斯日云南石油地质研究所桂明义、黄自林带领我们去调查。在猛古渡口下游50～70米的怒江中，发现了较多的气苗。在江中有相距约15m的两处较集中的冒气区，南面的面积约3米×4米，北面的约20米×20米，内有50余个冒气点，多数是间断冒气，也有少数连续冒气。冒出气泡直径大小不等，从0.2厘米到2厘米，一些气泡冒至水面破裂时还发出吱吱声。

此外，在汇西边的浅水沙滩上，还分布有星点状冒气点，多属间断性冒气。在这里，我们选择了较固定的冒气点，以1.7厘米口径玻璃瓶口对准冒气点排水采一瓶550毫升气样，需25～37分钟。在这儿取气样真不易。因为怒江是雪山融化的水，水凉刺骨，人只要站在江中2～3分钟，脚就被冰得酸麻。这时只得到干沙滩上跳跃或按摩，使冻紫的脚暖和一下。我和桂明义、黄自林、关德师四人，轮流着下水，约花了1小时，才取了2瓶气样。为了战胜这种冷祸冻灾，我们拣来树枝搭成三角架撑在水中，再把取样瓶用塑料绳系好倒悬在三角架下，瓶口对准冒气点取样。这样用搭架法自动取样，我们就可不下水了，蹲在干沙滩上，凝视着水如明镜的怒江，银白色气泡从水底沙中蹦跳出来，像莹晶的珍珠，窜进取样瓶。当晚霞染红天际之时，我们又顺利地取了2瓶气样。

1987年7月26日，晴，新疆克拉玛依市。七月的克拉玛依是领略炎热的好季节，我一来此，嘴唇就干裂开了。昨天气温达42℃，据有关同志说，柏油路面温度达63～65℃。

在这热浪袭人、骄阳似火的日子里，参加"七五"国家天然气科技攻关小组的新疆石油管理局石油勘探开发研究院和中国科学院兰州地质研究所的科技人员，为了及时系统进行气源对比，找到更多的天然气，人们轮流着到戈壁沙漠里的油气井上取气样。

火辣辣的太阳照射在没有一棵树木的古尔班通古特戈壁沙漠上，把沙子晒得滚烫；把采油树烤得炙手，戈壁沙漠犹如火海。取气样的同志们，穿火海奔井场，有时为了取油井的伴生气，还得把汽车上200多千克分离器抬下抬上，真是热累交加。

高温下取气样真是一件辛苦事。我向年过五旬的范光华建议说："可否停几天，等气温低点再取。"他答："要取一个多月样，停下来影响任务，还是继续取好。"青年技术人员许万飞插嘴说："采油树热得虽可烫坏手皮，但戴着手套干就没事了。"

他们的言行使我深受感动，我和同来出差的同志说："他们这种工作态度多么值得我们学习啊！"

1988年3月17日，晴转阴，海南岛兴隆农场。我们取到了海南岛上第一口工业气井金凤1井气样后，还想在岛上多取一些气样。按照张腊昌总地质师的介绍，今天，我们决定前往有气苗的万宁县兴隆农场。

兴隆农场宾馆内有两处较大的温泉，一处为流量较大同时出气泡的泉水。

由于在宾馆旁打了深井，装泵抽热水用于淋浴等，我们去观察时，已见不到这个温泉露头了。另一处的温泉较大，是一个用水泥墙围成的 2.5 米 ×2.5 米方池，水深约 2 米，池壁高出温泉水面约 1.5 米。在离池 10 米多远，便可见到池子上空升腾的热气。池中水温达 80～83℃。泉水从池底出，还伴出间断性气泡。冒气泡点不下 10 个，气泡直径为 0.5～3 厘米。由于温泉被高的墙壁围住，所以无法用手拿瓶直接取样。我们利用池壁上三个比水面稍高的出水洞，以木棍搭成丁字架，由陈学亮站在丁字架交汇处准备取样。但由于冒气点大部分远离人手可及范围之外，为防止取样瓶掉入池中，我们只好把取样瓶用塑料绳系好倒垂在马口铁桶中，把玻璃漏斗倒缚在一小竹竿上，再用橡皮管使漏斗管与取样瓶连结起来，最后由石宝珩紧靠池墙操作竹竿上漏斗，并在池中紧张地移动以捕捉各点冒出的气泡。经过 2 小时 5 分，终于取到了约 200 毫升气样，此时，石宝珩已累得满头大汗了。再看从池内丁字架上出来的陈学亮，已汗流背，裤湿透，脸色绯红……

（1989 年第 2 期）

石油来自地球的深处
——一种新的石油成因学说

李维安

（大庆油田）

瑞典中部地区的锡利延湖，是名列世界第六和位居欧洲之首的大陨石坑。据称，它是远在8亿6千万年以前，有一块陨石坐落到地面所砸成的一个直径40千米的陷坑。美国康奈尔大学放射性物理和空际研究中心的教授、天文学家兼英国皇家学会会员托马斯·戈尔德认为陨石的冲击作用，一定会使这里地下的花岗岩层产生可以向下朝地幔方向延伸7010～10668米深的裂缝，从而导致天然气向地面渗透。因而，该地区很可能蕴藏着丰富的天然气。

锡利延湖

基于这样的想法，戈尔德同瑞典国家能源局曾交换过意见。该能源局的托尔德·林德率领的一个研究组，决心证实这种想法，于是便打了7口大约500米深的探井。就在这些探井中，口口都发现了氢、乙烯、丙烷和甲烷等碳氢化合物。

此外，当地的重力加速度测量结果也提供了佐证。在锡利延地区所测得的重力值异常低，而与其他大型陨石冲击坑测得的值相类似。地质学家认为，其原因是由于岩石受到冲击，致使孔隙十分发育所致。在当地重力异常大的地带内，地震剖面表明有几个上下重叠的强反射面。这就说明地震波速有变化，从而暗示这些部位上的岩石密度也有变化。在这个地区，不但有某些流体被圈闭了起来，而且还有些烃类也同样被圈闭了起来。

1986年夏季，瑞典国家能源局曾组织了一项钻井工程。同年7月在锡利延地区开钻的一口深探井，就是为勘探地幔成因的有经济开采价值的油气藏而设计的。当这口探井钻穿1250米、2580米和4700米为许多粒玄岩或粗粒灰色玄武岩所侵入的花岗岩层，即地震反射面时，均见到了干气（高达98%的甲烷）和湿气显示。而且在400米以下的地层中，还发现了H_2和He。但所钻遇的这些火成岩岩层的孔隙度都很小，平均只为1%，且又多为方解石、氯化物和其他矿物所充填。

研究表明，锡利延陨石坑所测得的甲烷的碳同位素比值为$-25‰\sim-15‰$，与在洋脊所测得的$-15‰\sim20‰$相近似，即与其他非生物成因天然气比值相类似。在花岗岩中，烃类所含的C_1—C_4（50%～70%）、石蜡族烃和烯烃都与磁铁矿相伴生。干气多见于粒玄岩侵入体之中，而湿气却见于CO_2与H_2起催化反应所生成的花岗岩层之中。

戈尔德在1988年6月中旬英国《自然》杂志所组织的一次会议上，提出：现已发现的与太平洋洋底之上火山口相伴生的一种喜热细菌，很可能就是地球深处新的生物圈的组成部分。他认为，这些细菌都是靠从烃气而不是靠从阳光来获得本身所需的能源。为此，他以大量的试验结果提出了佐证。

生物成因论者认为油气是生物质在高温和高压下形成的。这一派的强硬的论点，往往都是以油气中含有生物成因的化合物作王牌。

然而，戈尔德却反其道而行之，他深信：重质烃类都是伴随地球形成过程中而在其深处被捕集起来，因而在高压下，便使之形成了石油化合物。

锡利延湖所钻的这口深探井，在钻至大约6000米的深层时，取出了在化学上与地表的油和页岩都极为相似的磁铁矿和油样。因而，这就为戈尔德的"石油，来自地球的深处"提供了佐证。

戈尔德还认为使他的理论站得住脚的，是烃类随深度变化所反映出的地震反射面。在深层，戊烷最为丰富；而在靠近地表，甲烷则占优势；这是因为较重的分子当其自下而上渗透时遇到了很大的阻力的缘故。

尽管磁铁矿也是与生物质相混染的，但戈尔德却坚信："已知处在那样的深度（6000米）是根本没有有机沉积物"的。他认为，细菌在随同石油自下而上渗透时，来自他所提出的生物圈。

但到目前为止，所有发现对其所观察到的重力异常还尚未作出解释，因此就假定还有一断裂带就存在大约7400米深处的第四个地震反射层的下面。为了验证戈尔德的理论，目前瑞典能源局、瑞典政府和工业部门，正联合集资准备以4百万美元的代价，将这口深探井继续钻到它的最终深度——7500米。揭破锡利延构造上其重力异常低之谜，将指日可待。

（1989年第3期）

对我国进一步勘探油气的建议

田在艺

近年来，我国石油和天然气勘探形势越来越好，新老区、东西区、海陆全面开花，油气储、产量持续稳定增长。1978年原油产量突破1亿吨，1985年为1.24亿吨，1988年达1.37亿吨，从而使中国成为世界第四产油大国。但当前石油工业的主要问题是探明有效的地质储量不足，采出量大、储采比失调和投资欠账，勘探缺乏后劲。因此，增加资金，加强油气地质勘探，增加后备储量是当务之急。然而，油气勘探是一个复杂的系统工程，不同的盆地类型，油气分布规律各异，故必须用新观念、新理论、新技术来指导和进行勘探，这是增加油气储量的必然途径。为了实现这一目标，今后应继续加强以下几方面工作：

（1）以沉积盆地为整体，进行含油气分析研究。研究盆地形成机制及其构造组合模式；研究古地理沉积相及其相带的组合模式；研究生油凹陷及其油源岩的生油环境和母质类型丰度；研究地热演化史及其成烃的运移聚集规律，研究地壳构造演化历史及其油气藏在时空上的分布规律等等。

（2）在盆地分析研究的基础上，对全国各含油气盆地，进行系统的油气资源评价，做到心中有数，选择有利盆地或地区进行勘探，以达投资少效益高的勘探效果。

（3）在勘探程度高的地区，加强对资源潜力较大地带的勘探。有计划有步骤地进行深挖细找，增加后备储量，以补老区产量逐年递减。

（4）有计划地加强新区油气勘探。勘探历史的经验告诉我们，没有新区勘探，就很难使储、产量大幅度增长，也难以保证产量的长久稳定。

对重点探区今后的意见：

（1）渤海盆地仍是近期的勘探重点。

渤海盆地已探明的地质储量为数不少，但同资源量的估算数字相比，还相差较远，因而要充满信心，去找新的油气藏、新的含油层系和新的油气领域。

渤海盆地油气分布受生油凹陷控制，在空间上有四个油气聚集带：① 沿大断层上下盘有基岩隆起、同生断层、逆牵引滚动背斜带；② 凹陷中部有挤压平缓背斜或断块形成的古潜山带；③ 凹陷深处有以浊积岩为储层的岩性油气藏带；④ 凹陷的另一侧，由于地层超覆尖灭，多形成岩性不整合油气藏。根据这一规律，对渤海盆地每一个凹陷应进行"盆地分析"与"油气聚集模式"研究，进一步深挖细找，据分析，潜力大的地区还有：① 济阳坳陷中黄河口凹陷垦岛—五号桩—桩西—长堤—孤东—青坨子二级构造带；东营凹陷的利津、博兴、牛庄、民丰等深凹陷中浊积岩油藏；车镇凹陷的套儿河、郭局子等的扇三角洲与岩性油藏；惠民凹陷临邑、信阳、磁镇等地区的重力流沉积的岩性油藏。② 黄骅坳陷的南堡凹陷高尚堡构造带；岐口凹陷张巨河地区及羊二庄断阶带；孔店南部金女寺构造带。③ 辽河坳陷的海外河、台安凹陷、沈北凹陷等。④ 冀中坳陷的廊固凹陷、晋县凹陷、束鹿凹陷和坝县凹陷的岔河集—郑州—高家堡构造带等。

（2）据石油地质资料分析，渤海海域、塔里木盆地和准噶尔盆地评价最高，资料充足，应加强勘探，整体解剖，形成主攻方向。

渤海海域是陆地向海域自然延伸部分，同属渤海盆地，有14个凹陷和13个低凸起，生油条件优于陆地部分。低凸起是油气聚集的有利地带，绥中36-1井和锦州20-1井已获高产。

塔里木盆地是内克拉通断坳陷叠加复合型盆地，前震旦纪为地台基底形成期，震旦纪到古生代是地台盖层沉积期，下古生界在东部沉积厚，上古生界在西部沉积较厚，均为海相沉积，是塔里木盆地的主要油源岩。中新生代盆地上升，变为陆相断坳陷湖盆沉积，三叠—侏罗系有丰富的生油母质，白垩—新近系除喀什地区为潟湖相沉积外，其余地区均为红色碎屑岩建造。从目前石油地质资料分析，若油源来自下古生界，则含油范围广泛，从中央隆起到塔北隆起都是有利的勘探地区；若油源来自上古生界，则以沉积凹陷及其两侧隆起的斜坡为勘探对象；在隆起不整合的范围内，寻找基岩潜山油气藏；若油源来自三叠—侏罗系，则以库车凹陷、塔北隆起、满加尔凹陷为重点，寻找原生、次生、基岩油气藏等。根据上述情况，油气远景最优越地区是塔北隆起、满加尔凹陷和中央隆起。

准噶尔盆地二叠纪时有5个分隔的凹陷，目前了解的只是玛纳斯湖凹陷的生油量；三叠纪时形成统一的沉积盆地；侏罗—新近纪时，盆地继续扩大，至新近纪末，盆地收缩。三叠—侏罗系沉积厚、凹陷深、生油条件好，是较理想的油气源岩。其后各地质时期形成不同的构造圈闭，都是油气聚集的有利地带。从石油地质观点分析，准噶尔盆地油气富集条件优于全国其他盆地。要按"定凹探边""定凹探隆"的原则强化勘探。

（3）鄂尔多斯和四川盆地是发育在克拉通基底上的沉降坳陷盆地，古生界海相地层（四川包括三叠系）是富含天然气资源的地区，中生界陆相盆地深凹陷是形成油气藏有利地带，应加强勘探。

鄂尔多斯盆地古生代时以东胜—吴旗古陆分界，东部为华北相稳定地台陆表海沉积，西部为祁连海坳拉槽沉积，中生代为内陆湖盆沉积。在勘探古生代气藏时，应以西部为重点，搞清坳拉槽的沉积模式，注意背斜气藏、逆冲断层和块断构造气藏；东部地区寻找自东向西的石炭—二叠系与奥陶系地层超覆和不整合面上下气藏。在勘探中生代油藏时，可围绕三叠纪生油凹陷，注意凹陷周边河流三角洲相油藏和三叠—侏罗系不整合古地貌控制的河道砂体油藏。

四川盆地震旦纪至早中三叠世是局限海台地相沉积环境，上三叠世是陆相—边缘海沉积环境，侏罗—白垩纪为陆相湖盆地沉积，沉积巨厚，有利于油气生成聚集。

塔里木盆地三维卫星图

研究表明有五个地区应加强勘探：① 川东通县—开县一带，以志留系、石炭系为目的层，寻找原生、次生构造气藏或不整合气藏；② 川南长宁、自贡、合川、乐山、龙女一带是早古生代的凹陷，是气藏形成的有利地带；③ 泸州—开江古隆起，以二叠系、三叠系为目的层，构造圈闭多、裂隙发育，生物礁发育，是勘探的有利地带；④ 龙门山前带历经台缘坳陷发育史，在印支期发生逆冲断裂，形成复杂的构造气藏带；⑤ 重庆、内江以北的川中地区是侏罗系沉积中心，生油物质丰富，是形成油藏的有利地区。

（4）松辽盆地是我国最丰富的含油气盆地之一，目前探明的储量和原油产量均居全国首位。

以松辽盆地的白垩系为目的层，今后应重视齐家—古龙、三肇、大安—黑帝庙生油深凹陷地区，该区浊积岩发育，可形成岩性油气藏。在深凹与隆起过渡带如小林坎、大安等地，可寻找断层构造圈闭的岩性油藏。在隆起的斜坡区如头台—肇源、乾安—四克吉等地，寻找小幅度构造控制的岩性油藏。在盆地边缘地区如齐齐哈尔—白城子一带，寻找地层超覆不整合油藏。

对松辽盆地深部气藏勘探应给予充分重视。侏罗纪是断陷湖盆发育时期，含煤地层极为发育，具有形成大中型煤成气藏的有利条件。目前应抓紧梨树、农安、德惠、三肇等地区的勘探，逐渐向其他凹陷扩大。伊兰—伊通地堑是古近—新近纪的沉积盆地，已找到岔路河油田，应继续扩大勘探。

（5）中国大陆架广阔，均为大型古近—新近系沉积盆地。从目前资料分析，南海以珠江口、莺歌海、琼东南、北部湾等盆地，东海以西湖、钩北、温东等坳陷前景最好。

南海盆地是古近—新近纪形成的快速沉降盆地，古近系暗色岩层有机质丰富，是主要的油气源岩；新近系及第四系为海相沉积，是极好的区域盖层，地温梯度高，成油气条件好，已发现崖 13-1 大气田和流花 11-1 大油田。

东海盆地同南海盆地一样，新生代沉积巨厚，西湖凹陷及其以北地区为陆相沉积，钩北凹陷及其以南地区有海相夹层，为海陆交互相沉积。古近系沥青质煤含量丰富，新近系褐煤夹层较多，据泥质岩干酪根的氢碳原子比，知其有机物质主要是腐殖型、含腐泥型，有利于煤成气的形成。据钻井资料、生气岩的热演化分析，中新统处于褐煤阶段，渐新统处于肥煤—焦煤阶段，属中低变质。在这样成熟度的条件下，以产气为主，也会产轻质油。根据上述资料，东海盆地有发现大中型气田的地质条件，应有计划地进一步加强勘探。

（1990 年第 2 期）

"齐波夫规律"与油气资源勘测

魏新善

(河南石油职工大学)

1949年，英国学者G·K·齐波夫在其出版的《人类行为及其最小努力原理》一书中曾写到："在研究这样一群有关系的随机变量时，最大者是第二大者的二倍，是第三大者的三倍，依此类推。"这就是著名的"齐波夫规律"。这条规律还可简单地描述为："某一群有关系的随机变量，如果按其大小排列，则序数和大小的乘积近似为常数。"齐波夫认为这条规律适用于一系列社会现象，例如，书中使用单词的频率，工资分配及城市大小分布等。

这一规律应用于石油资源预测应归功于福林斯比。1977年，福林斯比积极向美国地质协会领导人建议，才使齐波夫规律得以在其发表26年后应用于石油资源预测。在石油地质中应用时，齐波夫规律假定：如果所有油田按大小排列，那么，序数和原油储量的乘积都是常数，它等于最大油田的储量，即：最大油田原油储量是名列第二油田原油储量的两倍，是名列第三油田储量的三倍……也就是说，总储量在所有油田中按调合级数分配：$1+1/2+1/3+\cdots+1/n$。当n很大时，例如$n>50$，该级数的总和可以用"$\ln n+(1/2n)+0.5772$"非常近似地表示。

齐波夫规律已应用于全世界的油气田分布，也已应用于各含油气区乃至各盆地、凹陷油气田分布。用这个规律计算的世界石油最终可采储量为2571×10^8吨。这与1983年8月在伦敦召开的第11届世界石油会议上公布的世界最终可采原油量为2456×10^8吨极为接近。如果用齐波夫规律计算，世界上将有300个大油田储量超过7×10^7吨。这与目前世界上已探明储量超过7×10^7吨将近有300个也比较吻合。用齐波夫规律对世界大油田排序，那么，储量为117.8×10^8吨的加瓦尔油田将屈居第二，让位给有1241×10^8吨的阿萨巴斯卡沥青砂岩矿藏。用齐波夫规律对勘探程度较高的北美大陆进行预测发现，在已发现的26250个油田中，序数从1到45的油田储量将占总储量的41%。实际情况是，北美大陆上45个大油田占总储量的35%。由此可见，这一规律在北美大陆油田分布上也是适用的。

对于一个勘探程度较高的盆地或凹陷，根据已知油田用齐波夫规律预测未知油田发现的可能性和大小，也是很有意义的。曾经有人对南襄盆地某凹陷用这个规律预测发现，该凹陷中至少还有中等大小的油田没有发现。这与该凹陷油气资源量预测相一致。另外，根据已知油气资源量对凹陷进行油田储量排序，也可为勘探决策提供信息。例如，某凹陷可分为四个油气聚集带，其油气资源量为$(2.5\sim3.6)\times10^8$吨。那么，用齐波夫规律就可以预测：这四个油气聚集带最终找到的储量将接近这样一个序列：$1.2\sim1.73$，$0.6\sim0.865$，$0.4\sim0.577$，$0.3\sim0.433$（单位：10^8吨）。根据各油气聚集带已找到的实际原油储量分布与上述序列对比，就可为勘探决策提供参考数据。假如，某油气聚集条件较好的油气聚集带已找到1×10^8吨石油储量，那么经过进一步勘探，有可能找到$(0.2\sim0.73)\times10^8$吨的石油储量。用齐波夫规律也可以对勘探程度较高的中国东部含油气盆地进行资源预测。结合已有勘探成果，用这个规律对中国东部诸盆地进行石油资源量排序，将会为勘探的战略决策提供有价值的参数。

齐波夫规律是一个经验性规律，还没有从数学理论上加以证明，但一系列事实证明了其合理性。在应用这个规律预测油气资源时，一定要结合预测对象的石油地质特征，选定合理的齐波夫常数。这样，这个规律将会在油气资源预测中发挥它的作用。

(1990年第3期)

五大连池天然气探源

戴金星

（石油勘探开发科学研究院）

五大连池以火山名扬遐迩，14 座从准平原上拔地而起的火山构成了五大连池火山群。火山活动结果，塑造出千姿百态的地貌景观，贡献出丰富多彩的火山资源，流溢出医效神奇的药泉，导引出地宫深部的气体，由此，获得了"火山博物馆"美称。

1988 年 10 月上中旬，文亨范高级工程师、宋岩工程师和我，为了进行气源对比，获取一些典型无机气的参数，对五大连池天然气进行了调查研究，并观赏了千奇百怪的火山地貌。

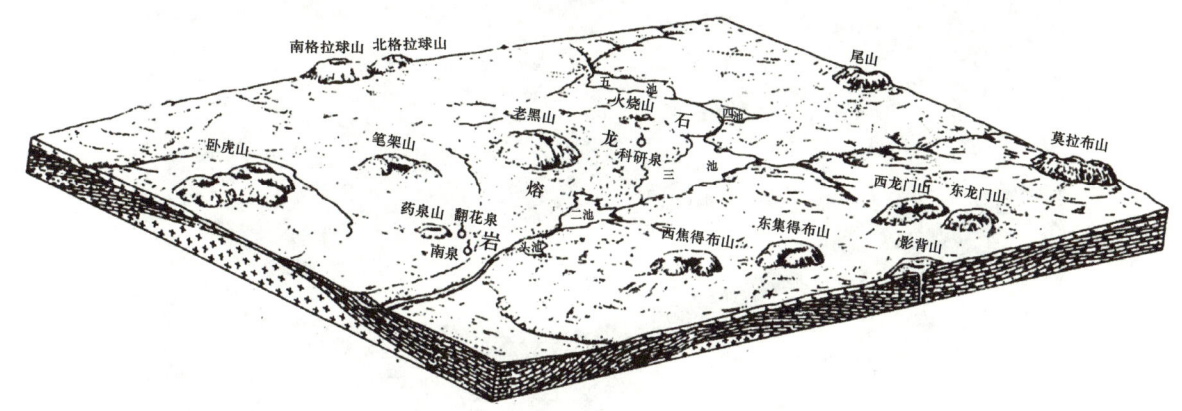

五大连池火山群

地幔来气的信息口——科研泉

科研泉位于 1719—1721 年还在喷发的火山，即如今火烧山之东南麓，处于白垩纪地层与石龙熔岩的边缘，其西分布有森林，泉在低洼长有芦苇的沼泽地上。泉的周围散布着大小不一、棱角显著的黑黝黝的玄武岩质火山砾。主泉由一个八边形的低矮木框围着，面积约 3.0 平方米。据有关文献，泉的整个面积约 6 平方米。木框内的主泉约有 7% 面积（0.21 平方米）在冒气。大量气体从泉水中不断逸出银白色串珠状的气泡。泉水像开锅似的滚滚沸腾，发出刺刺声响，在 2～3 米外便可听见。同时在木框外各火山砾缝隙间有水处，也可看到有连续冒出的气泡。

我曾在西南边陲洱海、程海，著名腾冲火山区硫黄塘，西北边疆克拉玛依的黑油山，"海疆二目"之一的海南岛，东海之滨长江三角洲和钱塘江畔，中华腹地四川盆地、江汉平原等许多地方，调查观察过各种各样的气苗，但与科研泉比起来就大为逊色。科研泉气苗冒气强度大，出气式样繁多，凝视泉面，是一种难得的高雅的地质观察享受。大的气泡直径可达 3 厘米，一般在 1 厘米左右。使人寻味的，有时水面上浮出高达 3 厘米左右由上小下大两个或一簇气泡组合成葫芦状或葡萄状气泡的奇特现象，这是在别处的气苗中不多见的。葫芦状或葡萄状气泡的形成可能有两个原因。一是泉水表面张力较大，故其形成气泡保存时间相对要长一点。二是气源充足，冒气强度大，一个出气点往往一起冒出一簇紧邻气泡。当上面气泡由于泉水表面张力大形成后还来不及消散，下面气泡已快速形成冒出水面，下者顶上者而组成葫芦状；或后生成一簇气泡托拱较先生成气泡而成葡萄状。

科研泉不仅以其绚丽多姿的气泡吸引着我们，同时由于泉水面比地面稍低、木框不高和众多连续冒出的气泡给取气样大开方便之门。我蹲下来跪地，拿着瓶口内径为1.7厘米（瓶口进气面积为2.27平方厘米）玻璃瓶，对准一个直径大于瓶口的连续冒气点，以排水取气法取样。取一瓶550毫升气样需时157秒，以同样方法换另二个连续冒气点又取两瓶550毫升气样，分别需时155秒和159秒。若以取550毫升气样平均为157秒，以瓶口进气面积为2.27平方厘米计算，一天1平方厘米面积可出气0.133立方米。已知主泉水出气部分面积为0.21平方米，以此换算，主泉一天出气量为279.3立方米。如果以火烧山最后停喷于1721年作为科研泉冒气的开始，则至今已出气268年，该主泉此时期内共计出气2732万立方米。

五大连池科研泉

除科研泉外，我们还在翻花泉、南泉取了气样。这些泉水中天然气组分和同位素组成见表。

天然气组分和同位素组成

取样地点		气体主要组分（%）			$\delta^{13}C_{CO_2}$ PDB（‰）
		N_2	CO_2	CH_4	
黑龙江省五大连池	科研泉	2.14	97.86		-3.96
	翻花泉	0.07	99.90	0.03	-4.93
	南泉	16.79	83.06	0.15	-6.84

令君神怡的火山景观　广泛用途的火山产物

取完科研泉气样，攀登火烧山观察火山口。我们从山的东坡向上，没有上山的路。东山坡和东山麓是漆黑色和暗灰色大小不一的玄武质火山砾、火山弹与蜂窝状浮石。这些石头大部分不是露头而是活动的，我滑滚倒几次，费劲地才爬上火山口东缘的山巅。站在火山口外缘，环视火山口内，一个垂陡的深渊陷坑（据文献资料，火山口内径450米，深63米）展示在眼前，坑壁被一些巨大裂缝撕开，显出火山口雄风险态。火烧山西北部有缺口，是玄武质熔岩向外流泻的通道。从山巅东眺，从南向北依次镶着头池、二池、三池、四池和五池碧绿绿的湖水。这五个池是由于火山喷发的熔岩流堵塞了白龙河河道而形成的火山堰塞湖，五大连池由此得名。五大连池点缀在14座火山之间形成的旖旎风貌，曾有诗咏曰："五池浩瀚环翠山，好似明镜照九天。轻舟缓缓碧波远，十四名山眼底悬。"从山巅四顾，在火烧山南西约2千米的老黑山火山地貌清晰。火烧山和老黑山是一对活动相似、性质相仿、寿命相近的姊妹火山。根据有关野外调查和航片解释，火烧山和老黑山喷发次数分别为4次和3次。清代西清在《黑龙江外记》一书中曾明确记载了它们最近一次喷发的情况："墨尔根（今嫩江县）东南，一日地中忽出火，石块飞腾声震四野，越数日火熄，其地遂成池沼。此康熙五十八年（1719年）事，至今传以为异。"据说，在火山喷发时，清廷曾派官巡视，但离此百里就被热浪逼回了，可见当时火山喷发之强烈。以老黑山与火烧山为中心，展布着一望无际的暗灰色熔岩（文献资料记载面积达65平方千米），张爱萍将军赞称并手书为"石海"。它是由1719年至1721年老黑山和火烧山喷发的熔岩形成，因其沿白龙河南泻延伸约13千米，如巨龙展躯，形状奇异，气势壮观，故地质学家又形象称之"石龙熔岩"。

　　我们驱车从西向东穿过整个熔岩"石海"，观赏到了千姿百态的火山景貌：熔岩瀑布、熔岩堆，像面包、麻花、绳索、车辙的熔岩；同时还有栩栩如生的石人、石猴、石熊、石猪、石狗、石牛、石鹅。这些被拟物化、拟人化的熔岩景观，是老黑山和火烧山喷发的熔岩流奔腾澎湃流泻四方时，受熔岩流各部分密度不同、含气体量不一、岩流各部分流速不均、岩流下部地形等影响所创造的。

　　在火山喷发强烈时，不仅密度相当大的熔岩沿地面奔流倾泻，而且把部分熔岩喷向高空，天空出现红艳艳的大小不一的炽热熔岩"灯"。含气很少或几乎不含气的熔岩"灯"，在空中受空气动力的影响迅速冷却，形成纺锤形、球形、梨形、麻花形的火山弹回落到地面。火山喷发时还把无数尘埃状火山灰抛散到天空。这种微粒很细，有的可飘离火山口几十千米。火山灰往往含有多种植物需要的元素，给其周缘本已有很好肥力的黑土，增添了更大肥力。火山灰还含有一些神奇医疗效能的微量元素，给人们健康带来福音。我们在翻花泉附近一处有水土坑取气样时，一位老乡告诉我们，这个坑在夏天旅游旺季时是矿泥浴池。这里所谓的矿泥，实际上是火山灰。腰痛者用它糊腰、腿痛者用它糊腿、秃发者用它糊头，每年夏天有成千上万人来此矿浴疗，多数康复而归。药泉山附近的药泉，以及南泉和北泉的泉水，因含有大量微量元素，喝之和用以沐浴，能治34种疾病，多数疗效十分显著，为世界珍贵矿泉水之一。由于与火山活动有关的这些泉水具有卓著的医疗效能，故五大连池被一位日本专家称为"起死回生恢复健康的圣城"。由于我们深秋来此，塞外的五大连池已是飒飒秋风，寒意袭人，失去沐浴的良机。在南泉调查取气样前，我品尝了一口南泉的矿泉水。这水带有氧化铁腥气和涩味，难以下咽。但见到旁边一人津津有味喝了一大杯，也许这位是求医者，早有良药苦口利于病的思想准备，故能坦然饮之。

　　在老黑山和火烧山一带有$4700×10^4$立方米浮石，是火山"吹泡"作用的杰作。当含有高度分散气体的岩浆从地腹深处向上溢出地表后，一方面由于围压大大降低，熔岩中分散的气体膨胀而产生"吹泡"作用，另一方面由于温度降低，熔岩表层黏度增大又阻止气泡逸出，于是就形成了多孔的蜂窝结构的浮石。浮石的孔隙率高达75%，每立方米的浮石重约620千克，比同体积的水轻380千克。浮石以其能悠然自得漂浮在水面上的秉性而得名。浮石有广泛的用途：在美化环境上是盆景假山石材，洗澡塘里是使人称心的搓脚石，石油工业上可作分子筛，纺织工业上能作低硬度磨料，在建筑工业上是天然轻骨料和无熟料水泥原料之一，而在钢铁工业上则可作轧钢表面的保护层。

　　宝塔状和圆锥状喷气锥，其顶部中央有大小约20厘米或更小的圆形喷气孔，是一种罕见的火山景观，一些地质学家称其为"国宝"。目前这种稀世之宝在五大连池已不多见，仅在人迹罕至的四池、五池中间约有300个未遭破坏。可惜由于时间关系，我们未见尊容。关于喷气锥的成因曾有许多论说，近来有人认为是熔岩在融熔状态时，地表水因高温沸腾，产生大量水气不断外逸吹鼓而成。笔者则认为喷气锥形成是由于聚集于熔岩中以 CO_2 为主的气包或气囊，当其随熔岩从地下溢流或喷溢出地表时，由于压力减少，聚集的气包或气囊的气体很快从熔岩中喷出，于是就创造了一个熔岩顶有圆形孔的喷气锥。不难想象，地表水因受熔岩影响沸腾，形成水蒸气，立即会散发到空气中去，不会向下进入熔岩，作为塑造喷气锥的动力。

五大连池矿泉中天然气的成因

由表可见，五大连池天然气有两个主要特征：其一，组分上是高含 CO_2，即从83%至近100%，烃气量少，即使有烃气，也只有痕量甲烷，未发现重烃气；其二，二氧化碳的碳同位素组成（$\delta^{13}C_{CO_2}$）重，即 $\delta^{13}C_{CO_2}$ 值为 $-3.96‰\sim-6.84‰$。这两个特征与我国一些地区无机成因的天然气，在组分上与碳同位素组成上十分相似。在二氧化碳的碳同位素组成上，也和北京房山花岗岩体里的石英二长闪长岩的石英气液包裹体中 $\delta^{13}C_{CO_2}$ 值 $-3.84‰$，墨西哥世界上最大的无机二氧化碳气田的 $\delta^{13}C_{CO_2}$ 值 $-5.7‰$，美国加利福尼亚州帝国谷无机气 $\delta^{13}C_{CO_2}$ 值 $-2.3‰$ 一样，均较重，而与有机二氧化碳的 $\delta^{13}C_{CO_2}$ 值一般为轻于 $-10‰$ 迥然有别。综上所述，五大连池的天然气，更准确地说二氧化碳气属无机成因是无疑的。

无机的二氧化碳，有两种类型：（1）幔源—岩浆成因。这种气或者来自地幔，或者来自岩浆，由岩浆侵入、火山喷发和火山期后活动携出。（2）岩石化学成因，又可分：① 碳酸盐岩（包括泥灰岩）在高温作用下热分解或变质作用形成；② 碳酸盐岩或碳酸盐矿物水解或被地下水中酸类溶解生成。化学成因的 CO_2，往往在天然气中的含量较低。根据五大连池地区缺乏碳酸盐岩地层，以及天然气中 CO_2 含量高的特征，可认为该处的天然气主要是幔源—岩浆成因的。

由于科研泉天然气中 $^3He/^4He$ 为 $(4.17\pm0.12)\times10^{-6}$，$\frac{R}{R_a}$ 为2.98，说明这种天然气相当多部分是来自地幔的。这是根据与 CO_2 共生的 $^3He/^4He$ 关系对比得出的。因为大气中 $^3He/^4He$ 为 1.40×10^{-6}，$\frac{R}{R_a}=1$；地幔 $^3He/^4He$ 为 $1.1\times10^{-5}\sim1.4\times10^{-6}$，$\frac{R}{R_a}$ 大于3.5；与岩浆及其有关放射性成因的 $^3He/^4He$ 为 $n\times10^{-7}\sim n\times10^{-8}$，$\frac{R}{R_a}$ 小于1。综上所述，五大连池天然气，既有来自地幔的无机气，也有来自玄武质岩浆本身的无机气。

（1990年第4期）

"世界屋脊"的油气资源

朱起煌

素以"世界屋脊"著称的青藏高原,是地球上面积最大、海拔最高、年代最新的高原。这里独特的地壳结构、壮观的地貌景观和丰厚的矿产资源,历来为中外地质学界所瞩目。但由于自然条件恶劣,这里的绝大多数地区至今仍是石油天然气勘探的空白区。

对于这一"世界屋脊"地区的油气远景,一直存在不同的看法,这直接与青藏高原的不同成因观点有关。近20年来,板块活动理论席卷地质研究的各个领域,对世界屋脊地质演化史的探讨自然也不例外。根据中国地质科学院1991年3月公布的最新研究成果,确认现今的青藏高原是由六个地体(北昆仑、南昆仑、巴颜喀拉、羌塘、拉萨和江孜)拼合而成的大陆。在古生代,这些地体均独立位于南半球的中、低纬度区,经过长期的漂移和拼贴,逐步增生于欧亚板块南缘,最终在古近—新近纪与印度板块汇合而发生碰撞造山,终于形成了现今的青藏高原。

按照这种活动论的观点,青藏高原地区在早中生代以前并不存在统一的陆块,其后又经历了多次构造缝合,古生界和下中生界的沉积岩层即使有,也已受到了严重的扰动破坏,因此主要的油气远景应存在于大小不等、为数众多的中—新生代断陷—坳陷中。藏北的伦坡拉盆地就是其中的一个。由于20世纪70年代曾在这里钻遇了少量陆相的重质生物降解石油,所以更增强了这些中、新生代盆地中找油的信心。地矿部最近已将伦坡拉盆地和相邻的班戈盆地列入了"八五"油气勘探计划。据报道,伦坡拉盆地东西长300千米,南北宽15~30千米,含有厚达5千米的中始新统至第四系的沉积岩层,具有形成中、小型油气田的地质条件。班戈盆地面积5万平方千米,海相沉积岩厚度有6000多米,也具备了良好的生、储油气条件。

然而在活动论盛行的今天,也仍然有人在世界屋脊的成因问题上坚持固定论的观点。英国出版的《石油地质学杂志》在1990年二期、三期上连载了一篇题为《世界屋脊的石油》的长论文,明确指出包括板块构造在内的各种流行观点,不能解释过去12年来在青藏高原及其周缘地区所获得的大量实际资料。文章详细剖析了整个高原范围的地层和古生物证据,认为这里的奥陶纪至早石炭世,以及晚二叠世至中始新世的地层,都是在一个统一的稳定块(包括印度)上沉积的。那些横贯全高原的东西向断裂带(昆仑、班公湖—怒江、印度河—雅鲁藏布江),没有一条是同时代不同沉积岩相的分界线,它们对整体的沉积相分布没有控制作用,因而根本不是流行观点所解释的那种大地缝合带。

这篇文章引入了一种新的地球动力学模式,称之为软流圈涌动构造(surge tectonics)假说。根据这一假说,可以认为青藏高原从晚古生代以来就处于活跃的软流圈涌动状态,而东西向的大断裂带就是在不同时代产生的上地幔熔融物质的涌动通道。其中印度河—雅鲁藏布江通道形成于印支构造运动的早期(三叠纪初),而班公湖—怒江通道形成于印支运动晚期(三叠纪末—侏罗纪初)。至于昆仑断裂带通道的形成年代，可能介于前两者之间。文章进一步分析，这三条主要的涌动通道在古近纪发生了横向合并，从而成为统一的涌动体系，引起了整个地区的大规模隆升。世界屋脊的高原地貌就是从中新世以来的2百万年间逐步形成的。

尽管文章中详细列举了涌动构造的各种证据，但怀疑这一假说是否适用于青藏高原的地质学家估计不在少数。然而地质学本身就是一门推测性很强的学科，如果离开大胆的推测，也许连板块构造理论也不会出现。尤其在探讨青藏高原这种地质条件极为复杂地区的油气远景时，多一条思路总比少一条思路有利。特别值得重视的，是涌动构造假说预测了青藏高原的古生界层位（全为海相沉积，厚度可观），甚至比中、新生界还富有油气勘探意义。这些层位具备充分的生、储、盖条件，虽然目前大多分布在年青的火成岩带之间，但并未受到构造作用与侵入活动的有害影响。初步分析表明，古生界比较有利的区块有：（1）冈底斯岩浆带以北的狮泉河—申扎地层亚区；（2）拉萨—波密地层亚区（位于班公湖—怒江断裂带与念青唐古拉山之间）的北部；（3）唐古拉地层亚区的北部；（4）昌都地层亚区内中生界昌都盆地以外的地区。据信这些区块的古生代地层与北面的塔里木盆地和东面的四川盆地极为相似，而这两个盆地内均已形成了重要的古生界油气田。

事实上，作为总面积达200多万平方千米的油气勘探空白区，我们对它的油气远景的认识只能是极为粗略的。这里的不少地区气候恶劣，人迹罕至，连较为详细的地面地质填图都未曾进行。但现有的资料已证明，这个广阔地区存在着多种多样的油气勘探目标。影响在此区展开大规模油气勘探的唯一障碍是平均海拔在4500米以上的自然条件。我们相信，随着我国综合国力和经济实力的增长，世界屋脊上总有一天会出现目前已出现在塔里木盆地的那种蓬勃的油气勘探开发热潮。

（1992年第2期）

话说地洼学说与油气勘探

潘景为

地洼学说是我国地质学家陈国达教授创立的一种新的地质学说。他突破了地质科学领域近百年来占统治地位的"地槽—地台"学说，创立了一门认识地壳运动和演化的新理论，对寻找丰富的矿产和进行油气勘探有着重要的指导意义。这一学说，经过20多年的实践考验，被国际上列为20世纪自然科学史上大事之一。

地洼学说在"地槽—地台"学说基础上，坚持以辩证唯物主义思想为指导，经过多年的实践和探索，首先提出大地构造单元不是"两个"而是"多个"的观点。这个学说从我国东部地质演化的规律出发，深刻阐明地壳演化由活动的地槽转入稳定的地台以后，地壳运动并未结束，大量的岩浆活动，频繁的火山爆发，仍在剧烈地进行着，而且这些活动形成了新的活动地区，陈国达教授将其命名为"第三构造单元"，也就是"地洼区"。他认为这种新型活动区是地壳动、静递进的深化过程。这种地壳运动是呈螺旋式上升而发展着的。还指出"地洼区"内相对隆起的山脉为"地穹"，相对下沉的盆地称"地洼盆地"。并把这种地壳活动与成矿紧密结合起来，提出地穹带以有色金属、稀土、稀有金属及放射性元素成矿为特色；"地洼盆地"则是煤炭、石油、石膏盐类及铀、铁矿的远景开发区。陈教授曾经这样说过："我这么做，除了试图理论上对地壳运动规律做出比较切合实际的解释外，更重要的是要让科学为经济建设服务。开发矿业，地质是先行官。根据地质调查，现阶段中国的大地构造分区，地洼区占三分之二，世界上各地也有广泛分布。地洼学说从新的角度探索成矿规律指导找矿。祖国的地下宝藏能得到充分采掘，是我最大的心愿。"陈教授身体力行，为发展我国的地质科学事业，为在我国找到更多的矿产和丰富的石油、天然气资源，足迹遍及大西北的天山、准噶尔盆地、塔里木盆地，东北的松嫩平原、大庆油田，华北平原，滇黔桂和海南地区。他的学术观点和成就，深受厂、矿、油田科技人员的欢迎。在他的《地洼学说及其实践意义》的论文中指出："由于升降差异所出现的大型或小型新生代盆地，大都是压性的（包括塔里木、柴达木地区等）。但在东部的地洼区，由于皆属华夏期，即激烈期在中生代，至新生代已转入余动期。因此这时的构造型相以块状断裂为主，并且几乎都是正断层，所成盆地（山间洼地）均属张性。据现在所知，中国东部所有的地洼型油田，包括大港、胜利、华北等著名油田，其新生代油气盆地均属张性，与油藏有关的断层，特别是与'古潜山'高产油田成因有关的构造，皆是正断层。"陈教授的观点，过去为油气田勘探发挥了重要的指导作用，也必将对今后油气的勘探发挥作用。

依靠科技进步发展油气勘探工作，关键的环节，就是依靠正确的石油勘探理论，这是发现新的油气资源的基础。20世纪50年代末，60年代初，大庆油田的发现就是陆相生油理论及各种地质科学理论的综合实践。当今，面对寻找复杂类型油气田的形势，就更要自觉地吸收和运用先进的地质科学理论，把新的地质学说和油气勘探的实践结合起来。并紧紧依靠新的工艺技术，采用数字地震和三维地震，搞清复杂构造的特征，以保证探井钻在最有利的构造圈闭部位。采用多种方法提高砂体预测的精度，使大部分预探井和评价井钻到储层相对发育的有利部位，确保在较短时间内在油气勘探领域上有更大的突破。

（1992年第4期）

旋回地层学与油气

魏新善

旋回地层学是沉积学、地层学、天文学等学科相互交叉渗透而形成的一门新兴边缘学科。它从天文角度解释某些沉积旋回或地层旋回的成因，认为沉积旋回或地层旋回是由于地球运转轨道呈周期性变化而形成的。从前对沉积旋回或地层旋回的成因解释往往归因于地壳周期性升降运动或沉积物堆积速度和地壳下降幅度的变化，由此可见旋回地层学有其独特的理论基础。

其实，早在1895年G·K·吉尔伯特就已注意到一定的韵律层理型式，可能记录了"地球轨道的周期性变化"，但一直没有引起人们的注意。到了1920年，南斯拉夫学者米兰柯维奇又提出了第四纪冰期成因的"天文假设"。尽管米氏假设有严密的数学推导，但长期以来却没有被地质学家接受。直到20世纪70年代，由于同位素分析技术和计算机技术的发展，米氏假设才重新引起人们的注意。地质学家们又重新提出"地球轨道旋回是否在地层记录中留下了可识别的痕迹？"这样的问题，而GSGP（全球沉积地质计划）（1986年）活动的开展，使这一问题的研究达到了高潮。

地球轨道旋回变化主要指偏心率、地轴倾斜率和岁差这三个要素的变化：

偏心率：是地球绕太阳运动的轨道偏离正圆的程度，以10万年为周期，在0.005～0.006之间变化。目前地球轨道的偏心率为0.0167。偏心率越大，季节长短差异越大，一年的气温变化幅度也越大。

地轴倾斜率：可表达为黄道面与赤道面之间的夹角，以4万年为周期在22.1°～24.5°之间变化。目前地轴倾斜率为23°27′。地轴倾斜率越大，季节差异越明显，即冬季更冷，夏季更热。

岁差：由于月球和太阳对地球赤道鼓起部分的吸引，地球自转轴的方向环绕与黄道面的垂直轴作缓慢的运动，在空间描绘出一个圆锥面，地轴绕完一圈需要2万年左右的时间，即岁差周期约为2万年。岁差使地球的近日点所处的季节发生变化。如现在在北半球在近日点时是冬天，而一万年前，在近日点时却是夏天。

从上述不难看出，地球轨道要素的变化主要改变日射形式，并且具有万年尺度的周期。小幅度的日射形式变化能引起气候变化，从而改变海洋习性和沉积体系。而沉积物中记录的万年尺度周期（10万年，4万年，2万年）就可精确计算地质时间。

由于含油气盆地首先是沉积盆地，各种类型的沉积盆地具有各种复杂的地层旋回（或沉积旋回），因此，利用旋回地层学的理论重新认识地层旋回（或沉积旋回）成因，将会对含油气盆地的研究获得突破性进展：

（1）以万年为尺度计量地质时间和对比地层。

在地质学中，利用古生物、岩石、构造等变化仅仅可以确定相对地质时间。放射性年龄虽然可以确定绝对地质时间，但它是以百万年为尺度的，精度相对较低。更重要的是在沉积盆地中很难找到丰富而合适的测试对象，即使找到了测试对象，也往往由于地质作用过程的复杂性而影响测量精度，这对陆相含油气盆地来说，更是如此。如果利用旋回地层学理论，就可达到万年尺度计量地质时间的精度。由于沉积盆地无论是海相还是陆相，都发育广泛的地层旋回，只要识别出地球轨道偏心率、地轴倾斜率、岁差周期的沉积记录，就可识别出10万年、4万年、2万年的地质时间。这种计时方法不受岩性、古生物分带等因素影响，因而可以在大区域内乃至全球进行精确的地层对比。

由于湖泊沉积系统是一个封闭系统，对气候变化非常敏感，利用季纹数就可识别地球轨道变化旋回。在落基山始新世绿河组油页岩系中已识别出了 2 万年的岁差旋回。在三叠—侏罗系的 NeWark 岩系中不但识别出了 2 万年的岁差周期，还识别出了 4 万年的地轴倾斜率变化周期。

在海相碳酸盐岩中，已识别出了爱尔兰西北部石炭纪石灰岩旋回平均时间约为 8.4 万年。在意大利中部中白垩世地层进行的工作表明，远洋泥灰岩相确实能够记录一定的地球轨道旋回，它控制着碳酸盐岩的产生率。在美国的阿巴拉契亚寒武纪陆架碳酸盐沉积中，也识别出了由于地球轨道变化而引起的海平面波动。

我国东部新生代含油盆地陆相沉积旋回发育，许多盆地（例如，江汉、泌阳、东濮等盆地）发育有蒸发岩系旋回、油页岩系旋回等。因此开展旋回地层学研究就有可能使各含油气盆地的地层对比达到万年尺度，它要比现在以段（如沙三段、沙四段、核三段等）为相对年代的地层对比精确得多。

（2）提高测井曲线的利用价值。

以往利用测井曲线对比地层时只能确定相对地质时间，地层对比也往往具有穿时性。而旋回地层学认为，高分辨率的测井曲线记录着地球轨道旋回式样，可以用来确定万年度地质时间，甚至一般的测井曲线也可识别出 0.4 百万年的旋回记录。

（3）预测储层的展布规律。

在浅水层序中，地球轨道旋回往往与海平面小波动相伴生。在低海平面时，碳酸盐岩暴露地表，导致了淡水对它的溶滤，形成烃类储集的次生孔洞。因此，识别出地球轨道旋回的影响就可在横向上预测储层展布范围，而在纵向上就可预测储层的分布规律。对于湖泊旋回，干旱气候易于发育冲积扇砂体，而潮湿气候则易于发育三角洲及水下扇砂体。因此，识别出轨道旋回的影响就有可能在时空上掌握这些砂体的分布规律，达到储层预测的目的。

（4）预测生油岩的展布规律。

地球轨道要素的变化直接影响海洋底水的形成及全球海洋环流，以及海平面升降，而全球海洋环流对海洋环境的生态有很大的影响，这直接关系到生油岩的分布。因此，识别地质记录中地球轨道变化，对于预测生油岩的时空分布有重要意义。

对于陆相湖盆，干燥气候往往形成蒸发岩，而潮湿气候往往有利于生油岩系形成。这种气候变化完全可以利用地球轨道旋回在地质记录中预测，从而达到在纵横向上预测生油层（岩）的时空展布。

（5）重新认识含油气盆地的发育史。

盆地的沉积发育史是含油气盆地发育史的极其重要内容。以前对沉积旋回的成因往往从盆地沉降的构造作用控制方面来解释，现在看来，含油气盆地的某些发育阶段，构造可能只形成了"集装箱"，而天文因素却决定着在"集装箱"中将装什么"货"。

旋回地层学应用于石油地质研究中才刚刚起步，许多工作要求在大区域内采取不同学科协同攻关。但是，初步的研究成果已证明，旋回地层学应用于石油地质研究有着广阔的前景，它将使人们重新研究石油地质学中那些守旧的成因解释，从而使旋回地层学的理论更趋完善，并推进石油地层学的高速发展。

（1992 年第 4 期）

天涯何处无"石油"

王辉平

为了解决石油资源的不足,各国科学家正在寻找石油的新来源。

粪便中提取

加拿大废水技术中心在安大略省哈密尔顿兴建了一个与众不同的工厂,工厂的原料是臭气熏天的粪便,产品却是优质燃料——柴油。其工序:(1)排放粪便里的水分;(2)用热空气将粪便干燥;(3)再加热至450℃,使粪便起泡变成气体和灰色的炭状物;(4)把气体变成液体,从中获取柴油。目前,1吨干燥粪便可转换成2桶柴油。

煤炭中提取

英国科学家经过十多年的研究开发,1990年在北威尔士投资4000万英镑修建了一座煤炼油厂,每天可生产成品油5万桶,形成了年产250万吨的生产规模。提取1吨油仅用2.5吨煤。所产石油标号高,含硫低,驱动力强,环境污染小。不足的是目前生产费用还比较高。

植物中提取

据苏联专家预测,目前全世界植物生物质能源(主要是森林)每年生长量相当于600亿～800亿吨石油,为目前世界开采量的20～27倍。目前英、美、德等一些工业发达国家用木材加工出石油已达到实用阶段,英国一家公司采用液化技术,用100千克木材生产了24千克石油,同时还生产出16千克沥青和15千克蒸汽。美国俄勒冈州一家以木片为原料的工厂,100千克木片可制取30千克石油。人们还发现,地球上存在着不少的"石油植物",它们所分泌出的液体,不需加工或稍经加工便可作燃料使用。如澳大利亚的辐射桉树,菲律宾的邦伊伦邦树,马来西亚的银合欢树,巴西的橡胶树、苦配巴树，中国海南省的油楠树等。许多草本植物也富含石油，如美国的黄鼠草、乳草、蒲公英，澳大利亚的桉叶藤、牛角瓜等。海洋中的有些藻类也可提炼出石油，美国西海岸附近海域中盛产一种巨型海藻，每昼夜可长0.6米，用它也可以提炼出汽油和柴油。

垃圾中提取

我国江西都昌能源研究所所长占小玲，发明了一种从垃圾中提取石油的方法。他利用工农业生产中的残渣、废液和排放物，如松香厂、林化厂的松根油、松针油、松重油，制药厂的甲醛酯，酒精厂、糖厂的杂醇油，造纸厂的臭油，焦化厂的煤焦油，油化厂、榨油厂的油脚，枯饼厂的残渣废液等，分别通过不同的加工方法发酵、硝化、热裂、过滤、净化，提取为液体碳氢化合物，然后按其辛烷值和十六烷值的高低进行氮化处理，再加入一种特殊的高分子胶体物质添加剂，从而生产出价格低廉、品质优良的通用燃油和混合柴油。该发明于1989年转让给几家工厂后，共形成年产3万吨的规模，年产值达1000多万元，年利税近500万元。

日本人也在垃圾上很下功夫，研究人员已从废旧塑料（包括聚乙烯、聚丙烯、聚苯乙烯）中还原出石油。他们利用一种触煤剂将石油制成塑料的过程逆转过来，在正常情况下，1千克废塑料可还原成0.5升汽油、0.5升煤油和0.5升柴油。

韩国则在下水道污泥身上打主意，亚洲大学环境工程系的科学家，最近成功研究了从下水道污泥提炼优质柴油的废水渣热分解工程技术。具体步骤为：首先烘干由微生物等组成的有机物质，然后把它放入1个大气压的反应器中，进行450℃高温处理，同时放进催化剂，使污泥在高温中产生物理化学反应，最后分离成油、气和焦油。这种方法可使污泥的能源转化率达到70%以上，1吨污泥可提炼出250千克优质柴油。

（1992年第4期）

古石油与油气

李钟模

（化工部化学矿产地质研究院）

石油、天然气的成因问题，有各种不同的学说，归纳起来不外乎无机成因和有机成因两大派别。解决这个问题，有着重大的理论意义和现实意义。

谁是谁非，古生物自会评说

无机生成学派认为，在实验室内碳氢化合物可以由各种无机物质的反应制成。因此他们认为，地球内部的碳化铁与流过的水作用，就可以产生碳氢化合物。这个说法是根据实验室的结果假定的，至于这种假定中的碳化铁，是否存在于地球的内部，还无法证实。另一种认识是火山喷出的气体中含少量的碳氢化合物，这种气体被假定由地壳深部而来，当到达地面时，与低温度的岩层接触，冷凝而成石油。其根据是在埃特那山附近的玄武岩中发现了石油和石蜡。但是至今尚未在火成岩里发现过油苗；玄武岩中的石油是否由沉积岩里运移而来尚值得研究。

古生物与油气

随着石油勘探资料的不断丰富和油、气田开采的实践，人们发现绝大部分油田都分布于沉积岩中。更重要的事实是，石油、天然气的化学成分与沉积岩中有机质的化学成分有很多共同之处，而且在地史时期中生物广泛发展的阶段，相应的沉积岩中的石油、天然气就越丰富。这些事实无可辩驳地说明了石油是有机物质生成的。

既然肯定了石油是有机物质生成的，那么有机物质又是从哪里来的呢？根据原油孢粉分析，从原油中分析出海绵骨针、硅藻、孢子等古生物，证实了有机物质的基础就是古代的生物。这些有机质在一定的温度、压力、催化剂等作用下，转化成石油、天然气。

上述这些都属于微体古生物。下面我们从更直观的证据阐述这个问题。20世纪60年代末、70年代初，笔者到云南省东部曲靖地区和贵州北部石阡地区作古生态观察及油苗调查时，发现滇东地区中泥盆世（距今$3.7×10^8$年）地层中腕足动物鄂头贝化石和六方珊瑚、枝星珊瑚化石体腔里，有黄褐色半液态原油。在黔北石阡城北及卫杆地区早志留世（距今$4.3×10^8$年）地层里，发现腕足动物五房贝和十字珊瑚、泡沫珊瑚、角状齿板珊瑚及层孔虫化石体腔里，有黄绿色及黄褐色半液态原油（统称化石油苗）。原油在腕足类体腔里多集中在内腹部；在珊瑚体腔里主要是沿着横板、隔壁、体壁富集；在层孔虫里主要沿细层、支柱富集。

原油在化石体腔里的产状有两种类型：一种是全封闭类型，系由生物的软体部分转化而成。当转化为原油后，由于受外界影响而全部封闭在化石体腔里。当我们将化石击破后，发现原油储存在化石体腔中部，没有浸及体壁周围，说明生物有机质转化成原油后未经运移。另一种类型是开放型，当生物体腔里的软体部分转化为原油后，原油可以渗透出体腔以外。对于我们研究油、气的成因问题，前者最能说明问题；而对石油的聚积唯后者有用。因为石油生成时是分散的，只有经运移至储集构造中才能富集成油田。例如著名的贵州泡木冲晶洞油苗，每个晶洞中均含有约半个小酒杯的液体油苗，但到相应的层位中打钻，却钻不出石油。后经研究，发现这些晶洞都是双壳类化石体腔，属封闭型化石油苗。

发现了古潜山油田

目前分析原油孢粉的目的并不局限于证实油、气是有机生成这一观点，它的主要任务是研究石油的生成时代和油源区，以及石油的运移等。由于孢粉体积小、密度轻、加上石油具有一定的黏度，所以在石油向储层运移过程中，能携带一部分生油层中的孢粉和藻类化石。结合地球化学资料加以综合分析，便可确定油源，探索油气运移规律。

据胜利油田和华北油田的原油孢粉分析，"古潜山"的原油虽都储集于早古生代的奥陶纪、寒武纪、震旦纪（距今 4.4×10^8 年以前）地层里，但从原油中析离出来的孢粉和藻类全部都属新生代古近纪（距今 $0.25\times10^8\sim0.67\times10^8$ 年）的常见分子。这就证明，这些原油是新生代生成的，后来运移到古生代老地层中储存起来了。那么这种新生、古储型油藏是怎么形成的呢？只要简单地回顾一下该地区的地质发展史便明晓了。

在古生代时，这里是一片汪洋大海，居住着古藻、古杯、三叶虫、头足类、腕足类等海族世家，沉积着巨厚的海相碳酸盐岩。后来经历过多次构造运动，使震旦纪、寒武纪、奥陶纪地层，分别在不同时期隆起露出海面，未接受新的沉积。在印支运动时（距今 1.95×10^8 年左右），本区整体抬升，海水东退，形成大陆。在古近纪时，本区整体下降，形成了两个近海内陆大湖，即今日的济阳坳陷和冀中坳陷，沉积了古近纪以碎屑岩为主夹碳酸岩的地层。在古近纪沉积之下潜伏着许多古生代及震旦纪形成的"山包"。虽然这些"山包"的规模、形态、发育史及其成因各不相同，但它们都属于潜伏于古近系之下的"山包"，故称之为"潜山"，又因为它们都是老地层"山包"，又称之为"古潜山"。因为在潜山区古近纪是一种填充式的沉积，它首先把这些"山包"从山谷到山峰都普遍充满填平，然后才继续往上沉积。故这些"古山包"四周都与古近系接触。古近纪时生成的石油、天然气便沿着"古山包"的裂缝、晶洞、孔隙，渗透运移到"古山包"里储存起来，或者通过疏导层，经断层或不整合面运移至潜山体中。现用地震的办法查明这种"古山包"的位置，然后打钻。几乎每找到一个这类"古山包"就是一个油田。这就是我国所发现的新生、古储型油田，又叫古潜山油田，是我国石油地质工作者的首创。这是一个了不起的发现，不仅为我国石油工业开阔了前景，也为世界人民作出了贡献。

闯进了震旦纪地层的"禁区"

20世纪60年代前，我国广大石油地质工作者从自己的实践中，深信油、气是有机物质生成的，故在选择勘探目的层时，往往把震旦纪地层排除在外，划为寻找油、气的"禁区"，因为那时没有在震旦系里发现古生物（化石）。既然油、气是有机物质生成的，没有古生物就意味着有机物质没有来源。

20世纪60年代初，四川石油地质工作者在威远构造上打了一口深井，目的是想弄清地层层序，了解构造发展情况。当这口井钻入震旦纪地层后（即后来称的富藻白云岩段），天然气像深山的猛虎，出水的蛟龙，呜呜啦啦地喷出来了，来势之大，出乎人们预料。一口日产百万立方米级的"气老虎"井发现了，人们互相欢呼，奔走相告。

　　高兴之余，广大石油地质工作者不得不深思，为什么震旦系里没有古生物而天然气储量竟有如此之大呢？难道有机生成学说不对或者不全面吗？在这种事实向理论挑战的情况下，广大石油地质古生物工作者做了许多艰苦细致的研究工作。他们从有机生成这个理论出发，怀疑原来认为是所谓葡萄状、鸡卵状、马牙状、雪花状、花边状、放射状、管状、泡沫状、变环状的岩石结构，可能是古生物。于是他们采用切片的办法把这些所谓的岩石结构解剖开来，按纵向、横向、弦向等方向切制磨成0.035～0.04毫米的薄片，置于高倍生物显微镜下观察，在中国科学院南京地质古生物研究所的专家帮助下，证实这些所谓的岩石结构，大部分都是较原始的藻类——"古藻"植物化石。研究结果表明震旦系中的天然气仍然是有机物质生成的。震旦纪地层里并非没有生物，如西南地区的富藻白云岩段，藻类生物常富集成礁。至此，在震旦系寻找石油、天然气的"禁区"完全被撞破了。这种偶然的发现说明科学研究是无止境的，大自然还有很多秘密等待着我们去发现，去探索。

（1994 年第 4 期）

陕甘宁盆地古生界天然气勘探回顾

金衍泰

（中国石油学会）

陕甘宁盆地是我国大型含油气盆地之一，也是油气勘探最早的盆地之一。从1907年在延长钻出第一口产油井算起，经历了87年的勘探历程。截至目前共发现中小油田27个，全盆地年产油量240万吨。

该盆地的天然气勘探起步很晚，20世纪60年代末在石油勘探的过程中揭开序幕。而真正有目的的天然气勘探工作则始于20世纪80年代初期。大致经历了由不被重视到逐步重视、由上古生界为目的层到下古生界为目的层、由西部盆地边缘到盆地腹部、由油气兼探到天然气项目专探这样几个阶段，是一个逐步实践、逐步认识、逐步深化的过程。

油气兼探，以油为主时期（20世纪60年代末至70年代末）

该盆地的第一口工业气井是在石油勘探进程中发现的。20世纪60年代末期，根据综合研究结果，在盆地西缘灵武—盐池—定边开展石油勘探，陆续发现一批新油田。1969年当钻探刘家庄构造刘庆1井时，在上古生界石炭—二叠系中见到了多层油气显示，电测解释仅在二叠纪地层（井深427～904米）就有气层和可疑气层15层71米，测试后获日产5.78万立方米工业气流。这口井不仅是首次在上古生界获得的工业性天然气流，报告了一个重要信息，而且使本盆地增加了一个新的勘探目的层系。但是当时中生界的石油勘探任务很重，这一重要发现未能引起足够重视。

20世纪70年代，全盆地开展了前所未有的大规模石油勘探会战。从1970年10月开始，在陇东、灵武—盐池、陕北三大探区同时展开。

1976—1981年，在全国寻找任丘式古潜山高产油田的热潮中，该盆地也在下古生界展开深层石油钻探，以下古生界海相碳酸盐岩为目的层，先后钻探了16口探井。由于主要目的是找油，因此对钻探中的天然气显示是无暇顾及的。钻探结果表明，半数以上的古生界探井在奥陶系见到明显含气显示，其中盆地南部的耀参1井日产天然气242立方米。这是在下古生界奥陶系中最早见到的天然气显示。

上古生界煤成气勘探时期（1982—1984年）

"六五"计划时期，全国石油系统开展了煤成气理论的攻关研究。陕甘宁盆地上古生界煤系地层分布十分广泛，而且煤系地层发育，煤炭蕴藏量十分丰富。因此该盆地选择在西缘断褶带有目的地对石炭—二叠系开展了煤成气勘探。

在"主攻侏罗系，试验延长统，预探古生界"的总体勘探部署原则下，1980年1月在胜利井构造顶部首先钻探任4井。1981年12月该井在二叠系石盒子组获得日产3.27万立方米工业气流，再一次报告了盆地上古生界含天然气的重要信息。这一时期，以西缘断褶带横山堡地区为重点，共打探气井19口，获6口工业气井，发现了刘家庄、胜利井两个小气田及哈什图东、色伦卡得庙东两个含气构造，由于构造破碎，断块较小，仅探明天然气地质储量20亿立方米。

就在同一时期，地质矿产部第三石油普查大队在该盆地北部伊盟斜坡区15万平方千米范围内也开展煤成气钻探，共钻井 12 口，7 口井在上古生代、下古生代地层见到含气显示，其中伊 17 井日产气 2.4 万立方米。

"六五"计划期间该盆地西部、北部古生界天然气勘探的成果，不仅展示了盆地具有区域性的良好含气前景，而且为"七五"计划及其以后的天然气勘探的持续发展奠定了基础。

以奥陶系为目的层的侦察钻探阶段（1985—1986 年）

同上古生代地层一样，下古生代海相地层在全盆地也是广泛发育的，而且含气显示普遍。结合煤成气勘探取得的成果，下古生界天然气勘探日益提到日程。据此长庆石油勘探局和原石油工业部都采取了一些重要的勘探举措，并将天然气勘探目标从低产、低渗透的二叠系转向了奥陶纪海相地层，遂在盆地中部、西部取得突破性发现。

一是从勘探部署上提出了加快陕甘宁盆地天然气勘探的战略目标。1985 年 2 月，关于加速陕甘宁盆地天然气勘探的汇报会议，首次提出了天然气勘探的战略目标，并指出"加速陕甘宁盆地天然气勘探，争取在较短时期内建成具有相当数量储量和产量的基地是可能的，也是必要的"。

二是部署钻探区域探井，侦察奥陶系含气情况，取得发现性的成果。

第一口井（麒参 1 井）：是长庆石油勘探局根据 1980 年完成的横贯盆地北部的惠（安堡）—绥（德）单测线地震大剖面上的麒麟沟鼻状隆起显示，于 1985 年部署钻探的。该井 1985 年 5 月 30 日开钻，同年 9 月 15 日完钻，1986 年 3 月测试奥陶系风化壳马家沟组，酸化后获日产 1.73 万立方米工业气流，成为该盆地奥陶系第一口工业气井。

第二口井（天 1 井）：该井是根据阎敦实总地质师关于重新钻探盆地西部天环向斜内天池构造的意见部署的，于 1986 年 1 月 5 日开钻，同年 9 月钻至井深 3976 米奥陶纪地层，经中途测试获日产 16.4 万至 32.8 万立方米高产气流，引起石油部领导的高度重视。这是该盆地奥陶系第二口工业气井，也是奥陶系第一口高产天然气井。

第三口井（伊 24 井）：是地质矿产部第三石油普查大队在盆地北部伊盟斜坡钻探的。该井 1985 年 8 月完钻，1986 年 6 月测试奥陶系马家沟组碳酸盐岩地层，获天然气流，点火火苗高达十多米（《中国地质报》1986 年 8 月 22 日）。

1986 年在盆地中、西、北部接连在奥陶系钻获工业气流，而且这三口井相距 140～240 千米之远，地处三个不同的构造单元上。显然，这不是偶然的。它预示了盆地奥陶系具有大范围区域性含气的态势。

天 1 井喷气后，原石油部派出了由胡朝元同志带队的工作组赶赴勘探现场。工作组在汇报提纲中指出："奥陶系接连打出工业气井，层位均在顶部风化壳附近……气层具有区域性大面积分布特征，有可能大面积含气，是一个很大的场面""从长远看终究必将成为一个大气区"，并提出了勘探主攻区带选择建议：天池—东部地区—中央古隆起—西缘断褶带。

盆地东部评价钻探阶段（1987—1988 年）

由于勘探资金的限制，下古生界天然气勘探的重点战场当时陆续转向气层埋藏较浅的东部榆（林）—绥（德）地区。

为此，1987 年 7 月原石油部天然气司与长庆石油勘探局在京共同讨论了勘探部署的调整，确定在榆—绥地区 1000 平方千米重点解剖区布井 13 口（含已完钻井），另以 10 口探井（含已完钻井）完成 1.2 万平方千米区域侦察任务。

钻探实践证实，东部地区处在奥陶系岩性附近，产层具有低孔隙、低渗透、低压力、低产量的特点，因此均获低产气流。1987年9月1日，石油部王涛部长、阎敦实总地质师再次指示，为避免盲目决策，要求一定要搞储层评价，把产能摸清楚。1988年5月原石油部批准了长庆石油勘探局编报的《陕甘宁盆地榆一绥地区"四六三一"工程储层评价设计》，即在40平方千米内（镇1、镇2、镇4、镇5、镇6、镇7井区）用6口井，经酸化改造，单井产能达到3万立方米/日，稳产1万立方米/日。

钻探古隆起斜坡，取得发现大气田的关键突破（1988—1990年）

根据地质资料分析，定边—庆阳古隆起一直被认为是天然气运移、聚集的最有利指向，因而在东部评价钻探的同期，1987年北京石油勘探开发科学研究院审查同意了长庆石油勘探局提出的第一口科学探索井井位设计，这就是陕参1井。该井地处古隆起东北缘，在靖边县城东北约10千米。1988年1月24日开钻，由研究院和长庆石油勘探局合作完成，完钻井深4060米，井底地层为奥陶系，钻井揭开奥陶系630米。1988年12月中途测试奥陶系风化壳3441~3472米井段，获日产5.98万立方米工业气流。1989年6月13日酸化后常规试气上述井段，日获得14.2万立方米高产气流，产气层位与东部地区一致，均为中奥陶统马家沟组。同一年，距该井东北40千米的榆3井，在相同层位酸化后也获13.6万立方米高产气流，从而取得了寻找奥陶系高产富集区带的关键性突破。

1990年后，不断地扩大钻探，在陕参1井北、西部的陕5井、陕6井都相继在奥陶系日获得53万立方米、37万立方米的高产气流，从此打开了陕甘宁盆地天然气勘探的崭新局面。截至1993年底，陕甘宁盆地中部成为我国最大的气田。

陕甘宁盆地古生界天然气的勘探历程是曲折的。但陕中气田的发现说明：一个大型的含油气盆地不可能只赋存有单一相态的烃聚集；油气的聚集不可能只限定在中生界一套地层；只靠油气兼探而不搞天然气专探是发现不了具有较大工业规模的气田的；油气的勘探必须在区域性的地质综合研究的基础之上才可能提出正确的勘探部署、主攻方向和层系目标；参数井的钻探和区域性的地质—地球物理大剖面依然是指导区域油气地质勘探工作的两大基柱。

（1995年第1期）

等深岩丘，一个潜在的油气勘探新领域

何幼斌

（江汉石油学院）

等深岩丘是等深流的沉积作用形成的沉积体。等深流就是指沿海底等深线水平流动的底流，也有人称之为等高流、水平流、平流等。最先注意到深海底流及其沉积作用的是德国海洋物理学家G·Wust和美国沉积学家B·C·Heezen。而对深海底流沉积进行实质性研究是从Heezen和Hollister及Schneider和Heezen对北大西洋西部底流沉积的研究开始的。1966年，Heezen等人在对北大西洋陆隆沉积物进行了详细的研究之后，首先提出了等深流沉积这一术语。他们认为，等深流是由于地球旋转的结果而形成的温盐循环底流。这种底流平行于海底等深线作稳定低速流动（5~20厘米/秒），主要出现在陆隆区。从此以后，等深流这一术语逐渐被地质学家和海洋学家们所接受并得到了广泛的应用。

随后，海洋学家和地质学家们使用了许多先进的仪器设备对现代大洋中的等深流进行了大量的调查和研究，特别是随着深海钻探项目（DSDP）和其后继项目大洋钻探项目（ODP）的完成，他们对现代大洋中等深流的活动和分布特点有了比较全面的了解。到目前为止，资料较为丰富，了解程度较高的主要是大西洋，其次是与南极相邻的威德尔海和罗斯海，以及地中海。与此同时，对等深流的沉积作用及其产物——等深流沉积也有了比较全面的认识。

大量海底调查发现，等深流的流速一般为5~20厘米/秒，有的可达50厘米/秒。个别地方可能因局部地形或其他因素的影响而流速更高，如靠近直布罗陀海峡地区沿上部大陆坡，最大流速在250厘米/秒至180厘米/秒之间。这种流速就决定了等深流沉积的粒度一般较细，多为泥级和粉砂级、次为砂级，有时也可见砾石滞留等深流沉积。其分选一般中等至好，局部分选极好。

海洋钻探、物探和综合研究还发现，在现代海洋大陆坡和陆隆上，不仅广泛分布着一些分散的等深流沉积物，而且广泛发育着由等深流沉积物构成的巨大的沉积体。这种沉积体的规模可与由浊流沉积形成的海底扇相比拟。其中一种最重要的类型就是等深岩丘，它呈长条形或伸长状，横剖面呈丘状，长度一般为数十至数百千米，宽可达数十千米，高出周围海底100米以上，其堆积厚度局部可超过2000米。到目前为止，已在北大西洋中发现和详细研究了16个大型的和许多小型的现代等深岩丘，此外在南大西洋和其他大洋中也发现了一些小型的等深岩丘。除等深岩丘外，还发现了另外两种类型的等深流沉积体，即等深岩席和与水道有关的等深岩体。

与对现代等深流沉积的研究相比，国外对古代等深流沉积的研究则比较薄弱，较为成功的实例也不多见，见诸报道的等深岩丘仅有阿拉伯克拉通大陆边缘白垩系塔勒梅亚费组碳酸盐等深岩丘一例。

我国等深流沉积研究起步较晚，主要开始于20世纪80年代初期，虽然由于条件所限，无法开展现代等深流沉积的研究，但在古代等深流沉积研究方面取得了一系列成果。如刘宝珺院士等对珠穆朗玛峰地区中侏罗统中等深流沉积的研究和对湘西黔东下寒武统等深岩的研究，姜在兴教授等对皖中下志留统等深岩的研究，等等。特别是段太忠博士等发现和研究的湘北下奥陶统等深岩丘，以及高振中教授等发现和研究的鄂尔多斯地区西缘平凉中奥陶统等深岩丘，是已识别出的两例古代等深岩丘，这些研究成果表明我国在古代等深流沉积研究方面已赶上了国际水平并部分进入国际先进行列。

浊流沉积可以形成规模很大的海底扇，而这种海底扇已被证实是良好的油气勘探领域。等深流沉积也可以形成规模与海底扇相当的沉积体——等深岩丘。与浊流沉积相似，等深流沉积也形成于深水环境，并与深水泥质岩互层产出，由于等深流沉积多为改造浊流沉积的产物，且受等深流的反复淘洗，所以其结构成熟度较浊流沉积高得多，原生孔隙发育，油气储集性能应比浊流沉积好得多。此外，它们所经历的成岩作用历史一般也应是相似的。因此，等深岩丘中的较粗粒等深流沉积应为深水沉积中颇具油气勘探前景的潜在油气储层，这种等深岩丘的油气勘探的价值应不亚于海底扇。

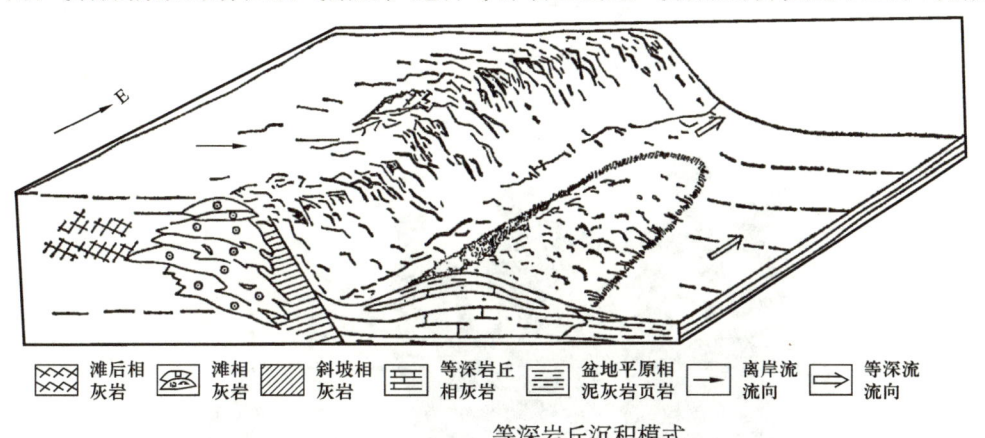

等深岩丘沉积模式

标准等深岩质层序

我国幅员辽阔，元古宙至中生代海相地层广泛分布，沉积环境和沉积相类型丰富，深海和半深海沉积遍及绝大多数省区。而且自震旦纪至侏罗纪的地层中均已发现了等深流沉积。只要我国石油地质工作者和沉积学工作者团结齐心、共同努力，一定会发现更多的古代等深流沉积和等深岩丘，从而为我国油气勘探开辟出一个新的领域。

（1997年第4期）

柴达木盆地石油勘探第一年

葛泰生

（辽河油田）

由阿吉老人作向导的首批石油勘探队于 1954 年进入柴达木盆地

柴达木盆地位于青海省西部。南以昆仑山脉与西藏相隔，西北有阿尔金山脉与新疆接壤，东北是祁连山脉与甘肃分界，四周均是终年积雪的大山。盆地内大部分地区海拔 2600～3600 米，是一个高原盆地，面积 12 万平方千米。盆地的气候干燥少雨，许多地区是沙漠、盐碱地和荒山秃岭，仅在靠近盆地边缘的部分地区，有一些高山积雪融化下流形成的小河或泉水、生长着一些芦苇或灌木。

柴达木盆地有聚宝盆之称。盆地内有石油、天然气、盐、钾盐、硼砂、锂、芒硝、煤等各种沉积矿产，周围山脉里有铁、铬、铅、锌、石棉、云母等金属和非金属矿产。这些宝藏吸引着千千万万的人们，为开发建设柴达木盆地而克服恶劣的自然环境，辛勤劳动，做出无私的奉献。

自 1954 年起，石油工作者就进入柴达木盆地开展石油勘探工作。43 年来，这里已陆续勘探开发了一批油气田，为青藏高原的经济建设作出了贡献。本文记述的是四十多年前我作为首批石油工作者进入柴达木盆地工作的一些情况，仅仅反映了柴达木盆地石油勘探与开发工作艰苦创业的一个侧面。

组 队 出 发

1954 年 4 月，位于陕西西安的燃料工业部石油管理总局地质局召开了全局的勘探队出工动员大会。张俊局长作了报告，宣布新成立柴达木地质大队，大队长郝清江、地质师张维业。下属 3 个地质普查队：101 队队长是我，102 队队长杨少华，103 队队长廖健；2 个地质详查队：104 队队长王吉庆，105 队队长朱儒勋；1 个重力普查队，301 队队长张德经。

5 月初，柴达木地质大队的成员陆续由西安到达甘肃敦煌。经过与当地政府和驻军联系，知道柴达木盆地西部现在仅有解放军驻守，别无人烟，而且交通不便、水源很少。针对交通运输困难的情况，大队召开会议确定进一步精简装备,把原带来的方形帆布单帐篷留在敦煌,赶制藏族牧民用的多角式落地轻便帐篷(用白布代替牦牛毛织的布),相应地把帆布行军床精减掉,大家都睡地铺(后来发给每人一床毛毡,御寒隔潮)。

6月初的一天,向柴达木进军开始了。十几辆从国民党军队缴获的、经过翻修的美国造军用卡车,载着一百多名石油勘探队员和甘肃省军区派出的一个连解放军警卫部队,以及全部装备和食物,自敦煌向西沿着古代丝绸之路前进。出了敦煌城不远,就走上了荒无人烟的不像样的路。我们是边修路边前进,能挖则挖,能垫则垫,连推带拉,边修边走,一天只能前进十余千米。晚上则露宿在戈壁滩上,喝的水是汽车上带来的水,吃的是干粮(大饼子)加香肠、咸菜等。走了三天才到了路途中唯一的水源——拉配泉。走了6天终于到了索尔库里,翻过阿尔金山,进入柴达木盆地。

没想到我们日夜盼望的柴达木却给了我们一个下马威——恰好遇到了沙暴(少数民族叫做"刮黑风")。只见狂风怒吼,飞沙走石,两人面对面不见人影,进入柴达木却不识庐山真面目。汽车勉强开到了预定驻地红柳泉,大家纷纷卸车搭帐篷,忽然发现有人哭泣,原来是几位才从测量培训班毕业的十几岁的小伙子,因看到沙暴很厉害,以为柴达木就是这个样子,又因风大搭不起帐篷,禁不住哭了起来。大家就帮他们搭起了帐篷。因为风大,无法做饭,晚上大家继续吃干粮;烧开水也困难,就喝了红柳泉的凉水。想不到夜里大家都开始拉肚子,原来红柳泉的水不仅带有苦涩味道,还含有硫酸镁(即是医药用的泻盐)。这又给大家思想上加上了一道阴影。

第二天沙暴过去了,晴空万里,风和日丽。我一早起来,碰到张维业地质师。我们一起在红柳泉附近散步,看到周围零散分布着一些小土包,我们就过去观察。原来是地层露头,就一个个地都去转了一圈,目测了一下地层的倾斜方向和倾角。好家伙!原来是个背斜构造(张地质师在长期野外地质工作中练出了一手绝招,目测地层倾角误差很小),当即命名为红柳泉构造。早饭后,大队决定去十几里外的阿拉尔,走访当地驻军,我们一行二十几人到阿拉尔时,受到解放军列队热烈欢迎。他们精神饱满,但军装却是又旧又破,原来因为交通不便,他们已有3年没有领到给养,只靠电台与外面联系。

解放军随即向我们介绍了他们剿匪和巡防的英勇事迹。他们讲到,在围剿乌斯满匪帮的战斗中,他们在祁连山的一个大雪山的山沟里遇到了暴风雪,人和马3天都不能行动。马饿得互相把尾巴都咬断吃了,而人们把仅有的一点粮食喂了马,最后得到兄弟部队的救援才出了险境。和我们一起来的警卫部队连长禁不住走向前去,与驻军连长热烈拥抱。原来当时救援驻军的就是他们这个连队。二位连长重叙兄弟般的战斗友谊,我们也感动得热泪盈眶。随后驻军又介绍了他们3年多来坚持驻守在柴达木盆地,以排为单位坚持沿盆地边缘巡防,每次出去都是风餐露宿一个多月,而回到驻地仍然是与外地隔绝的营房。他们还介绍了在剿匪期间留驻阿拉尔的一个排解放军,被国民党特务控制的大股土匪偷袭,在寡不敌众的情况下,全部英勇牺牲的事迹。会后我们怀着崇敬而又悲痛的心情拜谒了革命烈士墓,一个个木牌上写着烈士的姓名、职务、籍贯、年龄等。

解放军还招待我们吃了一顿"丰盛的"的午餐,主食是米饭,菜是豆腐、黄豆芽,还有一盘炒鸡蛋。原来他们进驻柴达木时,给他们储存了一批粮食和黄豆,再也没有别的食品了。几年来,他们就靠这些东西维持生活,坚守战斗岗位。攒了几个月的几只鸡下的鸡蛋,也全部拿出来招待了我们。

这次访问解放军,对我们勘探队员们真是生动的一课。我们当前这点困难与解放军艰苦奋斗、保卫祖国的英勇事迹相比,真是不值一提了。大家的情绪很快又高涨起来。

驻军腾出一部分营房,欢迎我们搬到阿拉尔来。我们开始搬家。从红柳泉到阿拉尔要通过一片沼泽地,汽车陷在泥里走不动,于是我们在车前拴了2根大粗绳,几十个人拉着车前进,大队长郝清江同志在中间"驾辕"(我原来保留着这个珍贵镜头的照片,可惜"文革"中被毁掉了)。搬到阿拉尔后，喝的是阿拉尔河的淡水，不再拉肚子了，住到了干打垒的土房子里，也不怕大风了，准备开展工作。

预　　查

原计划我们101队的工作区是红柳泉至油砂山构造以北地区，只是在100万分之一的地图上画了一个框框，图上是一片空白，什么情况都不知道，怎么开展工作呢？我向大队提出，要对工作区预查踏勘一下。

首先要解决向导问题。这时，根据驻军的介绍，有一位新中国成立前游串在柴达木盆地各少数民族部落间做针头、线脑头小买卖的人，对盆地的道路、水源情况很熟悉，解放军剿匪时请他当过向导。他就是依沙·阿吉（阿吉是伊斯兰教对到圣地麦加朝过圣的人的尊称），是乌兹别克族人。大队专门去塔里木盆地南缘的若羌把他请了来。这时阿吉已经72岁了，老人会说多种民族语言，汉话也很好，对人很和蔼，交给他的任务都接受，不讲条件。同时，大队又在敦煌请了几位哈萨克族向导，因为这部分哈萨克族人新中国成立前在柴达木盆地生活过。分到我们队的叫白已马拉，是个年轻人。我把图上画的工作区向二位向导请教，他们都摇头说不知道情况。原来他们只在盆地边缘有水草的地方活动，盆地腹地他们也未去过。怎么办？只好硬闯了。

交通工具是大队从敦煌雇的骆驼（共有100多头），分给我们队12头。为了减少不必要的牺牲，我决定我们队的勘探队员只我一个人参加预查队伍，其余留在阿拉尔基地，加上两位向导，两位照管骆驼的驼员，还有人数不能再少的担任警卫的三位解放军（一个战斗小组，由一名班长率领）。8个人，4个民族，12头骆驼，每人只带简单行装，不带帐篷；8头骆驼供人骑，4头骆驼各驼两个木水桶。时值六月下旬，我们出发了。

过了红柳泉，我们直接往北走，远远望见前面横亘着一道由沉积岩石构成的山丘，这正是我们要了解的，就沿着一条大冲沟向山里走。冲沟很深，两侧是悬崖陡壁。我边走边观察地层情况，发现我们已穿过了一个背斜构造的两翼，是一个储油构造！我看到峭壁上有一块怪石形如庙前蹲着的石狮子，就把这条冲沟叫做狮子沟，这个构造也就定名为狮子沟构造（现在开发的花土沟油田是狮子沟构造中的高点之一）。

再往前走，到了冲沟的上游。附近长着许多一米多高的骆驼刺（骆驼能吃的带刺灌木），都已经干枯了。我用地质锤向沟侧的岩层上一敲，一股芳香的油味扑鼻，太好了，是油砂！油砂的厚度有好几百米，整个山头都是油砂。我爬到山头上向四周看，又是一个储油构造，就定名为干柴沟构造。

干柴沟构造在地形上是分水岭，再往前走，就进入另一条流向北东的冲沟。这时天已黄昏，为了节省时间多赶路，我们继续沿冲沟前进。越向前走两侧的山越高，冲沟反而变窄了，不时有垮掉下来的大块岩石挡在沟底。我们已无其他的路可走，只好继续向前探索着。终于沟底只剩下一米多的宽度，把驮着两个水桶的骆驼卡住了，骆驼一使劲，木板拼镶起来的水桶全部破裂，水全漏光了。没有了水，就无法前进了。这时天已黑，我与阿吉老人商量了一下，决定连夜赶回基地，走了一夜，第二天上午回到阿拉尔。第一次预查，没能完成任务，但也带回了发现两个储油构造和数百米厚油砂的好消息。

两天以后，我们又开始了第二次预查。我和阿吉老人商量选定的路线是，先沿我们进柴达木的路向北走，到一处叫红沟子的地方后，再折向东南，然后穿越工区回来。第一天，我们走到采石岭，这里海拔3600多米，靠近阿尔金山，风很大。我们把骆驼围成一个大圈卧倒，人就在中间露宿。第二天过了中午就到了红沟子，这里有泉水，但有苦涩味，人不能吃，泉水边长了一小片芦苇。为了让骆驼能吃些草，我们就住下来。附近最高的一个山包上有用石块堆起来的"鄂博"（既为宗教上拜祀之用，也是为了指路）。我爬了上去，周围连绵成一片的大小山包露出的地层显示出，这又是一个穹窿状的背斜构造（红沟子构造）。我连忙下到沟底去观看岩石，想不到在山沟里看到一大片散布着的人体骷髅。我去问阿吉老人怎么这里死了这么多人，阿吉说，新中国成立前军阀割据，西北各省都有土皇帝，新疆军阀盛世才与青海军阀马步芳为了争夺势力范围，在这里曾打过一仗，可能这些就是战死的冤魂。

第三天我们离开了大道，从红沟子向东南方向沿着一片洼地插过去。走到午后，发现西边一条冲沟的沟底有水的痕迹，我们就沿着沟向西南方向走，希望能发现泉水。走了约3千米，果然看到了泉水，放到口中一尝，十分咸涩，连忙吐掉，怪不得泉水边连芦苇也不长呢！爬到沟侧的山上一望，又是一个储油的背斜构造，于是就定名为咸水泉构造。我看越向上游走，沟的宽度越窄，就决定退出沟来，继续沿洼地向南走。洼地东侧有一片丘陵地，当时顾不得去看了（这就是后来发现的南翼山构造）。走到傍晚，一道东西方向的山脉横在面前，就让大家停下来准备露宿。我独自去上山探路，接连翻过几道山梁后，发现越向南面山越高，连绵不断，望不到边，而且没有较宽的冲沟，山势陡峻，骆驼不能上去。只好下山与阿吉老人商量，只能沿着山边向东走了。当晚我睡不着觉，越向东走，离阿拉尔基地越远，这个山脉有多长，什么时候我们能翻过去，能否找到水源？这些问题回绕在脑中，真是前途莫测了！

第四天天空微现曙光，大家就起来向东赶路，走到太阳升起来，天光大亮时，我发现旁边山包的岩层表面上凸起一些黑色的东西，拿起来一看，是地蜡！忙叫大家停下来，我爬到山上去，恰好站在一个背斜构造的圆形高点上，地蜡沿着岩层的裂缝，呈放射状一条条从高点向四周散布，组成宽度20～80厘米的地蜡脉，面积有好几平方千米。观看着这极为壮观的场面，心想这地下的构造中储藏着多少石油啊！我把这个好消息向大家说明着、解释着，大家都欢跃起来，一齐动手，捡了许多大块的地蜡，堆在一个向前突出的山包上（这个山包后来被叫做沥青嘴），做成了一个"鄂博"。我把带来的一面大红旗插在上面，这个构造就命名为油泉子。这一天是七月一日，我们的发现正好作为献给党的生日礼物。我们不敢多逗留，继续沿着油泉子构造长轴方向向东行进。

又过了一天，我注意到沿途地层的倾斜方向变化了，知道已走过了油泉子构造，很可能又是一个新的构造了。向前走了一阵子，果然又到了一个背斜构造的高点。我对阿吉老人说，你给这个构造起个名字吧！他向四周看了看说，这里都是圆圆的、孤立的许多山包（像是石林），我们民族的语言把这叫做开特米里克，那就叫它开特米里克构造吧！

地质队员用榔头、罗盘等简单工具进行地质调查

这一路上，我们吃的是干大饼和咸菜、香肠之类。晚上露宿时，能捡到一些骆驼刺之类的干柴，就烧些开水或面汤，没有柴就只能喝凉水。而阿吉老人因为民族和宗教习惯不同，不吃我们带来的菜和肉，只吃放了一点糖做的干饼子，喝一些茶或凉水，但是毫无怨言，真是可敬的老人！至于骆驼，除了在红沟子吃到很少一点芦苇和带来的一点黑豆外，已经几天没吃没喝了。为了节省骆驼的体力，我们大家从第四天开始都不骑骆驼了，阿吉老人也要自己走路，我坚持要他仍然骑骆驼。不骑骆驼，就更苦了三位解放军同志，他们走路要扛着枪和很多子弹，每晚露宿后，还要为我们轮班站岗，比我们大家更劳累。可是我们这些来自不同民族、不同行业，有着不同年龄和经历的人，在这次充满着艰苦和危险的旅程中，没有任何人发出怨言、胆小退却，而是各司其职，互相关心帮助，使我非常感动。

到了第六天，预料的事发生了。我们正走着，一头骆驼突然摔倒在地上，我们拉它、推它都起不来。虽然还剩有一点水，但那是人的救命水，不能给它喝。只好把它背上驮的东西卸下来，弃之不顾了。但我们走了几百米后，它突然挣扎着站起来，跑着撵上我们，然而它又倒下去；我们怀着悲痛的心情向前走，它又挣扎着撵我们；如此三四次，它终于永远倒下了。不久，又死了第二头骆驼。这时，阿吉老人大声指着半埋在沙漠里的一只死野鸭子喊着，好了，这说明离水源不会太远了。随后他指着南方远处高耸入云的昆仑山对我说，根据他对大山形态的辨认，我们现在可能离茫崖不远了，茫崖有水有草，如果能到那里，就没有危险了。阿吉老人的话，使我们充满了希望。在这段时间里，我们又走过了一些构造。为了赶路，我已无暇详细观察，只是测量了一下地层的倾斜方向和倾角，做个简单的记录（后来地质勘探队员们命名为盐山、土林沟等构造）。

时间对我们来说就是生命。第六天晚上，我们不敢再休息，连夜摸黑前进。走到后半夜，疲惫不堪的骆驼突然来了精神，自动加快了脚步。阿吉老人说，骆驼嗅出空气中湿度增加了，它知道离水源不远了。大家也都提起了精神。天亮了，南边的山势也降低了，我们转向南方疾进。在穿过红色的、绿色的、灰色的地层时，我看到地层的倾斜是背向两个相反方向的，又是一个构造，这就是茫崖构造。我们穿山而过，看到初升的太阳照着远处一片绿色的草地，骆驼以几乎跑步的速度向前奔着。我们终于到了茫崖，走过了这段神秘的、艰苦的、危险的，也是非常需要和有意义的旅程。

在茫崖休息了两天，人和骆驼都恢复了体力，我们又向西走了两天，途经油砂山返回到阿拉尔基地。这次预查，我用罗盘测方向，用脚步量距离，绘制了路线地质图，标明了一路上发现的构造，并插上旗帜供识别道路。前后10天，我们行程300余千米，发现了一批构造和油苗，完成了任务。由于这次预查走的路线，基本上包括了全大队当年的预定工作地区，随后301重力队就沿着我们走过的路线开展工作，其他各个地质队也都陆续开工了。

（1998年第1期　1998年第2期）

仅凭地质理论发现了鸭儿峡油田

李兴国

　　1956年是甘肃酒西盆地勘探取得丰硕成果的一年，发现了鸭儿峡油田。

　　玉门油田在新中国成立后获得蓬勃发展，原油生产逐年大幅度增加，1954年产量较新中国成立前最高年产量翻了一番还多。但1956年以前，勘探工作虽然也有进展，但不理想。表现在，老君庙油田探边扩大了面积和增加了储量，1953年发现了石油沟油田，1954年发现了白杨河油田（均为小油田），可另一方面，大红圈、文殊山和青草湾三个构造的钻探均告落空。

　　随着国家第一个五年计划的实施，石油需求急剧增加，生产不能满足需要，形势迫切要求发现第二个老君庙油田。

　　1956年4月，谢家荣先生和黄汲清先生考察甘肃青海石油地质，5月来到玉门油田。玉门矿务局杨拯民局长亲自主持座谈会，讨论寻找第二个老君庙油田。会上，谢家荣先生首先发言，他着重谈了在祁连山前山带，由于受南面造山带挤压力的影响，储油构造应是成排出现，油田也不是孤立存在，老君庙构造东有石油沟构造，老君庙构造西（以下简称老西）有青草湾构造的空白地带，那里应有构造存在，为勘探有利地区。随后黄汲清先生发言，在谈到老西可能存在构造时，他用指示棍向空中划了一个向上凸的弧，表示老君庙构造，接着又划了一个向下凹的弧，表示老君庙构造以西的向斜。此时他说，老君庙不可能一直倾没下去，过了向斜，地层会再度抬起，紧接着，他又划了一个向上凸的弧，表示老西地区可能存在的背斜，认为这个背斜，很可能是第二个老君庙油田。

　　在此之前，老君庙油田西部的探边工作不断取得成果，先是在全油田分布的L3油层之下发现L4油层，再向西又在L4油层之下发现了L5油层，这两个油层均为仅存在于西部向东尖灭的超覆性油层，即西部砂层更为发育，储层条件更好；还有李德生（当时任局总地质师）院士认为老西地区邻近青西生油凹陷，距油源区近。这些有利条件，引起了大家的重视，成为议论中的勘探目标。谢、黄的评价与油田地质人员的看法真是不谋而合，老西成为公认的最有利的地区。

　　当时面临两种选择：一是等待构造落实后再钻探井；二是根据现有的地质理论推断尽快钻探井。

　　老西地区地表为近千米的玉门砾岩覆盖，地质调查不能解决构造问题。还有，巨厚的砾岩层既妨碍地震获取良好的深层记录，又因它构成陡峻的山岭，且当时装备笨重、难以开展工作，要落实构造实在是遥遥无期。而后一种选择确实要冒很大的风险，但大家认为，石油勘探总是有风险的，我们有充分的地质论据，为了争取时间早日发现油田，这个风险值得冒。

　　杨拯民局长综合各方面意见，作出决定在老西地区钻一口预探井。经过研究，认为在老君庙构造最西部沿轴线向西2.5千米左右，可以越过向斜到达可能的含油构造区。

　　根据这一决定，在1956年5月的一个星期日上午，由王平、金伟光和笔者三人，以老君庙油田西部的D8井为起点，用森林罗盘仪测定方向和距离，到达预定地点后在附近选择一较为平坦的谷口定下井位，即鸭一预探井。该井于6月开钻，在钻达目的层时有良好的油气显示，决定不取岩心，快速钻完油层完井，在12月试油获自喷日产100多吨的高产油流，宣告发现鸭儿峡油田。

　　鸭儿峡油田是在地面无露头、无油气苗、未经地面勘探、凭借地质理论推断定井位发现的油田，在我国石油勘探史上应属首次，并开创了一个特例。

（1998年第5期）

有关石油成因的概念

陈文森

（辽河油田）

"石油是怎样形成的？"一直是个有争议的问题，直到进入20世纪，烃类有机成因才被广泛、合理地接受下来。在人们的直观感觉中，说到油，自然就和生活中经常使用的动、植物油联系在一起，在进入工业石油时代之前，动、植物油已密切深入人的生活，石油的化学组分与构成生命的基础物质——蛋白质、脂肪、脂肪酸等，统称为"有机物"，起初对石油有机成因的论据也大都依靠这样的类比。对石油成因的进一步类比是煤成因。人们把石油想成和煤有一样的成因，也是经过沉积、脱水、炭化过程的，只不过把石油的沉积物源想象是动物性质的，但这些始终没有得到石油有机成因的确切论证。对石油有机成因的肯定，是后来来自生物化学的论据；它从有机反应物着手进行了石油的室内合成，在对石油的详细分析中，揭示了所谓的生物标志物的存在，证明它无疑是有机质衍生的化合物。

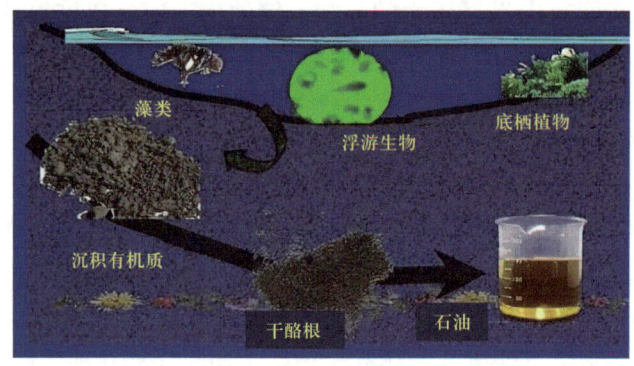

石油的有机成因

在石油成因中，经常提到干酪根（kerogen），此词来自希腊文，原意是蜡（keros）。干酪根是一种可以产生石油的有机质，它不溶于碱、有机溶剂及非氧化性酸，是沉积岩在成岩转化过程的中间产物。

石油的元素组成不多，95%以上是C、H元素，其中也含有少量的硫及其化合物、氮、氧化物、氨、氩及与钒、镍金属离子键合的卟啉类物质等。而碳对烃分子的结构起着重要作用，烃分子中碳元素的数目越多，对应的烃类物质分子量越大。各项物理化学性质相差越远。如分子量越大，烃类的沸点越高，炼油就是按烃物质的不同沸点提取不同价值的烃类组分。在烃分子中，碳原子数低于5的，如甲烷、乙烷、丙烷、丁烷、正戊烷、环戊烷呈气态。碳原子数多于50的，则呈沥青形式的固态，碳原子数在5~50的是液态烃。生活中常用的烃类产品，在其分子中所含碳原子数大体如下：

天然气少于5个碳原子；

汽油、石脑油5~10个碳原子；

煤油、照明油11~13个碳原子；

柴油、轻质粗柴油14~18个碳原子；

重柴油、家用取暖油19~25个碳原子；

润滑油、轻质燃料油36~40个碳原子；

残渣油、重质燃料油40个以上碳原子。

使有机物质向富含C、H元素转化，必须除去原始有机物质中大量的氧、氮，这中间若有食腐动物、底栖生物存在，只能把有机质分解成简单的盐类和CO_2，使向干酪根的转化过程中断。如果水中的氧含量超过1毫克/升，这种喜氧分解作用就会很活跃。因此，只有在基本缺氧的、缺乏活的生物的、快速沉降的环境中，才能将有机质中生成干酪根所需的组分保存下来。这种氧含量小于1毫克/升的缺氧环境，在向烃物质转化中又叫厌氧环境。有机物质转化成干酪根的初期产物是水和CO_2，有机质中的氧即随脱水作用和脱羧基作用（CO_2从脂肪酸中散失）很快失去，相对来讲，C、H元素的损失并不很快，从而使C、H元素在干酪根中占有的比例得到提高。

现代学者认为，石油并不像煤那样是由陆生植物衍生的，陆生植物形成腐殖型有机质，石油烃类是腐泥型有机质生成的。腐泥型有机质是由海、湖水域的沉积物形成的：腐殖型有机质和腐泥型有机质的生物化学特征很不相同，腐殖型有机质大多由碳水化合物——木质素成分组成，蛋白质、氮的含量较高，而氢的含量则很贫乏；腐泥型有机质是无结构的植物泥或黏质物，含脂类和蛋白质衍生的聚合物，含氢量高，是生成干酪根的有效物源。对两种主要类型的有机质是靠H与C的比值区分的：

H：C<0.8 称作腐殖型有机质；

H：C=0.8～1 称作混合型有机质；

H：C>1 称作腐泥型有机质。

在自然界，石油烃类不过是碳循环中的一个过渡阶段，碳元素在地壳内实际上是不稳定的，它不断经受着朝向低自由能产物的转化，直到成为石墨或无机的碳酸盐岩类。使干酪根由高分子的化合物向低分子的烃类转化的营力主要是来自地球的热动力作用。干酪根在地层深处漫长的运作中随作用环境不同逐渐转化成两种产物：

在温和的作用条件下（埋深1000米、温度50℃左右），产生富氢的液态烃和天然气；

在强烈作用条件下（埋藏较深，直到6000米；温度较高，直到175℃），则使大分子烃裂解成小的、分子量低的烃类，产生甲烷和富碳的残余物，如沥青质煤。

这些遥远的，也是眼前的认识不正是始终与石油勘探实践、尤其是深井钻探实践并行吗？

（2000年第4期）

从蚊子说到石油钻井

陈 国

石油和天然气是深埋在地下的流体矿藏,其开采方法不同于煤炭或其他金属矿。它必须通过疏通诱导方法,使地下油气先流到井里然后升举到地面,钻井技术是石油勘探和开发的主要手段,也是石油工业发展水平的重要标志。

但是科学家们对蚊子进行过细密地研究后发现,它是一位名副其实的动物"钻井专家"。

蚊子的吸血过程,遵循着一套严格的程序。当蚊子落到皮肤上之后,就用脚中的微型超声波传感器寻找皮肤下的毛细血管的准确位置,然后开始在皮肤上"钻井打洞",但皮肤对于蚊子来说,相对很厚,要钻通皮肤并非轻而易举。可是自然界给了蚊子一张利嘴,蚊子的嘴是一个有双层结构的"针管",其外侧表面呈锯齿形,蚊子进行"钻井"作业时,用力叉开腿形成一个"钻井架",然后上下振动锯齿形的外侧管钻穿皮肤。当钻到挨近血管时,蚊子嘴上的一个二磷酸腺苷传感器能立即感觉到,"针管"已接触到血管,因为血液中含有大量的二磷酸腺苷,蚊子就利用二磷酸腺苷作为到达血管的信号,知道针管顶端已打进血管,然后蚊子用"针管"的内侧通过这个小孔吸血。为了防止吸血时血在"针管"中凝固,蚊子还有一种功能,就是一边吸血,一边还不断向血中注入溶血剂。这样吸血就会顺利无阻。蚊子在吸血的同时,还时刻警惕着"敌人"的袭击,原来在蚊子的毛发上,有能够感觉周围压力变化的气压传感器。人在捕打蚊子时,轻轻地走动就会使蚊子周围的气流气压发生变化,蚊子就会逃之夭夭。所以捕打蚊子往往不能"百发百中"。

在细小的蚊子身上有着非常灵敏的二氧化碳传感器和红外线传感器及微型超声波传感器,蚊子就是利用这些传感器在黑暗中寻找吸血的对象,进行"钻井"作业的。

看来钻井作业并不是人类的专利,钻井对于石油勘探和开发来说是太重要不过的了,从寻找油气到生产出油气的各个环节都离不开钻井,蚊子的吸血过程与石油人的钻井过程何其相似乃尔。

首先通过勘探来找到油层位置,而地震勘探是油气勘探的主要和常用方法,是用人工的办法引起地壳振动,例如在我国东部平原地区,最常用的办法是打一口10米深的井,在井内放几千克的炸药,利用炸药爆炸产生人工地震,振动波向地下传播。遇到地层界面发生反射,反射波由地面各测点上的检波器接收,检波器把振动信号转化为电信号,记录系统将信号记在磁带上,这样,就得到爆炸后地面上各测点振动的情况。利用记录下来的资料,推断地下地质构造,从而确定地下的构造特点及含油气情况,这与蚊子用脚中的微型超声波传感器寻找皮肤下毛细血管的位置有异曲同工之妙。

油气藏找到以后,根据地质或生产的需要确定井位,搬来钻机,立起井架,安装钻井设备、钻井泵,安放或挖掘钻井液池等。油层一般都在地下几千米深的岩层,钻头是直接破岩、造就井眼的重要工具。对钻井而言,要加快钻井速度,必须采用适合地层条件的"锋利"的钻头。常见的钻头有不同结构和规格的刮刀钻头、牙轮钻头、金刚石钻头等,钻头的结构一般都固定有若干个切削刃,与蚊子的嘴极为相似。

通过钻柱把地面上的动力传给钻头,用钻头直接破碎岩石。井底岩石被破碎后形成小的碎块,称为岩屑,钻屑积多了会影响钻头钻凿新的井底,引起机械钻速的下降。所以必须及时地将钻屑从井底清除掉,并携带到地面,这就叫洗井。洗井液经钻杆的内孔注入,从钻头水眼中流出以清洗钻头并冲向井底。将钻屑冲离井底,钻屑随洗井液一同进入井壁与钻柱之间的环形空间,向地面返升,一直到地面。洗井液同时还起着冷却钻头、保护井壁、润滑钻具等作用，而蚊子注入的是溶血剂。

在油井钻进的同时，石油工人也时刻保持着高度的警惕，通过各种仪器设备监视着地层压力，安装各种防喷装置，防止井喷的发生，而蚊子感受的是气流气压。

20初30年代富荣场钻井现场星罗棋布的钻井井架

一口井一旦开钻，如果没有特殊的情况就按照施工设计正常施工，钻达设计深度即可交工。

与蚊子不同的是，蚊子是"打井"和吸血几乎是同步进行的，而钻井与采油是两个过程。在钻井过程中，还要进行岩屑录井、地球物理测井，以及地层测试等作业。油层钻开以后，油井与油气层的连通方式与井下油、气、水层的直接测试结果，以及以后的油气田开发、开采有密切的关系，需经过必要的完井程序。油气井完井方法主要指油气层与井底的连通方式、井底结构及完井工艺。根据地层的不同性质，可以采取不同的完井方法。

在一个小小的蚊子身上竟有如此多的"机关"，很令科学家们惊异，但也给科学家们极大的启示，美国已有人受蚊子的启发在设计一种极小的"机器虫"。在机器虫上安装有能像人的耳、眼、鼻一样的感觉各种信号的传感器，把情报记录下来和发送出去。

随着科技的进步、先进技术的应用，石油专家们也在设法在钻井过程中设计安装各种传感器，以获得地下各种信息，为找油取得更加可靠的数据。

（2002年第2期）

陆相石油与生油理论

何志高

在工作的"磕头机"

长期以来,在我国科学技术领域、学术界,当然尤其是在石油地质界,"陆相生油理论"盛行,它实际上早已成定论,几乎无人公开质疑:在《辞海》,从1980年第1版到1999年版,均以"陆相生油说"为词目;同时,该《辞海》在定义"生油说"词条时,把"陆相生油理论"称之为一种"生油说",立于"无机生油""有机生油"等各种生油说之林之中,与"海陆相生油理论"相并列,说什么"从形成石油的沉积环境来说,有海相生油说与陆相生油说",等等。

笔者认为,所谓的"陆相生油理论",其本身名不副实,缺乏严谨而科学的生油原理、机制、内涵与定义;这个问题的存在,对石油地质科学的发展,尤其对我们这个盛产陆相地层石油的大国要为突破石油成因假说,结束多种假说长达两个世纪的国际范围的争论,最终创立科学的生油理论(生油说)作出应有的贡献非常有害,还有可能误导其他相关学术问题,例如我国南方海相碳酸盐岩的石油地质研究等。

首先,笔者认为,任何一种石油成因理论,都应该是建立在成因(起源,Origin)基础上,论述产生(To generate)其产物的各种依据及其条件,尤其应该有反应式。一二百年来的石油成因理论的发展历史概莫能外。

众所周知,石油是一种由多种系列烃类化合物组成为主的复杂混合物。以有机成因为基础的理论则是必然视其原始物质为有机物质,而且是一种和石油的组成和性质差异巨大的有机物质。很显然而且毫无疑问,由原始有机物质变化到特定组成和性质的石油的这个过程,即生成过程,是一种化学变化,当然也包括生物化学变化,是物质组成和性质都发生了根本变化了的变化。

而在《辞海》中,"陆相生油说"词目是这样定义的:"在陆相沉积环境中也可以生成大量石油的一种成油理论。由黄汲清于20世纪40年代提出,认为沉积岩中无论是水生的或陆源的动植物有机质都能作为生油母质;且其数量和有机质转化为烃的条件,陆相沉积环境均不逊于海相沉积环境,都可以生成大量石油。这一理论由于中国大庆、大港、胜利等油田的发现而得到普遍公认,并纠正了曾长期居于主导地位的只有海相地层才有大油田的观点。"(1999年版,第1204页)

"生油说"的定义是:有关石油成因的学说。从形成石油的原始物质来说,有无机生油说和有机生油说。前者认为石油是由无机碳和氢经过化学作用隔热形成。后者认为石油是由有机物死亡后分解而形成……从形成石油的沉积环境来说,有海相生油说和陆相生油说。前者认为石油只形成于海相地层中,后者则认为在陆相沉积盆地中也能生成大量石油。实践证明,无论海相或陆相沉积盆地均能形成油气藏。"(1980年版第1729页,1999年版第4904页,上海辞书出版社)

由上述可见,"陆相生油理论"与"海相生油理论"所定义的石油的生成是完全相同类别的反应物(水生油、陆源的有机物)、反应产物(石油)、反应过程与机制,是同一类变化,只是地点和条件不同,环境不同。而这种环境不同并不影响反应,甚至于其生成石油的数量"不逊于"海相,当然是相同,数量上也没有差别。很明显,这样的理论怎么能称之为"生油说"呢?怎么能将相同类的反应分门别类地称为不同的反应呢?通俗点说,我们不能把某种在玻璃烧瓶中的某一酸碱反应与在化工厂的金属反应罐里的同类反应称为不同的两种分开并列的不同类型的两种反应。我们还可通俗点说,凡"生油理论"都应该回答怎样生成的?反应式、机理、依据是什么?也就是说,这是一些"特殊疑问句",要用疑问词引导对这些问题提出并作出具体的回答,不用"YES或NO"。

我们再回顾一下石油成因研究简史就更加清楚这种问题的症结所在。

1876年,门捷列夫创立的最著名的无机成因假说,其主要依据是用稀酸或沸水处理碳化铁或碳化锰,能产生类石油物质。

在中国盛行了30多年的"干酪根热降解成油论",除了所确定的生油(烃)反应的门限深度与门限温度外,还确立了不同干酪根类型的"生烃率",以及其他相关定量参数。

由笔者创立的"湿封闭体系综合效应成油论",更把生成反应的确定研究达到了分子级的定量水平,即:取自现代沼气池中的沼气发酵溶液样品的低分子脂肪酸的含量分析测试,其结果展示出的定量分布关系与石油中低分子烃类的含量定量分析极为相似,并给出下列数量上的等式,有力地论证了石油中极为丰富的同分异构体特征比例的理论和实际的高度统一,并随后被实验有力佐证。

(1)正丁酸 + 异丁酸 = 丙烷。

(2)2-甲基丁酸(1/2异戊酸)+ 正戊酸 = 正丁烷。

(3)3-甲基丁酸(1/2异戊酸)= 异丁烷。

此外,我们还可以回顾刚刚经历过的近五十年来的石油从普查到开发全过程中对"生油"方面的研究历史。在这方面笔者感受尤其深切,地质系统第一份生油岩分析操作规程由笔者编制。这五十年,可以简化地说,20世纪50年代是以发光沥青方法为主,60年代以沉积环境五大指标为主,70年代以新五大地化指标为主,80年代至今是干酪根成油学说的全面引用时期,从科学院到研究所再到普查勘探队的大小实验室,以及地质综合或专题研究队,皆为有机物质丰度、类型与演化程度,各类地质报告概莫能外。所有这一切没有半点"陆相生油理论"的特殊之处,与"海相"也毫无区别。

因此,综合上述,我们可以以分析归纳的方式图解"陆相生成石油"这个总题目为以下三个组成部分,即"陆相""生成"与"石油"。很明显,"陆相"是根据地史学(例如构造地质学、地层学、古生物学等)确定的,与"陆相生油理论"本身毫无关系;"石油"是由地表油苗或者钻井揭示的,与

"陆相生油理论"本身亦无任何关系；而"生成"是一种逻辑推理的必然性，是一个由"石油"这个"有油"推断的逻辑必然，"陆相生油理论"恰恰在这个最关键的部分没有什么称得上理论的理论。特别是我们的先行优秀的石油地质学家，在二十世纪三四十年代首创"陆相生油理论"的时候更无法提出这个"生成"的确切内涵，无论是新疆的独山子、玉门、陕北，以及四川的石油地质勘查都是如此。例如，见到独山子的油苗，肯定属侏罗纪煤系地层后即断定其石油是陆相石油。这就是"陆相生油理论"的实质。

再者，我们也很难找到一个真正的实实在在的"海相生油理论"。《辞海》本身在这个词目后写下的文字是："见生油说"，除此之外再没有文字了。而前面引出的"生油说"词目之下，也根本就找不出什么是"海相生油理论"。笔者也真担心，我们的大学学生要问老师什么是"海相生油理论"时，老师会怎样回答。的确，《辞海》本身恰好为"海相生油理论"是一个虚构的空架子作了如实的注释。

笔者为了提供更充分的论证资料，特地查阅了多种中外"百科全书"并选其一本有代表性的书中的有关词目摘编于文后。笔者从这些英、俄文资料中可以看出，在国际上既没有"陆相生油说"，也没有我们白白奉献给外国人的"海相生油说"，当然也没有把"生油说"按沉积环境的不同而划分出的不同生油学说之分类方法和思维方式。

最后，笔者想再表明以下观点：中国陆相石油的开发，以及大庆、大港、胜利等油田对中国的工业化、国家的发展、人民的生活等的贡献是极其巨大的，对石油地质科学的发展，有机成油理论的验证和发展也是有功的。但是，"生油说"是科学上的一个问题，好长时间以来是一种假说，在某种意义上而言，过去曾有著名学者认为是自然科学中一个最复杂的难题之一，来不得半点虚伪。

（2003 年第 1 期）

准噶尔盆地南部油气勘探今昔的启示

吴华元　张超生

　　20世纪90年代，新疆准噶尔盆地南部在油气勘探上先后获得的较大突破：乌苏构造的探井出油；呼图壁构造获得高产气；卡因迪克构造探井产油。而上述几个勘探对象早在20世纪50年代就曾投入过钻探，这个过程断续经历了近半个世纪，回顾起来，既可以列为新区的重大发现，也可以视作是对老区的再次认识，值得石油勘探家的深思和总结。

　　（1）20世纪50年代初，新中国成立不久，苏联政府援助我国进行工业建设，其中石油工业方面主要是兰州炼油厂的筹建到投产和新疆的石油勘探和开发。后者于1952年成立了中苏石油公司，苏方出人员和设备，中方当然是全力以赴，当时中国在大陆上仅有三个油田：玉门、延长和独山子，分别位于甘肃、陕西和新疆。独山子油田很小，开采面积只有1平方千米左右，但埋藏深度浅，油质很好（轻质低凝油），其年产油量位居第二。

　　可以看出，在20世纪50年代的最初三年里，独山子油田的产量猛增了20倍，主要是靠钻成了一批生产井。与此同时，原中苏石油公司还在新疆开展了广泛的油气勘探工作，除地面地质调查以外，也开展了野外地球物理勘测，还开辟了许多新的钻探区，北至准噶尔盆地的克拉玛依，南及塔里木盆地北缘（天山南麓）的喀桑托开等。当然在独山子油田附近更是不遗余力，可见当时在寻找新油田上，决心很大，行动也很具体。

　　（2）准噶尔盆地略呈三角形，南缘底边为天山北麓的凹陷带，发育着四排东西向与天山平行的背斜构造，自南向北，其轴部组成的地层由老变新，第一排有托斯台和奇古等，地表出露为侏罗系—白垩系；第二排如独山子和霍尔果斯等，露头为古近—新近系，短轴陡窄，有逆断层沿长轴通过；第三排如乌苏、安集海及呼图壁等，顶部出露古近—新近系上部浅层或被第四系覆盖，构造平缓而完整；第四排如卡因迪克，靠近盆地中部，完全被戈壁掩盖，靠地震探明其构造形态，两翼更加平缓。当时的中苏石油公司分别在准噶尔盆地南部、天山北麓投入钻探的就有乌苏（钻探井1口）、霍尔果斯（钻探井2口），安集海（钻探井3口）和呼图壁（钻探井1口）。1955年，虽然中苏石油公司已改为新疆石油公司，但还是继续将卡因迪克构造投入钻探，而且决心很大，一次上了5台乌兹特姆钻机，几乎同时开钻了5口设计井深为3000米左右的探井，打成一个十字剖面，历时一年，于1956年先后完钻。钻探结果在相当于独山子产油层的古近—新近系内发现含油层，取出的岩心有油，但是也明显含水（很潮湿）。5口井对比结果，构造形态与地震结果符合，顶部1号井位置最高，投入试油后目的层部分自溢少量水，无油，且地层水矿化度极高，含盐量达30%，水蒸发后在井附近的地面结了一层盐霜，最后结论是卡因迪克钻探失败，产水无油，其余各钻探对象除霍尔果斯在古近—新近系见到油层（产量极低，无工业价值）以外，安集海、乌苏和呼图壁均以3000米左右的井深，在古近—新近系内未见油气而告终。

　　（3）卡因迪克是当时以古近—新近系为目的的钻探对象中投入最大、部署最完整、施工最正常的一个。钻探失败的地质原因经对比分析发现该背斜构造的南北两翼古近—新近系各组的厚度不等，南厚北薄，明确显示出该区在古近纪早期呈南倾的单斜，油气向北运移以后始有背斜隆起，证明是一个晚成的圈闭，捕捉不到"南来北往"的油气，而高咸度的水可以说明这里没有经受过后期地下水流的破坏！因而推断认为古近—新近系的油气由此北去，应该在卡因迪克以北、古近—新近系储层尖灭，缺失或被超覆的界线附近寻找地层圈闭的类型。笔者当时还认为独山子现存的古近—新近系油藏计算其探明地质储量不过百余万吨，肯定其资源量不止此数。更多的部分哪里去了？要说被破坏逸散，则地面也没有大规模的残留痕迹，势必是另有出路，也许正是勘探的目标。这只能是一种设想或看法，其时新疆石油公司决策层的领导们正忙于克拉玛依油田的扩大和开发，顾不上准噶尔盆地南部的钻探，所以，卡因迪克的五口探井落空也没有引起多大震动，收摊了事。20世纪50年代末，独山子矿务局还曾投入一台钻机在卡因迪克以北的六十户地区试图寻找超覆型的古近—新近系油气藏，可惜，由于工程原因，竟以两个井点四个井眼的中途报废而失败，实在是不应该出现的结果。

第一个井眼在钻进中因卡钻无法处理，后在原井场挪位又开钻第二个井眼，未几，又发生卡钻，再拖开重钻有点说不过去，于是移出500米再钻新井，又发生事故，再拖开重钻，仍得同样结果，最后不了了之，白费近万米进尺[1]，一无所获，也许是钻探史上所罕见的实例。其后，新疆石油管理局也曾在六十户以北的车排子附近投入钻探，不过目的层是中生界的侏罗—白垩系，没有得到预期的结果。2001年，笔者曾从《新疆石油报》上获悉，1993年就有人建议在卡因迪克构造顶部重新投入钻探，要求深钻中生界，想必事关重大，经领导审批历时几年，至1999年才批准实施。2000年钻至3000多米时，经中途测试从古近—新近系获得工业油流，以后又继续钻至白垩系也见油层。该探井号为卡6井，距原卡1井仅400米左右，也确实钻在构造高处，古近—新近系产油层比卡1井约深200米。以后，继续恢复钻进，在白垩系又遇油气层，本文不予详述。

（4）卡因迪克探井出油是成功的实例，但经历了近半个世纪（包括中间停顿了若干年），这个周期却又显得漫长了些。当然，这在中国油气勘探史上也不是绝无仅有的例子，其实，一次上钻就找到油田的反而是少数，更多的实例证明油气田的勘探特点是"找"，从无到有，由实践所得的认识提高后再付诸实施，最后得到成功。勘探家的任务就在于缩短这个过程，提高其成功率。回顾已知国内多数油气田的勘探历程，认为有以下几点值得注意，即：广探、深钻、实效、多做。

广探：就是尽量多开辟新探区。这个意思很容易被理解和接受，在一个大区（盆地或坳陷）内采用钻探井大剖面是一个简易且有实效的部署方法。即使是在一个具体的钻探目标（局部圈闭或构造）也可以用布探井剖面的办法，至于一次钻几口井合适，要看实际条件而定，像卡因迪克早年一次上5台钻机打成一个十字剖面，可能是嫌多了点，但是，在一个钻探对象上只钻一口探井的"广探"也是不可取的，因为一口井的资料无法作比较，钻经的剖面是否完整不好判断。20世纪50年代在准噶尔盆地东部的北三台就得到这样的结果，一号探井位在构造顶部，钻探结果没有油气层，30年以后，又在该构造南北两翼各钻探井，发现在侏罗系和石炭—二叠系均有油层，原来该构造是"秃顶"，高处缺失了大套含油气层。所以在新的钻探对象上原则上钻成一个短轴剖面为准，至少也得有两口探井以作比较，以利于研究地层、沉积和构造形态等的地质基础问题，当钻探失败时至少可以看清楚其原因，以利下一步工作。

深钻：一个地区的钻探伊始，要尽可能多地取得地下的地层剖面资料，这一点也是很容易被理解和接受的，所以在钻探初期，就有基准井、参数井等要求深钻的探井布置。本文在这里特别强调的是在第一批探井的实施过程中，也要贯彻尽可能"深钻"的原则，尤其在达到钻机能力极限时显得十分重要，试举卡因迪克的实例。卡区1955年的总体设计为5口探井，设计深度均为3200米，因为使用的钻机设计能力就是3200米，实际施工中大多数均在3000米左右完钻，这在地质和工程上都认为是合理的，遵循"凡事当留余地"的准则，其中卡4井却钻到了3220米，因其所在构造位置较低，实际上相当于构造高处的3100米左右，当时该井的地面条件不太理想，但还是安全完钻的，据该井的钻井

---

[1] 1尺=0.333米。

队长估计，钻至3400米不成问题，当时地质方面却无此要求。其实，机械设备的设计能力也都留有一定安全系数，必要时，利用其这个"余地"，也是可以而且是有所作为的。如2000年卡6井的出油层深度折算到卡4井的深度也就是3400~3500米，当时如果"咬紧牙关，搏一记"，也许卡因迪克的钻探成功就在20世纪的50年代了，至于这种冒险的事是否值得提倡，那是另外一回事，这样的实例不是绝无仅有的。华北任丘油田的钻探经历了三上两下。一上是参数井，所在位置不在有效含油范围以内，可不予议论；二上是正规的2口预探井，位置也在后来证实的含油区内，实际钻深3000米左右，均未钻达"潜山"含油层，三上才钻开了潜山高产油藏（其中也包括了相当的偶然性）。事后证实，二上的探井如果再深钻100米左右，就可以钻达潜山的，高产油田发现可以提前6年（1969—1975年）。可见，早期的适当深钻是大有益的。秋后算账不足取，前车之鉴仍有用。

实效：立足于实事求是，科学技术用之于生产建设，尤应如此，这是不必赘言的。在科技高速发展的时代，应该如何对待高、新技术的实际使用，也是一个十分重要的问题。当今，凡是新的，甚至耸人听闻的名堂，种类颇多，极易引起人们的兴趣，而在实际生产应用中，有无实效，则验证者不多了。五千年泱泱大国的古文化，四大发明到现在还引以为荣，史学家是可以的，而如果沾沾自喜地享其成果就不大合适了；反过来说，在理论研究或论文上引用一些新提法或概念，能否表示科技进步到了新高度？这是问题的另一个侧面，也是值得注意的。华北油田勘探中，在20年前发现了苏桥潜山油气藏，是凝析油气，据分析资料表明，其中含有煤成气的成分，于是某些理论研究工作者长篇累牍地论述华北煤成气的成因和前景，获得了一定声誉。事实证明：苏桥的凝析油气主要仍来自古近系，在运移中混进了石炭系含煤层中的气体，这是比较科学的结论，否则，为什么在偌大的华北油田（冀中坳陷）内，石炭系含煤层只提供了这么少的资源量？在生产实践中，延长油田的某些技术措施的应用有局限性，不宜于推而广之，例如清水钻井，裸眼完成，清水带砂裸眼带封隔器压裂等等，但是，他们敢于在延长这个特殊的地质条件下运用在他们那里有效的办法，做到了少投入、多产出，就是一条十分重要的经验。这种精神就是实事求是态度的反映，值得提倡。

多做：这是不必多加注释的。值得强调的是在油气勘探过程中要多做切实有效的工作，使实际施工的成功率有提高，总结得到的理论有先导作用，经验能指导部署和实施。吐鲁番盆地的油气钻探工程始于1958年"大跃进"的年代，克服了许多地面的困难，也钻成了一些探井，然而在勘探成效上，无果而返。30年以后，1988年改革开放的春风又吹开了该盆地的油气钻探大门，原单位（玉门石油管理局的队伍）在距原探井不远的位置，钻到了相同的深度，发现了侏罗系油藏，而今已建成年产几百万吨原油的规模。原因何在？30年前后的差别在哪里？据悉，1958年的探井在钻井中获取的岩样，因所含的油质轻，肉眼观察判断其含油级别不高，且井场没有气测仪和荧光灯，于是该井没有下入油层套管，这实在是差之毫厘、失之千里的典型。其实，荧光灯和当时的气测仪均算不上高精仪器，而是钻探地质中的常规手段，如果用上了这些方法，也许发现油田可以提早若干年。当然，凡事不能简单化，还有别的影响因素就不在这里讨论了。在油气勘探中还有不少常规的地质和地球物理工作值得不厌其烦地多做，譬如，地层对比、储层的类型和物性研究等等。

油气勘探的结果往往是简单而明确的，"落空"或"发现油气田"，但得出结果的过程是复杂的，本文愿以卡因迪克等近年来得到的成功，引出类似的"先失败后成功"的实例，引起同行们的兴趣，以利实践再提高。

（2003年第4期）

独山子油田的发现

罗治形　许长福　陈　鹏

　　独山子油田是中国发现和开发最早的油气田之一,如果以有文献记载的土法开采算起,独山子油田发现至少在1897年;如果以有组织地开采独山子油矿算起,独山子油田发现于清光绪二十八年(1902),当时曾在乌苏县成立了劝工场;以钻井见油的时间算起,应该为清宣统元年(1909);一般资料记载独山子油田发现时间为民国26年(1937)1月14日,当时获得自喷油流,产量很快衰竭,因没有工业开采价值,没有正式对这口井开采。但按行业标准:第一口获得工业油气流井的时间确定,独山子发现时间为民国30年(1941)9月12日,20号井获高产油流,属于独山子油田的发现井。但可能由于民国时期没有工业油流标准和油田发现的定义。所以,见到地面上出油,就意味着油田的发现。因此,1937年1月14日独山子油田油井喷油的时间就是油田的发现时间,与所钻井达到工业油流与否无关,该认识一直沿用至今,传统的遗留观念与现行标准定义有一定出入:

1940年代在新疆独山子进行地质调查的地质学家(左起)周宗浚、程裕淇、黄汲清、翁文灏、杨钟健、卞美年

　　在独山子泥火山分布范围内,发现多处油气苗和油砂露头。文字记载最早可追溯到清光绪二十三年(1897),当时新疆商务总局就对油苗加以收集利用(王金泼.《西北地理》北京:北平立达书局,1932)。清光绪二十八年(1902)乌苏城内创办劝工场,用土法采炼石油(傅玉坤.《独山子区志》乌鲁木齐:新疆人民出版社,2003.08)。土法采油一直续至民国25年(1936)。清宣统元年(1909),俄国顿钻钻机"运置独山子,开掘油井……"(王树楠.《新疆图志·实业二》),表明当时钻遇了油、气层。"这是新疆用近代机器钻的第一口石油井,标志着新疆石油工业的开端(新疆通志.石油工业

志)"。1911年10月，辛亥革命爆发后，经费紧张停止钻井，继续土法开采。民国7年（1918）乌苏县知事邓缵先《续修乌苏县志》记载："各类矿业，惟独山子石油厂，宣统元年开办，现接续开采，原产品年出五千斤，价额九百元，用土法开采，运至省城制炼，获成品四千斤，约值银一千四百元。"民国23年（1934）5月新疆省政府任命张鸣为厂长，在安集海成立炼油厂，炼出汽油、灯油和润滑油。由于无持续的财力保障，不久就停产了，民国25年（1936）10月并入独山子。

民国24年（1935），苏联派出以地质家M·H·沙依道夫为团长、拉木则斯为副团长的科学考察团，发现了独山子长轴背斜，认为该背斜值得钻探。民国25年（1936）新疆省政府与苏联合作，钻探独山子断裂上盘埋深较浅的塔西河组油藏。9月下旬钻探第一口井，民国26年（1937）1月14日完钻喷油，初期日产油10吨左右，不久即告枯竭。从民国28年（1939）开始，在背斜西顶点轴部（西沟区）钻的4口较深井，一般也是气多油少，难以获得稳定的产量。民国30年（1941）9月12日在南沟钻的20号井开钻，当钻至690米时发现油砂，紧接着发生强烈井喷，三日喷油150吨；压井后继续钻进，11月12日喷出原油，日产油量40吨，是独山子油田第一口有工业开采价值的井。

倾向或赞同独山油气田发现时间为民国26年（1937）1月14日的资料主要有：石油工业出版社1993年出版的《中国石油地质志·新疆油气区（上册）》、2007年出版的《中国石油钻井》，新疆大学出版社1997年出版的《中苏石油股份公司》、1999年出版的《石油工业志》及2003年出版社的《独山子区志》。

但文献记载：独山子油田进行过采油作业的11口井为：30、20、42、41、36、37、39、43、172、2（234米，40.01.18-2.01）、3（330米，39.10.11-11.12）号井，只有2号、3号井属于早期的15口井，即其他13口井没有经过采油作业，证明当时的油田施工作业人员就不看好那些井。严爽当时在接收独山子油田时记录9口主要油井为2、20、30、41、42、37、36、39、43井；翁文波进行了动态分析记录的8口井为：20、30、42、41、37、36、39、43，也没有初期的15井。独山子油田最初的15口井气多油少，气在当时主要用做炼厂和钻井燃料，经济效益不大，平均单井累计产油量在227吨以内，在当时一切设备依赖进口，没有措施改造的条件下，首批浅钻钻机所钻的15口300米左右的浅井是完全没有效益的。1941年中深井钻机的使用，才打出了有经济效益的高产井。

（2010年第3期）

造山运动与油气勘探

支家生

回溯地质历史，至少在中国可看到地壳演化有着陆板块由南向北的迁移，拼贴，而太平洋板块的扩张总体上是由南南东向北北西的潜没，以致载着地块向中国大陆汇聚。例如在中国西部可看到阿尔泰山、天山、昆仑山、喜马拉雅—冈底斯山、秦岭等由原来的陆间海（地中海、特提斯海及其分支）在不同地质时期受挤压而回返成山，从而准噶尔、塔里木、羌塘—唐古拉、上扬子等陆块以及印度陆板块相继拼合。澳大利亚陆板块应是跟随在海南地块之后缓慢地向北靠拢，南海海域走向萎缩关闭，南海北部抬升，南部海槽更加深坳。在中国东部的华夏块（下扬子地块）、粤中块等则相继与大陆拼合。

当地球表面形成海洋，海洋中生命孕育之时最早大量繁衍的是菌藻类，它们不断死亡、堆积在淤泥中生成甲烷、硫化氢，在条件合适时形成大量的天然气水合物。这种过程在各地质历史时期都曾发生，现今海洋勘探也可以反证这一点，在地质历史上海洋中形成的大量水合物只是由于后来的造山运动而难以保存，或者已经迁移至相对稳定的地块方向（例如克拉通盆地、山前坳陷）；在克拉通盆地、山前坳陷内加之自身在后期生成的油和气就是石油勘探工作者大获成功的地方。

有了以上认识，进而能够提出：

1. 造山带（地质历史上的海洋）中的过成熟烃源岩（美国石油地质家协会培训教材中称为"消耗了的烃源岩—The spent source rock"）或已质变了的烃源岩曾经提供油气，只是因为现今局限于盆地内寻找烃源而忽视了对造山带的认识或者因为缺少对过成熟烃源岩的研究方法而未能认知。但这一认识确实为我们打开了资源量计算时解决含油气盆地的产储量与生烃量何以失衡的思路（如塔里木盆地古生界油气，四川盆地天然气产储量与资源量不匹配的问题）。

2. 被巨型造山带包围的克拉通盆地应是最有远景的油气勘探区，如塔里木、准噶尔、柴达木、羌塘—唐古拉、四川等盆地。

3. 对于现今南海海域的油气勘探应集中在可燃冰富集带附近的岛、礁、滩区，因为可燃冰富集带由于稳定带的存在而掩盖其下的游离气（由生物甲烷、热解气和幔源气组成）使之在地壳变动时向温、压减小方向迁移，而那里正是岛、礁，滩所在地区。

4. 油气资源评估中需要着眼于菌藻类堆积的泥质岩。对于碳酸盐岩生油岩残余有机碳含量指标低至1%的认识需要商榷，因为碳酸盐失水固结成者的速度很快，后期生成的油气难以突破微细孔喉而不能实现初次运移。

（2010年第3期）

沉积岩——石油娃娃的摇篮

肖 博

经过漫长的发展和演变，人类在地球上生长并定居下来。美丽的大自然不仅提供了居住的家园，也为人类的长期生息与发展提供了食用、行走、照明等各种各样的能源。这些能源包括可再生的能源，主要有太阳能、风能、水能、海洋能、生物质能等。还有非可再生能源，主要包括石油、天然气、原煤、核燃料等。这些能源是人类生命的乳汁，是生存的基石，是发展的食粮。在这些能源之中，石油是最为重要的一种，在这里，不妨称之"石油娃娃"。

石油娃娃什么样

之所以称呼它为石油娃娃，是因为在被开采之后，在没有被加工成各种成品油和化工产品之前，它只是一种简单的黑色或是黑褐色的液体而已，除了用于燃烧照明之外，并没有太大的用处。在不能被精深加工这个阶段，它的价值还没有被人们深刻地认识到，还无法成为人们生活的好助手。

当然，石油娃娃只是人们的爱称，更多的时候，它被称为原油，是一种黏稠的液体。它的颜色非常丰富，有红、金黄、墨绿、黑、褐红，甚至透明。它的颜色取决于所含胶质、沥青质的含量，含量越高颜色越深。所以，石油娃娃和人类一样，皮肤有深有浅，模样有丑有俊，状态有时活泼也有时凝重。它的主要成分是各种烷烃、环烷烃、芳香烃的混合物。这种混合物在化学上又称作碳氢化合物，组成石油的化学元素主要是碳和氢，其余为硫、氮、氧及微量金属元素镍、钒、铁、锑等。由碳和氢化合形成的烃类构成石油的主要组成部分，占95%～99%，各种烃类按其结构分为：烷烃、环烷烃、芳香烃。一般天然石油不含烯烃而二次加工产物中常含有数量不等的烯烃和块烃。含硫、氧、氮的化合物对石油产品有害，在石油加工中应尽量除去，它的主要作用是用来炼制燃油和汽油，也被当成许多化学工业产品如溶液、化肥、杀虫剂和塑料等的原料。大多数的科学家认为，它是古代海洋或湖泊中的生物经过漫长演化形成的，属于化石燃料。

石油娃娃从哪儿来

和很多天然的非再生能源一样，石油娃娃并非是简单的天外来客，而是经过极其漫长的地质演变才形成的。它的诞生和很多因素有关，但从地质学这个角度来说，沉积岩却是首先要说的，因为这里是它生成的地方。动物的生命都是从母亲的子宫中开始的，而沉积岩则是它生命诞生的摇篮。有了沉积岩，它的生命才有了出发的起点，才为它的孕育提供了可能。

如果能够看到地球横切面，地球就像是一个鸡蛋，地球内圈由地核、地幔和地壳组成。地壳是地球内圈圈层中最薄的，有大量的矿产资源，包括石油、天然气、煤酸都蕴含在地壳之中。而地球表面，则由几层结构复杂的圈层组成，主要包括大气圈、水圈、生物圈和岩石圈。其中岩石圈是地球的表层结构，顾名思义，这一圈层绝大部分都是各种类型的岩石。岩石圈是一个厚度不均的圈层，有大陆地壳和海洋地壳之分。大陆地壳一般比海洋地壳要厚得多。

地壳上的岩石可以分成三大类：沉积岩、岩浆岩和变质岩。沉积岩又称为水成岩，是三种组成地球岩石圈的主要岩石之一（另外两种是岩浆岩和变质岩），是在地表不太深的地方，将其他岩石的风化产物和一些火山喷发物，经过水流或冰川的搬运、沉积、成岩作用形成的岩石。在地球地表，有70%的岩石是沉积岩，但如果从地球表面到16千米深的整个岩石圈算，沉积岩只占5%。沉积岩主要包括有石灰岩、砂岩、页岩等。沉积岩中所含有的矿产，占全部世界矿产蕴藏量的80%。沉积岩在地球上广阔无边，它是唯一具备能够让石油娃娃诞生的地方。而岩浆岩和变质岩，都因为它们的岩石结构和构造无法让石油娃娃找到生息的摇篮，它只能远远地离开它。

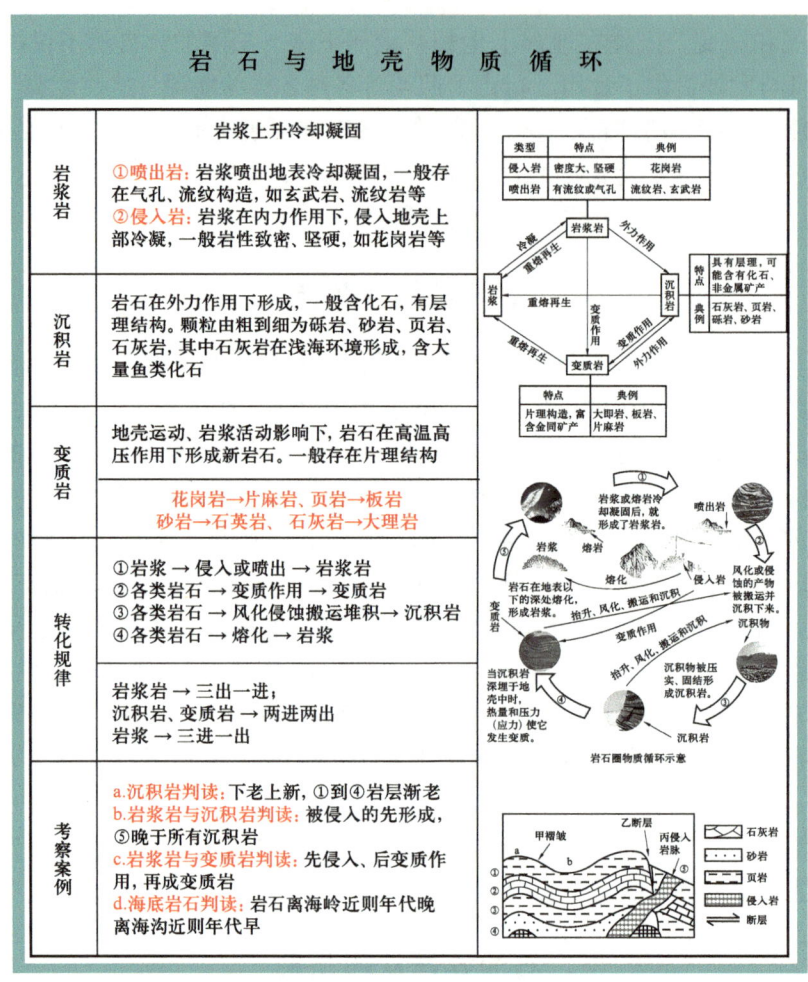

三大类岩石的特点

为什么石油娃娃喜欢沉积岩

沉积岩的体积只占岩石圈的5%，但其分布面积却占陆地的75%，大洋底部几乎全部为沉积岩或沉积物所覆盖。沉积岩不仅分布极为广泛，还藏着大量的沉积矿产，如煤、石油、天然气、盐类等。那么它为什么只选择在沉积岩中开始了生命的历程呢？

火成岩是地壳深部岩浆喷出地表（火山爆发）或充斥于沉积岩的一种岩石。变质岩是沉积岩或火成岩经受高温、高压后，岩性结构发生变化的岩石。沉积岩、火成岩和变质岩相互之间有着密切的联系，一些盆地周围的山地、丘陵和火成岩、变质岩风化后，变成碎屑，经河流、风暴搬运到了盆地，会形成新的沉积岩。可以说，沉积岩是由江河湖海中的碎屑物沉积或各种盐类化学沉淀而形成的。

在地球不断演化的漫长历史过程中，有一些"特殊"时期，如古生代和中生代，大量的植物和动物死亡后，构成其身体的有机物质不断被分解，与火山岩、变质岩形成的泥沙或碳酸质沉淀物等物质混合组成沉积层。由于沉积物不断地堆积加厚，导致温度和压力上升，随着这种过程的不断进行，沉积层变为沉积岩，进而形成沉积盆地，这就为石油娃娃的生成提供了基本的地质环境。伴随各种地质作用，沉积盆地中的沉积物持续不断地堆积。当温度和压力达到一定程度后，沉积物中动植物的有机物质转化为碳氧化合物分子，石油娃娃终于具备了诞生的条件。

页岩页理如书页

总结起来，石油娃娃诞生的条件有两类：一是沉积岩中含有丰富的有机质（包括从陆地上搬运来的动植物、微生物和海洋中的水生物等），也就是生成油气的母质；二是还原至的沉积环境，即一定深度的海水、湖水使沉积物与大气隔绝，有机质不被氧化得以保存，并由于不断加载、深埋，退度、压力升高，有机质不断演化成石油、天然气。这就是石油娃娃在沉积岩中能够找到生存环境的原因。

哪些沉积岩可以变成生油岩？

沉积岩可以分成不同的种类并不代表所有的沉积岩都可以生成石油。按一般的流行说法，沉积岩可以分成碎屑岩类、黏土岩类和化学及生物化学岩类。也有的地质学家把它分成两大类，如塞利等人把它分为外病沉积岩和内源沉积岩两大类。分类虽然多种多样，但科学家们普遍认为暗色（灰肤色、灰黑色等）的泥岩、页岩、油页岩、煤层、石灰岩等，还原环境明显，十分有利于有机质的聚集，并向石油娃娃转化。

可以生成石油、天然气的沉积岩，在专业上常常被人们称之为生油岩或烃源岩。生油岩也可以分成很多种，按沉积类型可以分为湖相泥岩、湖相煤岩、海相泥页岩和碳酸盐岩，其中泥岩和碳酸盐岩的生油潜力最为巨大。若按有机质成分来分，又可以分为腐泥型（水生生物为主）、腐殖型（陆生生物为主）和混合型（两种生物来源均有）生油岩。如此看来，诞生石油娃娃的家庭也分成很多种类。

但并不是所有的生油岩都可以开采出石油来。为了了解生油岩的情况，一般情况下，要对生油岩的样品进行分析研究，然后系统地进行室内精细测试，用各种仪器和不同方法求取岩石中的有机岩含量。如果含量低于一定的标准，虽然含有油气，但也是无法采出石油的。另外，生油岩中虽然含有可以生油的有机质，但不管多与少，如果成熟度不够，也无法生成石油。就如同人的生命孕育于母腹之中，不到怀胎十月，是无法完成生命的奇迹的。

从沉积岩到生油岩，石油娃娃的出现正在一步步地成为现实。当然，石油的产生，具备一定的外部环境条件只是石油产生的初步，而更多更复杂的内部外部的条件，还需要数以亿万年计的时间，去创造更多的条件，才能完成。

（2013年第6期）

冲破思想的牢笼
——回顾"陆相生油"的诞生

田 雨

人类发现并利用石油、天然气的历史可以追溯到几千年前，但是应用近代科学技术手段发展石油、天然气只是近100多年的事情。经过不懈的理论探讨和勘探实践，人们逐步确立和完善了系统的油气生成、聚集和油气藏形成、分布的理论。这一理论普遍认为，石油的生成和油气藏的形成都是在特定大地构造单元内的海相环境中进行的。

早在1863年，加拿大著名石油地质学家T.S.亨特就阐明了石油的原始物质是低等海洋生物；苏联地球化学之父B.A.别纳科依在其名著《地球化学概论》中指出，石油是海洋生物生成的；1943年美国地质学家W.E.普赖特再次强调，石油是未变质的近海成因的海相岩层中的组成部分。

中国是世界上发现石油及天然气最早的国家之一。早在2000多年前，我们的先人就在陕北发现了石油，12世纪，先人们在四川钻成了气井。但自1878年近代石油勘探技术在中国出现以来，近半个多世纪，中国的石油工业几乎没有什么发展，其中一个重要原因是"中国陆相贫油"的观念束缚了人们的思想。

第一个提出陆相不能生油的是1919年的美国耶鲁大学教授丘切特，他对北美含油省的分布做出一个论断："足够的、具有经营价值的石油，不是在淡水或陆相沉积中生成的。从实际出发，至少在目前可以不去考虑这种沉积"。因此他认为所有陆相或淡水沉积区，都不是可能有含油岩层的地区。

第一个来中国调查的团队是1913年的美国美孚石油公司，到中国的山东、河南、陕西、甘肃、河北、东北和内蒙古部分地区进行石油勘探调查，并于1914年在陕西的延长、延安、安塞、甘泉和宜君等地打了7口井，最深的井为1076米，都没有收获到有工业价值的油流。因此美国地质专家富勃和拉普得出结论说："我们发现了若干个油苗，但没有一口井的产量可以认为有工业价值，勘探中没有获得成功的原因是砂岩层巨厚造成石油的散失，未能聚集成油藏"。

第一个推断中国贫油的是1922年美国斯坦福大学地质学教授勃拉克韦尔德，在一篇题为《中国和西伯利亚的石油资源》的论文中指出："中国没有中生代或新生代沉积；古生代沉积也大部分不生油；除了中国西部及西部某些地区外，所有各个年代的岩层都已剧烈褶皱、断裂，并或多或少被火成岩侵入。因此，中国绝不会生产大量石油"。

与国外所谓的"贫油"论调相反，中国老一辈地质学家以扎实的地质理论基础结合多年石油勘探经验，指出"美孚的失败，并不能证明中国没有石油可办。"从20世纪20—30年代，以谢家荣、潘钟祥、黄汲清、孙健初等为代表的地质学家先后到陕北高原、河西走廊、四川盆地及天山南北进行油气地质调查，分别于1937年和1939年在陆相盆地中找到了新疆独山子油田和甘肃玉门老君庙油田。1936年，孙健初三出嘉峪关，对玉门老君庙和石油沟进行了地质和石油资源的详细勘察。1938年冬，他与严爽、靳锡庚等一行9人骑着骆驼，顶沙冒雪到达玉门老君庙，次年陆续钻浅井6口，发现了老君庙油田。老一辈石油地质学家正是以坚持实践第一的工作作风，以及对大自然奥秘不断求索的精神，拉开了中国陆相生油理论诞生的序幕。

第一位提出"中国陆相生油"命题的是1941年当时正在美国堪萨斯大学攻读博士学位的一位中国青年——潘钟祥。他在美国石油地质学家协会会议上宣读了论文《中国陕北和四川白垩系陆相生油》。1931年，潘钟祥从北京大学毕业后，先后4次到陕北进行石油地质调查，并在四川等地进行了多次实地考察。赴美求学后，他在浩翰的文献中也发现了诸如美国科罗拉多州西北部泡德瓦斯油田的原油产于陆相第三系的例证。因此他指出：陕北的石油产自陆相三叠系及侏罗系，四川产天然气的自流井无疑也是陆相地层。

"陆相生油"理论的提出，为在中国陆相盆地中找到大量石油提供了依据。40年代中期，中国地质工作者在玉门油田所开展的古生物研究工作，又为证实"陆相地层"生油提供了新的佐证。从1955年开始，人们在新疆准噶尔盆地找到了克拉玛依油田，并陆续在酒泉、柴达木、塔里木、四川、鄂尔多斯等盆地找到了油气田，这一切充分展示了陆相地层的含油气远景。

第一位提出"中国陆相生油"命题的潘钟祥

第一个陆相生油的大油田，诞生于50年代末的松辽盆地上——大庆油田。原油产自白垩系陆相储层，油源岩也由陆相湖泊沉积物形成，厚度达1000米以上，油田规模约1000平方千米，年产量达5000万吨。松辽盆地是一个面积很大的由陆相沉积填充而成的，在这里发现巨型油田说明了"陆相生油"理论的正确。陆相盆地不仅能够生成石油和天然气，而且还可以形成巨型的大庆油田；不但能形成巨型油田，而且还能大量生产石油；不但能生产大量石油，而且还能长期生产大量石油。这一重大突破不仅是勘探实践上的重大进展，更重要的是对石油地质学的极大丰富和完善。为我国油气勘探又奠定了一系列石油地质理论与石油勘探理论。

1959年9月26日，松基三井喷出工业油流，标志着大庆油田的发现

随着中国、澳大利亚等国石油地质专家对一些陆相盆地的深入了解和研究，陆相成油理论已被越来越多的石油地质学家、地球化学家所接受。陆相石油地质理论是石油地质学的重要组成部分，它的不断发展和完善，将提高石油地质学的整体水平。陆相石油地质理论也将不断吸收海相石油地质的理论，以促进世界石油与天然气勘探的发展。

回顾陆相生油诞生的历史，老一辈石油人永远探索真理、不断突破思想牢笼的精神，值得我们新一代年轻的石油人思考和学习。

（2014年第2期）

准噶尔盆地南缘泥火山与油气苗

余琪祥

泥火山是在特定地质条件下形成的罕见的自然地质景观。它与喷发熔岩的火山有着本质的区别，故又称为假火山。一块地层松软的泥岩，当地层受到地下石油、天然气或者地下水的压力或者地震时，比较松软的物质就会沿着裂缝或断层上升，并在地层水或天然气的挟带下，穿透地表的空隙喷出。喷发时夹杂的泥沙溅落到地面，就形成泥火山。泥火山通常伴有油气显示，因此，认识和了解泥火山及其油气显示特征，对油气勘探具有一定的指导作用。

准噶尔盆地西南缘山前带发育着众多的泥火山，且出露油气苗，如独山子泥火山、托斯台泥火山和四棵树泥火山等。近几年来，笔者分三次对泥火山进行了系统的地质考察，对泥火山形态、出露地层、喷发特征、油气苗规模、形成的地质条件以及与油气藏的关系等方面进行了初步分析。

区内泥火山表现为二种形态：一种呈火山锥形，且锥体较高大，如独山子泥火山和托斯台泥火山；一种呈泉眼形，锥体不发育，但喷发特征和喷发方式与泉眼又有明显的区别，如四棵树泥火山。产出层位既有侏罗系、白垩系，也有第三系和第四系。喷出物主要有泥沙、水、原油和天然气，其中锥形泥火山喷出的泥浆含水量较少，泉眼形泥火山喷出的泥浆含水量较多。油气显示也有较大的差异，有的以原油为主，有的以天然气为主。

独山子泥火山位于独山子背斜核部，出露于新近系塔西河组泥岩层中。突起的山体上原有 32 处泥火山，因多年的油气开采，喷发的泥火山愈来愈少，大部分只剩下泥火山遗迹。考察中发现有两座正在喷发的泥火山，且相距不远。一座呈锥形，高 3 米，锥体底部直径约 6 米，顶部直径 0.5 米（图 1），泥火山几秒钟喷发一次，4～5 次小的喷发后，会有一次较大的喷发，喷高约 30～40 厘米，且喷发的声音也较大。喷发口附近见少量黑色的原油。另一座呈泉眼形，喷发口直径约 1.5 米，喷出物中水较多，泥沙较少，仅见少量油花。另外，在背斜顶部还发现了数座规模较大的泥火山遗迹。据说独山子泥火山原分布范围达 600～700 平方米，由此可见泥火山也有一个形成、发展、演化至消亡的过程。

图 1　正在喷发的独山子泥火山

托斯台泥火山矗立在乌苏市西南部天山牧场沟谷的阶地上，属于托斯台背斜构造带的西端，出露于白垩系泥岩层中。它由两座相距十余米的锥形泥火山组成，其中 1 号泥火山位于北侧，高度超过 10 米，喷发口直径 2 米，坡度自上而下由陡变缓（图 2）。锥体表面因布满密集的且深浅不一的流纹，显得极为粗糙，如同麻花状的疙瘩。该泥火山每隔几分钟喷发一次。泥浆喷发时活动剧烈，站在泥火山口可清晰感觉到来自地下深处的震动，并能听到"咕嘟"的响声。在喷发口边缘，有一个可能是自然形成的缺口，向外流淌着灰白色的泥浆和黑色原油（图3）。

图2　托斯台1号泥火山

图3　托斯台1号泥火山口和油苗

托斯台2号泥火山位于南侧，相对高差15米，锥体表面流纹清晰可见，锥顶直径达到4.6米，喷发口直径约1米（图4）。该泥火山活动相对较弱，每隔二十多分钟才喷发一次，且喷发声音较小。可见喷发口泥浆表面漂浮着一层黑色的原油（图5）。

图4　托斯台2号泥火山

图5　托斯台2号泥火山口和油苗

四棵树泥火山位于乌苏市西南四棵树河。出露有两处，一处位于四棵树河西岸至白杨河煤矿的山梁上，一处位于四棵树河谷。河西岸山梁上泥火山成群分布，出露地层为中侏罗统，形态均为泉眼形，但规模较大，据称是世界上最大的泥火山群。目前已建立为旅游景点。40多个泥火山分布在500平方米的范围内，直径最大者达4米，一般为1~2米，最小者直径仅十几厘米；喷发口多数为圆形，少数为椭圆形或梨形；喷发物主要有青灰色或红褐色的泥浆，大部分喷发口仅见油花，少数见泥浆表面漂浮着棕黄色的原油（图6）。众多泥火山不停地冒出泥浆和气泡并发出"咕噜、咕噜"的响声。因为喷出物中含有少量原油并不断发散开来，因而在太阳光的照射下泥火山表面色彩斑斓。

图6　四棵树河西岸泥火山和油苗

位于四棵树河谷的泥火山，出露于第四系河床上，有时因河水冲刷其形态不规则。此处泥火山喷出物中原油较少，仅见喷发口漂浮着薄薄的油膜（图7），但气苗显示较强烈，点火可燃（图8）。

图7　四棵树河谷泥火山与油苗

图8　四棵树河谷泥火山与气苗

泥火山和地震都是现代地壳运动的显著标志。北天山的石河子至乌苏一带，不仅是泥火山集中分布的地区，而且也是中、强地震活动频发的地区。据文献记载，1990年10月25日乌苏西南发生2次5.2级地震，地震前后，距震中40千米的托斯台泥火山喷发较猛烈，喷出大量泥浆，油气显示也更为活跃。

准噶尔盆地南缘新构造活动强烈，地层中发育高异常地层压力，侏罗系、白垩系和古近系又具备一定的生烃能力，山前带局部地区断裂发育，地下水量充沛，近地表广布松散的砂泥岩层，为泥火山的形成提供了良好的地质条件。该区域内泥火山与油气苗共生，因而泥火山与地下油气藏具有某种成因联系，如独山子泥火山之下发现了独山子油田，托斯台泥火山之下也发现了含油气构造。准噶尔盆地西南缘山前带泥火山众多且规模较大，既是研究地形、地层变化的活教材，也是石油地质工作者寻找油气苗、探索油气成因的有利场所。

通过对准噶尔盆地西南缘山前带泥火山的系统观察与分析，并采集部分油气苗样品开展实验分析，进一步探讨区内油气成藏条件。同时也更加坚定了地质勘探人员在准噶尔盆地西南缘山前带勘探油气藏的信心。

（2016年第2期）

盘点全球八大奇特油气藏

王苏涵

除常规的油气藏开发外，我们地球上还存在许多神奇、有趣的非常规油气藏。从直径超过10千米的陨石坑，到满是石油的山洞，再到深藏海底的可燃冰……每一种都超出你的想象！

一直以来，世界上的大多数油气都是由常规方法开发的。这通常是石油在烃源岩中生成后运移至油藏中，油藏是由不渗透层的盖层和其之下的渗透性砂岩或石灰岩多孔介质构成。地层圈闭使类似的油田被封闭于页岩层内，组成了可开采的油气藏的一小部分。

但除此之外，还有另一类完全"不常规"的油气藏，甚至是奇怪的油气藏，地质学家需要用包容的心态来接受这些"世界上最荒野的油气藏"。这些油气藏包括陨石坑、花岗岩、地下洞穴、天然沥青圈闭的油层、被熔岩圈闭的油层，以及通常未被利用的地下资源，比如天然气水合物、氮气、氦气和二氧化碳。

为什么要研究这些油气藏？信不信由你，这其中的很多油气藏促进了很多世界上最大的油田的开发。其中有一些初探井的成功率超过了20%，就算没有其他好处，通过研究这些类型的油气藏，勘探工作者也可以从中学习到新的知识，从而打破常规去思考。不过要注意，当你向老板表达这些想法的时候，他可能会笑你太过于异想天开。

陨石坑：与众不同的油气藏

全世界大约发现了250个陨石坑，其中五分之一与油气有关。一般情况下基岩破碎后，陨石湖中可能会形成油源岩，使其成为一个有利油气藏。这其中最大的一个是在墨西哥湾的希克苏鲁伯。碎片状的油气角砾岩受K-T界线的影响和圈闭喷出层的作用，使古老的超大型油田坎塔雷利最高日产量超过了2100万桶。

北美有九个陨石坑。其中一个是阿拉斯加的巴罗的艾瓦克卡夫特，它是由军队勘探发现的，并为那里的军事基地提供能源。剧烈的震荡使陨石坑在志留系岩石周围形成了地层褶皱，天然气在不渗水的盖层之下形成。这种地形的另一个例子是艾姆斯火山坑，于1991年在寻找高产量的油井时在俄克拉荷马的苏尼·特伦德被发现。在检查之后，发现包含角砾化花岗岩的岩屑中油气显示良好，另外石英碎屑和长石中也存在着劈理面。该陨石坑直径超过10千米，被认为是由陨石撞击产生的。

基岩碎裂　梦想破灭

超过30个国家有从岩浆、火山和变质基岩演变而来的油区。很难相信花岗岩里会产生油气，但印度尼西亚的苏板油区在碎裂的花岗岩里发现超过8万亿立方英尺[1]的天然气，泰国和利比亚的油区也从花岗岩基岩中开采大量天然气，从广阔的裂缝网络中每天有超过20000桶产量的天然气。一家公司最近在西设得兰群岛成功钻探进入了英闪岩基岩，这些油层提供了令人不确定的非生物质原油。

通常来说这些油层比常规油层更难鉴定，通常它们是偶然被发现而非刻意寻找获得的。但在俄罗斯和泰国有计划地钻穿晶状基岩，因此建议将与烃源岩相接触的油藏中的开发井钻得更深一些。通常很大部分深层裂缝都是接近垂直的，所以水平井可能是打开这些资源的关键。

1　1英尺=0.3048米。

天然沥青和焦油席

天然石油沥青是一种天然的树脂状的油气物质,是易挥发物质挥发后的产物,在美国的科罗拉多和犹他的尤因塔山地形区域形成。它一般在垂直接缝处生长数英里[1],深可至 500 米。它一般被用于印刷的黑色油墨,也因用于福特"T"形车的喷漆而著名。这种车的宣传标语是"你可以选择任何车身颜色,只要它是黑色的"。

焦油席通常形成于油水交界处。这是一种超重油,且完全没有流动性。但如果油气运移是随时间交错进行的话,它们有可能形成意想不到的圈闭富集。委内瑞拉奥里诺科河是目前世界上最大的重油富集带。

天然气水合物:海底可燃冰

这些天然形成晶状的类似于冰块的凝固气体分子,通常在海底大陆斜坡被发现。他们通常在海底下 100~500 米处处于稳定状态。

据估计,这些矿床内可能有 43000 万亿立方英尺甲烷存在。不过这是一个"金发姑娘"油气藏,即它需要合适的岩性、地层温度、压力、盐度、水量、天然气源、浓度和运输量,才可能得以有效利用。即使每个因素都正常,我们也还未研究出怎样批量开采这些天然气。大部分该类油储都位于美国海岸线附近,日本在如何开采这些油气方面处于领先位置,但显然他们也还要继续努力。

二氧化碳和氮气:有人要不?

在美国,很多油井产生二氧化碳已不足为奇了,他们大部分在犹他州。法纳姆·多姆从沙丘砂岩中生产了超过 50 亿立方英尺的油量。这些油井被称为"冰淇淋井",一方面是因为井口附近逐渐积聚的干冰,另一方面是因为二氧化碳有时候也被用来制作冰淇淋。一部分井中的二氧化碳被用来制作干冰。伊朗扎格罗斯山中卡比尔昆背斜结构大约有 220 千米长,而其中的 85% 充满了氮气,分属奥陶系和二叠系油区。我们周围的空气中有 78% 的氮气,虽然氮气没有什么商业价值,但这仍然是一个很有意思的特征,这可能关联到潜在热点或放射基岩。

氦气:与气球狂说再见

在本文描述的所有油气藏中,我相信氦气有最大的商业潜力。氦气稀少且珍贵,目前全世界大约仅有 25 年的剩余供应量。它由发射性元素的分解产生,并存在于天然气田上层。其含量只要大于 0.3% 就有商业价值,而某些油区比如亚利桑那州的 Dineh-bi-Keyah 有大约 6% 的氦气含量。得克萨斯州阿马里洛附近的美国联邦氦气储备拥有最大的储备量,它一开始是为了向飞艇提供原料,而现在正在被私有化,氦气被出售。很多铀含量高的南非金矿地下水中都可能有高浓度的氦气。可以想象你可以通过矿工的高嗓音来辨认氦气矿!

满是石油的山洞

大家在与外行人聊天时,都遇到过这样的情况,外行往往觉得石油存储于地底的大洞穴里,我们仅仅需要做的是往洞里插根吸管把石油吸出来。好吧,其实对意大利南部某一些海上油田来说,这种

---

[1] 1 英里 =1609.34 米。

理解是正确的。这里的油层是一个严重岩溶化的碳酸盐岩平台,即石灰岩平台在侏罗纪就沉积了,很久之后(白垩纪末期)又暴露在地表,形成了一个广阔的地底洞穴宫殿,而石油则随之运移入内。奥斯波梅尔海上油田拥有 9400 万桶/天的极限开采量。在陆地上同样的岩石结构中也发现了类似的洞穴宫殿。

火山岩圈闭气藏

另一个非常有趣的圈闭位于纳米比亚的海上 Kudu 油田。被火山灰盖住的推菲尔泉地形内的白垩纪沙丘在大西洋地处板块分裂时倾泻形成。这些沙丘有玄武岩顶部圈闭,包含了 1.2 万亿立方英尺的天然气,也曾在南美巴拉那河盆地一侧的大西洋裂谷发现类似的油气藏。

不要太认真

最后我们介绍一些全球范围内真实而疯狂的油气藏故事吧!

在中东多地出现的所谓"永恒之焰"大多都是气体泄漏形成的,而另一些地方比如伊朗的(波斯语中的"白色泉水")则是轻质油泄漏形成。土库曼斯坦的"地狱之门"也属于这种情况。俄罗斯人在 1971 年进行天然气勘探,致使钻井平台坍塌,他们担心气田的甲烷泄漏,将其点燃,燃烧了 40 年后形成了一个 70 米宽的凹坑。

土库曼斯坦的"地狱之门"

南非的好几个矿场还利用碳夹层生产黄金。这些碳元素被认为是 22 亿年前衰变形成的。黄金的浓度可高达 30 千克/吨,也就是 440000 美元/桶。

这些非常规油气藏都有商业化的可能,并且尚未充分开发。建议大家都能注意到那些别人从来没有想过的"大块头",虽然第一眼看上去很疯狂。也希望大家在读这篇文章的时候,能同样享受到探索的快乐。

(2017 年第 3 期)

从"夺命杀手"到战略资源
——煤层气产业大解密

孟 伟 王力兵

和页岩气一样,煤层气也属于非常规天然气资源。但长久以来,却远没有页岩气那么"受宠",原因就是因为开发煤层气很难赚钱。目前,我国的煤层气每立方米的开采成本为 2 元左右,而售价仅为 1.6～1.7 元,即使加上 2016 年 2 月国家实施的财政补贴 0.3 元,企业仍然处于亏损的边缘。即便如此,煤层气的开发和利用对于我们这个能源进口大国来说,仍然意义重大。2016 年底,国家能源局印发《煤层气(煤矿瓦斯)开发利用"十三五"规划》,明确"十三五"期间,我国将新增煤层气探明地质储量 4200 亿立方米,建成 2～3 个煤层气产业化基地。2020 年,煤层气(煤矿瓦斯)抽采量达到 240 亿立方米。由此可见,我国开发煤层气的决心之大。

认识煤层气

煤层气,俗称"瓦斯"、煤层甲烷,顾名思义,即煤里产出的天然气。也就是指储存在煤层中以甲烷为主要成分、以吸附在煤基质颗粒表面为主、部分游离于煤孔隙中或溶解于煤层水中的烃类气体,是煤的伴生矿产资源。煤层气属非常规天然气,是近一二十年在国际上崛起的洁净、优质能源和化工原料。

煤层气的主要成分是甲烷(CH_4),甲烷含量通常达到 80%～99%,其次是氮气(N_2)和二氧化碳(CO_2),几乎不含有一氧化碳(CO)、硫化氢(H_2S)等有害气体。煤层气用途非常广泛,可以用作民用燃料、工业燃料、发电燃料、汽车燃料和重要的化工原料。煤层气热值是通用煤的 2～5 倍,每标准立方米煤层气大约相当于 9.5 千瓦时电、3 立方米水煤气、1 升柴油、接近 0.8 千克液化石油气、1.1～1.2 升汽油。煤层气热值与天然气相当,可以与天然气混输混用,燃烧后几乎不产生任何废气,是上好的工业、化工、发电和居民生活燃料。另外,煤层气燃烧后几乎不产生污染物,因此它是相当便宜的优质、清洁型能源。

煤层气井下开采巷道

煤层气的开采方式与普通天然气、页岩气的开采都不同。主要方式有两种，一种是井下抽采，借助煤炭开采工作巷道，井下钻孔，在地面建立瓦斯泵站进行抽采；第二种是地面钻采。地面钻采就是从地面开始钻井，使用螺杆泵、抽油机等设备进行排水采气的方式。

煤矿中的夺命杀手

人们最早认识煤层气是源于煤矿瓦斯事故的频繁出现，直到后来才发现，该资源储量十分惊人，全球煤层气储量达268万亿立方米，是常规天然气储量的一半！

随后各国开始大力发展煤层气产业，目前全球煤层气产业发展一般分为三个阶段：（1）开发前期准备及小规模勘探试验，如波兰、智利、巴西等；（2）快速发展，部分区块已初具商业开发条件，如加拿大、澳大利亚、中国等；（3）规模化开发，实现成熟商业化运作，目前仅美国能做到。

各国之所以大力发展煤层气产业，原因归纳起来可谓八个字：变废为宝，转危为安。为什么这么说呢？

开采煤矿时，吸附在基质上和游离在孔隙中的煤层气将释放出来，当煤层气空气浓度在5%～16%范围内时，遇明火就会爆炸，造成巨大的人身伤亡和财产损失，称其为"夺命杀手"并不为过。

骇人听闻的瓦斯爆炸

另外，二氧化碳是造成温室效应的主要气体，但甲烷对温室效应的影响远远超出想象，甲烷的温室效应是二氧化碳的25倍。

许多煤矿在开采时，将释放出来的煤层气直接通过巷道排出，白白浪费资源。每年排放的煤层气约200亿立方米，折合标准煤2600万吨。相当于三峡水电站一年的发电量，产生的二氧化碳相当于20多万辆汽车一年的尾气排放。

如果在采煤之前先采出煤层气，煤矿生产中的瓦斯将降低70%～80%，进而降低发生瓦斯爆炸的概率，减少二氧化碳的排放。

世界各国煤层气开采情况

随着全球能源需求的不断增加，能源结构的调整，天然气在一次能源消费中占比越来越大。据推测，2020年国内天然气的产量大约能够达到1200亿立方米，届时缺口将达到1800亿～2000亿立方米/年。巨大储量的煤层气将会承担起填补气源缺口的担子。

以下是各国煤层气开采的具体情况：

（1）俄罗斯。世界第一煤层气储量大国是俄罗斯，保守估计84万亿立方米，占到俄罗斯天然气总资源的三分之一。虽然是煤层气第一大国，但俄罗斯对煤层气的开采却一直不够重视。直到2010年，在美国加快开采页岩气后，俄罗斯也不甘示弱，展开了大规模煤层气的开发。俄罗斯天然气工业公司于2010年2月17日宣布将扩产煤层气，计划每年在Kuzbass盆地生产40亿立方米的煤层气。

（2）加拿大。加拿大的煤层气资源主要集中阿尔伯塔省，达到15.57万亿立方米，占全国总量的78.6%，少量位于不列颠哥伦比亚省和东部的新斯科舍省。在加拿大，煤层气开发是没有特别补贴的，开采主体为油气公司，管理与天然气相同，油气管道非常发达，煤层气通过管道与天然气混输利用。

（3）美国。美国煤层气地面开发1976年就已获得工业气流，至2012年，黑勇士、圣胡安、粉河、中阿巴拉契亚、尤因塔、拉顿等10个主要盆地均已进行商业化生产。美国煤层气产业发展的关键在于针对不同盆地、不同地区，形成了与地质特征相适应的开发技术，例如黑勇士、拉顿盆地等，煤层常压或欠压、低渗透，采用套管完井、压裂工艺技术；粉河盆地，煤层厚、高渗透率，采用钻井—洗井技术；山地地形区采用羽状水平井等。

（4）澳大利亚。澳大利亚是继美国之后煤层气勘探发展较快的国家，煤层气开发主要分布于5个盆地：鲍温、加利利、苏拉特、悉尼、佩斯盆地。2009年生产井达5200口，探明可采储量4934亿立方米。

（5）中国。中国的煤层气资源排名世界第三，埋深2000米以内的浅煤层气地质资源量约为368万亿立方米（高于我国页岩气36.1万亿立方米的储量），全国64%的煤层气分布在中部地区，以鄂尔多斯盆地和沁水盆地为主，资源总量超过10万亿立方米。我国煤层气勘探开发经历了20多年的探索和发展，已初步建成沁水盆地和鄂尔多斯东缘两大产业发展基地。形成2个千亿立方米大气田。

我国煤层气产业的未来

我国煤层气的抽采活动可以追溯到1952年，多年的实践经验已经形成了成熟的配套技术，但煤层气的产量和利用量仍然与预期目标相差甚远。

作为非常规能源的重要一员，煤层气的储量要远超页岩气，不仅在全球并没有掀起一场类似页岩革命那样爆发式的增长，而且在我国的发展也一直没有取得突破性的进展。若想大力发展煤层气产业，除了提高补贴标准，还有更多的问题需要解决。

（1）矿权重叠。煤层气与煤炭的开采审批隶属不同部门导致产权重叠问题。针对这种割肉不能流血的窘况，矿权重叠最严重的三交地区首创了"三交模式"：让煤层气公司和煤炭公司合作，联合勘探、联合开发、联合利用等方式各取其利，实现采气采煤协调发展。

（2）管网建设滞后。中国输气管道主干线仅有12万千米，含支线38万千米（美国478万千米），管道短、管径细、分布碎，开发与输送衔接不畅，且多是局部联网，难以形成规模。

（3）缺乏社会资本。目前，国内煤层气的采矿权主要集中在中国石油、中国石化和中联煤（中国海油控股），由于盈利性差的问题，绝大多数都处于未抽采状态。针对这一问题，只有开放更多的煤层气区块，让更多的社会资本涌入，真正发挥市场调节作用，才能形成良性竞争，进一步促进技术创新，降低开采成本，形成规模化效应，提升煤层气的市场竞争力。

（2018年第4期）

11 枚 "金钉子"

余琪祥

地质学上的"金钉子"实际上是全球年代地层单位界线层型剖面和点位（英文缩写为 GSSP）的俗称，是定义和区别地球不同年代（时代）所形成的地层的全球唯一标准。简单来说，"金钉子"可以理解为一种地质年代分界线或标志层位，"金钉子"的成功建立标志着一个国家在地质学研究领域达到世界领先水平。

"金钉子"剖面需要具备以下几个条件：剖面记录的整个地质过程表现为连续的沉积，中间没有沉积间断，即地层是连续的；剖面保存的古生物化石全球可以对比；用于剖面对比的化石物种的演化速度要快，形态特征鲜明，便于大家认识；剖面所在地交通便利，便于各国科学家和研究人员到达。"金钉子"剖面确立的一个关键是界定剖面的化石物种，特定地质历史时期由一个特定的物种、一个全世界公认的物种的首次出现来界定。

2018 年 6 月，国际地质科学联合会表决全票通过，批准把寒武系第三统暨第五阶的全球标准层型剖面和点位（"金钉子"）建立在我国贵州省黔东南州剑河县八郎村，这是全球第 67 枚"金钉子"，也是中国获得的第 11 枚"金钉子"，标志着中国成为世界上"金钉子"最多的国家。如果按地质年代形成的地层划分，寒武系获得 4 枚、奥陶系 3 枚、石炭系 1 枚、二叠系 2 枚、二叠系—三叠系界线 1 枚。

寒武系"金钉子"

包括湖南古丈、湖南花垣排碧、浙江江山和贵州剑河 4 枚"金钉子"。中国科学院南京地质古生物所研究员彭善池及其研究团队，经过数十年的精心研究，在我国先后正式确立了全球寒武系三个"金钉子"剖面，并以我国地名创立了芙蓉统、排碧阶、古丈阶和江山阶，加上由贵州大学赵龙元教授等研究团队创立的苗岭统、乌溜阶，共六个全球寒武系标准年代地层单位。这也是《国际地层表》中为数不多的由中国学者以中国地名命名的全球年代标准地层单位。值得一提的是，与中国其他 10 枚"金钉子"不同，贵州剑河"金钉子"不仅有丰富的以掘头虫类为主的三叶虫动物群，还在紧接"金钉子"点位之上的凯里组中上部地层中发育有布尔吉斯页岩生物群类型的乌溜世凯里生物群，这个特殊保存的生物群，包含 10 个化石门类，120 余个化石属，具有重要的科学意义。

湖南古丈"金钉子"，位于湘西古丈县罗依溪镇西北约 5 千米，标准名称为"古丈罗依溪寒武系第三统第七阶国际地层剖面"。2008 年 3 月，由国际地质科学联合会批准确立。界线位于花桥组底界之上 121.3 米处，以光滑光尾球接子三叶虫的首次出现作为寒武系第三统古丈阶的底界，代表距今 503 百万年的地质时期。

湖南花垣排碧"金钉子"，位于湖南省花垣县排碧乡四新村。2003 年 8 月，被国际地层委员会批准为全球地层年代表寒武系的首枚金钉子。界线位于花桥组底界之上 369.06 米处，以网纹雕球接子化石首次出现作为寒武系芙蓉统和排碧阶底界，代表距今 501 百万年的地质时期。

浙江江山"金钉子"，位于浙江省江山县碓边村附近的碓边 B 剖面。2011 年 7 月，由国际地质科学联合会表决通过。界线位于华严寺组底界之上 108.12 米处，以东方拟球接子三叶虫的首次出现作为寒武系芙蓉统和江山阶底界。

奥陶系"金钉子"

包括湖北省宜昌市黄花场、王家湾和浙江省常山 3 枚"金钉子"。

黄花场"金钉子",位于湖北省宜昌市黄花场,为全球奥陶系中和下统界线及奥陶系大坪阶底界层型。2008 年 3 月,由国际地质科学联合会批准确立。层型界线位于下奥陶统大湾组底界之上 10.57 米处,以三角波罗的海牙形石首次出现作为划分和对比的标志。

奥陶系大坪阶金钉子剖面

黄泥堂"金钉子",位于浙江省常山县城南 5 千米处的黄泥堂村,常山黄泥塘"金钉子"是距今 468 百万年左右的一段全球标准地层剖面,其全称为"奥陶纪达瑞威尔阶全球界线层型剖面",是国际地质科学联合会于 1997 年 1 月在中国确认的第 1 枚"金钉子"。中国科学院南京地质古生物研究所陈旭院士研究团队经过 5 年研究,以黄泥堂剖面宁国组第 183 层至 184 层黑色页岩之间澳洲齿状波曲笔石的首次出现作为奥陶系达瑞威尔阶的底界。

王家湾"金钉子",位于湖北省宜昌市夷陵区王家湾村,为全球奥陶系赫南特阶底界层型,2006 年 5 月由国际地质科学联合会批准确立。该剖面发育丰富的腕足类和笔石化石、层型界线位于奥陶系五峰组观音桥层底界之下 0.39 米处,以异形正常笔石的首次出现作为标志。

石炭系"金钉子"

广西柳州市碰冲"金钉子"为石炭系维宪阶底界层型。2008 年 3 月,柳州碰冲剖面获得国际地层委员会和国际地科联批准,被确立为下石炭统杜内—维宪阶界线的"金钉子",这是全球石炭系首个"阶"级"金钉子"。层型界线位于鹿寨组碰冲段 83 层之底,以古拟史塔夫有孔虫的首次出现作为维宪阶的底界。

二叠系及其与三叠系界线"金钉子"

包括浙江省长兴县煤山二叠系—三叠系(古生界—中生界)界线层型、煤山长兴阶底界,以及广西来宾市蓬莱雅二叠系乐平统吴家坪阶底界 3 枚"金钉子"。

浙江长兴煤山"金钉子",2001 年 3 月,国际地质科学联合会决定,全球二叠系—三叠系界线层型剖面和点位被正式确定在我国浙江省长兴县煤山 D 剖面。以微小德欣牙形石首次出现的位置，即殷坑组底界之上 0.19 米（长兴灰岩第 27 层之底）作为二叠系与三叠系的分界线，同时也是古生界和中生界的分界线。这不仅是我国几代地学工作者数十年艰辛努力奋斗的结晶，还是我国地学界的一大荣耀。

长兴阶"金钉子"，2005 年 9 月，国际地质科学联合会决定，在曾经为长兴灰岩第一颗金钉子揭碑的不远处，确定全球二叠系乐平统吴家坪阶——长兴阶界线层型和点位，代表着距今约 2.62 亿至 2.53 亿年，即古生代最后一个时段的地质历史纪录。界线位于长兴煤山 D 剖面长兴组底界之上 0.88 米（第 4 层石灰岩底）处，以王氏克拉克牙形石的首次出现作为二叠系乐平统吴家坪阶—长兴阶的界线。这期间发生了地质历史上最大规模的生物灭绝事件和最深刻的全球环境变化，包括剧烈的火山活动、气候环境的极端异常、海洋和陆生生物遭受空前大灾难。长期以来，这一时段的生物事件和地质事件的时代对比较为混乱。因而，这枚"金钉子"的确立对于了解地球历史和生物演化奥秘具有重要意义。

二叠系吴家坪阶—长兴阶界线金钉子剖面

蓬莱滩"金钉子"，2004 年 9 月，国际地质科学联合会决定，全球二叠系乐平统底界层型剖面正式落户我国广西来宾市蓬莱滩。将蓬莱傩剖面茅口组来宾石灰岩顶部，第 6k 层底克拉克牙形石后尖亚种的首次出现作为乐平统和吴家坪阶底界层型界面和点位。

（2020 年第 2 期）

话说油气钻井

苏义脑

（中国工程院）

要把深埋在地下几百米、几千米甚至于近万米的石油和天然气开采出来，就要有一条沟通油气藏和地面的通道，这个通道被称为油井或气井。而开凿这一通道的作业就称为钻井，这一工程就是油气钻井工程，这一技术就是油气钻井技术。

什么是钻井？

井对于大家而言并不陌生。很多人对于井的概念，是通过生活中的水井建立起来的。凿井取水是人类的祖先向大自然索取生命之源的一项重大发明创造，是人类智慧的产物。早期的水井就是人们用工具从地面向地下挖出泥土，直到水层，形成一个圆形的深几米甚至几十米的通道；现代可以用机器（钻机）取代人力，很轻易地钻成一口水井。由此可以概括出钻井的一般概念：用一定的装备和破碎工具去破碎地下的泥土和岩石，从而得到一条连通地面和目的层的专用通道。在这里，破碎工具被称为钻头，它是破碎岩层的关键部件；装备称为钻机，它给钻头提供动力并完成相应的辅助操作。二者是钻井工程中最基本的组成部分，或称之为本质特征，缺一不可，否则就不是钻井，也钻不成井。

当然，现代的油气钻井技术和井的规模相对于日常生活中的水井来说，有着天壤之别，不亚于导弹相对于弓箭。那高耸入云的井塔、昼夜轰鸣的机组、入地万米的钻头、自动追踪油层的"航地导弹"、万里之外的信息传输和遥控、窗明几净的操作室和自动化数字化作业，无不体现着当今科学技术与油气钻井技术的完美结合。从20世纪50年代开始，油气钻井就由经验钻井进入科学钻井时期，钻井工程成为与工程力学、机械学、计算机、化学、材料学、信息学、自动控制、仪器仪表、工程测量、核科学等多个专业紧密相关的系统工程。因此可以说，现代的油气钻井，就是用粗犷的外表加上高精尖的内涵，向地下开拓获取光明与动力的探索之路。

中国是世界上最早开始进行大规模钻井的国家，大量史料表明距今2000多年前，中国的钻井技术就达到了很高的水平，并且出现了天然气井。清代道光十五年（公元1835年）在四川自贡就钻成了深度为1001.42米的燊海井，而被认为是石油工业发端的"世界第一井德雷克井"钻成于1859年，井深112米。

享誉全球的英国著名科学史专家李约瑟博士（Joseph Needham）在《中国科学技术史》中，详细介绍了中国古代的钻井技术，有不少专家学者认为这是中国贡献给世界的"第五大发明"。

钻井被誉为石油工业的"龙头"，钻头不到，油气不冒。1949年新中国成立以来，中国石油钻井技术发展突飞猛进，为中国石油年产量从12万吨上升到2亿吨提供了技术保障和支撑。从某种意义上可以说，新中国的石油工业发展史也是一部钻井发展史，钻井队长"铁人"王进喜则是石油人的代表和楷模。

现代钻井工程和技术的外延也在不断扩大，从陆上油气钻井发展到海洋油气钻井，从油气钻井扩展到地质勘探（探矿工程）、煤矿开采（凿井）、地热开发、江河穿越、市政工程、极地钻探、月球钻探、国防施工、地下工程建造和深地探索，等等。可以说，钻井工程及其技术已经成为当今和未来国民经济发展不可或缺的工程和技术。

什么是油气钻井

如上所述，为了寻找油气资源（勘探）和把已经找到的油气资源开采（开发）出来，就需要开凿一条从地面直达目的层的通道，这就是油气钻井。这条细长的圆孔型通道，就称为油井（以产油为主）或气井（以产天然气为主），统称为油气井。

由于油气层深埋在地下，深度可达数百米、上千米、几千米深至于万米以上，所以按深度而言，油气井可分为浅井（2000米以内）、中深井（2000~4500米）、深井（4500~6000米）、超深井（6000~9000米）和特深井（大于9000米）。

油气勘探和开发都离不开钻井。按钻井的目的和任务，油气井（井别）可分为两大类，即探井和开发井。探井是为实现油气勘探目标所钻的井，在勘探的不同阶段有不同需求，一般分为区域探井、预探井和评价井，区域探井、预探井是为了寻找油气藏；评价井的目的是探明油气藏的边缘，确定油气藏的深度、油气层的厚度变化及含油气情况等；部分探井的目的是作为基准井、剖面井、参数井、构造井、详探井等。开发井是为实现油气开采目标所钻的井，在开发的不同阶段有不同需求，包括为开发石油、天然气或其他资源所钻的各种生产井、注入井，以及在已开发油气田内，为保持一定的产量并研究开发过程中地下情况变化所钻的调整井、观察井、资料井、检查井等。

按照井眼轴线的设计形状是否为一条垂线，即目的层内的设计目标区和地面的井口是否（或近似）在一条铅垂线上，油气井（井型）可分为直井和定向井。定向井是目的层内的设计目标区和地面的井口不在一条铅垂线上的特殊工艺井，根据不同要求，它又基本可分为常规定向井、大斜度井、水平井、大位移井、分支井、径向水平井、侧钻井、斜直井等。常规定向井是最大设计井斜角（即井眼轴线与铅垂线的夹角）不超过55°的定向井。大斜度井是最大设计井斜角超过55°的定向井。水平井是井眼进入目的层时井斜角接近、等于或大于90°并在目的层中延伸一定长度的定向井；长曲率半径水平井（长半径水平井）是设计井眼曲率小于6°/30米的水平井；中曲率半径水平井（中半径水平井）是设计井眼曲率大于等于6°/30米、小于20°/30米的水平井；中短曲率半径水平井（中短半径水平井）是设计井眼曲率大于等于20°/30米、小于60°/30米的水平井；短曲率半径水平井（短半径水平井）是设计井眼曲率大于等于60°/30米的水平井。大位移井是水平位移超过3000米或水平位移与垂深比值大于2的定向井。分支井（又叫多底井）是同一井口设计有两个或两个以上井底的井。径向水平井是用特殊工具在直井眼内直接转向水平，然后延伸一段距离的井。侧钻井是从已有井眼的选定深度处侧向钻出并钻达目标点的井。斜直井是自井口开始设计井眼轨道就是斜直井段的定向井。

另外还有一种特殊的定向井即丛式井，它是直井、定向井、水平井等多种井型和多口井的组合，即在一个面积不大的同一井场或钻井平台按一定井口间距钻出两口或两口以上的一组井，像树丛一样在地下向四面八方有规则地伸展开来。丛式井的最大优点在于节约井场占地面积，用很小的井场就可以控制地下很大的油气区块，例如可在老城区外一个篮球场大小的井场上钻成40口以上的丛式井组，从而把老城区的地下油气开采出来。大位移井多用于海洋钻井，其特点是井底到井口的水平位移可长达10千米以上，这样就可以在一个海洋钻井平台上控制很远的地下油气藏，显著减少所需的平台个数，从而节约巨额资金。

另外，根据钻机是在陆地还是在海上，油气钻井可分为陆上钻井和海洋钻井。根据所钻的目标物是原油、常规天然气还是煤层气、页岩气、天然气水合物等，油气钻井又可分为石油钻井、天然气钻井、煤层气钻井、页岩气钻井和水合物钻井，等等。

和煤矿井、金属矿井相比，油气井有完全不同的自身特殊结构。无论是上述的哪一种油气井，其井身结构都基本相同。油气井是由上到下、由外到内、由大到小的一组无缝钢管组成的细长孔，就像倒立的"拉杆天线"一样，由上到下、由外到内、由大到小依次是导管、表层套管、技术套管（可有几层）和油管，每层管子之间用专用的水泥封固，最上部的外层管子直径一般在1米以内，最内层的油管直径一般小于0.1米，总长度可达数千米。这样的结构就决定了操作人员不可能像煤矿和金属矿井那样下到井底，所以油气井的控制只能是地面遥控或井下的自动控制。

油气钻井的井下环境和工况同样有其特殊性。在细长孔内用钻头去破碎岩石，存在着高温（井底温度有时高达260C°以上）、高压（有时压强高达几百兆帕，即每平方厘米上的作用力达到几千千克力）、重载（钻柱上的作用力有时高达近千吨拉力）、强振动、强冲击（有些井下仪器的抗冲击强度要求到达1000克，即重力加速度的1000倍，也就是静载下1千克的元件在动载下可产生1吨的冲击力）以及腐蚀流体介质（钻井液、固井水泥浆有时有腐蚀性，还有地下产生的硫化氢、二氧化碳等酸性、毒性气体），等等。在这样的环境和工况下工作，就要求钻柱和钻井井下工具（如井下动力钻具、随钻测量仪器系统）能长时间可靠地工作（动力钻具、随钻测量仪器系统的一次下井工作时间要长于钻头的寿命，至少达上百小时以上）。

油气钻井工程由钻井设计、钻前工程、钻进过程、钻井液循环、轨道控制、固井作业、中途测试、取心作业、事故处理、完井作业等多个环节组成。

钻井的地面装备是石油钻机，每一台钻机由多个部件和功能单元组成，可以说一部现代化的钻机就是一座工厂。钻机驱动下方装着钻头的钻柱旋转，破碎岩石，同时循环的钻井液（俗称泥浆）把已被破碎的岩屑携带到地面，从而使钻进过程继续，井眼不断加深直至目的层。井眼加深是通过钻柱不断加长实现的，而加长钻柱是通过接单根（即1根钻杆，其长度近10米，其材质是优质合金钢）实现的。最常用的钻杆直径是127毫米，几千米的钻杆组成钻柱，所以，井下的钻柱总体上柔度就像"面条"一样。钻头是在承受着多种复杂载荷的钻柱驱动下进行着以旋转为主的复杂运动，以破碎岩石获得进尺。衡量钻井效率的重要指标是机械钻速（米/小时），即每小时连续钻进取得的进尺长度（米），影响机械钻速的因素有很多，如岩石性质（可钻性、研磨性）、工艺参数（钻压、转速）、水力参数（比水功率、泵压、排量）、钻井液性能（密度、黏度、固相含量等）、钻头状况（结构类型、磨损程度），等等，这些复杂关系体现在钻速方程中。有两个参数对机械钻速的影响十分显著，即钻压（钻头加在井底岩石上的压力）和钻头转速（用每分钟转数表征），具有明显的正相关关系。钻速方程是开展最优化钻井的科学基础。

结　　语

油气钻井是一个多学科交叉的系统工程。现代的油气井，不单单是一条获得油气的物质通道，也是获取地下信息的通道。像其他工程一样，对油气钻井的总体要求也可以归结为八个字：安全，优质，高效，环保。这些要求都体现在相关的标准和法规中。用钻头去破碎岩石，就是油气钻井的本质和核心问题。针对上述各种不同的井型，都有不同的具体要求，因此形成了各具特色的多种钻井配套技术。

（2021年第3期）

关于煤层气开发的问答

王 濮

什么是煤层气？

煤层气是一种由煤层生成并主要以吸附状态富集于煤层中的非常规天然气，主要成分是甲烷（95%～98%），因此被称为煤层甲烷，在煤矿中又俗称"瓦斯"，主要吸附在煤基质颗粒表面、部分游离于煤孔隙中或溶解于煤层水中，是煤的伴生矿产资源，是近二十年在国际上崛起的洁净、优质能源和化工原料。

煤层里为什么会有气？

煤是由植物埋藏地下，经过漫长的地质年代和地壳运动，在隔绝空气的情况下，在细菌、压力和温度的作用下，逐步演变而成的。煤的原始有机物质主要是碳水化合物、木质素，成煤作用由泥炭化和煤化作用两个阶段完成。

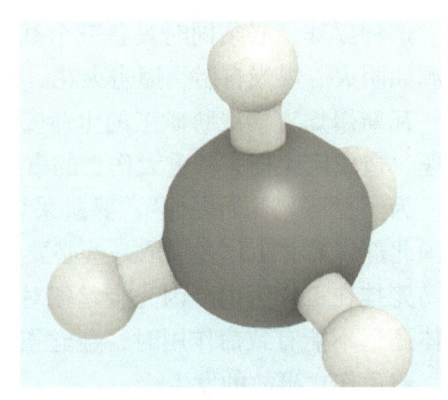

甲烷分子式形态

煤的形成过程十分漫长

在绿色有机体转变为煤炭的成煤过程中，经过生物化学热解作用，会以吸附或游离状态，在煤层及固岩里产生一种以甲烷为主的自储式气体。这种气体就是煤层气，按其成因类型可分为生物成因气和热成因气。这种气体的大量聚集，就形成了煤层气藏。煤层气藏形成需具备五个条件，即煤层厚度、煤变质量度、封盖条件、水文地质条件和煤层埋藏深度。

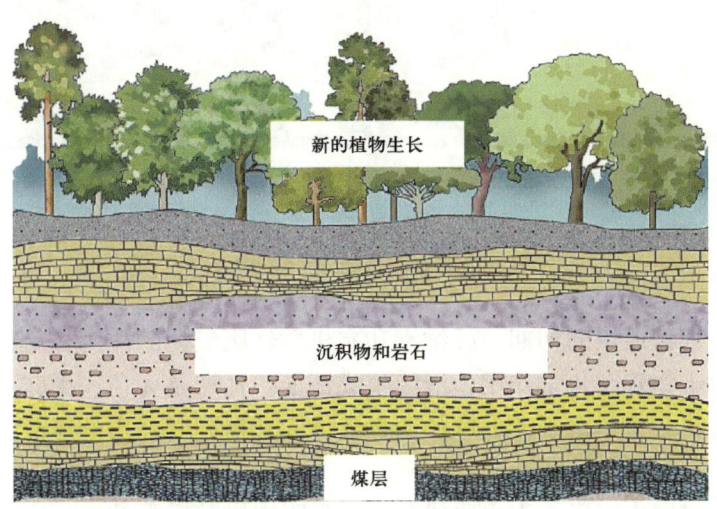

煤炭的形成过程十分漫长

金丝鸟可以预防瓦斯爆炸？

瓦斯气体是的英文音译词，英文是 gas，是一种易爆炸的气体。在煤层气名词出现前，煤层里的气体一般称为瓦斯气。它在矿井中爆炸，是一种热链式反应（也叫连锁反应），俗称"瓦斯爆炸"。

当爆炸混合物吸收一定能量（通常是引火源给予的热能）后，反应分子的链即行断裂，离解成两个或两个以上的游离基（也叫自由基）。这类游离基具有很大的化学活性，成为反应连续进行的活化中心。在适合的条件下，每一个游离基又可以进一步分解，再产生两个或两个以上的游离基。这样循环不已，游离基越来越多，化学反应速度也越来越快，最后发展为燃烧或爆炸式的氧化反应。所以，瓦斯爆炸就其本质来说，是一定浓度的甲烷和空气中的氧气在一定温度作用下产生的激烈氧化反应。

这种爆炸，必须同时具备三个基本条件：瓦斯的浓度、充足的氧气含量和足够能量的点火源。点火源如明火、煤炭自燃、撞击火花、电火花等。

瓦斯爆炸直接威胁矿工的生命安全，一直是煤矿安全生产的主要威胁之一，是困扰采矿业的重大难题，造成巨大损失和重大伤亡的事故屡有发生。因此，瓦斯爆炸被称为"瓦斯恶魔"。

为了预测"瓦斯爆炸"，躲避采煤风险，早在科技尚不发达的 17 世纪中叶，英国的威尔士地区和法国北部，矿井工作在采取一些必要安全措施外时，有的矿工会提着一个装有金丝雀的鸟笼下到矿井，把鸟笼挂在工作区内。因为金丝雀对"瓦斯"或其他毒气特别敏感，只要有非常淡薄的瓦斯产生，对人体还远不能有致命作用时，金丝雀就已经失去知觉而昏倒。矿工们看到这种情景后，会立即撤出矿井，避免伤亡事故的发生。

17 世纪煤矿工人常常手持金丝雀，以辨别工作场所的空气是否适合呼吸

瓦斯气就是煤层气吗？

瓦斯是古代植物在堆积成煤的初期，纤维素和有机质经厌氧菌的作用分解而成。在高温、高压的环境中成煤的同时，由于物理和化学作用，继续生成瓦斯。瓦斯是无色、无味、无臭的气体，但有时可以闻到类似苹果的香味，这是由于芳香族的碳氢气体同瓦斯同时涌出的缘故。在煤炭界，习惯上指矿井瓦斯。

煤层气是指赋存在煤层中以甲烷为主要成分、以吸附在煤基质颗粒表面为主、部分游离于煤孔隙中或溶解于煤层水中的烃类气体，是煤的伴生矿产资源。煤层气和瓦斯的主要成分都是 CH_4（甲烷）。瓦斯和煤层气基本没什么区别，都是可燃可爆且对人具有窒息作用的无毒无色无味气体。煤矿上将那些呈游离状态的甲烷和其他混合性有毒有害气体统称为瓦斯。

煤层气就是天然气吗？

煤层气和天然气属于同一个家族。常说的天然气是常规天然气，而煤层气是非常规天然气。细致分析，他们有"四个不同"：

（1）储集机理不同。常规天然气是以游离状态储集在储层的孔隙空间当中，在气源充足的情况下，其聚集量主要与孔隙空间的大小有关。煤层气则以吸附状态赋存在孔隙的表面之上，其聚集量与煤层的吸附性密切相关。

（2）成藏过程不同。常规天然气由烃源岩生成后，经过一定距离的一次运移和二次运移在储层中聚集成藏，运移方向受流体动力场控制，即天然气主要是在浮力和流体压力的驱使下进行运移；煤层气由煤源岩生成之后直接被煤储层吸附而聚集，这种聚集不受流体动力场的控制而受温压场的控制。

（3）气藏边界不同。常规天然气有明显的气藏边界，并且气藏边界内外天然气含气是具有"有"和"无"质的变化；而煤层气藏与常规天然气藏最大的区别之一就是气藏边界不确定，只要有煤就有煤层气的存在，在某些地质条件下，煤层气相对富集形成煤层气藏。因此，煤层气藏内外是含气丰度的差别，而不是有气和无气的差别。

（4）流体状态不同。常规天然气藏和煤层气藏都有气、水两相存在，但二者所处的状态不同：常规天然气藏一般以气相为主，即储集空间被游离的气相所占据，存在少量束缚水，水主要以边水和底水的形式存在于气藏的边部和底部，具有统一的气水界面；而煤储层中大的孔隙空间主要是被水所占据，水中含有一定量的溶解气，部分孔隙中存在游离气相，气藏中的大部分气体以吸附相存在，占80%以上，即煤层气藏中有吸附气、游离气和溶解气三种存在形式。

煤层气的主要用途是什么？

煤层气的热值与甲烷（CH_4）含量有关。地面抽采的煤层气甲烷含量一般大于96.5%，高热值为每立方米38.9311兆焦，低热值为每立方米34.5964兆焦。井下抽采的煤层气目前一般将甲烷含量调整到40.8%后利用，此时煤层气的高热值为每立方米16.24兆焦，低热值为每立方米14.63兆焦。

每标准立方煤层气大约相当于9.5度电、3立方米水煤气、1升柴油、接近0.8千克液化石油气、1.1~1.2升汽油。另外，煤层气燃烧后几乎没有污染物，因此它是非常便宜的清洁型能源。它可以用作民用燃料、工业燃料、发电燃料、汽车燃料和重要的化工原料，用途非常广泛。如家庭的生活用火、工厂发、、汽车燃烧等都将其作为动力。当前，我国煤层气利用率较低，所以煤层气的开发利用，是当前我国乃至世界能源界亟待解决的问题。

为什么要开采煤层气？

开发煤层气，有三个方面的重要意义：

（1）降服"瓦斯恶魔"，变害为宝，保障煤矿的安全生产，改善煤炭生产经济效益。在煤炭开发生产过程中，频频发生瓦斯爆炸，既造成严重的人员伤亡、财产损失，又造成大量的能源浪费。我国国有重点煤矿中高瓦斯矿井占47%。据统计，1950—1990年，我国发生瓦斯事故1500余起，约占世界瓦斯突出事故的40%，历年因瓦斯事故死亡的人数为世界总死亡人数的30%~40%。仅1983至1994年间，我国就发生瓦斯事故675起，死亡4571人，直接经济损失150亿元，造成了严重的生命与财产损失。从这一点来讲，开采煤层气是煤矿开采的首要安全保障，也是国务院一直强调的，要想开发煤矿，必须先开发煤层气，将瓦斯浓度降低到一定的安全范围内才允许开发煤矿。

（2）改善国家能源结构，促进国民经济的发展。我国的能源结构与世界发达国家相比极为不合理，煤炭占比大，石油仅为世界平均水平的三分之一，天然气为十分之一。我国能源紧缺，不能满足高速发展的国民经济对能源的需求，只有大力发展煤层气等新型清洁能源，才能弥补我国能源的缺失。

（3）减少大气污染，保护人类的生存环境。甲烷的温室效应大约是二氧化碳的20倍以上，据粗略估计，我国每年向大气排放的煤层气甲烷约为60亿立方米，占世界的三分之一，既浪费了能源，又对环境造成了极大的破坏。开发煤层气，不仅能改善我国的能源结构，还可以减少大量瓦斯排放造成的环境污染，并加速我国以煤为主的能源系统逐渐向环境无害化的可持续发展模式的过程转化，实现碳中和、碳达峰的承诺目标，树立遵守国际公约，保护地球环境的良好国际形象。

中国的煤层气"难成大器"吗？

中国2000米以浅的煤层气资源量约为36.81万亿立方米，大有开发利用的潜力。但是，开发利用初期出现了"产量少、利用率低、勘探投入不足、产业发展低于预期"的局面，于是有人便产生了煤层气"难成大器"的悲观情绪。随着国家对煤层气逐步重视，中国的煤层气急速增长。

中国42个主要含气盆地埋深2000米以浅的煤层气地质资源量36.81万亿立方米，主要分布在华北和西北地区（占总资源量84.4%），与陆上常规天然气资源量38万亿立方米基本相当。

我国煤层气已进入快速发展轨道，全国煤层气探明储量达到1700亿立方米，与2005年相比，增长70%；累计施工煤层气井3600多口，增长5倍；年产量达7亿立方米，增长18倍，产能达到25亿立方米。

2009年累计抽采煤层气64.5亿立方米，利用19.3亿立方米，其中地面煤层气产量10.1亿立方米，利用量5.8亿立方米，与2005年相比，五年时间煤层气抽采量、利用量增加了约3倍，煤层气抽采利用不断取得进展。

中国的煤层气不是"难成大器"，而是"大器晚成"。

中国煤层气的开发利用经历了哪三个阶段？

人类发现和使用煤炭已有3000多年的历史（12世纪到17世纪得到广泛应用，17世纪初期"蒸汽动力"被应用于工业机器，甚至发动火车等，蒸汽机发明之后，进入煤炭时期。18世纪的工业革命，煤炭被广泛用作各种工业生产的燃料）。但是，利用煤层气是近些年的事情。

随着中国经济的快速发展，能源短缺的问题进一步加剧，煤层气受到中国政府的高度重视。中国的煤层气开始在"六五"期间（1981—1985年）开始启动，"十五"期间（2001—2005年）写入国家煤炭工业规划。

截至2020年底，先后经历了三个发展过程：一是20世纪80年代至2000年，在地质研究上为寻证，在勘探上为寻找，在开发上为探索；二是2001—2002年，在地质研究上为探因，在勘探上为普查，在开发上成绩不大；三是2003—2020年，在地质研究上为求源，在勘探上为详查，在开发上为商业化生产。2020年，累计探明煤层气地质储量7500亿立方米，开发煤层气田25个，煤层气年产量达到了55亿立方米。

中国煤层气的开发利用前景如何？

煤层气的开发利用是一举多得的民生工程，具有广阔的发展前景。

（1）具有良好的资源和政策条件。我国煤层气资源十分丰富，在区域分布、埋藏深度等方面也有利于规划开发。我国已基本形成了国家支持煤层气抽采利用的政策体系，并且支持力度不断加大，各地和企业的积极性空前高涨，煤层气抽采利用的政策环境、社会环境十分有利。

（2）市场需求巨大。在中国的一次性能源消费结构中，煤炭约占74.6%，处于主导地位，石油占17.6%，而天然气仅占2%，远低于23%的世界平均水平。随着终端能源需求逐步向优质高效洁净能源转化，燃气的需求迅速增长，市场供应缺口较大。开发利用煤层气，可以节约资源，有效弥补我国常规天然气供用量的不足，优化能源结构，煤层气利用市场潜力很大。

（3）适应低碳经济与环境保护的要求。煤层气与石油、煤炭相比，同样热值下释放到大气中的CO_2比石油少50%，比煤炭少75%。每利用1亿立方米甲烷，相当于减排150万吨CO_2。2009年，我国利用煤层气19.3亿立方米，共减少排放2880万吨CO_2。煤层气的开发利用不仅可以有效降低甲烷的排放量，而且能够大大减排温室气体CO_2，保护大气环境，这正是目前低碳经济所倡导的。

（4）保障煤矿安全生产。煤层气的开发不仅可以利用新能源获得巨大的经济效益，而且可以改善瓦斯环境，减少矿井事故，提高煤田勘探程度，为煤层顶板管理、火灾防治、煤尘爆炸等提供依据。在目前国内煤矿事故频发的情况下，可以通过煤层气的开发，加强煤矿地质安全保障，有效地降低煤矿事故，促进煤矿安全生产。

（2021年第4期）

地球深部的期待

郑秀娟

[中国石油大学（北京）]

上天、下海、入地，是人类探索自然的三大壮举。如今的深空、深海、深地，已经是全人类大力推行的重大科学话题，而且已成为家喻户晓、街谈巷议的内容。尤其是深空，随着火星计划、神十三与神十四的成功飞天，各种信息、图片铺天盖地蜂拥而至，上至九旬老人，下至三岁幼童，都愿意把深空作为感兴趣的谈资。深海领域也不甘寂寞，无论是蛟龙号还是奋斗号，中国载人潜水深度达到万米的成功，在中国向海洋进军的道路上，吸引了来自五湖四海的热切目光。唯一被冷落的可能就是深地，或许因为其复杂性，当被问及深地的相关内容时，大多数人都是一知半解。

从地球认知的角度，地表以下的部分都可以叫深地，但在不同领域深地的含义是有区别的。从人类生活的空间来讲，地表以下500米就已经算是深地；从固体矿产资源的角度来看，地表以下1000米至5000米就可以算作深地；而在石油天然气开采方面，深地大约在地表以下8000米至地下万米；地球物理科学谈论的深地涉及范围更广，从地表以下5000米到地心都可以算作深地。地球深部蕴藏了绝大部分的资源和能源，是维系万物生存的物质和能量基础。深地探测任务又被称为地球深部探测，科学家总结出八大研究方向，在这里和大家分享其中的三个：一是人类生活空间的拓展；二是固体矿产的开发利用；三是石油与天然气的勘探和开发。

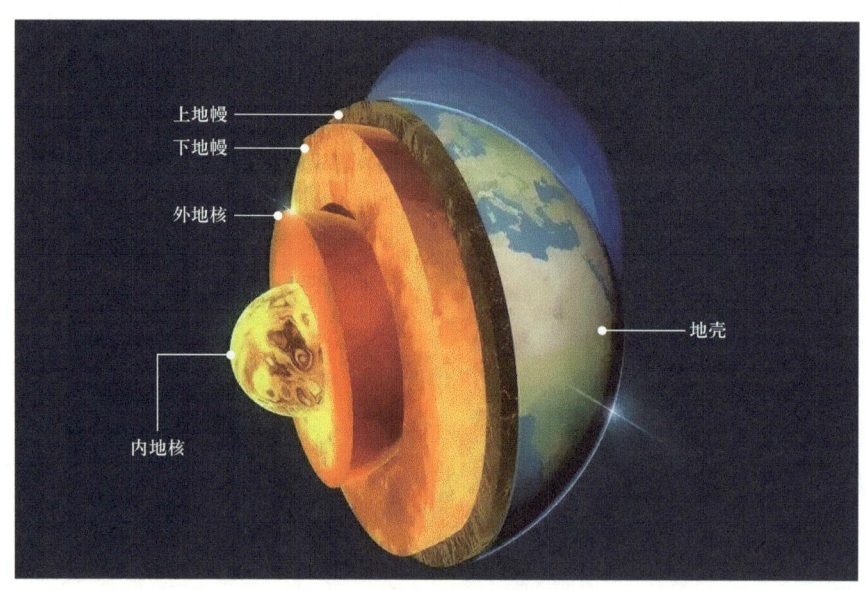

地球的圈层结构

人类生活空间的拓展

地下空间的开发利用是世界性的前沿课题，全世界都在研究。目前国际上地下空间利用率大概是30%，而我国仅有17%，可见地下空间的利用潜力巨大，同时也任重道远。据科学家预测，到2150年全球人口预计将达到150亿，现有耕地达到供养极限。届时地球人有两个选择，到地球以外的星球或者到地球里面的地下空间。地下空间从本身来说是最安全最可靠的去处。一个城市的总面积不只是地面面积，把地面面积乘以开发深度的40%才是一个城市总的利用空间。早在1991年，城市地下空间国际学术会议通过的《东京宣言》就强调"21世纪是人类开发利用地下空间的世纪"，预测将有1/3的人会在地下空间开发利用和居住。

科学家预测未来人类活动可到达的地下空间分为五个层次：地下0~50米是地下轨道交通、管网系统及避难设施；地下50~100米是地下家居城市；地下100~500米是地下农业、地下医学与地下生态圈以及战略资源储备；地下500~2000米是地下能源循环带、地下抽水储能、压缩空气发电站、地下热能等调储利用；地下2000米以深是深地科学实验室、深地固态资源液态化开采。主动式开发人类深地生活空间要做到科学化、综合化、生态化、深层化。要统一布局，科学合理规划地面地下一体化，建设生态地下城市。开展特殊地下空间探测与利用（500~2000米），研发地下空间探测评价技术，建立探测、评价与监测一体化技术方法体系、标准与安全管理体系，通过示范工程，引领和培育地下空间开发利用将是新的经济增长点。深地生活不再是科幻，将成为人类未来生活的一部分。

深部矿产资源探测

随着浅表层可开采资源逐渐减少和枯竭，向深地资源进军已成为全球很多国家的必然战略，深地资源开发利用是我国资源保障的重要组成部分。开展地球深部探测，既是解决地学重大基础理论问题的需要，更是国家保证能源资源安全、扩展经济社会发展空间的重大需求。从理论上讲，地球内部可利用的成矿空间分布从地表到地下1万米，目前世界先进水平勘探开采深度已达2500米至4000米，而我国大多小于500米，向地球深部进军是我们必须解决的战略科技问题。

近期科学研究表明，地球固态矿产资源埋深可超过4万米。我国已探明的主要固体资源近70%分布在2000米以下，金属矿产中的铁矿、铜矿、铝土矿等资源的70%也都在埋深2000米以下。有学者研究认为，如果我国固体矿产勘探深度达到2000米，探明的资源储量可以在现有基础上翻一番。今后将有一大批矿山进入深部开采阶段，深部开采问题已无法回避。目前，我国人类井开采深度主要在500~1000米，如果实施深地探测战略，必须突出战略科技定位。要紧盯世界科技前沿，全面梳理国内外深地探测研究成果和趋势；要加强基础理论研究，形成一批高水平的理论创新成果；加强先进技术和装备研发，提高深部探测能力，有效拓展第二找矿空间和地下发展空间，为人类认识和利用地球提供"中国范本"。

深部油气勘探与开采

我国深层、超深层油气资源达671亿吨油当量，占全国油气资源总量的34%，深层、超深层已经成为我国油气重大发现的主阵地。深层油气勘探与开采关键技术包括：（1）深部油气资源评价与开发，包括深层页岩油、页岩气资源潜力、富集区评价及开发；（2）超深层油气成藏条件、资源潜力与有利区评价；（3）大型含油气盆地基底结构探测、盆地演化及对油气富集的控制作用；（4）万米钻探关键技术。

近年来，世界新增油气储量60%来自深部地层，勘探潜力巨大。以塔里木盆地为例，仅埋深在6000米至10000米的石油和天然气资源就分别占其总量的83.2%和63.9%，超深层油气资源总量占全球的19%。塔里木盆地顺北油气田，钻探垂直深度超过8000米的油气井达41口，已落实4个亿吨级油气区，油藏具有超深、高温、高压等特点，储集层平均埋藏深度超过7300米，定向井最大深度达到

9300米，刷新亚洲最深纪录。该区域是世界陆上最深的商业开发油气田之一。这一全球埋藏最深的油气田被成功勘探开发，对我国深地矿产资源的勘探具有较强的指导意义。

四川盆地深层天然气项目包括深层海相碳酸盐岩常规天然气和深层页岩气两个领域。深层海相碳酸盐岩常规天然气主要包括普光气田、元坝气田、川西气田，普光气田目前有深度超过6000米的井40口，元坝气田有深度超过7000米的井57口，川西气田有深度超过6000米的井18口。四川盆地深层页岩气资源量6.3万亿立方米，是页岩气未来增储上产的重要领域，该区域投入商业开发的页岩气埋藏深度是目前我国乃至世界之最。

顺北油气田802X井

就含油气盆地资源的开发利用而言，中国东西部的深层标准也不是完全一样的。比如，在渤海湾盆地2011年完钻的新港1井深6716米，在松辽盆地2014年完钻的松科2井深7018米，在鄂尔多斯盆地2018年完钻的荔参1井深6535米。这些深井及超深井都为所在盆地的油气资源勘探与开发提供了丰富的第一手资料。2022年10月19日最新消息报道，在海南岛东南部海域琼东南盆地再获勘探重大突破，发现我国首个深水（水深超过1500米）、深层（井深超过5000米）大气田宝岛21-1，探明地质储量超过500亿立方米，是加快深海深地探测取得的有力进展。尽管不同含油气盆地的深层、超深层不完全相同，但向万米深度迈进已经是指日可待的目标。

结　语

上天不易，下海不易，入地更不易。深地探测还有赖于各项技术的不断进步，的确任重道远。学界普遍认为，19世纪是桥的世纪，20世纪是高层建筑的世纪，21世纪则是开发利用地下空间的世纪。地球深部蕴藏着无尽的宝藏、无穷的奥秘，地球深部——深地期待着人类去探索、去发现、去开发、去旅居。

（2022年第6期）

深部煤层气助力产业发展进入新阶段

徐凤银

（中国石油学会）

习近平主席在 2020 年 9 月 22 日第 75 届联大辩论会上郑重提出：中国将提高国家自主贡献力度，采取更加有力的政策和措施，二氧化碳排放力争于 2030 年前达到峰值，努力争取 2060 年前实现碳中和。"双碳"目标是习近平生态文明思想和人类命运共同体理念的具体实践，有利于中国推进能源生产和消费革命，构建清洁低碳、安全高效的现代能源体系。"双碳"目标的提出，在战略上可以统筹中华民族伟大复兴战略全局和世界百年未有之大变局的两个大局，主动担当大国责任，推动构建人类命运共同体。其现实意义是破解国内资源环境约束，推动经济结构转型和能源革命，实现可持续发展，满足人民日益增长的美好生态环境需求，促进人与自然和谐共生。深刻领会并坚决贯彻落实"双碳"目标要求，有利于引领中国有步骤实施低碳转型，加强生态文明建设，推动减污降碳协同增效，促进生态环境的改善由量变走向质变，实现高质量发展。

煤层气开采井场

煤层气产业助力"双碳"目标

"双碳"目标提出以来，我国加快化石能源清洁高效利用，大力发展可再生能源，推进能源产业绿色、低碳、和谐发展，能源体系将从传统的煤炭、石油、天然气等化石能源为主，逐步转变为以太阳能、风能、水能、地热能等可再生能源为主导、多能互补的新格局。在 2021 年 12 月 10 日召开的中央经济工作会议上，习近平总书记发表重要讲话，要求深入推动能源革命，加快建设能源强国。在未来一段时间内，化石能源仍将在国家经济建设中发挥重要作用，煤炭、石油、天然气、可再生能源和核电五大主体能源中，总体呈现为煤炭减量、石油放缓、天然气和非化石能源快速增加的趋势。当前，全球低碳化发展已成共识，能源结构正在由高碳向低碳甚至无碳转变，化石能源清洁高效利用、可再生能源大规模利用是实现"双碳"目标的必经之路。国家相继出台多项政策，全国人民共同努力，经济社会和能源发展正在经历着一场广泛而深刻的系统变革。

煤层气开发具有"一举三得"的多维价值，不仅有利于煤矿安全生产、减少煤矿瓦斯事故，也有利于优化能源结构、补充清洁能源，更有利于碳减排、有效减少温室效应。推动"双碳"目标实现，为煤层气产业发展和科技创新提供了重要契机和有效路径，而加快煤层气产业发展，又可以推动实现"双碳"目标。

深部煤层气优质资源丰富

早在1983年，中国就开展煤层气前期评价和勘探工作。中国煤层气勘探开发40余年，与国外相比，中国煤层气资源丰富，但是产业发展进展缓慢。普遍认为，主要是由于中国煤层气地质条件复杂，储层特点认识不够深刻，勘探开发理念和技术创新与集成不适应，主攻对象一直徘徊在浅部或中浅部，对应的钻完井与增产改造等工程技术难题一直没有得到很好的解决，勘探开发过于依赖国外成熟的煤层气相关理论与技术，等等。

通过几代煤层气人的不懈努力，近10年来，煤层气科学问题的认知和探索成果层出不穷。特别是"十三五"以来，随着国家科技重大专项"大型油气田与煤层气开发"相关项目攻关成果的突破和引领，实现了煤层气理念和技术的重大创新，勘探有利区优选、开发方案与井位优化、煤层气藏精细描述、煤层气产能评价、煤层气提高采收率、地质工程一体化甜点区优选、数智化管理和煤层气经济评价等相关理论与技术研究越来越成为业内热门话题。

最令人鼓舞的是，以深部煤层气优质资源评价与成藏规律、针对性的煤储层改造技术为代表的研究取得了重大突破，带动煤层气单井产量大幅度提高，煤层气产业经济效益明显提升。深部煤层气特指煤储层埋藏深度大于1500米的煤层气。相比浅部或中浅部煤层气，深部煤层气具有煤层厚度大、热演化程度高、含气饱和度高、游离气丰富、水动力条件弱、割理裂隙发育、煤体结构完整和储层压力大等有利成藏条件，整体资源条件优越，开发条件明显优于浅部或中浅部。

从2019年开始，在前期研究基础上，锚定深部煤层开展地质工程一体化精细研究，在大宁—吉县区块选择太原组8号煤层作为突破口，煤层平均埋深2152米，平均厚度7.8米，分布连续稳定；区内构造相对简单，断层不发育，平均地层倾角小于3度。在大量煤岩煤样分析测试基础上，认定煤储层地质条件适合于从事酸化压裂、超大规模极限体积压裂储层改造系列技术，并进行多口井试验。2020年部署实施吉深6-7平01煤层气先导试验水平井，煤层埋深2100米，水平段长1000米；设计施工平均单级液量3000立方米、砂量350立方米、单段排量为18立方米/分钟的煤储层压裂改造。2021年，光套管投产即获高产，最高日产气量10.1万立方米，成为中国深部煤层气获得重大突破的标志性井。以此为依据，同年在同一区块煤层埋深大于2000米的开发"禁区"提交煤层气探明地质储量1121.62亿立方米，成为国内首个煤层埋深大于2000米、单层丰度达到2.34亿立方米/平方千米的整装大型煤层气田。2022年在区块黄河东岸开展扩边评价、西岸实施滚动勘探，继续落实规模增储有利目标，并连续取得新进展。2023年以来，深部煤层气25亿立方米产能建设先导示范项目正在有序推进，已经实施的30多口水平井，单井日产气量大都在6万立方米以上。

与此同时，煤层气勘探开发在组织与管理上也发生了质的转变，要实现深部煤层气规模效益开发，必须实现压裂理念和技术的三大改变，形成"超大、超密、充分支撑体积缝网"深部煤储层"极限体积压裂"技术，即：理念上由基质酸化压裂向体积压裂转变，技术上由"压得开"向"压得碎"转变，效果上由"多造缝"向"多造有效缝"转变。进一步坚持解放思想、深化理论研究、聚焦科技创新，通过高强度、持续联合技术攻关，使深部煤层气基础理论研究、工程技术不断取得突破，地面工程系统布局和数智化管理手段进一步优化，资源利用率不断提高，开发成本显著降低。

根据第四次全国油气资源评价结果显示，我国煤储层埋深小于2000米的煤层气资源量约30.05万亿立方米，可采资源量约12.5万亿立方米。我国深部煤层气未进行资源评价，但据研究，鄂尔多斯盆地东缘深部发育多个聚煤凹陷，初步估算深部煤层气资源量可达3万亿立方米。如果进一步扩大到整个鄂尔多斯盆地和全国，预计煤储层埋深大于2000米的煤层气资源量超过20万亿立方米和40万亿立方米，这部分资源品质优良且基本处于未动用状态。煤层气大幅度上产，优质资源基础进一步夯实，展现出大有希望和突飞猛进的良好势头，进一步激励和坚定了广大技术、投资、管理等各行各业的信心，使得煤层气产业投资商和技术人员豁然开朗，投资和研究方向更加明确，煤层气产业越来越引起全社会更多、更为广泛的关注和重视。

煤层气产业发展进入新阶段

"双碳"背景下，煤层气产业发展进入到一个新阶段，处于发展史上的最有利时期。长期困扰煤层气产量与开发效益的深度问题已不再是关键，更不是禁区。在深入分析我国煤层气产业发展技术现状和存在问题的基础上，明确了我国煤层气产业发展的战略目标：第一步，到2025年，实现理论与技术上的新突破，完成国家"十四五"年产100亿立方米规划目标，坚定产业发展信心；第二步，到2030年，形成针对大部分地质条件的适用性技术，进一步扩大产业规模，力争实现年产300亿立方米奋斗目标，提高产业在天然气总量中的地位。通过鄂尔多斯盆地东缘深部煤层气勘探开发理论研究与技术创新，将示范和引领鄂尔多斯、沁水、新疆准噶尔及吐哈等盆地深部煤层气的规模开发，年产300亿立方米煤层气大产业的奋斗目标必定得以实现。

我国煤炭资源极为丰富，但埋深大于1500米的煤炭资源难以采用传统技术开采。随着进一步探索交叉性、系统性相关学科的理论与技术战略，在进行传统意义上地面煤层气勘探开发理论与技术攻关的同时，尝试开展新型交叉学科开发技术、煤层原位转化及提高采收率的一些战略性技术攻关，包括煤炭地下气化（UCG），CO_2捕集、利用和封存（CCUS），以及包括微生物、热采、微波、激光、注入N_2或CO_2驱替在内的生物、物理和化学开发技术等，新技术将实现深部煤炭与煤层气资源的全方位融合动用与煤炭原位气化，煤层气前景将更为广阔。

我们清醒地看到，煤层气产业对国家能源转型、经济发展和"双碳"目标实现的贡献越来越突显，随着一些"卡脖子"技术的突破，深部丰富的煤层气优质资源将助力煤层气产业走向新的辉煌。深部煤层气如果与中浅部煤层气、煤系气及煤矿瓦斯抽放来源的煤层气共同发展，并在管理上积极落实"资源、技术、人才、政策和投资，以技术创新为主体、五位一体"的系统理念，煤层气产业将很快成为保障"双碳"目标实现和国家能源安全的重要组成部分，呈现出光明与大有希望的发展前景。

（2023年第4期）

人类世　正在改变地球的新时代

高　堋

(中国地质调查局油气资源调查中心)

我们生活在一个被人类改造的地球上。从气候变化到物种灭绝，从土地利用到水资源管理，从化石燃料到塑料污染，人类的活动已经对地球系统产生了深刻且持久的影响。这些影响是否足以构成一个新的地质时代呢？这就是"人类世"这个概念所要探讨的问题。

什么是"人类世"

2000年，"人类世"这一概念最先由诺贝尔化学奖得主、荷兰大气化学家保罗·克鲁岑提出。他认为，全球环境受到快速增长的人口和经济发展的影响，地球已经结束了持续1.17万年的地质时代"全新世"，人类活动给地球带来的变化足以开辟一个新的地质时代。

"人类世"至今没有确切的开始时间，有些学者认为可以从18世纪末开始计算，因为自1782年詹姆斯·瓦特改良蒸汽机以来，人类活动对气候及生态系统造成了全球性的影响。一些学者则认为"人类世"开始于更早的时期，如人类农耕文明发展的初始时期。

"人类世"最显著的特征是出现了一些过去40万年都没有过的现象，诸如大气中二氧化碳和甲烷的全球性增高，以及土壤侵蚀、水资源消耗、温室气体排放、物种灭绝、臭氧层空洞等。这些现象表明人类已经成为一种地质力量，影响着地球系统的演化。"人类世"与其他地质年代的区别在于，它主要是由人类活动而非自然力量引起的。同时它与其他地质年代也有联系，它是从"全新世"中分化出来的，与"更新世"相同，都是显生宙新生代第四纪的一部分。人类世、全新世、更新世共同见证了生物多样性和气候变化的历史。

"人类世"的研究进展

"人类世"现今仅用以描述地球最近的地质年代，仍是一个尚未被正式认可的地质概念。要想让"人类世"成为一个正式的地质年代，需要满足国际地层学会（ICS）的标准和程序。其中最重要的是找到一个能够具体确定"人类世"的地质标记或"金钉子"，即全球界线层型剖面和点位，以此来表示地质年代的边界。这个标记必须具有全球性、持久性、清晰性和独特性的特点，能够在地层记录中反映出人类活动对地球系统的改变。

2009年，在国际地层学会下属的第四纪地层学小组委员会中，34名来自不同学科和国家的专家组成了一个"人类世工作组"，专门负责考察和界定"人类世"。该工作组已经进行了多次投票，以确定"人类世"的定义、起始时间及候选标记。

2019年5月，该工作组进行了一次重要投票，其中29名成员赞成将"人类世"作为一个新的地质年代，并将其起始时间定为20世纪中期，即1950年左右。这个时间点被认为是人类活动对地球产生巨大且持续影响的转折点，例如核能时代的开始、人口膨胀、工业化、化石燃料消耗、温室气体排放等。这些活动在地层记录中留下了放射性核素、塑料微粒、合成化合物等明显的印记。

然而，这个投票结果并不意味着"人类世"的正式确定。"人类世"这一概念想要正式启用，还需要经过国际地层学会其他几个小组委员会和执行委员会的审议和审批。此外，这个投票结果也并不代表所有专家的共识，仍然存在一些争议和质疑。

一方面，有些专家认为，"人类世"的概念缺乏科学依据和客观标准，更多是基于政治、社会或道德上的考量。他们认为，"人类世"是一个过于简单化和模糊化的概念，忽略了自然变化和区域差异的影响，也忽略了人类活动在历史不同阶段和不同程度的影响。这些专家认为"人类世"是一个不必要且不合适的命名。

另一方面，有些专家认为，"人类世"的概念还不够成熟和完善，需要更多的证据和研究来支持并补充。他们认为，"人类世"的起始时间、地质标记及地理分布等问题还没有得到明确一致的答案，还需要更多的地层记录和分析来加以确定验证。他们认为，"人类世"的命名应该遵循国际地层学会的规范程序，不能仓促随意。

目前，"人类世工作组"正在寻找合适的"金钉子"位置，即能够代表"人类世"开始的全球性、持久性、清晰性和独特性的地质标记。这个位置可能是一个湖泊、河流、冰川或海洋的沉积物剖面，也可能是一个钻孔。

"人类世"的概念不仅是一个地质学的问题，也是一个涉及人类社会、文化、伦理及责任的问题。它反映了人类活动对地球系统的影响和改变，也提出了人类如何应对和适应这些变化的挑战和机遇。它需要我们重新思考人类与自然的关系，以及我们对未来地球的愿景和行动。

"人类世"的意义和启示

"人类世"是一个反映人类活动对地球产生深刻影响的概念，它意味着人类已经成为地球系统的主要驱动力，对地球的气候、生物、地质等各个方面都产生了显著的影响。这种影响既有积极的一面，也有消极的一面。

人类必须正视自己对地球系统的影响，认识到自己与自然是一个生命共同体，不能割裂和对立。必须尊重自然、顺应自然、保护自然，实现人与自然和谐共生。我们必须坚持可持续发展理念，平衡经济、社会、环境三大要素，实现绿色、低碳、循环、创新的发展目标。为了达到这一目标，应该做到以下几点：

首先，加强国际合作，共同应对全球性挑战。我们应该积极参与多边环境治理机制，落实《巴黎协定》《生物多样性公约》等国际条约和协议，推动全球气候治理和生物多样性保护取得实质性进展。加强南南合作和发展援助，帮助发展中国家提高环境治理能力和水平。

其次，推进绿色转型，构建低碳循环发展体系。我们应该加快能源结构调整和清洁能源发展，实现碳达峰和碳中和目标。推广节能、节水、节材技术和产品，提高资源利用率和循环利用率。发展绿色金融和绿色产业，促进绿色消费和绿色生活方式。

其三，加大生态保护和修复力度，建设美丽宜居家园。我们应该坚持"山水林田湖草沙"系统治理，打造天蓝、地绿、水清的生态画卷。加强自然保护区建设和管理，保护珍稀濒危物种和重要生态系统。进行植树造林，增加森林覆盖率和碳汇能力。

"人类世"的概念因人类对地球的改造而提出，我们应当通过共同的努力使这种改变向着可持续发展的方向进行，而不是充斥着消极的影响。保护环境，关爱地球，"人类世"将成为适合人类生存的地球新时代。

（2023年第5期）

氦气是如何发现的

秦胜飞

氦气的发现是一个有趣的故事，同时涉及天文学和化学。氦气是在太阳光谱中首次被观测到的，这一发现可以分为几个关键阶段。

第一阶段：太阳光谱的观测

1868年，天文学家朱尔斯·让森和诺曼·洛克耶尔独立观察到太阳日冕期间的日食。他们在太阳光谱中观察到一个未知的黄色光谱线，波长587.49纳米，这条线无法与任何已知元素的光谱相匹配。洛克耶尔随后命名这个元素为"氦"，源自希腊神话中的太阳神赫利俄斯。

他们使用一种叫作光谱仪的工具来观察太阳光谱。光谱仪能够将光分解成不同颜色的频谱，每种元素都有其独特的光谱线。在观测太阳光谱时，他们发现了一条黄色的线，这条线与任何已知元素的光谱线都不匹配。

想象一下，每种元素就像是有自己的指纹一样，都有独一无二的光谱线。当让森和洛克耶尔观测太阳时，他们就像宇宙的侦探，发现了一条神秘的"指纹"，这就是氦气的第一个线索。

第二阶段：地球上氦气的发现

1895年，瑞典化学家珀尔·特奥多尔·克列夫和尼尔斯·亚伯拉罕·朗格勒在瑞典进行实验。他们通过加热铀矿石并观察释放出的气体，发现了氦气。

这个过程像在矿石中寻宝。当科学家们加热这种特殊的矿石时，就像打开了一个隐藏宝藏的箱子，释放出了氦气——这是之前从未在地球上发现的宝贵元素。

第三阶段：氦在地球大气中的辨认

威廉·拉姆齐是这一阶段的关键人物，他是一位苏格兰化学家，对气体的研究非常感兴趣。

1895年，拉姆齐在研究一种新元素——氩的过程中，在沥青铀矿（一种含铀的矿石）中无意间发现了氦气。通过化学分析和与洛克耶尔的合作，他确认发现的气体就是之前在太阳光谱中观测到的氦。拉姆齐因为发现了稀有气体元素（氦、氖、氩、氪、氙）并研究其物理化学性质，获得了1904年的诺贝尔化学奖。

拉姆齐的发现解决了一个科学谜题。他在实验室处理沥青铀矿石时发现了一种新气体。通过仔细的实验和比较，他意识到这种新气体就是之前在太阳光谱中发现的氦气。这是一个令人惊喜的发现，它证明了氦气不仅存在于太阳中，也存在于地球上。

这一发现对于氦气的研究具有重大意义。它不仅证明了氦在地球上的存在，而且揭示了氦与其他元素在地球大气中的分布。这一发现同时促进了对氦在地球化学中作用的进一步研究。

氦在地球大气中的辨认是通过对地球上的矿石进行化学分析而实现的，这为氦的存在和分布提供了重要证据，也加深了人们对地球大气成分的了解。氦气的发现是一段横跨天文学和化学的探索故事。它从太阳光谱中神秘的黄色线条开始，经过矿石中的化学发现，最终被确认为一种新元素。这个故事展示了科学发现的奇妙之处，以及不同领域之间合作的重要性。

第四阶段：氦的同位素的发现

人类发现氦-3的存在是通过对原子核反应的研究和对同位素理论的深入理解。主要有以下几个关键认识步骤：

一是同位素理论的发展。20世纪初，随着放射性元素研究的深入，科学家们如弗雷德里克·索迪和欧内斯特·卢瑟福开始认识到某些元素存在不同的质量形式，即同位素。这种理论为理解像氦-3这样的轻元素同位素奠定了基础。

二是粒子加速器和原子核反应的研究。20世纪30年代，科学家开始使用粒子加速器研究原子核反应。通过实验，他们能够产生并观察到各种原子核反应的产物，包括轻元素的不同同位素。在这些实验中，科学家注意到一些原子核反应产生了与氦-4不同的轻氦同位素，即氦-3。

三是氦-3的具体识别。随着光谱学和质谱学技术的发展，科学家可以更精确地区分和识别不同的同位素。氦-3由于其质量和核磁性质的独特性，与氦-4区分开来。通过对这些核反应产物的细致分析，科学家能够确认氦-3的存在，并开始研究其性质和行为。

四是天体物理学的贡献。20世纪中后期，随着太空探索和对太阳风及宇宙射线的研究，天体物理学家也观察到氦-3的存在。这些发现进一步证实了氦-3在太阳系中的自然存在，并促进了对其在天体环境中行为的理解。

（2024年第1期）

甲子大庆的古龙新传

刘 合

（中国工程院）

松嫩沃野，蕴亿年油脉，铸陆相生油理论，贫油帽子终抛弃；
古龙惊雷，承甲子雄风，破陆相页岩关隘，百年大庆续辉煌。

今天，古龙地区钻塔林立，古龙页岩油国家示范区落户这里，一场新时代夺油大战铺展开来。2020年4月的一天，黑龙江大庆乍暖还寒，地面上水泡子都还结着冰，即将抵达大庆萨尔图机场的飞机朝东北方向飞行。随着飞机高度的下降，乘客可以从空中俯瞰松花江流域肇源县古龙镇。曲流河、水泡子、浅洼子、黑土地勾勒出的一幅图景吸引了中国工程院院士孙龙德，他急忙打开手机抓拍图片，端详一番后，越看越兴奋。眼前呈现出的神奇画面，看起来恰似一条舞动的巨龙，这正是古龙地区的地形新貌。

古龙页岩油源于亿万年前地质变迁

古龙地区注定是一块神奇的土地。

古龙镇坐落在大庆市西南120千米。古龙镇为清代古驿站，旧称古鲁驿站，后来发音逐渐演化为"古龙"，这一名称沿用至今。

神奇的古龙新貌是如何形成的呢？肥沃的土地、连片的大小湖泊又是怎么来的？我们得从松辽大地亿万年的地质变迁说起。

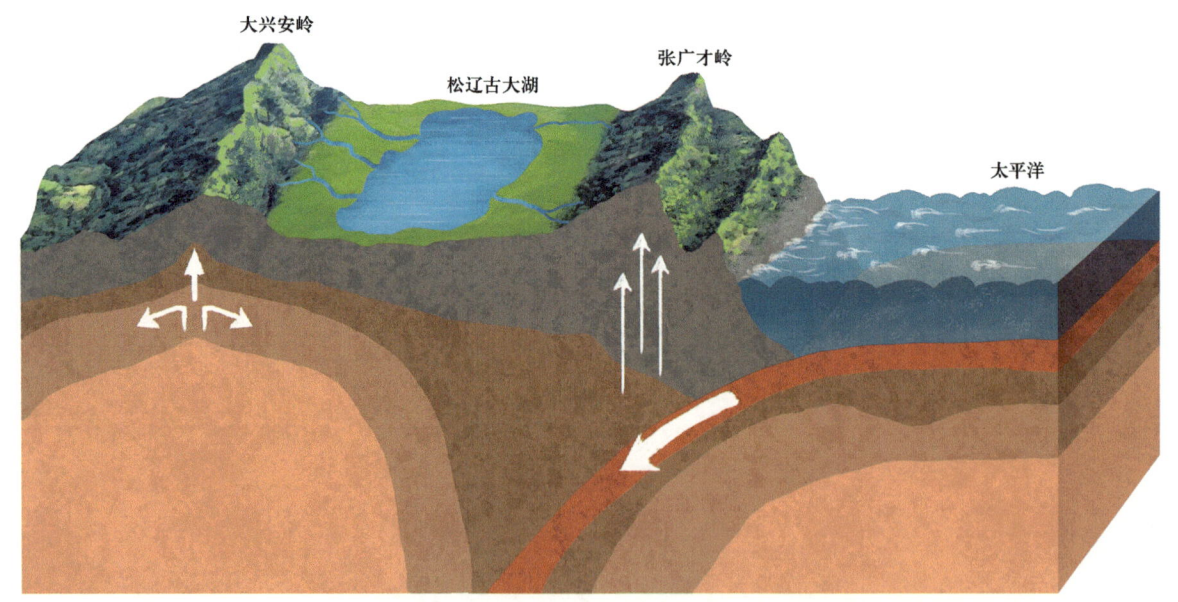

太平洋板块俯冲导致山脉隆升和松辽古大湖形成

沧海桑田，时间宛如一位魔术师。从地球演变上看，在松辽盆地出现之前，这里是古生代晚期形成的山系。侏罗纪末，大规模造山运动开启，产生了一系列的大断裂。松辽盆地大面积下陷，盆地内形成许多彼此分割的小断陷盆地，整个盆地的基底是古生代的变质岩和花岗岩。在盆地发展的第二个时期，盆地继续下降，一个较大的湖泊形成。第三个时期，地壳继续下沉，湖盆继续扩大，湖水变深，气候温暖潮湿，生物大量繁殖，这是重要的生油期。到了第四个时期，湖盆继续下降，达到全盛时期。

亿万年前，即松嫩古大湖发展中期，湖边生长着高大的植物、生活着庞大的恐龙，湖里有大量的低等生物和微生物，还有介形虫、叶肢介、鱼、螺、蚌等。低等生物和微生物繁殖快、死亡率高，数量惊人，这些有机质沉积在湖底，成为石油生成的物质条件。

经过亿万年的风吹、日晒、雨淋，湖泊四周高山上的岩石风化成大量泥沙，被雨水带到湖盆里并不断沉积，把大量低等生物和微生物掩埋起来。随着地壳不断沉降，有机质堆积越来越厚，形成上千米厚的地层，后来地壳再次抬升，最终湖水离场，油气开始埋藏聚集。经过漫长的地质年代，松嫩古大湖变成今天的松嫩平原。松辽盆地晚白垩纪页岩的调查研究始于20世纪20年代。1929年，国民政府农商部地质调查所谭锡畴、王恒升提出命名"嫩江组"，这套岩层主要由青灰、灰、灰黑、黑色为主的泥岩，粉砂质泥岩，油页岩加细砂岩组成。

古龙页岩油勘探开发挑战性大

页岩油是指蕴藏在富有机质、页理与纹层发育、具有超低孔隙度和渗透率的页岩层系中的石油资源。页岩主要由粒度小于0.0039毫米的黏土矿物组成，经过亿万年的演化，其内部的有机质在高温高压条件下逐渐生成石油。

古龙页岩油勘探与开发是一项科技含量高、挑战性大的工程。高精度三维地震和多参数测井评价等先进技术手段，可以更加精准地搞清楚页岩油的赋存位置和规模。开发主要通过水力压裂技术，即通过高压泵将混有支撑剂的压裂液送入井下页岩层，使岩石产生微裂缝，从而释放并采集出原本储存在岩石孔隙中的石油。同时，我国积极研发绿色低碳的开采工艺，以实现经济效益与环境效益的双赢。

古龙页岩油的开发不仅可以拓展我国的石油资源储备，还能一定程度上缓解能源自给压力。未来，我们期待在科技创新的驱动下，持续提升古龙页岩油的勘探开发效率与环保性能，为推动经济社会发展赋予"绿色动能"。

从页岩里"榨"油意义深远

1958年6月26日，《人民日报》发表新华社通讯《松辽平原有石油》，报道松辽盆地初步发现厚达几十米的油层。

1959年9月26日，松基三井喷出工业油流，这无异于一颗惊雷，石破天惊，自此引发了一场轰轰烈烈的石油大会战，最终使中国把"贫油"的帽子彻底甩进了太平洋，截至2023年底，大庆油田累计产油25亿吨。

1981年，松辽盆地古龙凹陷钻探的英12井，在青山口组泥页岩发现工业油气流。也正是在这一年，美国在Barnett彭迪C.W.Slay#1井发现页岩气，一场席卷全球的"页岩革命"序幕徐徐拉开，页岩开采在东西半球争相开始。

2018年，大庆油田针对青一段油页岩优势甜点段部署了松页油1HF和松页油2HF两口水平井，均获得工业油流。

2020年4月，根据大庆油田工作会议"抓页岩油，力争规模'透亮'"的要求，为探索古龙凹陷深部青山口组泥页岩油气富集规律而钻探的古页油平1井试油，试油期间最高日产油30.52吨，日产气 13032 立方米，成为古龙凹陷陆相页岩油勘探的战略突破井。由于最先获得工业油气流的井在古龙凹陷，因此也就称为"古龙页岩油"。

2021 年 2 月 24 日，中国地质学会发布 2020 年度十大地质科技进展，大庆油田提报的《松辽盆地北部古龙页岩油勘探取得重大发现》榜上有名，齐家—古龙凹陷资源量达 60.58 亿吨。这是油田发展新的重要的接替领域，也是大庆油田振兴发展的新希望、新起点。

古龙页岩油巨量资源是建设百年油田的重要依托。2021 年 6 月，国家能源局批准正式设立大庆古龙陆相页岩油国家级示范区，这是大庆未来的梦想和希望，因此，古龙页岩油的成功开发具有里程碑意义，必将引领中国陆相页岩油革命。

（2024 年第 5 期）

乌山顶泥火山

戴金星

乌山顶泥火山群，位于我国台湾省高雄县燕巢乡深水村的一个宽长分别为150米和200米的平台上，沿北东—南西方向旗山断层展布。早期有8座泥火山，现仅存4座，是台湾省泥火山区中喷泥口最密集、喷泥锥最发达的地方。

泥火山平台四周的山峰、云彩、树林、草地、蝴蝶，以及风声、虫鸣、鸟唱和树涛，构筑了丰富、惊奇、秀丽、幽远、变幻的多姿多彩的自然景观。而在大自然爱好者心目中，这里也是探索泥火山奥秘宝地，令人向往和陶醉的旅游区。

2010年5月19日，在台湾大学傅庆州博士引领下，我和王云鹏、张水昌一行8人，从高雄师范大学旁的山丘林间步行约200多米至泥火山平台。在接近泥火山锥100米内，伴随气泡冒出的嘟咕嘟咕声，林间遍地溢流着泥浆，所以含气泥浆涉及的地区，比分布泥火山锥展布平台大的多。

戴金星院士考察高雄县燕巢乡乌山顶泥火山群（从左至右：王云鹏、张水昌、胡国艺、戴金星、邹艳荣、刘桂侠、王红军、赵长毅）

平台上泥火山锥呈北东—南西向延伸。各锥雄姿不一，基本有两种：丰满平顶的坡度相对平缓型和尖顶挺拔的坡度陡峻型。不同类型具有不同的活动秉性：平顶者往往头顶泥浆池，含气泥浆活动较温和相对持久；尖顶者，个性强烈，往往间断性喷溢含气泥浆。

我们合照右侧的平顶火山锥上有个直径1米多泥浆池，泥浆池面边缘漂有环形黑色油膜圈。泥浆池中央偶尔有喷高5.15厘米泥浆柱。当喷发平静后，以其为核心，在泥浆池面上形成一个套环状泥浆圈。尔后，中央环缓慢上鼓形成的泥泡，由尖塔型变成半球状最终成为笔架型。泥泡的各种造型，就是在地下深处压力稍大于泥浆比重的情况下，上升气体在面对稍低泥浆表面张力时表演的吹泥泡魔术。若气体压力大于泥浆表面张力，则泡破而发出嘟咕声。如此硕大的泥泡可谓中国泥火山泥泡之最，与之相比，新疆准噶尔盆地独山子泥火山和白杨沟泥火山的泥泡也是小巫见大巫了。

我们合照右侧的平顶泥火山锥冠浆池有一裂缝沟，成为泥浆外溢通道。新溢流泥浆沿锥坡向下流动，覆盖在早前喷流的灰白色泥岩上。新溢流形成泥岩由于时间短，含水份较多，而呈灰黑色。因其裂纹与灰白色泥岩的结构不一样，故以泥岩泥裂构式和色调可识别喷发期次和早晚。据此分析，我们合影照片后面的三座火山锥，目前仅右边平顶泥火山仍在喷流活动，另外两锥尖顶泥火山近期处于休眠状态。

在平台外树林间一个40厘米高小泥火山口，泥浆活跃不断喷气体，在此我们取了2瓶气样。分析结果甲烷（CH_4）98.4%，乙烷（C_2H_6）0.9%，二氧化碳（CO_2）0.5%和氮气（N_2）0.2%，甲烷碳同位素（$\delta^{13}C_1$）为 $-35.2‰$，乙烷碳同位素（$\delta^{13}C_2$）为 $-26.5‰$。乙烷碳同位素 $-28.0‰$ 是识别由腐殖型源岩生成的煤成气和由腐泥型源岩生成的油型气的标志值。乙烷碳同位素 $>-28.0‰$ 是煤成气，由乌山顶泥火山乙烷碳同位素值可见，其天然气是煤成气。

喷发平静后环形泥浆、油膜圈

尖塔形泥泡

半球状泥泡

笔架状泥泡

正在冒泥泡和气体的乌山顶泥火山

戴金星院士（左1）在研察乌山顶袖珍泥火山

乌山顶最高一座喷泥锥高约3.5米，坡度约50°。在傅庆州博士的介绍中可以知道，2002年这座火山喷发时，每隔数秒喷发泥浆和气体一次，喷出的气体可以点燃，燃气火焰高达约1米。杨灿尧教授等在2004年取样天然气得知组分情况是：甲烷（CH_4）99.05%～99.43%，氮气（N_2）含量为0.18%～0.41%，二氧化碳（CO_2）含量0.39%～0.66%。该泥火山喷出气的流量为每分钟1.39升。但我们到这里考察时，却没有看到喷发的奇观。王云鹏和我在乌山泥火山锥坡上，各拣了一块泥块，发现有不少气孔，这说明喷出泥浆含有不少气体，在泥浆干结过程中气体散失了，气孔为以往气体的宿存遗迹。同时，我们在平台上还研察一个形成不久的袖珍型泥火山，已经形成的小喷口处于干枯状态。

形成泥火山条件是什么？一是地下有大量高压天然气；二是地下有厚度相当大可造泥浆的岩石（这些富含古代有机质的泥岩，形成大量气源的往往被称为气源岩。乌山顶泥火山地下1000～1500米古亭坑组泥岩就是可造泥浆的气源岩）；三是通道，也即断开地层的断层，乌山顶泥火山就在旗山断层上，为泥浆和气提供通畅之道。

（2025年第1期）

炼化世界

炼油工业中的热加工技术

卢仁严

（北京石油化工科学研究院）

早在19世纪末人们就已经发现，当石油被加热到350℃以上时，其中一部分化合物会分裂（称为裂化）成小分子化合物（包括燃料气和轻油）。与此同时，一些分子则互相结合（称为缩合）成更大的分子（包括重油和焦炭）。在这两类反应中，裂化反应占着主导地位，所以生成的气体和轻油远比焦炭的数量多。由于这些变化是在热能的作用下发生的，所以称为热转化。利用热转化反应来生产所需产品的技术则称为热加工技术。

在石化工业中，热加工技术占有十分重要的地位。当今最重要的化工原料——乙烯，就是以液化气、汽油或蜡油为原料，在700～800℃高温下裂化的产物（习惯称为高温裂解）。

在轻油生产中应用的热加工技术主要有热裂化、减黏裂化、焦化等。

热裂化工艺

该工艺主要以石油的重馏分为原料。在加热炉中将原料油加热到460～500℃，发生热转化反应，之后送至裂化反应塔内，在约490℃、1.7～2.0兆帕的压力下，再继续反应一段时间，以提高裂化深度。所得反应产物先后进入高、低压蒸发塔和分馏塔，从而得到约10%的气体、60%的轻油和30%的裂化渣油。

由于该工艺过程和设备简单，因而在20世纪30—40年代获得了广泛的应用。后来由于该工艺生产的轻油在质量和数量上满足不了运输事业发展的需要，便逐渐地被催化裂化所代替。但由于热裂化工艺的反应条件特别有利于石油中烷烃分子的分裂，因此近年来此工艺仍在某些场合发挥其独特的作用。如最近美国环球油品公司利用热裂化工艺处理加氢裂化的生成油，可使柴油收率增加一倍多。又如我国有的炼厂将催化裂化装置的副产品——澄清油进行热裂化，可以得到约15%的汽油、12%的柴油，从而提高炼厂的经济效益。此外热裂化还可用来加工糠醛抽出油、焦化蜡油等油料，以提高其中的芳香烃含量，使之作为焦化的原料，生产高价值的焦炭品种——针状焦。

减黏裂化工艺

船用重燃料油可由减压渣油和稀释油（通常用馏分油）配制而成。因减压渣油黏度大、凝固点高，故必须用馏分油稀释才能使用。但是，如果将减压渣油在温度440～470℃、压力0.4～1.4兆帕的条件下，进行轻微热裂化（称为减黏裂化），使油中一部分蜡和大分子化合物裂化，并使生成的部分轻油留在裂化渣油中，从而降低裂化渣油的黏度和凝固点。这样不但可以省去稀释油，而且还得到约10%的燃料气和汽油。这一技术目前在我国不少炼厂都得到了应用。

另外，减黏裂化还可以和其他渣油加工工艺结合，提高炼厂的效益。如，几年前日本开发了一种称之为"高转化率反应器裂化"（代号为HSC）的工艺。在该工艺中，减压渣油原料在特定的条件下进行热转化反应。经过这样处理后的渣油，送去进行溶剂脱沥青时，所得脱沥青油不但收率高而且质量好（如，重金属含量低）。这一技术在国外已工业应用。我国对这项技术的研究也已取得成功。

焦化工艺

在减压渣油热裂化过程中，如果使生成的气体和轻油及时离开高温反应区，而让大分子化合物（即重油部分）留在高温反应区，不断地进行裂化和缩合反应，那么一些化合物最后将缩合成很大的分子——固体的焦炭。这就是焦化工艺。

根据加热方式和生焦地点，焦化工艺有很多种，如釜式焦化（原料油在同一反应釜中受热并进行热转化反应直至生焦）、流化焦化（将渣油喷洒在高温、流动着的小颗粒焦炭上，并在其上实现热转化反应。新生成的焦炭就积存在原来的焦粒上）和延迟焦化等等。目前世界上用得最多的是延迟焦化工艺。该工艺的示意流程如图所示。

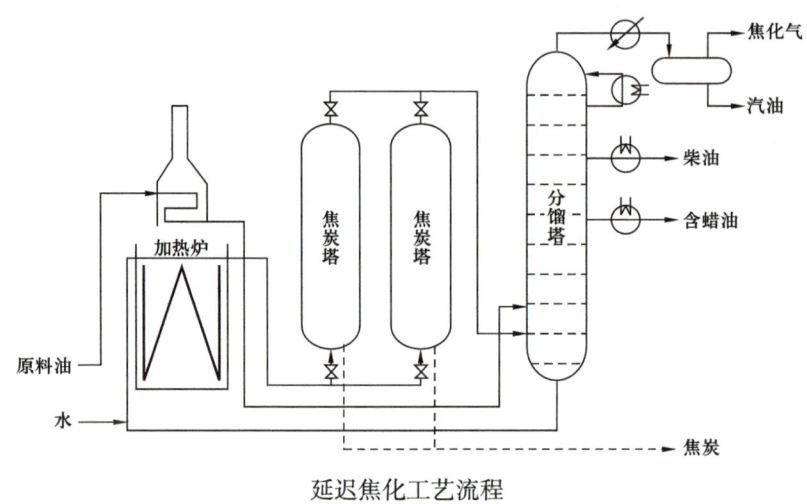

延迟焦化工艺流程

由图可知，原料油经加热炉预热后进入分馏塔下部，与从焦炭塔来的高温气态产物直接接触换热。之后从分馏塔底抽出（塔底油中也包括一部分重的焦化馏出油），经加热炉热至约 500℃后，进入一个（或一组，通常是两个）焦炭塔进行反应。生成的气态产物从塔顶引出，产生的焦炭积存在塔内。当焦炭数量积存到塔高的 2/3 时，原料油改换进入另一个（或一组）焦炭塔。已积存焦炭的焦炭塔则进行除焦操作。几个（一般是两组共四个）焦炭塔轮流操作就可实现生产的连续化。

减压渣油延迟焦化一般可产生约 10% 的焦化气体、70%～80% 的馏出油（包括轻油和较重的焦化蜡油）和 20%～30% 的焦炭。焦化汽油、柴油经过加氢精制后可作为商品油的调合组分；焦化蜡油可作为催化裂化的原料；而焦炭则是冶金工业炼铝和人造石墨的重要原料。由于延迟焦化工艺简单、投资少，故至今仍具有旺盛的生命力。近年来，该工艺还被用来生产高价值的针状焦，引起人们极大的兴趣。它是将渣油变为轻油及其他有用产品的有效手段。由于它还可加工炼厂中各种废弃的污油、沥青等，所以人们又称它为"处理各种残渣、废料的加工工艺"。

（1990 年第 4 期）

来自石油五彩缤纷的塑料世界

阎振乾

在日常生活中，每人每天都要碰到各种各样的塑料制品，像脚上穿的塑料鞋，桌子上铺的塑料台布，五光十色的塑料热水瓶外壳，各种规格的塑料食品袋，收音机、电视机的外壳，电灯的灯头、插座，农用塑料薄膜，工业上用塑料制成的轴承、齿轮，医疗上用塑料制成各种各样的医疗器械，以及在国防和尖端科学领域所采用的塑料等等。这种类繁多的塑料，你可曾知道，它们大多数来自石油。

塑料之所以被广泛地采用，是因为塑料和一些应用材料相比有很多优点。第一，质量轻。它的密度一般在 0.9～2.2 克/立方厘米之间，只有金属的 1/5～1/9。这一特性提供了它适合于制造要求减轻自重的设备和机械，如飞机、轮船、人造卫星和航天机械等。第二，强度高，耐磨性好。用它制成轴承之类的零部件能在条件恶劣的情况下长时间地工作，而且在使用时对润滑剂的要求不太严格，噪声也较小。第三，化学稳定性好，抗化学药剂能力强。可用于制造需在酸、碱或有机溶剂中工作的部件或设备。第四，具有优良的电气绝缘性能，在电机、电子机械、雷达、高频通信工业中的设备制造得到较为广泛的应用。

塑料虽然有上述优点，但是它也有一些在实际使用中受到限制的缺点。这就是它们的允许使用温度大多数较低，一般只能在 100℃ 以下的情况下工作，只有少数的塑料品种可以允许到 200℃ 以上的条件下工作。另外，塑料在使用一段时间后，在某些条件下会发生老化现象，对于塑料的这些缺点，在使用中要加以避免。

塑料的品种很多，但是大致可以分为热固性塑料和热塑性塑料两大类。热固性塑料是指在塑制成型后不因受热而软化，只能塑制一次，过高的温度只能使它分解，失去原来的性能，例如，酚醛塑料就是其中的一种。热塑性塑料则能够反复重塑，当它被加热时可以熔化，冷却时可以成型。例如，聚氯乙烯、聚乙烯、聚丙烯、聚苯乙烯等。近年来，热塑性塑料无论是品种、产量和质量都在迅速提高和增长。

塑料生产的原料大多来自石油。像乙烯、丙烯、苯、甲醇、乙醇、乙醛等塑料生产的基本原料都是油气加工过程中的产品或副产品。

塑料生产的基本方法也像合成纤维一样，先由一些基本原料制成单体，然后再将单位体聚合成高分子化合物，再在聚合物中掺入各种填料塑制成型，做成各种各样人们需要的形状，成为市售商品。

在塑料工业中，产量最大、应用最广的聚氯乙烯塑料，已被人们广泛地应用到日常生活和工农业生产中去。例如，塑料凉鞋、人造革，工业上用的管道、电线包皮、耐酸抗腐的耐酸管、衬砖、各种机器设备的部件等都可用聚氯乙烯来制造。在电气工业上，它可用来做绝缘材料，像灯头、插座、开关等。但是它不能用于做包装各种油腻食品的食品袋，因为油腻食品中的油能溶解聚氯乙烯塑料中的某些有机物质，不仅使薄膜损坏，而且人吃了这种食品对人体有害。

农业上育秧和建造温室用的塑料薄膜是聚乙烯塑料，薄膜育秧可以使植物在寒冷的冬天也能生长。由于聚乙烯无毒而且不怕油腻，所以用它可以制成无色透明的食品袋，最适宜包装各种水果和食品。

聚乙烯的生产分为高压、中压和低压聚合三种。高压聚合生产的聚乙烯比较柔软，多用于制造薄膜、薄片、电线和电缆包皮，以及涂层等。中压聚乙烯除用作薄膜、薄板外，还适于制造工业用管道、电气绝缘材料、汽车零件和各种日用品。低压聚乙烯的用途和中压聚乙烯基本相同，不同的是它还可以代替钢和不锈钢制造化工设备和贮槽的耐腐蚀涂层衬里、管道、阀件和衬套等。

聚丙烯塑料的生产和聚乙烯塑料很相似，不同的是它生产用的基本原料是丙烯。它的优点是质量非常轻，能浮于水，耐热性好，到150℃也不变形；耐腐蚀性也好，拉伸性能和电性能都较好，但它的缺点是收缩率较大，低温时变脆，耐磨性也较差。

聚苯乙烯是塑料工业中的后起之秀，目前产量仅次于聚氯乙烯和聚乙烯。它是无色透明的聚合物，不怕酸和碱，电性能也好，是优良的绝缘材料。又由于它染色性能好，可以制成各种色彩鲜艳的塑料制品，像商店里五光十色的塑料玩具、厨房用具、华丽的壁饰、电信器材的外壳大部分是用聚苯乙烯制造的。聚苯乙烯与其他塑料相比，有明显的优点，生产成本低，产品美观，所以，这种塑料的产量增加很快，大有压倒聚氯乙烯塑料生产之势。

聚四氟乙烯塑料，是塑料品种中强度最高的一种，俗称"塑料王"。它是由四氟乙烯聚合而得。它对所有的化学品都不起作用，甚至与王水（盐酸与硝酸的溶液）也不发生作用。它可在$-250 \sim 250℃$的温度条件下工作，而且绝缘性能好，摩擦系数低。它主要用于工业上制造各种耐腐蚀、耐磨、耐高温和耐低温设备的零部件。

有的塑料品种透明性特别好，例如聚甲基丙烯酸甲酯塑料，被称作有机玻璃。它的透光性比玻璃还要好，一般玻璃的透光率为80%左右，而有机玻璃的透光率则可达到93%以上。又因为有机玻璃强度大，10厘米厚的有机玻璃用一般的枪弹都很难穿透，即使被打穿了，也不会像玻璃那样整个碎裂。所以，这种塑料在国防上有着重要的用途，在飞机的驾驶舱、坦克车的瞭望孔、防弹车的车窗，大多使用这种有机玻璃镶嵌。

还有的塑料品种黏结力特别强，被人们用来作材料的黏结剂。环氧树脂塑料被人们称为"万能胶"，它可以黏结金属和非金属材料。使用起来也非常方便，把要黏结起来的两块材料的黏合面涂上一层环氧树脂合拢后压紧，时间不太长，它们就牢牢地黏合在一块了。

塑料的可塑性给它的广泛应用提供了加工方便的条件，所得品种的塑料在热状态时都具有可塑性，也就是都可随意制成人们所需要的各种形状。例如，把聚氯乙烯加热后，挤进模子，不到一分钟的时间就可制成一双塑料凉鞋；把它加热后从一条狭缝中挤出，就可制成一块塑料板；若把它像吹肥皂泡一样地吹成一个很大的圆筒，待冷却后剖开，就可制成光滑透明、薄如纸的塑料薄膜。

近年来我国塑料工业得到了非常迅速的发展，尤其是石油工业的发展，给塑料工业提供了丰富的原料来源。塑料品种正在不断地增多，产量也不断地增加。随着工农业生产的发展和人们日常生活需求的不断增长，塑料工业今后一定会有更快的发展。

（1990年第5期）

碳纤维的新品种

宋育贤

碳纤维及其复合材料是近 20 年来最受关注的新型工业材料之一。它具有比铝轻，比钢强的特性。20 世纪 50 年代末，随着人类对太空的探索，推动了碳纤维及其复合材料的发展，进而使其广泛应用于各个领域。从 1987 年起，世界碳纤维市场以每年 12% 的速率增长，预计到 1990 年将达 6000 吨。

目前碳纤维以聚丙烯腈（PAN）基和中间相沥青（MP）基为主。产品主要用作：（1）军工、航天航空领域；（2）增强工程塑料；（3）增强水泥；（4）耐高温材料和滤材；（5）特种医疗用途；（6）文体用品；（7）高性能活性碳纤维；（8）静电消除材料等。总的趋势表明，PAN 基碳纤维增长速度正在缓慢下降，而 MP 基碳纤维增长速度惊人。日本三菱化成已实现由中试扩大到 500 吨 / 年的生产厂，日本多纳库公司已在大阪瓦斯的西岛建成 700 吨 / 年的生产厂；美国阿什兰石油公司的碳纤生产规模已上升到 500 吨 / 年，日本三井东压化学公司将与他们合作，在日本建碳纤和复合材料工厂，5 年内达到 300~500 吨 / 年的规模。

日本"石油产业活化中心"1988 年起将实施以石油沥青为原料制备高模量的碳纤技术开发计划。其内容有：

（1）石油沥青碳纤的高模量化生产和应用技术；
（2）树脂合金等合适母体材料的选定；
（3）使复合材料实现高模量化的碳纤表面处理技术；
（4）沥青基活性炭纤及离子交换纤维等的开发；
（5）成型加工技术和评价、试验方法的确立。

美国科学家预测，1990 年美国民用飞机 75% 的部件将用碳纤复合材料制成。这是美国航空航天的一项新的计划，实施后飞机将减轻 25%~30% 的重量；燃料消耗可降低 15%。

为了使各国间对碳纤及其织物有共同的质量标准，世界标准化组织的 TC61 技术委员会于 1985 年设置专门工作组，从事碳纤试验方法标准的制定，由日本担任组长，现正在起草国际标准。目前 PAN 基碳纤的杨氏模量已达到 500 吉帕左右；MP 基碳纤的模量已达到 800 吉帕（接近理论值 1000 吉帕）。近年来，大大改进了高断裂应变（HS）和中模量（IM）即中断裂应变型碳纤的性能，现达到 2% 左右的断裂应变时，拉伸强度为 5~7 吉帕。今后，PAN 基碳纤结构性能研究将集中在高强材料断裂机理方面，而 MP 基碳纤将致力于研究片状晶体较少的结晶形式材料。

通用沥青碳纤维

石油沥青碳纤维的制造过程，一般是经过原料预处理，纺丝，在氧化气氛中进行不融化热处理，然后在 1000~1500℃惰性气氛中碳化，必要时再在 2000℃下进行石墨化处理，得到制品。

根据使用的原料不同，石油沥青基碳纤又分为两种：一是 GPCF（通用碳纤维），以光学性质各向同性的石油沥青为原料，其产品也是各向同性的，抗张强度为 60~80 千克/平方毫米，抗张弹性模量为 3~6 吨/平方毫米；另一种是 HPCF（高性能碳纤维），以光学性质各向异性的液晶石油沥青为原料，产品也是各向异性的。

日本生产的通用碳纤"Dona carbos"不但蓬松性、树脂浸渍性好，而且导电性、吸音性、滑动性等复合性能超过以前的产品。其强度为 80 千克/平方毫米，弹性模量大于 4000 千克/平方毫米。日本还研制了强度为 300 千克/平方毫米，弹性模量大于 50000 千克/平方毫米的碳纤，其目的在于开发导电率为 10^{-4} 欧姆·厘米、密度为 2.15 克/立方厘米、热容量大的制动器材料。纤维状活性炭是大阪瓦斯公司与尤尼崎卡公司共同开发的吸附材料，比表面积大于 2000 平方米/克，具有很好的表面特性，不仅吸附、解吸速度大，而且疏水性好，适于回收氯、氟系溶剂，还具有优异的除臭、净水的环保功能。环状微粒子是调制碳纤用的沥青原料时的副产品——环状液品。它本身具有黏合性，同时表面活性也极高，如进行表面改性处理，能制成比表面积为 500 平方米/克的超级活性炭。

与碳纤预先混合的干灰浆（CFPMC）可用于建筑物的外壁材料、涂饰材料和地板原料。其增强效果和耐火性均有提高，并能防止盐害。这种干灰浆还可用于包装半导体的盒子或整机的外壳，以及抗静电地毯等。纤维状活性炭可用于各种空气除尘过滤器。

增强混凝土是通用型沥青基碳纤的最大用途。碳纤维增强水泥/混凝土复合材料（CFRC）具有耐碱性好、可用热压罐进行加工；耐生物降解；有较高的抗张强度及抗张模量；导热及导电；耐摩擦性高；可与水泥在某种程度上相混等特性。

由酚醛树脂制取活性炭纤维

日本群马大学及群荣化学工业公司共同开发出一种性能优良的活性炭纤维，其比表面积约为 2500 平方米/克。他们采用的方法是：将"Kynol"酚醛纤维先在减压下干燥，再浸于甲基丙烯酸甲酯（MMA）及甲醇的混合液内，于氮气气氛中用电子束处理，然后用索氏萃取，除去其中的均聚物，即制得"Kynol"接枝纤维。将此产物加热到 900℃，再通氮气 30 分钟进行碳化（氮气流速 180 毫升/分钟），然后再用氮气和水蒸气的混合气体活化 40 分钟，即可得到活性炭纤维。Kynol 纤维是由 76% 碳、18% 氧和 6% 氢组成，具有特别好的耐火、耐热和耐化学品性能，还有绝热性和耐低温性。由于它具有不熔融性，故能很容易地转变成无定形碳纤维。"Kynol"酚醛纤维广泛应用于阻燃、耐化学品的纺织品、纸、复合材料、衬垫、耐摩擦材料，以及碳纤维、活性炭纤维、纺织品和复合材料的原丝和基质。

芳族聚酰胺纤维

高性能纤维有对位聚芳酰胺纤维、碳纤维、超高分子量聚乙烯纤维和 S-2 玻璃纤维等。从应用领域来看，航空和航天占首位，文体用品方面次之，一般工业占第三位，第四位是汽车制造业用。

近几年，对位聚芳酰胺纤维增长最快，用于生产耐腐蚀材料、密封材料、轮胎、传送带、绳缆，以及防弹衣等。S-2 玻璃纤维主要用于制造直升飞机的转动叶片、火箭燃料箱的铺面、消防战士用空气瓶等。

耐热 1000～2000℃新材料的开发

目前，新能源、产业技术综合开发机构（NEDO）正在寻求开发耐 1000℃以上高温的轻型结构材料。具体课题有：（1）开发耐热 1800℃结构材料的铌（Nb）、钼（Mo）等高熔点金属和铝（Al）、硅（Si）等金属间化合物，能在 1000～1300℃使用的钛—铝（Ti—Al）金属间化合物，可用于强度要求最苛刻部位的结构材料，如以碳化硅纤维等增强的 Ti—Al 金属间化合物为基体的复合材料；（2）能耐 2000℃以上，并具有较高相对强度的碳纤维和碳基复合材料。此外，还计划提高新材料的力学特性和加工性，并发展有关的评价技术及设备技术等。

日本工业技术院下一代产业基础技术研究开发"超耐环境性先进材料"计划于 1989 年开始，预计 8 年完成，目的是开发用于航空、宇宙、能源方面耐高温性的高强度材料。最终开发的目标是：（1）钛—铝系金属互化物，在 1100℃时，比强度（强度/相对密度）为 100 兆帕。高熔点金属互化物，在 1800℃时，拉伸强度为 75 兆帕以上，在常温下的伸长率为 37%。（2）碳—碳复合材料，在 2000℃，大气中加热 20 小时后，拉伸强度为 700 兆帕，拉伸弹性模量在 200 兆帕以上，在 1800℃加热 200 小时后仍保持特性。（3）纤维增强金属互化物复合材料，在 1100℃下，拉伸强度为 1200 千兆帕，拉伸弹性模量为 180 千兆帕，在 1200℃加热后仍保持特性。

荷兰国家矿业公司将建成生产超强度聚乙烯纤维"Dyneema"，20 世纪 90 年代中期可达年产几千吨。"Dyneema"强度分别比钢和芳族聚酰胺纤维高 10 倍和 40%，是世界上强度最大的纤维，可用来制造绳索、船帆、帐篷、网具、防护衣、体育用品、劳保用品、医疗用具等。

（1991 年第 2 期）

用于催化裂化的催化剂

陈祖庇

催化裂化工艺的使命是将重油轻质化。它是在催化剂的作用下将大分子碳氢化合物裂解成较小分子的产物，如干气（H_2、C_1和C_2）、液态烃（C_3、C_4）、汽油和轻柴油等。这些产物的价值都比重油高。在裂化过程中也产生焦炭。催化裂化工艺就是利用其产生焦炭的特点进行装置的热量平衡来操作的。本文将重点介绍应用于催化裂化中催化剂的有关情况。

催化剂品种的更新

自1946年微球形低铝催化剂应用于工业以来，已几代更新。这种更新主要表现在转化率和焦炭产率上。从低铝微球催化剂到现代高选择性催化剂，其转化率之差为正30%～40%，而焦炭产率之差则为负1%～2%。现代催化剂同最初的相比，转化率增加40%，汽油产率增加25%（体积分数）。实现这种进步，其主导是分子筛类型的改变；而分子筛类型的不同，其主导方面又是选择性上的改变。此外，载体也有不断发展，除改善物理性能外，选择性、抗杂质污染方面也有所改进。

20世纪80年代初期，催化剂发展的突出点是超稳型催化剂的推广和应用。到1988年底，超稳型催化剂已占市场供应量的60%，如把REHY型催化剂算入，则已接近80%。超稳型（USY）催化剂之所以能迅速推广，主要是：（1）它能够提高汽油的辛烷值；（2）产焦率低，并可用于掺炼渣油的催化裂化。

USY是一种改性的Y型分子筛，通过脱铝补硅，提高了分子筛骨架上的硅/铝比，使结构稳定化。分子筛骨架由硅—碳—铝四面体所构成，每个铝原子的存在就是一个酸中心。脱去一部分铝，由硅所代替，就有一部分的硅—碳—铝变成硅—碳—硅结构，因而酸中心减少。同时，由于骨架上铝分布发生变化，距离拉开，酸强度增加，且硅原子比铝原子小，硅代铝后，晶胞变小，晶胞常数缩小。概括起来说，Y型分子筛脱铝补硅超稳定后，其结果是：提高了硅/铝比，减少酸中心密度，降低了氢转移反应性能，提高汽油中烯烃即提高辛烷值，并减少焦炭产率，从而可提高装置处理量和轻油收率。

20世纪80年代中期，世界各催化剂制造公司竞相研究开发更好的超稳型分子筛及与之相匹配的载体（称Matrix）。这期间讨论较多的是：

（1）骨架外铝的处理问题。骨架上铝脱下后的去向及其影响是研究中心之一。

（2）分子筛的二级孔问题。有些骨架上铝脱下后，硅来不及补上，产生晶体缺陷，结晶度受损，并产生了一些二级孔（>40埃）。结晶度受损是不好的，但二级孔却有好处。

（3）反应选择性的改善问题。对催化裂化的要求是汽油产率要高，辛烷值也要高，而且既要RON（研究法辛烷值）高，又要MON（马达法辛烷值）高（因汽油的抗爆指数等于RON+MON/2）。

催化剂的载体。载体是承载活性组分的物质，其主要作用是提供空间，使分子筛分散其中，并提供物理和机械性能，使其适合于工艺应用。近年来，随着实践的深入，认识到载体的作用远不止这些。在重油裂化中，因其分子较大，直接进入分子筛孔内有困难，载体就要承担将大分子进行初步裂化的任务。渣油中的V（钒）和Ni（镍）对分子筛都有中毒作用，故要求载体提供保护。此外，载体还要增强催化剂热稳定性和减少汽提焦的作用。

第一代分子筛催化剂是将10%～15%的分子筛分散于85%～90%的无定型硅铝凝胶中而制得的。

这种催化剂比表面积大（300～600平方米/克），孔体积大（0.5～0.6毫克/升），强度低（AI>3）和堆比低（<0.6克/毫升）。

第二代分子筛催化剂（20世纪70年代后期）突出了分子筛作用，将载体变为基本无活性。采用经处理的天然白土作填料，加氧化硅或氧化铝溶胶作黏结剂，形成新的载体。这一代催化剂的特点是：表面积小（<200平方米/克），孔体积小（<0.3毫克/升），强度高（AI<1）和堆比高（0.7～0.8克/毫升）。这样使轻质油收率增加3%以上，强度提高3倍，跑损减少约40%。

20世纪80年代中期，载体又有一些新的发展。电子Y型分子筛孔道的自由直径只有7.4埃，而480℃以上的减压瓦斯油馏分的分子直径为20埃以上，渣油分子为25～150埃。这些大分子不可能进入分子筛孔内。为了增加重油的转化，需要靠载体提供一定的活性，先将大分子进行一次裂化，断成中分子，再进入分子筛孔内二次裂化。但载体的活性要控制，孔径大小和表面积也要适当，以避免影响选择性，增加焦炭产率。为此，在第二代"惰性"载体的基础上，适当添加一定量的活性组分，调解分子筛和载体的活性比（或分子筛和载体的表面积之比），生产出新一代的载体。

催化剂的性能

催化裂化催化剂应具备以下主要性能：（1）良好的裂化反应性能；（2）良好的物化机械性能；（3）能适应裂化反应条件下的环境等。但这些要求又是随着具体的社会、经济和技术条件而变化的。在二次大战中，由于战争对航空汽油的迫切要求，促进了催化裂化的加速发展，并以生产航空汽油为主。战后，汽车工业发展，催化裂化以生产车用汽油为主。石油危机年代，渣油裂化提上日程。20世纪80年代以来，生产高辛烷值的汽油又成为催化裂化的追求目标。同催化裂化工艺相适应，催化剂在不同时期也有不同的追求。但总体来看，对催化剂要求主要是它的活性和选择性，而首要的则是它的反应性能。

（1）活性。衡量活性的指标是转化率：

转化率（%，质量分数，以瓦斯油为原料）=（汽油+液化气+干气+焦炭）%（质量分数）

催化剂的活性高，转化率就高；反之亦然。

（2）选择性。选择性指催化裂化各种产品的比例。高价值的产品多，选择性就好，反之，则较差。

（3）热平衡。催化裂化工艺的特点是热平衡操作。焦炭是裂化产物之一，用它在再生时的燃烧热来提供反应所需的热量。催化裂化过程中有许多变量，如催化剂的循环量、进料量和进料温度等。催化剂上的碳含量决定了再生剂离开再生器的温度，而反应器的温度则由剂油比和进料预热温度所控制。一般催化剂上炭差（单位质量催化剂在再生前后的含炭量之差，用质量分数表示）在1%左右就足以使再生温度达到740℃左右。对于一个产焦率（焦炭生成量占进料量的质量分数）低的催化剂来说，要达到同样的生焦量，就应增加进料量，或提高单程转化率。

催化剂上焦炭的来源有四：（1）催化焦——裂化反应时在催化剂上生成的；（2）进料焦——原料油带进的，即康氏残炭部分；（3）剂油比焦——催化剂上吸附的油气，未被汽提干净而带入的；（4）污染焦——原料油中由重金属引起产生的。上述四种焦除进料焦外，其余三种都同催化剂性质有关。实践证明，催化剂所含分子筛类型不同，其产焦率相差较大。

我国的催化剂

当代催化裂化催化剂主要由分子筛（沸石）和载体（基质）所组成。分子筛都以Y型为基础，经过改性，制成REY、REHY、USY、REUSY等类型。载体则都是以含SiO_2、Al_2O_3为基础，但制备方法有所不同，有全合成无定型的 SiO_2-Al_2O_3，有无定型 SiO_2-Al_2O_3 加白土的，有白土加 SiO_2 或 Al_2O_3 溶胶黏结剂的，也有全白土的等类型。催化剂的活性和选择性主要取决于分子筛的性质。

我国目前催化剂品种不多，工业上使用的主要有偏 Y-15、共 Y-15、CRC-1 和 KBZ 等。这几种催化剂，在分子筛类型上是一样的，都是 REY 型，只在载体上有差别。现在超稳 Y 型催化剂已经工业化，新增加的品种有 ZCM-7，ZCO-7 和 SRNY 等，但产量还不多。此外，REHY 和 REUSY 型催化剂也已进入中试放大阶段，很快可上工业生产。

1989 年，我国的 ZCM-7 和 SRNY 型催化剂曾同进口的 OD（Octecat-D）型催化剂作过对比试用，结果令人满意。OD 型剂是国外较好的超稳型催化剂。由此可见，我国开发、生产的催化剂已经达到较高的水平。

（1991 年第 3 期）

炼油生产的一个重要工艺——油品调合

吴宏禄

石油经各种炼油装置加工后得到的产品，一般都不能作为最终的目的产品直接出厂。因为不同炼油工艺生产的同类产品往往在质量上有很大的差异，如常减压蒸馏装置生产的直馏汽油的辛烷值（马达法）要比催化裂化装置生产的催化汽油低30个单位左右，而催化汽油又比烷基化汽油低10多个单位。因此，必须将某些质量差异很大的同类产品相混兑，有时尚须向油品中有目的、有选择性地加入一种或几种添加剂来弥补产品质量上的某些不足，使调合后的最终产品完全达到国家制定的质量规格标准要求。这是炼油企业生产过程中把半成品变成合格成品的一个重要工艺。

油品调合方法

主要有3种：间歇调合、部分在线调合及连续在线调合。

（1）间歇调合就是各加工装置生产的半成品首先进入各自的馏分油罐（一般称为中间罐），经采样、分析、计量后，再按规定的调合比例用泵送入调合罐中，封罐后做空白分析，然后加入适量添加剂并充分混合均匀，采调合样再做分析，直至符合质量规格标准要求后，即为成品。

（2）部分在线调合就是所有调合组分油均按各自的比例在送入调合罐前于管道中预先调合，因此，要装备流量控制仪表和连续记录器，以保证各组分油的准确调合比，使调合后的成品合格。

（3）连续在线调合也称自动控制管道调合，即所有调合组分（包括各种添加剂）同时在管道中自动按比例进行调合，为保证在任何瞬间都能得到合格的调合成品，整个调合工艺必须采用在线质量监控仪表等先进自动控制设备，由电子计算机控制。

连续在线调合具有高效、准确、技术先进、经济性好等优点，现已成为炼油企业油品调合工艺的发展方向。

油品调合计算

任何一种石油产品的质量标准并非一项，每项质量指标相互调整时的变化规律又不完全一致，因此，在调整油品质量的调合比计算中，必须针对不同的质量指标而采取相应的计算方法。

（1）加成关系（即质量平均值）的质量调整。属于加成关系的质量指标有：密度、馏程、酸值、灰分、含硫量、水分、残炭、胶质、十六烷值、诱导期等。油品的凝固点、辛烷值等可按近似的加成关系进行调整计算。

（2）对数关系的质量调整。石油产品的某些质量指标没有可加性，因此，不能用加成关系的计算方法进行调整计算，如闪点、黏度、蒸汽压等。这些质量指标具有对数关系，可采用计算法或图解法进行调整计算。

油品调合实例

油品调合工艺在各种炼厂生产中并无严格的统一规范，而是根据具体的生产情况制定合理的油品调合方案。

（1）航空汽油的调合。航空汽油是由基础汽油、高辛烷值组分和添加剂调合而成。作为航空汽油的基础油须具有较高的辛烷值和良好的感铅性。它来源于环烷基原油的直馏汽油、催化汽油、重整汽油或加氢裂化汽油等。航空汽油的高辛烷值组分有：甲基叔丁基醚（MTBE）；从气体分馏装置得到的异戊烷；从烷基化装置得到的工业异辛烷（即烃化油）；由苯、乙烯和丙烯烃化后得到的乙基苯、异丙苯；从催化重整装置得到的间二甲苯、对二甲苯。其中异构烷烃大多用来提高航空汽油的辛烷值，而芳香烃则用来提高品度值。此外，尚须加入适量的抗氧剂、金属纯化剂等添加剂。

（2）70号汽油的调合。70号汽油系由催化汽油、再蒸馏汽油、加氢精制焦化汽油、直馏汽油等组分，经管道调合后，加入适量的抗氧剂、金属纯化剂、四乙基液及着色剂，混合均匀，经分析后符合70号汽油控制标准即为成品。

（3）–10号轻柴油的调合。–10号轻柴油系由催化柴油、直馏柴油、加氢精制焦化柴油及直馏煤油等组分经管道调合而成，经分析符合–10号轻柴油控制标准即为成品。

（4）航空煤油的调合。航空煤油系由常减压蒸馏装置常一线油经中间罐半成品分析合格后，倒入成品罐，加入适量的33$^{\#}$添加剂、抗静电剂，混合均匀后，经分析符合控制标准即为成品。

（5）优质汽油的调合。优质汽油系由催化汽油、轻烃化油及石油芳香烃等调合而成，加入适量的添加剂，经分析符合控制标准即为成品。

添加剂为抗氧剂、金属纯化剂、四乙基液及着色剂。用于调合优质汽油的催化汽油必须经过脱硫醇，否则不准参加调合。

（6）20号重柴油的调合。20号重柴油系由催化重柴油、精制焦化柴油、榨蜡柴油、直馏重柴油、重烃化油、直馏煤油等组分调合而成，经分析符合控制标准即为成品。

（1992年第5期）

汽油，从废弃物到宠儿

陈宝林

（锦西炼化总厂）

1880 年，爱迪生发明电灯后，煤油灯相形见绌，而有被逐渐淘汰之势。恰巧在这个时期，内燃机的发明亦相继完成。

19 世纪 80 年代，俄国海员科斯托维奇设计了汽化器式轻便汽油内燃机。根据他的设计，在汽艇上建成了 8 气缸发动机。接着德国戴木拉于 1883 年发明了汽车引擎，德国人本茨把戴木拉的发动机应用到三轮汽车上，这就是现代汽车的前身。四轮汽车是 19 世纪 90 年代由美国人福特设计的。随着汽车由铸铁车轮发展到橡胶轮胎直到充气橡胶轮胎，车速由每小时 24 千米提高到 69 千米。随之汽车生产迅速发展，仅美国 1901—1930 年汽车就增加 1 千倍（达到 1 千万辆）。但是，汽油生产率不高，汽油生产远远不能满足汽车燃料急剧增长的需要，尤其到了 20 世纪初，随着陆海空运输业的发展，对汽油的需要量日益增大，从前灯油时代的弃儿（炼油厂的废弃物）——汽油成为动力燃料时代的"宠儿"。

满足社会对汽油的需求，增加汽油产量，提高汽油收率，已成为 20 世纪初期炼油业最主要的任务。以美国为例，1913 年，美孚石油公司的巴尔东，在一个月内建成热裂化蒸馏罐，用热裂化的办法使煤油以外的馏分（主要是重质烃）转变成汽油，汽油产率由 17% 提高到 30%～35%，所得汽油称为裂化汽油。继巴尔东方法之后，又出现了其他一些改进的方法。

作为动力燃料的汽油的生产，100 年来在世界上得到很大发展。以美国为例，1880 年汽油产率为 10.3%，1920 年为 26%，至今已达 50%。中国的汽油产量增加也很迅速，在 20 世纪 80 年代的十年时间里，汽油产量翻了一番，达到 2000 余万吨，居世界第七位。

汽油不仅是汽车的燃料，同时还是某些飞机、快艇、小型发电机、小型施工机械的动力燃料。近年来，对汽油的质量也提出了越来越高的要求。尤其在降低铅含量、提高辛烷值、降低蒸汽压等方面，对炼油业形成了很大的压力，因而也推动了炼油技术的发展。在中国，以生产汽油为主的催化裂化、加氢裂化、催化重整、烷基化、MTBE 等装置的生产能力扩大尤为显著，在工艺技术上也已接近世界先进水平。

（1994 年第 1 期）

凝固汽油闲说

王 英

（大港油田井下公司测试大队）

汽油是人类利用炼油装置从原油中提取的主要油品之一，若特意将某种稠化剂加入其中它就变成了"凝固汽油"。

何谓"凝固汽油"，《辞海》的解释是：凝胶状的可燃物，用环烷酸和脂肪酸铝盐的混合物与汽油胶凝而成。

军用的凝固汽油出现在20世纪30—40年代，是美国军方作为一种新式武器花费了大量人力、物力研制成功的。

从1942年起美国人将它大量填入由钢材、铝材、铝合金材料制成的特殊容器中，于是，美军很快拥有了用于实战的利用飞机投放的燃烧弹（凝固汽油弹）、步兵单兵使用的火焰喷射器、可利用火炮发射的燃烧弹，在装甲部队中出现了喷火坦克（美军的M67A1型和M67A2型喷火坦克在其同类中较为先进，它可一次装填凝固汽油1千余升、喷射30次以上，射程230米）。

抗战时期美军还将火焰喷射器大量装备给中国远征军。据史料记载：1943年4月，美军顾问团按美陆军野战师当时的火力配备标准装备"国军"（36个野战师），远征军的每个步兵连均配发单兵使用的火焰喷射器一具，30多个师即配发火焰喷射器970多具。

后来，苏联红军在美式喷火武器的基础上研制、装备了型号为"ΦОΓ-1（2）"的地雷式喷火器，它可以伪装设置在地面或地下，可装填凝固汽油25升，一经触动即可猛烈喷射出射程为50~100米的火焰，置敌于死地。

在20世纪40—70年代里，美国打了3次大规模的现代化战争（第二次世界大战、朝鲜战争、越南战争），在战场上投掷了凝固汽油弹近40万吨（日本本土5665吨、朝鲜战场32315吨、越南战场33.8万吨）。

凝固汽油弹爆炸

1945年初，为加速日本法西斯的灭亡，美国军火工业以0.7～7毫米厚的钢材、铝材赶制出大批凝固汽油弹以满足空军对日本实行毁灭性轰炸的需要。在1945年的3月9日，美国空军第21轰炸机队在空军准将鲍威尔的率领下，也出动B-29轰炸机334架，将1665吨凝固汽油弹空投在东京上空。这上千吨的汽油弹使东京某人口稠密区方圆60平方千米的地区成为一片火海。待大火熄灭后，日本人发现东京市区有41.4平方千米的地方成为废墟，市区的四分之一被夷为平地（其中工业区占18%、商业区63%、19%为豪华住宅区），大火烧死东京市民83793人、烧伤10万余人、100余万人无家可归。5月26日，500架美机再次光临东京，投下4千吨凝固汽油弹，使城区繁华地带约40平方千米的地方成为焦土。

"凝固汽油"如果按字义理解似乎是"固体汽油"，其实不然。常规的凝固汽油实际上是一种由汽油、苯、聚苯乙烯（树脂）等物质为主要原料组成的糊状物（它们通常的比例是：汽油25%、苯25%、稠化剂聚苯乙烯50%）。凝固汽油的密度一般为0.8～0.9克/立方厘米，因此它可以浮在水面上燃烧，燃烧的火焰可在瞬间达到摄氏七八百度至上千度。

凝固汽油发展到今天已产生了多种牌号。

在国外，它按不同的用途常由汽油、煤油、沥青、苯、聚苯乙烯、氯化物、镁糊等不同的物质按比例混合、调制而成。

凝固汽油弹爆炸后凝固汽油以胶黏状态流淌，那黏乎乎的物质流到（黏在）哪里，哪里就燃起大火，不管它是金属、土木、草地、雪原、水面或人体。

凝固汽油大面积的燃烧还会造成空气中缺氧，产生大量的一氧化碳气体，这无色无味的剧毒气体能很快致人死亡。

时至今日，凝固汽油制成的喷火武器依然是现代战争中奇袭敌堑壕、碉堡、火力支撑点、重型技术兵器、消灭隐藏在草（树）丛中的敌人的有力武器。国人还时常拿它来焚烧某些假冒、伪劣商品，这是它和平时期的另一用途。

（1995年第5期）

塑料家族的新成员——导电塑料

郑 伟

（抚顺石油化工研究院）

20世纪70年代末，日本东京工业大学的一位外籍研究生在制作聚乙炔时，由于出手太重，放入了太多的催化剂，致使得到的不是常见的聚乙炔粉末，而是一种闪耀着金属光泽的薄膜，酷似铝箔，但仍具有塑料薄膜的特征。

这一意外的发现，立即引起美国费拉达菲尔实验室科学家们的高度重视。经过对样本的多次测试发现，这种聚乙炔犹如P型半导体，电导率很低，只有$10^{-9}\sim10^{-8}$（欧姆·厘米）$^{-1}$，但就是由这微弱的电导率的启示，使塑料家族增添了新成员——导电塑料。

大家知道，常见的塑料是优良的绝缘体，因此许多电工用具用塑料作为防护材料，而如今开发成功的导电塑料不仅是导体，而且仍具塑料那"柔软"的任人摆布的性格。

开始，科学家们在制取导电塑料时是采用掺杂质的方法。众所周知，P型半导体是一种由可以自由运动的带正电荷的空穴形成电流的半导体，N型半导体则是由可以自由运动的带电荷的电子形成电流的半导体。聚乙炔与硅、锗等半导体的导电特性相同，当适当掺入不同杂质后，也可以改变它的导电率。特别是聚乙炔掺入少量碘后，其导电性能竟猛增上亿倍。这种导电塑料常称为金属塑料，也可称为合成金属。

目前，已发现的与聚乙炔有相同导电特性的塑料还有四硫代富瓦烯（TTF）与四氰代二甲基苯醌（TC-NQ）化合形成的电荷转移复合物、聚硫氮（SN）$_x$、聚次苯基，以及石墨层间化合物等，它们的导电率有的胜银、有的超铜，其导电规律是温度升高，电导率降低；温度下降，电导率增加。且当达到绝对温度0.3开时还具有超导性能。目前超导薄膜的研究很是热门。

导电塑料出现后，人们首先将其应用在蓄电池中。美国宾夕法尼亚大学的A·G·麦克迪亚米德研究小组制成了一种全塑料蓄电池。他们将两块聚乙炔薄膜做成的电极，放在有机电解液中，实现了充电过程。该塑料蓄电池的容量比铅蓄电池大10倍。放电电流也较大，充电次数可达1000次，因而寿命较长。这种蓄电池是家用电器及电动车辆理想的电源，它轻便、释放电流快，长期使用无需维修，而且因其柔性，能随意放在任何地方，安装与使用十分方便。

同时，导电塑料更能出风头的是在开发利用太阳能领域。日本东京工业大学最先应用导电聚乙炔薄膜成功研制太阳能电池，它与目前硅薄膜太阳能电池相比有许多优点。一是若制成1微米厚的硅薄膜要30分钟左右时间，而同样厚的聚乙炔只需几分钟时间；二是聚乙炔薄膜成膜面积不受限制，还可以采用多种基板，更诱人的是导电塑料制成太阳能电池可以像地毯一样卷起来。如将它覆盖在每家每户的房顶上，就可以为人类提供廉价无污染的能源。据介绍，这种新型导电塑料使用的材料价格便宜，只及半导体硅材料的几分之一。这种以聚乙炔等为主要原料的薄膜，能将70%的太阳能转变为电能，如果加以改进，其光电转换率可增加到99%。

（1995年第6期）

漫说油品的老化

何品昌

（北京燕山石化公司）

油品的老化是个老课题了，可谓老生常谈。但犹如爱情是人类艺术中的永恒主题一样，油品老化也是一个人们不断认识、不断发展的长远主题。

过去研究油品的老化，常以纵断面为框架，从油品过去到现在，从轻质油到重质油，从简单加工如蒸馏，到深加工如裂解、催化改质等。

现在我们从横向上与人类的老化相比，就会有一个全新的感觉。人也要经历诞生、成长、老化、衰亡的过程。人类的老化叫衰老，其学说分几大类，一是"程序衰老说"：认为人体内有个生物钟，确定了人类发育、生长、成熟、衰老和死亡的规律。还有一种是游离基学说：游离基是物质分子一种为时短暂的特殊状态，有极强的反应能力，生物体内会随时出现游离基，引起一些过氧化反应，产生有害的化学基团，使细胞内的生物大分子联结成不易溶解的物质，妨碍细胞的代谢、营养的运输，造成机体的衰老。在动物试验中，

消灭游离基和使用抗氧化物质取得了延缓衰老的结果。这两种理论和石油老化理论同出一辙，完全可以用以解释油品的老化。汽油、煤油、轻重柴油和轻重质润滑油，直到沥青，它们的老化性能称为油品的氧化安定性，准确地说称为自动氧化性能，是油品最重要的使用性能之一。

无论是石油燃料或润滑油，发生氧化反应会生成大分子化合物，形成胶质、沥青质、各种沉积物。在燃料使用中沉积物会堵塞滤清器，使内燃机燃料喷嘴结焦，燃料燃烧性能变差，热效率降低，燃烧不完全，有害排放物如CO、HC、NO_x增加。同样，各种润滑油在氧化后产生酸性物质和沉积物，也会堵塞滤清器、管道，使内燃机活塞环黏结，降低润滑油的使用性能，缩短机器的使用寿命。这和过氧化物影响人类细胞新陈代谢、破坏营养运输一样。

石油产品老化性能由其组成决定，而油品的组成取决于其原油性质、加工工艺、精制手段等。各种烃类的氧化安定性截然不同，而油品中极少量的非烃类化合物，如硫化物、含氮化物和含氧化物，有时对石油的氧化安定性好坏起决定作用。

在烃类中，以烯烃安定性最差，在通过裂解工艺制取的石油燃料中，有一种共轭双烯，它的寿命只有几十分钟，很快氧化成沉积物。对不同油品，要求其化学组成不尽相同，对于石油燃料，如汽油、柴油来说，要求烯烃、芳香烃少。汽油中要求异构烷烃多多益善，柴油中则要求直链烷烃含量较高。而共同的要求和润滑油一样，要尽可能除去胶质、沥青质等各种非烃化物。润滑油还要求尽可能除去多环短侧链化合物。为此，人们开发了各种相关工艺和精制手段，如裂解、催化裂化、加氢裂化、烷基化、加氢精制、溶剂精制、白土精制等。它们的目的就是保留增加理想组分，减少或去掉非理想组分。

除了采用各种工艺方法改善油品的氧化安定性外,最广泛、最简便、最便宜的方法,是在油品中加入抗氧化安定性添加剂。

根据油品老化的机理,添加剂可采用两种类型。一是链反应中止剂,它可以提供一个活泼的氢原子,与油品氧化初期生成的活泼自由基结合生成一个稳定的化合物,使链反应终止。这方面广泛使用的屏蔽酚型抗氧化物有 2,6- 二叔丁基对甲酚,以及芳胺型和酚氨型化合物。

另外一种是过氧化物分解剂,它们能破坏油品氧化反应中生成的过氧化物,使链反应不能继续发展。这方面有润滑油中使用的 ZDDP,即二烷基二硫代磷酸锌,以及硫磷烷基酚盐等。而人类也是采用药物或其他手段去中止链反应和分解过氧化物,防止衰老的。

综上所述,油品的老化是个涵盖内容极为丰富的课题。除了石油工业外,食品、油脂、合成树脂、塑料、涂料、橡胶等诸多行业,也都有老化问题。对它们的认识,特别是从横剖面去认识,还有待深化。

(1998 年第 3 期)

人造器官与医用合成高分子材料

温书棠

(锦州石化公司)

机器坏了要修理换件,人体外伤、手术切除的器官也要进行修补和置换,这一美好愿望的实现,靠的是许多科学专家携手努力,而石化科技战线上的科技工作者,以石油为原料合成出优质高效的医用材料则是关键中的关键。

医用材料属于综合性高技术产业,人造器官是生命科学技术的重要组成部分,所用的材料当然不是一般的石化产品,用于人造器官的材料应该有以下特点:一是安全无毒。有机高分子化合物合成过程中,除了加无毒的添加剂外,在高分子聚合时残留物、催化剂等都要经过最严格的萃取,控制其纯度。二是无菌。医用材料应能承受如煮沸、药液浸泡、放射线等灭菌处理的物理和化学作用。三是加工成型性好。用于制作人体器官的材料其规格、尺寸的稳定性要求十分严格,应便于加工制造,还要好用耐久。四是化学稳定性好。用于人造器官的材料必须耐血液腐蚀,由于是埋植体内,故要求具有耐久性。五是与人体的适应性强。医用材料不应对红血球产生溶血现象,是抗血栓好的材料等等。

能够全面满足上述各类要求的材料中,以石油为原料的高分子聚合物是最理想的。因此,医用高分子材料的合成是20世纪末、21世纪初最重要的开发领域。

人造肾脏

人造肾脏的原理是利用半透膜进行血液透析(HI)和血液过滤(HF),将血液中尿素、尿酸、蛋白等排入透析液中,使血液得以净化。人造肾脏的半透膜是由纤维素衍生物或合成高分子膜制成。其孔径为10埃、膜厚为10微米、分子量为2万~3万。合成高分子膜主要成分是聚丙烯腈膜;丙烯腈—甲基丙烯酸钠(1:9)的共聚物;聚碳酸酯与丙烯醚的共聚物;乙烯—乙烯醇(33:67)共聚物等。与离子交换膜类似,可按需要制成孔径、厚度不同的系列产品供用户选择。

人造心脏

用于人造心脏的材料,要求每天能耐脉动10万次以上,要求有很高的疲劳耐久性、对生物体的适应性、不破坏血液等等特性。

合成聚乙烯可以满足上述要求,但在人体内时间长了其抗张强度下降;为解决供血问题,近年来发展了复合材料,在人造心脏内表面上用高分子黏合剂黏结少量纤维物质,与血液隔离开,或用高分子心脏壁膜贴在其内壁上。以界面材料解决溶血问题,得到了较好的效果。人造心脏瓣膜每年开关频率约5000万次,这就要求其耐久性、抗疲劳性极好,而合成硅橡胶、聚四氟乙烯等高聚物,完全可以满足上述要求。

人造血管

在临床上已被广泛使用的人造血管,它主要是用聚四氟乙烯、聚酚、聚酰胺纤维编织而成的,其中应用效果最好的是大动脉人造血管。再者可以将具溶纤活性物与高聚物结合，即将能溶解纤维蛋白的一种活性物质固定在具有高活性的乙烯—醋酸乙烯共聚物表面上，而制成抗血栓性材料。这种材料还可以用于人造瓣膜、人造肝脏、血管探针和输液管等等。

人造骨骼及其他器官

以前人们用金属不锈钢作人造骨，近年来发展的除人造生物陶瓷外，高分子有机物有，聚四氟乙烯、硅橡胶和聚乙烯，效果要优于前者。

其他人体器官如，人造肺脏，其功能主要是从肺动脉吸收氧，自肺静脉排出 CO_2，可采用透过率高的半透膜，如疏水性的高聚物硅橡胶、聚丙烯等等。用硅橡胶制作人造皮肤已处于应用阶段。通常用聚甲基丙烯酸酯、醋酸纤维素丁酯、硅橡胶等可制作人造显形眼镜，主要功能是保证角膜前的氧分压及氧的供给量。

医用黏合剂

人体的硬组织（齿、骨骼）和软组织的修补，不用肠线缝，不用钢板接，而是用黏合剂。如龋齿修补可用双酚 A（3 份）、甲基丙烯酸酯（1 份）、缩水甘油甲基丙烯酸酯（3 份），在过氧化苯甲酰引发剂作用下，用紫外光聚合而得。其修补效果颇佳。又如用于人造骨骼的黏合剂的制法是：甲基丙烯酸与甲基丙烯酸甲酯在 2∶3 情况下，通过引发剂过氧化苯甲酰聚合后用固化剂二甲基对苯胺固化，效果很好。用 α- 氰基丙烯酸酯系列、丙烯酸和丙烯酸酯共聚物、聚氨酯、甲苯二异氰酸酯和丙烯腈合成物等作为软组织如血管、皮肤、消化道等的黏结也十分有效。

（1998 年第 6 期）

色彩纷呈的合成纤维

倪峭丹

（大庆油田）

天然纤维与合成纤维

很早以前，人们就将田间种的棉花的绒毛纺成线，织成布，做成衣服。这种棉花中的绒毛就是人类发现最早、利用率最高的天然纤维。据此可以定义，所谓纤维，就是其长度比直径大许多倍并具一定柔软性的丝状物质。天然纤维，就是自然界直接生成的、无须复杂加工的柔软丝状物质。

棉花绒毛这种天然纤维与人们生活密切相关：五颜六色的衣料，舒适柔软的被、褥……因此，棉花的种植几乎遍布世界。

但是，只有棉花这种天然植物纤维显然不够，且又太单调、乏味，于是，聪明的人类又发现了可供充分利用的天然生物纤维。如草原羊群身上雪白的羊毛，可以把它剪下纺线，织衣织裤，织成毛毯等。人们也早已发现桑树上肥胖的蚕吃了桑叶后，吐出闪闪发光的长丝。人们用这种叫做"蚕丝"的天然纤维织布做衣，成色更好。天然纤维还有许多种，如麻等。但无疑以上所举是天然纤维家族中倍受人类青睐的佼佼者。

合成纤维可织成华丽的锦缎

这些天然纤维与人们生活世代相伴。但是，这些人类宠物由于受到气候和自然条件的限制，产量是有限的，它更与世界人口的飞快发展和需求不成正比，于是，聪明的人类又把探索的触角伸向了科学领域，找到了可以取而代之，甚至超然于其上的合成纤维。

合成纤维，顾名思义，即在特定的设备及工艺操作下，化学合成的纤维。煤，曾经充当过合成纤维的基础原料，但只是历史长河的一瞬间。后来，世界各国纷纷先后把视线转向了石油和天然气，因为后者经炼制后可以源源不断地输送廉价的乙烯、丙烯、苯、二甲苯、环己烷等。而这些正是化工厂吞吐消化、生产合成纤维的基础原料。因此可以说，合成纤维是伴随着近代石油炼制工业的脚步粉墨登场的。它一面世，就以多姿多彩的姿态显示出自身的优势。现在，它和合成橡胶、合成树脂一道，成了置身现代生产方式、生活方式的人们须臾不可离开的朋友。其品种和性能足使受宠已久的天然纤维自叹弗如。

合成纤维种种

合成纤维种类繁多，发展迅速。现代大工业生产合成纤维已向大型综合性联合企业发展，其自动化程度之高，让人眼花缭乱，目不暇接，其品种琳琅满目，更让人叹为观止，喜不自胜。现择其主要，简介如下：

聚酯纤维，也叫涤纶，俗称的确良。在国际市场上，更叫法不一：美国叫达可纶，英国叫特丽纶，日本叫帝特纶，苏联叫拉芙桑。涤纶是合成纤维应用最广的品种。它的学名叫聚对苯二甲酸乙二醇。是从石油里炼制出来的，它们混合经酯化和缩聚反应即得此高分子缩聚物。因为这类纤维的分子结构中含有酯基 $\begin{matrix}-C-O\\\parallel\\O\end{matrix}$ ，故通称聚酯纤维。聚酯纤维回弹率高，耐热性好，产品挺括保型，防缩又防皱，是内衣和外衣的上好布料。它的短纤维和长纤维都可以在日常生活和工业上得到利用。例如保温性良好的涤棉可做被褥，耐光性好的花布可做窗帘等家庭用品，还有工业上用于缝丝、绳索、渔网、滤布、帆布、汽车轮胎的帘子线等。涤纶如与其他纤维混纺，其产品可增加档次。

聚丙烯腈纤维，也叫腈纶。因其性质极似羊毛，所以又叫"合成羊毛"。腈纶的基本原料是丙烯腈 $CH_2=CHCN$。丙烯腈是一种高聚物的单体，它的制备，国内外都相继采用石油的副产物丙烯与氨在空气存在的条件下，以磷钼酸铋作催化剂的"丙烯氨氧化法"生产。这一方法的优点是原料丙烯来源丰富、价格低廉，且对丙烯纯度要求不高。工艺流程也比较简便。主产物是丙烯腈，与共聚单体丙烯酸甲酯等共聚生成聚丙烯腈，聚丙烯腈可以用不同的溶剂洗涤纺丝。常用的有机溶剂有二甲基甲酰胺等，常用的无机溶剂有硫氰酸钠等。经洗涤后的聚丙烯腈纤维烘干、定型、卷曲、切割、染色、纺织，便可以走进市场和家庭。它的芳名，各国叫法不一。我国叫腈纶，美国叫阿克列纶，苏联叫尼特列纶，日本叫开士米纶。现在，腈纶生产已不止在"合成羊毛"阶段，开始向更高级的衣料商品领域"合成蚕丝"的方面发展。用干法和湿法纺制的腈纶长丝具有天然蚕丝一样的手感和光泽。它不仅是飘逸的华绸锦缎的上好材料，而且成为尖端科学技术急需的耐高温纤维原料。腈纶制品触感良好，蓬松柔软，已广泛应用于军事和民用工业，例如：帐篷、炮衣迷彩、窗帘、毛毯等。除耐磨耐碱性能稍差之外，它的耐热本领仅次于聚氟乙烯，是其他天然纤维和化学纤维所不及的。丙烯腈生产过程中的副产物乙腈、氢氰酸、丙烯醛均有工业价值，但均有一定的毒素，这也是石油的多次加工产物的特点。

聚酰胺纤维，也叫锦纶，或叫尼龙，也有叫它卡普隆和耐纶的。这是世界上最先工业化生产的合成纤维品种。锦纶广泛用于衣料及生产方面。工业上也有应用且比率增高。尼龙耐磨性、弹性均好。多用于制作紧身衣、袜子、妇女用内衣、运动衣等。锦纶与其他纤维混纺，强度增加。例如，锦纶哔叽、锦纶华达呢、锦纶凡尔丁等，此外，尼龙渔网、轮胎帘子线、生产安全带等，都是锦纶所为，一些大宾馆的地毯也多用锦纶制造，需要提及的是，中国科学院长春应用化学研究所研究员刘克静女士，对新型聚酰胺（即锦纶）耐高温材料，有独到研究，曾在国际上获奖。

聚乙烯醇纤维，也叫维纶，通常叫维尼纶，这是沿袭东瀛列岛的叫法，还有叫维拉纶的，这是朝鲜的叫法。聚乙烯醇纤维在俄华辞典上的单词是维乐尔，维纶是中国的命名。维纶的外观极像棉花，故有"合成棉花"之称。天然棉花为劳动者所称道，"合成棉花"也为人们所青睐。维纶是合成纤维中吸湿性最好的，所以主要用于制成衣料和各种日用纺织品，也可做工业用布；如果用各种填料改性，作用就更大了。

聚丙烯纤维，也叫丙纶。原料是石油炼厂气和天然气，也有热裂化直馏汽油或催化裂化烯烃气体得到的丙烯，丙烯聚合即可得立体等规高聚物聚丙烯纤维。丙纶具有耐热性、耐化学药品性、耐气候性、耐磨性，电气性能佳。缺点是染色性和耐光性差。丙纶应用于工业和衣料业，可做绳索、网具、填充物、军装、工作服和帆布等。可与其他纤维混纺做衣料或袜子。在医药上做消毒纱布或外科手术衣。此外，化肥厂的包装袋、抗洪抢险用的编织袋子都可以用丙纶制造。国外丙纶有"梅克丽纶""帕纶"等学术名称。

聚氯乙烯纤维，也叫氯纶，国际上氯纶还有"岁维尔""天美纶"等称谓。氯纶是用纯聚氯乙烯纺制的纤维，我国最先在云南省试制开工投产，所以它还有"滇纶"的别称。工业上用做渔网、帆布、纱窗、绝缘布等，民用可做棉絮、毛毯等。

聚乙烯纤维，学名乙纶。是用乙烯为原料，经聚合后再纺制成的纤维。它耐化学药品性强，电绝缘性良好，耐热性差。多用做绳索、渔网、包装袋等。

聚氨酯纤维，学名氨纶。采用二异氰酸酯和低聚合度聚醚为原料生产的纤维叫聚醚型聚氨酯弹性纤维。采用二异氰酸酯和低聚合度聚酯为原料生产的纤维则叫聚酯型聚氨酯弹性纤维。氨纶弹性甚好。此外，耐酸碱、耐磨、耐溶剂性、染色性较好。主要用于弹性织物、针织品的制作，例如袜子、手套、运动衣、松紧带、紧身衣裤等。

此外，还有一些形形色色的其他合成纤维，本文就不一一介绍了，读者可在五彩斑斓合成纤维的世界海洋里，自行泛舟浏览。

（1999年第1期）

浅谈高分子功能涂料

温树棠

（锦州石化公司）

我们这里所说的高分子功能涂料，是指装饰和保护作用之外的一种特殊涂料。用这种功能高分子涂料可以快速地、经济而有效地使普通材料获得特殊功能。如把不导电的、可燃的木材涂上功能涂料，就变成了导电的、不可燃的木材；把电子良导体金属材料涂上高分子功能涂料，可以把金属变成不导电材料，又如，薄薄的一层涂料，就可以保护铝合金结构耐高温超过1000℃以上等等。

高分子涂料功能多多

可以看出：高分子功能涂料的最大特点是可以迅速而廉价地赋予某些物质以新的功能。下面谈谈这种涂料的制造与应用原理。

把具有导电性的有机物如：聚乙炔、聚吡咯、聚苯硫醚、聚苯胺等单纯聚合物添加电子给予体如Li、Na、K，或者电子接受体如I_2、Br、SbF_3等，所制得的涂料则具有良好的导电性。

在环氧树脂、丙烯酸、聚氨酯中加入导电性填料如乙炔、炭黑、石墨、金属粉或金属氧化物，则可得到新型导电涂料，其原理是：导电填料微粒子在涂层中相互紧密地接触并使电子流动的稳定状态达到了近化合的程度。

在建筑业里，有一种冬季或极地取暖房间，在墙壁上涂一层导电涂料，用36伏安全电压可以把4×4×2.8立方米房间在15分钟之内室温由5～10℃升到20℃。

有一种阻尼涂料，在环保防噪声消声方面取得了良好的效果，这种涂料可使噪声下降20～50分贝。其原理是：涂料可以将结构的振动依靠自身的形变转化为热能，从而达到减振降噪声的作用。实践证明：高分子涂料只有处于玻璃态向高弹性态转换为黏弹态时，材料才具有较高的阻尼性，在这种状态下材料兼具有贮能和耗能的双重功能，即在受外力时，高分子链被拉伸、高分子链段间产生滑移，把能量贮存起来；当外力解除后，分子链又恢复原位释放出外力做的功，转化为热量消散于周围环境中，因而达到了减振效果。如用改性沥青、橡胶、树脂等溶于有机溶剂中，加入鳞片状填料而制得的阻尼涂料应用在汽车、火车底盘上，可起到很好的防振作用。

用丙烯酸乳液为主要原料制成的阻尼涂料用在安全帽上减振效果极好。

在用普通方法难以进行的表面温度的测控上，可通过高温涂料得以很好地解决。它是由变色颜料、漆基填料及溶剂组成，高温涂料的应用特点是：测量速度快，精度高，使用方便。

阻燃剂分散在有机树脂中制得的防火漆也称阻燃涂料，其阻燃机理是：烃类有机物燃烧是自由基化学反应，而卤化物和 Sb_2O_3 都可以终止游离基反应，从而达到灭火的目的。有机物结构中只要有足够的卤素、磷、氮等元素，如卤代芳香烃（+溴联苯醚）、氯化石蜡，以及有协同作用的 Sb_2O_3 等化合物，在它们燃烧时生成的卤化物覆盖在被燃烧物的表面上，起着隔绝空气作用。

防污涂料已被广泛应用，如在防海洋生物附着船底和化工管路堵塞等方面的应用已见成效。在炼油化工企业里，应用导热、阻垢、防腐涂料在解决热交换设备管路堵塞结垢上行之有效。

此外还有防射线污染、吸收雷达波、防红外线，以及侦察用的隐身涂料等等。

随着高分子合成技术的发展，功能涂料的品种在不断地增加，功能涂料产品的应用领域在不断地扩大，在 21 世纪即将来临的时候，让我们为更多的新型功能涂料在各行各业广泛而迅速的推广应用而努力吧！

（1999 年第 3 期）

尼龙趣谈

杨克训

（独山子炼油厂）

尼龙，英文 nylon 的音译，早期译名有"尼隆""尼纶""耐纶""尼龙"等等，又称聚酰胺纤维，是石油化工家族重要成员之一。

1802 年创建于美国威尔明顿·德拉威尔小镇的杜邦公司，被尊为大分子化学之父的瓦莱斯·卡洛泽在试管中制成一种黏稠的溶液，它像溶化后的干酪，旋置在类似喷壶嘴的装置中便可抽出细丝，经冷却后韧而不断，专家们像发现新大陆似的，注意力一下子集中在这种新物质上。于是，可取代丝绸的尼龙就这样诞生了。到 1938 年，尼龙产品正式宣告问世，从此结束了人们只能用植物纤维和动物毛皮制作服装的历史。

身穿尼龙面料的女郎

尼龙！这种神奇的纤维从此成了世界性的话题，报纸把它说成是"空气、水和煤"魔术般的结合物。从 1938 年以来，它就受到美国妇女们的青睐，用那薄如蝉翼的尼龙长袜打扮秀腿，好像比什么都美。1942 年后，市场的尼龙制品开始限量、继而便绝了迹。直到 1944 年百老汇剧院响起流行歌曲《愿尼龙之花再开放》时，市场上尼龙制品才又多了。

尼龙，其坚韧不让钢铁，轻柔宛如丝绸，洗涤后转瞬即干的种种特性，真叫人不可思议。其实不仅是美国妇女，全世界女士们也都着了迷。尼龙是奇迹，而这一奇迹引起的是一场真正的革命。尼龙经历了60多年而不衰，它已无处不在；无论是飞机上，还是轮船上；无论是游泳衣，还是旅行袋；到处都可以看到它的身影。它还可以取代钢铁，制成齿轮、滑轮、各种管道等，使工业品变得更加轻巧和富有竞争力。至今，尼龙的发明者、美国杜邦公司的产品已达2000多种，使聚酰胺家族空前兴旺。

尼龙，它曾是宠儿，又曾是弃儿，它与紧随其后的聚酯、腈纶、涤纶等各种合成纤维一道，同天然纤维始终处于生死决斗之中。如今在一些人眼里，尼龙只是噼啪作响的静电；它丑陋，可燃，难登大雅之堂。还有更可怕的说法，说它能使人长疙瘩，引起灼伤、皮肤瘙痒；说穿尼龙衣服易淌汗，十足的穷酸相。真不知道还有多少人记得它曾有过的风流年华。

1941年12月7日，发生珍珠港事件，美国对日宣战。当时日本垄断着世界缫丝业。尼龙的发明，解决了美国的难题，战争又给尼龙以施展身手的机会。尼龙制成的帐篷、降落伞、蚊帐、军装、绳索、外科缝合线、加固轮胎等，源源不断运往前线，这时美国国内的尼龙袜，黑市上卖到3000～4000美元一双。战争胜利了，美国人的口号是"尼龙献给圣诞节"，人们蜂拥在商店里大肆抢购着。尼龙意味着新生活和未来，意味着人类对大自然的优势和美国人的智慧。尼龙轻柔、坚韧，不腐、不皱。杜邦公司"即洗即穿""一切现成""更好的纤维编织更好的生活"等五彩缤纷的广告充斥街头。各工业化国家都争相仿效开办尼龙厂。20世纪50年代在法国人眼里，尼龙如同口香糖、可口可乐、密纹唱片、冰箱、洗衣机一样，显示着美国神话般的发达。

尼龙制品之所以备受欢迎，还在于它不断有新产品出现。1953年弹力尼龙进入市场。1955年美国发明了涤纶，1957年腈纶问世，1960年开始向毛纺厂出售尼龙短纤维原料，从而使柔韧华丽的毛料增加了耐磨特性。1950年合成纤维仅属上流社会，而到1960年就变为极普通大众产品了。那时作家埃利萨·特里奥莱发表小说体三部曲《尼龙的时代》，标志着合成纤维进入黄金时期。科学的发展使合成纤维日臻完美，新的合成纤维服装透气性好，可以排除身上散发的潮气，它防火、抗静电、防撕、防热、防冷、免熨。合成的尖端产品有人造血管、人造关节等。从事这个行当的专家们，还在试图研制一种布料，它可以随环境的不同而改变颜色、或不断发出香气。当然，它可能不是尼龙，但它必定是尼龙的家族成员。

（2000年第4期）

未来汽车和你吃同样的油

李钟模

虽然经过近百年的市场运作，世界各主要产油国联手控制全球石油市场，使得世界油价基本上处于一个既可被买方承受又可使卖方满意的状态，但是20世纪70年代席卷全球的石油危机仍然历历在目，令人难以忘却。加之世界人口的过快膨胀，化石能源消耗过快等原因，各国科技人员一直在"居安思危"，孜孜不倦地探寻着可以替代汽油的各种丰富易得的代用品。

渊远而美好的构思

早在1900年的巴黎展览会上，德国工程师鲁道夫·狄塞尔就亮出了他用花生油给自己发明的特别引擎作燃料的新技术，到了20世纪70年代后期，美国的石油制品商们又推出了一种汽油掺加由粮食提炼出的乙醇的做法，以此节省供应紧张的纯汽油，当时，人们给这种混性燃料起了一个"叠加"的名字："汽油乙醇"。在现今的市场上仍有这种混合型燃料供应，它燃烧比纯汽油所产生的一氧化碳和其他杂气所排放的量要少得多，更有益于环境保护。

产生这种混合燃料的美国盛产玉米，这对于同样盛产粮食而且对环保要求日益苛求的欧洲来说，无疑是极具吸引力的改革性技术，美国的科研人员已经测出，植物油的大约80%可由生物降解成微小的有机分子、CO_2、水，而常规的矿物质润滑油则只能降解20%～40%。一辆汽车或一艘汽艇若改制成以烧植物油为动力来源，即使无意中将所有燃料泄漏，也绝不会像排泄常规燃料油那样对路面和湖水造成较大污染，而且，这种混合燃料也会较迅速地被微生物分解掉。

这项科研工作理所当然地也受到了广大农民的欢迎，这无疑将大大提高农产品的附加价值，为此，美国伊利诺依州的美国国家农业部农业应用研究中心的一个专题研究小组正在努力工作，力求攻下生物柴油的研制难题，他们希望生产出一种用植物油改制成的燃料油，并有朝一日用它全面代替柴油燃料而投放于卡车、舰船等交通工具中使用。

真正的环保型燃料

常规柴油的分子是由若干长度不同、结构相异的碳氢分子构成的，它们均不含氧原子。一部分碳氢分子由长链构成，而另一部分则像树杈那样呈分枝状结构。碳氢分子因其结构不同而影响着它所构成化合物的燃烧方式。

而植物油是一种脂肪酸的混合物，它包含有碳、氢、氧原子。这些脂肪酸可能是饱和的，一元不饱和的，多元不饱和的。它们在低温下依然可以基本维持其液体状态，对于车用油而言，这正是人们所希望的特性。为此，有关科研人员也将注意力的重点聚集在多元不饱和类的大豆油身上，原因就在于考虑到大豆油在黏度、易燃性等方面都基本与相应的矿物燃油的特性相似。

前面提到的生物柴油，即为一种经过改性处理的特殊植物油。化学家们在制取这种油料的过程中采用了一种称为"转酯"的工艺，把植物油转变为甲酯化合物。改性后的燃油在燃烧时既比常规原油更清洁，又比未经此项处理的植物油更少形成凝固生成物，这是令人欣喜的，因为凝固生成物若过多地附着于发动机内壁上则易造成发动机燃烧效率低下，导致动力供应不足。

总的来说，生物柴油对环保的利大于弊，它在燃烧时排出的污物很少，不会像常规柴油那样，在燃烧时会排放出各种微粒、易发挥有机化合物、CO_2、多元芳香族氢化物。尤其是，生物柴油燃烧时绝对不会放出可促成酸雨形成的氧化硫，而且也没有柴油燃烧时放出的刺激性气味。所以，开发生物柴油已成为一些发达国家中令人瞩目的科研项目。但是，生物柴油在燃烧时放出的氧化氮（一种在大气环境中促进成雾的成分）明显地高于常规柴油燃烧时的排放量，这是它对环境不利的一面。

能否大发展的关键

与其他汽油、柴油代用品相比，生物柴油的明显优点在于它可兼容工作于现有的各种类型的柴油发动机中，无需为改用它而花巨资更新设备。相比之下，虽然天然气的污染小，也可替代柴油作燃料，但由于它的燃烧特性与常规柴油的完全相异，所以它不能兼容工作于现在各型柴油发动机，而必须先花费大量的资金变更设备，而且加注天然气的方法也较为复杂。

生物柴油还存在一个重要的缺陷——它们的不饱和脂肪酸成分比常规的柴油更易于被氧化，而且它还较易于在发动机内壁上附留下黏滞物，在0℃下即开始凝结，目前科研人员已找到了一些克服这些缺点的措施，经过冷冻预处理后，将生物柴油中的微晶粒除去，然后就可以在-15℃时也能正常地点燃汽车的引擎，预先将生物柴油中的甲基棕榈酸酯、甲基酯酸等脂肪物质除去，即可保证其具有最佳的燃烧特性。

目前，美国已推出一种名为B20的生物柴油，其成分为20%的生物柴油和80%的常规柴油，这种生物柴油还可以大大提高燃油的润滑性，减少汽车引擎等运动零件的磨损率。

在欧洲各地，已有多种用从植物中提炼出的油改制成车用油的方案正在研制之中，美国北方大学的科研人员已成功地研制出一种可以替代重型机械设备液压油的植物油改性油。专家们肯定地指出，未来的汽车用油之一，很可能就是植物油，许多方案已获成功，而首要的前提条件必须是将制取它的成本价降下来。

（2002年第1期）

汽油清洁化历程漫谈

韩德奇

燃料清洁化是个渐进过程，也是社会可持续发展的需要，它随着时间的推移和客观要求的变化而变化，从汽油组分构成及其质量变化的轨迹来看，汽油的清洁化是从汽油的无铅化开始的。

由于汽车排放含铅尾气对环境的污染和对人体的毒害，世界各国的环保法律、法规首先是普遍禁铅，并根据各自的具体情况提出了禁售含铅汽油的时间表。日本1983年就实现了汽油无铅化。美国1993年全部实现无铅化，欧洲无铅化落后于日、美、东南亚和大洋洲除澳大利亚外，远远落后于欧洲，更落后于日、美。我国的发展更加滞后，直到2000年1月1日才停止生产含铅汽油，半年之后停止销售和使用含铅汽油。

硫是车用燃料首要的毒物，其次是烯烃、苯和芳香烃，尤其是多环芳香烃。这是因为含硫汽油对汽车尾气催化转化器的活性、耐久性及车载诊断系统（OBD）等有直接影响，对大气环境也会造成污染；烯烃的化学性质活泼，具有较强的光化学反应活性，蒸发排放又会造成光化学污染；芳香烃可增加发动机燃烧室沉积物，额外增加发动机工作对辛烷值的要求，其燃烧也会使尾气排放中NO_x和CO增加，并会使排放物中苯含量增加，苯是公认的致癌物，它在汽油中会由于蒸发和燃烧不完全而排入大气污染环境。总而言之，这些组分是造成汽车尾气排放有害物污染环境的源头。因而继汽油无铅化之后，世界各国清洁汽油质量的发展趋势是低硫、低苯、低芳香烃和低烯烃化。

20世纪90年代初，美国根据其清洁空气法修正案（CAAA），推行一种清洁燃料RFG（调节配方汽油），这种清洁燃料，首先作出对车用汽油化学组分含量进行限制以减少排放和改善空气质量的规定，从而引发了汽油组分的优化问题，并引导了全球汽油清洁化的发展。在此不能不提出两个重量级"人物"：含氧物和清净剂。

在汽油中便用MTBE（甲基叔丁基醚）作为含氧物组分，从而显著地减轻了汽车排放所造成的空气污染。可是后来人们发现MTBE有水溶性高、可生物降解性差、能迅速迁移至饮用水中危害人体健康的问题（认为有致癌的危险），于是，美国又立法禁止添加MTBE，并已波及全世界，现决定用乙醇和增加烷基化油来替代MTBE。

在汽油中添加清净剂，可有效运用汽油清净剂的独特功能，使汽油成为不产生胶质、积炭且可以随时清净积炭的真正的清洁型燃料，汽油清净剂是具有清净、分散、抗氧、破乳、防锈性能的多功能复合添加剂。汽油清净剂一般含清净剂主剂、携带剂及其他功能剂。清净剂主剂的世界主流产品是聚异丁烯胺，约占国外市场的70%，汽油清净剂发展已经历几个阶段，解决化油器沉积物的为第一代，解决燃油喷嘴沉积物的为第二代，解决进气阀沉积物的为第三代，解决燃烧室沉积物的为第四代。从1997年7月1日开始，美国要求销售的汽油中必须加入清净剂。据悉，日本目前80%的车用汽油使用汽油清净剂，欧美的19个国家则普遍使用汽油清净剂，目前加入清净剂的汽油在北美占90%，德国占90%，其他欧盟国家占50%~60%。

20世纪90年代是我国国民经济发展较快的时期，在这一时期，对汽油的需要量越来越大，炼油工业通过大力发展催化裂化，使得汽油池中催化裂化汽油比例大幅度增加、汽油池的平均辛烷值也不断提高。同时，由于汽车保有量的大幅度增加，汽车尾气排放导致的环境污染也日益引起国家的重视，为了降低有害物排放及适应汽车加装催化转化器的需要，我国在用近40年完成了车用汽油由低标号到高标号的进程后，从 1991 年开始了车用汽油无铅化的进程。这一进程的标志是在 1991 年，参照英国 BS7070—1988《车用无铅汽油》标准，制定了我国第一个石化行业无铅汽油标准 SHOO41—91《车用无铅汽油》。国家技术监督局于 1999 年 12 月发布了 GB 17930—1999《车用无铅汽油》新标准，该标准规定车用汽油的质量：一要求无铅；二要求添加汽油清净剂；三要求严格限制其中的有害成分。

国外发达国家车用汽油实现无铅化都经历一个过程，例如美国于 1968 年启动车用汽油无铅化进程，汽车开始安装尾气净化装置，1972 年提出限制使用四乙基铅，1974 年开始供应无铅汽油，到 1987 年无铅汽油的比例为 28%，1990 年达到 96%，1993 年基本上达到无铅化，1996 年 1 月 1 日起，全美国禁止销售含铅汽油，全过程历时 29 年。

我国 1991 年启动车用汽油无铅化进程，汽油池中铅含量开始逐年降低，与此同时，低标号汽油逐渐减少，高标号汽油逐渐上升，我国所以能做到在车用汽油铅含量下降的同时，辛烷值还有提高，和这期间汽油池中催化裂化汽油比例的不断增加分不开，从 1993 年至 1997 年中国石化总公司车用汽油调和组分的构成可以看出，与直馏汽油的比例从 19.7% 下降到 6.6% 形成对照的是，催化裂化汽油的比例从 71.9% 上升到了 82.4%。

"成也萧何，败也萧何"。在我国完成车用汽油无铅化进程后，我国汽油组成中催化裂化汽油所占比例过高，给我国车用汽油清洁化提出了挑战。众所周知，降低汽油中的硫含量和烯烃含量是生产清洁汽油的关键，而成品汽油中硫的 90%～95% 来源于催化裂化汽油，汽油中的烯烃主要来自催化裂化汽油组分。因此，降低成品汽油中硫含量和烯烃含量主要是降低催化裂化汽油的硫含量和烯烃含量。另一方面，我国现有的汽油生产技术主要是满足生产高辛烷值汽油及汽油无铅化的要求，而且大多数是通过提高汽油中的烯烃含量来增加汽油辛烷值，我国汽油中烯烃含量平均高达 30%～40%，特别是其中还含有少量的二烯烃，易导致使用中在汽车燃油系统的喷嘴和进气处产生积炭和结焦，从而造成发动机工况变差，尾气排放恶化。

对此，目前可采取的措施主要有：改进催化裂化工艺、完善后续加工手段、有计划调整催化裂化、加氢裂化、烷基化、异构化等装置的结构，采用新技术进行技术改造，提高技术水平。但措施的实施都需要一定的时间，而且需要大量投资。因此，随着环保法规、汽车排放标准的日趋严格，我国汽油清洁化任重而道远。

（2005 年第 1 期）

塑料传奇

杨克训

现在，塑料的身影随处可见：方便袋、垃圾袋、塑料布、塑料薄膜、塑料鞋、工具用具、饮料瓶、机电产品的机身及零部件、建筑材料、保温材料、包装材料……甚至连协和飞机的机头也是用塑料制造的。塑料有许多名字：莱克拉、特氟隆、聚苯乙烯、聚丙烯、乙烯、有机玻璃、赛璐珞、涤纶、化纤、尼龙等。

塑料有一部辉煌的历史。塑料可能是许多笑话嘲笑的对象，但是，这种偶然诞生于19世纪50年代实验室中的合成材料，是现代科学领域出现的名副其实的奇迹，是渗透到人们生活中方方面面的一项技术进步。尽管有人说它是"最糟糕的发明"，是"造成环境污染的大敌"，可要想找出塑料的替代品还真不容易。

塑料的传奇故事，首先是一部创新故事。它说明一项科学突破如何在几十年时间里逐渐得到改进和完善，转变为成千上万种可靠的容易制造的商业产品。这个过程成为经济发展的标志。塑料的发展可以追溯到19世纪中叶，当时英国人为了满足蓬勃发展的纺织业的需要，化学家们把不同的化学物质混合到一起，希望制造出漂白剂和染色剂。化学家们特别钟情于煤焦油，这是以天然气作燃料的工厂烟囱中凝结的乳状废弃物。

首先，伦敦皇家研究所的威廉·亨利·珀金是开展此项目实验的人员之一。一天，珀金在擦抹泼洒到板凳上的化学工业试剂时发现，抹布被染成了当时很少见的淡紫色。这个偶然发现使珀金进入了染色行业，后来成为百万富翁。尽管珀金的发现不是塑料，但这次偶然发现具有重要意义，因为它表明可以通过控制天然有机材料的办法，得到人造化合物。

继珀金之后，另一位英国人亚历山大·帕克斯把氯仿与蓖麻油混合到一起，得到一种像动物茸角一样坚硬的物质，这就是世界上第一种人造塑料。发明人希望用这种物质取代由于种植、收割、加工费昂贵而无法广泛应用的橡胶。

铁匠出身的纽约人约翰·韦斯利·海厄特试图用人造材料制造台球，取代用象牙制造的台球，尽管未能实现，但他发现把樟脑与一定量溶剂混合到一起，就能得到一种加热后可以改变形状的材料。海厄特给这种材料起名为赛璐珞，这种新型材料具有用机器和非技术工人大规模生产的特性。它为电影业带来了一种坚固而又富有弹性，能够把影像投射到墙上的透明材料。赛璐珞还促进了家用唱片业、摄影业的发展。该发明使海厄特成为大富豪。

1907年，比利时青年移民莱奥·贝克兰在美国发明了酚醛塑料。这种材料取得了极大成功。用酚醛材料制造的产品有电话机、绝缘导线、纽扣、飞机螺旋桨，还用它制成了质量极好的台球。派克钢笔公司用酚醛塑料制造出多种自来水笔，为了证明酚醛塑料的牢固性，该公司向公众做了公开演示，把笔从高层建筑物上抛下，完好无损。《时代》杂志为此专门在该刊封面刊发一篇文章，介绍酚醛塑料的发明人及这种可以"使用上千次的材料"。

1938年，美国杜邦公司发明了一种新的物质，取名尼龙。这种坚硬不让钢铁、轻柔宛若绸丝、洗涤后转瞬即干的种种特性，叫人不可思议。尼龙在军事领域得到了广泛应用，降落伞、防弹衣、背包带等军用品都是尼龙制造的。妇女们是尼龙的热心使用者，1940年5月15日，美国妇女把杜邦公司生产的500万双尼龙袜抢购一空。尼龙袜供不应求，一些商人以丝绸袜冒充尼龙袜。但尼龙的发明人卡罗瑟斯却服用了氰化物而自杀身亡，成为悲剧。《塑料》一书的作者说："我读了死者日记，印象是：卡罗瑟斯对于自己发明的材料被用来生产供女人穿的尼龙袜子，感到非常沮丧，他是一位学者，这让他感到受不了。"

在美国杜邦公司陶醉于自己的产品受到人们广泛喜爱的同时，英国人在战争时期发现了塑料在军事领域的新用途，这一发现也是在偶然之中取得的；英国皇家化学工业实验室的科学家们，在开展一项与此毫无关系的实验过程中，发现试管的底部，有一种白色的蜡的沉淀物，经过化验，发现这种物质是极好的绝缘材料，它的特性和玻璃不一样，雷达波能从中穿过，科学家们称之为聚乙烯。用它建造的雷达站不但遮风挡雨，还使雷达在阴雨和浓雾迷蒙的条件下，仍能捕捉到敌方飞行物的踪影。

塑料史学会的威廉森说："有两个因素推动着塑料的发明不断向前，一个因素是赚钱的欲望，另一个因素是战争。"然而，是随后的几十年才真正成为"合成材料世纪"的标志，20世纪50年代出现了用塑料制成的食品容器、水罐、肥皂盒等生活用品，20世纪60年代出现了可以充气的椅子，20世纪70年代，由于环保主义者指出塑料不能自行降解，人们对塑料制品的热情下降了。但是，到了20世纪80年代和20世纪90年代，由于汽车和计算机制造业对塑料的巨大需求，塑料进一步巩固了自己的地位，想要否认这种无处不在的平凡物质简直是不可能的。20世纪50年代世界上每年只能生产几万吨塑料，如今，全世界每年塑料的产能超过1亿吨，市场上好像还是供不应求。

具有新奇特性的塑料仍在不断地被发现，塑料史学会的权威人士说："设计师和发明家们新千年中使用的首选材料仍将是塑料。没有任何家族的材料像塑料一样，能让设计师和发明家们以非常低廉的价格完成自己的发明创造。"

（2005年第3期）

油品知识漫谈——汽油篇

董仕宝　胡利明

汽油的分类

汽油，无色至淡黄色的易流动、易挥发液体，具有特殊的气味，不溶于水，易溶于苯、二硫化碳等，主要是由 C_4～C_{10} 各族烃类组成，是引擎的一种重要燃料，是用量最大的轻质石油产品之一。

根据制造过程，汽油可分为直馏汽油、热裂化汽油、催化裂化汽油、重整汽油、焦化汽油、叠合汽油、加氢裂化汽油、裂解汽油和烷基化汽油、合成汽油等。

根据用途，汽油可分为溶剂汽油、航空汽油和车用汽油等三大类。溶剂汽油主要用于橡胶、油漆、油脂、香料、制革、印刷、颜料及机械零部件的清洗去污等。航空汽油主要用于航空活塞式发动机，由于活塞式飞机逐渐被淘汰，它的使用范围也随之缩小，全世界航空汽油的用量只占航空燃料的0.1%。车用汽油主要用于高压缩比的汽化器式汽油发动机上，它按研究法辛烷值分为90号、93号、97号三个牌号（标号）。由于车用汽油用途最广、用量最大，因此，本文以车用汽油为重点，阐述汽油的有关知识。

汽油的质量指标

车用汽油具有优良的抗爆性、燃烧性和较好的安定性，能使发动机运转平稳、燃烧完全、积炭少，并且在贮运和使用过程中不易出现早期氧化变质，对发动机部件及储油容器无腐蚀性。评价汽油质量最常用的指标是辛烷值、实际胶质和闪点。

（1）辛烷值。辛烷值是表示汽油抗爆性的指标，它是汽油最重要的质量指标。我国车用汽油的标号采用研究法测定的数值，分为90号，93号和97号。93号汽油表示它的辛烷值不低于93%，依此类推，发动机根据压缩比的不同应选用不同标号的汽油，这在每辆车的使用手册上都会标明。当加入的汽油标号过低时，会产生爆震、发动机功率下降、车子无力等现象。一些车友存在一种误区，就是把汽油的标号看成是油品纯净度和质量的标准。实际上，油品标号越高，辛烷值也就越高，也就表示汽油的抗爆性能越好，但标号高不代表它就越干净。

（2）实际胶质。实际胶质是评定汽油安定性、判断汽油在发动机中生成胶质的倾向、判断汽油能否使用和能否继续储存的重要指标。国家标准规定，每100毫升汽油实际胶质不得大于5毫克。当加入的汽油实际胶质过高时，会在燃烧过程中产生胶质、积炭，从而损坏发动机，严重时冷热车均发生异响，怠速抖动，动力严重不足，甚至发动机无法启动。

（3）闪点。闪点是表示汽油蒸发和安全性能的指标。闪点过低，则说明汽油中混有少许轻质油，将会导致发动机工作不稳定，并将对汽油贮存、运输、使用，以及发生交通事故后的安全性带来极大的安全隐患，因此国家标准严格规定闪点值不小于55℃。

汽油的使用

（1）选用原则。

汽油的质量好坏和标号高低直接影响到发动机的正常运转和使用寿命。首先，应到正规加油站加注高品质汽油。有的车主粗心大意，将劣质汽油加入了油箱，引起一系列后患。劣质汽油含硫量高，杂质多，与优质汽油相比，燃烧效率低、油耗高，并且易造成发动机积炭，甚至腐蚀机件。劣质汽油中的水分和杂质还会造成油表不准、汽车动力性能下降、冷车不易启动等现象，还会缩短汽油泵使用寿命，严重的甚至会造成发动机损坏。

其次，根据发动机压缩比合理选择汽油标号。压缩比就是汽缸内活塞的最大行程容积与最小行程容积的比值，也等于整个活塞的运动行程上止点和下止点在不同行程位置的容积比值。例如压缩比为10的发动机就是将可燃混合气压缩为原来体积的1/10。一般来说，在发动机的其他设计不变的情况下，压缩比越高的车功率越大，效率越高，燃油经济性方面也会好一些。压缩比在7.0～8.0的发动机，选用90号车用汽油；压缩比在8.0～9.5之间的中档轿车一般应使用93号汽油；压缩比大于9.5的轿车应使用97号汽油。目前国产轿车的压缩比一般都在9以上，最好使用93号或97号汽油。高压缩比的发动机如果选用低标号汽油，会使汽缸温度剧升，汽油燃烧不完全，机器强烈振动，从而使输出功率下降，机件受损。低压缩比的发动机用高标号油，就会出现"滞燃"现象，即压到了头它还不到自燃点，一样会出现燃烧不完全现象，对发动机也没什么好处。

（2）安全常识。

汽油在贮存、装卸和使用中都要注意保持燃料的洁净性，防止机械杂质（尘土、砂粒等）和水分落入燃料中。车辆加油时要采取措施尽量避免雨雪和沙尘落入油箱。混入汽油中的水分和杂质将会腐蚀机件、堵塞燃油滤清器，最终使发动机抛锚。

汽油对人体具有一定的毒性，空气中汽油的浓度应不超过0.1毫克/升，否则能引起人员的慢性中毒，因此，在接触汽油蒸汽的场所应注意通风良好，防止汽油蒸汽浓度过大。不得用汽油洗手、擦洗衣服，以防汽油损害人的皮肤和呼吸系统。严禁用嘴吮吸胶管进行加油。

汽油具有易蒸发、易着火的特性，甚至接触微小的火星也能引燃，在-30～540℃的温度范围内汽油都能迅速燃烧。因此，储存汽油的容器应保持密封，防止油气挥发，使用汽油的场所，应严禁使用明火，防铁器碰撞起火，并应对相关设备进行跨接和接地以防静电起火。同时，在相应的地方配备足够的灭火器等消防器材以便及时灭火。

（3）特情处置。

① 汽油标号不相符时。在特殊情况下不能保证供应与压缩比相匹配的汽油标号时，也可用较高或较低辛烷值的汽油代用。为了防止爆震和有效地发挥汽油的潜力，可根据不同情况适当调整发动机的点火提前角。如规定用高标号的车辆改用低标号汽油，应将点火提前角适当减小，以减小爆震倾向；反之，适量增大。

② 高原地区汽油的使用。高原地区空气稀薄，大气压力低，海拔每升高1000米，大气压力降低9.33千帕，由于发动机吸入空气量下降，压缩压力降低，使用低标号汽油也不易产生爆震。实践证明，每升高或降低1000米，点火提前角可增大或减小2～3度。

③ "气阻"的处理方法。夏季高温或高海拔地区汽车容易发生"气阻"，应加强发动机的散热，特别是输油管道和油泵要采取隔热措施。在"气阻"严重时可往泵上喷冷水来暂时解决，如仍无效，则应换用蒸发性小、蒸汽压低的汽油。

（4）节油方法。

汽油是汽车的动力源泉，是宝贵的资源，应采取各种方法予以节约。

① 定期清洗保养汽车。汽油在使用过程中产生的胶质、积炭沉积在喷嘴、进气阀和燃烧室等部位，使汽车加速性变差、油耗增加，因此，应定期清洗燃油系统或定期使用汽油清洁剂。

② 养成良好的驾驶习惯。驾驶时，合理的档位配合合理的车速，才会省油。杜绝高档低速、低挡高速的驾驶习惯，避免不必要的急加速、急刹车等操作。

③ 减小载荷，恒定胎压。每增加一点重量都会增加油耗，因此必须定时检查行李箱，避免携带不必要的负载。轮胎气压也和燃油消耗有关，胎压过低会使油耗增加，胎压过高则影响行车安全，因此应始终保持轮胎压力正确。

汽油的发展趋势

目前，全国各大中城市的机动车保有量急剧增长，这些机动车向空气中排放了大量的有害气体。据统计，在大城市，70%的碳氢化合物（HC），60%的一氧化碳（CO），40%的氮氧化物（NO_x）和30%的颗粒污染物都是汽车排放的。这些有害气体严重污染了城市的环境，直接威胁到人类健康。因此，解决机动车环境污染问题已成为当前的一项主要任务。改进发动机中油品的燃烧过程，以及对汽车尾气进行净化是一个方面，而真正要从源头上解决问题，必须使用清洁汽油燃料。随着清洁汽油的升级换代，清洁汽油的规格指标越来越严，硫、烯烃、苯、芳香烃的含量都要大幅度降低，硫含量更是首要考虑，要求生产销售超低硫汽油（硫含量小于50微克/克），甚至是无硫汽油（硫含量小于10微克/克）。我国汽油标准中各项指标与欧洲汽油质量标准大致相同。我国汽油质量在2005年已经基本达到欧Ⅱ（国Ⅱ）标准，供应北京的汽油执行国Ⅲ标准。2007年底，北京汽油执行国Ⅳ标准，硫含量不大于50微克/克，烯烃含量不大于25%。2010年1月1日，全国汽油将执行国Ⅲ标准。

另外，随着我国国民经济的发展，社会对石油的需求量逐年增加，石油供应形势日趋紧张，开发和利用乙醇汽油和甲醇汽油等能源替代产品成为当前缓解石油供需矛盾的一种重要方式。燃料乙醇和普通汽油按一定比例混配形成车用乙醇汽油。燃料乙醇原料丰富、环保效益好，应用前景广阔。制取燃料乙醇的原料主要是粮食（如玉米、小麦等）或甘蔗、甜菜、薯类（木薯、甘薯等）等，未来可能应用秸秆（草木秸秆）等纤维素类生物质。燃料乙醇是一种高辛烷值的汽油调和组分，加之乙醇氧含量高（35%），从而使乙醇汽油燃烧更完全，可以显著降低汽车尾气中有害物质的排放量。按照我国的国家标准，乙醇汽油是用90%的普通汽油与10%的燃料乙醇调和而成，这种配方的乙醇汽油对汽车的影响很轻微，无须对发动机进行改造即可直接应用。高比例乙醇汽油（如E85乙醇汽油）应用于汽车，需要对汽车上相关部件做特殊处理，如换用耐腐蚀的金属和橡塑材料或者进行表面处理等，同时加油站的相关设备也需进行处理。制取甲醇的原料主要是天然气和煤炭，国内以煤炭为主，甲醇汽油的调配及使用性能与乙醇汽油基本相同。

（2009年第3期）

油品知识漫谈——柴油篇

胡利明　董仕宝

柴油的分类及用途

柴油，无色，淡黄色或浅棕色的液体，稍透明，是复杂的烃类混合物，碳原子数为 10~22，热值为 3.3×10^7 焦/千克。柴油主要由原油蒸馏、催化裂化、加氢裂化、焦化等过程生产的柴油馏分调配而成，也可由页岩油加工和煤液化制取。

根据密度的不同，对石油及其加工产品，习惯上对沸点或沸点范围低的称为轻柴油，相反称为重柴油。柴油分为轻柴油（沸点范围 180~370℃）和重柴油（沸点范围 350~410℃）两大类。柴油的凝点是指油品在规定条件下冷却至丧失流动性时的最高温度。按凝点分级，轻柴油分为 10 号、5 号、0 号、-10 号、-20 号、-35 号、-50 号等牌号，重柴油分为 10 号、20 号、30 号等牌号。轻柴油按其质量又可分为优等品、一等品和合格品 3 个等级。选用柴油时，应尽量选用优等品或一等品。

柴油的性能要求

轻柴油一般用于高速柴油机，为保证柴油机能够正常启动、平稳运转、延长使用寿命及降低排放污染，轻柴油应具有下列性能。

（1）良好的低温流动性。

为使柴油机在低温条件下能可靠工作，其使用的柴油应具有良好的低温流动性。柴油的低温流动性可用柴油的凝点和冷滤点来评定。一般选用柴油的凝点低于环境温度 3~5℃，因此，随季节和地区的变化，需使用不同牌号，即不同凝点的柴油。在实际使用中，柴油在低温下会析出结晶体，晶体大到一定程度就会堵塞滤网，这时的温度称作冷滤点。与凝点相比，它更能反映实际使用性能。一般柴油的冷滤点比其凝点高 4~6℃，因而冷滤点是选择轻柴油低温流动性的依据。在柴油中加入很低浓度（1‰以下）的降凝剂也可大大改善柴油的低温流动性，而且加剂方法灵活、简便。

（2）良好的发火性。

高速柴油机要求柴油喷入燃烧室后迅速与空气形成均匀的混合气，并立即自动着火燃烧，因此要求燃料易于自燃。从燃料开始喷入气缸到开始着火的间隔时间称为滞燃期或着火落后期。燃料的自燃点（在空气存在下能自动着火的温度）低，则滞燃期短，即着火性能好。一般以十六烷值作为评价柴油自燃性的指标。十六烷值高的柴油容易起动，燃烧均匀，输出功率大；十六烷值低，则着火慢，工作不稳定，容易发生爆震。一般用于高、中速柴油机的轻柴油，其十六烷值以 40~55 为宜；低速柴油机用的重柴油的十六烷值可低到 35 以下。当十六烷值高于 65 时，会由于滞燃期太短，燃料未及时与空气均匀混合即着火自燃，以致燃烧不完全，部分烃类热分解而产生游离碳粒，随废气排出，造成发动机冒黑烟及油耗增大，功率下降。加添加剂可提高柴油的十六烷值，常用的添加剂有硝酸戊酯或己酯。

（3）适当的蒸发性。

柴油的蒸发性对柴油机的正常燃烧具有重要的影响。蒸发性好，混合气形成的质量就高，容易完全燃烧，油耗低、排污少，但蒸发性太好，则会使全部柴油迅速燃烧，缸内压力升高剧烈，发动机工作容易粗暴。因此，柴油应具有适当的蒸发性。柴油的蒸发性可用馏程和闪点来评定。比如，50%馏出温度即柴油馏出50%的温度，此温度越低，柴油的蒸发性越好。国家标准规定此温度不得高于300℃，但没有规定最低温度。为了控制柴油的蒸发性不致过强，国家标准另外规定了轻柴油的闪点应大于45℃。

（4）良好的安定性。

柴油的安定性是指柴油在贮存、运输和使用过程中保持颜色、组分和使用性能不变的能力。如果柴油的安定性不好，则易生成胶质，产生不溶性沉淀，堵塞油路、喷嘴。因此，为保证柴油机的正常工作，柴油应具有良好的安定性。柴油的安定性可用色度、氧化安定性等来评定。

（5）适当的黏度。

黏度是液体流动时内摩擦力的量度。如黏度过大，则流动阻力过大，流动性差，容易导致供油中断，同时还使雾化变差，蒸发速度缓慢，使混合气形成不好，影响发动机正常工作。如黏度过低则密封性变差，喷油泵柱塞在供油行程中，泄漏量大，有效供油量减少，同时还使润滑性能不良，加剧喷油泵柱塞偶件的磨损。因此，柴油应具有适当的黏度，我国轻柴油20℃时的运动黏度多控制在2.5～8.0平方毫米/秒之间。

（6）无腐蚀性。

柴油的腐蚀性可用硫含量、硫醇硫含量、酸度、铜片腐蚀及水溶性酸或碱等指标来评定。柴油中的硫燃烧后的生成物不仅对发动机具有强烈的腐蚀性，还严重污染环境。

（7）良好的清洁性。

柴油的清洁性可用灰分、水分和机械杂质等指标来评定。灰分是指在规定条件下，柴油被炭化后的残留物经煅烧所剩余的不燃物，以质量分数表示。柴油中的水分是造成汽缸壁与活塞环及喷油泵柱塞偶件磨损的重要原因之一。柴油中的水分会降低柴油发热量，冬季结冰堵塞油路，增加硫化物对零件的腐蚀作用。机械杂质会造成供油系统偶件的卡死，滤清器，喷油器喷嘴的堵塞。

柴油的使用

（1）牌号的选择。

应根据不同气温、地区和季节，选用不同牌号的轻柴油。由于冷滤点能作为柴油实际使用的最低温度，因而可根据当地月风险率为10%的最低气温（该月中最低气温低于该值的概率为0.1），对照柴油的冷滤点选用柴油牌号。但由于柴油牌号是根据凝点划分的，实际选择时，往往比较方便的是将最低气温直接与凝点温度相比，确定柴油牌号。通常，柴油的凝点比冷滤点低4～6℃，因此，选用的柴油凝点应比当地风险率为10%的最低气温低4～6℃。据此，各牌号轻柴油适用的范围如下：

① 10号轻柴油适用于有预热设备的高速柴油机；
② 5号轻柴油适用于月风险率为10%的最低气温在8℃以上的地区使用；
③ 0号轻柴油适用于月风险率为10%的最低气温在4℃以上的地区使用；
④ 10号轻柴油适用于月风险率为10%的最低气温在-5℃以上的地区使用；
⑤ 20号轻柴油适用于月风险率为10%的最低气温在-14℃以上的地区使用；
⑥ 35号轻柴油适用于月风险率为10%的最低气温在-29℃以上的地区使用；
⑦ 50号轻柴油适用于月风险率为10%的最低气温在-44℃以上的地区使用。

（2）使用注意事项。

① 使用柴油时，应在满足使用条件的前提下，尽量选用高凝点的柴油，确保使用的经济性，以充分利用资源，并节约费用。

② 柴油必须清洁，含水分和机械杂质越少越好。柴油在使用前应充分沉淀、过滤，以排除水分和杂质，一般不应少于48小时。在加油时还应保持加油工具的清洁。柴油滤清器、油箱要按时清洗，发现滤芯和密封圈破损及时更换。只有这样才能保护柴油机正常运行，确保机器技术状态处于最佳，使用寿命得以延长。

③ 不同牌号的柴油，由于它们的质量指标除凝点外基本相同，所以可以在适合季节用油的情况下掺兑使用。但应注意掺兑后的凝点不是两种牌号柴油的平均值，要比两者平均值稍高一些。掺兑时应注意搅拌均匀。在冬季缺乏低凝点柴油时，也可在0号柴油里掺入40%的裂化煤油（航空煤油），可获得－10号柴油。

④ 在寒冷的冬季，最好将柴油汽车停放在避风的室内或车棚内，以防止环境温度太低导致柴油凝结而不能发动。如果由于低温导致车辆无法启动，那可能是由于柴油凝结不能流动的原因，采取的措施是将车辆推到温暖的环境，比如太阳下面，将引擎盖打开晒太阳。使用安全防火的方法，缓慢加热油箱和燃油管道。

柴油的发展趋势

为了控制柴油燃烧后产生的废气对环境造成的污染，选用高质量的低硫柴油成为人们的必然选择。柴油中的硫能明显增加颗粒物（PM）的排放，而PM对人的健康影响大。硫含量高（S含量大于0.05%）使尾气氧化催化剂中毒失效，起不到净化作用，尾气刺鼻难闻。硫还会侵蚀和损坏发动机喷射系统，缩短发动机使用寿命。因此，硫含量越低越好。有关专家介绍，现代清洁柴油发动机要求柴油的硫含量低于15微克/克（百万分之十五），而我国的柴油技术与发达国家相比还有一些差距，尤其是含硫量高出国际先进水平许多。我国目前在售的柴油硫含量有的高达1000微克/克。因此，无论从人员安全和健康角度，还是从延长发动机的使用寿命、避免尾气氧化催化剂中毒角度，都应采用低硫柴油，北京市率先普及了欧Ⅲ排放标准的清洁柴油。

另外，为了摆脱对石化型能源的依赖，生物柴油成了近年来迅速发展的一种新兴替代能源。生物柴油是优质的石化柴油替代品，被称为"绿色柴油"。它是以大豆和油菜籽等油料作物、油棕和黄连木等油料林木果实、工程微藻等油料水生植物，以及动物油脂、废餐饮油等为原料制成的液体燃料。和普通柴油相比，生物柴油具有优良的环保性能，燃烧时排烟较少，硫化物排放可减少70%；从原料来源看，它又可再生；生物柴油的运输、存储和使用更加安全，不属于易燃易爆危险品。另外，将生物柴油和一定比例的普通柴油调和使用，可以降低油耗，提高动力性能，柴油机应用时不需作任何改动或更换零件，其润滑性也比较好，可以延长发动机使用寿命。生物柴油目前在全球大范围得到了迅速发展，欧洲的生物柴油份额已占成品油市场的5%以上，美国现已推广使用B20号生物柴油（20%生物柴油和80%普通柴油混合），国内的生物柴油产业也得到了一定的发展。从国内外生物柴油发展状况看，虽然目前生物柴油的售价尚偏高，从经济的角度来看，以生物柴油完全取代石油柴油在短期内是难以实行的，但无论从环保还是性能来讲，生物柴油的优势都高于后者，因此生产生物柴油将成为一项蓬勃发展的产业。

（2009年第4期）

科技点亮蜡烛——蜡烛用蜡

韩德奇

大约在公元前 3 世纪出现的蜜蜡可能是今日所见蜡烛的雏形。在西方，有一段时期，寺院中都养蜂，用来自制蜜蜡，这主要是因为天主教认为蜜蜡是处女受胎的象征，所以便把蜜蜡视为纯洁之光，供奉在教堂的祭坛上。从现存文献看，蜜蜡在我国产生的时间大致与西方相同，日本是在奈良时代（710—784 年）从我国传入这种蜡烛的。与现代蜡烛相比，古代蜡烛有许多不足之处。唐代诗人李商隐有"何当共剪西窗烛"的诗句。诗人为什么要剪烛呢？当时蜡烛烛心是用棉线搓成的，直立在火焰的中心，由于无法烧尽而炭化，所以必须不时地用剪刀将残留的烛心末端剪掉，这无疑是一件麻烦的事。1820 年，法国人强巴歇列发明了三根棉线编成的烛心，使烛心燃烧时自然松开，末端正好翘到火焰外侧，因而可以完全燃烧。制作蜡烛的原料后来扩展到有许多缺点的动物油脂，使这样的蜡烛还有待进一步完善，解决这一难题的是舍夫勒尔等人。1809 年 6 月至 7 月间，法国科学家舍夫勒尔收到一家纺织厂的来信，请他分析、确定他们寄来的一个软皂样品的成分。他拿着这封信思索了很长时间，心想：要研究肥皂，看来还得从原料油脂入手，在仪器设备非常简单、朴素的学校实验室，他研究了皂化过程中需要使用的各种油脂，经过大量实验，他第一次发现了这样的事实：在一切油脂中，不论其来源如何，脂肪酸的含量均占 95%，其余的 5% 则是皂化过程中生成的甘油。通过研究他搞清了皂化过程的本质，同时他还有一项重大的发现：当时用油脂做成的蜡烛，由于里面有甘油，燃烧时火焰带烟，气味难闻；若改用硬脂酸做成蜡烛，燃烧时不仅火焰明亮，而且几乎没有黑烟，不污染空气，舍夫勒尔把他的发现告诉盖·吕萨克，并建议两人共同研究如何具体解决这个问题，他们用强碱把油脂皂化，再把得到的肥皂用盐酸分解，取出硬脂酸。这是一种白色物质，手摸着有油腻感，用它制成的蜡烛质地很软，价钱更加便宜。1825 年，舍夫勒尔和盖·吕萨克获得了生产石蜡硬脂蜡烛的专利。石蜡硬脂蜡烛的出现，在人类照明史上开创了一个新时代。后来，有人在北美洲发现了大油田，于是可从石油中提炼出大量的石蜡，较理想的蜡烛因此在全球得到了普及推广。

今天，蜡烛的照明功能早已被取代，但在节日、各种宗教、艺术装饰场合，仍能看见摇曳的烛光。随着经济的发展、人们生活水平的提高，对蜡烛提出了许多新的使用性能要求，所以国内外均投入大量人力物力进行研究，相继开发出很多新产品，拓宽了蜡烛的应用领域。

水晶蜡（固体透明蜡）

水晶蜡即固体透明蜡。水晶蜡有 2 种，一种是有弹性水晶蜡，一种是无弹性水晶蜡。无弹性水晶蜡又分为软质无弹性水晶蜡和硬质无弹性水晶蜡。

固体透明蜡烛具有晶莹透明、无色无味、无毒无害的特点。加工方便，熔化后可调香、调色，可获得色彩艳丽、气味馨香的固体透明蜡烛产品。该产品生产的蜡烛可完全燃烧，燃烧时无烟尘，燃烧过程和熄灭时无异味。本产品主要性能指标如下：

颜色：白色透明；凝点：大于 80℃；闪点：大于 180℃（实测 246℃）；机械杂质：无。

结 晶 蜡

本产品特点是，产品结晶较粗大，当用于制备蜡烛时可以使蜡烛产生类似岩石般的效果，因此，本产品是制备石头蜡烛的优良原料。结晶蜡主要性能指标为：外观颜色：白色固体；熔点：58～68℃；结晶性能：结晶粗大。

果 冻 蜡

本产品晶莹透明、无色、无毒、无害、富有弹性和特殊香味，为果冻状。加工方便，熔化后可调香、调色，同玻璃器皿结合造型，可创意出多种工艺品及节日用品，可获得色彩艳丽、气味馨香的蜡烛产品、礼品、工艺品，房屋内香膏等产品。该产品生产的蜡烛可完全燃烧，燃烧时无烟尘，燃烧过程和熄灭时无异味。

白 玉 石 蜡

本产品外观类似白玉，可以制备白玉石蜡烛。

蜡烛添加剂

蜡烛添加剂主要有聚乙烯蜡、聚丙烯蜡、聚异丁烯、高熔点蜡、EVA、SBS 等。但是这些添加剂熔点普遍较高、黏度较大，与染料香精互溶性欠佳。某科研单位研制成功并投放市场上的蜡烛添加剂 VYBAR 是一种性能优良的蜡烛添加剂，VYBAR 添加剂具有消除蜡烛雪花斑点、减缓香精释放速度使蜡烛香味持久、增加蜡烛表面光洁度、硬度等优点，因此，VYBAR 添加剂在蜡烛行业得到了广泛应用，其主要性能指标为：外观颜色：白色固体；熔点：58～62℃；机械杂质：无；含油量：小于 1%。

目前，蜡烛行业竞争非常残酷，但是这从一个侧面也证明了蜡烛行业商机诱人。我国为蜡烛成品出口大国，生产厂家近千家，产品主要为手工艺制品。各厂家均投入大量精力为占领庞大的美国 200 多亿人民币蜡烛市场而努力工作。但是中国蜡烛商品索赔案也时有发生，前不久一蜡烛厂生产的果冻蜡烛由于使用原料不当，导致蜡烛点燃后整体燃烧，造成中国厂商赔偿 50 多万人民币。因此，蜡烛行业要求蜡烛原料需要符合特定要求。

对于蜡烛厂商，在选购原料时一定要把握如下几点：（1）要求原料为纯净的碳氢化合物；（2）不含重金属离子；（3）不含氮、硫等化学元素；（4）不含稠环芳香烃；（5）配料的熔点合理，不产生漫燃。

对石油蜡进行改性可以使石油蜡各种宏观及微观技术指标发生显著变化，从而提高石油蜡的使用性能，以满足用户苛刻的要求，因此扩大了石油蜡的应用领域。目前，对石油蜡进行改性采用的手段有物理方法和化学方法。其中石油蜡物理改性剂主要有树脂、无机材料、功能添加剂、蜡类、油类等。目前以物理改性方法开发的蜡烛新产品有很多，且有几种日化领域用蜡已展现出良好的应用前景。

（2009 年第 4 期）

油品知识漫谈——喷气燃料篇

董仕宝　胡利明

(徐州空军学院航空油料物资系)

喷气燃料,即喷气发动机燃料,又称航空涡轮燃料,是一种轻质石油产品,主要由原油蒸馏的煤油馏分经精制加工,有时还加入添加剂制得,也可由原油基馏的重质馏分油经加氢裂化生产,广泛用于各种喷气式飞机。

喷气燃料的分类及用途

按生产方法,喷气燃料分为直馏产品和二次加工产品,二者的组分基本相同,后者性能不如前者稳定;按馏分的宽窄、轻重,喷气燃料分为煤油型、宽馏分型和大密度型;国外又从民用和军用的角度,分为民用喷气燃料和军用喷气燃料,而我国是军、民通用。

煤油型喷气燃料主要包括1号、2号和3号喷气燃料,1号喷气燃料的结晶点不高于-60℃,通常在严寒区冬季使用。由于我国原油多为石蜡基,生产结晶点不高于-60℃的喷气燃料非常困难,因此,1号喷气燃料的产量未占主导地位,最多时也未超过总量的15%。2号及3号喷气燃料标准推广后,1号喷气燃料已很少生产。2号喷气燃料结晶点不高于-50℃,闪点不低于28℃,曾是我国大量使用的一种喷气燃料,可在国内一般地区常年使用。随着国际交往和民航事业的发展,喷气燃料作为全球性产品,要求其产品标准具有国际通用性,而2号喷气燃料不适应国际标准要求,国内现已停止生产。3号喷气燃料是20世纪70年代末为适应国际通航和出口而开始研制,80年代初得到完善并投入大量生产的产品,目前广泛用于出口、民航飞机和军用飞机,技术标准与美国JetA-1航空涡轮燃料相同。

宽馏分型喷气燃料主要是指4号喷气燃料。4号喷气燃料采用天然原油或其他馏分油制得,产品虽已通过全部试验鉴定程序和试用,但未正式生产使用,而是作为特殊情况下的应急备用燃料。

大密度型喷气燃料主要包括5号和6号喷气燃料。5号喷气燃料又称为高闪点喷气燃料,与美国JP-5类似,主要适用于舰载飞机和直升机。为适应我国军用飞机的特殊需要,研发了6号喷气燃料,它加工成本很高,不能作为常规喷气燃料使用,产量也不多。

喷气燃料的性能要求

由于喷气式飞机的飞行速度快、升限高、高空气温极低，而飞机燃料系统构造精密、要求工作可靠，因此，对喷气燃料的质量提出了以下性能要求。

（1）适当的蒸发性。

喷气燃料应含有适当的轻质馏分，以保证燃油—空气混合气在地面严寒和高空低温条件下易于点燃和发动机迅速启动。但蒸发性又不宜过高，以免在高空飞行时供油系统发生气阻使供油中断而引起事故，以及在储存、运输和高空飞行时燃油蒸发损失太大。

（2）良好的安定性。

喷气燃料在贮存和使用过程中，应性质稳定，不易氧化变质而生成胶质或沉淀。特别是在超音速飞机中使用的燃料，应具有良好的热安定性，不易产生沉淀物，堵塞油滤。

（3）无腐蚀性。

喷气燃料及其燃烧产物应不腐蚀发动机燃料系统的各个部件，以保证发动机长期可靠地工作。

（4）良好的低温性。

喷气燃料应保证在地面和高空低温条件下，能在发动机燃料系统中顺利流动和泵输，不析出大量的烃结晶或冰晶堵塞过滤器。

（5）洁净性。

喷气燃料应当清洁，尽量不含机械杂质和水分，以防止堵塞油路、磨损供油部件，影响燃油安定性和对机件的腐蚀性。

（6）较高的热值。

喷气燃料应具有较高的热值，保证飞机有较大的活动半径。

喷气燃料使用管理

为确保喷气燃料质量合格、保证飞行安全，应做好喷气燃料储存和加注设施设备的清洁管理，充分发挥各级过滤器的滤除功能，实施严格的检查化验制度，构筑完备的质量保证体系。

（1）接收入库。

① 确保油罐和管线洁净。机场油库存放喷气燃料的油罐和输油管线必须专用，同管线的罐组，若必须盛装不同种类、牌号的喷气燃料时，必须先将管线冲洗干净。油罐必须清洁无渗漏，罐盖垫圈及透气阀完好，螺栓齐全紧固，罐内壁耐油涂层完好。风沙雨雪天气接收喷气燃料时，要采取防护措施，防止水分杂质进入喷气燃料。

② 发挥过滤器的滤除功能。为保证喷气燃料的清洁，通常要用到预过滤器和二级过滤分离器等。一般80~200目的预过滤器安装在喷气燃料过滤分离器的上游，能大幅度地降低颗粒污染物的浓度，可有效延长下游过滤分离器的使用寿命。二级过滤分离器的作用是过滤喷气燃料中的水分和杂质，确保加注飞机的燃料质量。目前我国的二级过滤分离器按性能分为A、B、C三级。在机场油库喷气燃料储存罐入口处，宜设置预过滤器和A级过滤分离器。

③ 按规定的期限和项目完成入库化验。喷气燃料入库后，国产喷气燃料必须在10天内按规定的化验项目完成入库化验。连续接收同一喷气燃料时，可以在最后一批喷气燃料入库后的10天内完成入库化验。进口喷气燃料，必须在7天内完成入库化验，通常按照我国与进口喷气燃料相对应的试验方法进行，以进口喷气燃料产品标准判断合格与否。

（2）储存管理。

① 按相关要求完成储存化验。喷气燃料储存中的化验，应按照规定的化验项目和期限进行，并建立库存喷气燃料质量档案。打开油罐口检查、测量、取样前，要把罐口周围擦干净，防止外界杂质混入。喷气燃料油罐，容量在500立方米（含）以上的按每个罐取样化验，容量在500立方米以下的按批次取样化验。要按要求开展油液监控工作，要按时进行检查、监测，发现颗粒污染度、金属含量、水含量超标，以及油液透明度下降、变色、气味异常等现象，要及时通知有关部门，共同分析处理。

② 及时检查和清洗油罐。油罐的清洗，按照定期和实际需要相结合的原则进行。喷气燃料储存中，每月检查一次底部喷气燃料质量，排除水分杂质，如排放沉淀后喷气燃料中仍有水分杂质，必须提前清洗。新建或者改造后的油罐装油前、油罐换装喷气燃料品种前和油罐内部焊修后装油前必须进行清洗。

（3）加注使用。

① 飞机使用的喷气燃料必须经过静置沉降和过滤。喷气燃料在储存罐中的沉降时间不得少于4个小时。在寒区的冬季，喷气燃料应当加入防冰添加剂或者经过24小时以上冷冻处理。飞行前，下雨、下雪和气温急剧变化时，或者飞机长时间停放后，应当从飞机主油箱、低压油滤等最低处排放水分杂质。在直接向飞机供油的中继罐、气压罐入口处，应设置B级过滤分离器；在管道加油系统加油口设置C级过滤分离器；加油枪应安装200目金属过滤网，平时应罩上防尘套。

② 目视检查待使用的喷气燃料并留样备查。在飞机飞行的前一天，应检查待使用的喷气燃料是否在化验有效期内，如果超期不得使用。经排放沉淀后，取样检查，燃料应当清澈透明，无水分杂质，填写喷气燃料质量证明书并准备好洁净的1000毫升留样瓶备用。正式飞行当日，应排除过滤器内的沉淀物，冲洗加油胶管，从加油口和过滤器底部取油样目视检查，燃料应当清澈透明，无水分杂质。从加油口（采用压力加油的从过滤器放油检查口）留取1000毫升油样，由机务人员铅封，待飞行结束后处理。

喷气燃料的发展

（1）生物型喷气燃料。

一方面，全球民用航空事业及军队用户对喷气燃料的需求量急剧增长，另一方面，石油供应形势日趋紧张，石油燃料燃烧对环境造成的破坏日益严重，在这种情况下，促使人们去寻找新型的可再生的喷气燃料。在这方面，美军走在全世界的前列。美国国防部目前正致力于将芥菜、海藻、废弃动物脂肪，以及许多其他有机物质转化为喷气燃料的研究项目。如果该项目成功，那么既可以降低成本，又可以减少对石化型燃料的依赖。

（2）高密度喷气燃料。

飞机的油箱体积有限，从喷气燃料角度来看，要增加飞机航程，方法之一是增加喷气燃料的密度。燃料的密度取决于分子的大小和分子类型，大分子组分低温性能较差，须加以限制，选择合适分子结构成为提高喷气燃料密度的唯一途径。通过比较分析，选择环烷烃比较合适，这是因为它的密度大于烷烃，低温性能良好，而且属于饱和烃。芳香烃密度虽然比较高，但燃烧性能差，也须控制含量。因此，以环烷烃作为主要组分成为研究高密度喷气燃料的首选，俄罗斯、美国研究的高密度喷气燃料（如JP-8+X）都是以环烷烃为主要成分的喷气燃料，环烷烃含量一般超过60%（质量分数）。

（3）高超音速喷气燃料。

高超音速是未来航空武器装备发展的趋势之一。空天飞机、高超音速巡航导弹等，都要求喷气燃料在高超音速条件下使用。例如，空天飞机在大气层飞行时，需要使用常规的航空发动机，消耗常规的航空燃料，只有在大气层外飞行时才使用航天发动机，消耗航天燃料。航空发动机的任务是把空天飞机送到 30 千米外空间，飞行马赫（Ma）数达 6 左右。

飞机在空气中高超音速飞行时，蒙皮及油箱的温度将远高于亚音速飞行，高超音速燃油要比现有常规燃油承受更高的工作温度，燃油不仅要具备良好的热安定性，而且，从飞机整体效益看，还必须是一种良好的冷却剂，因而还必须具备相应的吸热能力。

（4）新型喷气燃料添加剂。

近年来，已经成功地利用向喷气燃料添加少量有效添加剂的办法来提高喷气燃料的质量，改善使用性能。例如，通过加入防冰添加剂来避免喷气燃料在低温下生成冰晶；通过加入抗腐蚀添加剂来防止喷气燃料对发动机零部件的腐蚀；加入防微生物添加剂，用于抑制喷气燃料内微生物的繁衍，防止飞机油箱发生腐蚀和污染等。

根据喷气燃料在发动机中可靠工作的需求，以及在特殊条件下工作的需要，开发各种新型添加剂，是喷气燃料的发展方向之一：为解决发动机燃烧室及燃油喷嘴积炭问题而开发防积炭添加剂；为适应高超音速飞行时的高温环境条件，开发抗热氧化添加剂，防止燃油在高温下产生沉淀物；为改善喷气燃料的多种性能而开发多功能添加剂等。此外，还有一些特殊用途的特种添加剂，例如，一些先进军用飞机的第二动力装置（用于启动、辅助发电、应急提供电能与液压能）使用"煤油 + 液氧"或"煤油 + 过氧化氢"双组元燃料，在特种添加剂作用下两种燃料接触后能自动燃烧，高温燃气驱动涡轮做功，产生机械能。

（2009 年第 6 期）

城市家用燃气：选择管道气还是瓶装气

王 勇 杨印臣

城市家用燃气有两种方式：管道气和瓶装气，在两种供应方式都成立的情况下，你会选择哪种？这是困扰城乡接合部，以及部分旧城区（尤其是城中村）住户的难题。这里的住户以往在使用瓶装气，现在要不要开通管道气，二者比较利弊如何，人们往往不清楚。

瓶装气通常为液化石油气，管道气则包括液化石油气和天然气两种。天然气具有比液化石油气更多的优点，但其钢瓶极少用于家用，本文抛开气质差异，仅就液化石油气钢瓶和液化石油气管道做一个介绍和比较。

瓶装气和管道气的发展史

1895年美国人开始从石油加工业中获得液化石油气，并于1902年开始灌瓶供应，此后许多欧洲国家相继使用。在亚洲，日本从1952年起开始采用液化石油气为家庭生活的主要燃料，到1965年，鉴于都市近郊用户骤增，开始采用集中气化——管道供气方式，由于其供应简便、迅速、安全、经济，广受好评，逐渐普及。1962年，液化气钢瓶引入香港，为进一步发展高层住户的安全供气服务，从1972年开始，在一些人口集中的生活小区开发了管道气供应服务——小区中央管道供气系统。

1965年，中国第一座液化石油气灌装厂在北京西郊建成投产，开始向北京市民供应瓶装气。广东茂名石油化工公司炼油厂在1976年开始向广东部分城市居民供应。1978年广州石油化工总厂建成投产，广东居民瓶装液化石油气供应开始普及。1979年深圳建市之初，香港商人纷纷来深圳投资设厂，提供瓶装气服务，接着参照香港经验，深圳市液化石油气公司（深圳市燃气集团前身之一）开始向高层楼宇住户提供管道供气服务，开创小区集中供气的先河，后经不断联网，形成覆盖全特区的世界上最大的液化气供应管网（现已整体转化为天然气管网）。

由于历史原因，国内城市燃气起步大都采用人工管道煤气，多数集中在省会及大城市。液化气钢瓶分装容易，供应灵活，方便推广，大大加快了中小城镇的气化水平。

液化石油气钢瓶和液化石油气管道特点比较

安全性：（1）管道气比瓶装气压力低很多，入户压力通常不到0.1兆帕，减压阀前管内径15毫米，长度按0.5米计，气体能量约1千焦（若楼栋集中减压，则仅为3焦）；而钢瓶里压力为0.5兆帕，两个钢瓶贮气量按一满一半计，气体能量约1000000千焦。万一发生爆燃，后者的破坏性是前者的一百万倍。（2）管道气有多道控制阀，瓶装气只有顶部一个阀门。若发生泄漏着火，管道气可以避开现场，在安全地方去关掉它；瓶装气只能冒危险冲到钢瓶边去关闭开关。（3）管道气可以集中管理，许多楼栋管理处都实现了电脑控制，检测到漏气可以自动切断系统；而钢瓶是不可能的。（4）管道气设施由燃气企业定期安全检查，负责维修；瓶装气的钢瓶来源复杂，维修责任通常难以落实，超期服役的钢瓶无异于炸弹。

经济性：（1）管道气按使用量结算，没有额外摊销。瓶装气存在不同程度的残液，尤其在冬季，残液数量相当多。此外家用瓶装气允许存在±0.5千克的灌装误差，实际操作中负偏差居多，有些黑钢瓶更是缺斤少两。（2）管道气质量恒定，可使能量利用最大化。瓶装气质量波动，难以保持燃具工作在最佳点，有些黑钢瓶掺杂使假，加入二甲醚，会腐蚀密封件，风险极大。（3）管道气不占空间，只一条管道连通燃具。瓶装气的钢瓶置身于寸土寸金的厨房里，至少要占据半个平方米。（4）管道气价格稳定，受物价部门监控，不随市场价格波动。瓶装气价格起伏多变，近期更是不断攀高。

另外，管道气供应稳定，而瓶装气常常在你急需时，很快停火，如果你不幸未及时将备用钢瓶充满的话，只能无可奈何地看着锅里的菜，或被迫改洗冷水浴。

当然，瓶装气有方便灵活的优点，在管道没有铺设到住户前，或者一些零散的远离管道住户，使用瓶装气就成为唯一选择，此时应选择大型燃气企业。深圳市燃气集团的钢瓶在灌装前都要进行残液抽空，并按照国家规定进行安全检测，同时其灌装不会缺斤短两，质量更有保证。然而一旦具备使用管道气的条件，还是要尽快转换。尤其在管道气质为天然气的城市，其安全性和经济性比液化石油气钢瓶好得多。

制约瓶装气向管道气转化的症结及解决

那么，影响瓶装气向管道气转化的难点在哪里，应该如何解决呢？

（1）由于管道供气前期投资较高，燃气企业往往会收取开户费（类似电信企业的电话开户费），这在很大程度上影响了居民使用管道气的积极性，现在深圳已经取消了该项收费，内地许多城市也正在取消。实际上管道供气具有很强的公益性，应在燃气企业挖掘自身潜力的同时，政府给予一定的财物和政策扶持，而不应将管道建设成本摊销给用户。用户只需按政府物价部门核准的单价，承担实际用气的费用。

（2）对于城乡接合部，尤其是旧城区（尤其是城中村）住户，房屋原本没有燃气管道，随着城区的扩展，燃气管道是后期铺入的。这里多数房子处于出租状态，房东和租户都存在怕麻烦心理，不愿办理开户手续，继续使用瓶装气。

针对此种情况，燃气企业要加强宣传，使用户了解管道气安全性和经济性的优势。实际上，在租户享受管道气安全性和经济性的同时，开户也会给房东带来提升房屋价值的好处。

（2009 年第 6 期）

石油的替代品——生物燃油

高 峰

汽车里的燃油可以种植出来,你是不是觉得有些不可思议?其实,现在已经有一些汽车甚至飞机都用上了种植出来的燃油,这种油被称为"生物燃油"。而且,生长生物燃油的种植物是一度被认为是污染物的藻类。美国一些研究人员认为,在城市里大规模种植藻类,生产生物燃油,可以降低城市对石油的依赖程度,并有效保护城市环境。

其实,从原理上看,所有生物都可以成为燃料,因为生物中含碳。但是一般的动植物需要燃烧发电才能被利用,而有些植物可以榨出能被直接使用的燃油,因此发展生物燃料的重点是发展生物燃油。

科学家近年来发现,人们所讨厌的藻类植物也是一种重要的产油原料。这些藻类分布在海洋、江河、湖泊中,甚至在气候变暖的形势下大规模暴发,一度导致一些水域出现"水华"——"绿色"污染。

藻类是最原始的生物之一,主要生长在水里,具有光合效率高、生长周期短、速度快的特点。它们的体型大小各异,小至长1微米的单细胞的鞭毛藻,大至长达60米的大型褐藻。藻类按大小通常分为大藻(海带、紫菜等)和微藻(蓝藻、绿藻等),其中用于制备生物燃油的是微藻。研究人员发现,藻类是一种含油量很高的植物,其产油量是玉米、柳枝稷等生物燃料植物的15倍。尽管如此,大部分藻类的产油量不超过自身重量的10%,能源厂商因此觉得藻类燃油的生产成本有些高,他们希望能够有产油量更高的藻类,一种方法是寻找天然的产油量高的油藻,另外一种方法是借助转基因工程获得油藻。

美国埃克森美孚石油公司于2009年7月宣布投资6亿美元,目标是培育出一些产油量高的转基因藻类,与之合作的朱尔生物技术公司宣称已经培育出转基因油藻,但是他们尚未透露任何专利细节。据一些研究人员推测,朱尔生物技术公司很可能是将花生、油菜籽产油量高的一类植物的产油基因转移到一些藻类中,培育出产油量高的转基因油藻。转基因油藻的产油量将超过自重的40%,而且它们不会像转基因农作物那样引起人们的反对和抗议,因为毕竟它是一种燃料,而不是食物。与一般植物相比,藻类还有生长快速的特点,有些藻类一天内的重量就可增加数倍。

研究人员表示,如果转基因油藻真的培育成功,就可以推广到城市种植。那时,人人都可以在家"种植汽油",人们可以在自家的花园、阳台或屋顶种植转基因油藻,收获之后送到生物燃油公司换汽油。由于城市的土地十分金贵,不可能专门开辟一些土地来种植油藻,藻类生长并不需要土壤,只需要水、二氧化碳和充足的阳光就可以了,城市的建筑表面就成了很好的种植地。美国还有一家公司正在研制"油藻培育系统",这种装置的主体是一些可以安装在建筑物表面的玻璃容器,其中还有一些监控藻类生长的设备,从换苗到收割都可以自动完成。

培育油藻的好处不只是为能源领域提供燃油,还有其他一些环保功能。首先,油藻也是发展低碳经济的重要内容,油藻的生长需要吸收二氧化碳等温室气体,燃烧后释放二氧化碳,其碳释放量和吸收量在理论上可以相互抵消。其次,油藻的生长对水质没有特殊要求,并不会浪费居民生活用水,甚至可以用污水处理池来养油藻。越是污水中油藻生长得越好,它们可以有效地吸收污水中的有机营养物质,而这些物质正是让城市污水发臭的原因。另外,在城市的建筑表面培育油藻,可以吸收相当多的阳光,让城市越来越热的夏天变得相对凉爽一些。

我们相信,藻类很快将成为城市绿色能源中的重要成员。

(2011年第2期)

空中加油——液体燃料的高难度输送

董仕宝　胡利明

空中加油指利用空中加油飞机给飞行中的飞机加注液体燃料。为了延长飞机的留空时间和飞行半径，1921年美国就有人进行了大胆的空中加油实验。在第二次世界大战中美国、英国两国曾在大西洋上空为轰炸机实施空中加油。第二次世界大战后，美国、英国两国认识到了空中加油在军事上的重要性，大力研制、生产空中加油机。在20世纪五六十年代，空中加油得到了广泛应用，特别是在近几次高技术局部战争中，空中加油技术充分展示了其在现代战争中的重要地位与作用。

空中加油的作用与意义

1. 加大航程和作战半径

战斗机由于受起飞地点和载油量的限制，常常为其要完成的任务而深感"腿短"，能力有限，靠增加载油量来增加航程是很有限的，而且往往会因此影响飞机性能的发挥。通过采用空中加油技术，在适当的时机从空中给飞行中的飞机加入一定数量的燃料，就能有效克服这一矛盾。一般情况下，进行一次空中加油，轰炸机的作战半径可增加25%～30%，战斗机的作战半径可增加30%～40%，运输机的航程可增加一倍。大型民用客运飞机如波音747、空客-380等，由于载油量大且无需做一些高难度的战术动作，所以一般情况下在规定的航程内，不需要补充燃料，即使航程较远需要补充燃料时，客运飞机也可以在相应的民用机场进行补充，以便续航。

2. 增加载弹或运货量

由于受到最大起飞重量的限制，执行远程作战或运输任务的飞机要多载燃油就得少载弹或少运货。采用空中加油技术，建立"空中加油站"，就可以采取先少加油，多载弹或装货起飞，然后再进行一次或多次空中加油，从而最大限度提高飞机利用率，大大增强轰炸机的火力。通过空中加油，轰炸机、战斗轰炸机的兵器装载量和续航距离可以大幅度提高，小型轰炸机就能够拥有和大型轰炸机同样的能力，一架飞机甚至能完成两架不借助空中加油的轰炸机的任务。当前通过空中加油增大战略轰炸机和战斗轰炸机的载弹量，已成为常用的方法。

3. 延长留空时间

飞机留空时间是反映飞机作战性能的一项重要指标，对担负空中作战任务的飞机极为重要，飞机留空时间的长短，与飞机供油量直接联系，通常情况下飞机的载油量就决定了飞机的留空时间。采用空中加油后，只要飞行员体力允许，飞机就能实现长时间飞行。对作战飞机而言，延长留空时间，就能增加参战率，还可减少因返回机场加油而被敌方摧毁于地面的危险性。

4. 利于机动兵力

拥有一定数量的加油机，能大大增强航空兵部队的机动性，减少飞机拥有量。军事评论家把空中加油技术称为"提高飞机作战能力的关键"，美国军用标准规定："所有新飞机都应具备空中加油的能力或具有供安装空中加油设备的空间和结构措施。"美国空军现有的加油机，可保障其拥有的战略轰炸机同时出海作战，为"全球到达"战略提供了可靠保证。俄罗斯军队有加油机约120架，可用于支援轰炸机和战斗机实施洲际间机动和作战。

5. 救援飞机

实施空中加油，可以使因故障或中弹而失去燃油的飞机，或因其他原因不能供油的飞机顺利回到机场。越南战争中，美国空军的空中加油机就挽救了1000多架飞机，从而荣获了"救命机"的美称。

6. 改善飞机起飞、着陆性能

由于采用空中加油，作战飞机去掉了副油箱，减少了自身重量，从而能在较短跑道上起降，大大改善了起飞、着陆性能和空中机动性。

空中加油关键技术设备

对于飞机的空中加油，依据加油飞机所采用的加油设备是软管—锥套式还是伸缩套管式，分为软管式加油系统和硬管式加油系统，其中，根据软管式加油设备的不同，又分为软管式加油平台和加油吊舱。

1. 软管式加油装备

软管式空中加油，用的是软管—锥套加油设备，其供油设备是由末端带有锥形套管的输油软管（一般为12～30米）和压力供油机构等组成，受油机的受油机构是安装在机头或机翼上的一个固定或收放式受油管，加油时，由飞行员操纵加油机抛出加油软管，受油机从其后下方接近，稍加速，使受油头插入输油软管锥套，顶开加油活门，开始加油。加油速度一般为1000～3000升/分，加够油时，受油机减速，加油接头脱开，这种装置结构简单，操作方便，不需要专人操作，装拆方便，可固定于飞机机舱内或机翼下。一架飞机可以安装1～3套，最多可同时为3架飞机加油，但其输油流量较小，一般用于为歼击机、强击机加油。当前多数国家的加油机采用软管加油方式。

2. 硬管式加油装备

硬管式空中加油，用的是伸缩套管加油设备，伸缩套管和拉杆天线类似，由主管和套管组成，伸缩范围通常为3.8～17米。加油时，由一名专职加油操作员用升降索放下伸缩管，待受油机到其后下方适当位置后，控制加油管的伸缩，插入受油机的受油口，自动锁定后，开始加油。加油速度一般为3000～6500升/分。伸缩套管式加油设备在一架飞机上只能安装一套，因此，每次只能为一架飞机加油。由于采用金属输油管，燃油流动阻力小，加油压力高，因而加油速度快，每分钟可加油6500升。伸缩套管式加油设备的优点是加油速度快，稳定性好。缺点是需要专职加油操作员和操作舱，每次只能为一架飞机加油，加油机与受油机配合难度大。目前美国空军的KC-135和KC-10A就是使用此系统，主要用于对轰炸机、运输机等大型飞机加油。

空中加油组织实施程序

空中加油分会合、对接、加油、解散四个阶段，加油机、受油机的战术协同配合极为复杂，被形象地称为"空中芭蕾"。

1. 会合阶段

会合是加油过程的第一个阶段，除加油机与受油机从同一机场起飞，编成一个编队，空中加油时不用会合外，大多数情况下，加油机与受油机必须按预定时间和地点进行会合，然后才能进行加油。会合是根据指挥所（空中或地面）指挥或协同计划进行的。首先，加油机与受油机沟通联络，互相通报各自的位置、行航向、飞行高度、速度。其次，在接近战区附近，也可不通报这些信息，但必须沟通联络，以便加油机和受油机了解对方的大致方位和距离，利于进行会合，一般来说，由于加油机、受油机双方起飞机场不同，飞行航线不同，加油机、受油机在会合前的状态、位置不同，可视情况采用相对平行法或准时到位法进行会合，为对接创造条件。

2. 对接阶段

对接是实施空中加油的关键，不仅关系到能否顺利进行空中加油，而且关系到空中安全。空中加油时发生的事故大多是在这一阶段，所以，对接还需要飞行员具有高超的技术和沉着冷静的心态。对接阶段始于会合之后，当受油机与加油机会合成功后，受油机报告进入对接，经加油机飞行员允许，方可开始行动。对接时，受油机由正常编队位置逐渐靠近加油机，先缩小间隔，再缩小距离，然后调整高度差。这个过程可以分为几个小阶段进行，先由正常编队队形过渡到 10×10 的队形（间隔、距离均为 10 米），再过渡到 5×5 的队形，最后向加油机靠近，根据加油员的指挥，保持好飞行状态，或进行适当修正，完成对接工作。一旦受油头插入锥套，或加油杆插入受油口中，就能自动锁定，对接过程随之完成。若此时速度差过大，危及安全，锁定装置会自动开锁，以便受油机能安全脱离。

3. 加油阶段

对接成功后，加油系统根据电控信号，自动接通油路，加油机上的燃油即通过油泵装置对受油机进行压力加油。加油过程中受油机的飞行员主要精力是保持飞行状态，使加油机、受油机之间的间隔、距离、高度差保持不变，相对运动速度为零。这些完全依靠飞行员直观的感觉和判断进行，机载仪表设备的指示信息只能作为参考。

4. 解散阶段

加油完毕，加油机给出信号，受油机根据加油机的指挥进行脱离。解散阶段，受油机飞行员主要应做好观察，特别是加油空域内等待加油的飞机较多时，应严格按协同规定的动作去做，先观察后行动，避免与准备加油的飞机相撞。加油机也可以根据情况适当地给予指挥。

空中加油技术发展趋势

1. 提高加油机的加油能力

为提高新一代加油机的加油能力，美国正在研制运载量更大、耗油率更经济的加油机（或改装符合要求的运输机），以增强供油能力；采用加油速率更高的油泵，提高加油效率；加油设备多点化，增加同时受油的飞机架数，提高空中加油的灵活性，麦道公司研制的 MD-11 型加油机能进行翼下吊舱加油，也能实现硬管加油，可同时为三架小型飞机加油。

2. 提高自动化程度

为提高空中加油的效能、安全性和稳定性，在对接和加油阶段提高自动化程度，实现自动对接和自动化燃料控制。最新式的KDC-10加油机，装有空中遥控加油操作系统（RAPO），能通过三维操作显示器提供监控加油的三维图像，飞行员在驾驶舱内就能操纵控制系统完成加油，而且使用了立体远红外摄像系统，该系统能提供比目视观察更好的夜/暗视分辨能力。

3. 加油机多用途化

相对其他飞机而言，大型加油机造价高昂，但因用途单一，平时使用强度很低，为提高使用效益，应兼备运输功能。美国空军机动司令部成立后，加油机部队成为空运系统的组成部分，空中加油机的使用效益更加受到重视。随着美军越来越多的海外基地被关闭，KC-10经常在参与行动时，除完成伴随加油任务外，同时还运输人员和设备。因其货运能力较强，用作运输机，经济效益也不逊于运输机。

4. 增强加油机的自卫能力

现有的加油机既无火力系统，又无预警装置，毫无自卫能力，战时极易遭到敌方攻击，美空军在历次战争中都注意到加油机易受攻击的问题，也一直把加油机的自卫能力作为重要研究课题。海湾战场上为确保加油机的安全，主要依靠三种方式：一是根据飞行前情报的准确性，选择安全的加油空域；二是由战斗机为加油机护航；三是由空中预警机向加油机通报险情。目前，美国空军对加油机自卫能力的改进设想是，给加油机装备卫星数据传输系统和联合战术信息发布系统，为飞行员提供全面的空中形势情报。

5. 实现无人机自主空中加油

随着无人机自主空中加油技术和无人机自主着舰技术为代表的一批无人机自主化关键技术不断地被攻破，智能化程度更高的无人机必将和有人驾驶飞机一起成为未来现代化战争的主角。除了实现使用有人驾驶加油机为无人机空中加油外，实现无人机和无人机之间的伙伴式自主空中加油（AAR），也已经成为目前无人机自主化和智能化研究领域的一个热点。该技术可以成倍地提升无人机的作战效能和作战机动性。因此，美国军方和多家研究机构正致力于AAR技术的实用化研究，并取得了阶段性研究成果。

（2011年第4期）

天然气与我们的衣食住行

林燕红 于 静

目前天然气行业正处于快速发展时期，2013年我国天然气消费量为1676亿立方米，相当于2003年消费量339亿立方米的5倍。随着中亚、中缅天然气管道的开通，东部沿海多个LNG接收站的建成，煤制气、煤层气、页岩气等非常规气源的开发，我国逐步实现天然气资源多元化；随着燃气电厂的发展和化工原料的调整，我国天然气用气结构日趋合理；随着国内陕京线系统、西气东输系统管道的建设和基干天然管道的初步形成，天然气供气范围逐步扩大，人口气化率逐年增加。

天然气作为清洁能源深受人的青睐，与我们的衣食住行息息相关，带给人类洁净的环境和高品质的生活。

衣

衣服面料：从20世纪80年代流行的"的确良"，到当下流行的"抓绒"，从冬天的毛衣，到夏天的短袖。标签上所写的涤纶、腈纶、锦纶、莱卡、莫代尔等面料，都属于由天然气或石油生产的合成纤维。据统计，全球每10件衣服，就有7件是由合成纤维为原料生产的，人均一生要"穿"掉约1000立方米天然气。另外，五彩缤纷的染料和清洗衣服用的洗衣粉、洗涤液、衣领净、柔软剂等日用品都可由天然气加工配制而成。

燃气干衣机：如果说生产合成纤维是天然气利用的传统领域，那么家用燃气干衣机则是天然气消费的新兴市场。燃气干衣机的工作原理是利用燃气燃烧产生热量烘干衣物，在发达国家已使用了二十多年，特别是欧美发达国家，家庭使用燃气干衣机的普及率高达70%左右，但在国内还是一个崭新产品。与电干衣机相比，燃气干衣机具有经济、快速、卫生、环保和衣物烘干蓬松柔顺等优点。按一次烘干5千克衣服计算，电干衣机需消耗9度电合4.5元，而燃气干衣机只需消耗0.27立方米天然气合0.9元。

食

煮饭：民以食为天，远古人类需钻木取火才能吃上熟食，而我们只需要扭动燃气灶的开关。与以前我们使用的人工煤气和液化石油气相比，天然气具有热值高、操作方便等优点。目前，我国已不同程度地利用了天然气，气化人口约3亿人。每人每天用气量按0.15立方米计算，我国煮饭所需天然气约165亿立方米/年。

化肥：当我们享受着餐桌上美味可口、丰富多样的食品时，是不是也能想到氮肥、尿素、农药、塑料大棚等农业必需品？它们都与天然气有着直接的关系。我国天然气化肥行业正处于起步阶段，以煤为原料的生产线占比约75%，以天然气为原料的生产线占比约25%。目前我国氮肥产量约6500万吨/年，尿素产量约7000万吨/年，生产这些化肥天然气需求量约150亿立方米/年。

住

燃气锅炉：每年冬天，北方地区的供暖是关系到国计民生的大事。我国需采暖范围遍布全国17个省、自治区、直辖市，占全国面积的60%以上，采暖人口达7亿以上。随着近几年天然气的推广应用和对清洁能源需求的增加，以前的燃煤锅炉正逐步被燃气锅炉替代。根据供暖规模需要，燃气供暖设备一般分为家庭用燃气壁挂炉、小区用小型燃气锅炉以及大面积供热的区域性燃气锅炉。以北京市为例，目前全市供暖面积达 7.5 亿平方米，燃气锅炉占比已超过 50%，按华北地区单位采暖面积用气量 10 立方米 / 平方米计算，全市每个采暖季用气量约 40 亿立方米。

燃气发电：我国第一座天然气发电厂于 2005 年 5 月在浙江省杭州市建成投产，装机容量约 120 万千瓦，总投资约 40 亿元。截至 2012 年底，全国燃气发电企业共有 150 余家，燃气发电机组 600 多台，总装机容量约 4500 万千瓦，约占全国发电机组总装机容量的 3.5%。与燃煤电厂相比，燃气电厂具有占地面积小、耗水量少、环境污染小等优点。目前，北京市西北、西南、东北、东南四个方向正在建设四个大型燃气热电中心，计划于 2016 年全面建成，届时北京城区将新增 600 万千瓦燃气发电装机容量，关停燃煤装机 200 万千瓦，燃气供热面积将增加 8400 万平方米，替代燃煤供热面积 6000 万平方米，将使本市电厂燃煤消耗总量每年减少 640 万吨，城市能源供应体系更加绿色安全。

行

汽车是城市最重要的交通工具之一，它与城市的各种经济活动和居民生活密切相关。长期以来汽车采用的传统燃料是汽油，排放尾气中含有大量的污染物，特别是未燃烧完的烃类物和粒子，对大气环境和人类健康具有很大的危害性。近几年天然气汽车行业发展比较迅猛，从 2005 年的 7 万辆增加到 2013 年的 300 万辆。与汽油汽车相比，天然气汽车尾气排放中一氧化碳下降约 90%，碳氢化合物下降约 50%，氮氧化物下降约 30%，二氧化硫下降约 70%，二氧化碳下降约 23%，微粒排放可降低约 40%。目前全国已配套建设加气站有近 4000 座，其中 CNG 加气站约 3000 座，LNG 加气站约 1000 座，燃油约 2000 万吨，减排二氧化碳 1200 万吨。

生活用品

留意一下我们身边的生活用品，从楼房建筑所需的钢材、五金和水泥，到室内装修所用的门窗、顶棚和装饰品等塑料制品，再到造纸、冶金和医药等行业，无不与天然气有着千丝万缕的联系。每平方米陶瓷需要约 1.5 立方米天然气来烘烤、每吨钢铁需要 30 立方米天然气来炼制、每吨不锈钢需要约 45 立方米天然气来处理、每重箱玻璃需要约 16 立方米天然气来熔制、每吨氧化铝需要约 90 立方米天然气来加工、每吨甲醇需要约 900 立方米天然气来提取。

如果说过去的十年天然气行业取得了一定成就，那么未来的十年将是天然气行业发展的黄金时期。随着中亚 C 线、中亚 D 线、中俄东线、中俄西线等进口天然气管道的规划建设，以及东部多个 LNG 的逐步实施，我国天然气资源进口途径将进一步拓宽；随着人民生活水平的提高和政府对空气污染治理力度的加大，天然气需求量将进一步增加；随着国内支线天然气管道的快速建设，天然气供应范围将进一步扩大，气化人口将进一步增多；随着国家发改委天然气价改方案的实施和阶梯气价政策的制定，天然气价格体系将进一步完善；随着流量计技术的改进和天然气用户思想观念的转变，天然气计量方式逐步由粗放的体积计量向精细的能量计量转变。据有关部门预测，2020 年我国天然气需求量将超过 3500 亿立方米，对外依存度将超过 40%。

目前，天然气已逐渐成为与水、电同等重要的生活必需品，然而天然气资源却是有限的，不可再生的，我们只能通过节约用气来延长天然气使用的期限。节约需从日常做起，从现在做起，让我们携起手来，共同践行低碳生活理念，选择绿色出行方式，保护我们的环境，共创美好的家园！

（2014 年第 3 期）

一场由白油护肤惹起的风波

吴建卿

大约在9年前,继宝洁公司陷入SK-Ⅱ、肯德基和亨氏陷入苏丹红事件后,又轮到了美国医药巨头强生公司陷入信任危机。此消息刊登在北京当地一份报纸的重要版面。

"强生的婴儿润肤产品肯定有问题。"一位当上妈妈不到半年的王女士提起强生的这类产品就显得愤愤不平。她在孩子出生后不久就买了一套强生公司的婴儿用品,包括洗发水、沐浴露、爽身粉、护臀霜和婴儿润肤油等。问题就出在这润肤油上,婴儿一抹上身上就起红色的小痘痘,连抹了两次都是这样,王女士再也不敢给婴儿用了。直到报纸上报道强生的婴儿系列产品在国外遭禁,王女士才感到恍然大悟,深信强生的产品确实含有对婴儿有害的东西。

王女士看到的那条消息内容大体是这样的:(当年)3月17日,印度马哈拉施特拉邦食品与药物管理部门官员表示,经测试发现强生婴儿油中含有液体石蜡油,而在强生婴儿发油、护肤液和洗发液中也发现"对婴儿有害的矿物油和化学成分"。印度当地官员表示,强生公司不取消"婴儿使用"标志,其产品将在马哈拉施特拉邦禁售。同时还建议印度联邦政府在全国范围内禁止这些强生产品使用"婴儿使用"标志。

……

这场关于强生的"信任危机"在几经风浪后最终以不了了之告终。

关于婴儿护肤品中能否使用"液体石蜡油""矿物油"的争论也不了了之。

液体石蜡油究竟是何物?与矿物油有何关系?

矿物油是通过物理蒸馏方法从原油分馏所得到的无色无味的混合物,是250~400℃的轻质润滑油馏分,经酸碱精制、水洗、干燥、白土吸附、加抗氧剂等工序制得的。可以分成轻质矿物油和一般矿物油两种,轻质矿物油的密度及黏稠度较低。因其外观为透明的油状液体,故又称为液体石蜡,相对密度在0.86~0.905(25℃)之间,不溶于水、甘油、冷乙醇,能与除蓖麻油外大多数脂肪油任意混合,也能溶解樟脑、薄荷脑及大多数天然或人造麝香等。矿物油在提炼过程中因无法将所含的杂质清除干净,因此流动点较高,不适合寒带作业使用;因此,矿物油类基础油在性质上受到一定限制。

在有些领域,矿物油往往被称作白油(white oil),即白色矿物油。上文中所提到的"液体石蜡油""矿物油"其实就是白油。如果细究两者的区别,那就是白油是经过特殊的深度精制后的矿物油,主要成分为C_{16}—C_{31}的正异构烷烃,相对分子质量通常都在300~400范围之内。白油无色、无味、无臭,具有化学惰性及优良的光、热安定性,用途广泛,有工业级、化妆品级、医用级、食品级等分类。而液体石蜡油主要用途是作为生产氯化石蜡的原料,还有洗涤剂原料、化妆品、日用品稀释剂、溶剂等。

白油的基本组成为饱和烃结构,含氮、氧、硫等物质近似于零。作为一种有较高附加值的产品,白油正受到国内石油化工行业的重视。白油级别不同,规格不同,其价格差别较大,往往有几倍甚至几十倍。一般黏度越大的白油产品价格越高,利润也越大。白油的牌号划分通常以40℃运动黏度的大小来划分,符合ISO标准的黏度等级,白油产品分为$7^{\#}$、$11^{\#}$、$15^{\#}$、$18^{\#}$、$24^{\#}$、$48^{\#}$、$64^{\#}$、$100^{\#}$等多种型号。

由于白油有低致敏性及不错的封闭性(可有阻隔皮肤水分的蒸发),所以常用在婴儿油、乳液或乳霜等护肤品中,起润滑、保湿的作用。此外,它有良好的油溶性,也经常出现在一些卸妆油或卸妆乳中。

在这次风波中，强生（中国）表示，强生的产品中确实含有白油，强生的婴儿油、婴儿霜和婴儿露等产品，是完全遵照强生公司自己的全球标准生产的。强生的产品通过了世界所有权威机构的检测，强生（中国）在中国生产和销售的产品均符合中华人民共和国相关行业产品标准，其原料的使用符合国家卫生部颁发的《化妆品卫生规范》。产品上市前均经过卫生部指定检验单位——上海市预防医学研究院，进行安全性评价，结果均符合《化妆品卫生规范》。

我国的化妆品专家也指出，国家对化妆品中白油的含量从来没有进行过限制，更没有对婴儿、儿童使用的化妆品中白油的含量进行特殊限定。化妆品含有白油本身并没有问题。由于其润滑和保湿的特性，白油用在化妆品中非常普遍。对于化妆品中含白油的规定，主要要看白油自身提纯质量的好坏，如果提纯质量好，当然没有问题，如果提纯精度不够、含有杂质，也会对皮肤造成影响。因此，一般都是对生产白油的原料厂进行管理。

关于白油的安全性，从其可用于食品级的分类就可以知道：食品级白油，是以矿物油为基础油，经深度化学精制、食用酒精抽提等工艺处理后得到，适用于粮油、水果蔬果、乳制品等食品工业的加工设备的润滑，可作通心面、面包、饼干、巧克力等食品的脱模剂，能够延长酒、醋、水果、蔬菜、罐头的储存、保鲜期。在制药工业上，白油可以作为生产轻泻用的内服剂及生产青霉素的消泡剂。

这里重点讲一下化妆品级白油，它是原料经过二次、三次加氢深度精制处理后所得到的，重金属含量和铅含量等符合国家化妆级白油的相关标准，并且达到环保要求，能够通过PAHs等环保监督要求，不含邻苯二甲酸盐等有害物质。除了作为发乳、发油、唇膏、面油、护肤油、防晒油、婴儿油、雪花膏等软膏和软化剂的基础油外，还可用作抗静电剂、柔润剂、溶媒、溶剂等。对于矿物油是否伤害肌肤众说纷纭，但可以确定的是，纯度不够的白油会引起皮肤过敏、引发长痘，已经处于伤害或敏感性肤质者应慎用。

与名牌护肤品动辄上百上千的价格相比，白油的价格的确显得很低廉，好像是与高档、时尚有点格格不入，但其出色的安全性和润滑作用，让其在化妆品已处于不可撼动的地位。9年的时间过去了，关于强生公司的这场信任危机已经被很多人忘记，也很少有人再提起。但是，白油依然作为一种安全的润肤剂，出现在众多的护肤品和化妆品中。也许你正在使用的某些"大牌"护肤品里，就有它的存在。

（2014年第5期）

如何给你的爱车加油

高 峰

每当驶进加油站，司机都会爽快地对加油员工说声"加满"。殊不知，此举不但会增加汽车的油耗，而且还容易造成车体故障，在炎热的夏天，甚至会发生危险。

加油最好不要超过 2/3

有实验表明，同样行驶 1000 千米的路程，车内多增加 10 千克的油，将增加油耗 400 毫升，也就是说，加得多用得就更多。至于对车体的危害，最常见的反应就是造成活性炭罐饱和或损坏，有些车辆的油溢出后，甚至会回流到后排座位下的油泵安装盘上，使驾驶室内有严重的汽油味。特别是新车，第一次加油时最好不要加满，因为太满，可能会使油浮及传感器失灵，导致油表计量失真。

建议加油最好不要超过 2/3。值得提醒的是，小排量的车由于耗油少，开车频次不高时更应该减少加油量。现在油价高，少加油、减少燃油蒸发浪费也是一种节油手段。建议车友们在汽油添加到快满时记得加油的速度要慢一些。因为加油过快的话，膨胀的蒸汽加上汽油顶出来的气体如果来不及释放，还会产生呛油。

清晨、晚上加油最划算

汽车加油的时间最好选在夜间或者凌晨比较划算：一方面可以避免受到中午太阳毒、气温高的侵袭，另一方面是因为汽油是以体积而不是以重量计费的，热胀冷缩，夜间或凌晨汽油的体积比较小，同体积的汽油可以有较好的质量，也不太容易起泡或挥发，可节省不少钱。加油站地下储油罐只有在每天凌晨 5 点至 8 点（夏季）、5 点至 9 点（春季、秋季、冬季）温度最低，此时加油是最划算的。

尽管现在绝大多数油库都设有地下储油库，汽油不会直接暴露在较高温度下，温度比较稳定。但从理论上来说，天气炎热时，汽油在通过加油机时还是会略微有所膨胀。尤其是在天气炎热的夏季，中午室外气温37℃以上，无形中增大了汽油膨胀的系数，对车主来说是最不适宜加油的。

低档车用高标号汽油属浪费

不少车主喜欢使用高标油。事实上，汽油标号并非越高越好，即使是高档车也不绝对等于必须加高标油。排量不高、车价不高的家用车，除非汽车生产厂商在使用说明中明确标注应使用97号汽油之外，没有必要特意去使用更高标号的汽油。

标号高的汽油，抗爆性能好，适用压缩比更高的车。动力、省油方面，高标号汽油也显示不出优势。如果93号汽油已经能满足发动机的压缩比要求，换加97号汽油就没有意义。因此最好是按照厂家所规定的标号去使用汽油，正常情况下，最好以使用下限要求的标号汽油较好。

汽油最好不要混着加

汽油混加其实对汽车本身不会造成明显的影响，不过车主应该尽量不要混着加油。因为汽油是混合物，平时所接触的汽油标号是指汽油的辛烷值不同，93号和97号的汽油混合，辛烷值在两者之间，对发动机的影响不会太大，所以要保证车辆安全，最好不要混合加油。据介绍，汽车出厂前，对燃油添加是有明确规定的，添加汽油的型号取决于发动机的压缩比，如果你的爱车规定加高标号油而不小心加了低标号的油，发动机会产生爆震、功率下降、水温升高，工作时会伴随金属敲击声。不过车主也不用过分担心，只要下次加油的时候依然加高标号的汽油就可以恢复正常。

另外很多人去外地游玩给汽车加油时，免不了会遇到乙醇汽油，这些汽油都在国家规定的地方封闭推广，当你到这些地方加油，也无需过度担心混合加油会给爱车带来什么伤害，这些汽油的混加也不会给发动机带来什么伤害，但是由于乙醇都有亲水性，遇水容易导致油品变质。因此混加后要记得给燃油系统做一次彻底的清洗。

（2014年第6期）

割舍不下的"塑料"生活

瑞 健

1869年,有人把硝化纤维、樟脑和乙醇的混合物在高压下供热,然后在常压下硬化成型制出了廉价台球,不仅赢得了制造台球替代材料的丰厚奖金,也将塑料制品带进了人们的生活。

这种由纤维素制得的材料就是"赛璐珞",最早的人工塑料,有轻便、可塑性强、有弹性、绝缘性、耐腐蚀等特点。随后,全世界的化学家们都对这一事物非常感兴趣,相继对塑料的功能和品种进行了改性和升级。直到今天,五光十色的塑料制品在生产及人们的生活中比比皆是,想要脱离塑料、过上无塑料制品的生活,已非易事。

被塑料包围的日常生活

提起塑料,人们首先想到的可能是塑料玩具以及盆、桶、碗、筷之类的日用制品,或者干脆就是用来存放东西的方便袋。其实,这些只能算是低级的塑料制品,从儿童玩具到家用电器,从精密仪器到服装箱包,再到汽车摩托车等交通工具,我们的生活已被牢牢地拴在用塑料制品串起的长链上。除了这些物品,塑料还有很多用处,比如,蔬菜温室用的棚膜,除蚜虫、除草、有色等多种功能的地膜,都能给农作物快速健康生长创造条件,让人们在一年四季都可以享受到新鲜的蔬菜;有耐高温、自润滑等特殊功能氟塑料和有机硅、特种塑料等,甚至可用于航空航天等特殊领域。

塑料的"家庭"成员

这些形形色色的塑料制品,源于不同的塑料品种和功能。而塑料的原材料是合成树脂,大多都是由石油加工得到的,经过不同的工艺、聚合反应和加工成型,成为塑料大家庭中的一员。日常生活中用到的塑料品种主要有以下几种。

PE是聚乙烯树脂,是聚乙烯塑料的原材料。PE树脂是结构最简单的高分子有机化合物,化学性质稳定，通常制作食品袋、保鲜膜及各种容器，也可用于工业做高频的电绝缘材料，用于雷达和电视。它耐酸、碱及盐类水溶液的侵蚀，但却不能用强碱性洗涤剂擦拭或浸泡。

PVC 是聚氯乙烯树脂，是聚氯乙烯塑料的原材料，虽与聚乙烯仅有一字之差，用途却大不相同。由于在制造过程中增加了增塑剂、抗老化剂等辅助材料，牢固而耐腐蚀，可以用来制作型材、管材、薄膜、包装材料等。不过由于原料含有氯和增塑剂成分，PVC 制品不宜用来存放食品和药品。

PP 是聚丙烯树脂，是聚丙烯塑料的原材料。它是一种半结晶的热塑性树脂，无毒无味，在100℃的沸水中浸泡不变形、不损伤，常见的酸、碱、有机溶剂等与它也几乎不发生化学反应，是制作餐具的优秀材料。PP 是较常见的高分子材料之一，在工业界有广泛的应用，澳大利亚钱币就是用 PP 薄膜制作的。

PA 是聚丙烯树脂，是尼龙原材料的简称，实际上是聚酰胺树脂，容易结晶，无毒、坚韧、牢固、耐磨，可以制成梳子、牙刷头、衣钩、扇骨、网袋绳、水果外包装袋等。在尼龙中添加玻璃纤维、增韧剂等后，其拉伸、弯曲强度会有大幅提高，可用于齿轮、轴承、泵叶、汽车工业零件、渔具等。但 PA 最怕长期与酸、碱接触。

PS 聚苯乙烯树脂，是聚苯乙烯塑料的原材料，无色透明，类似玻璃，容易着色，人们喜欢用它来制作灯罩、牙刷柄、玩具、电器零部件等。它耐酸碱腐蚀，但却很容易溶于氯仿、二氯乙烯、香蕉水等有机溶剂。

ABS 是由丙烯腈、丁二烯、苯乙烯为基础聚合而成的树脂，不仅色彩醒目、坚固耐热，外表面还可以镀铬、镍等金属薄膜，可以制作琴键、按钮、电视机等一些家电的外壳等。

PET 是对苯二甲酸类聚酯树脂，主要包括聚对苯二甲酸乙二酯 PET 和聚对苯二甲酸丁二酯 PBT。PET 具有很好的光学性能和耐候性、耐磨耗摩擦性和尺寸稳定性及电绝缘性。用 PET 做成的瓶子强度大、透明性好、无毒、防渗透、质量轻、生产效率高等因而得到了广泛的应用，如矿泉水瓶、碳酸饮料瓶、化妆品瓶等。可循环使用，但耐热性差，超过 70℃时易变形。玻璃纤维增强 PET 适用于电子电气和汽车行业，用于各种线圈骨架、变压器、录音机零部件和外壳、灯罩、继电器、硒整流器等。

随着塑料加工技术的进步，塑料的种类越来越多、产品越来越细化。如果只看塑料原料颗粒，很难想象出日后它们会以什么形式出现在人们的生活当中。

环保是塑料发展的"硬伤"

作为现代社会经济发展的基础材料之一，塑料是农业、工业、能源和交通运输等经济领域不可缺少的重要材料，已经渗透到经济和生活的各个领域，我们的工作、生活跟学习甚至社会的发展日益离不开塑料。

在给人们生活带来诸多便利的同时，塑料这种用途广泛的合成高分子材料也给人们的生活带来了无尽的烦恼：街头巷尾随处可见被丢弃的塑料袋、农用地膜，既浪费还造成了环境污染。塑料包装物及一次性使用的塑料制品，已成为人们生活垃圾的主要组成部分之一。并且由于有些废弃塑料在自然条件下不会降解，长期以来会积聚过多而酿成可怕的白色污染，简单的焚烧又会释放出有害气体、污染生态环境。尽管它已经经历了上百年的发展历程，种类和技术已经日新月异，但环保始终是塑料发展中难以跨越的一个环节，美国马萨诸塞州或将颁布塑料瓶禁令。前几年，面对日益严重的塑料袋白色污染，国内就已经颁布了塑料袋的限用禁令。

但是，经历了旧石器、新石器、陶器、青铜器、铁器时代的人类历史，因为塑料出现而加快了文明程度提高的速度。今天，我们可以讨厌由塑料而引起的污染，但想要过上脱离塑料制品的生活，已经很不现实。因为塑料已深入人们的生活，从洗脸刷牙类似的小事一直到出行、办公的用品等，都已经深深烙上塑料的标记。据 ASD 公司最新的研究报告称，2013 年全球医药包装市场中可生物降解塑料包装比例超过 65%，2013—2019 年可生物降解塑料包装市场需求将以两位数的年均增长率继续增长，食品和饮料包装将是最主要的应用领域。

回收再利用和可生物降解将双管齐下

为解决塑料废弃物对环境的影响，人们主要采取的是回收利用和降解等防与治相结合的策略，开发有利于环境的降解塑料，在塑料中加入一些促进降解功能的助剂，或合成本身具有降解性能的塑料。比如，根据农作物生长期的长短，选择使用不同降解天数的膜，等农作物收完之后，塑料膜就自动降解了。

同时，塑料回收再利用的措施一直在稳步推进。近年来欧洲市场对 PET 的需求力度不断加大，可再生性将直接影响其未来市场发展前景。据比利时非营利性贸易团体 Petcore Europe 发表的一份声明，2013 年欧洲废弃 PET 瓶回收量为 650 亿个（164 万吨），较去年同期增长 7%，PET 是当前欧洲回收量最大的废弃塑料。

德国 PET 废瓶回收成为"中国毛衣"的故事也值得大家深思，德国市场上每年流动 800 多万个 PET 瓶子。垃圾回收公司将些瓶子回收后压成团或粉碎成片，然后以相对高的价格出售给有着巨大塑料需求的中国纺织企业。在中国工厂里，这些 PET 原料被按色分类，切成碎片熔化，之后加工成纺织品返回德国销售。这里体现的价值创造是巨大的：一件合成粗呢毛衣价格在 50~100 欧元之间，而所用材料只相当于 32 欧分。

其他类型的塑料也可以向 PET 学习，随着各项回收制度完善、建立和回收技术的发展，相信塑料也会以更加环保、便于回收等姿态出现，最大限度地扬长避短，真正地服务于人们的生活。

（2015 年第 1 期）

可以救命的"面子"
——漫谈防弹衣面料的变迁

瑞 健

假日期间,在北京的主要干线、火车站、广场等人流、车流密集的地方,远远便能看到值勤的特警、武警。战士们穿着制式防弹衣,戴着防弹头盔,手持冲锋枪,脚穿黑皮靴,有的队员还随身携带连接式警棍、盾牌,每一人都带有对讲机。他们威武的身姿引来很多钦佩和羡慕的眼光,有的人还会停下来驻足观望,甚至用手机拍下他们的英姿。

在光鲜的外表下面,是不为人知的艰苦锻炼。单单是他们这身"威武"的装备也不是一般人能"驾驭"得了的。这件"衣服"前后两道厚厚的钢板夹着上身,再戴上厚重的防弹头盔。如果再加上随身手枪、冲锋枪、连接式警棍、皮靴、对讲机、盾牌等装备的重量,这一套装备重量可不少,往往要几十千克。看着威风,穿起来可真吃力啊!

可是,毕竟也是血肉之躯,为了在危险面前保护群众和自身的安全,穿再厚重的防弹衣也是值得的。但是,怎样才能减少装备的分量、为我们的战士减负呢?先来看一下防弹衣的材料和分类。

从材料上来看,防弹衣可分为软体、硬体和软硬复合体三种。其中:硬体防弹衣是以特种钢板、超强铝合金等金属材料或者氧化铝、碳化硅等硬质非金属材料为主体防弹材料,服装厚重、柔软性较差、穿着不舒适,有一定的防弹性能但易产生二次破片;软体防弹衣的材料主要以相当柔软的高性能纺织纤维为主,它们远高于一般材料的能量吸收能力,重量轻、质地较为柔软,一般能防住5米以外手枪射出的子弹,但被子弹击中后变形较大,可引起一定的非贯穿损伤,难以抵御步枪或机枪射出的子弹;还有就是介于两者之间的软硬复合式防弹衣。

软硬复合式防弹衣,以纤维复合材料作为增强面板或插板。它以软质材料为内衬、硬质材料作为面板和增强材料,柔软性介于软体防弹衣和硬体防弹衣之间。既照顾到防弹衣首先应具备的防弹性能,又同时具备一定的服用性能,如尽可能轻便舒适、穿着后不影响人各种动作的完成等。

防弹衣

  防弹衣面料的筛选过程，是一个漫长的历程。在第二次世界大战中，弹片的杀伤力增加了80%，这就导致有70%的伤员是因躯干受伤而死亡，英国、美国两国开始不遗余力地研制防弹衣。考虑到使用的方便和舒适，合成纤维材料逐渐取代了传统的钢铁和陶瓷而成为主流防弹材料。

  1945年6月，美军研制成功铝合金与高强尼龙组合的防弹背心——M12步兵防弹衣。所用的高强尼龙纤维为尼龙66（即"聚酰胺66纤维"），是刚问世不久的合成纤维，其断裂强度为5.9~9.5克力/旦（断裂强度是表示纤维抵抗外力破坏能力的指标，单位为"gf/d"），约是棉纤维的二倍。

  聚酰胺纤维在国内被称作锦纶，在美国称尼龙，是世界上最早实现工业化的合成纤维。锦纶有一系列优良特性，如耐磨性、回弹性和耐疲劳性等，耐多次变形且疲劳性接近涤纶，比棉花高7~8倍；吸湿性虽低于天然纤维和黏胶纤维，但在合成纤维中其吸湿性仅次于维纶；染色性能好，可使用酸性染料、分散染料等染色。它问世后发展速度很快，产量长期居合成纤维的首位，直至1972年才被涤纶超过。但锦纶的缺点是耐光性和耐热性也较差，容易变形。这种防弹衣能为士兵提供一定程度的保护，但体积较大、质量高（有的重达6千克），不太适合战场上作战的需要。20世纪60年代后出现了由芳纶织物取代金属制成的防弹头盔和防弹衣。

  芳纶全称为"聚对苯二甲酰对苯二胺"，是绝缘性和抗老化性能良好的合成纤维，其强度、模量、韧性均比钢丝优秀，但重量只有钢丝的20%左右。芳纶还可分为两种——对位芳酰胺纤维和间位芳酰胺纤维。前者发展较快，产能主要集中在日本和美国、欧洲，如杜邦的Kevlar、帝人的Twaron、Technora以及泰和新材的Taparan等。芳纶防弹衣、头盔的轻量化有效提高了军队的快速反应能力和杀伤力，美国、英国等发达国家的防弹衣均为芳纶材质，芳纶也成为重要的国防军工材料。在海湾战争中，美国、法国的飞机大量使用了芳纶复合材料。近年来，轮胎业也开始大量使用芳纶帘线来减轻重量，减少滚动阻力。

  之后，一种性能更好的材料被用作防弹装备，那就是超高相对分子质量聚乙烯——PE纤维。

  PE纤维出现在20世纪80年代初，有很高的轴向比拉伸强度和刚度，比强度、比能量吸收性能在所有纤维中是最高的，耐低温、耐紫外光、耐水性能极佳，不易降解。因强度是钢铁的15倍，有人比喻其"轻薄如纸、坚硬如钢"。

  在防护领域，PE纤维取代芳纶是一种必然趋势，主要原因在于其出色的防弹性能：在防低速弹方面，PE纤维防弹性能高出芳纶30%左右；在防高速弹方面，PE纤维的性能是芳纶的1.5~2倍。

不过，PE 纤维的耐温等级远不如芳纶。PE 纤维防护产品的使用温度在 70℃以内，到 150℃以上 PE 纤维会熔化，而芳纶纤维的这两项数据分别是 200℃和 500℃。

现在世界各国的 PE 纤维防护产品的应用主要集中在人员防护，如 PE 纤维防弹衣、防弹头盔，重量较轻，便于穿戴后的人员从事各种活动。现在美军装备的"拦截者"防弹衣系统主要由软质的防弹背心加上硬质的防弹插板组成，面料就是 PE 纤维，这样的防弹衣要轻巧很多，而且防弹效果更好。美国海军陆战队所使用的头盔也是用 PE 纤维制造的。目前用于防弹衣的 PE 材料主要有 Spectra 或 Dyneema，分别由霍尼韦尔公司和荷兰 DSM 公司制造。

PE 纤维同样也用于装备的装甲防护，最初是在航空装备上开始使用的。在相同防护级别下，PE 纤维装甲相比金属装甲平均可减轻一半以上的重量，同时也不会发生跳弹二次伤人。作为钢制装甲的内衬装甲时，可有效防止碎甲弹造成的钢装甲内层飞崩致人伤亡。

当然，并不是所有的 PE 材料都可以制成防弹衣。这就涉及一种叫作超高相对分子质量聚乙烯（UHMWPE），它在结构上与普通聚乙烯相同，但分子量却要高得多：普通聚乙烯的分子量为 2 万~30 万，而超高分子量的聚乙烯达 200 万以上。不过，这还不是分子量最高的聚乙烯。因为目前，德国已生产出分子量高达 1000 万的超高相对分子量聚乙烯，它是一种新型工程塑料的材料。

目前，世界上 UHMWPE 纤维的消费结构为：欧美主要用于防弹衣和武器装备，占总量的 60%~70%，其次是绳缆，约占 20%，渔网等约占 5%，劳动保护用品大约占 5%；在日本超高分子量聚乙烯纤维主要用于绳缆、渔网、防护类，特别是防切割手套。

随着科学技术的发展，如今也涌现出一些新型的高科技防弹衣，如防电子防弹衣、蜘蛛丝防弹衣、仿生防弹衣、纳米防弹衣和流体防弹衣等。但无论是锦纶、芳纶还是 PE 纤维、聚氨酯纤维，都会毫无意外地与黑黑的石油扯上关系——因为它们的原料多是从石油、煤炭等提取、制成的。

我国在 20 世纪 90 年代成功研发出具有自主知识产权的 PE 纤维，其质量和性能达到国际最高水平，被国人喻为"争气纤维"。如今，在国际高性能有机纤维市场上，中国、美国、荷兰产品三分天下，中国的 PE 纤维从原丝制造到加工已与国外水平差距不大，无论是从质量上还是数量上都开始处于世界排名前列。在可以挽救战士们性命的"面子"上，我国可以明确地说"是"。2014 年 12 月，我国首支维和步兵营赴南苏丹执行维和任务，中国维和部队也因此成为中国人民解放军唯一成建制装备防弹背心的部队。这一次，维和营的头盔并无什么变化，防弹背心却早已经不是背心，而是堪称铠甲的重型防弹服——无论是防护面积还是防护能力，都明显优于中国其他维和部队。

（2015 年第 4 期）

石油是如何走上餐桌的？

孟 迪

古语曰：仓廪实而知礼节，衣食足而知荣辱。在有限的土地资源上生产出可以满足我国众多人口所需的粮食，不仅关系人们的生活质量，同时还关系到国家的安全与稳定，意义重大。

要完成这一项重要的使命，需要社会多个方面的协助，自然也离不开石油工业的支持。那么，石油是如何一步步走上人们的餐桌的呢？

粮食的"粮食"——化肥

人们的食物中很大一部分来自土地的馈赠。土地需要不断补充营养，才能为人们提供足够的粮食、蔬菜和瓜果。随着现代农业的不断发展，自然界中的天然有机肥已经满足不了现代农业生产需求，因此人们逐步探索并采取化学方法来合成肥料。这种合成肥料叫化学肥料，也就是我们熟悉的化肥，如硝酸铵、硫酸铵、尿素等氮肥。

无论哪一种氮肥，都是以氨为原料制成的。所以合成化肥的第一步就是要先合成氨。氨是由3个氢原子和1个氮原子构成的化合物，制造氮肥需要大量的氮和氢：空气中含有大量的氮元素，可以分离和利用；而石油和天然气中含有大量氢元素，所以它们就成为制造氢的主要原料。不过，轻质原油本身就有很多用途，以它为原料制氢的经济性不高，所以目前制取氢的原料主要是价格相对便宜的天然气。

数据显示，肥料对粮食生产的贡献率在40.9%以上，我国农作物亩均化肥用量219千克。2015年我国粮食总产量达到62143.5万吨，连续3年稳定在60000万吨以上。果树现在的使用量已经达到每亩367千克，蔬菜每亩243千克。可见，化肥对农作物增产丰收有重要作用。同时，也印证了"化肥是农作物的营养品""化肥是粮食的'粮食'"的说法。

目前，我国用9%的土地，生产了世界上20%的粮食，却使用了全世界35%的化肥，农业滥用化肥的现象严重。不过，国内外的一些实践也证明，科学合理地使用可以做到化肥农药减量而粮食不减产。现在我国已经启动实施化肥农药使用量零增长行动，这意味着我国农业将努力告别以往粗放式增长模式。2015年我国水稻、玉米和小麦三大粮食作物的化肥利用率为35.2%，比2013年提高2.2个百分点；农药利用率为36.6%，比2013年提高1.6个百分点。化肥利用率提高2.2个百分点。相当于减少氮排放47.8万吨、节省100万吨燃煤。

可以直接吃的"粮食"——食品级润滑油

如果说化肥只是"躲"在农作物幕后的无名英雄，那么也有直接走上餐桌的石油产品。它就是食品级润滑油。

在食品工业中，可能与食品发生接触的部分都需要使用食品级润滑油，所以食品级润滑油及其添加剂必须是无毒无害的。即使偶尔接触到食品也不会污染食品，不会危及食品的卫生安全。由于食品机械工作环境的特殊性，如高/低温、高湿度等，用猪油、花生油和色拉油来润滑食品机械的方法并不可取：首先，其润滑性能远远比不上专业润滑油；其次，在高温高湿的条件下，它们容易生长细菌、发霉变质，产生有毒有害物质，从而污染食品。因此，人工合成的食用级润滑油广泛应用于豆浆机、榨汁机、微波炉、烤箱、面包机等润滑领域。

食品级润滑油主要由基础油、添加剂调配而成。基础油一般是用石油加氢裂解的精制矿物油、如聚a-烯烃（PAO）。它是一种人工合成的基础油，组分纯净单一，不含硫和芳香族成分，具有天然的疏水性能。近年来欧美等国家生物基础油也取得了很大的进步，达到了合成油的性能，加上天然的无毒、高黏度指数和环保的优点。已开始大规模应用，如食品饮料、酿酒、肉类和家禽加工、奶制品、烘焙食品、制糖、医药、粮食加工等。

禽畜的"粮食"——石油蛋白

蛋白质是组成人体一切细胞、组织的重要成分，约占人体全部质量的18%。人们摄入的蛋白质来源主要是肉、蛋、奶和豆类食品。一般而言，来自于动物的蛋白质有较高的品质，含有充足的人体必需的氨基酸。人类食用的动物中，它们的蛋白质是从哪里来的呢？

中国科学院水生生物研究所教授和研究员介绍，目前我国水产饲料常用的蛋白原料主要包括动物蛋白原料、植物蛋白原料、发酵蛋白原料以及单细胞蛋白原料。其中，应用最广的就是酵母类蛋白原料，酵母蛋白将是优质的水产饲料蛋白原料和添加剂。

生产人工蛋白质的方法有很多，其中有一种原料是从石油中提取的。这一设想最早是德国科学家费利克斯·尤斯特在1952年提出来的。

在自然界中，生存着许许多多的微生物，这些微生物中有一些靠"吃"石油为生：它们选定正构烷烃和甲烷作为自己的食物，从而可以"生产"出大量人类需要的蛋白质。利用它们的这一特性，可以从石油中提取合成蛋白：先从烃类中提取石蜡，向石蜡中加入硝酸盐、磷酸盐、钾盐等，由这些物质和水配制成细菌培养基。在32～34℃、具有一定酸性的条件下，向培养基中放入一种爱吃石蜡的细菌（食蜡菌）。这些完成了脱蜡任务的石油酵母，一个个吃得白白胖胖，含有丰富的蛋白质和维生素，可以制成无毒高蛋白的精饲料，用于喂养家禽和家畜。

这种如同奶粉一样的石油蛋白，每100克中含有42克蛋白质、3克核酸和一些维生素，而鸡蛋或瘦肉中每100克中仅含有14～20克蛋白质。可见，1吨这种微生物蛋白的营养价值，大约相当于2吨瘦肉、3吨鸡蛋或12吨牛奶的营养价值。

近年来，我国东北地区进口了一些饲用石油酵母，其粗蛋白质含量在60%以上，其中赖氨酸与鱼粉接近，蛋氨酸或含硫氨基酸明显偏低。从能量角度看，饲用石油酵母要优于鱼粉。

石油不仅可以保证和提高粮食的产量，它还参与到食物的保鲜、染色以及调味等过程。例如，塑料大棚在农业中的应用，使得植物在寒冷的冬季也能茁壮生长，让人们一年四季都可以吃到各种新鲜的蔬果；制冷设备最常用的冷冻剂液氨，可用于食物的保鲜和储存。

石油与食品的渊源还有很多，在人们的生活中石油扮演了重要的角色。例如，一瓶500毫升的纯净水，经过发现水源、开采、净化、装瓶、运输等环节，最后摆在你面前，一共需要消耗167毫升的石油，消耗约1/3瓶石油。据专家估算，如果把生产食品间接消耗的石油也计算在内，那么人一生要消耗掉石油大约55.1万千克。

当人们在饭桌前与亲人开怀畅饮的时候，可能想不到千里之外石油工人们开采出来的黑色原油与餐桌上琳琅满目的菜品之间竟然有着这样密不可分的关系。石油是不可再生能源，如果有一天石油资源枯竭。人们面临的不仅仅是无油可用的窘境，恐怕连填饱肚子都是一个让人头痛的大问题。

（2016年第2期）

美军战时航母编队油料是从哪儿来的?

魏岳江

尽管美军航母采用先进的核动力装置,可以50年不用更换核燃料,然而,舰载机仍然需要航空燃料。航母战斗群中的巡洋舰、驱逐舰、补给船等水面舰艇也要依靠石油燃料。这样一来,美军遍布全球的航母战斗群的实际作战能力仍然存在油料保障问题。那么,美海军是如何做到战时油料源源不断地供应呢?

储备分发油料系统解燃眉之急

油料储备是保障美军作战的基础。随着物资军民通用性的增强,部队无须储备所有物资,只需储备适用于战争的特殊军事物资和适量的通用物资即可,而大部分军民通用物资可以依托社会来进行储备。伊拉克战争中,美英海军在地中海、红海、波斯湾集结了6个航母战斗群约4万人、400余架各种飞机。其中包括:"杜鲁门"号、"罗斯福"号、"小鹰"号、"星座"号、"林肯"号和"皇家方舟"号航母战斗群。在作战状态下,每艘航母每天要消耗400吨至500吨舰用燃油,平均3～4天就需要伴随保障船补给一次。为保障油料供应,美国五角大楼的国防后勤局战前就已运送了300多万吨柴油、汽油至海湾地区,在中东建立了23个燃料集结地,准备了420辆油罐车;美军海运司令部曾紧急雇用了2艘30000吨级的地方油轮,将近50万桶的航空燃油从日本运往迪戈加西亚岛美军基地。据测算,美军油料部门仅在科威特的地下油库就储存了3万多吨的柴油。

油料三级保障体制接力运输

美军确保海上油料补给,采用三级保障体制,实行接力运输。一线保障编队编入航母战斗群,每个航母编有2～3艘快速战斗支援舰或综合补给船,对航母群实施伴随保障。二线保障编队编有十几艘到几十艘的油船,对作战舰艇进行二线穿梭支援,负责将燃料从中转基地或前沿基地运至战区附近,为航母战斗群和伴随保障舰船实施油料补给,以弥补伴随保障的不足。三线保障编队主要由货船和其他商用船组成,主要任务是将燃料从战略后方运至中转基地或前沿基地,使基地始终保持足够的燃料储备量。这种补给方式力量往来于美国本土(或中间基地)与前进基地之间。

此外,海空基地是航母编队油料保障的重要依托。海湾战争中,为保证飞机大规模、高强度出动对燃料补给的要求,部署在海湾地区的美军空军基地开设了快速加油系统,采用压力加油方法,可同时为海空军多架飞机、多机种加油。

空中加油成重要支柱

实践证明,号称"空中油船"的空中加油机已成为航母舰载机空中作战保障的重要支柱,在战争中得到广泛的应用。

越南战争,是战争实践中首次大规模实施空中加油的开端,从战争爆发到停战的9年2个月时间内,美军的172架KC-135加油机共飞行194687架次,进行空中加油813878次,共加燃油410万吨。经过70多年的研究和战争实践,空中加油技术日益成熟和完善,应用范围也越来越广泛。目前,美军研制的空中加油机种类多、数量大。现有约 712 架各种空中加油机，其中空军 589 架，海军约 72 架，陆战队 51 架。由此可见，美军航母舰载机实施远程奔袭，实施空中加油是最佳选择。

伴随保障如影随形

美海军航母通常实施海上伴随保障。美军航母战斗群一般编制 1 艘快速战斗支援舰、油料淡水供应船、综合补给舰、油料淡水供应船、舰载 C-2A 小型运输机等保障舰船，是其海上后勤保障系统的关键环节，直接为航母战斗群提供所需物资的 80% 以上。如航母战斗群下辖的快速战斗支援舰，可装载 25200 吨燃油、2100 吨弹药、250 吨冷藏食品、500 吨其他干货，并装有先进的高速自动传送装置，输油管直径为 150～175 毫米，每小时可输送燃油 400～700 吨，干货补给每次传送量为 300 千克，每小时可补给 120 吨。

未来发展：就水取油

海洋蕴藏着丰富的自然资源，如何将这些唾手可得的资源转化成取之不尽的能源，已经成为世界各国军队的新课题。为此，美军开始为军事能源保障寻求新的变革。据报道，美海军宣布一项与美国农业部的联合项目，即谷物、藻类提取物和烹饪油脂混合制作生物燃料项目。这是海军常规采购计划的一部分，标志美海军朝着 2016 年前实现"绿色舰队"的目标前进，然而生物燃料能量密度低、粮食消耗量大。据计算，一亩大豆每年转化的生物燃料，还不够"超级大黄蜂"战机完成一次起飞所需的耗油量。因此，美军从经济上讲觉得亏本，于是开始研发使用海藻和蓝菌生产燃料的新一代生物燃料技术，预计产量将提高 40 倍以上，并希望在 2016 年部署一支生物燃料驱动的航母战斗群。2010 年 4 月 22 日，一架 F/A-18F 双座战斗机使用添加了 50% 亚麻荠基合成油料的混合物试验飞行证明，混合替代燃料完全可以和标准的 JP-5 航空燃油一样发挥作用。

为改变军事行动对传统能源的过度依赖，美海军甚至突发奇想——"水变油"，就是从海水中直接转化生成 JP-5 航空煤油。按照设想，从海水中提取二氧化碳和氢气，然后采用一种特殊催化技术，将它们合成为水、热量和合成烃类碳氢燃料。如果从海水提取燃料的技术发展成熟，未来航母战斗群的护航舰艇也可使用这种燃油，将极大提升航母编队的海上续航能力，甚至在很大程度上改变海军战略格局。

（2017 年第 2 期）

二氧化碳真能变汽油？

王巧然

二氧化碳，被公认为是全球气候变暖的罪魁祸首，也是近年来各国都在努力减排的温室气体。不过，最近新闻上说可以用二氧化碳直接加氢制取汽油，这听起来非常不错吧？汽油可是当前全球用量最大的燃料之一，特别是汽车诞生以来。如果以二氧化碳作为原料生产汽油，将是一种潜在替代化石燃料的清洁能源策略，不仅可有效降低二氧化碳造成的温室效应，还可减轻对传统化石能源的依赖，一举多得。

2017年5月，《光明日报》等权威媒体曾经报道称：中科院大连化学物理研究所孙剑、葛庆杰研究团队发现了二氧化碳高效转化新过程。首次实现了二氧化碳直接加氢制取高辛烷值汽油，相关过程和催化材料已申报多项发明专利，并被审稿人誉为"二氧化碳催化转化领域的突破性进展"。

二氧化碳真能变成汽油？笔者联系到中国科学院大连化学物理研究所相关专家进行了深入探访，试图为您揭开二氧化碳转化技术的庐山真面目及它可能带来的现实影响。

理论上是可行的

原来，中国科学院大连化学物理研究所碳资源小分子与氢能利用创新特区研究组（DNLI9T3）孙剑、葛庆杰研究员团队的二氧化碳加氢催化转化制汽油研究工作被最新一期《自然》杂志（Nature）的研究亮点（Researchhighlight）报道，报道详细情况的文章发表于2017年5月2日的学术刊物《自然·通讯》上。通过多位行业内外相关专家的讲解，了解到了一些其基本情况。

《自然》杂志的报道大多是对创新的肯定。大连化学物理所科学家孙剑（受国家青年基金支持）说："相比于更活泼的'孪生兄弟'一氧化碳，二氧化碳分子非常稳定，难以活化，与经典的费托合成路线相比，二氧化碳与氢分子的催化反应更易生成甲烷、甲醇、甲酸等小分子化合物，而很难生成长链的液态烃燃料。

以前"水变油"的骗局曾经被炒得沸沸扬扬，但现实中大家并不陌生的生物柴油还有煤制油已真真切切步入产业化。煤制油诞生于南非，当时经历第二次世界大战的南非靠此绝境逢生摆脱了对外部资源的依赖。国内的神华集团、中科合成油公司也是基于煤基进行的合成油技术的储备研究。

但无论南非沙索集团还是中国神华、中科，其合成油的煤制油技术都是间接转化制油。其原料是合成气即一氧化碳和氢气，此次大连化学物理所成果的创新点恰是用分子非常稳定难以活化的二氧化碳为原料，依靠催化剂直接实现了生成长链的液态烃燃料的梦想。

直接转化技术创新成果中最核心的部分——自主设计的新型Na-Fe304/HZSM-5多功能复合催化剂，与传统催化剂不同，此催化剂包含三种相互兼容、相互补充的活性位。二氧化碳分子借助于精心构造的三组分活性位实现了"三步跳"的串联转化。二氧化碳首先在Fe，O活性位上经逆水气变换反应还原为一氧化碳；生成的一氧化碳在Fe，C，活性位上作费托合成反应，转化为α-烯烃；随后，该烯烃中间物迁移到分子筛上的酸性位上，选择性生成汽油馏分烃。对三活性位结构和空间排布的精准调控是实现二氧化碳加氢制汽油的关键。

据说新催化剂可连续稳定运转1000小时以上，成功实现了二氧化碳直接加氢制取高辛烷值汽油，但这样的成果有没有工业生产价值、能不能进一步转化实现工业生产呢？产业化之路还有多远？炼油业会不会受到冲击呢？这种担心算不算杞人忧天呢？

转变为造福人类的技术还很遥远

据中国石油、中国石化研究机构的专业人士分析，目前这种技术"看上去很美"，但其实这种工艺路线有没有必要，是要好好考虑的，或许根本没有工业生产的价值。中国假如有能具备这条路线的生产能力是好事，但核心是除了必需的催化剂还有一点就是原料问题。原料虽然是看似空气中有的是，无穷无尽，但二氧化碳分离一直还受制于成本高的困扰。假如日后分离技术有突破，让成本降低还可以考虑，否则，原料来源始终是一个绕不开的问题。原料问题中还有一道难题，就是必须要加氢，既然氢气是清洁高效的燃料。我们直接用氢做燃料不就好了，又何必如此耗费能量把氢气和二氧化碳制成汽油再烧掉呢？这个循环是否有些不经济？

由此在石化行业的很多人看来，这种技术即使经过完善日趋成熟了，目前低油价的格局下，能不能或要不要转化为生产能力，可能还是一个未知数，起码还存在一个大大的问号！

登泰山而晓天下。创新是伟大的，历史上每一次重大进步无不都是创新推动的结果，有很多都是成果之花起初看上去都很美，但都需要走出实验室经历市场的考验。

中国科学院专家建议，爱国的媒体对中国后起直追的科技成果报道是好事，但不能过度兴奋。其实实验室里的成果，能变为造福人类的技术还十分遥远，需要冷静看待。

葛庆杰也十分明确地对媒体表示，即使以后产业化了，也不会取代石油化工，最多算炼油的一个有益的补充，因为还有两个不利的因素：一是汽油消费税比较高，二是碳排放税尚未实施，经济性方面的确是一个问题。

葛庆杰认为，研究团队研究成果在航天和军工的角度价值更大一些，以前美国海军研究水制油其实初衷是考虑用水中的二氧化碳制油，假如能成功，将有助于帮助海军舰艇在远海战争中摆脱燃料制约。

尽管存在争议，但成果消息公布后，已有多家公司与他们接洽，探讨转化事宜，目前催化剂的制备和生产已不是问题，最核心的就是这只是一个实验室的成果，还没有经过中试更没有工业放大。目前，研究团队正积极考虑将二氧化碳催化转化制汽油的这一突破性技术进一步放大及工业化生产。

热 点 追 踪

将二氧化碳直接合成汽油等高碳烃类化合物的研究已成为热点，很多团队对此进行攻关，同样来自中国科学院低碳转化科学与工程重点实验室暨上海高研院—上海科技大学低碳能源联合实验室6月13日发布消息称："这个所孙予罕、钟良枢和高鹏团队成功地设计出氧化铟/分子筛（In_2O_3/HZSM-5）双功能催化剂，实现了二氧化碳加氢一步转化高选择性得到液体燃料。"该研究成果于6月12日在《自然—化学》（NatureChemistry）杂志上在线发表，并已申报中国发明专利和国际PCT专利。研发团队已完成了催化剂制备放大并得到高机械强度的工业尺寸颗粒催化剂，在工业条件下该催化剂体系具备了示范应用的条件。目前的突破核心还都停留在催化剂体系，产业化方面，仍有很多公司在紧密关注，进展如何，我们拭目以待。

（2017年第6期）

为什么防爆手机在加油站也不能用？

张　竹

加油站能打手机吗？答案当然是否定的。常规手机因不能满足危险场所的防爆要求，因此不允许在加油站、易燃易爆车间、燃料区、油库、天然气、输油管线路、海油、军工、宇航等危险区域使用。

"加油站不让用手机，那防爆手机能用吗？我在网上看到过防爆手机的信息，据说可以在加油站等易燃易爆场所使用，是真的假的？哪里能买到？"近日有不少读者询问。

前不久，在中国国际石油石化技术装备展览会上，笔者看到参展商北京德兰系统控制技术有限公司在展位上挂出了一张防爆手机的宣传海报。据参展商介绍，这是一款 CDMA+GSM 双模防爆手机，经国家防爆认证机构认证，它可以实现在含有爆炸性气体混合物的危险场所接打电话，便于生产调度和实现现场人员与外界的沟通，是保证爆炸危险区域内安全有效工作不可缺少的产品。

当笔者询问这款手机是否可以在加油站接打电话，能否在市场上购买到时，参展商表示在加油站使用没有问题，但是由于防爆手机的特殊性，其功能相对单一，外形也并不时尚，并不适合推向大众消费市场，而更适合用于石油石化企业的生产安全作业中，公司的销售渠道也均为石油石化企业等特殊渠道。

"防爆手机只限于特定的行业销售，因为这种手机具有其特殊性，不具备拍照、摄像等诸多功能，而现在的消费者对于手机的要求越来越高，这种功能简单的手机他们也不会选择购买，所以我们不会考虑推向大众市场。"参展商说。

至于防爆手机是否真的可以在加油站使用，笔者采访了北京石油管理干部学院教授韩学功，他表示："所谓的防爆手机不见得一定真能防爆，我们知道在石油石化工业生产中，即使有精密的防爆设备，爆炸的情况也不是没有发生过。同理，即使有万分之一的危险，加油站也不会允许使用的，一旦出现问题就是百分之百的后果。"

（2019 年第 1 期）

天然气比汽油便宜，为啥烧气的车却越来越少？

王 伟

汽车使用天然气的技术已经相当成熟，而且它的优点也很多，其中最为突出的就是省钱。但是，根据不完全调查统计，目前，依然有90%的人选择汽油而非天然气。按理来说现如今电动技术与天然气技术都已经日趋完善，在煤炭燃油资源日趋减少的现在，为什么除了公交车、出租车等城市公共基础交通工具外，没有人愿意使用燃气汽车呢？我们先看看烧气有什么优点：

1. 环保效益

因为天然气汽车尾气中不含铅、苯等致癌物质，基本不含硫化物，各种有毒有害物质的排放综合降低约85%左右，其中一氧化碳（CO）排放量减少90%，碳氢化物（HC）减少72%，氮氧化物（NO_x）减少40%，二氧化碳（CO_2）减少24%，二氧化硫（SO_2）减少70%，颗粒物质减少41%，噪声降低40%。因此，天然气汽车比较环保。

2. 易于运输

天然气易于用管道输送，这为天然气的大规模储运提供了便利。发达国家境内一般均有高质量的管道基础设施，可以将天然气输送到所有城区和大多数郊区。美国境内就有1300多个天然气汽车加油站，而且这个数字每天都在增加。

3. 节约燃料

在相同的当量热值时，世界各国一般将1立方米天然气的价格控制为1升汽油/柴油价格的一半。这不仅有助于弥补了由于汽车数量不断增加而引起的液体燃料供应不足的问题，而且使用天然气的汽车运行费用大幅度降低。

4. 安全

与汽油或柴油罐相比，天然气汽车的燃料储罐（NGV）更结实。以美国为例，天然气汽车应用 2 年多来，未出现一例 NGV 燃料储罐破裂的情况，天然气的自燃点温度为 650～680℃，远高于汽油和柴油的自燃点。这一特点就决定了天然气发动机自燃起火的可能性要比汽油、柴油小很多。

优点虽多，但也有很多不足。以下缺点就是为什么烧天然气的车越来越少的原因。

1. 发动机磨损

汽车以天然气作燃料时，发现燃烧室部件明显腐蚀，甚至曲轴也出现腐蚀，气门、活塞环和气缸磨损严重，与使用汽油相比，汽车大修期通常要缩短 1/3～1/2。天然气汽车出现腐蚀和早期磨损的原因是由于天然气中含有微量硫化氢，能直接引起气缸、气缸壁的腐蚀与磨损，使用寿命缩短，汽车大修期缩短。

2. 补充燃气不方便

根据目前国内的现状来看，使用天然气确实相对不便，国内的天然气补给站点太少，可能一个县区才一两个，一旦距离太远，那么就要时刻计算好从目前的位置到加气站的距离，车上的天然气是否够用，不像加油那么方便简单。

3. 增加自重

由于目前的天然气汽车是在原来的汽油车或柴油车基础上改装的，原来汽油机或柴油机的燃料系统大多保留。这样，要在原有汽车重量上再增加天然气燃料系统，特别是气瓶，从而使原来的汽车的有效空间减少，车身的自重也随之增加。

4. 没有那么省钱

对家用车来说意义不大，改用气要花 3000～4000 元，家用车每年也就行驶 1 万～2 万千米，就算每千米省 3 毛钱，一年省下来的燃料费用也就在 3000～5000 元，并且气瓶也是要年审的，还得花钱。

（2019 年第 3 期）

说说你的"耗油量"

激 扬

"耗油量"是每个想了解汽车的人最为关心的问题之一。燃油消耗量简称耗油量,指的是行驶一定里程时汽车所消耗燃油的升数。在我国,燃油消耗量的单位是升/百千米,即行驶100千米所消耗燃油的升数,就是有车一族互相问的"你的车百千米几个油",其数量越小,汽车燃油经济性越好。那么,你想过没有,一个人一生的"耗油量"会有多少呢?科学家们告诉你。

人的一生要"吃"掉551千克石油

当然,人类是不可能直接"进食"石油的。但是土地上的农作物要想长得旺盛,离不开肥料来补充营养元素,单单依靠自然界中天然的有机肥早已满足不了农业生产的需求。人们逐步探索并发展了采取化学合成肥料的方法。化肥是以石油、天然气为原料工业合成氨,并进一步生产制成硝酸铵尿素、硫酸铵尿素等重要的氮肥,为植物生长提供重要的氮元素。可以说,没有石油和天然气,就没有助力农作物高产的化肥和杀虫的农药。没有农业的高产稳产,就不可能养活地球上日益增长的人口总量。

生日蛋糕上五颜六色的奶油中添加的人工食用香精、色素也来源于石油。还有口香糖,也有石油的成分加入。口香糖之所以百嚼不烂,是里面的胶基成分发挥作用,而胶基的主要成分——聚醋酸乙烯酯的制备,就是需要石油的衍生品。仔细一算,人的一生要"吃"掉大约551千克石油。

人的一生要"穿"掉290千克石油

人们夏天穿T恤,会关注它是不是纯棉的;冬天穿羊毛衫,会在乎它是不是纯羊毛的,因为纯棉的T恤透气舒适,纯羊毛衫柔软保暖有弹性。但你是否知道,这些天然纤维完全不能满足人类的服装需求。纺织所使用的纤维中,天然纤维(棉、麻、丝、毛等)的占比仅有1/4,化学纤维(涤纶、锦纶、腈纶、丙纶、维纶和氯纶等)的占比接近3/4,而90%以上的化学纤维产品都是从石油中来的。特别是近年来受到青睐的"冰丝"、防寒服、雪地装、保暖衣物等,都是石油化工产品。至于那些防滑、保暖的袜子、鞋子、帽子等,人们从里到外的穿着几乎都有无法察觉的石油化工产品。尤其在疫情期间,人人佩戴的口罩也是石油化工产品。算下来,人的一生花在"穿"上的石油达到290千克。

人的一生要"住"掉3790千克石油

环顾我们的四周,可以说每一处都离不开石油的参与。我们接触到的所有塑料制品,无一例外都来自于石油。例如,用聚乙烯制成的保鲜膜、食品袋;厨房、卫生间用聚氯乙烯制备的水管和电线电缆外皮,都要用到乙烯,而乙烯的主要来源就是石油裂解。用于制造塑料盆、微波炉保鲜盒等的聚丙烯，用于制造灯罩、泡面盒、一次性餐盒等的聚苯乙烯（PS）以及用于制造饮料、矿泉水瓶的聚对苯二甲酸乙二醇酯（PET）等，它们的原料丙烯、苯、甲苯等，都是石油化工的产物。当今社会，不论人的生活还是基础建设，离开石油化工产品几乎是不可能的。世界上已将乙烯产量作为衡量一个国家石油化工发展水平的重要标志之一。算下来，人的一生花在"住"上的石油近3790千克。

人的一生要"行"掉3838千克石油

人们出行之所以能愈加快捷，日行千里，石油扮演了极为重要的角色，人的一生大概在"行"上要花掉3838千克石油。除了车辆行驶"吃"掉的汽油、柴油，飞机"吃"掉的航空煤油之外，铺设道路的沥青也来自石油。要想机械运行顺畅，就需要润滑油或润滑脂对机械进行保养防护，减少机械磨损，否则它们离成为废铜烂铁也就不远了，而润滑油或者润滑脂同样是石油产品。生产轮胎的合成橡胶需要的大量原料，如乙烯、丙烯、丁烯和芳香烃，也都主要来自石油化工产品。

现代社会的人们离不开石油、天然气等化工产品。但我们要记住的是，我们今天所消耗的石油、天然气等资源，不是从老祖宗那里"继承"下来的，就是从我们的子孙后代那里"借"来的，好好珍惜吧！

（2022年第1期）

高效环保芳烃成套技术研发始末

崔玉波

芳烃是化学工业的重要根基,广泛用于三大合成材料以及医药、国防、农药、建材等领域。其中对二甲苯(PX)是用量最大的芳烃品种之一。当下约65%的纺织原料、80%的饮料包装瓶都来源于PX。目前,中国已经成为世界第一大化纤生产国和消费国,但芳烃这项与民生息息相关的生产技术,却曾长期困扰着中国石化工业。

"的确良"之觞

1928年,当时中国纺织业最为发达的城市——上海市政府想要选一种市花与伦敦、纽约、柏林、巴黎等姐妹城市互相媲美。1929年1月24日,上海市政府社会局初步确定市花的意向,提出莲花、月季、天竹三种花卉,送交市长择定。2月8日,经第107次市政会议讨论决定不由市长裁定,而交由全市民众投票选举,并增加棉花、牡丹和桂花三种花卉。最终,评选结果大大出乎组织者的预料:棉花击败了众多芬芳艳丽的鲜花,获得了最高票数,从而夺得了市花的桂冠,足见当时人们心中对丰衣足裳的愿望。

新中国成立后,由于耕地有限,棉花的种植不得不让位于粮食生产。1954年起,我国开始发放布票,对布料、成衣等各类纺织品实行定量供应。那时的"的确良"是长期从外国进口的紧俏货,一直供不应求。1968年6月16日,因抢购"的确良"衣服,上海石门二路的红缨服装店还发生过拥抢事件,造成1死6伤的惨剧。为一件美丽的衣裳,中国人曾付出过生命的代价。

为了解决老百姓的穿衣难问题,1972年2月我国实施"四三方案",开始从发达工业国家引进多种化工装备,大力发展化纤工业。1982年,设备引进成果初现,辽阳石油化纤总厂等四大化纤厂全部建成投产,解决了中国人穿衣难的问题。1982年12月1日,中国取消了使用了30年的布票。

1979年建成投产的辽阳石油化纤总厂

引进化纤设备短期内解决了穿衣问题，但装置的核心技术牢牢地掌控在外国供应商手中，生产管理和升级改造处处受制于人。尤其是芳烃成套技术，全球仅有欧美两家著名公司掌握。国内产能几乎全部依赖国外公司的技术，技术许可和专用吸附剂、催化剂等都需要支付极其昂贵的费用。1975年引进年产仅2.7万吨的对二甲苯装置，费用就高达400多万美元；而在2015年前后，一套年产60万吨的对二甲苯装置，技术转让、催化剂及专利设备费用达数亿元人民币。

在这样的大背景下，开展芳烃成套技术攻关，引领芳烃产业发展，成为中国几代石化人的梦想。

芳烃之变

一滴石油变成身上穿的五颜六色的时装，是一个复杂而精细的演化过程。原料油第一站要进入常减压等炼油装置炼出轻柴油或者石脑油，再经过复杂的裂解程序后，走上两条不同的路线：第一条是生成乙烯、丙烯和丁二烯等化工原料，进行复杂的加工后可以生成维纶、丙纶和腈纶等服装原材。第二路线是生成芳烃，芳烃再转化为苯、二甲苯，二甲苯又嫡系单传出大名鼎鼎的对二甲苯——也就是人们常说的化工原料PX；对二甲苯又生下了两个贵子：老大是对苯二甲酸（PTA），老二是对苯二甲酸二甲酯（DMT），这哥俩的用途多种多样，但有一个共同点就是都可以用来制作聚酯纤维（PET）。

聚酯纤维俗称"涤纶"，学名聚对苯二甲酸乙二酯纤维。1941年，英国人以对苯二甲酸和乙二醇为原料在实验室内首先研制成功聚酯纤维，命名为特丽纶。1953年，美国生产出了名为达可纶的聚酯纤维。随后聚酯纤维在世界各国得到迅速发展，因其抗皱性和保形性很好，成为制作服装的首选面料。而作为化纤中产量最大的品种，涤纶占据着化纤行业近80%的市场份额。

想要有充足的涤纶供应，攻克芳烃生产成套技术，成为世界最大的PX产品供应商，为国家提供充足的涤纶供应，是中国石化多年来一直追求的目标。1983年，中国石化攻克了芳烃抽提工艺及软件设计。随后又研制出了SKI-300、SKI-400型二甲苯异构化催化剂，在我国引进的7套异构化装置中有6套采用国产化的催化剂，主要指标性能达到或超过当时世界先进水平，该技术获得了1987年国家科学技术进步奖二等奖。1996年，上海石油化工研究院成功地将以HAT系列催化剂为核心技术的S-TDT甲苯和重芳烃歧化与烷基转移成套技术实现工业化，到2009年，已经掌握多项芳烃生产单元技术，只有吸附分离这一关键技术没有实现国产化。

但可喜的是，PX吸附剂的开发工作已取得了重要进展，中国石化石油化工科学研究院从20世纪90年代初开展对二甲苯吸附分离技术的探索研究，研发出RAX-2000型国产吸附剂，2004年在中国石化齐鲁分公司完成工业试验，各项指标均达到甚至优于进口剂水平，价格比进口剂低三分之一。当中国石化陆续在引进的PX吸附分离装置上推广RAX-2000型国产吸附剂的时候，国外公司凭借其在吸附分离工艺工程技术垄断的优势，不允许国内装置使用国产吸附剂，否则将不再为装置提供技术保障。

国外公司设置的技术壁垒进一步激发了中国石化自主开发芳烃成套技术的雄心壮志。2009年，为了突破国外公司对PX吸附分离工艺技术的垄断，中国石化通过"十条龙"科技攻关给予大力支持，成立了以戴厚良为组长的芳烃成套技术攻关领导小组，集合科研、设计、建设、生产等单位2000余名技术人员联合攻关，正式开启了自主PX吸附分离工艺技术攻坚战的序幕。

难关之难

戴厚良是国内芳烃成套技术领域的专家，曾主持完成扬子石化芳烃联合装置扩能改造等项目。他亲自参与自主PX吸附分离技术研发项目的研讨，制定总体攻关方案，决策重大技术难点解决方案及措施，组织项目工业示范和工业应用实施，带领攻关组破解研发和工业应用中的各种难题。

以生产对二甲苯为核心的芳烃成套技术难点主要包括三个方面：一是需要开发高效的催化材料，提高芳烃资源利用率。催化材料包括新型歧化催化剂和新型异构化催化剂。二是需要开发高效吸附材料、工艺及专用设备（如新型吸附剂、格栅，模拟移动床新工艺，精准的控制系统等），提高分离效率。三是需要提高安全、节能、环保性能。此外，对二甲苯产品纯度要求高，但工业装置各物料和产品的进出要通过阀门周期切换，这会造成管线内不同物料残留，哪怕是微量残留未消除都会影响产品的纯度和收率。

分离混合二甲苯是得到PX的主要方法。混合二甲苯简称C_8馏分，由PX、间二甲苯（MX）、邻二甲苯（OX）和乙苯（EB）组成，各组分间的沸点差异很小，采用传统的精馏方法难以实现良好的分离效果。工业上分离PX的方法主要有结晶分离法和吸附分离法两种。典型技术是霍尼韦尔UOP的吸附分离和BP-CB&I Lummus的结晶分离技术。

为了尽快攻克技术难关，科研人员争分夺秒地埋头试验，终于攻克了吸附分离工艺这一关键技术——SorPX工艺技术。该工艺是利用吸附剂分子筛表面对C_8芳烃异构体中PX的优先选择吸附能力，使之在吸附塔内与C_8芳烃逆流接触，进行反复多次的传质过程，使PX在吸附剂上逐步提浓，并利用解吸剂把PX从吸附剂上解吸出来，得到的抽出液经过精馏生产出高纯度的PX，将贫PX的物料送入异构化装置，解吸剂循环使用。

但是，由于固体吸附剂循环流动时，不仅会带来机械磨损问题，同时也很难做到固体均匀流动，因此，技术人员利用模拟移动床原理实现固液相连续逆向分离。模拟移动床是一种利用吸附原理进行液体分离操作的传质设备。它是以逆流连续操作方式，通过变换固定床吸附设备的物料进出口位置，使得液流进出口位置沿着液体流动方向移动，这就模拟了固体以相反方向移动，可以达到与移动床同样的效果。

这项工艺的另外一项世界级难题是模拟移动床控制系统。它是SorPX工艺的专用控制系统，研发成功后可以实现生产全程的智能化管理。另外，还攻克了吸附塔内件格栅、二甲苯塔重沸炉大型化研发等难题。从装置到技术都在国产化的道路上走出了一条新路。

高效环保芳烃成套技术实现了五大创新：一是首创原料精制绿色新工艺。以化学反应替代物理吸附，实现了原理创新，精制剂寿命延长40~60倍，固废排放减少98%；二是首创芳烃高效转化与分离新型分子筛材料。重芳烃转化能力提高70%~80%，资源利用率提高5%，吸附分离效率提高10%；三是集成创新控制方法实现智能控制。实现了短时间大流量变化的快速调控，吸附塔压力波动幅度显著降低，确保了装置长周期本质安全与高效精准运行；四是首创芳烃联合装置能量深度集成新工艺。装置运行实现由"需要外部供电"到"向外部输送电"的历史性突破，单位产品综合能耗降低28%；五是创新设计方法与制造工艺，实现了关键装备"中国创造"。创新设计并建造了世界规模最大的单炉膛芳烃加热炉和多溢流板式芳烃精馏塔，率先开发了新型结构的吸附塔格栅专利设备，流体混合与分配均匀性显著提高。

从扬子石化到海南炼化

2011年，中国石化利用自主研发的PX吸附分离技术在扬子石化建成每年3万吨首套工业试验装置。2013年12月，在海南炼化建设了每年60万吨PX吸附分离装置，顺利开工运转，各项关键技术指标达到甚至优于国际同类水平。海南炼化芳烃联合装置是中国石化自主芳烃成套技术首次在大规模芳烃联合装置上应用，标志着中国石化完全掌握了大规模芳烃联合装置全流程生产技术，具备了芳烃联合装置工艺设计、工程建设、吸附剂制备生产的能力，彻底改变了我国芳烃核心技术必须依赖国外引进的历史。中国石化成为全球第三个具有完全自主知识产权的芳烃生产技术专利商，将为国内芳烃工业发展创造新的战略发展机遇。

由于中国石化具有自主知识产权，投资费用比进口技术节省了1.5亿元人民币。科研人员在研发过程中突出了中国石化绿色低碳的理念。与国内同类装置相比，海南炼化这套PX装置每生产1吨PX产品，能耗要低150千克标油。按PX年产量60万吨计算，每年在降低能耗这一方面就可以节省3亿元以上。有数据显示，自2012年至2014年，这项"高效环保芳烃成套技术"已累计实现新增销售收入139.5亿元，利润11.5亿，经济效益显著。

海南炼化60万吨/年对二甲苯项目推广应用成功，多项单元技术也已在国内广泛应用，此外还推广到海湾、东南亚、东欧等国家。长期引进技术的东方大国终于将自己的国产化技术输出到国外，充分展示了中国石化人的科技自信和文化自信。

四十年磨一剑，助力芳烃成套技术的横空出世。在2015年国家科学技术奖励大会上，一项由中国石化集团带头完成的"高效环保芳烃成套技术开发及应用"项目荣获了2015年度国家科学技术进步奖特等奖。这一项目被媒体评价"为守住我国18亿亩耕地红线做出了重要贡献"。闵恩泽、袁渭康、何鸣元、袁晴棠、欧阳平凯、谭天伟等6位院士对此予以高度评价，认为这是石油化工技术领域的里程碑。

参 考 文 献

[1] 王基铭，袁晴棠. 石油化工技术新进展［M］. 北京：中国石化出版社，2002.
[2] 中国石油化工集团公司科技部，中国石油化工集团公司办公厅. 中国石化科技［M］. 北京：中国石化出版社，2013.
[3] 龙军. 中国石化科技创新案例［M］. 北京：中国石化出版社，2013.

（2022年第2期）

碳纤维加持的"塑料地铁"

崔玉波

(中国石油学会石油知识杂志社)

如果有一天,你走进了"塑料"材料制造的地铁列车,而且车厢豪华如同 KTV 包房,你会有何感想呢?这不是科幻小说中的虚幻场景,而是石化科技助力即将实现的美好生活。2018 年 9 月 18 日,在德国举行的柏林国际轨道交通技术展上,来自中国的新一代碳纤维地铁车辆"CETROVO"精彩亮相。远远望去,外观比超级跑车还要炫,受到大批商家赞赏。此后,该种地铁列车相继在青岛、广州试跑成功,因优异的综合性能获得了 2019 年中国国际工业博览会科技创新大奖。

"CETROVO"外观

碳纤维的发展简史

碳纤维指含碳量在 90% 以上的高强度、高模量的新型纤维。目前,世界上的主流生产方式都是以腈纶纤维、沥青纤维、聚丙烯腈纤维等合成纤维为原料,经过高温等方式进行。这种材料既有碳物质自身固有的强韧,又兼具纺织纤维的柔软,因此被称作"新材料之王"。碳纤维的强度十分惊人。从相对密度上来说,碳纤维不足钢的 1/4,但是强度却是钢的 10 倍,也就是说其单位质量所体现出来的强度是钢的 40 倍。手指头粗的一束碳纤维,可以拉动两架 C919 的飞机!

碳纤维的发明源于人类对光明的憧憬。1879 年,在石油工业还没有出现的时候,美国发明家爱迪生将椴树内皮、黄麻、马尼拉麻和大麻等富含纤维的物质进行加工,使之定型为他需要的那种纤细的外形,然后对其进行高温烘烤,最后得到了一种碳丝——这就是最早的碳纤维。爱迪生想用它来制作灯泡中的灯丝,但这种东西容易碎断,试了半天只得放弃。最终,他用钨丝作白炽灯的发光体获得了成功。

这种碳纤维虽然在当时没有得到有效应用,但碳纤维的加工理念却被后来的科学家们继承下来,并不断摸索新的生产途径。不过,早期的碳纤维生产工艺虽然花样繁多,但都无法实现工业化生产,一直未能和人们的生活发生真正的联系。直到 20 世纪 50 年代初,由于航空航天技术的发展,部分国家对高强度、高模量和耐高温的新材料求之若渴,于是又想起了一直没有太大作为的碳纤维。

在碳纤维这种材料的成长过程中,美国、日本等国家的科学家做出了较大的贡献。美国首先发明了以黏胶纤维和聚丙烯腈(PAN)纤维为原料制取碳纤维的方法。随后,日本又制成了聚氯乙烯沥青基碳纤维、高性能聚丙烯腈基碳纤维和沥青基碳纤维，最终崛起为碳纤维生产大国。在这个过程中，可以说是石化工业的飞速发展为碳纤维带来了新生。

碳纤维的加工流程十分复杂，先是将石脑油加工成丙烯腈，再将其聚合成聚丙烯腈，然后经过一系列复杂的高温加工，才能制造出丝状的碳纤维。一根碳纤维丝的直径只有5微米，相当于一根头发丝的十到十二分之一。

不过，这种碳纤维单独使用效果并不好，一般情况下需要和环氧树脂——就是人们平时说的塑料进行复合，形成一种全新的碳纤维复合材料，才可以用来制造地铁车厢、飞机和航空器的某些结构。树脂就是平常说的塑料，这也是人们将碳纤维地铁说成"塑料地铁"的原因。

碳纤维和我们越来越近

碳纤维也分三六九等。按照丝束大小，碳纤维可分为大丝束和小丝束，一般来说，24K以下的为小丝束，24K以上的为大丝束（1K代表一束纤维丝里包含1000根单丝），小丝束碳纤维在工艺上的要求更严格。按照拉伸强度，可以分为T300、T600、T700、T800、T1000等型号。其中的"T"代表拉伸强度，强度越高，其生产难度越大，应用的范围越尖端。T800及T800以上的碳纤维基本上应用于国防军工和民用航空工业。T800以下视应用情况，分别可用于汽车、风机叶片、儿童玩具等。

近年来，碳纤维材料与我们的距离越来越近。电影《速度与激情》第三部《东京漂移》中，炫酷的350Z的车身就是碳纤维打造。《复仇者联盟》中猎鹰的翅膀，《超能陆战队》中大白的躯干等也都是碳纤维制成。最为著名的是超级跑车阿斯顿马丁的Valkyrie AMR Pro，也采用了全碳纤维的车身和大量的轻量化配件，它的整车质量仅为1吨！国产客机C919的碳纤维复合材料占比也达到了12%。

更有艺术性的应用，那就是2022年北京冬奥会火炬"飞扬"。它以碳纤维为主材，采用三维编织技术制成，如同织女"织毛衣"一样织成了精巧绝伦的火炬外形。别看它是"塑料"的，但它既耐高温，又能够耐火，在800摄氏度左右的燃烧环境下都可以保持金身不破，正常使用。

现在，大到航天飞机，小到手机壳，碳纤维的身影已经随处可见，"软硬兼施"地深入到我们的世界之中，让生活变得更加便捷和美好。它和地铁列车的联姻过程虽然缓慢，但它不可替代的优势正在显现。

自1863年英国伦敦建成世界上第一条地铁线以来，地铁车辆用材料经历了以普通钢、不锈钢和铝合金为主的三个阶段。材料使用的趋势是向更轻便、更坚固的方向发展。碳纤维在不断的升级过程中，展示出无与伦比的强度，地铁列车也开始与其擦出了"情感火花"。

2000年，法国国营铁路公司研发出双层高速列车（TGV）挂车。2010年，韩国铁道科学研究院着手研制倾斜摆式列车。这两种列车车体均采用碳纤维铝蜂窝夹芯材质，在复合层中嵌入不锈钢骨架用来提高车体的结构强度，通过此工艺，车体总质量降低了40%。随后，德国、韩国等国家将碳纤维陆续用于高速列车车顶、转向架、过渡车钩、刹车片和司机室等部分，大大地减轻了车体质量。2011年底，中国中车也研制出高速试验车碳纤维复合材料车头罩。不过，到此为止，世界上还没有任何一个国家用碳纤维为材料来制造地铁整车。

炫酷的"CETROVO"

中国碳纤维产业后来虽未居上，但成绩也十分可观。2017年，中国碳纤维产能上升到2.60万吨，仅次于美国和日本，成为碳纤维生产和应用大国。材料研发的进步为"塑料地铁"的诞生创造了条件。经过几十年的技术积累，成功突破碳纤维大型复杂件结构设计、制造成型等关键技术，最终集大成地完成了全球首辆整体车身均采用碳纤维复合材料制造的地铁列车"CETROVO"。该列车车体、转向架构架、司机室、设备舱及设备机体等均使用碳纤维复合材料制造，可满足地铁车体运行时各种复杂工况要求。

与传统地铁相比，从皮肤到骨骼都采用碳纤维的"CETROVO"表现出许多不可比拟的优点。一是车体轻，与采用钢、铝合金等传统金属材料相比，车体、司机室、设备舱分别减重30%以上，转向架构架减重40%，整车减重13%；二是节能，身体轻消耗的能量也少，据测算，新一代地铁车辆可综合节能15%以上；三是速度快，列车运行时正常时速可达140千米，传统地铁列车只能望尘莫及；四是不怕冷，能够在高温高湿、零下40摄氏度高寒、2500米高海拔等复杂环境下运行；五是噪声低，采用先进的减振降噪技术，优化了降噪设计，列车运行时客室噪声仅68分贝，比传统地铁降低了3分贝以上……

更为重要的是，为满足人们的生活和工作需要，"塑料地铁"应用现代智能化技术，让乘客在上下班途中可以轻松进入智慧世界的"触控"时代，每个车窗将变身为一个触控显示屏，成为能传达各种图文视频信息的超大版"Pad"，乘客只需用手指触摸车窗，就能在车窗上看新闻、刷抖音、上网课。如果乘客达成一致，还可以在车厢内K歌，地铁车厢瞬间变身为穿行在城市中的一间KTV包房。

可以点歌的车窗

有人会说"塑料地铁"的成本会很贵。碳纤维复合材料地铁的制造成本确实要高于传统金属材料。但碳纤维复合材料更加轻量化，运行成本明显降低，节能优势明显，可有效保证列车在30年服役期内不发生疲劳、腐蚀等问题，减少了运营成本。因此，从列车的全生命周期考虑，成本并不高。

聚丙烯腈和合成树脂都是极其普通的石化材料。但是，化腐朽为神奇的科技力量一旦在世界找到一个支点，创造出一种神奇的材料或技术，就将撬动我们的生活，创造出惊人的奇迹。"塑料地铁"就是这种科技进步的典范。让我们等待它快速地普及起来吧！

（2024年第2期）

膜结构中的建筑"膜法"

崔玉波

(中国石油学会石油知识杂志社)

膜结构建筑就是以高强度柔性薄膜材料为膜面，在支撑杆和拉索的作用下，形成的稳定曲面，进而构建一种稳定的空间结构。美国南伊利诺依大学教授巴克敏斯特·富勒是对膜结构建筑理论贡献最大的科学家之一。他在20世纪50年代开始先后提出了"少费多用"和"Dymaxion House"生态设计方案。核心就是在建设过程中，要充分发挥材料自身特性，用最少且轻的材料建造尽可能大的空间。以他的理论为起点，膜结构建筑开始慢慢走进人们的生活。

膜结构建筑发展史

为了践行富勒等人的理念，很多建筑学家进行了卓有成效的实践。自1946年开始，美国工程师沃尔特·伯德建成了百余个充气结构，均采用尼龙、涤纶包裹着乙烯、氯丁橡胶制成的膜材。1957年，他又将自家的游泳池罩在一个充气膜结构中，并通过美国的《生活》杂志做了详细介绍，从而使充气膜结构被世人知晓。

1967年，蒙特利尔世博会上的德国馆成为膜结构建筑的一座里程碑。设计师奥托曾经是参加过二战的空军飞行员，他在一次战斗中成为俘虏，并被关押在一所战俘营中。他在那里为囚犯们建设临时性住所时，产生了这种设计灵感。在受邀设计德国馆时，他将这种设计理念付诸实践。该馆占地8000平方米，采用8根钢铁的桅杆和50厘米直径钢缆结成索网，膜面采用半透明的白色涤纶。

涤纶又称特丽纶，美国人称它为"达克纶"，在中国俗称"的确良"，是合成纤维中的一个重要品种，学名为聚对苯二甲酸乙二醇酯(PET)。这种材料制成的面料具有极优良的定型性能，大量用于制造衣着面料和工业制品。奥托的涤纶膜结构简洁美观，便于组装，与传统结构比起来造价相对低廉，为室外蓬式建筑提供了成功范例。该建筑在当时轰动全球，为后来层出不穷的膜结构应用提供了范本。1970年，大阪世界博览会上，由建筑师戴维斯等人设计的美国馆成为膜结构建筑的又一代表作品。美国馆纵向跨度142米、横向跨度83.5米，是世界上第一个大跨度、低轮廓的气承式膜结构。在膜材方面，不再使用聚酯纤维，而是采用聚氯乙烯(PVC)涂层的玻璃纤维织物。聚氯乙烯是氯乙烯在一定条件下聚合而成的聚合物。1835年，美国V·勒尼奥用日光照射氯乙烯时生成一种白色固体，即聚氯乙烯。聚氯乙烯在建筑材料、工业制品、日用品等方面均有广泛应用。

大阪世界博览会上出现的膜结构建筑，被认为是建筑史上的一次历史性转折，是膜结构建筑时代开始的标志。自此，膜结构逐渐应用于体育建筑、商场、展览中心、交通服务设施等大跨度建筑中，成为结构设计选型中的一个主要方案。膜结构建筑升级换代的重要特点，就是与石化领域的新材料研发密切相关。可以说，每出现一代新材料，就会造就新一代膜结构建筑，新型膜材及其应用技术是膜结构发展的基石。

特氟龙与千年穹顶

20世纪60年代，玻璃纤维织造技术发展迅速，得到了广泛应用，但仍然离不开聚乙烯基类作为表面涂层为其遮风挡雨。20世纪70年代初，美国杜邦公司成功研制聚四氟乙烯(PTFE)表面涂层材料。此后，以玻璃纤维为基布、以 PTFE 为涂层的现代织物膜材迅速问世。该膜材具有高强度、良好自洁性等优异性能，迅速在建筑工程上得到了广泛应用。PTFE 膜材出现，也开启了膜结构被正式应用于永久性建筑的新时代。

聚四氟乙烯的发现是一个歪打正着的过程。1938 年夏天，美国杜邦公司杰克森实验室的罗伊·普伦基特将四氟乙烯存放在干冰冷却的钢瓶里，为进一步做氯氟烃的研究做好准备。几天后，他和助手一起打开了钢瓶，按实验流程，他通过流量计将气化的四氟乙烯送入反应器。没过多久，他发现四氟乙烯停止了流动，而流量计却显示钢瓶里仍有四氟乙烯没有释放出来。普伦基特摇晃了几下钢瓶，发现里面有一些固体物质发出响动。他很奇怪，就用一把钢锯把钢瓶锯开，结果发现里面有相当多白色的粉末。他恍然大悟，这几天四氟乙烯在钢瓶里偷偷地发生了聚合反应，白色粉末就是聚合而成的聚四氟乙烯。

聚四氟乙烯的商品名称就是不粘锅上的涂料、大名鼎鼎的特氟龙（Teflon）。特氟龙是四氟乙烯经聚合而成的高分子化合物，具有优良的化学稳定性、耐腐蚀性、耐高低温性、电绝缘性、表面不黏性等。不过，和应用于不粘锅相比，应用在高大美观的建筑物上更加光彩夺目。经过科学家们的努力，一种以玻纤织物为基材、以聚四氟乙烯为涂层的膜材最终问世。该膜材防火、不燃、不受紫外线影响，透光性较好，具有很高的自洁性和耐用性。

英国泰晤士河畔的千年穹顶就是采用这种膜材的杰作。18 万平方米的千年穹顶覆盖膜材，最先采用的是以聚酯为基材的织物，效果并不理想，后来才改用涂聚四氟乙烯的玻璃纤维织物。千年穹顶膜材的改变一度成为英国媒体的话题。但最终该建筑还是在 2000 年到来之际展示出了膜结构建筑的美好形象。

软玻璃与水立方

特氟龙曾号称"塑料之王"，威风八面，但在膜结构中只是应用于膜结构的罩顶。进入 21 世纪后，应用更为广泛、技术要求也更高的一种膜材料 ETFE（乙烯—四氟乙烯共聚物）开始独占鳌头。ETFE 生料是一种无色透明的颗粒状结晶体。以它为原料挤压成型的薄膜是一种典型的透明非织物类膜材，广泛应用于膜结构建筑的罩顶和墙面，有"软玻璃"的美誉。

ETFE 膜材具有高抗污、易清洗、不易燃、透光性好、使用寿命长等特点。最为重要的是 ETFE 膜可以循环利用，淘汰的旧料可以翻新为新的膜材料，或者分离杂质后生产其他 ETFE 产品。最为重要的是，ETFE 树脂可通过模具塑成任何形状。这些优点使其成为永久性多层可移动屋顶结构的理想材料。

ETFE 是由美国和德国的两家公司于 1970 年联手研发成功的。最初，只是想用它来做绝缘电缆之用，后来有人发现在化工、汽车、航空及核工业领域都有它的用武之地，有着广泛的商业价值。20 世纪 70 年代，建筑领域开始关注 ETFE 这种新型材料。首先由德国一家公司用这种膜材代替玻璃建成了一种温室，用来种植各种植物。实验结论证明，植物长势良好，营养价值与户外作物没有差别。后续一些国家的实验证明，这种材料在户外历经 10 年的风雨，热学性能与机械性能几乎没有发生改变。这些实验数据为 ETFE 膜材在建筑领域的进一步应用铺平了道路。

2001 年竣工的英国康沃尔郡的"伊甸园"温室工程采用的覆盖材料便是 ETFE 膜。采用这种膜材建成的"伊甸园"，白天不用照明，可以大幅度降低能源消耗。且质量很轻，仅为同面积玻璃质量的1%，可单独使用，使用寿命可达 25 年以上。

中国的膜结构应用实例也很多，仅仅在北京就可以看到水立方、鸟巢、世博园和国家大剧院等，每一个都堪称建筑史上的杰作。不过，在国内外获得奖项最多、最为著名的当属水立方。水立方能够获得如此之高的荣誉，要归功于外立面所使用的ETFE膜材。

水立方是世界上规模最大的ETFE充气膜结构建筑。这个长宽各177米、高31米的建筑结构，由3615个ETFE膜材制成的气枕组成，覆盖面积达到10余万平方米。气枕大小不一，为多种规格的不规则多边形，最大跨度为10.75米，最大气枕面积约70平方米，最小气枕面积不足0.5平方米。一块块气枕好像一个个"水泡泡"，给水立方穿上了一件蓝波荡漾的外衣，凸显了国家游泳馆的建筑主题。这种"泡泡装"有自洁功能，使膜的表面基本上不沾灰尘。即使沾上灰尘，自然降水也足以使之清洁如新。此外，膜材料具有较好的抗压性，人们在上面"玩蹦床"都没问题，"正常的放上一辆汽车都不会压坏"。

如梦似幻的水立方

ETFE膜材与现代建筑设计理念的完美结合，造就了新颖奇特、美轮美奂、充满灵气与神韵的陆上水世界，使水立方成为举世瞩目的中国标志性建筑之一。

（2024年第3期）

雪花膏、口红和女人之美

王旻

化妆品是指以涂擦、喷洒或者其他类似方法，施用于人体表面如皮肤、毛发、指甲、口唇等部位，以达到清洁、消除不良气味、护肤、美容和修饰目的的日用化学工业品。很多化妆品都含有白油、石蜡和凡士林等主要成分，这些东西都来自石油。

白油、石蜡和凡士林

白油是一种无色、无味的黏稠状透明液体，主要成分为中等碳链液体烷烃的混合物，主要是石油的减压馏分经过脱蜡、中和及精制处理而制得，常用来制造乳剂类、膏霜类化妆品。白油有许多规格的数字编号，编号越大黏度越高。异构烷烃含量高的白油，有助于皮肤正常呼吸、排出汗液；若正构烷烃含量高，则会在皮肤表面形成障碍性薄膜，影响皮肤透气。

石蜡是从石油中提取出来的矿物蜡，是目前产量最大、应用最广的一种工业石蜡。石蜡是石油分馏后包含在减压馏分中的各种高分子饱和烃类的混合物，是白色至黄色、略带透明、无臭无味的结晶性蜡状固体，熔点 50～70℃。石蜡有优良的物理性能和很好的化学稳定性，可用于膏霜类化妆品。

凡士林是白色或淡黄色的半透明油膏，能溶于氯仿和油类，不溶于乙醇和水，是制作发蜡、发乳、冷霜润肤油、防裂护肤霜等化妆品的重要原料。凡士林由原油减压渣油中脱出的蜡与中等黏度润滑油精制而成。用于化妆品的凡士林色白、无臭，结构细腻均匀，呈半透明状。

此外，化妆品中的乳化剂、防腐剂、增黏剂、湿润剂、紫外线吸收剂和色素等也多是石油工业的副产品。说起这些材料与化妆品的渊源，雪花膏或许更为人熟知。

雪花膏曾经风行一时

20 世纪中期，女孩子们的化妆品十分稀少，但是雪花膏似乎家家都用得起。雪花膏得名的原因是它擦在皮肤上会立即消失，就像雪花在皮肤上融化一样。雪花膏的主要原料是硬脂酸、香精，以及起保湿作用的甘油、丙二醇和聚乙二醇等保湿剂，可以阻止皮肤水分蒸发。这些起到保湿作用的物质大部分可以从石油化工领域获得。女士在敷粉前，也常常先涂上雪花膏，因为保湿剂有黏附力，可以黏附香粉并避免粉粒堵塞毛孔。

雪花膏起源于英国。1886 年，英国医学会第 54 届年会上，英国医药公司宝威药行的两位创始人展示了夏士莲雪花膏，并获得广泛关注。这是目前可见史料中，夏士莲雪花膏首次面向公众的记载，也是一次非常成功的亮相。1892 年，夏士莲雪花膏正式投入生产。19 世纪末，英国"夏士莲雪花"商标迅速占领了上海的化妆品市场。"雪花膏"这个形神兼具的名称，正是意译自该品牌。

20 世纪 30 年代，上海的街头到处都能看见国产或进口的雪花膏广告。广告上印着当红明星白杨梳妆台前的美好身影，展露着甜美的笑容，让当时的女人心生对美的无限向往。雪花膏被誉为"最为爱美仕女之妆台良伴"。在那个动荡不安的时代，只有老上海的名媛才能用得起的雪花膏是不折不扣的奢侈品。

至少从 20 世纪 20 年代起，雪花膏的制造工艺便通过大众报刊和通俗读物广为流传了。比如在

1924年第1109期《通问报》上刊登的《制雪花膏法》一文中，是这样描述雪花膏制法的："………其制法甚为简单，兹将制法开列如左：碳酸镁、白凡士林、硼酸十分、居里色林一分、龙脑五厘，以上五件药品，另外用酒精一二滴调和，即成雪花膏。"

不应忘记的石油凝胶

除了雪花膏，19世纪中后期还出现了凡士林等种类护肤品，这主要归功于罗伯特·切斯堡的贡献。19世纪50年代，出生于英国的切斯堡开始炼制并出售煤油以供人们照明。有一天，他看到一个清理炼油设备的工人收集炼油残渣用来治疗皮肤伤口，他开始对石油提炼物可能拥有的愈合作用产生了浓厚的兴趣。

经过多年的研究，切斯堡开发出一款纯净、无异味、安全的"石油凝胶"，并注册了凡士林（Vaseline）商标。该名字取自萨克森语Wasser（water，水）和希腊语Oleon（oil，油）。他最初推着一辆货车到处叫卖，生意迅速壮大，挣了不少钱。

1873年，他说服高露洁公司帮他分销产品，这样的合作一直持续到20世纪50年代。他的产品还获得了包括1876年英国著名医疗杂志《柳叶刀》在内的不少医疗机构的推荐。1880年，他成立了自己的公司，推广凡士林，但第二年就被约翰·洛克菲勒的标准石油公司收购。后来，由于凡士林所含的石油提取物具有加速伤口愈合的效果，而被更广泛地用于医疗领域，而非仅限于美容化妆。

口红为什么这样红

张爱玲在散文《童言无忌》中写道："生平第一次赚钱，是在中学时代，画了一张漫画投到英文《大美晚报》上，报馆给了我五块钱，我立刻去买了一支小号的丹祺唇膏。"可见张爱玲对于口红的喜爱是发自骨子里的。她晚年深居简出，去世时身边的遗物只有手稿、假发和口红。好莱坞巨星伊丽莎白·泰勒曾说过："女人一生拥有的第一件化妆品，就应该是口红。"时至今日，口红在美容化妆品家族中仍然有着王妃般的地位。

中国最早使用口红的证据源自旧石器时代文物红山女神像，先民们在女神嘴唇上涂上朱砂。而在国外，关于口红的最早记录可以追溯到五千年前的古代苏美尔女王，女王命人从富含铅铁的岩石中获得红色颜料，用于双唇，增添迷人的红色。

大量出土壁画表明约五千年前，古埃及人不分男女，皆爱红妆，狂热的化妆风俗让口红首次成为全民日常用品。古埃及人对汞的毒性知之甚少，他们甚至用一种含汞的叫作黑角菜海藻的红紫色植物做染料配制口红，这无异于与死亡"接吻"。第一个闻名于世的口红狂人当属

1867年的口红外观

埃及艳后克里奥帕特拉七世，她对口红的极端喜爱引领了古埃及的时尚潮流，推动了口红制作技术的发展。

公元前800年开始发展的古希腊，却不鼓励女人涂口红，甚至认为只有地位低贱的妓女才会用口

第一款旋转式口红

红。到了古罗马时代，口红才又重新流行。在黑暗的欧洲中世纪，口红又在某些地方开区被禁用。近代以来，英国女王伊丽莎白一世则成了口红迷，她喜欢用胭脂虫等物调制口红，从而引领了英国的红唇风潮。由此可见，口红不仅只是一种化妆品，更承载着历史文化与价值观。

进入19世纪，工业化过程较早的美国成为口红发展的主要舞台，女性涂口红被广泛接受，女演员更是趋之若鹜。此时，口红的原料也在发生变化，由油脂和染料组成的现代口红诞生，制造者将膏状口红装于小瓶内，然后用刷子蘸上涂抹。

大约1884年，娇兰公司发明了管状口红。1915年，美国康涅狄格州特伯里的毛里求斯李维和史柯维尔制造公司制造了世界上第一支金属管口红，只需轻轻推动管身上的小滑杆，膏体即可伸出。这种口红的出现是化妆历史上的一次革命，也标志着现代口红的正式诞生。

1923年，田纳西州纳什维尔的詹姆斯·布鲁斯·梅森发明了旋转式口红管。这种设计一直沿用至今。

随着时间的推移，口红的成分也在不断发生变化。从时间顺序来分，胭脂虫、朱砂、"红蓝"花色素、重绛、石榴花、苏方木等都曾作为口红的染料。但生物或植物染料相当昂贵，普及到百姓中几乎不可能，因此大量使用合成染料是当代口红的主要特征。如用橙色溴红酸染料制成的唇膏，会随嘴唇pH值的变化变成鲜红色，从而诞生了"变色唇膏"；用带金属光泽的颜料则可制成珠光唇膏，它们都是着色剂在高分子烃类混合物中的溶液，可在唇肤的角质层上形成均匀薄膜，不溶于唾液，故持久且不易脱落，有助于防止嘴唇干裂。

口红和雪花膏、冷霜、奶液、发乳等乳化体化妆品一样，油脂和蜡类是组成基质的原料，主要起护肤、滋润皮肤等作用。所用的油脂和蜡类分为三类，从动植物中提取的天然动植物的油脂和蜡，以及由这些油脂和蜡中分离出的脂肪酸和脂肪醇等；从石油资源中制得的矿物性油脂和蜡；人工合成的油脂和蜡等。另外，芳香剂、防腐剂等也占很小的比例。这些原料涵盖了从复杂的有机化合物到完全自然的成分。可以看出，口红中的染料和部分油体来自石油炼制工业的白油和凡士林，虽然比例不大，但起到画龙点睛的作用，不可或缺。

结　语

进入20世纪以后，随着石油化工、物理学、生理学和医药学的飞速发展，许多新的原料、设备和技术被应用于生产化妆品，使化妆品种类迅速丰富起来，但它们都有一个特点，就是越来越多地采用现代石化工业的新材料，例如，滋润皮肤的润肤霜、营养霜、粉底霜、防晒霜、奶液的主要成分离不开石蜡、凡士林；面膜类产品的主要成分已经不再是高岭土、面粉等，而是聚乙烯吡咯烷酮、羟甲基纤维素和聚乙烯醇等。

科学让女人更美，从雪花膏到口红，已经验证了这个结论"放之四海而皆准"。

（2025年第1期）

油气储运

形形色色的油气库

徐晓斌

（中国石油天然气总公司）

油、气库是石油和天然气的重要储存、集散场所，也是目前世界上油、气生产与使用间不可缺少的枢纽。

世界上的油、气库各具特色。

最早的油库是在中国陕西省延长县南迎河附近。《元一统志》是这样记载的："延川县西北八十里永平村有一井，岁办四百斤，入路之延丰库。"这口井指的就是延长县南迎河开凿的产油井，延丰库是目前有文字记载的最早的油库。但遗憾的是文字中没有关于这个库的规模和其他相关数据。

世界上最早的地下储气库是 1916 年建在美国纽约州的康克德气库。它是变废为宝，利用一个废弃的气田建造的。

1946 年，美国的肯塔基州的路易斯维尔气体和电力公司，第一个把天然气注入地下含水砂岩地层之中贮存，开辟了天然气储存的又一新领域，为天然气库的建设与发展迈出了有意义的一步。

1985 年 7 月，英国在苏格兰的阿伯丁附近建立了世界上第一座海上天然气库，并于当年底开始向英国本土正式输气。该库是由海上罗夫老气田改造而成的。它距离海岸约 29 千米，水深 36.6 米，库长约 9.7 千米，宽 1.6~2.3 千米，储气约 113×10^8 立方米，每年可供气达 80 多天。

第一座海上人工油库是建立在日本九州岛北端的浮式储油库。这个库由 8 座 70×10^4 立方米的海上油罐组成，总储油量可达 560×10^4 立方米。尔后，日本又在长崎岛附近建立了有 7 座 88×10^4 立方米储罐的又一海上油库，总储油量超过 600×10^4 立方米，成为当时海上最大的人工油库。日本人还在油库外建立了防波堤，保证了油库的安全运行。

进入 20 世纪 80 年代，日本的石油公团，又在九州的喜入港附近建立了储量达 659×10^4 立方米的油库，被称为当今世界中转油库之最。它共包括 30 座 10×10^4 立方米的油罐。该库油罐是用日本产的高强度厚钢板制做而成，罐区外建设了防波堤以抵御风浪的冲击，一般可抗 76 米/秒大风的冲击。

中国油气库的建设与管理在近年来有了大幅度的发展与提高。目前多为钢结构的陆上油、气库群，海上和地下油、气库除黄岛地下库外，尚属空白，随着中国经济建设的进一步发展，相信在中国也会有海上及地下油、气库的出现，为经济建设与发展作出贡献。

（1994 年第 2 期）

新中国第一条长输管道与西北油气管道

李玉屏

（华北油田）

新中国成立后，国民经济各个方面都要求石油工业提供更多的能源。但是，在相当长的一段时期内，石油工业偏居西北一隅的局面并没有得到根本的改变。作为拥有玉门油田、延长油田、独山子油田这样一些有一定基础的石油工业基地的西北地区，自然成了石油工业发展的最初选择重点。在经历了发现甘肃白杨河、石油沟、青海油泉子这些小油田的初战成功之后，1956年，我国西北的第一个较大油田——克拉玛依油田诞生了。1958年克拉玛依原油产量达到33万多吨，迅速增长的产量带出一个原油运输课题。1958年5月，我国第一条长距离输油管道克拉玛依—独山子输油管道（简称克独管道）全面动工。这条管线全长147千米，管径150毫米，沿途设有6个加压加温泵站，年输油能力53万吨。1959年1月10日，克独管道正式投产。中国从此有了自己的长距离输油管道。

克独管道由当时的石油工业部北京勘察设计院总工程师梁翕章负责设计，新疆石油管理局施工，北京石油学院的部分师生参加了工程建设。他们用牛皮纸裹沥青做管道防腐，用钻井泵作输油泵，用钻机配套的柴油机作动力，成功地使我国第一条长输管道投入运转，既积累了技术经验，又锻炼出一

原油管道

支共和国的长输管道建设队伍。

第一条管线投产后，根据油田开发的需要，1959年初，又采取分段增加复线的办法，开工建设了克拉玛依—独山子输油管道复线，当年年底即建成投产，年输油能力50万吨。此后，又于1962年建设投产了年输油能力85万吨的克独第三条输油管道。这段时期，油田内部中短距离的输油管道也相继建设联网。其中就有白碱滩到克拉玛依的24千米输油管道。

随着克拉玛依油田产量的增长，原油年运量由20世纪60年代的50万吨增加到70年代的150万吨以上，需要增加输油能力的问题十分突出。于是，1970年9月开始勘测设计年输油能力300万吨的克拉玛依—乌鲁木齐长输管道（简称克乌管道）。这条管道1972年3月由四川石油管理局施工队伍开工建设，投入劳力3万多人，1973年8月完成主体工程，10月1日竣工投产。克乌管线采用管径377毫米的16锰钢板卷制焊接，全长295.6千米，途经沙漠、沼泽、稻田、丘陵，穿越铁路、公路8处，跨越河流沟渠46处，施工难度很大。为了保证这条管线投产一次成功，主体工程竣工后，经冷水试

压、热水试输，尔后才正式投油输送，做到了万无一失。1979—1981年，由石油管道局承建完成了克乌复线工程和克乌原线工程扩建，新增年输油能力400万吨。1989年5月，东疆油田北三台—乌鲁木齐王家沟长99千米，年输油能力385万吨的"三王"线长输管道兴建，当年底竣工，结束了东疆油区用汽车拉油外运的历史。至1990年，新疆共建成长输管道11条，总长达1100多千米。

青海柴达木盆地是我国早期开发的石油基地之一。1959年发现冷湖油田，次年原油产量即达到30万吨，时隔近18年之后的1977年，柴达木石油人又在盆地西部发现了尕斯库勒油田，并于20世纪80年代在其周围又找到狮子沟、南翼山、油泉子、花土沟等一大批中小油田，形成了柴达木西部油区。为了解决这里的原油外运问题，国家决定修建花土沟—格尔木长输管线（简称花格管线）。1988年6月，花格管线由石油管道局承建开工，1990年9月21日，这条管线正式投入输油生产。花格管线全长430千米，年输油能力200万吨，是青藏高原上最长的一条原油输送管道。

陕甘宁盆地是新中国成立最早进行石油勘探的地区。从1950年起，石油勘探工作者就在盆地内找油。1970年8月、9月，陕甘宁盆地先后发现了华池油田和马岭油田，长庆石油会战随即展开。到1979年底，长庆油田原油日产水平达到3700吨，当年产油110万吨，建成了西北地区的又一大油田。1977年10月，由石油管道局施工建设了马岭油田—惠安堡、红井子油田—中宁石空车站的长输管道。这条全长270千米的管道于1978年7月1日建成投产，这就是后来被称为马惠宁管线的长庆油田外输管道。1989年，马惠宁管道成为我国第一条不用加热实现常温输送的长距离输油管线。

在我国西北青藏高原上，还有一条我国最长的成品油输送管道——格尔木至拉萨输油管道，这条管道长达1076千米。

玉门油田是我国唯一没有建设长输管道的油田。兰新铁路未建之前，玉门原油外运全靠汽车奔跑。1956年7月兰新铁路通到玉门后，玉门原油改由铁路运输，送到兰州、大连、上海等地炼制。

（1999年第1期）

一波三折的中俄石油管道

阿 彬

俄罗斯政府总理卡西亚诺夫日前证实，从俄罗斯东西伯利亚地区出发的石油出口管道，首先将铺设到中国大庆，至于什么时候在中途分岔，并将其延伸至俄罗斯的远东港口纳霍德卡，主要取决于西伯利亚和远东地区今后石油勘探开采的前景。至此，俄罗斯围绕东部地区石油出口线路的争论终于落下帷幕。中俄合作中备受瞩目的一项——跨国输油管道建设已进入实质阶段。这条投资25亿美元，地理跨度约2400千米的跨国石油管道有望在不久的将来破土动工。

俄罗斯石油　中国的新选择

2003年新年伊始，中国出现了六年以来的首次贸易逆差12.5亿美元，其中就有因原油进口量同比增长77.7%，价格上涨51%而形成的增支11.1亿美元。而且，中国现有的有限的海外石油投资项目也多集中在中东地区，稳定供应受不确定因素（如"倒萨"）的影响大大增加。

未来中国的油源将在何处？放眼世界，俄罗斯可能是离我们最近、最为安全方便和最有前景的石油来源地之一。俄油气资源丰富，2002年石油产量近38亿吨，是世界第二大石油生产国和出口国，其能源产品出口近两三年则超过了55%。而中国自1993年成为石油净进口国以来，石油进口压力逐年扩大。作为世界上最大的石油出口国和进口国之一，双方资源互补为能源合作提供了物质基础。而中俄双方政局稳定，政治关系好，经贸合作关系也在上升中，又为开展长期合作提供了良好的政治基础。此外，中俄两国地理位置邻近，运输较方便，又可以减少运输风险与成本。由此看来中俄能源合作具有天时、地利、人和诸多有利条件。

石油管道背后的艰难

其实早在1994年俄方就向中方提出修建中俄原油管道计划，1996年两国政府签署《中华人民共和国政府和俄罗斯政府关于共同开展能源领域合作的协议》，正式确认了中俄原油管道项目。2001年9月7日，中俄两国总理共同签署了《中俄输油管道可行性研究工作协议》，规定安加尔斯克—大庆石油管道2005年投入运营，至少在25年内，每年向中方输送2000万～3000万吨原油。这将使中俄贸易额每年提高100亿美元以上，中国还计划每年从俄科维克金气田购买200亿立方米天然气，约为目前中国"西气东输"工程输气量的2倍。2002年下半年，正当中国石油公司和俄罗斯尤科斯石油公司对中俄石油管道进行技术经济论证的时候，俄罗斯输油管道公司突然抛出一个准备替代中俄石油管道项目的新方案，建议俄罗斯政府铺设一条西起东西伯利亚的安加尔斯克，东到俄罗斯远东太平洋港口纳霍德卡的石油管道。2002年年底，俄罗斯输油管道公司几乎和俄罗斯尤科斯石油公司同时将各自石油管道线路的技术经济论证方案送到俄罗斯政府面前，俄政府必须在两者之间作出明确选择。在中俄能源合作到了关键时刻，为何安加尔斯克—大庆输油管道突然悬在半空？这是因为各利益主体为俄罗斯通向东北亚地区石油管道的走向问题，展开了一场激烈的较量。

日、美方等因素干扰中俄合作

中俄能源合作急剧变化，主要是牵扯到"石油政治"的敏感神经，日本是世界石油消费大国，其石油进口的 88% 来自中东国家，天然气进口的 97% 来自印尼和马来西亚。诸多的不利因素促使日本不得不重新考虑能够保证安全的能源政策，改变其能源进口。于是，在中俄能源合作项目即将进入实质性阶段时，日本插了进来。2003 年 1 月 10 日，日本首相小泉与普京会见并签署了"俄日行动计划"。在他们讨论的修建东西伯利亚安加尔斯克—纳霍德卡—日本输油管道计划中，日方承诺从俄每天进口石油 100 万桶，占日本进口量的 1/4，并准备提供 50 亿美元贷款协助俄开发油田。这一建议使俄管道走向计划产生了"摇摆"。日本现在正积极参加"萨哈林 –1""萨哈林 –2"的油气开发项目，已经向萨哈林岛（库页岛）大陆架油田和天然气开发项目投入了约 10 亿美元。而美国则通过实力雄厚的跨国石油巨头参与俄方一些大型项目的开发，加大对俄能源战略攻势，达到其"借助日本、拉拢俄国、防范中国"的地区战略目标。此外，在俄罗斯国内，支持"远东方案"的一派认为，"远东线路"更符合俄罗斯的长远战略利益。尤其是铺设石油管道能够带动沿线地区的经济发展，这样，不但可以给远东经济带来一线生机，还将扩大俄石油出口能力，加大能源贸易多元化。除了经济方面的考虑，有人还认为这样更符合俄罗斯的国家安全利益，他们担心修建到大庆的管道将使俄在价格和供油量等方面失去主动权。美、日等国对俄石油开发投资的"大手笔"，以及来自"远东方案"派的支持，无疑加大了我国与俄合作的难度。

折中方案柳暗花明

经过几个月的激烈争论，俄罗斯政府对两条线路的利弊所在心知肚明。于是 2003 年 2 月中旬，俄罗斯能源部在向政府提交的一份报告里建议：鉴于"中国线路"和"远东线路"对俄罗斯东西伯利亚和远东地区的社会经济发展都具有重大意义，可以考虑将两个方案合并为一个统一方案。3 月 13 日，俄政府开会专门讨论东西伯利亚和远东地区石油天然气资源的发展方向，原则通过了将"远东线路"和"中国线路"合二为一的折中方案，即从安加尔斯克开始铺设，但中途分成两路，一路至大庆，另一路至纳霍德卡。从表面看，俄罗斯政府的最后决定是个折中方案，给"中国线路"的定位只是"远东线路"的支岔。但从问题的本质来说，俄罗斯政府实际上基本否定了"远东方案"所谓"等到探明足够石油资源以后再启动'远东线路'"的承诺，不过是一句没有任何实际意义的空话。

在俄国内各个利益集团围绕管道走向进行半年多的激烈争论后，中俄石油管道项目又回到原来的位置。近几年来，中俄积极加强经济联系，能源合作可以说是中俄经济合作最重要的内容之一，管道项目也是目前双方计划中的最大项目。中俄两国建设石油管道是中俄双方互惠互利的项目，俄罗斯出售石油可以赚来大量的外汇收入，中国进口石油可以满足国内日益增长的能源需求，这是中俄能源合作的前提和基础。中国线路，是主线还是支线，对中国来说其实并不重要。中国最关心的是俄罗斯方面必须遵守双方约定，在合同规定的期限内如数保证"中国线路"的石油供应。如果项目实施顺利，对于中国这意味着将直接改变石油进口的一半以上来自中东地区的现状。到 2010 年，20%～30% 的石油进口将来自俄罗斯，但在这一过程中，中方还需要不断消除不利因素，推动中俄能源合作向前发展。

（2003 年第 4 期）

探源世界上第一座加油站

王保群　林燕红

20世纪初叶，汽油用简易的油桶保存，以原始的马车运输方式被送到商店中销售，加油过程极其缓慢烦琐。小店店主在店后屋棚里储存大桶的汽油，当有汽车来店里加油时，就用容积约为5加仑的小桶从大桶中取出汽油，再走到汽车旁，将汽油倒入油箱中，这就算完成了一次交易。后来，随着汽车渐渐增多兼售汽油的杂货店、药店和铁匠铺的店主们便在店前路边安装了原始的手摇加油机以提高加油速度，方便加油。在那个时代，所有供应汽油的店铺只提供加汽油的服务，而车主得自己动手加发动机油，同时还得购置大桶的发动机油储存在车库里，以方便自己随时换油。轮胎充气、水箱加水以及清洗火花塞等工作全要车主亲自操作。

美国进入机动车文明时代后，伴随着一个重要的发展，这就是遍布全国各地的汽车加油站的出现。建立第一个加油站的荣誉应属于好几个不同的发起人。但根据《全国石油消息》报道其中最突出的是1907年在圣路易斯的汽车汽油公司。这家石油出版物在内页登了一则小消息，题目是《为开车人设立的车站》。文章说，圣路易斯的汽车汽油公司成功地试验出一种直接供应汽车用油的方法。后来，该报编辑去参观了该公司设在圣路易斯的第二个加油站。在他眼里，这个加油站完全是一堆破烂。一个简陋小屋，堆着几桶汽油。屋外有两个破旧的热水罐安在高高的支架上。每个罐子都接着长长的浇花园用的水管，利用高低落差将汽油注入汽车的油箱。这或多或少就是早期加油站的面貌：门面狭小，空间拥挤，肮脏不堪，破破烂烂，只有一两个油罐，而且还要通过一条狭窄的土路，汽车才能勉强地开到大街上去。

直到20世纪20年代，加油站才得到真正的发展和壮大。1920年出售汽油的销售点绝对不超过10万个，其中一半是杂货店、百货店和五金商店。10年后，这类商店很少继续出售汽油了。据估计，1929年汽油零售点数目已经增至30万个，它们几乎全是加油站或汽车修理行。开车进入式加油站从1921年的1.2万个增加到的1929年143万个。

加油站遍布美国各地，大城市的街角，小城市的主要街道上，乡间的十字路口处，到处都是加油站。在得克萨斯州的沃思堡，一个受人欢迎的高级加油站开张了。它有8个油泵和3条通向大街的道路。但加利福尼亚，特别是洛杉矶才算得上是真正的现代化加油站的诞生地。那里有带有巨大标志的标准建筑，有休息室、阳棚、优美的环境和柏油路。由壳牌首创的"饼干盒"式加油站以惊人的速度遍布全国。到20世纪20年代末，壳牌的加油站不仅从汽油销售中赚钱，而且还从轮胎、电池和附件的销售中获利。印第安纳美孚石油公司把加油站变成一个高大的商店，除了汽油，还出售全套石油产品。一种新型的油泵很快传遍全国，这种油泵先将油打入上方的一个玻璃杯中，让顾客看看汽油的成色，然后，再注入顾客的汽车油箱里。

（2013年第1期）

我的神秘之旅——石油的自述

王彩凤

我叫石油，是从地球深处开采出的可燃液体。从前，国外有人称我为"魔鬼的汗珠""发光的水"。中国古人称我为"猛火油""石漆"。现代人称我为"工业血液""动力源泉"等。可是，很多人并没见过我的真面目，只知道汽油、柴油、煤油、纤维等都是从我身上提炼出来的。那么，我是怎样从油田到炼厂变为人类的财富的呢？告诉你们吧，很多时候，我是在一种专门建造的管道中穿江过海、翻山越岭，才完成了我的神秘之旅。

起　　源

我在地下生活了几千万年甚至几亿万年。当石油工人的钻杆把我搅醒后，一个个油田便因我而诞生了。从此，我便来到了油田与原油运输管道连接的首站。我与来自各个油田的兄弟们汇集成群，联合乘坐油轮漂洋过海来到我们国家，经原油码头边检上岸的"海外来客"一起被分输到纵横于中国版图上的条条输油管道，奔向无数个炼化企业。据说，中国的输油管道总干线近10万千米。油气管道项目建设涉及29个省区的2000多个市县。不仅有陆地管道，还有海底管道，我们在这些钢铁巨龙的呵护下，开始了神秘而快乐的旅行。

开心之旅

我最兴奋的是在管道输送中的开心之旅。我遇到了来自世界各地的朋友，这些占到输油总量80%的进口原油，让我们的家族成员多达30余个。由于我们来自不同地域，"品相"各不相同：有含硫量较高的沙特油，有含硫量低的罕戈油以及介于高低含硫量之间的阿曼油等。近年来，一种挥发性大、含硫化氢高的南帕斯油也加入我的行列中。为让大家"入乡随俗"，中国的管道企业根据我们的差异采用分输、分储、顺序输送、混合输送等方式交替进行，并根据炼厂的处理能力确定我们的去向。想要完成多品种、多介质输送的任务，不学会一定的专业技能、不付出辛苦的努力、不具备高度的责任感是完不成的。为使我们在不断优化的流程中运行，专家们可费不了少心思。

关 爱 之 旅

我最感动的是在管道输送中的关爱之旅。分布在祖国大江南北的管道企业,担负着油田和进口原油的输转任务。数千名管道员工日夜守候在万里管道旁边,精心呵护着我们,我们的足迹才遍布了大中国的每个角落。现在,中国原油管道已联网成片,中国石化、中国石油、中国海油这三大石油巨头,通过输油管道,使全国的原油资源可以科学合理而又行进自如地调整。为了让我们在管网中安全运行,管道企业员工每天都不辞辛劳地守护着我们的行程,防止不法分子打孔盗油和管道腐蚀造成泄漏。还专门成立了抢维修中心和管道检测中心,定期为管道体检。管道"110"和"120"日夜在为我们全生命周期的安全与健康保驾护航。来到炼厂,计量人员精心计量"体重"检验着我们的损耗时,我们深切地感到,输油管道不仅把我们安全送达目的地,还要把健康、完整的我们放心地交给炼厂。

从首站到炼厂,我们经历着兴奋、自豪和感动,是那些埋在地下默默无闻的输油管道为我们完成了从深埋地下的资源变成人类财富的神秘之旅。

科 技 之 旅

我最自豪的是在管道输送中的科技之旅。在中国大地上,先进的原油信息管理系统为我们在管道中助跑。我走过的沿途,管道输油企业为我们设置了无数座输油站。我冷了,为我加热;我疲劳了,为我提供动力;我受到阻力时,为我注入减阻剂、降凝剂,避免我在管道内打"瞌睡"。为了让我顺利到达炼厂,管道输油企业采用数据采集与监视控制(SCADA)系统实时关注着我们的行程。当管网出现分配不均衡时,调度指挥人员通过远程监控轻点鼠标,就能对我进行优化配置,我们就像征战中的千军万马,按照总调度、处调度、站调度的三级指令,指向哪里冲到哪里,为国家的资源调整和配置建功立业。

(2013 年第 2 期)

长输油气管道十大穿跨越方式

王保群

目前，我国长输油气管道里程已近 11 万千米，所经地形复杂多样，有西北荒漠、有东南水网、有东北原始森林、有西南喀斯特地貌。在一般地形条件下，长输油气管道采取管沟开挖埋地敷设方式，对于山川、河流、高速、铁路等特殊地段，需要采取穿越或跨越的敷设方式。目前长输油气管道常见穿越方式有大开挖、定向钻、钻爆隧道、盾构隧道、顶管、夯管等 6 种方式，常见跨越方式有桁架跨越、拱桥跨越、悬索跨越、斜拉索跨越等 4 种方式。本文介绍各种穿跨越方式的原理、优缺点、适用性以及国内典型案例，以加深读者对大型油气管道建设过程的认识。

大开挖穿越

大开挖穿越在长输油气管道建设过程中最为常用，原理是利用挖掘机对公路或者河流进行开挖，然后将管道埋地敷设，管道埋深为路基或河流冲刷线以下 2 米。其优点是施工简单、成本较低，缺点是施工期间妨碍交通、破坏环境、安全性差等。该敷设方式主要适用于季节性河流穿越或者三级以下公路穿越。以西气东输天然气管道为例，沿线公路穿越约 300 次，单次开挖长度约 30 米；中型河流穿越约 40 次，单次开挖长度约 500 米；小型河流或沟渠穿越达 1500 次，单次开挖长度约 80 米，且主要集中在东部地区的水网地带。

定向钻穿越

定向钻穿越是按照设计的轨迹，采用定向钻技术先钻一个导向孔，随后在钻杆端部接较大直径的扩孔钻头和较小直径的待敷设管道进行扩孔和管道回拖，深度一般在河流冲刷线以下 16 米。其优点是施工质量好，工期较短，社会环境影响较小，施工时间不受季节的限制；其缺点是受地层影响较大，不能穿越卵石层和硬质岩层，较大管径管道长距离穿越存在一定的风险。该穿越方式主要适用于黏土、粉土等成孔条件好的地层，黄河、长江等大型河流穿越多选用该穿越方式。目前，定向钻穿越项目管径最大的是西气东输二线南昌—上海支干线赣江定向钻穿越工程，管径 1219 毫米，穿越长度为 1351 米，已于 2012 年 2 月完工；穿越最长的项目是江都—如东天然气管道长江定向钻穿越工程，穿越长度为 3302 米，管径为 711 毫米，已于 2013 年 5 月完工。

钻爆隧道穿越

钻爆隧道穿越是采用人工钻眼爆破的方法，在水下的岩石层开凿出一条通过水域的隧道，然后在隧道中敷设管道。其优点为施工期间不影响通航，可一隧多用，工程费用较低，穿越长度不受限制，无需专门机械，可选择的施工队伍较多等；其缺点为施工周期较长，施工条件差，施工风险性较高等。一般适用于基岩埋藏较浅、透水性差、地质构造简单、完整性较好的河床和山体。西气东输二线天然气管道中卫黄河穿越采用"下坡段 + 水平段 + 上坡段"的水下钻爆隧道穿越方式，总穿越长度为 1198 米，其中：下坡段长 310 米，倾斜度为 25°；水平段在地面以下约 130 米，长为 435 米；上坡段长为 453 米，倾斜度为 20°。

盾构隧道穿越

盾构隧道穿越是用盾构机在地面以下暗挖隧道，盾构机前方设有支撑和开挖土体的装置，中段安装顶进所需的千斤顶，尾部可以拼装预制或现浇混凝土衬砌环，盾构机每推进一环距离，就在尾部支护或拼装一环衬砌，并向衬砌环外围的空隙中压注水泥浆。其优点是机械化自动化程度高，适用地层广泛、安全度较高、施工劳动强度低、施工过程不影响通航等；其缺点是施工周期较长、施工投资较高等。西气东输长江穿越、川气东送安庆长江穿越以及西气东输二线九江长江穿越均采用盾构隧道穿越方式，其中西气东输长江盾构隧道工程位于南京长江大桥下游 40 千米处，挖掘出的隧道呈圆形，直径为 3.8 米，最低处位于长江河床底以下 12 米，隧道全长 1992 米，已于 2003 年 7 月完工。

顶管穿越

顶管穿越是借助主顶油缸的推力将工具管或顶管掘进机从工作坑内穿过土层一直顶进接受坑内，将套管埋于地下的过程。其优点为施工周期较短，机械化程度较高，不受季节影响，安全性较好等；其缺点为施工投资较高，穿越长度较长时方向难以控制，对环境影响较大等。顶管穿越主要适用于长输油气管道高速公路穿越和国道穿越。西气东输天然气管道沿线公路顶管穿越 290 次，单次穿越长度约 50 米；铁路顶管穿越 34 次，单次穿越长度约 40 米。

夯管穿越

夯管穿越是以压缩空气或液压油为动力，将待铺设的钢管沿设计路线直接夯入地层，被切削的土芯暂时留在钢管，待夯管成功后再将土芯排出。其优点是施工占地面积小、开挖土方量小、施工周期短、不影响交通等；但由于管材要承受相当大的冲击力，该施工法仅限于钢管施工，且壁厚要满足一定要求，铺设长度一般在 80m 内。夯管穿越主要适用于小型沟渠、公路、铁路、小河等特殊地段的管道穿越。2012 年 5 月，独乌鄂原油管道工程采用夯管的方式穿越独石化铁路，穿越长度为 60 米，管径为 610 毫米，是新疆首次采用大口径夯管穿越铁路的工程。

桁架跨越

桁架跨越是长输油气管道常用的跨越河流方式之一，通常采用三角形的空间钢结构跨越河流，然后将管道敷设在钢结构之上。其优点是整体刚度大、稳定性较好，技术比较成熟，在国内的设计、施工中得到了广泛运用。但该跨越方式耗钢量较大，需要在河床中布设支撑桁架的支墩，容易受到河水的冲击，影响河道的排洪。桁架跨越方式一般适用于跨度较小的河流跨越，跨度一般小于 90 米。国内典型管道桁架跨越工程为西气东输黄河跨越工程，位于宁夏回族自治区中卫县境内沙坡头附近，桁架结构高 6 米，单跨长为 85 米，采用连续跨越的方式通过黄河，总跨越长为 540 米。

拱桥跨越

拱桥跨越是将管道本身做成圆弧形或抛物线形拱，将两端放于受推力的基座上，管道从梁式跨越的受弯变成拱形的受压，使管材能得到较充分的利用。该方式具有受力合理、美观、节省材料、便于施工等优点，适用于 80 米到 100 米之间的中等跨度的河流跨越，当多条管道需要同时敷设时，拱桥跨越方式的经济效果更为明显。中国石化川气东送天然气管道后巴河流跨越工程采用了多条管道同时跨越的方式，跨越长度为 77 米。

悬索跨越

悬索管桥是在河流两岸设立塔架，然后在塔架上悬挂承力的主缆索，再将管道用不等长的吊索挂于主缆索上，使管道基本水平，管道的重量由主悬索支撑，并传递至两岸的塔架和基础。其优点是管道不承受轴向力和水平作用力，受力状态良好；但该跨越方式对施工机械和施工队伍要求较高，投资较高，施工周期较长。由于悬索管桥在水平方向刚度较小，当跨度较大时，需考虑设置抗风索、减振器等，以防止管桥在风力作用下发生振动。一般适用于跨度较大的河流跨越。国内中国石油忠武线和中国石化川气东送天然气管道在湖北省境内多次采用悬索跨越方式跨越河流，跨度最大的是中国石化川气东送野三河悬索桥，全长332米。

斜拉索跨越

斜拉索跨越是利用钢索通过桥塔支撑斜向拉着管桥的一种结构形式，一般对称布置，利用管道自重平衡拉索的拉力，因而不需要主索锚固定，减少了基础混凝土用量。由于每根缆索的自振周期各不相同，不易产生共振，抵御地震或风振的能力较强。该方式还具有自重小、结构轻巧、外形美观简洁的优点，适用于两岸地势较为平坦、宽浅的河流跨越。中缅天然气管道在贵州省晴隆县与关岭县交界处采用斜拉索跨越方式通过北盘江，跨越长度为230米，桥梁建成后，直径为1016毫米的天然气管道、直径为610毫米的原油管道和直径为355.6毫米成品油管道同时从桥面并行通过。该工程已于2013年3月8日完工，是国内首座三管同桥的斜拉索跨越桥梁。

随着我国经济的发展、人民生活水平的提高和对清洁能源需求量的增加，西气东输三线天然气管道、锦郑成品油管道、中缅原油管道等大型油气管道也正在建设，"十二五"末国内油气管道总长度有望突破15万千米。在管道建设过程中对公路、铁路、山川、河流穿跨越工程应根据具体项目特点选择合适的穿跨越方式，以保证工程建设的安全、经济和高效。

（2014年第3期）

战略石油储备方式大解密

孟 伟

神秘的美国墨西哥湾沿岸深藏着许多不为常人所知的秘密，在4个外观无异的设施之下，隐藏着60多个巨大的盐穴，有将近7亿桶原油储存其中。千辛万苦开采出来的原油，却不惜耗资数十亿美元将其注入地下，这是为什么呢？

定义与构成

战略石油储备（Suategy PetroleumReserves）就是在平时有计划地储备一定规模的石油，用以应对由战争、自然灾害等意外情况而导致的石油供应不足或中断，以维持国家能源安全、保证原油供给、平抑国内油价、减少供给中断造成的损失。战略石油储备就像修建大型水库一样，在多水时蓄水、缺水时放水，可以调节江河水量并稳定发电量。

战略石油储备由政府和企业储备构成。政府储备可以抵御石油供应中断。在发生战争、突发事件时调用；而企业储备可以根据市场供求关系和油价波动自主调配。

由于经济制度不同，各国战略石油储备模式也有所不同。美国的政府储备和企业储备相对独立，企业储备属于市场行为，储备量高达4.55亿桶，占整个国家战略储备的2/3。日本则分为国家石油储备、法定企业储备和企业商业储备。法国以法定企业储备为主。国际能源署（IEA）要求成员国储备本国上一年度90天的原油净进口量，而一个国家90天的原油净进口量往往达到上亿桶，如此大规模的原油该如何安全、经济地储存是一个严峻的考验。

储备的形式与方式

战略石油储备的形式有两种：第一种形式是实物储备（原油或成品油），但成品油易挥发，运输、储存成本也较高，所以绝大部分储备物是原油；另一种形式是资源储备，就是只探不采。美国在阿拉斯加探明了10万平方千米的产油区，就地封存。资源储备的缺点是动用周期长，对短期的需求作用小。

大规模战略石油储备以原油为主，按照储备方式的不同，可分为地面储存、地下储存和海上储存三种。

1. 地面储存

一般将原油储存在地面钢罐中。通常位于交通便捷、距炼厂较近的位置。战略石油储油罐通常采用10万立方米的大罐。即一个罐就占地5000多平方米，差不多一个足球场的面积；高20多米，相当于7层楼高。建设一座钢罐需要消耗2000吨钢材，一座战略石油储备基地往往有几十个这样的大储罐。

原油长期与空气接触会蒸发损耗，因此大储罐采用"浮顶"这一特殊结构，即一个浮顶"贴浮"在油面，随着油量的变化而升降，最大限度地减少了油面上方的气体空间。

地面储油罐结构简单、建造成本低、输油便捷，但其存在占地面积大、易受到外界因素影响等缺点，安全性较差，而且情报机构甚至可以根据卫星图像中浮盘的高低来推测战略原油储备量。

2. 地下存储

第一种是地下油罐，主要有半地下储油罐和地下储油罐两种形式。为了增加罐体的承压强度，需要建设钢筋混凝土防护墙，虽降低了外界因素的影响，但建设工期和成本都大大提升。

第二种是地下水封石洞油库。在具有稳定地下水的岩石区域，通过竖井和施工巷道开挖洞穴，在洞穴内储存原油。石洞四周被水包围，形成"保护膜"，防止原油渗漏。地下水封石洞的体积更大，储油量更多。水漏斗区是地下水，起到密封作用。洞壁之外水压大于洞内的油压，将油牢牢地封存在洞体内。水漏斗的形态随油位的变化而变化。

符合石建造条件的区域不多，所以同一位置附近往往会建造多个石洞，为了避免混油和漏油，还会在相邻石洞间建造人工水幕。为了避免因干旱而发生地下水位下降，导致洞库顶部缺水，还会在洞库顶部挖掘人工注水通道。

最后，建造好的油库就可以储油了。这种油库储量大、封闭性好、安全性高。但对地理、地质和水文条件要求严苛，所以并非所有国家都拥有。这种油库在欧洲使用较多，日本、韩国、中东等地区也有分布。韩国已建成 4 座地下洞库，总库容 1830 万立方米；日本的 3 座地下洞库，总库容 500 万立方米；中国已经在山东黄岛、浙江象山、锦州、大亚湾、廉江等地建设了地下水封洞库，累计库容量达到 1500 万立方米。

第三种是地下盐穴储油库。地下盐穴是一种脑洞大开的原油储存方法，也是本期的重点内容。原油与盐岩不反应、不溶解，且有足够的承压能力。利用循环淡水，就能溶解盐岩形成较大的地下空间，工程量远远小于地下水封石洞油库，是一种理想的储油方式。美国 90% 的原油都储备在盐穴中。

盐穴的建造过程分为三步：一是钻井打通地面与盐岩层的通道，下入双层套管。二是水溶造腔，从井口注入淡水溶解盐岩。为防止上层盐岩溶解过多，还会向井筒内注入柴油。柴油会浮在水面上，阻止上层盐岩与水的接触。溶腔是一个非常复杂的过程，要不断调整套管的位置，切换注水和排水套管来控制腔体的形状。盐穴造腔周期较长，最短几个月，长的超过 30 个月。腔体形状受盐岩的溶解性、成分、盖层深度、水等很多因素的影响，盐腔的扩展过程是不均匀的。一个腔体可以储存 10 万～100 万立方米原油。三是注入原油，盐穴造好后，注入的原油较轻，漂浮在盐水之上，下部的盐水逐渐被排出。当需要动用储备原油时，注入盐水，较轻的原油被排出。盐穴储油库的建造成本大约是每桶 1.5 美元，是地面储罐方式的 1/10。

地下盐穴储油是最理想的储油方式，目前美国利用该方式储存了 7 亿桶原油。

3. 海上存储

目前很多国家抄底低油价，购买了大量原油，陆地储存能力有限，很多巨型油轮停泊在海上，成了临时储油罐。

战略原油储备的运行机制

我国 70% 的原油依赖进口，来源主要集中在中东、非洲、中亚和俄罗斯等地。运输有三种方式：铁路、管道和海上油轮。虽然战争和灾害只是小概率事件，但战略原油储备的重要性是毋庸置疑的。进口原油需要大量的资金支持，维护和管理也是一个庞大的工程，在这方面美国仅一年的维护费用就高达 2 亿美元。

战略石油储备只有关键时刻才能动用，各国的动用机制也不尽相同，以美国的三种释放机制为例：

第一种是全部释放。出现石油供应中断，对国家安全和经济造成严重负面影响或者已经导致石油产品价格暴涨时，可以全部释放。

第二种是限量释放。国际或者国内出现大范围石油供应短缺时，为了避免影响经济，可以限量释放储备石油，释放总量不得超过3000万桶。1990年海湾战争期间，美国投放了2114.1万桶储备原油，稳定了原油市场。2005年9月，动用1620万桶，应对卡特里娜飓风对墨西哥湾油田的冲击。2008年8月，动用539万桶应对全球金融危机导致的国际油价震荡。2011年7月，动用3000万桶来稳定由利比亚政局更迭带来的国际油价波动。

第三种是试验销售。销售总量不得超过500万桶，能源部长具有使用权限。2014年3月，乌克兰政治危机，克里米亚公投在即，美国宣布首次"试销"，释放500万桶原油。近期美国宣布2018年至2025年，将销售5800万桶战略石油储备——因为美国已经从石油进口国华丽变身为石油出口国了。

关于战略原油储备，各国机制见下表。

	美国	日本	德国	法国
储备模式	政府储备 资源储备 商业储备	政府储备 义务储备 商业储备	政府储备 商业储备 联盟储备	政府储备 机构储备 商业储备
动用机制	全面动用 有限动用 测试性动用	抑制石油需求 动用民间储备 动用政府储备	发布紧急投入法令 确定投放时间及数量	抑制需求 动用储备
资金来源	政府财政	石油公司 民间石油公司	银行贷款 会员交纳的会费	政府财政 专门机构 石油生产经营者
储备方式	盐矿洞穴	地面 半地下 地下洞穴 海上	地下盐洞 地面油罐	地下盐丘 岩洞
储备油品	原油	原油 石油产品 石油气	原油 汽油 中油馏分油	成品油 原油

美国的战略石油储备足够该国消耗240天，日本达到187天，瑞典107天，法国116天……截至2015年第二季度，中国共建成8个国家石油储备基地，总库容为2860万立方米，可储备2610万吨原油，约2.1亿桶。但是，这只够中国消耗30多天。

舟山、镇海、大连、黄岛、独山子、兰州和天津共7个地面储备基地和1个黄岛地下储备洞库。镇海石油储备基地由中国石油化工集团有限公司承建，共52座储油罐，库容520万立方米；舟山石油储备基地由中国石油化工集团有限公司承建，总库容将达到750万立方米；大连石油储备基地由中国石油天然气集团有限公司承建，可储备300万立方米原油。

（2020年第1期）

千里气龙　造福中俄

关中原

（中国石油管道科技研究中心）

2019年12月2日17时，随着中俄两国元首下达指令，中俄东线天然气管道正式投产通气。中俄东线天然气管道项目是中国石油与俄气公司的能源合作项目，包括俄罗斯境内的西伯利亚力量管道和中国境内的中俄东线天然气管道，俄罗斯境内管道全长约3000千米，中国境内新建管道3371千米，利用已建管道1740千米。2014年5月，该项目签约，期限30年。

中俄东线的诞生历程

中俄东线天然气管道项目作为中俄两国天然气领域最重要、最大宗的贸易合作，经历了20余年的谈判和6年的前期工作。其谈判过程总体可以分为4个阶段：第一阶段，20世纪90年代初到1996年，中俄初次谈判；第二阶段，21世纪初，中俄韩合作谈判；第三阶段，2009—2012年，中俄重启谈判；第四阶段，2013—2015年，中俄实现成功合作。项目前期工作主要分为预可行性研究、可行性研究、项目申请报告编制及核准3个阶段，重点解决了3个方面的难题：第一，目标市场区域范围广，资源构成复杂，沿线已建管道众多，产销平衡难度大；第二，干线管道点多线长，选线、选址难度大；第三，中俄东线是中国迄今最复杂的天然气管道系统，工艺方案与系统分析难度大。

中俄东线的先进性

中俄东线是国际上首次同时采用1422毫米大口径、X80高钢级、12兆帕高压力、380亿立方米每年大输量设计的大规模天然气长输管道，其先进性主要表现在以下5个方面：一是输气工艺国内领先，集"最大管径、最高设计压力、最高钢级、最大单线输气规模"于一身；二是推动新材料、新技术、新设备、新工艺研发与应用，如1422毫米X80管材、钢管及其配套坡口机、对口器、内焊机、外焊机等施工装备及相关技术，全线采用以全自动焊接工艺为主的焊接方式等；三是作为国内首条智能管道试点工程，其自动化、信息化、智能化程度均优于已有管道；四是河流穿越将创世界新纪录，其长江穿越长度约11千米，采用盾构隧道方式穿越，盾构直径6.8米，敷设3条1422毫米管道，将创下全球油气管道行业河流穿越长度最长、盾构直径最大的纪录，是中俄东线难度最大、历时最长的控制性工程；五是开创基于管网模式的设计理念，它是国内第一个基于管网设计的大型天然气管道工程，即新建管道并不连续，而是与已建管道一起构成完整连续的物理通道，打破了管道建设"一线到底"的固有设计思维模式。

中俄东线的技术创新

依托中俄东线这样庞大的项目打造智能管道样板工程，没有先例可循，没有经验可以借鉴，必须依靠自主创新。其技术创新主要表现在3个方面：一是智能管道设计与建设，提出了"全数字化移交、全智能化运营、全生命周期管理"的智能管道建设理念，依托在智能工地、数字孪生体、实时泛在感知、压气站一键启停、管网优化运行等关键领域取得的重要突破，为中俄东线智能管道建设提供全面先进的技术支撑；二是管道施工技术，实现了全自动焊接、全自动超声检测、全机械化防腐补口、智能内检测;三是实现了关键装备、软件国产化,如-45℃站场大口径低温管材及管件、管道控制系统软件(PCS),可编程逻辑控制器(PLC)等核心软硬件产品,20MW级电驱压缩机组、56in全焊接球阀、24in干线调压装置等,其性能指标均达到国际先进水平。

中俄东线的智能化

信息化与工业化深度融合是时代发展的必然.智能管道正是这种"必然"的产物,是大势所趋。目前各方面学者针对智能化的探讨日趋深入,加之物联网、大数据、云计算、数字孪生、移动互联等信息化技术的高速发展,为智能化管道建设提供了丰富的理论与技术支持,也为高水平管理模式的推进奠定了坚实基础。智能管道首先实现的是无人站运行及基于无人站的区域化管理模式,其是一种以风险管控为核心的集中调控、集中监视、集中巡检、集中维修的运行管理模式。中俄东线北段1067千米管道只设置黑河、明水2个作业区、管理8个输气站场、作业区管控范围300千米,人均管理里程10千米,达到国际先进水平。更深远的影响在于:随着国家石油天然气管网集团有限公司的成立,加快实施重点管道及互联互通工程建设,构建"全国一张网",成为油气管道行业的重要发展目标,而在"全国一张网"的高度上设计科学、高效的网格化+扁平化组织形态,实现基层单位业务简洁清晰、资源集中优化、组织机构扁平化,促进风险预控、管理高效、用人精干,保障管道安全、平稳、高效运行,实现效益最大化及高质量发展,"智能管道"将发挥无可替代的作用。

中俄原油管道施工现场

中俄东线的深远意义

中俄东线天然气管道工程是在习近平总书记"一带一路"合作倡议下建设的跨国基础设施,是构筑中国东北油气战略通道及东北地区天然气骨干管网、加强环渤海地区与长三角地区天然气管网互联互通、实现多元化天然气进口格局的重要工程;是坚持国内与国外两种资源战略、保障国家能源安全、优化能源结构、增强保供能力、打赢蓝天保卫战的重要举措;对于深化中俄两国经济领域合作、带动相关产业发展具有积极的推动作用，将进一步拉动俄罗斯远东地区及中国东部地区经济发展，提升沿线人民生活质量。而其跨国合作谈判、预可研、可研、设计、建设、运营中的成功经验，也将成为世界管道建设史的宝贵财富。

中俄东线之我见

习近平总书记在中俄东线天然气管道投产通气仪式上讲话指出"中俄东线工程向世界展现了大国工匠的精湛技艺"。这条管道是中国和俄罗斯两国元首亲自决策、亲自推动的建立全面中俄能源合作伙伴关系的重要战略性项目，是深化两国能源合作的成功典范，是中国第三代长距离、大输量天然气管道标志性工程，也是国内首条智能管道样板工程，其建成投产是中国管道走向世界的靓丽名片，树立了管道建设史上的新丰碑，更为可贵的是，它在管理、技术、装备、人才等诸多方面为未来管道建设的创新发展奠定了广泛而坚实的基础。

中俄东线天然气管道工程建设与运营取得的成绩，只是我国新轮管道创新发展的序章，是新的起点。国家石油天然气管网集团有限公司的成立，为管道"全国一张网"的加速形成与安全高效运营，提供了澎湃动力，中国油气管道发展驶入了新的快车道。未来，随着中俄东线天然气管道工程中段（长岭—永清）、南段（永清—上海），以及西气东输三线中段（中卫—安吉）、新粤浙煤制气管道等一大批重点工程的建成投产，中国油气管网规模、安全水平、技术实力、创效能力等将得到进一步提升。相信，在习近平总书记提出的打造"平安管道、绿色管道、发展管道、友谊管道"的重要指示精神指引下，我国管道人一定会再接再厉、不负时代重托，全力打造智慧互联大管网，构建公平开放大平台，培育创新成长新生态，高标准高质量运营好、发展好中国油气管道事业，为实现中华民族伟大复兴的中国梦，贡献管道力量。

（2021年第1期）

技术装备

我国石油测井技术

谭廷栋

（石油工业部石油勘探开发科学研究院）

石油地球物理测井（简称石油测井）包括电测井、声测井、核测井、热测井、力测井、生产测井等，它是勘探石油与天然气的重要方法和手段。在我国，石油测井还包括气测井和射孔等。

石油测井是使用铠装电缆把测井仪器放入井内，探测地层岩石的物理、化学性质变化，获得岩石的电、声、核、热、力等测井信息，用于评价油层与气层及其埋藏深度和有效厚度，确定岩石孔隙度、饱和度、渗透率、泥质含量和矿物成分，研究岩相构造与沉积环境，识别生油层、描述油气藏岩石物理参数的三维空间分布和几何形状，计算石油与天然气储量，预测油气井产能，确定岩石弹性力学参数（如泊松比、杨氏模量、体积模量、剪切模量），研究油气的生成、运移、聚集和分布规律，从而指导油气田勘探开发、井位部署等，所以人们常说，测井是找油找气的"眼睛"。

我国石油测井最早是由翁文波先生创建。1939年，翁先生在四川巴县石油沟一号井进行了第一次电测井试验。1940年，翁先生同赵仁寿先生在甘肃玉门油矿石油河浅井中成功地进行了电阻率与自然电位测井。1947年，翁先生同孟尔盛、刘永年先生在玉门油矿成立了我国第一个测井站。1948年，王曰才先生参加玉门油矿测井站工作，成功研制测井使用的直流放大器。

新中国成立前，我国只有一个测井队和几名技术人员从事石油测井工作。新中国成立后，石油测井队伍有了很大的发展。到现在，全国石油系统已有数百个测井队、气测队，生产测井队、射孔队等，并且有了测井专用计算机处理解释中心。从事石油测井工作的技术干部和工人有二万多人。

回顾我国石油测井仪器的发展，大体经历了三个阶段：

第一阶段（1952—1974年）。1952年在北京和西安建立石油地球物理实验室，开始研制石油测井仪器。1953年和1954年，相继研制出国产半自动测井仪和国产全自动测井仪。刘永年总工程师研制的JD-581多线式井下自动测井仪，于1955年进行野外测井试验，1958年通过鉴定和定型，在西安石油仪器厂投入生产。JD-581多线式井下自动测井仪绞车，由宝鸡石油机械厂生产。到1958年，石油测井仪器装备已全部自给自足。1965年，赖维民等同志研制成功的GSQ-652型跟踪射孔取心仪，填补了我国射孔、取心仪器的空白。

第二阶段（1975—1979年）。1975年从美国引进3600数字测井仪，开始了我国数字测井发展的新阶段。西安石油仪器总厂成功研制我国第一台SJD-801数字测井仪，1982年通过技术鉴定，现已投入批量试生产，使我国石油测井技术初步具有数字化的先进水平。与此同时，各油田建立了电子计算机测井处理解释系统，提出许多适合中国石油地质特点的测井解释方法和软件，对评价砂岩与非砂岩油气藏发挥了重要的作用。此外，超压预测和过油管射孔技术已普遍推广使用，获得了重大的经济效益。

第三阶段（1980年至今）。1980年首次雇请法国斯伦贝谢公司测井队来我国服务，使用了计算机数控测井仪，它是勘探难度较大的砂岩与非砂岩油气藏的主要手段。特别是勘探裂缝性高产油气藏，有显著地质效果。计算机数控测井系统代表当代先进的石油测井水平，西安石油仪器总厂将要采用引进技术发展我国的计算机数控测井系统。

我国石油测井技术发展历程再次说明：借鉴国外先进技术（包括引进成套设备、雇队服务、合资经营、购买制造技术、对外技术交流等方式）与研制，创新（包括消化、吸收、攻关、协作等方式）

相结合，加快了我国石油测井技术的发展步伐。已使用过的国产测井仪器和正在使用的石油测井和射孔方法，包括侧向测井、感应测井、介电测井和声波测井等十余种。

我国有 50 种石油测井与射孔方法。这些石油测井方法初步形成了砂岩与非砂岩油气藏的测井系列，在石油与天然气勘探开发活动中发挥了重要的作用。但是，国产石油测井系列还不够完善，高分辨率地层倾角测井仪、岩性测井仪、长源距声波测井仪和电缆地层测试器等，仍处在研制阶段。

近年来，大庆、胜利、辽河、大港、任丘、新疆油田和四川气田建立了测井专用计算机处理解释中心，并且提出许多适合我国石油地质特点的测井解释方法，如可动水法、判别分析法、多功能解释法、岩性系数法、双水法、三电阻率覆盖法、电阻率浮动比值法、裂缝识别法等，对评价探井与生产井油气层有显著效果。我国砂岩油气藏测井解释符合率较高，探井能够达到 70% 左右，生产井高达 90% 以上。非砂岩油气藏测井解释符合率较低，特别是低孔隙裂缝性碳酸盐岩油气藏、花岗岩油藏的测井解释符合率一般不超过 60%。采用裂缝识别测井解释新技术，研究和解决非砂岩油气藏测井解释面临的技术难题，提高测井解释符合率，已有新的突破。

必须指出，用于油气田开发的测井解释技术，也有很大的进步。大庆、胜利油田水淹油层测井解释精度高达 95% 以上，为油田增产挖潜起了重要的作用。

我国石油测井技术的发展趋势是：在全面实现测井系列化、数字化和标准化的基础上，进一步向先进的电缆数控测井系统、光缆数控测井系统和无缆随钻测井系统方向发展。同时，还要相应地发展测井最优化处理解释技术和人工智能评价方法，开展油气藏描述研究，发展测井地质学，解决海上和陆地油气藏勘探开发难度较大的测井技术问题，为实现油气资源储量和产量翻番作出新贡献。

（1985 年第 3 期）

喷射钻井技术的发展

李丕训

（辽河油田）

喷射钻井技术，是应用水力学理论和实验方法，在钻头喷嘴出口处形成具有高速射流的水力能量，使之既能净化井底又有破岩作用，以提高钻井速度。喷射钻井是把钻压、转速、排量、水马力、钻井液流变参数联系在一起考虑优选优配的，比起过去的重压、快转、大排量的简单钻井参数可以说是由量变到质变。

喷射钻井在美国从20世纪50年代开始应用以后，60年代钻井速度上了一个大台阶，平均井深1300米时一台钻机年进尺由10700米提高到27000~30000米，到1983年台年进尺达到40782米。苏联1984年全国平均队年进尺18266米，平均井深1500米。喷射钻井是20世纪60年代的一项重大的技术成就。

我国在1965年，华东石油学院刘希圣等同志也进行了喷射钻井的理论研究，并进行过喷嘴流型试验。到20世纪70年代中期，胜利油田进行了初步的喷射钻井试验，取得了一些效果和经验。

1972—1977年期间，我国采用非喷射的普通方法钻井，钻井速度基本上处于徘徊状态，全国平均队年进尺浮动在7000~9000米。1977年平均井深1755米，平均队年进尺只有7206米，平均完井周期在86天。

1978年，广泛推行喷射钻井技术以后，钻井速度有了大幅度提高，全国平均队年进尺上升到10440米，比1977年提高44.9%，钻井总进尺和总井口数分别提高了76.6%和82.2%，而动用的钻井队数只增加了24.5%。

到 1985 年，全国平均队年进尺提高到 13793 米。同年，胜利油田平均动用 142.8 台钻机，平均井深 2154 米，台年进尺达 25773 米。其中，钻井四分公司平均动用的 25.3 台钻机，平均井深 2618 米，平均队年进尺达到 35573 米。32163 钻井队全年进尺创 15.2 万米的最好成绩。这两个指标，已经达到世界水平。

在喷射钻井的诸多参数中，最关键的是提高泵压和增大钻头水马力，以防止增大钻压造成水力失调，导致钻头寿命缩短，钻速下降。美国在喷射钻井实施中有个传统概念，把最佳钻头比水马力限制在 3～5 马力/平方英寸（3.42～5.70 瓦/平方毫米），即所谓"经济水马力"。我国也曾受此影响，因而，1979—1982 年的钻速幅度提高不大，一直保持在 9000 米左右。

针对这种情况，石油部根据李克向等同志的建议，要求各油田狠抓喷射钻才上台阶工作，并积极推行以喷射钻井为主要内容的七项钻井成套技术。每个阶段初步规定的标准见表。

到 1985 年，喷射钻井队达到三阶段的由初期的 10% 增加到 41.9%，达到二阶段的由 30% 上升到 39.5%，停在一阶段的由 60% 下降到 18.6%。有的队把泵压提高到 210～220 巴，比水马力达到 12 马力/平方英寸（13.68 瓦/平方毫米）。全国平均机械钻速由 1982 年以前保持在 4 米/小时左右的水平，提高到 6.08 米/小时，平均井深 1924 米。平均一个钻井队每年可多打进尺 1000～2000 米，每年可多完成工作量 10%～20%。

阶段划分	泵压（巴）	比水马力（瓦/平方毫米）	喷射速度（米/秒）	钻压（千牛）
一阶段	100～120	3.42～4.56	80～100	12～13
二阶段	140～150	5.70～6.84	100～120	14～15
三阶段	180～200	7.98～11.40	125～145	18～20

把钻头水马力增加到 7～10 马力/平方英寸（7.98～11.4 瓦/平方毫米）或更高些，打破国外传统的 3～5 马力/平方英寸（3.42～5.70 瓦/平方毫米）的概念，这是我国喷射钻井技术的突破性的发展。这一成果，已引起美国石油公司的重视。1986 年 3 月，在北京中美召开的国际石油工程会议技术报告会上，美国阿莫柯公司的米尔海姆在报告中也曾提到，采用 8～10 马力/平方英寸（9.12～11.4 瓦/平方毫米）的高比水马力钻速可提高两倍。可见，钻井科学技术是不能沿袭旧有模式的，我们不墨守成规，才取得新的成果。

喷射钻井理论研究也有新进展。几年来，我国一些学者和研究人员应用流体力学理论和试验方法，从充分发挥钻头喷嘴水力能量出发，在研究井底流场方面取得了重要进展。

（1）通过对喷射钻头井底流场液流流向、井底排屑量和井底液流压力分布的研究，说明影响井底净化效率的主要因素是涡流、回流和滞流区。采用调节喷嘴数量、组合方式和直径比值可以减少以致消除其影响，提高井底净化效率，延长钻头使用寿命。这项研究表明，调节喷嘴适当，可使平均钻速提高 13.3%，每米钻井成本可降低 10%。1982—1983 年，西南石油学院的这项研究成果在四川地区试验了单喷嘴钻头，在同条件下与三个等径喷嘴相比，平均钻速提高 16.14%，每米钻井成本降低 13.37%。如果增加地面机泵功率和改善钻井液性能，提高钻头水马力，将会获得更好的经济效益。

（2）通过对井底流场的研究，建立了喷射钻井中井底岩面最大水功率和最大冲击力的设计数学模型和工作方式。用这种工作方式优选的排量比现用的最大排量，大约需要增加 7.5%。对我国现况来说，强化机泵功率，适当提高排量，能够增大钻头比水马力是很必要的。

（3）对淹没非自由射流压力衰减规律的实验研究，确定射流轴心压力衰减和轴向压力分布规律的计算模式，建立了井底最大水力能量工作方式的优化设计方法。这一研究，对于牙轮钻头设计与制造技术来说，相应也提出了如何缩短钻头喷嘴到井底距离的问题，是需要很好研究解决的。

喷射钻井技术要发展、提高还要解决以下问题：

（1）高水平的喷射钻井，要求高压泵、增加钻头水马力。美国阿莫柯水力可钻性曲线和富尔顿图，把钻头比水马力控制在3～5马力/平方英寸（3.42～5.70瓦/平方毫米）范围内，其作用只是清岩而不能破岩。我国的实践，比水马力达到7～10马力/平方英寸（7.98～11.4瓦/平方毫米），钻速比低比水马力成倍增加。因此，要重视喷射钻井上三阶段。提高泵压，需要有良好的大功率的机泵设备。目前，我国除胜利油田已推行1300马力（956千瓦）钻井泵和普遍使用1000马力（735千瓦）泵外，大多数油田使用800马力（588千瓦）钻井泵，已不适应高水平喷射钻井的需要。美国使用钻井泵工作压力已向350巴发展，每千米泵压达到80巴以上，钻井成本大约可降低25%。发展大功率钻井泵，增大机泵功率，延长设备和部件寿命，为进一步强化水力参数创造条件，是当前亟待解决的一个重要问题。

（2）发展以喷射钻井为主要内容的七项成套钻井技术。这七项技术是：高压喷射钻井，低固相优质钻井液，新型钻头和组合喷嘴，固控设备的使用与配套，合理的钻具组合，平衡压力钻井与井控技术，合理的套管程序设计。

（3）喷射钻井上三阶段要与优选参数钻井结合起来，加快最优化钻井的进程。另外，发展喷射钻井也要在符合宏观经济效益下，作出微观技术经济决策。这是我国社会主义计划经济条件所决定的。

（1987年第4期）

我国宋代钻凿工艺的重大革新——卓筒井

李仲钧

（中科院自然科学史所）

北宋仁宗庆历年间（1041—1048年）在今四川五通桥盐区的共研盐田，出现了新的凿井技术——卓筒井。范镇（1007—1087年）《东斋纪事》卷四，首先作了报道："蜀江有咸泉，有能相度泉脉者，卓竹江心，谓之'卓筒井'"。宋神宗熙宁四年（1071年）至五年（1072年）任陵州（今四川仁寿县东）守的文同，经过实地调查后《奏为乞差京朝官知井研县事》称："伏见管内井研县、去州治百里，地势深险，最号僻陋，在昔至为山中小邑，于今已谓要聚索治之处。盖自庆历以来，始因土人凿地植竹，为之'卓筒井'，以取咸泉，鬻炼盐色，后来其民尽能此法，为者甚众……（井研县）与嘉州并梓州路荣州疆境甚密，彼此亦皆有似'卓筒盐井'者颇多，相去尽不远三、二十里，连溪接谷，灶尽鳞次[1]。"卓筒井一出现，由于技术先进，适应当时生产的需要，很快就在川西、川北等盐区推广。

苏轼（1036—1101年）《苏文忠公全书·蜀盐说》及《东坡志林·盐井用水鞴法》曾两次描述卓筒井开凿、汲卤的情景："自庆历、皇祐（1049—1054年）以来，蜀始创'筒井'：用园圜刃凿山如碗大，深者数十丈；以巨竹去节，入井七、八丈，牝牡相衔为井，以隔横入淡水，则咸泉自上；又以竹之差小者，出入水中为桶，无底而窍其上，悬熟皮数寸，出入水中，气自呼吸而启闭之，一筒致水数斗。一凡筒井皆用机械，利之所在，人无不知。"根据这条史料，可见北宋中期川西一带的几所著名的巨型大口盐井，产量已衰。至于"筒井"，则"利之所在，人无不知"。

明万历年间（1573—1620年），四川射洪县人马骥撰写一篇《盐井图记》，曾详细叙述了"卓筒井"的凿井施工程序，为我国深井技术史上有价值的史料，值得珍视。现将分段标题，录之如下：

（一）勘察井法"凡匠氏相井地，多于两河夹岸，山形险急，得沙势处"。

（二）开井口、立石圈。

（三）竖井架、凿大窍。

（四）下套管。"遂议下竹"。

（五）凿小窍。

（六）建井架。

（七）汲卤。

（八）动力。转辘轳者，盖三人为之。力厚者则制

宋代钻井图

---

1 见《丹渊集》卷三十四。
2 见明曹学佺《蜀中广记》卷六十六《井法》引，又见清顾炎武《天下郡国利病书·蜀中方物记·井法》引。

牛车车状大，力逸而功倍也。"此自成井而论耳"。

（九）处理事故。

（十）扫孔。

卓筒对井的作用和现代石油生产中套管的作用相同，主要有二。防止井壁垮塌及封隔生产层以上的淡水层，以保证下部生产层的正常生产。要达到这个目的，就要使卓筒下的深浅适中，确保把生产层以上的一个或数个淡水层全部封堵。如果下得过早，就会在下卓筒以后的钻进过程中又出现淡水层，或者因裸眼（未下卓筒的井下部分）太长，引起井壁垮塌，堵塞下面的生产层，如果下得过迟，就会使生产层已经钻开还没有下卓，而生产层一经钻穿，就会使上部淡水沿井下流，冲淡生产层的盐水。因此要使卓筒下得适当，则必须掌握有关地下地质方面的知识。并具备相应的工具及工艺技术。卓筒的出现，表明我国在北宋中期，劳动人民已经具备了克服以上难题的技术水平，在我国钻探史上是一件具有划时代意义的重大革新。

（1988 年第 1 期）

开采石油为何要注水
——以大庆为例

蔡守诚

(《百家作文指导》编辑部)

初到大庆油城观光游览的人，乍接触一排排秀美、洁白的井房，常以为各个房内低呻浅唱的全是油井。其实，这是一种错觉。在大庆油田有上万口的井，其中注水井几乎占三分之一，油田累计产油约 8 亿吨，其累计注水量已达 20 亿立方米。有人不禁要问：开采石油为何要往地下注进那么多的水？

从自喷采油说起

开采石油固然不向采煤那样，不用人们亲身下到数百米或数千米的地层里面去，而是让石油从井口喷涌而来。可是，地下的石油并非总是那么听话，到一定火候得动用"高压"政策，采用"水攻"，以水驱油，否则它便"藏而不露"。

石油住在很深的地层岩石孔隙、裂缝和孔洞里，这层岩石叫储油层。储油层上下一般都有致密的不渗漏的盖层和底层，四周也被致密的岩层封闭，形成圈闭条件，这样才会使油、气不渗漏出去。由于储油层中存在地下水，并常具有水位差，水从高水位流向低水位，逼着油、气向高处位移；又由于储油层中有密度不同的水、油、气，产生重力分异，使地下水处于下部，油处于中部，气处于顶部。

储油层里的石油承受着周围岩层、地下水和天然气的极大压力。这种压力与地层深度成正比，通常深度每加深 100 米，约增加 2.7 兆帕压强。油层没被开采时，整个油层处于平衡状态，油层各处压力基本相等。当油层被钻穿后平衡状态被打破，井底压力比其他地方压力要小得多，油层中的石油便向井底移动，然后从井底沿井管喷出来。

自喷开采一个时期后，油层压力便逐渐下降，喷油能力也随之逐渐衰减，最后就不会再向上自动喷油了。这时，油层里面仍贮存着很多石油，能进到井筒内，但流不到井口，该怎么办？一是采取抽吸采油。用抽油机（俗称"磕头机"）去抽剩下的油，还有，就是向油层注水，让水替补地层中采出石油后所遗留下的孔隙，并保持地层一定的压力。生活中，人们都有这样的经验：有半瓶豆油，要想不使瓶子倾斜，让豆油自动流出来，就往瓶子里倒水。水重油轻，水流到下边把油顶了上来。给油层注水也是这个道理，但要比往豆油瓶子里倒水复杂得多。

注水采油中有科学

什么时候给油层注水适宜？油层注水效果不明显，怎么办？大庆油田可以作为世界陆相砂岩大油田注水开发的一种模式。

作为世界特大油田之一的大庆油田，一方面由于其构造简单，油水界面整齐，是其优点；但另一方面，由于储油层是特大油田唯一的陆相沉积而呈现出油层的层数极多、油层性质差异极大。相当大的石油储量分布在许多单层厚度薄（0.2~1 米）、油层渗透率很低、分布面积差异很大的油层中，而这些层又与厚度较大、渗透率高、分布面积广的油层交互分布。开发好这样一个大油田是相当复杂的隐蔽工程。大庆油田经过 27 年的开发，经历了无水、低含水、中含水、高含水四个阶段，每个阶段都伴有相应的注水开发方式，使原油不断地高产稳产。

开发初期（1960—1964年，油田综合含水率低于5%）。针对国外一些大油田开发初期油层压力大幅度下降、产量递减、油井停喷的被动局面，采用"早期内部注水保持压力采油"的开发原则。这段时间主要开发特点是笼统注水、笼统自喷采油，充分显示了早期内部注水保持压力采油的好处，油层压力保持在原始压力附近，油井生产能力旺盛，全部自喷采油。

低含水采油期（1965—1972年，油田综合含水率5%～20%）。主要开发特点是油田全面实现分层注水，部分油井分层采油。针对油田早期笼统注水后，出现了注入水沿高渗透层突进太快的问题，采用分层注水控制了高渗透主力油层注水量。

中含水采油期（1973—1980年，油田综合含水率20%～60%）。主要开发特点是高压注水，提高油层压力，自喷开采。随着油井含水逐渐增加，维持自喷开采的最低井底压力逐渐升高，如地层压力水平保持不变，驱动压差将逐渐缩小，油井的产量就要下降。为了保持油田稳产，就必须提高地层压力，增加对地底的能量补充。故通过加大注水量，去提高地层压力。同时采取措施，提高采液量与产油量。这段时间全油田推广了高压注水并维持了稳产。

高含水采油阶段（含水率60%～85%，1981—1992年）。完善井网和注水方式选择是最优方法，水、气交替注入，钻中、高渗透率油层的加密井与提高采液量。

综上所述，大庆油田开采的27年间，从某种意义讲，也是不断往油层注水的27年，但是什么事物都是一分为二的，注水越多，时间越长，石油中含水量就越大。所以，采油过程是个不断出现矛盾、解决矛盾的极其复杂的过程。

（1988年第2期）

超深井——研究地球结构的窗口

郭公喜

（胜利油田）

石油钻井工程的诞生，科学技术的进步，使钻井数量和深度都发生了重大变化。今天，人们正在钻超深井。

超深井应首推苏联。1970年5月，苏联在北极圈北250千米的科拉半岛西北部的贝晨加地区开始钻当今最深的井，设计井深15000米。经过17年的艰苦努力，没有发生一次重大事故，井深已超过12000米，保持了世界纪录。钻井过程中所采用的各种现代化设备和钻井技术引起了全世界的瞩目。17年的深井钻进试验，为深入了解地壳结构和成分提供了宝贵的新资料，为在地壳深部寻找各种矿产开辟了新的前景，为钻超深井积累了丰富的经验。

科拉超深井最终钻达12.226千米

苏联为钻超深井，由国家科委设立了专门委员会，投入了巨大的人力、物力和财力。仅17年的钻井费用就高达1800万～2000万卢布。

科拉超深井是一座名副其实的地下实验室，它使人们第一次直接连续地观测从地表到地下12000米处的地质构造，通过取出的岩心和地球物理测井资料，建立一个完整而准确的地质剖面，对所钻地区的深部结构有了符合实际的认识。对过去靠地球物理方法而预测的地质构造给予了验证，纠正了那些不确切不合理的地方。从此，人们将对地下水循环、地热、地震会有新的更科学的认识。

科拉超深井为找矿提供了新线索。在1500～1800米处钻遇了具有工业价值的铜镍矿体。在钻进过程中对井温的测量，使人们改变了过去的计算方法。已往认为地温随深度而增高，每增加100米，温度升高3℃左右。实测结果证明：这种增温率只适用于从地表到3000米深度的地区。再向下，每增加100米，地温增加更大。过去一般认为，地壳中的热流有两种来源，一是地壳中的放射性生热元素，二是地幔的热流。但在实际测井中，发现放射性很弱，对地壳热流影响甚微，因而，地幔热流是主要供热者。

在科拉超深井钻进中，采用了许多先进设备和工具。如涡轮钻井方法。苏联的石油钻井中，有95%的进尺是采用涡轮钻法钻进的。采用的配有专用液压反馈装置的循环系统，能以1500米/秒的速度传送压力脉冲，随时监测井下涡轮钻具及钻头工作状态。高强度铝合金钻杆的应用，不仅重量比钢钻杆轻一半，还方便了起下钻作业。

随着井深的加大，取心也更加困难。在一定深度下，由于地层压力很大，当岩心进入岩心筒时，岩石会释放出巨大的内部应力，使岩石发生爆炸现象，使下面的岩心无法进入岩心筒，90%~95%的岩心会被研磨成粉而进入钻井液中。为此，研制了一种有钻井液分流装置的取心工具，它能显著地提高岩心收获率。

另外，钻超深井还必须克服高温高压带来的诸多问题，如高压下的化学腐蚀，取出的岩心怎样保持在深处的原始状态等问题。

继科拉超深井后，从1977年开始，苏联又设计了一系列超深井，现都已开钻。设计井深15000米的井有：位于里海西岸的萨特雷井、乌拉尔井；设计井深为12000米的井有：克里沃罗格井；设计井深超过7000米的井有：第聂伯—顿涅茨井、穆龙套井、季曼—朝伯拉井。这些井的钻成，将为人们研究地壳深部正在发生的地球动力学作用提供丰富的可靠资料；它们将作为天然实验室，供人们从事地壳生成原理和地层面的研究。

美国也不甘落后，正急起直追。现已钻成了几口超过8000米的深井。为钻超深井，成立了相应的学术委员会。西德、法国等也在积极筹划以科学研究为宗旨的超深钻井工程。西德设计井深14000米的超深井已于1987年开钻。

我国的深井和超深井钻井工作起步并不晚。早在1966年，大庆油田就钻成了一口4718米的深井——松基六井。时隔10年，1976年，四川石油管理局7002队钻成我国第一口超深井——女基井，井深6011米。1978年1月，四川7001钻井队钻成我国最深的一口超深井——关基井，井深7175米。胜利油田在20世纪70年代也钻成了两口超过5000米的深井。

我国幅员广大，有很多需要研究的问题。钻超深井，不仅仅是一项基础研究工作，是观察地球内部结构的窗口；也是钻井工程的研究基地，诸多研究成果对石油钻井工程、钻井设备、测井技术、钻井仪表的发展都会有促进作用。为了更好地寻找石油、解决地震预报等，我们应当重视钻超深井，用它来观察我们脚下地壳的特性。

（1988年第4期）

原子能与石油开采

罗付绪

1987年4月13日，苏联在乌拉尔山附近伯尔姆省的一个油田上进行了2万吨级TNT当量的地下核弹头爆炸试验。这引起了石油工作者的焦虑和不安：会不会破坏油田，会不会带来巨大灾难和伤亡……

但是出人意料，这次核爆炸并未导致任何建筑物或构筑物的破坏。和平时一样，油矿上一切照旧，只有地震仪的指针在不停地跳动，记录下了这次爆炸的威力，数千米以下的油层坚硬石灰岩外壳感受到了破坏的作用力。

在地下深处进行高能爆炸，会在油藏中造成无数的人为通道，把油藏中自生的彼此隔绝的透镜状油潴连通起来。油藏中这样或那样的油潴，一般都是由石灰岩、白云岩和胶结的砂岩这类低渗透率岩层组成，而石油也都多半被长期"禁锢"在这里面。目前世界上现有的一些采油方法，还都不能将其采出地面。据统计，这种被禁锢的油潴所含的油量，约占世界原油储量的一半。因此，寻找一种把这种难以得到的碳氢化合物尽可能多地开采出来的途径，便成为石油科学和实践上的一个现实课题。

研究表明，唯一可靠的方法，就是在低渗透率油层中造成特殊的人工通道——裂缝，使石油通过这种裂缝自由运移到井底附近，然后，再用传统的方法进行开采。

目前，为此目的而采用的其他各种强化采油措施（包括用火药爆炸的方法），看来效果还不够理想。但原子能在这方面的作用却是巨大的。

苏联地质矿物学博士巴基罗夫指出，苏联石油工作者利用地下核爆炸提高石油、天然气和沥青矿产量的试验远非第一次。早在20世纪50年代中期和60年代后期，就已进行了多次试验。1971年在莫斯科召开的第8次世界石油会议上，苏联专家在其报告中就如何利用地下核爆炸提高低产油井产量的工业试验结果作了总结性发言，在这次会议上，还讨论了美国研究人员的类似报告。苏联在濒临枯竭的油气田上进行的类似工业试验，已取得了显著的效果。

对核爆炸的油井工作状况进行长期观察后发现其油井产量大大提高了，爆炸效果波下到油井周围300~700米的半径范围内，使井底附近的油层渗透率大为改善，原油日采量比计算数值增加了35%~45%，同时还使老矿产量自然递减的速度显著降低。

第一批核爆炸后立即进行的仔细研究表明，无论是对油矿周围地区，还是对石油本身，都没有产生污染，几天后便可到达现场进行正常工作。这次核爆炸是在严密的组织和部署下进行的：爆炸是在注水泥的井下很深处进行，选择具有良好水文地质条件的井段，注意防止放射性元素向水的自由交替带和油层顶部坚硬的低渗透率盖层扩散的可能。由于采取了这些措施，因而没有发生核辐射及核污染后果。同时，当局汲取了切尔诺贝利核电站泄漏事故的严重教训，采取了一切可能的防范措施，因而消除了可能的意外事故。核爆炸没有对石油的物化性能产生不良影响。

（1988年第4期）

油气勘探的指示灯——碘

张荫本

在油气勘探中，人们摸索总结了多种多样的勘探方法，如地质调查、地球物理、地球化学等。多年来，前两种在找油气中立下了汗马功劳，而对后一种，虽然早在二十世纪二三十年代就已提出或试用过，但由于当时技术条件远未成熟，因而一直裹足不前。近年来，鉴于仪器测试技术的突飞猛进，使地球化学勘探这一被冷落了的方法东山再起。碘法寻找油气就是其中之一。

点"灰"成碘

法国化学家库尔特瓦，为了制造黑色火药所需要的硝酸钾，从海水中捞取了大量海藻，晒干焚烧成灰，然后浸渍于水，从中提出氯化钾，再与硝酸反应，得到硝酸钾。但剩下的藻灰渍液中还会有什么宝物吗？他虽有此奇思异想，但却无良方妙法。有一天，他的家猫碰翻了一个盛装浓硫酸的瓶子，酸液刚好倒进了藻灰渍液，顿时升起了一股刺鼻的紫色蒸汽，冷却后变成了紫黑色有光泽的点点细小晶粒。库氏惊喜万分，急忙请来了同行好友会诊鉴定。结果，大家喜出望外，竟是一种新元素。后来被化学家格吕萨克命名为碘。这一传闻不胫而走。一般人说，猫建奇功，发现了碘。但是，科学界说，碘的发现是人的功勋。有追求的人、富想象的人，碘迟早都会被他们捕获到手啊！但不管怎么说，碘来自低等植物却是无可争辩的事实。

晕圈效应

碘是活泼元素。土壤中的碘，既溶解于水，又可被植物吸收，但其背景值很低，一般仅 0.7～2 微克/克。可是，在含油气区，由于从油气层中扩散出来的烃类与土壤中的碘形成碘的有机化合物，如碘甲烷、碘乙烷、碘丙烷等，这些有机碘非常稳定，在油气田上方使碘富集，出现碘的异常带，其碘值可为背景值的 2～10 倍。就是说，高浓度的碘在油气田周围有"晕圈效应"。因此，油气聚集地区碘是一种地表显示的新标志。

美国对落基山和华金谷几个盆地进行了一系列地化测量，以及对其 25 种元素进行分析，结果很清楚，碘总是以异常浓集状态出现在油气田的上方，说明碘是勘探油气的一盏指示明灯。

藏身于"土"

有机质生成烃类的初期，随着腐殖酸和腐殖质分解的碘流入地下水中；不溶残渣和沥青中不皂化有机质的大分子结构降解同样产生碘，尤其在埋藏以后，温度达到 65～100℃高温阶段时，更易生成此种反应。虽然土壤深度与温度会影响碘的浓度，但土壤中的矿物成分及腐殖质含量对其影响更为明显。分析资料说明，黏土矿物伊利石远较蒙皂石和高岭石固着的碘化物为多，而且，在任何土壤中，胶体颗粒吸附的碘较粗大颗粒吸附的碘为多，即是说颗粒越细小就越富含碘。另外，二氧化硅对碘的吸附能力比黏土类矿物低 2 倍。

碘在土壤中异常稳定，即使贮存在有孔的样品器中多年，其浓度也没有什么变化。这些性质和碘对有机质的依赖关系表明，共键共链的有机碘化物是土壤中的基本结构。

既然碘是油气富集的指示元素，它又藏身于土壤中，这就使我们有条件在广袤大地上的表层土壤中，利用碘异常，寻找油气藏。

双 双 吻 合

用碘法测量，不需要深掘挖坑，也不需要浅钻爆破，只需在浅层的土壤中就可进行采样。如在美国得克萨斯、内布拉斯加、科罗拉多诸州，详查时每 2.6 平方千米的面积布 30～72 个采样点，仅仅在 2.5～7.6 厘米深的土壤中取样分析，绘出的等值曲线图，就能得到良好的效果。

用已知可以推测未知。在已知的油气田区进行碘测，其异常带正是油气田的中央部。如土耳其的色雷斯、美国的依阿华、得克萨斯的中陆丹佛等盆地测量结果，发现高值碘区是背景值的 5～10 倍，异常范围与油气田区相重叠，而且测得的数据非常稳定，可信可靠。

尽管在地表不足 10 厘米深的土壤中取样，可是，却反映出了土耳其库斯曼西克油田 1067 米深的油层；这个油藏属地层圈闭类型，在碘异常区，井井产油，而晕圈以外的各井，却井井无油。这一吻合，大大提高了碘在油气勘探中的显赫地位。

油如此，气是否也灵验呢？在同一盆地的土耳其犹姆瑞克气田，产气层深近 2500 米，可是，地表土壤中采样分析表明，气田上的碘异常区内所有的开发井，井井产气。

碘晕圈不仅仅会指示出地下的油气藏类型（背斜构造圈闭），而且在得克萨斯州东韦伯斯断层分隔的两个油藏上，碘异常出现在断层带上；在丹佛白云岩透镜体的油藏上，碘异常竟也绘出了一橄榄形。碘，真是寻找油气藏的一副灵丹妙药！

得 天 独 厚

碘法测量还有一些别的手段所不及的优越性。首先是测碘值十分稳定，数据可以重复使用，因此，可以把早期的普查与现行的详查结合起来；第二是取样简便，只需从土壤中取出，样品不需严格处理即可进行分析，这就使分析成本降低，加密取样，大大缩小"靶区"；第三是碘不仅在油气有关的地化异常带中普遍存在，而且相应还有量的差别，可供比较，从中择优。由此看来，碘确实是油气勘探的一种经济适用、行之有效的工具。我国未开垦的油气处女地还有很多，何不用它山之石，来攻攻中华之玉呢？

（1990 年第 2 期）

种类繁多的抽油杆

林成德　周元敬

今天的抽油杆无论从选材、结构形状、规格和加工工艺等都有了巨大变化。特别是近 30 年来，一些国家相继研制出多种抽油杆，以适应各种工况条件的需要。

C、D、K 级普通抽油杆

这是目前国内外用量最多的钢质抽油杆。从力学性能区分 C 级和 K 级属于低强度抽油杆，C 级杆用于轻负荷、腐蚀较轻的浅井，K 级杆是在钢材成分中加入了镍或较多的铬钼元素，可适用于轻负荷、腐蚀性的油井中，有人也把 K 级杆叫做防腐杆。D 级抽油杆选材上增加了合金成分，采用了调质处理或表面强化工艺，有着更高的力学性能，一般称之为高强度杆。

连续抽油杆

这种抽油杆是加拿大科洛得（Corod）公司在 20 世纪 60 年代研制而成，故起名为科洛得连续抽油杆。该杆最大特点是整杆连续无变径接头，最长可达 3500 米。横断面呈椭圆形。它选用了 ASTM 1536 钢经调质处理，其机械性能接近 D 级杆水平，它上大下小，接近于等强度设计，避免了普通抽油杆易于发生的井下端头断脱事故。它无变径接头，抽吸时液流阻力小，不易结蜡，较适于稠油井及斜井使用，使用时必须卷绕成圆盘并置于拖车上运输。

玻璃纤维抽油杆

该杆从研制到使用仅十余年历史，但它是特种抽油杆中发展最快、用量最多的一种。目前除美国之外日本也能生产该系列产品。这种抽油杆采用了玻璃纤维为增强材料，采用聚树脂或环氧树脂作基体复合而成，然后经挤拉固化成型。该杆能很好地解决在高腐蚀性油井中金属抽油杆的应力腐蚀问题，使用寿命长。另外，该杆密度仅为钢杆的 1/3，从而使光杆负荷、减速箱扭矩和电力消耗都明显降低，起到节能作用。特别是，由于其弹性模量低，弹性好，采用电脑设计达到杆柱的优化组合，可获得柱塞的超行程（即大于光杆行程），能较大幅度地提高液量。

该杆使用井深可达 4572 米，承受温度在 116～149℃ 之间。最大工作应力为 234 兆帕，使用寿命可达 7.5×10^6 次，接近普通钢质抽油杆的耐用性能。

该杆用量在美国近 3 年来每年以百万米以上速度递增，预示了良好的前景。

超高强度杆

该杆问世时间短，仅在美国生产使用。目前有 EL、97、HS 等牌号。如 EL 杆采用高频感应淬火处理，抛丸强化杆体。该杆抗拉强度可达 1036～1348 兆帕，杆表面压应力可达 686 兆帕，许用应力为 345 兆帕，比普通 D 级抽油杆拥有更高的抗疲劳断裂能力。

空心抽油杆

该杆为空心结构，便于从地面向井下直接注入热油及稀释液，达到将原油降黏的目的。较适于稠油及高凝油的开采。

这种杆加工特殊，采用了杆头螺纹端与杆体摩擦对焊工艺。虽然空心杆的金属截面积与普通抽油杆截面相等，但其抗拉强度可达 965 兆帕，略高于 D 级杆抗拉性能。

目前，此杆在西德、奥地利和苏联均有生产。

柔性抽油杆

这是一种非刚性连续抽油杆，由 37 根直径为 2 毫米高强度钢丝组成，每米仅 1.1 千克，几乎要比 19 毫米的普通抽油杆轻一半。在钢绳外采用特殊的尼龙外包层。该杆有良好的化学稳定性和韧性。使用寿命与一般钢质杆相近甚至更佳。该杆下井与提升需采用滚筒操作。

电加热抽油杆

该杆实际上是在空心杆内安装一电热装置。电阻丝接电产生的热量通过导热介质将热量不断传给抽油杆，加热原油，以解决结蜡堵塞油管问题。

KD 合级杆

这种抽油杆在选材上采用了不锈钢或其他的防腐钢材，其强度指标与 D 级抽油杆相当，但具有 K 级杆的防腐性能，适用于重载腐蚀井。还有一种直接在 D 级杆上涂以防腐层的油杆，叫做喷涂 KD 合级杆。

除了上面提到的几种抽油杆外，还有将杆头与杆身分别加工焊接而成的三节式抽油杆，用铝合金制造的轻质抽油杆，用加粗加重灌铅等方式生产的加重杆，长度超过 10 米以上的地面光杆，以及正在研制的玻璃钢连续杆，石墨复合材料抽油杆等。

（1990 年第 5 期）

激光——石油工业的"希望之光"

周有恒

激光是 20 世纪 60 年代科技领域的最新成就之一。激光技术的发展及应用正日益深入和广泛，近年来，它在石油工业领域也崭露头角。

在寻找油、气资源方面，激光的使用已初显端倪。据报道，苏联地质、地球物理的科学家和工程师最近发明了一种利用气体探矿的方法。该方法就需借助激光。空气中混有各种气体成分，其中的甲烷和氡是从地下油、气田放出的。他们发明了测定甲烷和氡两种气体含量的装置。这种装置按被吸收的激光的数量来确定甲烷的含量，按阿尔法粒子流的强度来确定氡的含量（氡原子在发生放射性衰变时会放出阿尔法粒子）。测定之后加以比较、分析，即可作出地下是否有油、气田的初步判断。

日本地质学家还将激光技术用于开凿井筒，勘查石油。他们使用二氧化碳激光器钻井，以取代传统的钻机钻孔方法。二氧化碳激光器能发射高能量的红外线激光，瞬间产生几千摄氏度的高温，使难熔、高硬度的物质迅速熔融、气化和蒸发。工作时激光器沿井筒向下移动，用激光束来切割、灼烧井底岩层。地面上的操作人员则通过计算机来控制激光的方向和温度，根据岩层的性质改变激光的扫描形式，切断、钻穿井底任何形式的横断面。激光器的这种高度灵活性、高效性远远超过通常的旋转式钻机。据测定，二氧化碳激光器开凿一个井筒，其速度要比机械钻机快 9 倍。

在开采和回收天然气和原油方面，激光也大有用武之地。现有的从岩层中提取油、气的方法经济效益不高。科学家便试图用激光技术开发这些资源。具体做法是先在岩石上钻一个洞，再插入一个空气管，让一束二氧化碳激光沿管道传播，以一面圆锥形的镜子将激光束反射到洞壁。激光所产生的高温足以气化或蒸发岩石中各种碳氢化合物。并将气态的碳氢化合物收集到地面上的气体贮存罐内，即可作进一步的加工处理。这一方面同样适用于开采过的油井，并可回收 40%～50% 本来无法采出的剩余原油。

近些年来，大型油轮因各种事故而造成的漫溢泄漏事件时有发生，水面油污成了当今海洋上的一大生态灾难。人们正在寻找各种方法以消除或减轻石油污染，激光则成了对付"油污"的新"武器"之一。加拿大科学家已成功地利用激光束来消除水面油污。他们用直升飞机将激光装置运到被石油污染的水面上，高能量的激光束在几秒钟内就可把漂浮的石油点燃烧尽。

在现阶段，激光在石油工业中的应用方兴未艾。随着科学技术的发展，激光必将成为石油工业的"希望之光"。

（1991 年第 3 期）

人类钻井的发展过程

陈山俊

人类的初期,为了寻找饮用水、灌溉用水和保存食物用盐,曾用棍棒、动物骨架和锐利石块来挖掘井眼。在广阔、荒凉的中东大陆上,考古学家就曾发现过这些井眼的遗迹。

公元前约5000年,萨梅亚人用操纵轮挖井,给井眼开凿技术带来了第一次突破。为了把井里的泥砂运到地面,人们开始用滑轮和卷扬机。

随着人口的增多,居住地方的扩大,需求的水源也随之增多。小亚细亚人开始开凿早期的井眼。公元前5000—前1000年之间,波斯(伊朗)、美索不达米亚及其周围地区采用了灵巧的坎儿井系。这是一系列相互连通、用于开凿的浅水井,用于汲取聚集在山坡下的水。母井最深达305米。这些坎儿井有些目前还在使用。公元前1500年,土耳其就在盖齐安附近开凿了这样一种浅水井,作为一个小乡村居民的主要饮用水源。当亚细亚人开凿坎儿井时,埃及人正在其采石场研究给岩石凿孔的方法。为了破开建筑雄伟宫殿、寺院和法老基地所需的巨石,埃及人发明了粗制的用手操作的旋转取心钻头,能够把岩石凿开6米深。

公元前约500年,中国孔子曾在其著作中记述了当时在西藏边界附近(疑为四川境内)所钻的几口用于开采食盐的深达几百英尺的盐井,有的井还生产天然气。这些盐井大多数是采用起源于中国周王朝(公元前1122—前256年)的弹簧杆钻成的。它是将一根长12米的树木以30°的角度停靠在一个支点上,粗端固定在地面上,而钻具悬挂在另一端,用几个人不时使钻具降落来打井。此后,中国人第一次采用由青铜制作的钻具以每天约0.61米的速度钻了一口深达522米、井径为150毫米的盐井,并用竹子做套管。

在美国宾夕法尼亚油田开发之前,缅甸人是石油的最大生产者。缅甸人先用手工凿开硬岩石,然后把重块悬挂在绳索上,切断绳索,让重块降落,接着由一个人下到井里系上另一根绳索,把重块拉到地面上。这种方法与中国人所采用的方法极为相似。

公元初,日本已钻了一口深达274米的找油井。在发现美洲之前的几个世纪中,美洲的一个土著民族在宾夕法尼亚州的石油小溪中,用手工开凿井眼,并用木料将其撑住。考古的资料表明,这个民族也曾凿井以采掘苏必利尔湖附近的铜矿。在随后的年月中,像在中国一样,有许多手工开凿的井眼用砖块和石块砌作井壁。这标志着井眼开凿技术的发展,该技术一直延续到18世纪末。

1806年,拉夫尼兄弟把中国人的弹簧杆钻井方法引进到美国。拉夫尼兄弟不仅作了改进,而且在西弗吉尼亚州的查尔斯顿采用了机械钻井。拉夫尼兄弟用了18个月的时间钻了美洲第一口深为17.68米的盐井。为了钻这口井,拉夫尼兄弟制作了钻头和钻杆,改进了弹簧杆和钻井钢丝绳,并把小树劈开挖去树心作为套管,这种管子下入井里,用旧碎布料卷绕其下端作为封隔器。此外,拉夫尼兄弟还研制出一种成功钻井和完井的可靠方法,这种方法在其后的50年中得到了其他人的沿用。之后,其他人又对这种技术作了某些方面的改进,发展了杆式和绳式顿钻钻井设备,包括弹簧杆、钻井和打捞震击器、游梁或弹簧梁和钻头。

19世纪中,当蒸汽钻井代替人力时,一种类似于抽油机架的杠杆游梁取代了弹簧杆。杠杆的一端用一台发动机上下驱动,另一端与悬挂钻具的钢丝绳连接。1859年,宾夕法尼亚岩石石油公司的"陆军上校"埃德温·德雷克采用这种钻井设备钻了第一口找油的德雷克井。这口井是在早期找盐井的基础上加以改进的。德雷克安装一个高达 10.69 米的井架,用一个烧木柴的锅炉把蒸汽输送给一台 6 马力(约 4.5 千瓦)的发动机,用一个带有 1.5 英寸(约 38 毫米)切削刃的铁钻头,几乎花 2 个月的时间钻了 21.18 米后发现了油。随着德雷克井的见油,凿井找油已从宾夕法尼亚州扩大到肯塔基州、俄亥俄州、田纳西州、俄克拉荷马州和堪萨斯州。1876 年在科罗拉多州,1883 年在怀俄明州,1889 年在伊利纳斯州、印第安纳州和密苏里州都发现了石油。1892 年在堪萨斯州钻了一口叫做内利约翰斯 1 号井,在 402 米深处见到油。1900 年前,得克萨斯州开始了采油。

德雷克和他的钻井

随着钻井规模的扩大和钻井深度的增加,钻井设备和钻井技术需要继续改进。1875 年,当钻深超过 610 米时,蒸汽机已经改用皮带传驱。19 世纪 60 年代,钢材投放钻井市场。1900 年,冲击钻和绳式顿钻钻具的钻井方法发生了多方面的变化,钢制井架开始代替应用多年的木制井架,钢制套管开始代替铁制或木制管,其他的工具也得到改进。

1887 年,查普曼发明了液压旋转系统,并获得了美国专利。他建议把黏土、黏泥、糠、稻谷皮、颗粒、水泥或其他塑料和黏合材料用机械混合成用于井眼造壁的钻井液,这是他对钻井工业的最大贡献之一。此间,曾经用汽锤钻过浅的坚硬地层。1867 年,约翰逊发明了一种适用于绳式顿钻钻机的取心钻头。尤其是美洲的发明者,他们开始注意到井底马达驱动装置的应用。而在欧洲,主要是使用液压井底马达。19 世纪 70 年代,以早期游梁钻井设备为基础的顿钻钻井,使液压马达获得了初次的应用,到 70 年代末,液压马达获得了广泛的应用。以后,虽然顿钻钻井的额定深度从 610 米稳定增加,其机械可靠性也获得很大的进展,但其结构基本上没有什么改变。采用更有效的蒸汽动力装置、较高的井架、较强的钻绳,并追加一个"大绳滚筒"或"辅助大绳滚筒拉绳轮",使液压旋转系统获得了多方面的改进和提高。到了 1890 年,这种顿钻钻井设备的钻深可达 1219 米。

1889 年,韦伯发明了一种齿轮传动的电马达顿钻钻具,1890 年加德纳发明了井底电马达驱动的旋转取心工具和用于接收钻屑的循环泵。1903 年发明了电磁操纵的顿钻钻具。1901 年 1 月 1 日,得克萨斯州平德尔托普获得了最大的喷油井(卢卡斯喷油井)。卢卡斯井在钻达 311 米时,突然产生微弱的震动,随后发出一种越来越强的隆隆声,产生一种波及地面的"地震"。伴随着钻井液的间喷,油流射入空间中约有数百英尺高。近 244 米的加重钻杆被抛入空中,几乎撞毁井架。在井喷后的 9 个日夜中,该井喷油 80 万桶(12.7 万立方米),井场周围形成一个半径为 1 英里的大油湖。最后采用阀门组及其配件才将其封住。这口井的发现，证明旋转钻井设备和钻井液的第一次应用是成功的。

20世纪初，钻井工业采用一种定型的旋转钻机。这种钻机配有一台2268千克的绞车、一台较大的蒸汽发动机、一个30马力的锅炉和一个重为816千克的转盘。全部管子都用链条大钳上卸扣，钻头是鱼尾、刮刃和圆盘形钻头。但这种钻头在遇到硬地层时就很快磨坏，因而只能用于钻较软地层。在钻完平德尔托普油井之后的6年中，美国大多数作业者都采用旋转钻机在墨西哥湾中钻软地层。

20世纪初期，防喷器、钻井液和固井套管的应用正在增长，但可靠和有效测量钻井参数的仪器，直至1925年还没有出现。20世纪30年代开始，随着钻井深度的加深和钻井压力的加大，要求钻台上的仪器必须能给司钻指示出井底正在发生的情况。此时，指重表和井底压力表已经成为不可缺少的工具。到了20世纪50年代，广泛使用了钻井控制器，使安全钻井达到了一个新的水平。

20世纪50年代以来，海洋钻井获得迅速的发展。1949年出现第一座活动钻井平台，然后是20世纪50年代出现的钻井船和自升式钻井平台，到了60年代初期出现了半潜式钻井平台。进入20世纪70年代，出现了电子计算机控制的动力定位钻井平台，这种平台可在数百至数千米深的水域中进行成功的钻井。

到了20世纪80年代，随钻测量、顶部驱动钻井装置、管子自动处理系统、钻井安全监控系统和电子计算机等新技术进入了钻井市场，尤其是电子计算机技术，在寻求更为安全、有效和快速钻井方面，最有希望获得新的突破。

最初，人类只能用手工挖掘几米至百多米的浅水井和盐井，今天，人类已经用自动化机械钻出垂直深度达万米的油气井。20世纪80年代以前，人类只能钻定向井，进入80年代后，人类为了从油层中采出更多的油来，开始采用带有双向倾斜U形接头衬套的低转速高扭矩可转向马达的导航钻井总成钻水平井。20世纪80年代末，水平井的水平井段长度可达4760米。可以预料，到20世纪末，水平钻井将会形成一个高潮，估计全部所钻的井将会有50%是水平井。

（1991年第4期）

压裂——刺向油气层的神剑

夏步梅

如果把大型钻机比作一艘巨大的陆上"舰艇"的话,那么,现代化的压裂机组就如一艘威武雄壮的陆地"航空母舰"。笔者曾两度赴大型压裂现场采访,那场面真令人惊心动魄:20多台庞然大物,包括主压车、混砂车、管汇车、仪表车、压风车、灌注车……排列整齐,齐声咆哮,有如万头雄狮在怒吼,大地为之颤抖……

壮阔而宏大的场面固然让人感奋,如果了解到压裂机组施向地下油气层的巨大压力,将会更加使人惊叹。假如1400型的压裂车对准陆上最大的动物大象施压,只需一眨眼的工夫,一股旋风般的气流将会从大象身上洞穿而过。即使是最坚硬的地下岩层,也会被它压裂出道道裂缝来。

目前我国石油战线上,具有多种型号的压裂车,有500型、700型、1000型的,还引进了8套具有世界20世纪80年代先进水平的1400型压裂机组,分布于8个油气田使用,产生的效果极为显著。所谓500型、700型直至1400型,是指压裂时,它们施放的最高大气压,即1400型机组使用时,最高可达1400个大气压。通过向油气井中的油气层段施以高压,以造成裂缝,并加进砂粒或其他支撑物将裂缝支撑住,这样就能改善油气层的渗透性,提高产量。

压裂,是一把刺向油气层的神剑。以长庆油田为例,它所建立起来的功勋是难以磨灭的!

地处陕甘宁盆地的长庆油田,是一个大面积的低产油气区,过去有"井井有油,井井不流"的说法;近几年在陕北榆林、绥德一带打出天然气井,又有"口口有气,口口放屁"(即气产量很快降低没有了）之说。怎么办？压裂。长庆油田1972年会战初期专门成立了井下作业处，并专设一个压裂大队。开展"压裂年"活动，吃"压裂饭"，唱《压裂歌》："压、压、压，狠狠地压！压开千米岩层，处处盛开石油花……"1972年压裂52井次，效果甚微。后经改造压裂设备，提高压裂强度，研究出优质压裂液，改进压裂工艺，效果有了显著提高。1974年压裂407井次，增产原油1400多吨；1972年至1978年，通过压裂，共增产原油4万多吨。20世纪80年代后，压裂设备逐渐更新，压力加大，效果更佳。1985年后，通过压裂求增产，每年增产原油均在6万吨以上。其中1985年压裂220井次，增产8万多吨，平均压裂一次增产原油360多吨，为长庆油田实现连续稳产13年提供了可靠的保障。

"有油无油在于钻，油多油少在于压"，对于大面积的低渗透油田来说，这的确是经验之谈。我国大陆上的第一口油井——陕北延长1号井，算是油井中的"老寿星"了。该井于1907年9月钻成，至今已有80多岁"高龄"。刚钻成时，日产原油最高为1.25吨，27年后（1934年）枯竭。有趣的是，1978年，将该井深度从81米加深到118米，后经压裂，使"老寿星"焕发青春，日产达到2.9吨。1985年再次加深到152米，再次压裂后，日产提高到3吨以上。延长油矿1943年原油最高年产量仅1200多吨，到1985年达15万吨。此后，每年平均以33%的速度递增，1990年原油产量达到40万吨，这靠的是什么？其中一个重要原因就是压裂改造油层，增加产量。

油井靠压裂增产，气井同样靠酸化压裂增产。钻井时，由于使用含有不少化学添加剂的钻井液，气层便会受到伤害，严重的甚至会将气层堵死而造成气井报废，其损失以百万元计。为防止这种情况发生，后来在压裂气井时，同时将酸液和其他压裂液压入地层，以达到酸化洗井、解堵，解放油气层的目的。近几年，长庆先后在陕北获得日产1万立方米以上的工业气井26口，其中5口获天然气（无阻流量）20万立方米以上，日产百万立方米的高产气井两口（陕5井，日产110万立方米，陕6井，日产126万立方米）。这些井的成功，大多是酸化压裂的结果。据对林1井、林2井、陕5井、陕6井、榆3井、陕参1井等气井统计，压裂后的产量比中途测试平均提高13.5倍。像这样大幅度的增产，在我国的油气田开发史上还是罕见的。

为获得更佳的压裂效果，这些年来，各地在改进压裂工艺和技术方面做了很大努力。如开展高能气体压裂试验、采用塑料球暂堵选压、用液氮助排、搞深度酸化压裂等，均现良好势头。这预示着，在我国今后的油气勘探开发中，压裂事业将会得到越来越大的发展。

（1991年第5期）

核技术——油田开发的有力武器

孙汉城

油田勘探和开发需要综合应用多种技术，核技术是其中很重要的一种新技术。

核技术包括核能和射线技术两部分。前者属于能源科学，后者属材料科学和信息科学。

油田应用核能，既可开源又可节流。地下核爆可以采油，核能供热能替代油田自我消耗的大量油、气、射线技术，一是辐射改性，制造油田需要的特殊材料；二是用同位素和核辐射获取地层和油井、油管中的油、气信息。

地下核爆采油

核武器有巨大的破坏力，但如果使用得当，可以变成巨大的生产力。美、苏、法等国都成功地进行了利用地下核爆采油的试验。地下核爆采油，目前主要利用核爆的强大破裂作用，使爆心周围数百米的地层产生大量裂纹，从而大大提高油层渗透率；如果在碳酸盐岩区核爆，产生的大量高温CO_2可使稠油变稀，效果更好。核爆后还有大量热能长期贮存在爆心区留下的玻璃体中，等于造了一个地下热库，将来若能设法引出这些热量，还会有更大效益。

我国有地下核爆的丰富经验。经过科研和工程试验后，完全可用于采油。对一些接近衰竭的油区，核爆可谓是一剂延年益寿的良药。

核 能 供 热

在油田生产和生活取暖中要自我消耗掉大量原油和天然气。无论是高温水蒸气采稠油、热水开采高凝油，还是油管保温、生活取暖处处需要大量热能。目前大多靠烧油、气供热，这实在是可惜。如果改用烧煤供热，大量煤和煤渣的运输将是极大困难，而且对环境的污染也难以治理。而核能将是一种很理想的替代能源。它既干净又无运输问题，只贮存很少的放射性废料，过几十年清理一次就可以了。

核供热堆堆型不仅都安全可靠，而且易操作，经济上合算。虽一次性投资较大，但燃料、运行费用少，总的费用要低于烧油烧煤的。

核供热堆一类是低温供热堆，1座1万千瓦的低温供热堆相当于1台17吨的锅炉，可供15万平方米建筑面积采暖。其寿命长30～40年，核燃料每9年更换一次（以每年运行半年计）。1座10万千瓦堆产生的150℃的热水可送到2千米以外开采高凝油。

另一类是高温气冷堆，可产生开采稠油用的400℃高压水蒸气。高温气冷堆往往是热电两用型。20万千瓦的堆所产水蒸气可年产稠油25万吨，同时发电2.2亿千瓦·时。

核 测 井

测井需要综合应用电、声、光、磁、核等多种技术，目前约有40%的井下信息来自核测井，特别是加套管固井后的测井主要靠核测井。

十几年前核测井主要是强度测井，测量自然γ、γ—γ、中子—中子、中子—γ的强度变化。近来大量发展能谱测井，即自然γ能谱，中子次生γ能谱，以及脉冲中子在井下的时间分布等测井方法，可划分油气水层，给出岩性、储层孔隙度、含油饱和度及其动态变化、泥质含量、水矿化度等多项地质评价。最近的重要进展有：

（1）元素测井或称地球化学测井。用 NaI 闪烁谱仪组成三种探管：自然 γ 能谱，中子非弹与俘获 γ 能谱，中子活化 γ 能谱。这三种探管组合成的组合测井仪可测定地层中 C、H、O、Si、Ca、Fe、Cl、S、Al、U、Th、K、Ti、Gd 等元素，以及有机碳的含量，由此作出较全面的地质评价。

第一代基于高纯锗探测器的高分辨能谱仪不但可在地面对岩心样品作多元素分析，而且由此作成的测井仪也已完成了科研阶段，推广生产后可明显提高元素测井的精度。例如现在常用的 NaI 碳氧比测井仪定含油饱和度的误差为 13%，国内一些大油田的原始含油饱和度为 60% 左右，这一误差尚能容忍。但随着开采程度的增加，残余的含油饱和度将不断降低，就需要将误差降为 3%～4% 才有意义。这就需要发展高纯锗碳氧比能谱仪才能解决问题。

（2）超热中子测井。目前常用的补偿中子测井测量孔隙度是利用热中子，最近研制成利用超热中子的补偿中子测井，明显提高了精度。

同位素示踪测井对于了解井间的流通情况、划分油水剖面等生产测井有重要意义。最近一个值得注意的动向是用稳定同位素活化示踪或用几乎稳定的（即寿命极长，放射性可忽略不计的）同位素示踪。例如，用半衰期为 30 万年的 ^{36}Cl 示踪，用灵敏度极高的加速器质谱计测 ^{36}Cl 原子而不测放射性。

地质年代测定

地质年代常用放射性方法测定。较新方法有 ^{238}U 自发裂变径迹法。古代岩石本身就是探测器，记录下了其中所含微量 ^{238}U 自发裂变径迹。测定其中铀含量后，由自发裂变径迹数即可定出其年代。此方法还可测定古地温。

另一个新的地质年代测定法是用加速器质谱计，^{10}Be、^{129}I、^{36}Cl 等多种长寿命同位素都可作年代标志，因为它们的半衰期在数百万到数千万年之间。

辐 射 加 工

核辐射可大幅度改变材料的性质。辐射加工就是利用这一效应来创造新型材料，使之更适应生产的需要。例如，辐射聚合的聚丙烯酰胺已在油田作为絮凝剂广泛应用。辐射交联的塑料导电带和热收缩塑料膜已在油管的保温和连接上应用。辐射交联的耐高温电线、电缆也在油田发挥作用。今后必将有更多的高性能新材料由辐射加工创造出来。

核技术是一门新技术、高技术。经过石油工作者和核科技工作者的通力合作，核技术将会更广泛地为石油工业服务。用核技术武装起来的石油工业，必将如虎添翼，得到更快的发展。

（1992 年第 1 期）

遥感技术在油气勘探中的兴起

刘东海　邱晓红

随着新技术的迅速发展，油气非地震勘探技术目前已被广泛应用于油气勘探之中。其中的遥感技术油气勘探方法，被认为是一项有着广阔前景的新技术。

1980年美国著名的石油地质学家 M·T·哈尔布特先生综合分析了沙特阿拉伯、伊朗、伊拉克，以及我国大庆等世界上15个大油田的卫星照片，发现都与环形影像有关。大油田都在卫星照片上得到不同程度的反映，其程度取决于油气聚集构造本身的地质结构和发育特点，以及油气田本身的地貌地形等条件。在得克萨斯盆地东部，利用卫星照片分析，在老油区确定了新的潜在油气田。在巴西亚马孙河地区利用卫星照片和侧视雷达图像，通过地貌—构造解释，圈定出隐伏构造，找到油气储集区。1982年在澳大利亚中部的阿马迪尼斯盆地，利用卫星照片分析研究，也发现了有前景的隐伏构造。

20世纪80年代初，一些国家开始探索利用遥感技术直接捕获油气藏的信息，并将遥感技术与地震、航磁、重力、地球化学、测井等各种勘探信息进行综合应用和相关分析，形成了从空中到地下的立体层次的多种信息综合分析和相互验证，提高了认识程度和研究的科学性。通过试验研究证明了利用遥感技术直接勘探油气藏烃微渗漏的可行性及有效性，论证了油气藏烃类微渗漏的理论，以及引起地表"地植物变异""黏土矿物富集""红层褪色"的机制。1985年 A·M·费得尔统计：利用遥感探测烃类微渗漏来圈定油气储集区的成功率达到80%；苏联在西西伯利亚及哈萨克斯坦利用遥感技术探测烃类微渗漏引起地表铀矿化的再分配与油气藏上方地表热惯量异常为标志，所圈定的油气储集区与已知油气藏的符合率为76%。

我国利用遥感技术勘探油气资源工作始于20世纪70年代末，主要开展了大量遥感图像的构造解释。如中国石油天然气总公司石油勘探开发科学研究院遥感所王文彦、北京大学地理系范心圻、中国科学院兰州地质研究所魏超俊、刘子贵等人，先后在新疆准噶尔盆地及塔里木盆地、内蒙古二连盆地、青海柴达木盆地、江苏苏北盆地、四川卧龙河地区、河南及其邻近地区、滇黔桂南盘江地区、西藏北部等含油气盆地，做了大量的分析研究工作，补充了区域构造资料，探索了盆地结构，阐述了其形成机制。20世纪80年代中期，相继开展了遥感直接探测烃类微渗漏的研究。魏超俊等同志应用陆地卫星信息的假彩色合成、信息处理提取等方法，发现柴达木盆地东部涩北油气田上方均有烃晕异常反映，与油气田符合较好，被解释为与烃类微渗漏有关。地矿部陈传霖在内蒙古二连盆地吉诺尔地区的MSS图像上分析研究，发现"色调异常"，经钻探在异常区出油。

应用遥感技术直接进行油气资源勘探的科学依据主要是，油气藏烃类微渗漏引起地表物质产生各种"蚀变现象"，必然要反映到土壤、岩石，以及地表植物的理化性质和生态特征上，进而表现出上述物质的波谱变异。实质是通过直接探测地表物质的波谱异常来反推油气藏的存在。土壤吸附烃异常是油气藏在地表的最直接的标志，也是最有效的标志。1988年中国石油天然气总公司石油勘探开发科学研究院等11个单位，在新疆准噶尔盆地东部，开展了飞行面积9000平方千米的机载遥感直接勘探油气资源的方法试验研究，实际提取出单信息的成图面积约6500平方千米。这次试验除了利用美国陆地卫星TM数据重复国外已开展的"红层褪色""黏土矿化""地植物异常""放射性异常""热惯量异常"这几个标志的探测研究方法以外，还新开展试验了机载多波段扫描技术直接探测油气藏烃类微渗漏形成的地表"土壤吸附烃异常"及"碳酸盐丰度异常"的方法研究。试验后发现了两个强吸收峰均位于"遥感窗口"之中，是遥感技术进行油气资源勘探的有利工作波段。这两个强吸收峰是甲基、亚甲基、芳香烃等基团分子振动所致，不受其他油气组分的干扰。在已知油气藏上方进行野外地物波谱0.4～2.5微米的测量及实验室土壤吸附烃的波谱0.4～50微米测量，均有2.27～2.35微米和3.33～3.53微米两个强吸收峰带。在试验区内，机载多波段扫描仪工作波段从0.45微米开始，包括可见、近红外、中红外及热红外几个波段。共获取12条波段扫描数据，经计算机图像处理，共提取18个油气遥感异常区。根据与已知油气田和石油地质条件的叠合对比，其中与已知含油气范围符合或大致符合的6个；与可能含油的有利区相关的3个；可能与油气有关但需要进一步研究验证的8个；与油气不相关的1个。异常主要是斑块状和带状，与油气有关的异常一般呈顶端散斑状，围环较少。小泉沟构造和大龙口的遥感异常被后期钻探验证，见工业油气流，属于预测成功的实例。1989年及1990年对试验的结果进行了深入的地面验证，主要采用了地表地球化学和生物地球化学的方法。其中生物地球化学的分析结果比较理想，发现已知油气区的地植物较非油气区的地植物覆盖度大，生长期长，短命植物发育好，植株矮小，具枯梢脱叶现象。如台22井区的生物地球化学特征与遥感异常符合很好。对异常植物的化学元素分析，发现油气区的植物中，普遍Sr、Ti、Li、Fe、Mn、Co等元素较富集，而缺乏Zn、Cu等元素。地植物群落分界与遥感油气异常有较好的相关性，此次试验研究工作，开拓了我国机载遥感技术用于油气资源勘探的广阔前景，开创了高技术领域的科研与生产相结合的有效途径，提高了遥感应用研究的理论和技术水平，发展了地球化学、地植物学和地面遥感的验证方法，积累了计算机图像处理及油气信息提取的经验，建立了一套机载遥感信息预处理的程序。

1989年中科院航空遥感中心的朱振海等同志在塔里木盆地塔北及塔中地区，又开展了第二次机载遥感直接勘探油气资源的方法试验研究，同样取得了较理想的结果。

遥感信息具有宏观性强、面积信息大等特点，它不仅可在自然条件较差的地区进行油气资源勘探，而且在已开发的老油气区中也可勘探较隐伏的烃类聚集。可以预料，遥感技术直接勘探油气藏的方法，在油气资源勘探与开发中必将发挥更大的作用。

（1992年第2期）

奇怪的"孪生兄弟"

李大荣

（江汉油田）

人们的日常生活离不开盐，现代化工业生产离不开石油，这是众所周知的常识。然而，大地母亲孕育了油与盐这对"孪生兄弟"，使之共同造福于人类，却未必人人皆知。

尽管"天生盐盆必有油"的说法有些夸张，但世界上多数含盐盆地都是大的含油气区的事实已被油气勘探的实践所证明。目前地球上含油气盆地和远景含油气盆地有 180 多个，其中 115 个盆地发现了油气田。在这些有油气田的盆地中，有 66 个是含有层状或透镜状蒸发岩沉积的含盐盆地，它们控制着已探明石油储量的 89% 和天然气储量的 80%。迄今为止，全世界发现有 153 个含盐盆地，这些盐盆中有许多是含油气的。例如，乌拉尔盆地、第聂伯—顿涅茨盆地、中陆盆地、西加拿大盆地、维利斯顿盆地、波斯湾盆地、中亚细亚盆地等。有些地区的石油工业就是在与盐有关的构造中发现石油之后才发展起来的。例如美国墨西哥湾地区，1901 年发现了第一个高产（单井敞喷油量达 1.4×10^4 吨/天）的斯宾徒盐丘油田而成了美国现代石油工业的发源地。我国著名的江汉盐湖盆地，不仅是我国石油生产的重要基地，而且还蕴藏着极为丰富的卤水、盐岩资源，江汉盐化工厂生产的食盐、工业盐、芒硝、烧碱、液氯、盐酸、次氯酸钠、漂粉精等化工产品，向人们展示着十分美好的前景。

油气是温暖潮湿气候条件下，水下还原环境的产物。盐是干热气候条件下，卤水浓缩的产物。从气候条件看，二者形成的条件似乎截然不同，但综合分析它们形成的主要地质条件却有许多相似的方面，这表明油和盐在形成条件和分布方面存在着一定的内在联系。

长期稳定沉降、封闭或半封闭的古水盆是盐和油气共生的基础。盐与油气共生的古沉积盆地都发育有巨厚的盐层，厚者可达 2000 米，这些巨厚的盐层反映出三个显著的沉积特征：在古地质年代，盐沉积的速度较快，高者可达 10 厘米/年；在盐沉积前必然存在一个具一定深度的古水盆，据 R·F·施马尔茨计算，古水盆在盐沉积前的初始深度需大于 600 米，才能沉积厚度为 1100 米的蒸发岩；盐为卤水蒸发的产物，因此古水盆必然是封闭或半封闭的，而且卤水浓缩、蒸发造成水体中的含氧量减少而形成了缺氧的还原环境。盐沉积的这些地质条件也是油气形成必不可少的地质条件，正因为两者形成的环境具有一致性，所以这对"孪生兄弟"所处的大地构造单元也非常吻合，都分布于稳定地台的凹陷区、地台边缘凹陷区或褶皱带山前凹陷区和各种构造单元内的断陷区。

在盐盆中，尽管盐度的变化使生物种类减少，但却给幸存的生物造成了极佳的繁殖条件，使幸存生物的产率极高，这是含盐盆地形成生油层的主要物质来源。大量海洋生物随补给水注入含盐盆地，由于它们不适应高盐度的环境而死亡，这是含盐盆地形成生油层的重要物质来源。这些有机质只要在后期盆地演化中具备了适宜的古地温条件就可以转化为油气。

在石油成因中，盐是重要的因素。它导致烃类从沉积物中排出，并形成微滴石油。这是因为在盐盆中，卤水随着浓缩而密度增大。当密度大的卤水下沉并渗入沉积物中时，便把烃类排出，并使其进入具孔隙的岩层中，一旦孔隙岩层之上有未遭到破坏和溶蚀的盐层覆盖，其中的油气就只能沿孔隙岩层做侧向运移或就地储集，但是在有些油气盆地中，由于盐层发生断裂和溶蚀等原因，油气也可做垂向运移。

据统计，世界上 60% 的特大油气田中，即在 154 个特大油田中有 92 个，39 个特大气田中有 23 个，都是由蒸发岩作盖层的，这是因为盐岩的渗透率极低，对烃类来说是不渗透的。而在含有油气的盐盆中，这种致密程度极高的盐层分布面积广、厚度大，成为阻止油气散失的最理想的区域盖层。

在厚盐层沉积区，由于差异压实作用，盐层可改变上覆岩层的产状而形成各种类型的盐丘构造圈闭，只要这些圈闭形成于油气运移之前，就可为油气运移、聚集提供条件而形成油气田。因此，有些地质学家认为，每一个盐丘构造就可能是一个潜在的油气圈闭。据统计，目前已发现了简单的丘状背斜、盐丘之上地堑型断层圈闭、多孔盐帽、翼部砂体尖灭和透镜状砂体、盐檐之下盐栓遮挡圈闭、不整合圈闭、逆盐丘生长方向陷落的断层圈闭、朝盐丘生长方向陷落的断层圈闭等 8 种与盐丘构造有关的油藏类型。

综观全球，从前寒武纪到第四纪，各地质年代都有盐和油气的分布。在纵向上，大多数含盐的油气盆地内，含油岩系与含盐层系的分布关系没有规律性，含油岩系既可出现在盐层之上，也可出现在盐层之下，甚至出现在盐层之间。盐和油的这种分布因盆地而异。在横向上，厚盐层分布区，盐层作为区域盖层而存在，油气按差异聚集方式分布，即从盆地中央区到边缘区，油气分布依次为气藏—油气藏—油藏—水，具有阶梯状特点；在薄盐层分布区和缺失区，除了盆地中央可能尚存部分油气外，盆地边缘则完全不存在油气藏。

至此，我们对油与盐这对"孪生兄弟"的诞生、发育、生长、彼此之间的血缘关系，以及它们对人类的贡献有了一个粗略的了解，至于它们的未来，尚待关心这对"孪生兄弟"的人们去研究。

（1994 年第 4 期）

金刚石与油气结缘

张子枢

(四川石油研究院)

被称作"宝石之王"的钻石和被誉为"工业血液"的石油及天然气,它们似乎毫不相干,而近年来的最新研究成果,却证实两者有着密不可分的关系。

金刚石与油气有缘

金刚石本是纯碳等轴晶系的晶体,因具有高折光率和特别强的色散而呈强金刚光泽。原生的金刚石多产自金伯利岩的岩脉中。所谓金伯利岩,就是角砾云母橄榄岩,属于超基性岩类。来自深100~400千米上地幔的熔体,一旦喷出地表,温度、压力发生剧变,熔体中的碳元素在高温、高压下演变成金刚石,原生的金刚石经过能工巧匠琢磨之后旋即身价百倍成为名贵的钻石珍品。我国战国时代早有"珠玉为上币、黄金为中币、刀布为下币"之说,由此可见,金刚石不仅是珠宝之冠,而又载誉"坚硬之王"。

最近美国乔治亚大学加迪尼等人,竟然发现阿肯色州金刚石中的气—液包裹体中,有类石油化合物(如 CH_4、C_2H_6、C_2H_5OH、CH_3OH 等)。金刚石包裹体带来的幔源流体,是地幔"心灵的窗口"。证明金刚石这种坚硬无比的"钻石王子"与极易挥发的烃类这种"工业血液"在地幔深处有缘。

外星球探索的启示

金刚石与烃类两者的内在联系,在其他星体上也有启示,人们发现许多天体(太阳、外行星及其卫星)上,都有碳氢化合物。例如,彗星的尾端有固态的甲烷;土卫6号上的甲烷就像地球上的水一样,在以氮为主要组分的大气圈中,有甲烷云,降下来的甲烷雨,形成甲烷河,汇集成甲烷湖。然而,从天外来客——陨石中,却并未发现甲烷,只有石墨状的碳素。据美国康乃尔大学戈尔特教授的解释,在宇宙中飞行了近45亿年而到达地球的碳质陨石,其挥发性的烃类早已损耗,残留下来的难熔的碳素缩聚而成陨石。

地幔脱气形成油田

显然,上述发现对认识天体中一员的地球提供了新信息。尽管现今地球大气中的甲烷浓度低(只占百万分之一),但海水及大气中的二氧化碳,却是地球形成时挥发的碳氢化合物被氧化的产物;而地球是由那些难熔的物质缩聚而形成的。事实上,至今在海洋底部广为分布的"化石气",就是地球原始气的残余物,它被水缔合成水合物气(甲烷冰)而得以保存,估计水合物甲烷的资源量在 5000×10^{12} 立方米以上,相当于常规天然气储量数十倍;在地壳深部也封存有烃类气及氢,特别是在超基性岩中保存的烃类气的量更大。在板块缝合线、裂谷带、深大断裂带,常见有从地幔来的烃类气体产出。如扎伊尔与卢旺达交界处的中非裂谷带上的基伍湖,发现湖水中溶有大量的甲烷,水中溶解的甲烷量比其他区水中含甲烷量高一万倍,整个湖中纯甲烷的储量达 630×10^{12} 立方米。此外,在红海、太平洋上升流区、贝加尔湖等裂谷带,水中甲烷含量都很高;在阿拉斯加、墨西哥、卡利群岛、委内瑞拉、阿留申群岛的火山带、有烃类喷出，而且在"冷断层带"形成了油气田，如舒节油田、斯马托油田。从深大断裂带渗出的甲烷，与覆盖沉积物中有机质相互作用（加氢合成作用），可产生大量的油气，典型的是美国落基山逆掩断层带的油气藏。这个逆掩断层带，从加拿大延伸到墨西哥湾，为长逾1000千米、宽24千米的地带，亦称美国西部逆掩断层带，长期以来（至少有2亿年）就有油气渗出，目前残存的天然气储量约5.6×10^{12}立方米，足够美国用10年。此外在许多裂谷盆地中常见油气田与深大断裂带有关。

深源气的特殊标志

深源气的重要标志是具有氦同位素异常。氦有两个稳定同位素：一个是^4He，它是地壳中放射性元素铀及钍的阿尔法衰变产物；另一个是^3He，它是地幔物质的特征。大气中的$^3He/^4He$的比值小，一般在1×10^{-6}级；而深源气的$^3He/^4He$的比值大，一般在1×10^{-4}级。基伍湖中天然气的氦同位素组成就有异常。其$^3He/^4He$比值要比一般沉积岩中有机成因气大3000倍。日本中央海岭的玄武岩中封存的天然气，其$^3He/^4He$的比值是1.3×10^{-5}。

除此之外，用氩—氦法测定天然气的年龄，也有助于识别是否有深源气；甲烷的重碳同位素，以及汞、银、钒、镍等元素异常，也是深源气的辅助标志。

拓宽了寻找油气的视野

根据深100～400千米的地幔喷出的金刚石，其包裹体中含石油类化合物（每克金刚石中含万分之三克）反演到地幔向地壳扩散出来的油气总量，至少有150×10^{14}吨。若其中1%被地壳捕集成油气藏，就有1.5×10^{13}吨石油。这个数字比探明的全世界石油储量高15倍，按现今采油水平，足够开采数百年。

张恺按地质类比法，估算塔里木盆地来自地幔脱气的油气远景地质储量为48.39×10^{12}～7657.18×10^{12}立方米；准噶尔盆地为0.37×10^{12}～386.7×10^{12}立方米；吐哈盆地为0.69×10^{12}～6.99×10^{12}立方米；可见，深源气的油气资源潜力很大，从而开阔了找油找气的领域。寻找深源气，重点要放在板块缝合线、深大断裂带、裂谷盆地的沉积盖层中。这种烃类矿藏的富集带，一个是2～4千米深的压力低异常带——因为它是烃类易于运聚的场所；另一个是4～8千米深的高压异常区——它往往是因深部被压缩的烃类气体脱气作用而产生的，并可能形成超高压（大于正常地层压力1.5倍）的油气藏。

金刚石与油气关联的研究，道出了地幔脱气形成油气藏的机理，为油气勘探开辟了新思路。

（1995年第1期）

画龙点睛的岩石镜下素描图

张荫本

（成都石油研究院）

　　一篇优秀的野外石油地质调查报告，如果没有一些野外地质素描图，那就等于缺失了一项重要资料；一个出色的岩矿鉴定人员，如果没有一套镜下临摹的素描，那就多了一片鉴定空白。

　　岩石的镜下鉴定工作者，每天借助偏光显微镜观察岩石薄片，可以说半生"浸泡"在各种"图像"的海洋中。有人戏说："鉴定鉴定，天天'电影'，一片一景，变幻无穷。"可见，鉴定就是镜下图像的分析、阐述与评说。既然是解剖，就需要将有价值、具典型意义的一些图像素描下来，它将大大有益于鉴定质量的提高和替代文字叙述的烦琐。一个简单的小图，往往胜过一长串文字的详述。那么，怎样才能搞好镜下素描呢？

　　显微镜观察，突出个"微"字。肉眼看不清的结构，定不准的岩石矿物……磨成薄片，放在镜下观察其微细组织结构，识别其微量成分，判断其演化成因，评价其孔缝储渗，是最直观、最经济的手段。镜下素描作图尤其要求观察仔细，例如：鲕粒结构，镜下一颗颗圆如皮球，但如用圆规去画，就会失之千里；又如斑晶结构，镜下一个个如板似方，但如用直尺去绘，就会图不副实；还有沉积构造，镜下一排圆若禽目的鸟眼构造，一道道曲似波浪的冲刷槽沟，如用模板去下笔，绘出来肯定是风马牛不相及，要知道如果你观察得精细，就会发现鲕粒似球非球不能画作球；晶体似板非板不能绘成板；贝壳似弧非弧不能画为弧；冲刷似波非波不能绘为波……那么，如何去绘制镜下实物呢？一句话：是什么形画什么状，只要你观察得精微，就会从相同中找出差异、大同中找出小异，这时，也只有这时才能画出活灵活现、真假难辨的镜下素描图来。

　　一张照片也好，一幅素描也罢，都要突出一个主题，阐明一种观点，表现某种现象或显示特殊物象。因此，选出有代表性的，能够说明某些问题的，可以表明某种事件的镜头是极其重要的一环。选得好，主题突出，目的明确。例如，欲表现古代安静的碳酸盐水域，当然要选取生物化石保存完好、分布密集的地方；欲表示强水动力的沉积环境，无疑要选择颗粒滚圆、亮晶胶结的视域；欲说明良好的储渗条件，自然要选用孔缝发育的镜头；欲说明有过暴露间断历史，就必然要挑选干裂、氧化、溶塌的视域等等。总之，一个薄片反映一段地层，如果漫无目标地去画镜下素描，收不到画龙点睛的效果。

　　选妥镜头、固定视域后，不仅要把组成岩石结构的"重要分子"惟妙惟肖地素描下来，更重要的是，它们的接触关系、疏密配置、颗粒组合，以及粒间充填等等，都要一点不漏地绘制出来。例如：中晶白云岩，必须绘出白云石的自晶形程度、晶间的接触形式、交代后的残余阴影等等；又如石英粗砂岩，就必须绘出碎屑的分选好坏、粒缘的磨蚀强弱、粒间的胶结类型、孔隙的产状形态和石英的次生加大（如果有）、混入矿物的种类、碎屑的破裂情况等等；再如生物礁结构，必须绘出造礁生物的骨架，附礁生物的种属、格架间的填隙物，以及受压实、溶蚀、结晶、动力后的改造形貌等。总之，虽然画的是一个镜头下的景象，但却能代表该薄片的整体面貌。

　　特写是镜下素描常用的手法，就是对某一特殊现象进行"选取一点、不及其余"的特写存真，以图示其所要表达的内容。例如：对正长石、白云石受到溶液沿一组或两组解理纹进行溶蚀而产生的晶内微隙；生物贝壳的海底泥晶化，石英、棘屑的共轴生长；干化角砾内的干缩裂纹，以及指示顶底层面的"地质花瓣"等等现象进行素描时，可以单独将它们"抓取出来"进行放大，以突出在它们"身上"所发生事件的作用和效果，而它们周围所有的结构变化、后期改造等，统统弃之笔外。对于演化序列图，如晶模粒模孔的形成，就要观察大量镜头，然后将它们一个个"联在一起"，展示出其演化过程：完整晶体或颗粒沿薄弱环节溶蚀—溶蚀扩大—消失殆尽—留下空模。总之。演化序列素描，是将互不相连而又有因果关系的微观现象，用科学思维将它们"垒成一个阶梯"，给人造成一个有始有终的"平生史略"感。还有一种整体分解的镜下作图方法，如粒间胶结物有三种矿物，欲说明它们的沉淀次序、结晶形态、空间产状等，就可用此办法，将一个完整的孔隙充填"分而治之"，以示其各自特征、本质和发展。整体分解图有夸大示意性质，是在镜下选出一个或数个具有代表性的"模特"，进行特别放大处理，形似神似。

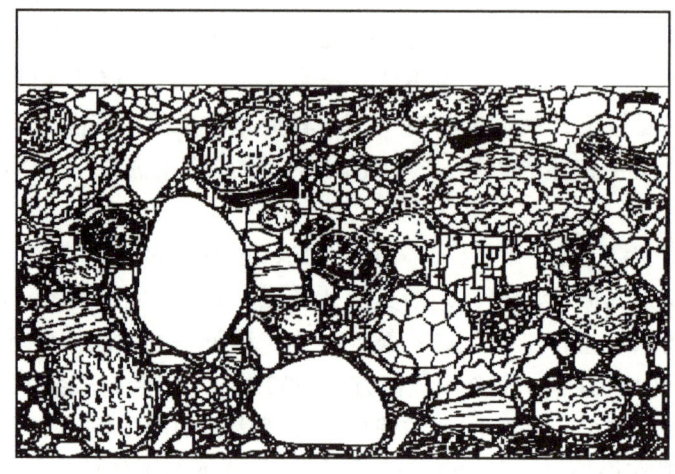

新疆塔里木次长石岩屑不等粒砂岩泥铁质填积、部分方解石、硬石膏、孔隙性差

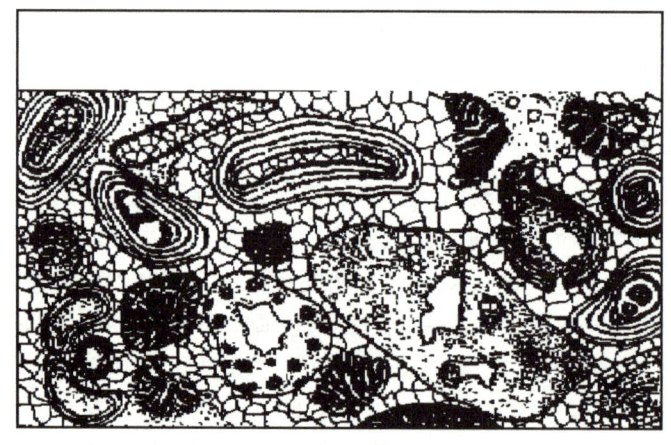

砾屑、砂砾、全脐螺及核形石中的粒内孔

有人认为当今彩照普及，快门一按，照片立见，何用手绘？其实，正如照相不能代替绘画一样，二者永远是并行并存、各扬其长的。一些残余的结构、交代痕迹，一些反差极低的矿物边界，一些模糊难辨的沉积构造，一些反映了全貌就看不清楚局部的细微结构，一些演化趋势、步骤、过程等地质推断，照相方法往往难以胜任，这时借助镜下素描手法，常常能起到"点线手描胜摄影"的效果。

（1996年第1期）

核弹用于油田为期并不遥远

郑玉龙

（陕西榆林工业学校）

核弹是指利用核裂变或核聚变释放出巨大能量的原理而制造的原子弹和氢弹，它们是克敌制胜的武器。但随着文明的昌盛、社会的进步，核弹已几乎到了无用武之地的境况。美、俄核大国因当年曾进行核竞赛而都拥有上万枚的核弹，不管是将其储存，还是拆除，都得要搭上一笔高昂的费用。然而，由于核弹蕴藏着巨大的能量，所以，这笔在军事上已穷途末路的巨额财富，可以军转民用，在改造自然中"建功"，在经济建设中"立业"。核弹民用在油田已有过卓有成效的出色表现，并将率先走向实际应用。

美国最早试验用核弹增采石油，技术上曾取得了一些成功。法国也曾做了一些有益尝试。最成功者当属苏联，他们至少举行过近百次的试验，并进行了实际应用。1965年，苏联在某些油藏区进行了核爆炸采油试验，使得岩石—钻井系统的工作性能指标有了明显改善，原估计仅有6年开采寿命的油田"延年益寿"，直至20世纪80年代仍生机勃勃，产油不止，15年增产油900万桶，占可采储量的9%，使石油采收率增加到35%。

核弹采油，一般是在地下几百米至一千多米深的储油层内，放置一颗几百到几万吨TNT当量的核弹。引爆后，即可在周围数百米范围内形成大量的地层裂隙，人为地增加了储油层的渗透率。同时，核爆冲击波产生的震动也会促使油珠点滴积少成多地汇集，从而显著地增加受激井油气的产量，提高采收率。所以，应用核弹既可增加已枯竭油气田的产量，又能提高低产油气田的产量。当核弹在储油层中爆炸时，还会产出大量使稠油变稀而易采出的高温二氧化碳气体，从而提高稠油油田的产出量。核爆二氧化碳比我国开采稠油传统使用的350℃高温水蒸气不仅温度要高，而且还能与石油发生有利开采的化学反应，所以，效果更佳。

事实表明，核弹采油经济合算，其增产石油的能量是消耗核燃料所具有能量的5～7倍，而且这还是在其他增产潜力已挖尽之后，才进行的二次、三次采油的结果，一般一次核爆炸的成本约为1000万美元，按1981年油价计、增产的石油价值可达4900万美元。如果按当前油价计则值1亿美元，竟是成本的10倍！然而要知道，如此巨大的经济效益，是在目前仅仅利用了5%的核弹能量的情况下取得的，可见其潜力巨大，前景诱人。

此外，由于地下核爆炸会改变油气藏介质和地质构造条件，核爆冲击波产生震动也能造成储油层油气压力的重新分布，因而核弹还是人们开发油气田时制服井喷的有力工具。俄罗斯曾发生过一起强烈的天然气井喷。其喷出的含20%的硫化氢的气体可产生危及全球的污染。在各种手段均告无效后，请来核弹，通过地下爆炸一举成功。当然，核弹所扑灭的井喷是指那些剧烈的一昼夜喷出百万至千万立方米天然气的不可控制的井喷。对于一般井喷，"杀鸡焉得用牛刀"，是不值得动用核武器的。

核弹还可以用来在地下深处开凿存放天然气的储库。苏联在1980—1983年期间，曾在黑海边的阿斯特拉罕的地下连续引爆了约1.5万吨TNT当量的17枚核弹，开凿出一宽45米、深1000米左右的地下岩洞，用来存储该地区产出的天然气。以核弹巨大能量在地下深处进行开凿，可以大大减少排矸量，进尺神速。而且能一次成型，其爆炸高温可为所开凿岩洞洞壁四周生成一层熔岩玻璃体。它们坚硬，不溶于水，能起到防止天然气外泄，阻碍地下水、气渗入的神奇功效。

核弹纵然能在油田大显身手，但其安全性还是一个不得不令人担忧的问题，不过实践证明，这种担心是没必要的。如前所述，目前凡在油田使用的核弹皆在地下深处引爆，只要掌握好爆炸深度和核弹当量的关系，核爆冲击波所产生的地震就会处于小级别的无损害范围内。一枚1000吨TNT当量核弹仅能生成3.65级地震，可确保安全。其次，核爆炸产生的放射性物质，也会因其在地下而绝大部分被禁锢在爆心区所形成的玻璃体内，将会被长期封存。虽然会有极少量的放射性物质由地下外逸，但这种泄漏已完全可控制在安全范围内，不会造成环境污染。

我国拥有成熟的核弹制造技术和丰富的地下核试验的经验，经科研和工程试验，是完全可将核弹用于油田的。在北京中国工程物理研究院物理与计算数学研究所举行的中俄"和平核爆研讨会"上，与会专家讨论认为，原则上可以在中俄之间实行和平核爆炸方面的合作，把那些苏联获得的实际应用技术用于中国，这无疑将加速我国核弹民用的步伐。所以，核弹民用到油田，距我们已经并不遥远。

（1996年第5期）

漫话细菌采油

倪峭丹

（大庆油田）

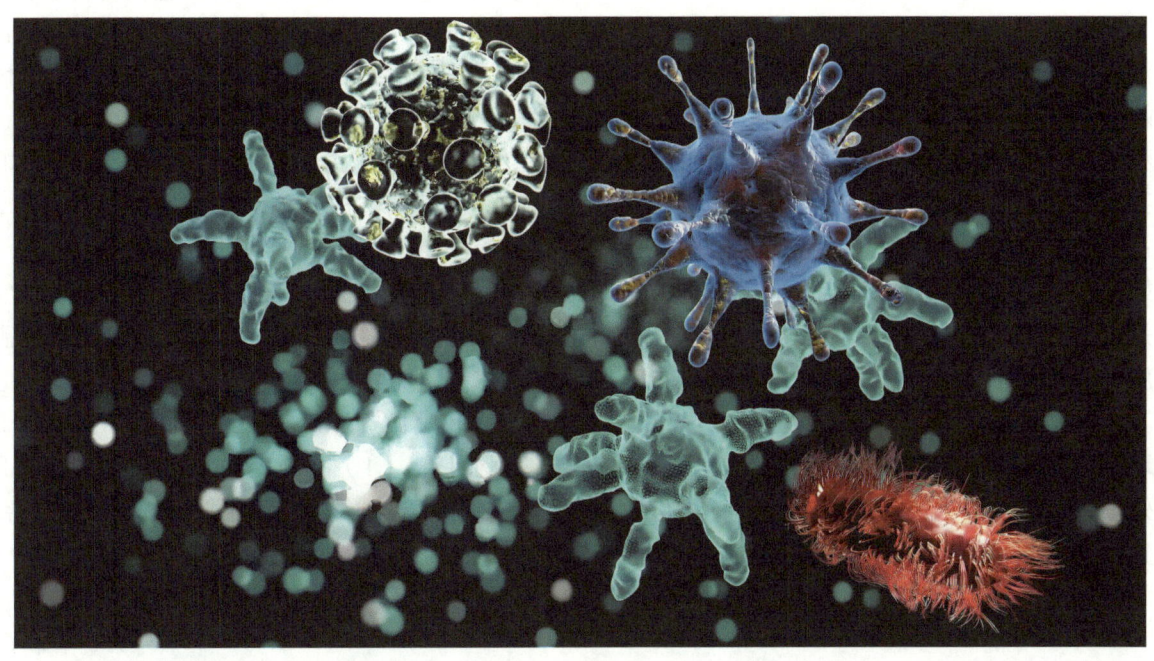

储藏石油天然气的处所叫储油构造。分散在岩石中的油气在地层压力和水的驱动下、运移汇集到储油构造里，就成为可供人类开采的油气藏，连成一片的油气藏叫做油气田。

起初，油气开采靠天然能量自喷，即地下油层压力使石油像喷泉一样喷出来。控制喷油的装置叫自喷井。伴随石油自喷，油层压力衰减，人类机械采油的工艺技术，诸如抽油机、潜油泵、水力活塞泵、气举等方法便应运而生。以上都属于一次采油。

当油层压力递减使产油速度变得不经济时，则可向油层中连续地输入一种流体，如水，这种技术称为二次水驱采油。这是目前世界各国油田二次采油的主要手段，已发现的石油可分为两大类：一是由一次和二次采油技术能够产出的油；另是利用一次、二次采油技术采不出的油，就是三次采油诸方法的目标。无论用什么开采方法，都需要往油藏里输入能量，以便把石油驱替出来。

现已知道的三次采油——提高石油采收率的方法，按照它们利用能量类型、驱油作用方法和各相之间相互作用的特征可分为：（1）热力采油法——注蒸汽、热水和火烧油层；（2）物理化学采油法——注水溶性聚合物表面活性剂、表面活性剂与聚合物混合物的段塞、注聚合物胶束和注碱水等；（3）混相和非混相气驱采油法——注二氧化碳、注高压碳氢化合物气体和溶剂等；（4）利用微生物即细菌采油法。

细菌采油法是 20 世纪 50 年代以来发展起来的一项新的提高石油采收率的技术。20 世纪 60 年代后矿场试验取得了不同程度的效果，细菌采油方法的应用准则是，在实验室分析和理论性研究成果的基础上拟定方案，通过矿场试验验证可行性，最后投入工业生产。当然，方法采用取决于储层的地质和流体物理化学性质，以及油藏的开发阶段和现状。这种称为微生物即细菌提高石油采收率的技术

（MEOR 或 MORE）的采油过程是，将经过选择的微生物，例如用葡萄糖、蔗糖、溶解性淀粉、玉米淀粉及其他糖类制成的杂多糖水溶液（其黏度高达 3000～11000 毫帕·秒）进行室内模拟水驱；将杂多糖水溶液存在活性的发酵物中，并运到采油现场配成稠化水注进地层。在表面活性剂的帮助下，油、水两种本来不互溶的液体，互相溶解乳化，像洗涤剂一样能把黏附在岩石表面的石油洗下来流到井口。当用非烃碳水化合物制备稠化剂时，如果地层温度接近菌种的发酵条件、可直接注入油层，在地下发酵后就地稠化，然后注水使发酵液稀释进行驱油。还有一种细菌驱油方法是酸性生化水驱，一方面细菌发酵，产生的 CO_2 与水结合成碳酸水驱；另一方面细菌同化基质时的中间产物，包括各种有机酸如丙酸、丁酸、乳酸、醋酸、乙酮戊二酸等的水溶液，都有可能改变油层润湿性，降低油水界面张力、改善油层渗透性。由于酸性水溶液与地层中的碳酸盐或硫酸盐起反应，使岩石表面的油膜脱落下来，从而能提高采收率。有人曾经设想用细菌清扫油罐、管线，以及井底的残油和淤泥。

利用细菌进行三次采油，需要多元知识的"杂交"，当前许多国家正在加强这一新的科学技术的研究。我国大庆、胜利、辽河油田都着手进行研究，前景看好。细菌方法开采油藏中残留油的技术，缺点是：MEOR 的使用对环境和人体健康的潜在影响需要给予注意。一是有害物的运移可能污染地下水源。如果在某些浅油藏附近有能用的地下水源，那么在 MEOR 作业中要配备监测系统，以确保对人类无害为止。此外，在 MEOR 开发过程中的废液及清洗装置时放出来的含细菌的污水，要防止渗流排泄到饮用和养殖的河流和湖泊中毒化水质。需要有科学的污水处理办法。或在附近找到合适的地层注入地下。无论是细菌的培殖和注入地下，MEOR 作业都应建立和遵循资源保护和开采法规。在大油田大规模地使用微生物，某些规范是很重要的。至少应遵守如下四条：（1）由微生物专家负责 MEOR 的作业和处理；（2）操作人员要戴防毒面具，防止吸入微生物的危险产生；（3）建立必要的现场监视系统；（4）直接处理制备微生物的工作人员人数的筛选和限制。

（1996 年第 6 期）

话说钻头长慧眼

罗景琪

（华北油田外事处）

十余年来，随钻数据采集技术的突飞猛进大大改善了钻井数据和地层数据的质量，数据采集范围进一步拓宽，使作业成本大幅度降低，提高了找油找气的效率。这是一种让钻头长慧眼的技术，它边钻边测，不占用钻井时间，能够实时地测量各种钻井参数和地层参数，不仅使地层评价更加真实可靠，让钻头"盯"住目标，沿设计轨迹钻进，而且还以其独有的慧眼，按实际地层情况选择最佳轨迹与目标。

早期的随钻测量技术（MWD）只能测取钻压、扭矩、井深、井斜、方位和工具面角等钻井参数，适用范围十分有限。如今，随钻测量井下仪日趋小型化，最小尺寸可达 $3\frac{1}{16}$ 英寸。工作温度已拓宽到175℃。一种新型随钻测压仪可提供井下环空压力的实时测量，帮助确定实际的等效循环密度，防止超过地层破裂压力，保证井眼清洁，尤其适用于欠平衡钻井。在水平井和大斜度井的钻进中，随钻测量的实时导向作用已不仅仅局限在按预定靶区把握井眼的方位，而是将井眼引导到最佳地质目标层。一种地质定位随钻测量技术的径向探测范围已从数米扩展到十米。

随之问世的是随钻测井技术（LWD），利用这项技术目前已能够测量原状地层的真电阻率、声波速度、体积密度、光电指数、中子孔隙度和自然伽马等物理参数，仪器的可靠性和稳定性进一步提高。新型长源距补偿声波随钻测井仪测量的纵波范围已达135～600微秒/米。紧靠钻头安装的电阻率测井仪随钻提供的全井眼和井壁电阻率图像有助于识别大规模的构造层理、大裂缝或裂缝组，方位密度和中子测井仪已能够随钻测量井眼各象限内原状地层的各向异性，提供低分辨率的体积密度、光电指数和中子孔隙度的图像。

近两年推出的随钻地震技术（SWD）使这项钻头长慧眼技术更加完善。它以钻头对地层的作用作为震源，在距井眼一定距离处布置一组检波器，在井台的钻柱或顶驱上安装一个加速计，监测发自钻头的导引信号。将检波器接收的信号与导引信号相对比，经过相应处理，去除噪声，计算出地震波速度和进行地震成像。利用随钻地震技术可以测量钻头在地震剖面上的位置，较准确地确定钻头前方地震事件的深度。根据地震速度的趋势线，指示出孔隙压力的变化。某个井段的孔隙压力变化往往只有在单井数据取全后方可得出定论。然而，随钻地震技术已可取代这种事后诸葛亮的做法，实时作出判断，立即作出工程决策。它带来的潜在经济效益是显而易见的。

过去的钻井和地层评价，相当长一段时间曾只"靠钻头说话"，而当时所依赖的钻头从某种程度上乃属茫茫然的"瞎子"。20世纪80年代以来，作为一项重大技术突破的随钻数据采集技术异军突起，迅速发展成为水平井、大位移井和大斜度井的主要监测手段，并开始进入垂直井领域。目前，这项技术方兴未艾，日新月异，它将融合具有时代特色的各种高新技术，成为石油钻探的千里眼、顺风耳。

（1997年第5期）

牙轮钻头发展小史

申守庆

（江汉油田）

在石油和天然气（包括陆上和海上）钻井工程中，牙轮钻头是破岩钻井的一种主要工具，尽管与之相伴的还有金刚石钻头、刮刀钻头等，但牙轮钻头应用范围最广，目前市场占有率也最高，因此，认识和了解牙轮钻头，有助于我们加深对石油工业的了解。

认识牙轮钻头，最简易直观的方法是按其采用牙轮的个数多少来划分，主要有一牙轮钻头、二牙轮钻头、三牙轮钻头、四牙轮钻头，以及特殊牙轮钻头（如矿用钻头）等。

纵观牙轮钻头的发展，至今已有近90年的历史了。世界上第一只牙轮钻头是由美国休斯公司创始人霍华德R·休斯（Howard R. Hughes）先生于1909年研制出来的（见美国专利930759），属于带简易滑动轴承的二牙轮钻头。它取代了原先在软地层使用的刮刀钻头和鱼尾钻头，使得用旋转钻井方法在硬地层中钻井成为可能。

1925年休斯公司又成功研制用于软地层的自洁式二牙轮钻头，克服了钻头泥包现象，打开了在软地层使用牙轮钻头的局面，使钻头进尺和机械钻速提高两倍以上。

1933年休斯公司推出了世界上第一只自洁式三牙轮钻头，这是第一代三牙轮钻头。

而美国史密斯公司则别出心裁，于1939年成功研制了十字形的四牙轮钻头。

一牙轮钻头亦称单牙轮钻头，苏联是最早研究和使用这种钻头的国家，在一些地区的深井井段推广使用时取得过较好的效果。单牙轮钻头的优点是轴承直径大，能承受较大的钻压，且牙轮自转转速低，适用于高速井底动力钻具使用；缺点是其牙齿在井底滑动大而易受磨损。美国于20世纪70年代间研制出了第二代密封轴承单牙轮钻头。单牙轮钻头分球形和盘式单牙轮钻头两类（分别参见美国专利4096917和4157312），目前主要用于小井眼及水平钻井。

在牙轮钻头家族中，三牙轮钻头的应用范围最广，技术发展也最为全面。喷射式三牙轮钻头属于第二代三牙轮钻头。它是于1951年面世的。第三代三牙轮钻头称之为密封滚动轴承喷射式三牙轮钻头，也是由美国休斯公司于1964年推出的。1984年，休斯公司又成功研制具有卡簧锁紧的全滑动轴承钻头，这种钻头是第四代三牙轮钻头。

如果按年代划分的话，大致可分为：20世纪40年代普遍使用的是普通三牙轮钻头，50年代是喷射式三牙轮钻头，60年代是密封滚动轴承钻头，70年代是密封滑动轴承钻头，80年代是密封全滑动轴承钻头，而随着对钻头技术研究的全方位进展及CAD/CAM技术的日趋完善，90年代则是高新技术牙轮钻头时代。

就其尺寸（直径）而言，目前常见最小的牙轮钻头为3英寸的小井眼钻头（由美国的休斯·克里斯坦森公司生产），而最大的则可达26英寸以上。按切削结构分，有钢齿牙轮钻头和镶齿牙轮钻头。钢齿牙轮钻头是在钢质牙轮体上直接铣出齿来，而镶齿牙轮钻头则是先在牙轮上加工出齿孔，而后再镶以硬质合金齿。从牙轮锁紧方式上说，有钢球锁紧与卡簧锁紧钻头之分。在密封形式方面，有非密封、"O"形橡胶圈密封、碟形密封及金属面密封牙轮钻头等。

以上仅就牙轮钻头的几个主要特征及发展史作了简要论述，实际上牙轮钻头的品种和形式还有很多，如加长喷管牙轮钻头、定向井牙轮钻头、反喷钻头（法国）、聚晶复合齿牙轮钻头、螺旋式牙轮钻头、牙轮取心钻头等，这里就不一一叙述了。

国外规模较大和技术较全面的牙轮钻头生产厂家大都集中在美国，主要有休斯公司（现为贝克·休斯公司）、史密斯公司、瑞德公司和赛克瑞特公司等，其中休斯公司的牙轮钻头产品在世界市场上占主导地位。我国主要的牙轮钻头生产厂家有江汉钻头厂、成都总机厂、上海第一石油机械厂，以及江西9446厂，江汉钻头厂生产的牙轮钻头不但在国内市场上占主导地位，而且成功地打入了国际市场（如伊朗等）。

目前，牙轮钻头的研制正朝着减小磨损、延长寿命、提高钻井速度、降低钻井成本，并且适用于各种钻井环境的方向发展。

（1998年第2期）

进入地宫的敲门砖——油井测试

张子枢

"无论你走在哪里,你都要敲门问问,这里有没有铁矿,这里有没有石油。"这是勘探队员的警句。油井测试就是勘探家投向地宫的敲门砖,当一个油田发现初期,为了确定油井的油气产量、评价油田的开采价值,对油井完钻前后所进行的测试,统称油井测试。它包括随钻测试、试油、试井及生产试验等,以查清油、气、水的产量、压力等,并计算采油指数。这是油田从勘探转向开发的重要环节,是联系勘探与开发的纽带。

在油井钻进过程中,一旦发现油气显示,就要进行中途测试,问一问这个显示是油层还是气层,油气产量有多大,压力有多高。做法是对要测试的油气显示层段进行临时性完井,将一套专门的测试工具安装在钻柱上,再下到待测试的层段,此测试工具将井下的地层与环空中的钻井液分隔开,诱导地层中的油气流入钻杆,以测定油气流量、压力及油气水的性质等,如果是钻井完成后(固井后),根据录井和测井资料解释确定的油气层位,就要下入枪弹式射孔器或聚能喷流式射孔器,将套管、水泥环直至油气层射开,为油气流入井筒打开通道(即射孔),然后用抽汲法、提捞法、气举法等降低压井液的液柱,减少对地层中油气的压力,进行诱喷,以利于地层中的油气流入井筒,测定油气产量、压力等。

常用的测试工具是测液器与地层测试器,前者是采用井筒自喷,机械排液(如抽汲、提捞)以测量井筒液面上升速度而计算出油气产量及压力。后者,即地层测试器,它是带封隔器的高压取样器和测压法组成的,可快速地、定量地取得地层中油气的样品和测量地层压力。用钻杆下入地层测试器,俗称钻杆测试,它既可以在已下入套管的井中进行测试,也可在未下入套管的裸眼中进行测试,既可在钻井完成后进行测试,又可在钻井中途进行测试,是井中测试油的一种先进技术。用电缆下入地层测试器,叫电缆地层测试。这种测试方法比较简单,可以多次地重复进行测试。

油气是流体,不同压力下又是运动的流体,故测试油气确定的油气产量及压力,将随油气开采而变化,为了掌握油气的动态特征就需要试井。试井是通过改变油、气的工作制度,同时进行产量、压力的测试,以分析油、气藏的动态变化,制定合理的开采制度的重要手段。常用的试井方法有稳定试井,不稳定试井,干扰试井和阻抗试井等。稳定试井是基本上保持油气井产量不变,逐步改变油气井工作制度(如改变油嘴直径),然后测量每一次改变后的井底压力及油、气、水的产量;不稳定试井是通过油井工作制度使井底压力发生变化(不稳定),再根据压力变化资料来推断该井的泄油面积及储量、产量的变化规律;干扰试井是选择一口激动井的邻近的一口反映井组成的测试井组,通过改变激动井的工作制度,用高灵敏度、高精度的压力计(如石英压力计)来记录反映井中的压力变化,以判断两井间油气连通情况;阻抗试井是利用井筒中水力共振动态(振幅及频率的变化)来测试油藏的性质及裂缝展布,这种试井的优点是速度快、成本低,不需要井下仪器,只通过井口压力传感器即可完成试井。

随着人类对油藏认识的深化,油气测试(试油、试井等)也正在向现代化进军,如美国硅谷信息公司,提供了测试专用的各种软件、人工智能专家系统、人机对话计算机系统,在分析油井测试资料方面已进入实用阶段。未来的油井测试,犹如敲门砖,轻轻一敲就可知道油气藏的静态及动态的全貌。

(2003 年第 1 期)

固井：油气井的护身甲

牟 枢

当钻机打开千层岩石密封的地宫，把深藏地腹的油龙气虎从井眼引向人世间时，为保证井眼的畅通，就需要固井，给井眼穿上护身甲。

这种护身甲是名副其实的钢筋铁骨。它是向井眼内下入适宜的钢管（套管串），并在套管外围挤入水泥浆，使套管坚实固定在井壁上，内压外挤均不怕，保证井眼通畅，数十年不坏。

所谓适宜的套管串，就是与钻井所用的钻头直径和所钻的井深相匹配的钢管组合，包括表层套管、技术套管、油层套管等。

通过套管串与井壁的固结（即固井）可封隔疏松、易塌、易漏岩层；可封隔油层、气层、水层，防止油、气、水相互窜流，并通过在井口上固定及安装井口装置，控制油气流量。

一口井要穿何种护身甲，要根据钻井遇到的地层温度、压力，有无漏失层，有无异常高压层而定，以保证井段的环形空间不窜不漏，保证套管不断裂、不变形。为此对各层套管的直径和下入深度，各层套管外的水泥上返的高度及注入水泥浆的数量，挤入水泥浆的时间，均要精心计算，以保证护身甲既合"身"又牢固。

给井穿护身甲时，需要引鞋，以引导套管入井眼，避免套管刮挤井壁；需要套管鞋，以引导钻具进入套管，再继续钻进；需要旋流短节，使水泥浆旋流上返，保证注水泥的质量；需要套管回压阀，防止水泥浆的回流，阻止固井液进入套管；需要承压胶塞，以控制水泥塞的高度；需要套管扶正器，使套管在井眼中能居正中。当井眼中的套管下到预定深度后，再注入水泥浆，为此要装水泥头，循环固井液，接地面管线，打隔离液注水泥、顶胶塞、替固井液、碰压、候凝，才能使套管固在井壁上。

固井后才能安装井口装置，包括安装套管头，以密封两层套管间的环空，悬挂第二部分套管柱；安装油管头，以连接油层套管和采油树；安装采油树，以控制油气产量，有计划地进行采油采气。

固井是在钻井过程中的井下作业，一口优质井，不仅要求钻井质优，而且也要求固井质优，才能保证油气井的寿命长久，特别是川东地区的井，井深，地质条件复杂，漏失、高压并存，一口井的成本在上千万元以上，故固井的质量更为重要。如果把井人性化，固井恰似给人穿上护身甲。

（2003年第1期）

引"龙"出"洞"的压裂术

勤 耕

人工压裂缝是引油龙出孔洞的油气增产技术。现行的压裂术有爆炸压裂、冲击压裂、热力压裂和水力压裂4种。

爆炸压裂：炸药在井筒内的油气层中引爆，在爆炸点周围形成辐射状的裂缝系统。这种裂缝主要是由于爆炸时高速的压裂，使油气层储集岩粉身碎骨，故往往造成井身损坏。后来改用低速爆炸压裂。这样，岩石粉碎带便可人工控制。爆炸压裂的强度和爆裂的缝长度与炸药的总能量和爆炸产生的粒子的速度有关。所产生的裂缝在终端常弯曲到自然裂缝系统，形成连通的裂缝网络，使"死"油变"活"油，汇集入井筒，使低产油井增产油气。这种爆炸法多用于井深2000米以下，裸眼完井的致密岩石的油气层（致密砂岩、碳酸盐岩油气层），一般可增产3倍到10倍的油气产量。

冲击压裂：它是由冲击或挤入作用而产生的裂缝。如旋转钻或顿钻钻井中钻头破碎岩石、喷射钻井和火花钻井的冲击压裂都产生裂缝。这种压裂主要由剪切压力产生裂缝，其裂缝的展布取决于冲击应力的等压图。

热力压裂：热力压裂产生两种裂缝，一种是与热应力的三轴状态有关的裂缝；另一种是与热力梯度产生的收缩与膨胀相关的裂缝。热应力的三维状态与压力的三维状态不同，它取决于温度。当储集油气的岩石被加热到高温时，热应力能产生剪切与拉张裂缝。知道了热应力的三维状态便能计算出它产生的裂缝密度及走向。热力梯度变化所产生的裂缝是拉张裂缝，一般垂直于热梯度展布，高能电钻钻开油气层储集岩时就常见热力压裂产生的裂缝；火烧油层和热蒸汽驱过程中均有热力压裂产生的裂缝。这种热力压裂缝对热采（稠油）的助产作用，功不可没。

水力压裂：它是井筒流体压力增大，直到压力超过岩石孔隙压力和岩石抗张强度加上最小的主应力时，井眼周围才产生裂缝。这种水力压裂的裂缝能延伸较大的距离，其走向常垂直于最小主应力方向；当压裂的岩石埋深小于475米时，裂缝则平行主应力方向；如果最大主应力与最小主应力之间压差小时（在1.4兆帕内），岩石的各向异性将控制水力压裂的裂缝方向。目前，水力压裂已成为通用的油气增产技术，在油气田开发的各个阶段都可进行水力压裂，一般完井后进行水力压裂可提高单井初始产量；油气田生产中后期，水力压裂常用于注水作业中，提高油气的二次（注水采气）采收率。由于水力压裂在地层中产生的裂缝可延伸到数百米外，比爆炸压裂的裂缝延伸有序，就大面积泄油而言，水力压裂的裂缝疏通储集岩中的油气，汇入井筒的油气量更多、更好、更有效。现代的水力压裂技术还在继续发展，如：水力压裂液采用了泡沫压裂液，返排快、摩阻低，不伤害油气层，使油气更舒畅汇入井筒；加砂水力压裂，压开的裂缝可由砂子支撑，使裂缝宽度增大，导油的能力增加，提高了油井的产能；聚能压裂，包括高频水力脉冲压裂、高能气体压裂等，使产生的人造裂缝高度增加，达到选择目的层，定向控制压裂的裂缝，使人造裂缝更有效地疏通油气，而不让地下水混入，使油气井的产量长期增产。

虽然压裂技术飞跃发展，但压裂的基本原理仍在本文所述4种压裂之中，明其理就会使技术运用自如。

（2003年第1期）

环保使者——加氢技术的自我介绍

韩德奇

大家好！我是环保使者，学名加氢技术。认识我吗？不认识，没关系，今天借贵刊一角，作个自我介绍。请允许我先简单介绍一下我的朋友——氢气。在所有元素中，氢重量最轻，氢不但是一种优质燃料，还是现代炼油工业和化学工业的基本原料之一。在化学工业中，有 100 多种化学品生产直接需要原料氢气。在炼油工业中主要用于加氢脱硫、加氢裂化，同时也用于 C_5 馏分加氢、汽油加氢、柴油加氢等。一般对有加氢装置的炼油厂而言，所需氢气的 30% 由重整装置副产氢气提供，另外 70% 氢气由天然气、液化气和石脑油转换而来。

所谓加氢技术是指原料在氢压和催化剂条件下，通过加氢反应达到符合产品要求的一类工艺技术。它的特点：一是必须有催化剂，因此，生产乙烯、丙烯的加氢裂解不属于此列，二是必须有加氢反应，故以脱氧反应为主的催化重整亦不属于此列。在石油化工领域，加氢技术主要用于改变原料化学组成、脱除杂质、改善产品质量、馏分油及渣油的轻质化。

加氢技术的发展始于 18 世纪 70 年代，Berthelot 用新生态氢气在高氢压、260℃转化烟煤为可馏出油品，突破了煤和石油的天然界限。1910—1913 年 Bergius 在 Berthelot 工作的基础上，在高氢压和高温下，用分子氢转化石油重油或煤为饱和的气体馏出油，实现了用高压加氢解决煤炭和石油氢含量的不足。1924 年巴地茹苯胺和碱制造公司发明了抗硫催化剂，划分加工流程为液相加氢和气相加氢两个阶段，打开了加氢过程工业化的大门。1927—1945 年德国采用液相悬浮床加氢，固定床加氢预饱和，汽油加氢生产液体燃料。我国 20 世纪 50 年代在石油三厂建立煤焦油大于 325℃重油悬浮床液相加氢裂化装置及小于 325℃煤焦油，页岩油固定床预加氢及加氢裂化装置。1959 年加利福尼亚研究公司发明 Isocracking 技术，并工业应用。1960 年，环球油品公司发明 Lomax Hydrocracking 技术，并于 1961 年工业应用。1964 年，联合油公司发明 Unicracking 技术。海湾研究发展公司发明 HG Hydrocracking 技术，当年工业化应用。1966 年洛阳石化工程公司、石油三厂、大连化学物理研究所、大庆石化总厂等联合开发并投产了我国第一套近代加氢裂化装置。

伴随着加氢技术的不断发展和发展的多样性，20 世纪 60 年代末，有人在 Oil Gas 杂志提出，按反应的苛刻度将加氢工艺分成三类：加氢处理（Hydrotreating），加氢精制（Hydrofining）和加氢裂化（Hydrocracking）。后来，随着加氢技术的发展，人们又将加氢苛刻度介于"加氢处理"和"加氢精制"之间的加氢过程称为缓和加氢裂化（Mild Hydrocracking）。由于"加氢处理"和"加氢精制"之间没有明确的界线，近年来，有人将这两类统称为加氢处理，又将缓和加氢裂化归入加氢裂化中。

在历史长河中，加氢技术伴随不同时代、不同国家，甚至不同地区的需要而发展。近年来，世界各国进一步严格控制汽车和内燃机的排放，需要更加清洁的燃料，炼油厂要进一步减少排放污染，改善自身的环境，受石油资源限制，石油将主要用于生产别的能源难以替代的轻质运输燃料，由于国际石油价格多变，石油产品全球化，市场竞争更加激烈，对产品的要求更加苛刻。这些要求，促使加氢技术进入新的发展高峰期。

其中用于生产清洁燃料的加氢技术是高峰期中的主角。如为了生产硫含量不大于 500 微克/克的低硫柴油及硫含量不大于 350 微克/克（如 350 微克/克、100 微克/克、50 微克/克）的超低硫柴油，美国 Exxon 公司开发了 DODD 工艺、美国 Davy process technology 公司开发了 Super treet process 工艺、美国ABB Lummus Crest Inc公司和Criterion Catalyst CO. L P公司联合开发了Synsat工艺，法国IFP开发了深度脱硫及超深度脱硫技术，日本石油公司开发了两段深度脱硫技术，荷兰AKZO公司开发了STARS工艺，又如，为了将催化裂化汽油硫含量降低到很低的水平，而辛烷值损失相对较低（1~2单位），美国催化蒸馏技术公司开发了CDHDS工艺，美国埃克森公司和荷兰阿克苏公司联合开发了SCANfining工艺，委内瑞拉国家石油公司研究开发公司和美国UOP公司联合开发了ISAL工艺，法国石油研究院开发了Prime-G工艺、美国Mobil石油公司开发了OCTGAIN工艺等选择性加氢技术。

我国也不甘落后，尤其是石油化工科学研究院（RIPP）在生产清洁燃料的加氢技术方面进行了大量研究，开发了催化裂化汽油选择性加氢脱硫（RSDS）、催化裂化汽油加氢脱硫异构降烯烃（RIDOS）、中压加氢改质（MHUG）、柴油两段加氢深度脱芳香烃（DDA）、柴油单段加氢深度脱芳香烃（SSHT）等多项技术。其中RN-1加氢精制催化剂，性能达到目前的国际先进水平，1989年获中国专利局和世界知识产权组织联合颁发的中国专利发明创造金奖（十项之一），1991年获国家科学技术进步一等奖，中压加氢改质（MHUG）被《油气杂志》称为世界生产清洁柴油的三大新技术之一，高硫原油渣油加工技术达到世界先进水平。这些已工业应用或即将工业应用的技术所生产的产品，均能达到各类产品的质量要求，符合环保的规定。

汽车尾气中的CO、烃类（HC）、NO_x对人体健康和人类生存环境造成严重危害已成不争的事实。美国有关部门测算，如果将车用燃料的硫含量由1500微克/克降至50微克/克，每年汽车排入大气中的HC、CO、NO_x会大幅度降低。可以预计，随着这些加氢技术的投用，届时天会更蓝，空气会更新鲜。

看了以上介绍，是不是觉得我过得比您好，其实我所面临的挑战，就在眼前，若有可能，下次再谈。

（2003年第5期）

纳米技术与石油勘探开发

李大荣

纳米技术简介

纳米技术是 20 世纪 80 年代末诞生并正在崛起的一种革命性的新技术,该技术已进入各个领域,目前在石油工业中也显示出巨大的发展潜力。

纳米中的"纳"表示十亿分之一(10^{-9}),一纳米等于一毫米的一百万分之一,差不多相当于 10 个氢原子的宽度。纳米颗粒是指颗粒尺寸为纳米级的超细微粒,它的尺寸大于原子簇,小于通常的微米级。纳米微粒粒径在 1~100 纳米之间,是肉眼和一般显微镜看不见的微小粒子。从技术角度讲,纳米技术是以纳米级的材料进行建筑的科学,其基本含义是指在纳米尺寸范围内研究物质的组成,通过直接操纵和排列原子、分子而创造新物质。纳米技术以多学科合作为特点,具有内在的创新性,而且比其他技术更为精确。它从一诞生就显示了卓越的应用前景,在航天、医疗、电器、纺织、陶瓷和建筑等行业都得到了广泛的应用。

纳米技术在石油勘探中的应用前景

纳米技术在石油工业上的应用主要是通过使用纳米材料来实现的。具体在石油勘探中的应用表现在如下几个方面:

(1)纳米晶体材料有助于制造更坚硬、更耐磨和更耐用的钻井设备。这种钻井设备对钻深井和提高高温高压环境下的钻井能力起到决定性的作用。纳米管能用于制造适于海上钻井平台应用的重量更轻、强度更高、更抗腐蚀的结构材料。

(2)一种可以被称作"智能液体"的新型钻井液正在越来越多地应用于石油钻井中。为提高或者改进钻井液的性质,在钻井液中添加纳米粒子设计出纳米液体,纳米液体的设计与油藏液体配伍并且具有良好的环保性能。新近的实验已经展示了一些有惊人特性和良好应用前景的纳米液体,例如具有先进的减阻、固沙、凝胶、润湿性转换和防腐等性能的钻井液。我国山东大学的专业石油实验室已开发出一种与纳米级粒子和超细粉末混合的先进流体,极大程度地提高了钻井速度。这种混合物消除了钻井过程中对油藏岩石的损害,从而获取更多的石油。

(3)纳米传感器提高了在深井和恶劣环境下进行温度和压力测试的等级。为测量油井的温度、压力、产量和声波,正在利用光导纤维开发一套经济可靠的传感器,这些新型纳米传感器尺寸小,在电磁场存在条件下工作可靠,能够在高温高压下工作。这项技术能以其准确可靠的测量结果使石油勘探业获得更大的进步。将来在石油勘探上可能用纳米传感器探测深部油藏特性,弄清岩石/流体相互作用的复杂特性和它们对多相流的影响,并且有针对性地设计一种合适的勘探方案。

纳米技术在石油开发中的应用前景

纳米技术在石油开发上的应用主要是通过使油藏中的油、气更容易分离来提高其产量的。纳米技术能以调整表面活性剂的形式应用于提高原油采收率,这种作用于油藏的方式比现有物质更为可控,因而能产出更多的原油。具体在石油开发中的应用表现在如下几个方面：

（1）纳米材料在石油开发中的一个有效应用是纳米分子沉积（MD）膜驱油。分子沉积膜驱油技术是分子沉积膜驱剂（一种单分子双季铵盐）以水为传递介质，依靠强的离子间静电相互作用，沉积在储层表面形成单层膜，膜的形成降低了原油与岩石孔隙表面间的黏附力，随着成膜作用由近及远地推进，在水的冲刷下原油不断地被剥离油藏岩石孔隙表面，使采收率得以提高。

在实际注入过程中采用的是降压增注剂纳米聚硅材料。纳米聚硅材料是一种以 SiO_2 为主要成分、具有极强憎水亲油能力的颗粒状白色粉末物质，是一种无毒、无味、无污染的无机非金属材料，憎水率在 99% 以上，是二氧化硅化学改性的产品，纳米 SiO_2 像其他纳米材料一样，表面都存在不饱和残键及不同键合状态的羟基，表面因缺氧而偏离了稳定的硅氧结构，具有很高的活性。经过在各类油田的试验证明，纳米聚硅材料能够提高低渗透油田注水井的吸水能力，平衡注水井之间的压力差异，作为一种新型的增注剂，在低渗透油田开发中发挥重要作用。

西西伯利亚、秋明、乌德米尔基、克拉斯诺达尔—克拉亚、萨玛尔什基等地区不同油田已用纳米聚硅材料处理了 200 口井，矿场试验表明，用该技术降压增注的效果良好。

我国东胜公司、胜利油田、中原油田等用纳米聚硅材料处理了 12 口注水井，结果表明也具有很好的降压增注能力。

（2）把纳米传感器布置在油藏的孔隙空间内可获取关于油藏特性描述、流体流动监控和流体类型识别的数据，从而实现对油藏动态的准确监测，以便制定出合理的开发方案。

总而言之，纳米技术的优势，一方面体现了微型化的成果，另一方面体现了纳米材料性质发生变化的成果。随着石油工业的发展，石油勘探与开发将面临日益增加的工艺技术的挑战，这不但导致费用增加，而且限制了钻井和开采技术的操作空间，纳米技术将为解决这些难题发挥极其重要的作用。

（2008 年第 5 期）

漫谈炼厂的"老黄牛"

韩德奇

名副其实

焦化通常被看作炼厂的"老黄牛"基本上来什么就"吃"什么,并呈"生活水平"下降趋势。

焦化过程按其焦化方法可分为釜式焦化、平炉焦化、延迟焦化、接触焦化和流化焦化等,釜式焦化及平炉焦化属于间歇操作,已被淘汰。接触焦化由于设备结构复杂、维修费用高,工业上没有得到发展。流化焦化在西欧一些国家采用较多仅次于延迟焦化,延迟焦化应用范围最为广泛,已成为重质油轻质化的重要手段之一。

延迟焦化与热裂化相似,只是在短时间内加热到焦化反应所需温度,控制原料在炉管中基本上不发生裂化反应,而延缓到专设的焦炭塔中进行裂化反应,"延迟焦化"也正是因此得名。

世界上第一套延迟焦化工艺技术于1928年开发成功,1930年投入工业化生产,随着延迟焦化工艺技术的不断改进和完善,在世界各国得到了迅速发展。我国于1958年在石油二厂建立了10万吨/年焦化工业试验装置,并于1963年底在石油二厂建成第一套30万吨/年延迟焦化工业装置。

延迟焦化装置主要由8个部分组成:(1)焦化部分,主要设备是加热炉和焦炭塔。有一炉两塔,两炉四塔,也有与其他装置直接联合的。(2)分馏部分,主要设备是分馏塔。(3)焦化气体回收和脱硫,主要设备是吸收解吸塔,稳定塔,再吸收塔等。(4)水力除焦部分。(5)焦炭的脱水和储运。(6)吹气放空系统。(7)蒸汽发生部分。(8)焦炭焙烧部分。

"老黄牛"以前"吃"的是重油、渣油。现在"吃"得更差了。随着原油资源的紧缺及其价格的上升,炼油厂加工的原油性质越来越差,含硫含酸原油和重质原油的比例逐年上升。另外,随着原油减压蒸馏深拔技术的应用,减压重蜡油的切割点从过去的540℃提高到565℃,有些厂甚至提高到530℃以上,使得减压渣油中500℃产前的馏出量降到3%以上,使得焦化的减压渣油原料变得越来越重;有些炼厂将回收的污油和污水处处理场的污泥也送到焦化装置处理加工,还有些焦化装置要消化催化裂化的油浆、丙烷脱沥青装置的脱油沥青和糠醛抽提装置的抽出油等物料,又变得更差更杂(含水、含盐、含固体)。

不堪重负

随着近年来原油加工量的增加,各炼油厂焦化装置的加工负荷逐年上升。与此同时,为提高焦化装置的加工效益,挖掘焦炭塔的潜能,很多焦化装置扩大加热炉的能力,并采用缩短生焦周期和降低循环比的操作模式,使得焦炭塔的生产工况较过去发生了很大的变化,如新鲜进料量增加、焦高上升、泡沫层增高和油气线速增加等。除焦工总况随之也有了明显的改变,如吹汽、给水、冷焦、除焦、暖塔等工序都变得紧张和急迫。总之,焦炭塔的操作不再像过去那般从容和灵活,而变成今天的紧张和脆弱。因此,当外界稍有干扰而操作又万一不慎,如进料流量和原料质量的改变,水电气风等公用工程系统的异常、监控仪器和调节回路的故障和操作人员的素质和经验的不足等,便会发生焦炭塔油气携带泡沫焦到分馏塔的事件,遂引发一系列不良后果。

一次性大量泡沫焦被带至分馏塔的后果是十分严重的，如某厂的一次焦炭塔冲塔，大量泡沫焦被带至分馏塔，短时间内使塔底循环系统彻底瘫痪，辐射进料泵先上量不好后又抽空，装置被迫停工。打开分馏塔人孔后发现，分馏塔底约7米高的空间已基本被焦炭堵死，人字挡板表面也覆满油泥状焦粉，蜡油集油箱结焦也很严重，焦粉堆积高度达0.3～0.5米，中段回流的数层塔盘的塔盘上也有细小焦粉沉积，浮阀被粘连后无法自由升。清出焦炭总量估计达50～60吨之多。

又如某厂曾因大油气结焦而引发焦炭塔顶安全阀跳开事故，严重影响装置的安全生产，油气携带泡沫焦后，在挥发线遇冷后，所携带的沥青胶状颗粒被冷凝结成黏度很高的物质，其流动性极差，会附着在油气挥发线管壁，并缩合成焦炭，使油气挥发线结炭，时间一长使焦炭塔压力上升，当高于安全阀定压时便引发安全阀起跳。

有些焦化装置的塔底过滤器经常要切换清焦，频次达到每周1～2次，这种情况，其实质很可能是因为日常生产中焦炭塔内油气被带至分馏；或者在进料末期泡沫层较高时，由于换塔操作时的压力波动，经常造成轻微的冲塔，使得泡沫焦在塔底过滤累积。类似存在各种隐患，首先，切换和清理的过程难免存在诸多不安全因素；其次，由于塔底油中焦粉含量较高，会加剧对机泵的叶轮和泵体的磨损和冲蚀，长期作用将造成进料泵上量不好，压力和流量不稳，引起加热炉的工况变差。加上焦粉在炉管内会加快管壁结焦速度，使炉管烧焦或在线清焦的频次从每年1次可能提高到数月1次，甚至发生过1～2月就要烧焦或清焦的案例。

也有一些装置，分馏塔的气相线速较高，或塔底回流的洗涤粉效果较差，或是重蜡油返塔回流量太小，使一些精细的焦粉颗粒被带至分馏塔的上部。在适当的温度下，焦粉与氯化铵等结晶物质形成固体盐垢，沉积在分馏塔顶回流系统，如塔盘、降液管、受液槽等部位，使塔顶回流抽出不畅，造成汽柴油分割不好而质量变差。也有的在塔顶空冷和水冷器中形成盐垢物质，造成系统压降增加、气压机工况变差，能耗增加等后果，甚至有些在焦化液态烃和干气中发现有更细颗粒的焦粉，曾造成胺精制装置的胺液发黑变脏，影响液态烃和干气脱除硫化氢的效率。也曾经有案例，在焦化汽油油水分离器脱除的含硫污水中发现有焦粉的积聚，并影响高含硫污水汽提装置的正常运行。

总之，焦炭塔泡沫焦被携带至分馏塔后，会引起一系列的后果，必须引起足够的重视，并采取有针对性的措施，防止或抑制这种事件的发生。

对 症 下 药

延迟焦化是重质原料加热后深度裂解和缩合反应转化为气体、汽油、柴油、蜡油和焦炭的加工过程。即重质原料被加热达到焦化反应温度后，迅速地进入焦炭塔使其进行焦化反应。在焦炭塔进行反应过程中，沿其高度可分为几个主要区域：下部是焦炭层；中部是高黏度的胶质沥青质，称为泡沫层；上部为油气层。

随着裂解反应的进行，高黏度的树脂状胶沥质不断被鼓泡而形成泡沫，已形成的鼓泡又不断地破裂逸出油气，在一定的温度和压力下达到动态平衡，使泡沫层维持一定的高度。发生焦炭塔油气携带泡沫焦到分馏塔的因素是很复杂的，它与操作条件有关，更主要的是受到原料油组成及性质的影响。

1. 重视原料监测

分析入炉原料的密度，黏度、残炭、含硫等，有条件的企业可以定期分析进装置的新鲜原料的四组分组成，即饱和分、芳香分，胶质和沥青质组分。

2. 优化操作条件

根据原料分析数据，结合装置的工艺和设备特点，确定关键操作条件，如炉出口温度、循环比、炉管注汽量等。在生焦周期小于 24 小时和循环比较低的焦化装置上，要经常核算焦塔的负荷，计算内油气线速和空高，并在操作上控制好压力平稳，尤其在换塔时的系统压力平稳。

3. 合理应用消泡剂

向焦炭塔内注入消泡剂是抑制泡沫层厚度，为焦炭塔留出更多的生焦空间，防止泡沫层携带的有效措施，不但简单易行，而且成本低廉。据报道，有的厂应用消泡剂后，可使泡沫层高度降低 2～3 米，而有的厂则低于 1 米。虽然这与各装置所加工的原料和操作条件有关，但与所用的消泡剂的品种和性质更有关。此外，注入方式、剂量、注入速度、注入部位、注入时刻和时间等对消泡效果也有着直接的影响。

针对延迟焦化装冒的发泡特点，延迟焦化消泡剂在发泡介质中它必须是稳定的，不与发泡介质发生反应；它必须又是在延迟焦化工艺条件下不溶于发泡介质的。根据消泡原理，它必须比发泡介质的表面张力更低；另外，为了很好消泡，它在发泡介质中必须有很好的分散性，因此，质量好的消泡剂应该具有很高的表面活性、很好的热稳定性和良好的分散性能，且不溶于被处理的油品介质中，不但具备消除生成泡沫的功能，而且具有抑制泡沫生成的作用。

根据调查，国内焦化装置上使用的消泡剂有两大类，一类是含硅消泡剂，另一类是不含硅的聚醚或醇类高分子物。含硅消泡剂实际上其有效成分是聚二甲硅烷（PDMS）。目前国内大多数延迟焦化装置使用的消泡剂多为高硅消泡剂，因此硅容易被携带到下游加氢装置，从而使加氧催化剂产生硅中毒，影响了催化剂的使用寿命，所以今后延迟焦化装置寻求低硅或者无硅消泡剂成为一种趋势。

虽然延迟焦化装置的工艺和设备特点决定了焦炭塔内不可避免地有泡沫层存在，但采取相应措施反应油气携带泡沫焦至分馏塔的"冲塔"事故是可以避免发生的。

（2010 年第 5 期）

流态化催化裂化的发明

闵恩泽

闵恩泽先生系我国著名石油化工专家，中国科学院、中国工程院、第三世界科学院院士。因在石油炼制与石油化工领域成就卓著，被誉为"炼油催化应用科学的奠基人""石油化工自主创新的先行者""绿色化学的开拓者"。他曾获得2007年度国家最高科学技术奖，并被评为"2007年感动中国年度人物"。2011年，第30991号小行星永久命名为"闵恩泽星"。

流态化催化裂化工艺是炼油工艺技术的非常重要的成就。流态化催化裂化是炼油厂将重油转化为高辛烷值汽油、柴油、液化气的重要装置，目前流化催化裂化已发展到提升管催化裂化，还开发了多种形式的再生器，原料从重油已经发展到掺炼渣油。由于催化裂化对我国非常重要，探讨这一新发明如何出现，具有重要意义。

催化裂化研发到工业化历程

美国的埃克森（Exxon）研究与工程公司的C.E.Jahnig、H.Z.Martin和D.L.Campbell等撰写了"流化催化裂化的发展"一文，文章详细论述了流态化技术（Fluidized Solid Technique）成就——从概念到工业化仅用了三年时间。这篇论文叙述了流态化技术在新泽西标准石油公司（The Standard Oil Company of New jersey，现Exxon公司的一部分）的研发历程，介绍了Exxon公司获得的四项基本专利：（1）流公床（Fluid Bed）；（2）流态化竖管（Fluided Standpipe）；（3）系统集成（The integrated System）；（4）下流式设计（The Downflow Design）。

流态化催化裂化研发过程

流态化催化裂化的起步始于发现废白土有催化裂化作用。1934年，人们将润滑油精制的废白土与原料油相混合，经过加热，能生产更多的汽油。说明酸性催化裂化剂能催化重油裂化，这就奠定了流态化催化裂化的化学反应基础。

如何在大型催化裂化装置上实现上述反应，最开始采用的是片状催化剂的多种固定床和移动床反应器，系统研究发现这类系统既不高效也不经济，于是，决定采用粉状催化剂，建成一套100B/d（1B=158.987L）中型装置进行试验。

早在1940年，美国麻省理工学院的W.K.Lewis对密相流化床反应器进行了试验，突破性地发现是流化颗粒在气速为1～3ft/s（1ft=0.3048m）的流速下仍能维持稳定，这远高于stoke定律计算的颗粒沉降速度（不大于0.1ft/s），stoke定律只适用于单个颗粒，不适用于粒子群。这为开发流态化催化裂化反应器奠定了科学基础。

另一重要发现：流化颗粒在竖管中形成的柱可以挤压聚集在一起的粉状催化剂，使其从低压区运转到高压区，这样催化剂粉就起了"热传递"的作用，将其再生器中大量的剩余能量转移到反应器中去推动裂化，使流态化催化裂化达到"热平衡"，大大降低了能耗，从经济上降低了运转成本。

后来又发现了原料油可以以流态注入反应器，而不仅仅以气态形式，进一步利用了催化剂从再生器带来的热量。当时曾担心这样的操作可能会导致油与粉状催化剂形成钻井液堵塞催化剂的循环通道，不过在工业装置的运转上未发现这一现象。

此外，在设计、施工中还解决了旋风分离器、滑阀、膨胀节、耐高温材质、自动化控制、催化剂供应等环节的问题。

第一套流化床催化裂化工业装置为上行式，对其运转结果进行分析后，从催化剂的流动和循环看，认为改为下行式更优越，于是，1941年起对100B/d中试装置改建为下行式以开发新工艺。

同时新泽西标准石油公司又建设了5套下行式流化床催化裂化装置，其中第一套于1941年中期投产。至此，流态化催化裂化走完了研发历程。

在美国流化床催化裂化的研发和工业化过程中，正处于第二次世界大战前夕，美国"战时石油管理局"（Petroleun Administration）组成催化裂化研究协会（Catalytic Research Association），其中参加的公司包括新泽西标准石油公司、印第安纳标准石油公司、凯海格工程公司、法本（德国）公司，以及后来加入的英国石油、英荷壳牌、德士古、环球油品公司等。这些生产市场上的对手，在技术创新上同心协力搞合作。值得注意的是，联合体内不仅包含了未来的应用企业，还整合各家优势，很快转化为商业化装置，创造了良好的技术创新形式。技术革命产生了巨大的经济效益和社会效益。流态化催化裂化技术的突破，帮助石油公司迅速扩大轻质油品的生产，满足了社会对汽油和柴油的需求，在第二次世界大战中帮助盟军取得胜利立了大功。

催化裂化发明的启示

当时炼油企业以及第二次世界大战对汽油、柴油等轻质油品的需求，特别是对高辛烷值航空汽油和顺丁橡胶原料的需求是推动流态化催化裂化加速发展的动力。

正是在这种需求的推动下，美国采取了措施促成催化裂化研究协会（Catalytic Research Association）组成联合体开展研发，使这些石油品生产市场上的对手，在技术创新上同心协作。同时，还吸纳了擅长工程设计的公司、擅长工艺研发的科研企业，联合各家优势，才使流态化催化裂化实现工业化。这里的核心是动员和细心组织各方优势单位，发挥特长，加速了整个工业化过程。

与美国麻省理工学院W.K.Lewis教授的合作，认识到Suke定律只适用于单个颗粒，不适用于粒子群，这为开发流态化催化裂化工艺奠定了理论基础，说明与高等院校有关科技教授合作开展基础研究的重要性。

建立一套中型试验装置，从实践中不断总结形成的新构思，及时进行试验验证，十分重要。例如，研发过程中的竖管输送催化剂、用液态重油进料、上行式改建为下行式等重要发明都是通过中型试验获得的。

（2014年第2期）

铂重整的发明

闵恩泽

铂重整的发明过程

铂重整是炼油厂提高汽油辛烷值和生产芳烃的重要工艺，同时还副产氢气。

发明这一新工艺的 V.Haensel 被誉为"铂重整之父"，他回顾了铂重整原始创新构思形成的过程。

V.Haensel 于 1935 年夏天从西北大学毕业后，在美国环球油品公司催化实验室做暑假临时工。当时汽油重整提高辛烷值使用的是 Cr_2O_3/Al_2O_3 催化剂，在常压、不临氢的条件下运转，催化剂很快结焦，需要经常再生。一天，美国环球油品公司研究室主任来到实验室，让他想办法做反应而不产生结焦。实验 3 周毫无结果。暑假结束后，他即去麻省理工学院攻读化学工程硕士学位。这一经历虽以无结果告终，但使他了解到开发一个长周期运转而不积炭的催化重整工艺的重要性，这就为他后来的发明播下了种子。

1937 年，V.Haensel 硕士研究生毕业后，被美国环球油品公司聘任为化学工程师，从事中氢裂化汽油中环烷烃含量分析工作。在分析时，需要在很低的空速下，通过一个铂/活性炭催化剂，使六元环烷烃脱氢转化为芳烃。

由于催化重整提高汽油辛烷值中最重要的反应是环烷烃脱氢反应，产生了利用铂催化剂的想法，于是用铂催化剂来处理脱硫的汽油。他采用各种载体试制成铂催化剂，然后进行实验。正如所预期的那样，这些催化剂可将部分环烷烃转化成芳烃，但是汽油辛烷值的提高却不明显，于是他提高温度，结果催化剂完全失活。为了防止催化剂失活，后来在中等压力下同时通入氢气，结果虽不特别惊人，但是催化剂在这一苛刻条件下却不失活；于是，继续提高温度，果然得到较高的转化率。此时实验一直采用脱硫的直馏汽油作原料，催化剂可以连续运转，并且保持了较高的转化率。此时采用的实验条件是：反应温度为 450℃，反应压力为 3.45 兆帕，氢/油摩尔比为 5，这一反应温度比铂催化剂常用的温度高出了 200℃。这时他已取得了先用 MoO_3/Al_2O_3 作催化剂一样的效果，而且催化剂上只有少量的焦炭生成。当时使用的是 3% 的铂载于二氧化硅上的催化剂，相当昂贵。同时还发现，铂载于硅铝载体上的催化剂虽然对提高辛烷值更好，但不能很好地控制加氢裂化。所以又改用具有中等酸性的氧化铝作载体，结果相当好，特别是能够连续操作数日而没有损失很多的活性。这时，他想出了各种方案，把铂载到氧化铝上，并且努力去降低铂含量。同时他得到了一个十分肯定的结论：用硝酸铝制备的氧化铝不如用三氯化铝为原料制备的好。这曾是一个十分费解的问题，直到他观察到将三氯化铝与氨水沉淀的氢氧化铝滤饼少洗几次还能制备出性能更好的催化剂时才解开了这个谜，这是由于氧化铝中残存的 Cl^- 引起的。后来他发现，在装置出口的气体中有微量的酸性物质，这是来源于胶体中的氯。他设想，如果胶体中氯是活泼的，会损失的话，那么氟会更活泼，而且是稳定的，果然试制含氟氧化铝的铂催化剂提高汽油辛烷值最好，为工业化奠定了基础。于是美国环球油品公司投入 100 多人进行研发，加速推进工业化，1949 年宣布开发成功铂重整工艺（Platforming）。

铂重整发明的启示

（1）一个科研工作者要了解自己研究领域的难题，虽然一时不能成功，但随着时间的推移、知识经验的积累，这些难题就成为将来成功的起点。

（2）要创新，就要善于从其他领域吸取营养，把其他领域中有用的催化剂体系移植过来。V.Haensel 就是从分析方法中所用的铂/活性炭环烷烃脱氢催化剂受到启发，把铂催化剂移植到催化重整领域里来开始探索的。

（3）要创新，必须要跳出旧框框。在催化重整探索中，V.Haensel 所采用的温度、压力、临氢工艺等都超越了分析方法中原用的条件，正是这样他才取得了较大的进展。

（4）要细心观察实验，及时发现和抓住苗头。V.Haensel 就是从硝酸铝和三氯化铝制得的 $\gamma-Al_2O_3$ 作为催化剂载体时活性不同而认识到卤素的作用，从而制备出含氟的 $\gamma-Al_2O_3$ 的铂重整催化剂。

"五朵金花"之一的大庆铂重整装置

（2015 年第 6 期）

钻具是如何炼成的

孟 伟

工欲善其事，必先利其器，行业综合能力的提升离不开装备及工具技术的发展。石油钻井就是打通地面和油气层通道的过程，包括破碎岩石、取出岩屑保护井壁、固井完井并形成油气通道三个过程。俗话说：钻头不到，油气不冒。钻杆就是为钻头传递扭矩（即传递动力）、输送钻井液，并不断推动钻头钻进的管柱。

钻杆长什么样子？

钻杆包括管体和接头，由三部分组成：一根两端加厚的无缝管材，与一个带外螺纹的外螺纹接头和一个带内螺纹的内螺纹接头。三者通过摩擦焊接组合在一起。钻杆的长度和直径习惯上用英制来表示（这是历史遗留问题，因为最初大部分钻井装备都是引进英美国家的），国内常用的钻杆长度为31英尺（9.1～9.9米）；常见钻杆的直径为$2\frac{3}{8}$英寸、$2\frac{7}{8}$英寸、$3\frac{1}{2}$英寸、4英寸、$4\frac{1}{2}$英寸、5英寸、$5\frac{1}{2}$英寸。

钻杆有多长？实际上钻杆有三种标准尺寸：第一级6.4～7.5米；第二级9.1～9.9米，第三级11.5～14米。那为什么国内通常都采用第二级？为了提高工作效率，通常会将3根钻杆连接起来，形成一柱钻杆。而国内井架二层平台高度通常为27米左右，第二级尺寸的钻杆一柱的长度刚刚好！

短钻杆通常用来"凑数"，例如，打一口95米的井，10根9米的长钻杆和1根5米的短钻杆就刚刚好。

加长钻杆在俄罗斯、加拿大等地比较受欢迎，因为当地温度低、条件恶劣，加长钻杆可以减少起下钻的次数、提高效率。

钻杆是怎样炼成的？

易开采的油气资源不断消耗，环境恶劣、地质条件苛刻的油气井数量逐年增加。钻杆在井下需要承受高温高压、化学腐蚀、高强度拉力和扭矩的考验：管体内钻井液、环空反排钻井液混合着砂石在大排量、高压力下不断冲击、磨损着钻杆，钻杆是如何承受的？

练就一副好身板要从原材料开始：大部分钻杆厂商都不自己炼钢，往往向钢铁厂订购原材料（钢管和接头）。钻杆厂商在拿到订单后，根据设计要求来选定钢材的配比方案。常用的是"铬钼钢"，为了达到特定要求，还会添加镍、硅、钒等元素。钢铁厂会根据配比方案向钻杆厂生产、供货。

钻杆执行API5DP（American Petroleum Institute，美国石油学会）标准，标准中将钢材根据强度划分为E75、X95、G105、S135，有的甚至用到V150。钢材的等级越高，强度越大。在钢材中添加碳、铬、锰、钼等不同的元素，可提高钢的强度和硬度，还可以提升高机械性能，使其具有良好的抗氧化性和抗腐蚀性。

钻具钢级的选择需要"因地制宜"。钢级越高，机械强度越大，包括抗拉、抗扭、抗挤压强度等性能均会提高。但与此同时，因为碳元素含量的增加，也会带来不好的影响：一方面钢抗腐蚀能力变差，所以对于一些含硫化氢、二氧化硫和二氧化碳较高的井则无法使用；另一方面钻具的塑性及韧性会变差，当遭遇水平井钻井"狗腿"处大角度弯曲的考验时，就容易发生断裂，因为太脆了！所以在元素配比时，要综合考虑钢材的强度、韧性和塑性，根据施工要求"因地制宜"。

原材料进厂，就可以开始加工。钻杆的加工包括三大部分：管体加工，接头加工，摩擦焊接加工。

总体而言，有三个方面因素决定了钻杆品质的优劣：原材料的配方、关键生产工艺技术的差别、质检环节的控制。

原材料的配方已经无需多言，重点叙述生产工艺技术。主要包括：

管体加厚工艺。为了保证钻杆的整体强度，需要在焊接前，增加该处的壁厚，有内加厚、外加厚和内外加厚三种加厚方式。

接头加工包括热处理和螺纹加工。热处理工艺包括淬火、回火工艺。先将接头加热到900℃（不同厂家温度有所不同），保持一段时间，然后快速冷却。之后再次加热到600℃左右并冷却（钢材组织结构由"马氏体"转变为"回火索氏体"）。热处理的目的就是提高管材的硬度、强度、耐磨性及韧性等。热处理后需要检验接头的各项机械性，符合要求的接头才能进行螺纹加工。加工出的螺纹起到连接作用，台肩面旋紧可以起到密封作用。为了保证钻杆之间实现精确对接，需要对加工好的接头逐一检查（螺纹的紧密距、螺距、锥度、牙高）。在实际使用过程中螺纹容易出现黏扣（卡死、拧不开）现象，所以最后要对螺纹进行镀铜、磷化、上卸扣等处理。管体的外径尺寸不同，对应接头的螺纹也会不同。目前 $2\frac{3}{8}$ 英寸到5英寸的钻杆接头普遍采用数字型螺纹，$5\frac{1}{2}$ 英寸到 $6\frac{5}{8}$ 英寸钻杆接头采用贯眼型螺纹。另外，由于钻杆接头比管体粗，所以在钻井过程中接头更容易磨损，为了延长使用寿命，常常会在接头处焊接耐磨带。焊接耐磨带工艺也十分重要。

最关键的工艺——摩擦焊接。管体和接头吻合后，将接头高速转动并施加压力，剧烈摩擦产生高热量，实现接头和管体的紧密融合，当然收尾还需把焊接毛刺去除。利用电磁感应对焊缝进行中频加热，线圈处是电磁感应最集中的地方，加热到960℃只需要30多秒。钢材导热速度没这么快，所以接头处形成了灼烧火红色区域。这个过程可以提高接头处钢材的机械性能。

另外，质检环节的控制也不容忽视。质检工作其实是伴随着钻杆生产的各个环节。例如：在完成管端加厚工艺时，需要对加厚的管端进行质检；接头完成热处理后，要质检；车完螺纹也要质检……用多种仪器和手段清除不合格产品，这是高质量钻杆厂商成本高的原因之一。

钻杆的使用

钻杆毕竟是干苦活儿、脏活儿、累活儿的，即使钢材品质高、加工工艺强、质检严格也难免出现钻杆管体断裂和刺漏（钻杆被钻井液刺破）、钻杆螺纹失效等状况。具体原因可以归纳为：首先是钻杆的金属疲劳，也就是钻杆到达使用年限或者超过了其最大使用强度。其次钻井现场地质条件复杂，当出现各种意外事故时（如井下落鱼、工作人员操作失误等情况），也有可能导致钻杆弯曲变形或断裂。

如何避免钻杆"英年早逝"？

钻具在使用中整套钻具组合的最下部分承受的交变应力及扭矩是最大的，特殊井中处于"狗腿"处的钻具也极容易损坏，这些都会造成同批钻具的损耗程度不同。参考木桶理论，整套钻具的稳定性不是由最强的钻杆决定，而是由最薄弱的那一根决定。所以在实际工作中需要根据钻井的难度和使用频率合理地使用同批次钻杆，这样可以延长钻具使用寿命。在钻进过程中应时刻注意钻机和钻杆的状况，一旦出现卡钻、抱死等现象，应立即停钻或回钻后缓慢钻进，防止钻杆弯曲变形。完成作业后，应及时清洗钻杆上的污泥，尤其是在酸碱地区，应重视防腐工作。出现严重问题应回厂返修或及时报废。此外，制定钻具保养周期、定期对其进行防锈防尘处理，可延长钻杆的使用寿命。

新型钻具层出不穷

近年来水平井、深井和超深井、大位移井及特殊井逐年增长,传统意义上的钻杆已不能完全满足使用要求。对具备高强度、高韧性、智能化、数字化、防腐蚀、高温、高扭度、高灵敏度钻杆的需求日益旺盛。因此,研发并推广新型钻杆更符合产业未来的发展趋势。

双台肩高抗担钻杆。这种钻杆主要有两大优点:一是抗扭强度比 API 标准接头提高 30% 到 50%;二是水眼增大,5SI35 钻杆接头水眼可以由 $2\frac{3}{4}$ 英寸增大到 $3\frac{1}{4}$ 英寸。因此这种钻具满足大排量、高泵压、高扭矩钻井作业,适用于钻探深井、超深井、大斜度井和水平井。

智能钻杆。由美国格兰特(Grant)公司首先研制,在钻杆接头部植入芯片,钻井过程中实时传递井下信息,地面上的仪器同步分析,可以提高效率。

铝合金钻杆。主要优点是重量轻,在强度相同的情况下,重量仅为钢钻杆的一半,因而在设备、动力、运输等方面都有优势,而且钻杆壁厚增加了,增强了耐磨性,寿命几乎是普通薄壁钢钻杆的 2 倍多。

复合材料钻杆。复合钻杆在卷筒上缠绕碳纤维后,由一种环氧基复合材料覆盖并密封而成。具有高强度质量比、超高的抗腐蚀能力和抗疲劳能力等。缺点是壁厚大,且目前生产成本较高。

(2016 年第 1 期)

核能压裂：一段悄无声息的历史

白小明　王月

在油气井压裂技术中，水力压裂无疑是有史以来受争议最多的石油技术，然而可能大多数人还不知道，在这项技术之前，核能压裂曾对提高天然气产能作用巨大。但之后为什么没能持续下去呢？本文将为你揭开核能压裂的神秘面纱。

美国西南部150万英亩的Carson国家森林内有一些非常美丽的山地风景。国家森林地区地下是Woodward页岩层。1967年，该地区被确认为是用核爆炸来从页岩中开采天然气的最佳试验场地。该项目被称作Gasbuggy计划，整个行业以及政府开始转向"原子能压裂"方向。所采用的技术被称为"核能气体增产措施"，其原理与现代压裂技术类似，即用巨大的能量打开之前无法利用的气藏。

从爱因斯坦到冷战原子武器的进化

爱因斯坦的相对论中暗含了人造爆炸蕴含巨大能量的理论。1932年，原子分裂的实现将这种理论变为现实。仅1939年，就有超过100篇在原子核物理学有巨大影响力的科技论文发表，其中最重要的是由Dane Nils Bohr和他的美国学生J·A·Wheeler在第二次世界大战爆发前两天发表的论文，解释了裂变过程。次月，由于担心希特勒会在竞选中获胜并优先制造出他称为"反犹太人的炸弹"，爱因斯坦建议美国总统富兰克林·罗斯福成立一个由政府资助的铀委员会，组织大学进行原子能研究。这是首次将联邦资金用在科学研究上。

到了1942年，铀的链式反应技术特性被发现，且制造钚的技术上也有了突破。罗斯福意识到了纳粹制造出第一颗真正原子弹的威胁。他知道自己别无选择，唯有加快制造原子弹的速度。因此，美国设立了相应的曼哈顿陆军工程特区，即后来的美国空军，来协调生产和资源。从此该计划被称为"曼哈顿计划"。

1945年8月6日，艾诺拉·盖号轰炸机向日本广岛投下了美国第一颗未经试验的铀弹。它的爆炸能量相当于2万吨TNT的能量，造成6.6万～7.8万人死亡。8月9日，美国又将第二颗钚型原子弹投向了日本基督教城市长崎，而这正是离日本军国主义思想中心最近的地区。

第二次世界大战结束后不久，欧洲"铁幕"落下，美国和苏联开始了长达50多年的"冷战"。1949年8月29日，苏联第一颗原子弹爆炸成功，从那以后，"冷战"中两个大国主要面对的竞争威胁是制造核武器。

1950年，美国拥有的核武器数量为299个，同年苏联的数量只有5个。到了1965年，美国的武器库中拥有的核武器数量为31139个，苏联为11643个。军备竞赛拉开序幕，在美国和苏联及其势力范围的国家开始制造大量核武器。

Plowshare工程：利用核能产生积极作用

20世纪50年代后期，原子能委员会（AEC）被委以开发技术和平利用核能的职责。该项目被称作是"Plowshare工程"。AEC主席当时宣布，该计划旨在"强调和平利用核能设施。在世界范围内制造一种更有利于武器发展和测试的舆论导向"。为此，从1961年到1973年，该项目共进行了27项试验，共实施了35次核爆炸。

这些试验主要是试图制造深坑和运河。另一些目标包括以更廉价的方式加宽巴拿马运河，在山区为修高速公路开路。连接内陆河系统。这些试验多数在内华达州实施，在科罗拉多州和新墨西哥州的油田也进行了试验。Gasbuggy 计划是 Plowshare 工程的分支项目。它是最早的 3 个核能压裂试验之一，主要目的在于增加天然气产量。采用的技术称之为"核能气体增产措施"。

El Paso 天然气公司于 1958 年构想了 Gasbuggy 计划并将其提交给了 AEC，AEC 采纳了该计划并将其作为 Plowshare 工程的签署项目。该项目在新墨西哥州的 160 英亩受保护区域进行，收到 ElPaso 天然气 180 万美金的项目投资，历时 9 年的发展。联邦政府还额外支付了 290 万美金，用以提供核能设施。1967 年 12 月 10 日，在 AEC 的资金支持下，劳伦斯放射实验室和 El Paso 天然气公司引爆了 Gasbuggy。在 1288 米深的 Woodward 页岩层，产生了相当于 29 万吨炸药爆炸的威力。对比来看，此原子压裂的能量几乎是广岛原子弹的 2 倍。爆炸形成了一个玻璃状衬里的洞穴，直径约 488 米，高 1015 米，几秒后坍塌。随后的测量数据显示爆炸制造的裂缝在各个方向延伸超过 61.0 米。特别值得注意的是，这一技术使天然气的产量增加了。

1967 年 12 月 22 日。《时代》杂志发表了一篇署名为"核能：Gasbuggy 首战告捷"的文章。该文生动地描述了爆炸发生前的情景："上周，在新墨西哥州 Leandro 大峡谷的一座孤峰上。当广播系统传来的倒计时结束后，快被冻僵了的观察者们安静下来。在这紧张的时刻，似乎没有什么事情发生。而后脚下的大地开始震颤，远处传来巨大的爆炸声，紧接着是第二波相对小的震动。一些人大喊'我们成功了！我们成功了！'人们互相握手。这是美国历史上第一次成功实施由政府和行业共同资助的核爆炸。"

在 1969 年的上半年，共进行了 3 项系列的生产试验。记录表明在 Gasbuggy 项目中共采出了 835 万立方米天然气。然而，很遗憾这些天然气放射性太高从而没有商业利用价值。在进行试验期间，放射性材料通过火炬燃烧排掉了。El Paso 天然气的现场领队 James Holcomb 认为 Gasbuggy 项目是成功的。他表示："在实施爆炸后的一年里多生产出来的天然气比之前的 7 年生产的总量还多。"

而且，爆炸并没有污染水源，此计划也是非常有意义的。目前很难明确现代压裂作业到底对浅层水源有多大的破坏，并且当年那次 1288 米地下相当于 29 万吨炸药的核爆炸也没有污染水源供给。

1978 年 11 月，能源部在 Gasbuggy 计划的实施现场立了碑文，上面写道："美国历史上首次针对低产气藏增产的地下核试验场地。1967 年 11 月 10 日，在地下 1288 米以下实施了相当于 29 万吨炸药的核弹爆炸。没有美国政府的批准，不得在新墨西哥州 Attiba 县的试验场地半径为 30.48 米范围内从地表到地下 457.2 米垂深进行开挖、钻井以及或进行其他开采。也不得在该位置 1288 米半径范围内从垂深 457.2 米到 1371.6 米的地下进行开挖、钻井或进行其他开采。"

紧随 Gasbuggy 计划，美国又实施了另外两个 Plowshare 项目，它们是旨在提高天然气产量的核爆炸试验。这两个项目都在科罗拉多进行，即 1969 年的 Rulison 计划和 1973 年的 RioBlanco 计划。Rulison 计划引爆 4 万吨的核装置，天然气成功增产。然而，这些天然气放射性太高。Rio Blanco 计划的装置总当量为 3.3 万吨，在单井不同深度进行了 3 次爆炸。

Gasbuggy 计划之后环境恢复的教训

现在 Gasbuggy 计划的试验地区是 Carson 国家森林的一部分。这样的场景得益于爆炸之后数年的环境恢复工作。尽管原子气体压裂增产早已被禁止，但环境恢复工作一直在进行，这一直是油气公司进行的最重要的工作之一。包括 TransCanada 和 Chesapeake 能源公司在内的许多公司一直在做环境恢复工作。

在 Gasbuggy 计划实施的时期，美国正经历文化剧变的痛苦，最终产生了许多新的理念和运动。

其中一项是环境保护论,其旨在将核武器扩散和石油工业作为主要对手。核扩散和其引起的诸多危险是环境保护主义者主要关心的问题。如今环境运动将矛头指向了水力压裂这一美国页岩气革命的关键技术。不幸的是,反压裂主义者经常不能找到合理的反对理由,包括常识和历史。相反,他们的这种反对似乎仅仅是凭思想观念和无知热情煽动起愚昧的情绪。

现在的水力压裂带来的危害与40年前"核能压裂"带来的潜在辐射相差十万八千里。如今,Gasbuggy计划留存的证据仅仅是原始自然环境下的一块小碑文以及类似这篇文章一样的报道。尽管Gasbuggy计划中核能压裂确实污染了大量天然气,但它并没有污染水源,没有给环境带来不可恢复的伤害,没有给当地带来高辐射的危险。当我们想想曾经的Gasbuggy计划时,就会发现人们对当今的水力压裂的反对绝对是反应过度了。

爆炸之前:Gasbuggy计划是核能压裂实施的第一个案例

爆炸之后:现在该实施场地变成了Carson国家森林的一部分

(2017年第6期)

水平井技术发展的历程

安 飞

水平井技术是20世纪80年代石油界迅速发展并日臻完善的一项综合性配套技术，以提高油气产量和提高油气采收率为根本目标，近几十年国内外大量水平井案例充分证明了水平井技术是石油工业发展过程中的一项重大突破，为石油工业带来了巨大的经济效益。

Leo Ranney是水平钻井技术的先驱者，出生于1884年，是一名地质学者和工程师。1939年，Leo Ranney钻出了世界上第一口水平井。他首先钻了一口大半径的直井，然后安排人力和设备在井底进行水平钻井。他还向多个方向水平钻进，因此，他不仅钻了第一口水平井，还建立了第一口多分支水平井。

20世纪40—60年代，水平井技术整体上处于探索研究阶段。20世纪40年代，美国、苏联等国钻了一批水平试验井，因受当时技术水平所限，各项技术不配套，虽然能钻成水平井，但难以用于生产。20世纪50年代，水平井仍限于浅层非胶结地层的超短半径钻井（约15米），主要是在美国和苏联（43口）应用。20世纪60年代，美国大西洋里奇菲尔德公司（简称"ARCO公司"）钻水平井以解决油井产水问题，加拿大Esso公司钻水平井是为了开采重油油藏。

20世纪70年代，原油价格上涨，但反复动荡，石油已成为各国争夺的战略性资源。其间，计算机、无线随钻测量、适合多种地层的高效PDC钻头等技术工具的出现为水平井钻井创造了更便利的条件，水平井技术研究逐渐引起人们的重视。

20世纪80年代，世界油气新发现日益减少，边远低难资源所占比例越来越大；老油田提高采收率遇到技术瓶颈；一些特殊油藏利用直井已无法进行开发，或者开发效益很低；再加上国际油价低迷，因此石油行业需要大幅度降低经营成本。与此同时，导向螺杆钻具、可转向钻井液马达、随钻测量（MWD）仪器、井眼轨迹控制理论和井下摩阻/扭矩计算方法、VDS等技术的演化帮助水平井钻井技术从几何导向向地质导向阶段发展，水平井技术研究蓬勃发展，文献数量不断增多，水平钻井技术的效益也得到很大改善。现场应用中，1982年，法国Elf Aquitaine公司首先将水平井引入石油行业，开发意大利亚得里亚罗斯伯海上一个碳酸盐岩稠油油藏。1984年，英国石油和ARCO公司在印尼油田；1985—1987年，Oryx MobilAmoco联合太平洋资源公司在美国得克萨斯州白垩纪地层等一系列的水平井钻井先导性试验，均证明了水平井技术具有经济可行性。美国主要利用水平井解决得克萨斯州奥斯汀裂缝性白垩纪地层开采问题，实践表明，当水平井段垂直穿过裂缝时，会取得非常高的产量。Oryx、UPRC等公司钻水平井来贯穿天然裂缝获得高产。这些现场活动促进了水平井的大规模钻井，水平井的钻井长度也随着实践不断增大。1979年，Elf Aquitaine公司在井深700～2800米处钻成了四口水平井，水平井段长度为300～700米；1986—1987年，加拿大钻成长度为1223米的水平井。整个20世纪80年代，水平井在世界产油区的数量急剧上升，但在此期间主要处于单井采油阶段。

20世纪90年代，国际油价陷入低迷时期，石油公司大量裁员并压缩投资以适应世界石油市场的急剧变化，油气开发进入了依靠高新技术取胜的时代。此时的钻井观念正在经历重大转变，钻井不仅仅打开油气通道，更是提高油气勘探成功率和油气田采收率的手段。这一时期也涌现了很多优化钻井的新技术工具，不仅提高了钻井速度，还明显降低了油气勘探开发成本，如随钻测井、电动全旋转导向工具、闭环导向钻井技术等，都可以提高复杂结构并控制井身轨迹。以上因素有力地推动了水平井、分支井、侧钻井、欠平衡井、小眼井以及大位移井等复杂结构井的发展。水平井技术在美国、加拿大、法国等国家得到了工业化应用，成为一项成熟的提高采收率技术。截至 1999 年 5 月底，全球约钻了 2 万口水平井，其中美国 8998 口，加拿大 8221 口。

21 世纪，世界油气面临众多新挑战，为油气开采技术的发展提出了新要求和新机遇。水平井已经成为世界产油国开发各类油气藏的重要手段，水平井技术更加完善，经济效益更高。截至 2000 年底，全球水平井达 24000 口。根据 2001 年世界商业数据库（包括 72 个国家 34777 口水平井记录），加拿大和美国的水平井钻井数量遥居世界前列，分别是 18005 口和 11344 口，除北美外，其他地区共钻了 5400 口水平井，包括俄罗斯、委内瑞拉、阿曼、阿联酋、尼日利亚、沙特阿拉伯和印度尼西亚。截至 2003 年底，全球水平井数量超过 3 万口，仍主要位于美国和加拿大。水平井在北海地区的钻井数量也不断上升，实现了与智能井系统的结合，特别是多分支和智能井系统的共同应用，大规模降本和提高采收率，已经成为油藏管理的重要手段。

在水平井技术研究方面，美国、中国和加拿大的研究成果始终保持世界前列，尤其是自 2007 年以来的 10 年间，这三个国家的水平井技术文献呈飞跃式发展，研究内容集中在用水平井进行储层评价、水力压裂开发页岩等难采储量等方面，这与页岩气革命、页岩油和致密油等非常规资源的大量开发有着密切关系。

目前，水平井的研究方向可以分为 12 个主要领域，包括钻完井、产能研究、压裂等。水平井研究主要经历两个高峰期，分别为 20 世纪 90 年代和 2007 年以后。20 世纪 90 年代主要是随着人们钻井观念发生了重大转变，把水平井作为提高油气勘探成功率和油气田采收率的有效手段。2007 年后，随着美国页岩气的开发，又一次出现水平井研究热潮。水平井压裂是开发超低渗透低孔隙储层的关键技术，也是当前水平井技术研究和应用的热点。水平井与水力压裂结合技术开发致密（页岩）油气在美国、加拿大的巴肯地区以及中国鄂尔多斯延长组、四川盆地页岩气藏已经得到了大规模应用，并帮助美国和加拿大的致密油产量取得大幅提升，逆转了该地区石油产量下降的趋势。

（2019 年第 5 期）

绿色话题

绿色石油大有可为

胥尚湘

绿色石油资源丰富

在阳光照射下，绿色植物通过光合作用把吸收的水分、CO_2、氧气等无机物转变成碳水化合物，其中有一些绿色植物的光合作用进行得更彻底，能产生同石油组成很相似的碳氢化合物，这些碳氢化合物经过简单的提炼甚至不提炼就可作燃料油使用。地球上的绿色植物上万种，它们都是生产绿色石油的天然原料。

美国加州生长着一种叫"黄鼠草"的杂草，种植1公顷黄鼠草，可提炼出1000千克石油，如果把这种杂草加以人工培植，施以一定的肥料，则每公顷黄鼠草可获得6000千克石油。美国科学家还在海域中进行培养巨型海藻的试验，以提取汽油和柴油，如果试验成功，可提供大量的燃料油。

巴西生长着一种"柴油树"，它能分泌出一种与柴油组成相似的液体。在树干上钻一个洞一昼夜可接到20~25升油，每隔40天可收一次，这种油不需加工就可使用。

马来西亚是世界上生产棕榈油最多的国家，年产几百万吨。棕榈油与该国2号柴油相比，除密度、黏度稍高和十六烷值较低外，其他性质差别很小，可直接用来开动柴油机。

现代化集约化农业素有"石油农业"之称，这不仅是因从农业提供的谷物和薯类中能提取酒精，而且植物油经过一定处理也能作为动力燃料，甚至从农业废弃物中也能获得石油代用品。多年来，国外对大豆油、菜籽油、花生油和葵花籽油等几十种植物油进行了研究，证明植物油经过甲酯（或乙酯）化学反应后，就可成为同柴油性能相近的燃料油。

农业废弃物和森林是世界上最大的可再生资源。据估计，陆地上植物每年产生的干物质，只有1.5%用于粮食，2%用于木材和造纸工业等，还有一部分被动物吃掉，其余大部分都被微生物分解成CO_2和水而白白地损失掉。能否将这些废弃物用来生产动力燃料油呢？回答是：能。美国已能用农林废弃物生产甲醇，并制造出了烧甲醇的汽车，现正大力推广甲醇汽车。巴西用甘蔗渣提取酒精，满足了本国动力工程30%的燃料需求量。苏联、日本、瑞典等国也相继成功研究用这些废弃物直接生产燃料油的方法。

绿色石油大有可为

20世纪70年代中期，巴西为减少对进口石油的依赖，利用得天独厚的自然条件大量种植甘蔗，又制订了以甘蔗渣发展酒精计划，要求生产酒精逐步取代汽油。1979年酒精作为燃料的消费量相当于汽车的16.5%，1984年增加到72%。

20世纪70年代末，美国、日本、巴西、南非、澳大利亚和西欧等国家和地区，先后开展的植物油改质研究证明，由于黏度高、挥发性差，植物油直接用于柴油机会出现雾化不好、燃烧不完全等缺点，因此影响了它的直接使用，但经过酯化后，性能大大改善，完全可以代替柴油。1989年澳大利亚阿沙赫市建成了第一座菜籽油甲酯装置并生产菜籽油甲酯来代替柴油。最近，德国戴姆勒公司将一辆烧柴油卡车改装成烧菜籽油，行驶100千米只需17升菜籽油，而用柴油需要22升。

众所周知，木材干馏可制得甲醇，如今，美国用花生壳、稻壳、秸秆、碎木等作原料也生产出了甲醇，其过程原理是将这些废弃物气化生成CO和氢，接着提高氢的浓度，并在一定温度、压力和催化剂存在下，把CO和氢合成甲醇。近年来，为了减少污染和减少进口石油，美国能源部计划从1990年后在华盛顿、纽约等大城市实现甲醇代汽油计划，1991—1995年各大城市汽车全部改烧含85%甲醇的汽油混合燃料，1995—2000年全国汽车都烧100%甲醇燃料。

日本已成功研究用木材废料直接制取燃料油的技术，现已投入中试运转。该技术是借助Na_2CO_3的催化作用把木粉制成浆液，再加入一定量的丁醇或异丙醇，在300℃和100个大气压下反应数小时就可生成燃料油。这种工艺的特点是，对木料的选择性较宽，诸如山毛榉、橡树、雪松，以及其他树木废料都可转化成燃料油，此外，得到的燃料油黏度低，不含硫。

生物能源是取之不尽的，据估计，生物能源（木材、植物的根、茎与叶和动物粪便）大约是目前全世界能源消耗量的4倍。目前，利用生物能的技术成果正在取得进展，并收到了一定的经济效果，尽管生物能源的利用在技术上难度较大，全面推广还有很多困难，但它为解决能源危机开辟了一条新的途径。

（1991年第6期）

埃克森·瓦尔迪兹号事件

王才良

1989年3月，世界第一石油巨头埃克森公司的一条超级油轮"埃克森·瓦尔迪兹号"在阿拉斯加南部海域触礁，大量原油溢出海上，引起美国全国及世界许多国家的震惊，影响很大。这就是瓦尔迪兹号事件。

这里讲讲事件发生的经过和事后的处理。

出　事

埃克森·瓦尔迪兹号是一条载重30万吨级的超级油轮。它是埃克森公司把阿拉斯加普鲁德霍湾油田生产的原油运到美国西部炼油基地去的主力运输船之一，用阿拉斯加输油管线的终端港瓦尔迪兹港的名字来命名。

1989年3月23日（星期四）上午9时15分，埃克森·瓦尔迪兹（Exxon Valdez）号这条长987英尺（约合300米）的巨型油轮，装载着1264155桶（约合18万吨）普鲁德霍湾原油，起锚驶离瓦尔迪兹港，驶往加利福尼亚长滩和本尼西亚两个炼油厂。此船吃水深度为63英尺（约合19.2米），设计承载能力是160万桶。由于加利福尼亚港口的局限，它没有载满。

10时53分，油轮驶出瓦尔迪兹峡道，然后通过威廉王子湾。

3月24日零时4分，瓦尔迪兹号船底多次触礁后，艰难地绕过布里夫礁，此时天气尚好，北风10节，细雨夹着小雪花，可见度10英尺。零时28分，瓦尔迪兹号用无线电向阿拉斯加的海岸警卫队报告说，船已触礁，而且已经开始溢油。

两分钟后，阿拉斯加管道服务公司派出观察船，同时关闭全部航道。3时23分，海岸警备队员、阿拉斯加环保处官员登上油轮，此时已溢出原油13.8万桶。原指望2时开始的涨潮能使油舱浮起，但没有实现。

4时14分，埃克森公司的另一条油舱"埃克森·巴吞鲁日"号奉命赶往出事地点。下午8时到达，开始把瓦尔迪兹号船上的原油倒到巴吞鲁日号上去。

上午9时50分，阿拉斯加州的几条船，带着撇油、盛油设备赶往出事地点，下午1时，开始处理溢出在海面上的原油。

阿拉斯加州的救援人员讨论处理方案。首先用拦油栅把溢油范围控制起来。

第一种办法试验用化学分散剂，使油膜分散，下午3时开始试验，到傍晚6时，发现效果不好。

当天下午，埃克森拨出2500万美元，用于应急处理。

3月25日上午，一方面继续把受伤油轮上的原油卸入巴吞鲁日号，一方面向瓦尔迪兹号泵入海水，以求船体平衡。

潜水员下潜检查船身撞坏情况，看到的确损坏严重，但船只不至于下沉。

上午9时，阿拉斯加反应队开会讨论方案。埃克森公司宣布，承担全部费用和组织清除石油对海岸的污染。

上午11时，拦油栅包围了失事油轮，以免原油污染面进一步扩大。

傍晚，用飞机在海面上撒分散剂，效果不好。改为在鹅岛附近对海面油膜进行焚烧，大约烧掉

15000加仑溢油，留下100平方英尺的焦油质物质。

3月26日上午，埃克森公司派出100人的清洗队，200人支援。下午，天气变坏，风力加大。下午4时，又用C-130大型运输飞机在海上撒布分散剂，略有效果。

下午6时30分，阿拉斯加州长宣布，该州进入紧急状态。晚上由于风力太大，浮油焚烧中止。

3月27日，大风把污染油膜推进到威廉王子湾西南部，似乎已失去控制。

瓦尔迪兹号上的原油转移到巴吞鲁日号整整用了十天。

反　　应

瓦尔迪兹号出事后，美国全国哗然，埃克森美孚公司成了众矢之的。

其实，世界上油轮出事造成的溢油事件，每年都有几起。就油轮触礁而造成的溢油污染，也远非瓦尔迪兹号一件。我们仅举其中几件重大的触礁溢油事件：

1967年3月18日，在英格兰兰兹角外海，Torrey Canyon号油轮触礁，溢油约91.9万桶；

1968年6月13日，南非外海，World Glory号船体触礁，溢油32.2万桶；

1976年6月12日，西班牙拉科普尼亚外海，Urquiola号触礁，溢油73万桶；

1976年12月15日，美国马萨诸塞州Argo Merchant号触礁，溢油18.3万桶；

1978年3月16日，法国波尔萨勒附近，Amoco Caldiz号触礁，溢油160万桶；

1984年7月30日，路易斯安纳卡梅隆外海一船触礁，溢油15万桶。

为什么上述这些重大事故没有引起过大的轰动，唯独埃克森的瓦尔迪兹号事件造成如此大的震动？

分析其原因，其一，是人们的环保意识增强了。人们关心海洋环境的保护。

其二，是"枪打出头鸟"，埃克森在20世纪80年代不仅是美国第一大石油公司，而且是美国最大的公司，世界最大的500强公司中"挂头牌"。

议　　论

3月27日，政界、石油界、舆论界议论纷纷，都来总结经验教训。

美国运输部长塞缪尔·斯基诺和环保部长威廉·雷利对布什总统说，简直还没有一种能自动防止溢油事故的办法。

环保署发表的报告说，"我们现在很难建立起环境安全机制来减少同石油生产、运输有关的污染危险"。他指出，无论埃克森这样的大公司，阿拉斯加州等地方政府以至联邦政府，都没有建立起应付大量溢油的机制。

而且，各家、各方面自行其是，互相不呼应，造成事故处理的延误。

因此，必须从联邦到各州，到石油公司，建立起一整套应付溢油事故的应急计划和相应的机制和体系来，包括各有关方面有更明确的职责和分工。

谁也没有料到，溢油如此迅猛，触礁后一个小时之内就溢出原油15万桶。

埃克森公司除了表明态度以外，批评阿拉斯加有关方面反应迟钝，措施不力。他们说，本来应该迅速用拦污栅把出事油轮周围包围起来，防止油膜在海上扩展，但是拦油栅来得比较晚，事故发生后18小时才运到，此时溢油膜已经延展达10平方英里。而且，专家们说，这样做也有危险，把油膜控制在油轮四周，油蒸汽和油层有可能着火引发爆炸。

本应迅速把海面的溢油吸收起来，但是当时阿拉斯加唯一的一条工作船正在船坞里修理，直到第二天，十条撇油船才陆续来到现场，围起五英里长的拦油栅。

埃克森的负责人劳尔说，当时埃克森曾经主张，在48小时内撒播化学分散剂，可以大大减轻溢油的扩展，埃克森化学公司有这种东西，等到阿拉斯加当局点头同意，已经错过了最好时机，因为大风起来了，风大浪高。可是，阿拉斯加方面说，当时埃克森公司仓库里一共才只有4000加仑分散剂。如果真要靠分散剂解决问题，至少要有50万加仑。

事故发生后的一两个月后，议论纷纷，建议不少，归纳起来：

（1）从政府到相关石油公司，必须建立一套互相呼应的溢油紧急应对方案和机制，明确职责和分工；

（2）要培训有关人员，要进行应急处理的演习和操练；

（3）要研制新的海岸与水面溢油的清理技术；

（4）加强对航运的监管，扩大油轮编队；

（5）扩大使用双重壳体的油轮，限制使用单层壳体油轮。

事故处理

埃克森公司面临社会各界的指责，迅速作出反应：第一，立即拨款，承担由此而产生的全部费用；第二，马上组成100人的油污清扫队，200人的支援队；第三，立即在瓦尔迪兹港设立赔偿办公室，接待和处理有关污染赔偿事宜；第四，立即与万科（Veco）工程公司签订合同，委托该公司完成污染清理工作。

对于海面溢油，撒播化学分散剂收到一定效果；对于集中的油膜，采用点火燃烧的办法，但油膜要有一定厚度；对于污染海岸线，开始时用海水冲，效果不大，主要办法是用热蒸汽和热水来冲刷。

为此，用旧船改造成工作船，或用方形浮筒组装成40英尺宽、120英尺长的工作船，共16条，配之以锅炉和吊车及建筑用的混凝土泵泵送加热了的海水。有的地方，地形复杂，要用特殊的高压喷射扫油船。

也试验了用微生物降解的办法。这种微生物能把原油吃掉，分解成水和二氧化碳。效果不错。

清除污染的工作持续了一个夏天，为加快进程，增加了一倍的人力和设备。总共动员了2800多人，2000多条各种船只（其中万科公司1200多条）。到7月中旬才清理8千米海滩。每天清出垃圾250吨。政府本来要求他们在9月5日前干完，但是由于气候变坏，风大，浪大，气温降低，使野外清扫效率越来越低，而且有危险。因此工作于9月15日停了下来，到第二年开春后才继续干完。

苏联派出了瓦伊达古号捞油船前去支援。

直接用于清理污染的花费大约有20亿美元。其中万科公司花了7亿美元。

海面的污染使当地不少居民直接、间接受了损失。首先是渔民，海面污染使鱼群受到影响，也使他们一个时期无法出海捕鱼。第一个夏天，埃克森公司支付了1.6亿美元来提供赔偿。此外，还通过阿拉斯加管道公司提供保证，建立了1亿美元的溢油损失基金。

联邦政府的官员们表扬埃克森公司的态度和措施。但是，阿拉斯加的地方当局把埃克森告上了法庭。

15年后，2004年1月28日，联邦初审法院才结束对这一案件的审理。它裁定埃克森美孚公司支付45亿美元罚金和这15年的利息20.5亿美元，共计65.5亿美元。这笔钱将发给因瓦尔迪兹号溢油1100万加仑而受影响的32000多名渔民、爱斯基摩人、土地所有者、小企业主及城乡居民。Exxon-Mobil不服，将在30天内上诉。

（2004年第6期）

地沟油到底是上桌还是"上天"?

高 峰

(中国城市经济文化研究会)

地沟油上天了

如果问一些人吃过地沟油吗?不少人会点头。但如果问他们知道不知道"地沟油是很好的生物能",恐怕大多数人都会摇头。

将地沟油转化成生物燃料不是新鲜事,国外早已有之。1吨传统的航空燃油会产生3吨二氧化碳,而由地沟油提炼成的飞机燃油可以减排60%～80%,未来甚至可以达到90%左右,是真正的"清洁能源"。并且,地沟油提炼飞机燃油的转化率可达95%,所以,西方国家一直积极研发将地沟油等废弃油料转化为燃油的技术,来变废为宝。除荷兰外,英国某航空公司在2008年已经尝试将动物油脂转化为航空燃油;2011年,英国汤姆森航空公司用处理后的废弃油作燃料,试航成功。

中国每年产生450万吨地沟油,是仅次于美国的第二大"储备国"。但"资源丰富"的地沟油在中国却没有被开发利用,转换成燃料,而是更多地走上了餐桌,这是为什么?

从表面看,技术研发能力似乎是主要原因之一。据了解,将地沟油加工成生物柴油的技术不少国内企业已经掌握,但要转化为航空燃油,还要经过两道工序,这种技术国内企业普遍缺失。

除了技术这个客观因素外,一笔经济账也不得不算。据业内人士介绍,2012年1月,国内地沟油的收购价格为每吨4500元,处理成本为1500多元,再加上运输、检验等成本,每吨地沟油加工成生物柴油后的出厂成本在6500元上下,出厂价格在每吨7000元左右。要进一步精炼成航空燃油,还得再花钱。而国产航空燃油的价格,每吨也只有8000元。

这些因素,让中国的地沟油处理方式与西方国家相比,在数量上无法占优,在质量上也处在一个很低的档次。以上海为例,早在2005年,全市每天产生的地沟油达80吨左右,一个月2400吨。而上海的一家环保公司从 2007 年至 2010 年，3 年里累计完成处置的地沟油只有 1400 多吨，平均每月不足 40 吨。其他大量的地沟油也没"浪费"，而是让一些牟取暴利的奸商将它们送到餐桌上。

其实在不少西方国家即使处理技术领先，把废弃油变成航空燃油成本也不低。比如荷兰，变地沟油为航油的成本是传统航油的 3 倍。转化处理之所以能坚持下去，在于政府高额补贴了地沟油的收集费用。其他国家也有类似措施：日本地沟油由政府高价回收；新西兰餐馆及家庭厨房都安装有食物垃圾处理机以及油脂分离装置，由政府指定的公司负责上门收集分离出的废油脂……政府的这些举措，开辟了一条变废为宝的新通道，将这些本可能是健康隐患的厨房垃圾，改造成造福国民的生物能源。

令人焦虑的是，我国对于地沟油处理的补贴并不乐观。2011 年 7 月 13 日，财政部经济建设司发文指出，中央财政已预拨 3.16 亿元补助资金，支持北京市朝阳区等 33 个城市（区）餐厨废弃物资源化利用和无害化处理试点。然而，整整一年过去了，试点的成效和进展却没了下文。另外，我国防止地沟油流上餐桌的政策也相对简单粗暴——"堵"，依靠禁止散装油出售的办法管住了地沟油流向餐桌的最下游，而上游的地沟油流向，却无人过问。对此，国家应提供相应的法律保障和政策倾斜，一方面出资支持地沟油提炼燃油的研发，另一方面提高相关企业和产品的市场竞争力。

在全球新能源战略中，我国在风能、太阳能等方面已经走在前面，但潜力巨大的生物能源却没有引起足够重视。风、阳光等资源若不去利用对人也无害，而地沟油如若不能有效地回收利用，却可能威胁人们的健康。两相权衡，发展生物能源是十分紧迫的任务。因此，地沟油到底是上桌还是"上天"，不仅是能源问题、经济问题，更是社会问题、发展问题。

（2013 年第 2 期）

陆地和海洋两大碳汇主力军

张梦媛[1]　赵宇峰[1]　刘文彬[2]　张　杰[2]

（1.中国石油勘探开发研究院；2.大庆油田采油工程研究院）

"碳汇"一词来自《京都议定书》，一般指从空气中清除二氧化碳（CO_2）的过程、活动和机制，是全球碳循环中十分重要的一环。碳汇主要指森林、土壤、岩石、湿地、海洋等载体吸收并储存二氧化碳的量，也可以说是载体吸收、储存二氧化碳的能力。当生态系统的碳固定量大于碳排放量时，该系统可被称为大气中二氧化碳的汇。工业革命以来，大气中的二氧化碳体积浓度已增至0.04%，且在大气中持续积累，而固碳方式主要有陆地碳汇和海洋碳汇两大主力军。

陆地碳汇

陆地碳汇是指陆地从大气圈中吸收并储存碳的容量，涉及岩石圈、生物圈和土壤圈等，岩石圈是地球上最大的碳库，据估计整个岩石圈碳总储量约为900兆亿吨，有机碳储量约为200兆亿吨；生物圈碳储量约为6860亿吨，其中，森林占6620亿吨，草原占240亿吨；土壤圈碳总储量为1.4万亿～1.5万亿吨。在陆地生态系统中，碳汇主要通过森林、土壤和湿地等途径来实现。

1. 森林碳汇

森林植物在太阳光的作用下，通过光合作用将大气中的二氧化碳固定为有机碳，将太阳能转化为生物质能。森林生态系统是地球陆地生物圈的主体，森林生物量巨大，碳储量几乎占陆地碳库总量的一半。森林碳汇途径主要分为乔木林、竹林和国家特别规定的灌木林地。林木生长每产生162克干物质需吸收（固定）264克的二氧化碳，释放192克的氧气。

乔木林中较为常见的是热带森林，它占地球表面的7%，拥有全球50%的物种和70%～80%的树种，储存全球生物碳量的40%左右，每年通过光合作用吸收的碳相当于人类通过化石燃料燃烧释放碳量的6倍。

竹林是世界公认的生长最快的植物之一，具有爆发式可再生性，是林业应对气候变化不可或缺的重要战略资源。在固碳基质上，竹林属于C4植物，而其他乔木林属于C3植物，所以竹林具有更高的碳汇效率。研究表明，毛竹年固碳量为每平方米509克，是杉木林的1.46倍，热带雨林的1.33倍，同时每年还有大量的竹林碳转移到竹材产品碳库中长期保存。

特灌林是指具有一定经济价值，以取得经济效益为目的进行经营的灌木林，或者分布在干旱、半干旱地区和乔木生长界限以上专为防护用途，且覆盖度大于30%的灌木林地。灌木是森林和灌丛生态系统的重要组成部分，地上枝条再生能力强，地下根系庞大，具有耐寒、耐热、耐贫瘠、易繁殖、生长快的生物学特性。

2. 土壤碳汇

土壤主要包括农用地和森林土壤，森林土壤是一种特殊的碳汇类型。土壤中的碳最初来自植物通过光合作用固定的二氧化碳，在形成有机质后通过根系分泌物、死根系或者枯枝落叶的形式进入土壤层，形成土壤碳汇。表层土壤（0～20厘米）年碳汇量比深层土壤（20～40厘米）高出30%，但深层土壤中的碳属于持久性封存的碳，可在较长时间内保持稳定的状态。

3. 湿地碳汇

湿地兼有水陆生态系统的属性。湿地植物通过光合作用吸收大气中的二氧化碳，并将其转化为有机质；湿地土壤因长期处于水分过饱和状态而具有厌氧的特性，土壤中微生物以嫌气菌类为主，活动相对较弱，植物死亡后的残体经腐殖化作用和泥炭化作用形成腐殖质和泥炭，由于得不到充分的分解，经长年累积逐渐形成富含有机质的湿地土壤。

湿地储存的碳占陆地土壤碳库的18%～30%。受湿地表层结构（植被状况、淹水泥炭层厚度）和泥炭沉积速率的影响，不同类型湿地固碳能力差异巨大。泥炭湿地、红树林湿地、湖泊湿地的固碳速率分别为每年每平方米20～50克、99.6～280.8克和3.48～123.3克。

4. 水体碳汇

内陆河流、湖泊、水库等水体生态系统是陆地生态系统的重要类型，在全球碳循环和固碳方面发挥着关键作用。

海 洋 碳 汇

海洋碳汇指海洋吸收大气中的二氧化碳，并用各种方式将其固定在海洋中的过程、活动和机制。海洋覆盖了地球表面的70.8%，是地球上最重要的"碳汇"聚集地，地球上约93%（38.4万亿吨）的二氧化碳储存在海洋中，并在海洋中循环。据测算，地球上每年使用化石燃料所产生的二氧化碳约13%被陆地植被吸收，35%被海洋所吸收，而其余部分则暂存于大气中。可见，海洋在调解全球气候变化，特别是吸收二氧化碳等温室气体效应方面作用巨大。海洋储碳的形式包括无机的、有机的、颗粒的、溶解的碳等各种形态。

1. 海洋物理固碳

通过海洋物理泵的作用，海水中的二氧化碳—碳酸盐体系向深海扩散和传递，最终变成碳酸钙，沉积于海底，形成钙质软泥，从而起到固碳作用。碳在海流的作用下不断被带入深海，在深海长期储存，达到固碳目的。

2. 深海封储固碳

越来越多的研究发现，在深海中，二氧化碳会与水形成稳定外壳，这层外壳限制了二氧化碳与海水的接触；当海水深度大于3000米时，液态二氧化碳表面能形成稳定的水合物外壳，这种方式储藏的气体足以应对最高强度地震或其他地质剧变，能够保证几千年"安全无逃逸"，从而实现真正意义上的"深海碳封存"。

3. 海洋生物固碳

海洋生物主要通过藻类、珊瑚礁、贝类进行固碳。

海洋藻类能高效利用太阳能，通过光合作用固定二氧化碳，将无机碳转化为有机碳。在其初级生产过程中，还需从海水中吸收溶解的营养盐（如硝酸盐、磷酸盐），这使得表层水pH值升高，进一步降低水体二氧化碳分压。这两个过程促使海洋与空气界面两侧的二氧化碳分压差加大，促进大气中的二氧化碳向海水中扩散，使海水吸收更多的二氧化碳。

珊瑚礁是现代海洋中最重要的固碳生物群。珊瑚群落的繁盛需要两个重要条件：一是海水温度常年在20℃以上，适宜珊瑚生长；二是光照条件好，海水清澈透明。珊瑚礁体主要成分是碳酸钙，珊瑚虫的肌体主要是有机碳。同时，珊瑚礁又是各种藻类发育的良好藻床，也是各类底栖、游泳动物繁育、生长的场所，因此珊瑚礁的固碳作用非常巨大。随着海平面变化，珊瑚礁埋藏后可直接转换成石灰岩，成为永久固碳的最佳方式。

海洋贝类包括牡蛎、扇贝、蛤蜊、海螺、鲍鱼等。贝类表现出软体组织生长和贝壳形成两种固碳方式。通过滤食水体中的悬浮颗粒有机碳，促进其软体组织的生长，并由软体组织的外套膜分泌物形成贝壳。贝壳在形成过程中与海水中的化学元素发生一系列变化，其成分中碳酸钙约占95%。养殖贝类中贝壳约占总质量的60%，海洋中生产1吨贝类，仅贝壳就可固定0.25吨二氧化碳。

4. 海洋生态体系固碳

在海洋上层，浮游植物通过光合作用生长繁殖，将二氧化碳转化为自身肌体的组成部分。随后，有机碳物质随着生物链最终成为颗粒碳，大部分成为软泥被埋藏在海底。这一过程加快了悬浮颗粒物在水体中向底层的垂直运移，被认为是碳从海洋浅层向海底输送的主要途径之一。广袤的深海海底，发育了大量深海生物软泥，其中约有120兆亿吨二氧化碳以有机沉积物的形式存在。

5. 滨海湿地固碳

湿地具有较强的固碳潜力，在植物生长、促淤造陆等生态过程中积累了大量的无机碳和有机碳。全球沿海湿地的分布面积大约为20.3万平方千米，而沿海湿地的固碳量约为每年4.5亿吨，并且沿海湿地大量存在的硫酸根阻碍了甲烷的产生，从而降低了甲烷的排放量。高的碳积累速率和低的甲烷排放量，使沿海湿地大气温室效应的抑制作用更加明显。

在全人类"碳中和"的共同愿景下，全球生态系统正积极扮演着碳汇角色。各个国家在扩大森林面积、保护海洋生态等方面都做出了巨大努力，保持碳汇量逐渐增大。

中国统筹考虑陆地和海洋，在广西、内蒙古、云南、四川、辽宁、河北及山西等地大力实施林业碳汇项目，在山东、广东等地积极开展渔业碳汇项目，以期获得最优碳汇效果，助力"双碳"目标的实现。

（2022年第4期）

未来油气开发可以减碳？
——揭开 CCUS 的面纱

高 堋

（中国地质调查局油气资源调查中心）

2021 年 7 月 5 日，山东省高青县，胜利油田高 89—樊 142 井区，我国首个百万吨级 CCUS 项目正式启动建设。计划建设 10 座无人值守注气站，向附近 73 口井注入齐鲁石化捕集的二氧化碳，同时油气集输系统全部采用密闭管输，进一步提高二氧化碳封存率，预计未来 15 年，可累计注入二氧化碳 1068 万吨，可实现增油近 300 万吨。按百万吨级 CCUS 计算，可每年减排二氧化碳 100 万吨，相当于近 60 万辆经济型轿车停开一年。那么这个 CCUS 为什么如此厉害？让我们一起来揭开它的神秘面纱吧。

CCUS 指的是什么？

数百年来，为了满足人类日益增长的需求，越来越多的化石燃料被生产消耗，并产生了大量以二氧化碳为主的温室气体。长此以往，温室气体的大量排放造成了全球气候变暖，这已经成为国际社会所面临的重要挑战。时至今日，减少二氧化碳的排放量势在必行。由此全球能源界也逐渐开始流行起一个响亮的词汇——CCUS。

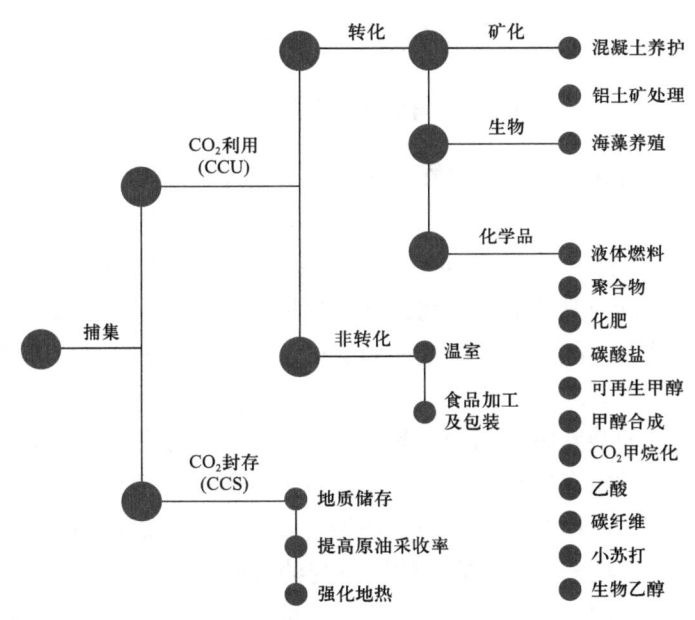

碳利用和封存技术示意图

CCUS 是四个英文单词首字母的缩写：第一个字母"C"指"Carbon"，即碳；第二个字母"C"指"Capture"，即捕集；第三个字母"U"指"Utilization"，即利用；第四个字母"S"指"Storage"，即封存。CCUS 即把生产、生活等相关过程中排放出来的碳，通过一系列手段分离出来，进行提纯，输送到指定地点，继而投入到新的生产过程中，循环再利用，或者是注入地下进行封存，与大气隔绝起来。

CCUS 是怎么发展起来的？

CCUS 这一概念是在早期的 CCS 基础上发展而来的。CCS 最初的设想是将二氧化碳从大气中捕集，并将其注入到深部地层之中。陆上可用于二氧化碳封存的地层通常为埋深大于 800 米且有盖层封闭的砂岩咸水层、已封闭的废旧煤矿和枯竭的油田。以油田为例，由于在开发过程中，油气资源被从地层中采集出来，使得深部地层产生了新的储集空间，具备了作为二氧化碳封存的潜在条件。

CCS 的设想固然很美好，国际上诸多高校和科研院所已对其开展了多年的研究，但除了技术性困难以外，其自身还有一定局限性，那就是高能耗、高成本，这使得其多年来尚未实现规模性商业化应用，限制了其迅速推广。

根据国际能源署（IEA）估计，这一技术要想对缓解气候变化产生实质上的效应，全球至少需要有 6000 个项目，且每个项目每年往地下注入 100 万吨二氧化碳。当前碳捕集是整个流程中能耗与成本最高的环节。如果碳捕集之后的流程不能产生经济效益，势必会影响该技术的广泛应用。单纯为了控制碳排放，要求企业额外增加投资运营成本或单靠国家财政投入支撑，在全世界许多地方看来都是不可取的，难以为继。基于此种原因，CCUS 逐渐成为了它的替代。

CCUS 中的"U"强调了将捕集到的二氧化碳资源化循环再利用，而不是简单地封存在地层中，其关键之处在于能够产生经济效益，因此更具有现实操作性。CCUS 技术这一整套过程是一个完整的循环：工业生产的碳被捕集，并再利用于工业生产之中。全球能源界认为通过 CCUS 技术可以实现大规模碳减排，在应对全球气候变化、控制温室气体排放、实现《巴黎协定》等方面有着特殊的意义。

但实际上，只有高成熟的 CCUS 技术才能真正实现碳减排，目前该技术仍处于起步阶段。如今，为了实现碳减排在经济性、安全性、稳定性、持续性等方面的创新和突破，全球各界都对 CCUS 技术的不同流程环节进行着研究攻关。在碳捕集方面力求降低能耗成本，在碳利用方面开展广泛应用试验，在碳封存方面加强地质环境监控等。这些努力与尝试，都有效地推动了 CCUS 技术的快速发展。

CCUS 有什么成熟应用？

近些年，二氧化碳的资源化利用技术已在多个产业开展了广泛的研发应用，其中油田驱油技术产业化应用前景最为广阔。

很多燃煤电厂、水泥、钢铁、化工等企业工业排放的碳，其中 90% 可以被捕集。通过收集工业烟气并添加溶剂，将二氧化碳与其他成分分离，提纯后回收。这些从废气中收集到的二氧化碳经过压缩、冷却后，可使之成为液态，随后便可将这些液态的二氧化碳通过罐车、轮船、管道等方式运输到油气田。

在油气田可以通过特殊的装置将得到的二氧化碳加工形成超临界二氧化碳注入到地层中。到了地下之后，一部分二氧化碳会被封存在地层之中，充填进入油气采集后的储集空间；而还有一部分超临界二氧化碳，易与原油混相，可以和地层中的原油融合在一起，从而提高原油的流动性，实现二氧化碳对原油的驱替，使得原油采收率（采出原油的数量与油藏原始地质储量之比）提高 10% 到 20%，极大地提高原油的产量。按照中国石油评估，该技术可增加可采储量 8.3 亿吨（大庆油田 2021 年产油气当量 0.43 亿吨）。

 小贴士

超临界二氧化碳是二氧化碳的超临界状态，也就是二氧化碳随着温度和压力的变化，超出了二氧

化碳气液的临界温度、临界压力、临界容积状态的二氧化碳，表现为一种黏度近似气体、密度近似液体的二氧化碳物理状态。

当前，二氧化碳驱油技术是所有CCUS技术中从碳捕集、运输到利用、封存一体化最为成熟的商业模式。此外我国还在研究超临界二氧化碳携砂压裂技术，以此改变地层岩石力学性质。该技术可应用于页岩气和干热岩等地质资源的开发，甚至可实现页岩气和干热岩生产过程中的负碳排放。利用二氧化碳比甲烷更易吸附在煤层表面的性质，同样可通过CCUS技术提高煤层气采收率。

这些聚焦前沿的能源开发方式创新，使得二氧化碳从"上天为害"变成"入地为宝"。通过CCUS技术减排100万吨二氧化碳，其效果相当于种植近900万棵树，或是相当于近60万辆经济型轿车停开一年，当真是在油气开采方面实现了减碳。

CCUS的意义何在？

中国已经确定了要在2030年前实现碳达峰、在2060年前实现碳中和的目标。"碳中和"的核心是降低甚至消除碳排放量，但并非完全无碳排放，而是利用技术手段实现碳排放量和碳吸收量的平衡，达到"净零排放"。这对于改善生态环境、应对气候变化、助推高质量发展具有重要意义。

由于人类对能源的高需求和新能源开发的瓶颈，通过调整能源结构等"源头减碳"的方式在短期内很难达到预期效果。因此，推广CCUS技术将在实现"碳达峰、碳中和"的过程中发挥重要的保障作用。CCUS技术未来发展的核心在于突破以二氧化碳为原料的循环利用技术制约。既要提高其利用效果，也要降低其应用成本。日趋成熟的CCUS技术将助力我国沿着"清洁、低碳、安全、高效"的道路实现"碳中和"的终极目标。

（2022年第4期）

"工业森林" CCUS

李 中 章卫兵 王 瑞

北极冰盖渐融，北极熊艰难觅食；珠峰冰川融退，恒河盛况难现；万年冻土开融，沉睡病毒复苏；海平面悄然上升，亿万人家园渐失去。据联合国最新统计，全球环境难民已经达到2500万人！地球病了！以二氧化碳为代表的温室气体就像一层厚厚的"气毯"，覆盖在地球表面，将绿色星球捂得"红扑扑"。拯救地球成为了国际社会共识。2015年《巴黎协定》为全球气候变化确定了攻坚目标，仁人志士苦寻应对之策，通过几十年的探索，人们发现，实现"碳中和"的托底技术就是号称"工业森林"的CCUS。CCUS是指碳捕集、利用和封存技术，其中最重要的应用就是在石油工业中的应用——碳捕集埋存驱油（CCUS-EOR）。

从"基林曲线"马丁的神奇试验

1859年5月，在英国皇家科学院进行了一场开拓性的有实验基础支撑的有关温室效应的科学报告会。约翰·廷德尔发布了自己的科研成果"地球大气层也可以通过阻挡红外线向外层空间辐射，从而引起地表温度上升"。这一成果引发了科学界的极大兴趣。瑞典化学家、科学天才斯万特·阿雷尼乌斯在研究中得出了"如果大气中的碳含量增加一倍，那么大气温度将会上升5~6℃"的结论。这样，阿雷尼乌斯成为了定量预测气候变化的第一人。

1958年，美国海洋研究所查尔斯·大卫·基林博士，开始在位于夏威夷的莫纳罗亚火山附近的国家海洋和大气管理局气象站，连续进行二氧化碳浓度的现场测量，提出了"基林曲线"。基林曲线以时间为横坐标，以二氧化碳浓度为纵坐标，显示出北半球的二氧化碳水平在生长季节下降，在秋季植物死亡时上升。此后，不断有科学家对二氧化碳的产生原因和监测方法进行研究，最终清晰地认识到，二氧化碳排放源主要有电厂、水泥厂、钢铁厂、煤化工厂，这4类企业约占总排放量的92%。

基林在夏威夷一火山顶追踪大气中二氧化碳源头

20世纪五六十年代，美国石油开发率先进入二次采油阶段，即在地下能量不足、原油无法自喷的情况下，通过向地下注入水等介质进行驱替原油。长期用水驱动采油后，继续剩余在地下的原油如何开采成为了个问题。1951年，美国大西洋炼油公司的研究人员马丁（Martin）在实验中发现，如果在注入地层的水中混入二氧化碳，可以较大地提高石油的开采量。深入分析后发现，二氧化碳能够使得注入水和地下原油亲密接触，油水相容。这样的现象说明，二氧化碳能够帮助注入水更彻底地把黏在岩隙里的原油驱赶出来，增大采油量。1952年，美国大西洋炼油公司申请了首个二氧化碳驱油技术的相关专利。20世纪60年代，在美国有150个小规模的二氧化碳驱油项目和实验开始实施。

1972年，雪佛龙公司在美国得克萨斯州一个油田投产了世界首个二氧化碳驱油商业化项目取得成功，初期平均提高单井产量达3倍之多，该项目的成功标志着二氧化碳驱油技术开始走向成熟。到2020年，该项目已经累计注入二氧化碳1980亿立方米，累计增加产油量达到了1.8亿吨，使得地下原油采收率提高了26%，也就是多采出了26%的原油，产生了极大的经济效益和示范作用。此后，美国的二氧化碳驱油技术得到了较快发展，2021年，美国每年用于驱油所注二氧化碳约6000万吨。

近年来，CCUS技术不断突破、全面发展，CO_2捕集、运输、利用以及封存全产业链的新技术不断涌现，技术种类亦不断增多并日趋完善。已形成的CO_2捕集技术覆盖了主要碳排放源类型，CO_2利用与封存技术在石油、化工、煤炭、电力、钢铁、水泥等行业均有工程实践。丰富的CCUS技术选项为形成具有可观经济与社会效益的新业态、促进CCUS可持续发展产生了重要而积极的影响。

中国首个全产业链国家科技示范工程

2005年，在风景秀丽的北京香山，中国石油勘探开发研究院院长沈平平教授，在《中国的温室气体减排战略与发展》香山科学会议上，首次提出将二氧化碳驱油利用与埋存结合的概念和技术发展倡议。倡议得到了与会的院士、专家的积极响应。与会专家从二氧化碳的捕集、利用和埋存等多个环节，提出了技术建议和技术方案，从而揭开了中国二氧化碳使用与埋存方面的研究。

1999年以来，中国石油在吉林油田开展二氧化碳驱油先导试验，潜心钻研二氧化碳驱油技术，成立了国内首家专业化的二氧化碳捕集封存与提高采收率（CCS—EOR）开发公司。2005年，吉林油田的长岭气田最早被勘测出时，气田中监测出的二氧化碳含量超过了23%，由于售卖天然气时需要脱出二氧化碳，因此捕集和后期排放成为吉林油田的硬任务。2009年，中国石油设立重大专项《吉林油田二氧化碳驱油与埋存关键技术研究》。由此，中国石油开始推进中国首个全产业链国家科技示范工程建设。

吉林油田下属的大情字井油田与长岭气田上下叠置，储量规模大，原油能够与二氧化碳混相。将长岭气田产出的天然气中分离出的二氧化碳通过管道输送到大情字井油田，进行二氧化碳驱油与埋存，既能解决伴生二氧化碳埋存问题，又能探索陆相低渗透油藏二氧化碳驱油提高产收率技术。通过矿场实验表明，二氧化碳注入能力是水注入能力的2~6倍。可有效补充地层能量，保持油藏驱替压力系统。并通过降低黏度、气体膨胀，以及气体与油混为一相等机理，实现了低渗透难采石油储量有效动用和大幅度提高采收率。

2014年，吉林油田建成10万吨级二氧化碳年注入量的CCUS—EOR全流程示范工程。中国石油研发形成了二氧化碳捕集、输送、注气、驱油、采出液处理、伴生气循环回注、低成本防腐、长期埋存、风险控制及埋存监测等核心技术。在国内率先走通了二氧化碳捕集输送、集输处理和循环注入的CCUS—EOR全流程，实现二氧化碳近零排放。为工业化推广打下了坚实基础，展示了广阔的前景。

2022年，建成的吉林大情字井油田二氧化碳埋存与驱油示范区，年封存二氧化碳能力35万吨，累封存二氧化碳量10.5亿立方米，相当于植树近1800万棵，或者近125万辆经济型轿车停开一年。吉林油田CCUS—EOR项目是全球正在运行的21个大型CCUS项目中唯一一个中国项目，也是亚洲最大的二氧化碳提高石油采收率（EOR）项目。注入能力已达到每年120万吨，封存能力可达到每年60万吨二氧化碳。

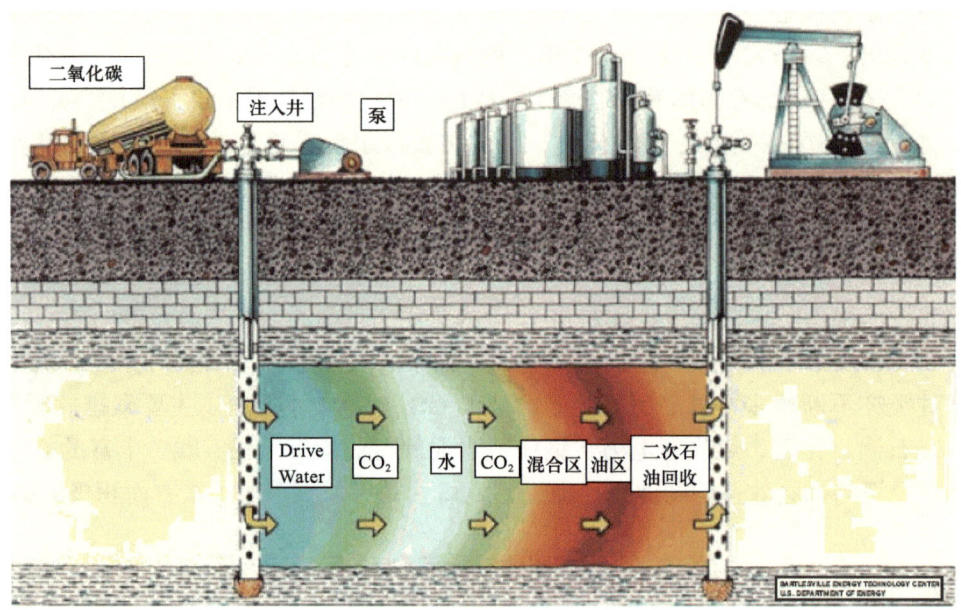

CO_2回注增加石油回收率(EOR)

二氧化碳驱油示意图

中国的"工业森林"CCUS在行动

温室气体带来的环境灾难，让国际社会终于达成了共识。2015年，国际社会达成了气候变化的《巴黎协定》，确立了在21世纪末，与工业革命前相比，将全球平均温度升高控制在两摄氏度以内的长期目标。2020年9月，习近平总书记在联合国大会上代表中国向世界庄严承诺，我国将实现碳达峰、碳中和，以助力达成全球气候变化控制目标。

2022年，中国石油成立CCUS工作专班，部署"四大六小"CCUS产业化工程。同时获批开始建设提高油气采收率全国重点实验室。2022年，中国石油"亿方级碳埋存与大幅度提高采收率（CCUS）关键技术及工业化应用"项目获得中国石油石化联合会科技进步一等奖。到目前为止，中国石油CCUS技术年注入二氧化碳达到了112万吨，年产油量达到了34万吨。相当于种植1000万棵树的减排净化效果，或者相当于70万辆经济型小汽车一年的碳排放量。

中国已具备大规模二氧化碳捕集及封存利用的工程能力，正在积极筹备全流程CCUS产业集群。中国CCUS技术项目遍布19个省份。有13个项目涉及电厂和水泥厂的纯捕集示范项目，总体捕集二氧化碳规模达每年85.65万吨。11个二氧化碳地质利用与封存项目，累计利用二氧化碳规模达每年182.1万吨。其中，提高石油采收率（EOR）的二氧化碳利用规模约为每年154万吨。中国石化胜利油田分公司CCUS全流程示范项目已于2022年开始投运。全面建成后，可实现年捕集封存二氧化碳百万吨以上。中国石油新疆CCUS产业促进中心，作为全球首批五个产业促进中心，入选"CCUS撬动者计划"，预计2023年建设完成百万吨级项目，2030年项目规模将提升到千万吨级。中国的"工业森林"CCUS在行动，还仅仅是开始。

（2024年第1期）

绿氢：能源的未来在这里

董 功　赵冰婷　柳忠学

（中国石油集团东方地球物理勘探有限责任公司）

提到 2020 年，大多数人首先想到的是新冠肺炎疫情在全球肆虐。但这一年，也是全球能源转型和氢能技术取得进步的历史性一年。许多国家的政府宣布将把氢气作为重要能源来源，尽可能地扩大氢气的制造与应用。与此同时，许多国家、城市和企业宣布了与能源相关的二氧化碳排放净零目标，突显了对氢的需求。

在"双碳"目标下，在太阳能、风能等新能源快速发展之际，氢能作为公认的零碳能源脱颖而出。在 2022 年的北京冬奥会上，以氢能为燃料的火炬和近千辆氢燃料电池车，是我国首次大规模应用蓝氢和绿氢，也让氢气作为一种能源产品走入大众视野。

氢能作为一种清洁、高效、安全的新能源，被视为 21 世纪摆脱化石能源依赖、主宰未来世界的主要能源。作为宇宙中分布最为广泛的物质，氢能在地球上主要以化合态的形式出现，因此，氢能不像煤、石油、天然气可以直接开采，需要通过一定的方法利用其他能源制取，是一种二次能源。当前，主流的制氢技术包括化石能源制氢、工业副产氢、电解水制氢等三大类，分别称为"灰氢""蓝氢""绿氢"。

灰氢，是通过化石燃料（例如石油、天然气、煤炭等）燃烧产生的氢气，在生产过程中会有二氧化碳等排放。目前，市面上绝大多数氢气是灰氢，约占当今全球氢气产量的 95%。

蓝氢，是将天然气通过蒸汽甲烷重整或自热蒸汽重整制成的氢气。虽然天然气也属于化石燃料，在生产蓝氢时也会产生温室气体，但由于使用了碳捕集、利用与封存（CCUS）等先进技术，温室气体被捕获，减轻了对地球环境的影响，实现了低碳制氢。

绿氢，是通过使用再生能源（例如太阳能、风能、核能等）制造的氢气，例如，通过可再生能源发电进行电解水制氢，在生产绿氢的过程中，完全没有碳排放。绿氢具有更环保、可持续性更强、应用更广泛等特点。因此，绿氢产业链的发展前景非常广阔。

上述制氢方法的成本竞争力是影响其市场渗透和采用的关键因素。蓝氢和绿氢的成本因地点、生产方法和生产规模等因素而异。目前，蓝氢比绿氢更具成本竞争力，因为它利用了现有的天然气基础设施和 CCS 技术。灰氢制备技术已经比较成熟，成本较低，估计为每千克氢 1.5～3 美元，蓝氢比灰氢稍贵，而绿氢的成本相对高昂，为每千克 4～9 美元。

能源转型是一个过程，不是终点。因此，应同时通过改造 CCUS 设施、稳步提升效率来减少温室气体（GHG）排放。这是在扩大可再生能源规模的同时，以更少的温室气体排放制造氢气的一种方法。

在能源转型的早期阶段，蓝氢可以促进氢市场的发展。尤其在我国，以工业副产氢为主的蓝氢获取容易，成本相对低廉，规模相对较大。但值得注意的是，大规模的工业活动也需要大量的氢气供给，因此，蓝氢只能作为氢能利用的起点，生产商应持续提高绿氢的生产和储存能力，以满足不断提高的环保需求。

唯一能够支撑完全可持续能源转型的氢是绿氢。从长远来看，由可再生电力驱动的水电解是制造绿氢最可行的技术替代方案。

依赖可再生能源制造氢气的方法多种多样，但除了使用生物气体进行气化，所有技术都尚未达到商业应用的成熟阶段。然而，低成本的太阳能和风能以及其他技术进步正在降低生产绿氢的价格，这提高了人们对水电解生产绿氢的兴趣。

在过去的两年里，这种趋势越来越明显，全球已有超过25个国家通过或宣布其国家氢能战略。据行业投资者预测，到2026年，全球将拥有至少25千兆瓦的绿氢电解槽容量。为了实现将世界平均气温的上升幅度保持在1.5℃以内等气候目标，可再生能源和绿氢产能仍需大幅增长。

未来10年内，绿氢的制造成本可能会下降到每千克1~2美元以下，具有一定的竞争优势，为增加制造能力、新的就业机会和经济扩张铺平道路。

但要实现这一目标，就必须形成最佳的商业模式，制定政策强力推动，建立市场，优化供应链，突破氢能储运、加氢站、车载储氢等支撑技术，提高氢能制、储、运各个环节的经济性，让市场对氢能的需求和消费进一步加大，从而使发达国家和发展中国家都能从转向清洁、可靠的能源系统中平等受益。

随着近年来对环境污染问题的高度关注，绿氢作为一种新型绿色能源，具有广阔的发展前景。越来越多的国家和公司逐渐投资于绿氢产业的发展，加快了绿氢的推广和应用。

从世界范围内看，海湾合作委员会俨然已成为全球绿氢革命的中心。阿联酋将于近期启动国家氢能战略，将该国定位为清洁燃料出口国，并挖掘其未来潜力。

与此同时，德国 Uniper SE 与中东最大的可再生能源公司之一 Masdar 合作在阿联酋生产绿氢。这两家公司将建造一座装机容量近1.3千兆瓦的太阳能工厂，计划从2026年开始生产氢气。

在沙特阿拉伯，公用事业开发商 ACWA Power 去年签署了一项85亿美元的融资协议，用于投资大型氢项目，将于2026年投入使用。

在全球范围内，各个国家应从顶层设计制定绿氢政策规划，建构框架，采取积极稳妥的步骤，以及实现绿氢目标的投资水平，为氢能行业运营商提供指导，进而促进更高水平的融资，有效扩大绿氢的应用。

我国绿氢产业链也在不断发展。2019年，国务院发布了《关于促进氢能产业发展的指导意见》，明确提出到2025年建立节能、低碳、优质、高效的氢能产业管理体系，形成氢能产业生态系统。2023年3月，国家发改委、国家能源局联合印发《氢能产业发展中长期规划（2021—2035年）》，正式将氢能纳入我国能源体系，同时明确了氢能重要的战略地位，相关的氢能产业也将迎来高速发展期，为我国绿氢产业的发展带来政策支持。

绿氢作为一种新型的绿色能源，可用于燃料电池和燃气轮机的生产发电、交通运输、化工制造、合成氨工艺等场合。

以燃料电池为例，燃料电池是将所供燃料的化学能直接转换为电能的一种能量转换装置，是通过连续供给燃料从而连续获得电力的发电装置。由于燃料电池能将燃料的化学能直接转换为电能，因此，它没有像普通火力发电厂那样通过锅炉、汽轮机、发电机的能量形态变化，可以避免过程中的能量转换损失。

氢燃料电池是一种利用氢和氧反应释放电能的设备。氢燃料电池可以将绿氢转化为电磁能和热量，同时将污水和有机废气转化为干净的水和二氧化碳。因此，氢燃料电池被认为是一种绿色、环保、高效的发电方式。氢燃料电池汽车的优点是可以有效利用绿氢能，但缺点是目前生产成本高。

燃料电池汽车具有广阔的发展前景，被称为汽车未来的发展趋势之一。我国也在大力推动氢燃料电池汽车的快速发展，引导企业加快项目研发和产业发展进程。

根据相关规划，2025年我国燃料电池车辆保有量将达约5万辆，预计2030年氢燃料电池汽车保有量将达 100 万辆。根据中国氢能联盟发布的白皮书预测，2025、2030 年中国将分别建成 300、1000 座加氢站。因此，在政策扶持、市场空间广阔的情况下，我国氢能产业有望进入发展快车道。

总之，尽管绿氢产业链的发展面临一些考验，但其发展前景非常广阔。绿氢作为一种新型绿色能源，将成为未来电力能源不可或缺的一部分。同时，绿氢产业链将成为新的增长点，为改善社会经济发展和就业创造新的机遇。

绿色城市

（2024 年第 1 期）

碳循环：地球上最广大的循环

王大锐

近年来，"碳中和""碳达峰"成为各种媒体上大量出现的名词，人们，尤其是石油人对它们的关注日益增加。那么如何理解它们的真正含义？通过哪些路径才能实现？这还得从地球上的碳库和碳循环说起。

地球的碳库

碳是生命物质中的主要元素之一，是有机质的重要组成部分。地球上主要有四大碳库，即大气碳库、海洋碳库、陆地生态系统碳库和岩石圈碳库。碳元素在大气、陆地、海洋等各大碳库之间不断地循环变化。

大气碳库。大气碳库的大小约为7300亿吨，在几大碳库中是最小的，但它却足以成为联系海洋碳库与陆地生态系统碳库的纽带和桥梁，大气中的碳含量直接影响整个地球系统的物质循环和能量流动。大气中含碳气体主要有二氧化碳、甲烷和一氧化碳等，相对于海洋和陆地生态系统来说，大气中的碳量是最容易计算的，而且也是最准确的。由于在这些气体中二氧化碳含量最大，也最为重要，所以大气中的二氧化碳浓度往往可以看作大气中碳含量的一个重要指标。所谓的"碳中和""碳达峰"的主要关注点就在这里。

海洋碳库。海洋具有贮存和吸收大气中二氧化碳的能力，其可溶性无机碳含量约为374000亿吨，是大气中含碳量的50多倍。海洋决定着大气中的二氧化碳浓度。大气中的二氧化碳不断与海洋表层进行交换，从而使得大气与海洋表层之间迅速达到平衡。人类活动导致的碳排放中有30%~50%被海洋吸收，但海洋缓冲大气中二氧化碳浓度变化的能力不是无限的。由于人类活动使得碳排放的速率比阳离子的提供速率大几个数量级，随着大气中二氧化碳浓度的不断上升，海洋吸收二氧化碳的能力不可避免地会逐渐降低。

陆地生态系统碳库。陆地生态系统蓄积的碳量约为20000亿吨，其中，土壤有机碳库蓄积的碳量约是植被碳库的2倍。陆地生态系统碳蓄积主要发生在森林地区，森林生态系统在地圈、生物圈的生物地球化学过程中起着重要的"缓冲器"和"阀"的功能，约80%的地上碳蓄积和约40%的地下碳蓄积发生在森林生态系统，余下的部分主要贮存在耕地、湿地、冻原、高山草原及沙漠、半沙漠中。碳蓄积主要发生在热带地区，全球50%以上的植被碳和近1/4的土壤有机碳贮存于热带森林和热带草原生态系统，约15%的植被碳和近18%的土壤有机碳贮存在温带森林和草地，剩余部分的陆地碳蓄积则主要发生在北部森林、冻原、湿地、耕地及沙漠、半沙漠地区。

地球上最大的碳库是岩石圈碳库，其中的石油、天然气和煤炭等人们熟知的化石燃料，含碳量约占地球碳总量的99.9%。这两个库中的碳活动缓慢，实际上起着贮存库的作用。

碳在岩石圈中主要以碳酸盐的形式存在，总量约为2.7亿吨；在大气圈中以二氧化碳和一氧化碳的形式存在；在水圈中以多种形式存在；生物库中则存在几百种被生物合成的有机物。这些物质的存在形式受到各种因素的调节。

多种多样的碳循环

碳循环指碳元素在地球上的生物圈、岩石圈、水圈及大气圈中交换,并随地球的运动循环不止的现象。由于碳是构成地球上绝大多数物质的基础,它的循环堪称地球上最伟大的循环。

地球上的碳循环主要表现为自然生态系统的绿色植物从空气中吸收二氧化碳,经光合作用转化为碳水化合物并释放出氧气,同时又通过生物地球化学循环过程及人类活动将二氧化碳释放到大气中。

自然生态系统的绿色植物将吸收的二氧化碳通过光合作用转化为植物体的碳水化合物,并经过食物链的传递转化为动物体的碳水化合物,而植物和动物的呼吸作用又把摄入体内的一部分碳转化为二氧化碳释放到大气,大气中的二氧化碳这样循环一次约需 20 年。另一部分碳则构成了生物的有机体,自身贮存下来,在动植物死亡之后,大部分动植物的残体通过微生物的分解作用最终以二氧化碳的形式排放到大气中,少部分在被微生物分解之前被沉积物掩埋,经过漫长的年代转化为化石燃料(煤、石油、天然气等),当这些化石燃料风化或作为燃料燃烧时,其中的碳又转化为二氧化碳排放到大气中。人类消耗大量矿物燃料对碳循环产生重大影响。

生物圈中的碳循环主要表现在绿色植物从大气中吸收二氧化碳,在水的参与下经光合作用转化为葡萄糖并释放出氧气,有机体再利用葡萄糖合成其他有机化合物。有机化合物经食物链传递,又成为动物和细菌等其他生物体的一部分。生物体内的碳水化合物一部分作为有机体代谢的能源经呼吸作用被氧化为二氧化碳和水,并释放出其中储存的能量。

自然界中绝大多数的碳储存于地壳岩石中,岩石中的碳因自然和人为的各种化学作用分解后进入大气和海洋,同时死亡生物体及其他各种含碳物质又不停地以沉积物的形式返回地壳中,由此构成了全球碳循环的一部分。碳的地球生物化学循环控制了碳在地表或近地表的沉积物和大气、生物圈及海洋之间的迁移。

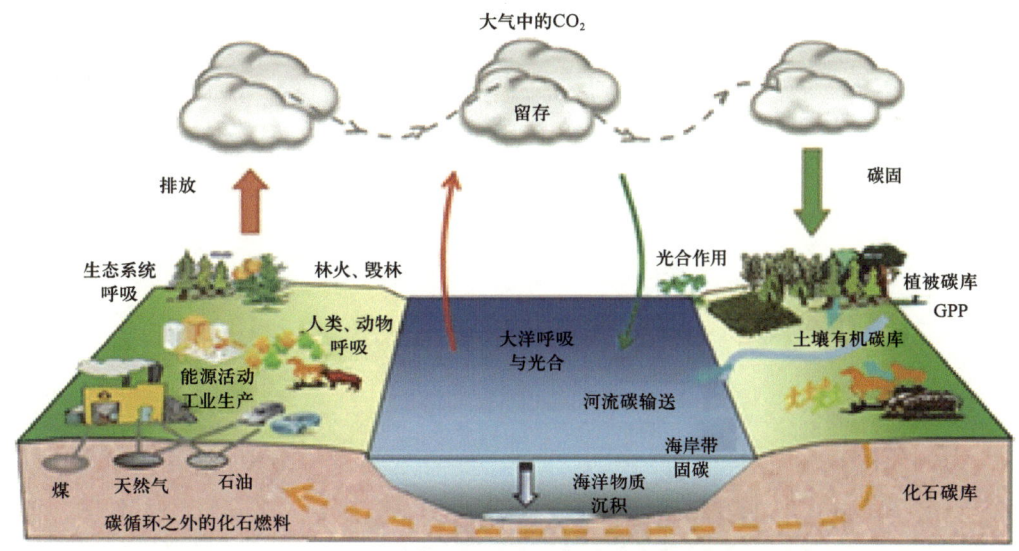

不断循环的四大碳库

植物、可光合作用的微生物通过光合作用从大气中吸收碳的速率,与通过生物的呼吸作用将碳释放到大气中的速率大体相等,大气中二氧化碳的含量在受到人类活动干扰以前是相当稳定的。石油、煤炭是碳固化过剩的一种副产品,一旦被人类利用,就会释放出海量的碳。

大气和海洋、陆地之间也存在着碳循环,二氧化碳可由大气进入海水,也可由海水进入大气,这种碳交换发生在大气和海水的交界处;大气中的二氧化碳也可以溶解在雨水和地下水中成为碳酸,并通过径流被河流输送到海洋中，这些碳酸盐通过沉积过程又形成石灰岩、白云石和碳质页岩等；在化学和物理作用下，这些岩石风化后所含的碳又以二氧化碳的形式排放到大气中。火山爆发也可使一部分有机碳和碳酸盐中的碳再次加入碳循环。碳质岩石的破坏，在短时期内对循环的影响虽不大，但对几百万年中碳量的平衡来说却是重要的。

人类活动对碳循环的影响

人类活动主要指人们燃烧矿物燃料以获得能量时，产生大量的二氧化碳。从 1949 年到 1969 年，由于燃烧矿物燃料及其他工业活动，二氧化碳的生成量大约每年增加 4.8%，其结果是大气中二氧化碳浓度升高。这样就破坏了自然界原有的平衡，导致气候异常。矿物燃料燃烧生成并排入大气的二氧化碳有一小部分可被海水溶解，但海水中溶解态二氧化碳的增加又会引起海水中酸碱平衡和碳酸盐溶解平衡的变化。

矿物燃料的不完全燃烧会产生少量的一氧化碳。自然过程也会产生一氧化碳。一氧化碳在大气中存留时间很短，主要是被土壤中的微生物所吸收，也可通过一系列化学或光化学反应转化为二氧化碳。

人类活动向大气中释放了大量的二氧化碳，这些二氧化碳大约有 57% 被自然生态系统所吸收，约 43% 留在大气中。与工业化前相比，现今全球大气中二氧化碳浓度大幅增加，导致全球气候系统的变暖。

全球变暖是人类社会活动造成地球气候变化的后果。"碳"就是石油、煤炭、木材等由碳元素构成的自然资源。"碳"耗用得多，导致地球变暖的元凶"二氧化碳"也制造得多。与此同时，全球变暖也在改变（影响）着人们的生活方式，带来越来越多的问题。

实现"碳中和""碳达峰"的目的，就是要尽量减少这种因为碳的过度排放所带给地球和人类社会的破坏。

（2024 年第 2 期）

华北老探区地热资源与油气勘探协同利用

杨洁媛

（中国石油华北油田公司第一采油厂）

"十二五"以来，新能源产业快速发展，传统能源行业面对巨大挑战的同时也存在新的发展机遇。华北油田位于渤海湾盆地的西北部，勘探开发已近50年。随着油藏开采的同时，也发现了得天独厚的地热资源，为实现企业多元化发展，积极探索油气开发与清洁能源协同发展，通过不断开展潜山降压开采与地热利用联作技术探索，以期大幅度增加油气产量的同时，加强热液资源的综合利用，对保障国家能源安全、推动京津冀地区绿色低碳建设具有重大意义，推广应用前景广阔。

冀中坳陷饶阳凹陷地热资源

华北油田所处的渤海湾盆地是我国新增石油储量大于1亿吨的三大盆地之一，地质资源丰富。在任丘潜山开发后，陆续发现和开发了留路、龙虎庄、八里庄等二十多个中小型碳酸盐岩潜山群，形成了重要的碳酸盐岩油藏潜山开发群。潜山群内地热资源丰富，地热资源品位较高（100℃以上），经过对13个地热田的精细评价，明确优质地热资源总量可满足11.66亿平方米的供暖面积，开发利用前景广阔，全部开发后每年可实现碳减排6972万吨。

潜山油藏持续降压开采应用背景

潜山油藏开发后期急需探求大幅提高采收率关键技术。华北老探区潜山主力油藏大多已进入特高含水开发后期，可采储量采出程度在95%以上。潜山剩余储量基数大，针对提高采收率曾开展过多项多轮次实验，但常规水驱调整措施效果越来越差，亟需转变方式实现大幅度提高采收率。潜山油藏开发后期存在采出水回注沿大裂缝无效循环、中小裂缝储量动用程度低、高温采出液的地热资源未得到有效利用等问题。针对以上问题，2018年至今，主要以潜山边部均匀水驱，保持高压力水平开发为主，持续开展潜山油藏开采实验研究。

降压开采是改善潜山开发效果的主体技术之一。理论上通过降压开采可减少对中小缝洞与岩块系统的干扰及改变大裂缝渗流能力，发挥中小裂缝、孔洞及岩块系统的生产潜力，提高采收率。实际研究中通过创新潜山油藏特高含水开发后期降压开采理论及改变油藏驱动方式，利用裂缝的差异性闭合效应，使弹性力、重力和毛细管力的驱油作用得到更好的发挥。旨在通过降压后驱动方式的转变发挥中小裂缝及岩块系统的生产潜力，降压开采后，天然水压充分发挥重力作用，驱动比较均匀缓和。通过实施降压开采，大裂缝渗流能力得到抑制，更好地发挥弹性力、重力和毛细管力等有利驱油作用，采出中小缝洞及岩块系统中的剩余油，进而提高原油采收率。

潜山油藏降压开采提高采收率及地热协同应用

开展油—热联作是实现潜山效益开发的有效方式。建立潜山间交互网，最大限度地使用潜山油田高温采出液，减少钻探热水井的费用，创新同层异地回灌模式，实现地面地热资源的梯级利用与地下潜山丰富的热资源远距离调运，既可有效提高潜山油藏开发中后期采收率，又可实现地热资源的高效利用，进而实现绿色生产与地热利用双赢。长远来看，油田枯竭后将其转换为热田，经济效益及社会效益显著。

降压开采—油热联作实施潜力。进一步确定筛选指标，认为有效渗透率大于 50 毫达西，裂缝、孔洞储集空间较发育，水体倍数 30～150，地层温度大于 70℃，以及井筒技术状况满足提液生产，具备采出液换热—回注路由，配套油水分离处理能力等进一步适合降压开采—油热联作潜力，综合研判有 5 个潜山首轮实施降压开采油热联作，覆盖地质储量 1.32 亿吨，预计可新增可采储量 79.8 万吨，新增供暖面积超过 6000 万平方米。应用前景较为广阔。

降压开采与地热协同应用实例。针对降压开采增油机理及缝洞型油藏剩余油分布特点，方案设计思路为：缝洞型油藏顶部为采油区，油井小排量生产，防止提液造成含水快速上升，缝洞型油藏低部位为提液降压区，油井大排量提液。共设计了 6 套方案，数值模拟计算结果显示，采出水外调大周期持续降压开采效果较好，其中方案 6 以 20 年时间段模拟压力下降 9.66 兆帕，累计增油 120 万吨。鉴于隔山调水局部降压实施后，完成了主体山头调水量的一半，压力下降了 1 兆帕，既取得了显著的增油和地热资源利用效果。如果继续外调，将主体山头高温采出水，进一步外调至雁翎、南马庄等潜山油藏回注，将任丘潜山压力降低 10 兆帕，预计实施后，可累计增油 120 万吨；同时利用高温采出液，扩大为雄安新区周边生活设施供热的范围，可增加供热能力 500 万立方米。

潜山油藏降压开采与地热应用效果展望

"油田变热田"前景展望。中国石油各大油田矿权区 4000 米以浅资源量折合标煤 1.08 万亿吨（全国 1.25 万亿吨标煤，中国地调局），占比 86%（2017 年，中国石油勘探开发研究院）。华北油田地热资源量在中国石油排名第一，总量为 2300 亿吨标煤，占比 21.3%。油田枯竭后将其转换为热田，通过绿色热能外供（地热能梯级利用）、碳交易、减排降碳等举措，可助力地方政府实现城区生态文明建设，助推"双碳"目标实现，具有显著的经济效益及社会效益。

京津冀具有巨大的供暖市场。地热供暖市场潜力 11 亿平方米以上，潜在经济总量 200 亿元以上，具有再造一个华北油田的市场资源基础。"十四五"期间重点打造两大供暖基地，2025 年力争实现 5000 万平方米供暖目标。结合任丘西部新城现有规划，采取"整体部署、分步实施"的思路，将地热井、换热站、油田管线进行区域整合，实现多套地热资源和油田集输余热综合利用，最终将其打造成大型低碳集中供热示范区。

能源型企业绿色环保生产探索实践。进一步统筹考虑油田生产系统内管道、站内维温伴热需求，建立了跨区域调运高温产出液技术，高温产出液进站换热工艺以及高温产出液带低温产出液技术。充分利用地热资源，实现了冀中地区加热炉燃油全部替代。2017 年以来，通过对潜山油藏高温产出液余热充分利用，停运 118 台燃油加热炉，年节约燃油 5.3 万吨，累计节约燃油 26.5 万吨，实现油田企业绿色环保生产。

结　　语

降压开采与地热开发联作协同发展既可有效提高缝洞型油藏采收率，达到降压增油，实现老油田换发新活力；又可大幅降低降压远调及新钻地热井成本，充分利用各类油气井，建立潜山间交互网，实现地热资源的高效利用；长远来看油田枯竭后或将其转换为热田，或为后期建造储气库提供可容纳空间，通过绿色热能外供、减排降碳等举措，可助力地方政府实现城区生态文明建设，扩展就业途径，助推"双碳"目标实现，实现了油田生产系统的绿色环保发展，具有显著的经济效益及社会效益。

（2024 年第 6 期）

产油国与石油组织

人类征服海洋的典范——北海油田

王大锐

（石油工业部石油勘探开发科学研究院）

随着食物和能源这两样人类生存的必需品在陆地上的日趋减少，人们就把目光逐渐转到了占地球表面71%的海洋。北海油田，就是人类进军海洋、征服海洋的一个范例。

北海，为英伦三岛、斯堪的纳维亚半岛和西欧大陆所环绕，周围的国家除英国和挪威以外还有丹麦、荷兰、德国和冰岛，那里纬度较高，常年气候恶劣，变化无常，经常是狂风怒吼，巨浪滔天，一年内平均只有四十天好天气。

北海可能有石油的前景，早在20世纪50年代就有所披露，但大规模的开采并未进行，一方面是限于当时的技术力量，另一方面是在那个年代对西方石油财团来说，中东石油似乎是取之不尽的，所以并不急于打开家里的石油罐。

形势在逐渐改变，英国石油公司在美国的冰天雪地的阿拉斯加搞出大量石油以后，他们就回过头来，在自己的家门口动手了。

海上油田的勘探与开发，困难要比陆地上多得难以想象。要维持钻井设备仪器的平稳工作，就必需一种能牢固地站立在海床上，而又高出于海面，在最大风浪时也不会被损伤的设备，所以就要尽可能紧凑而牢固地把所有仪器和钻具及工作人员都安置妥当。为了开发北海油田，英国使用了世界66家银行贷款，采用了美、法、德、日等国最先进的技术成就。

在北海，为了适应变幻莫测的条件，没有一个油田的钻井平台是完全一样的，而且所有配套的大型驳船、小船、直升飞机、微型潜水艇等都要随之变动。在每项设备实际建造之前都用模型机和计算机反复地进行了上百次的实验和设计。

从1963年开始，人类开展了有史以来最有抱负的工作之一——开发北海油田。各种各样的全潜式、半潜式钻井平台被拖到了北海。在一般情况下，一座钻井平台重达8000吨，用8～10根强劲有力的支架撑着800吨重的甲板和2900吨重的钻机和设备。建造一座高出海面44米的油气处理平台往往要花费13万吨钢筋混凝土！在工作的高峰期，有1800多人在一座钻井平台上工作。从1964年圣诞节前一天北海南部第一口钻井开钻以后，英国与挪威两国就在北海以每座耗资20亿美元的代价建造了一个又一个的现代化平台。实际上这是一座座海上工业城市，是油田的神经中枢。这种平台带有三个水平甲板：有可供120人使用的休息室；一个直升飞机甲板，供该平台使用的直升飞机随时处于待命状态，以便进行钻井平台之间的特殊联系和紧急状态下的疏散工作；有由高度现代化仪器设备装备并由精通业务的工作人员操作的中心控制室，在这里通过专门的卫星通信线路与英国、挪威两国保持着密切的联系，并用无线电遥测通话传递着各钻井平台之间的信息，在紧急状态下，控制室还可以对各个钻井平台全部操作工作进行遥控。

开发北海油田的人们深知，海上钻井难，但海底铺设管线更难！从号称欧洲油都的苏格兰北部滨海城市阿伯丁到最近的钻井平台间的距离至少有140千米，一般的都在300千米左右。管线经过的区域水深大于150米。为了确定最合适的铺设线路并避开隐伏的断层，北海有关海域底部一米一米地进行了勘探。在每次工作中，必须动用两艘布线驳船，一艘埋线驳船，一艘潜水供给船，一艘负责检验的微型潜水艇和它们的供给船。此外，还有由供应船、拖船和管线运输船组成的约六十条船的小船队来保证施工的进行。从北海的一个中等规模的弗里格油田向英国本土铺设了360千米的管线，耗时近一年。英国壳牌石油公司铺设1千米长的海底管线要投资一百万英镑。

在北海油田的开发初期，围绕着输油的方式，在英、挪两国政府中展开了一场大辩论。经过上千次模拟试验和大量计算，耗资四千万美元，终于得出了结论。英国的工程师们幽默地说："我们用四千万美元买了'一句话'——铺设管线是可行的，是值得的！"实践证明，这千金换来的"话"是正确的，在两国各自管线的登陆处，以前是人烟罕见的海滩或贫穷的小渔村，现已逐渐变成了新兴的工业城市和现代化港口，为发展本国经济、开发边远地区、巩固国防起到了意想不到的和不可估量的作用。

在北海油田从事着最危险工作的是被人们誉为"水下蛟龙"的深海潜水员们。他们为了提高工作效率，每次工作都要在海底饱和舱内居住一个月，以便在海底随时出发工作。他们每四人一组，吃住都在一间8.2米长，2.1米高的潜水舱内，呼吸着人工配制的氦氧混合气体，说话声变像老鸭叫一样难听。他们经常出没在风浪高达30米的险恶海区，巡查或参加铺设管线，及时地排除各种故障，为开发这片富饶海区的宝藏作出贡献。

随着科学的发展，各种现代化的技术也不断地被引入北海油田的开发建设中，例如卫星导航和平台的定位，卫星通信，高度自动化的电脑设施，精确的水下信息传递系统，法国石油公司还在北海油田首次成功地使用了最先进的勘探方法——"亮点技术"。在二十年的岁月中，北海油田——这堪称世界最复杂的海洋工程日趋完善，那一座座现代化的钻井平台、工程平台、处理平台傲然耸立在惊涛骇浪的北海，成为人类征服海洋的标志！

北海油田的开发带来了巨大的经济收益。在20世纪50年代，英国的天然气产量几乎为零。20世纪70年代以前英国除了在苏格兰有小规模的油母页岩开采提炼工业以外，基本上没有石油。而到了1975年，天然气产量就突破136亿立方米，到1980年，英国就实现了能源自给自足，1985年，石油产量达到了12850万吨，跃居世界第五位，其中全部来自北海，据说，这种情况可以保持四十年以上。挪威也可以达到数十年内用油不竭，大量出口。北海油田一跃成为世界十大产油区之一。虽然目前的石油价格下跌给海上油田的开发蒙上了一层阴影，但北海油田的建设者们为在不远的将来人类征服开发海洋奠定了雄厚的技术基础和积累了极其丰富的宝贵经验。

（1986年第4期）

昙花一现的油城
——加拿大早期石油工业一瞥

刘会庚

（北京石油管理干部学院）

加拿大早期石油工业发展经历了许许多多的风雨。有些给人极大希望的地方，最终却令人十分沮丧。加拿大阿尔伯塔省的油城便是一个典型。

油城本是一个十分荒凉的地方，在19世纪80年代以前，在这里生活的主要是印第安人。油城的不少地方有油苗露出地面，印第安人从石油苗中捞出石油用于治疗人畜外伤，不知道石油的其他用途。

随着美国开发石油的热潮，加拿大人也认识到石油的巨大作用，并开始行动起来。那时找石油主要靠找油苗，然后在油苗处打井。19世纪80年代，开始有人来到阿尔伯塔找油，但没有重大的发现，到1902年，一个叫约翰·莱纳姆的人在此地的帕斯溪钻成了一口油井，获得了高产的工业油流，使这里一时成了加拿大最具诱惑力的地方。莱纳姆井出油的消息迅速传遍了加拿大和美国，吸引了大批找油人纷纷涌来。一些新闻传媒把莱纳姆井渲染得神乎其神，一家《俄克托克周刊》报道说，高质量的石油从莱纳姆井喷出高达15米，一天的产量超过8600桶。在媒体的煽动下，许多人把发财的希望寄托在这里，但这里的条件非常艰苦。那口大名鼎鼎的莱纳姆井及许多井都在远离城市达40英里的山中，所有装备只能用马运进去。一个由6匹马组成的马队需要整整两个星期才能走完这段崎岖的道路。在翻越山岭时，运输队只得在山顶的树上安装滑轮，一点一点地把较重的装备吊过去。制造木井架就在当地伐木加工，而采出的石油装在铁桶中用马车运出来。

随着众多钻井队的到达，这里掀起了租地的浪潮。打井的速度也越来越快，1902年，西方石油公司的温哥华·辛迪加在油城仅用2天时间就打成一口井，该井发生了井喷。但待公司把压井装备运到后，井喷已经停止了。喷出的石油都流入了卡梅伦溪和沃特顿湖，导致湖中数以千计的鸭子和鱼死亡，造成了严重的环境污染。

上述两口井的成功极大地坚定了人们在此地投资采油的信心。许多人认为这是一个千载难逢的好机会，便不惜一切地干了起来。但好像天老爷故意跟他们开玩笑似的，后来钻成的井几乎都未能获得工业油流，位于不列颠—哥伦比亚省的大陆分水岭，在当时被认为是最有前途的地方，有三个钻井队同时打了三口井。其中一个钻井队的装备是从遥远的怀特费斯运来的。他们在隆冬季节，先在茂密的森林中开出一条泥泞的土路，再用木头铺设成可以行车的道路，整个冬天运输装备。到了夏天终于在山上建成了营地，钻井架也就地制造。尽管进行了如此巨大的努力，可钻成的几口井都是干井。但人们不肯就此罢休，只要哪里有油苗，那里就有人不断地打井。

这场开发石油的热潮，使石油商、地质家、农场主等各种各样的人卷了进去，都期望依靠石油业发财致富。可是，在经历了钻井高潮之后，大家发现油城地区除了那两口井之外，几乎就再没有什么令人激动的发现了。

那口曾引起许多人想入非非的莱纳姆井，不久之后即令人失望。尽管其生产高峰时日产石油8000桶，但随着井的压力迅速下降，只好用泵来抽油了。抽油仅维持了一段时间，产量越来越低。后来约翰·莱纳姆进行了把井加深的努力，但不幸在加深过程中，钻头脱落到井下，使这口井便无法抽油了。虽又经多次努力，结果均遭失败，这口井只好被放弃了。尽管不久，约翰·莱纳姆又在一号井以西

0.25 英里的地方钻了一口比较深的井，但仍没有发现石油。

此后，莱纳姆在油城地区继续进行勘探石油的工作。1914年，莱纳姆组建一个公司，使用金刚石钻头钻到 394 米，只在 277～283 米有很少的油气显示。于是这口井也被放弃了。1932—1936年，又有一家公司在附近地区钻井，井深达到了 762 米，还是没有获得石油。希望最终破灭了，油城的建筑也逐渐被遗弃，被淹没于荒草、灌木和大树之中。

昙花一现的油城

（1997 年第 5 期）

北海大油气区发现始末

涂 敏

（辽河油田）

环抱于英国、荷兰、德国、丹麦、挪威等国之间的北海，随着它所蕴藏的丰富油气资源在20世纪60年代被连续发现而声誉鹊起，并创造了世界近代油气勘查史上的又一个奇迹；在极其险恶的海洋环境下，仅历时20余载即从其南部发现古生界产气区，又至中、北部发现中新生界大油气带，探明油气资源80亿吨石油当量（40亿吨石油和40亿吨石油当量的天然气）。

始于欧陆追下北海，唤醒了沉睡的油气巨人

北海大油气区的发现完全是从欧洲大陆上的一个大气田的发现而缘起的。1959年在荷兰发现的格罗宁根大气田，是目前欧洲最大的陆上气田，也是世界特大型气田之一，天然气可采储量达2万亿立方米。正是在北海东岸荷兰境内发现这个大气田之后，北海才真正引起油气勘探人员的注意。此前，因为挪威沿岸完全是火山喷发岩和变质岩区，英伦三岛北部也是变质岩系，被判定两岸北部不可能产油；英国中部是一系列古生界小盆地，认定产煤的可能性大于产油；虽然英国南部及荷兰、德国北部有第四系、古近—新近系和中生代地层，但这些地方仅发现过少量极平庸的小油气田。油气勘探人员对此现状压根儿就没有想到要去风急浪高的北海上冒风险，寻找油气。但1959年荷兰对格罗宁根构造进一步研究时，在二叠系赤底统砂岩里发现了大量天然气，并最终发现了一个特大型气田。后来逐步查明，气田从海底一直延伸到与西德交界的埃母斯河河口。这一发现不仅推动加快了对荷兰境内的大规模勘探，而且引起了人们对北海海底二叠系的极大注意和勘探热望。

风从陆地生，浪在海中起。一些石油公司从1961年开始了北海海区的大型勘探活动。BRP公司做了大量的物探测量，很快发现海底巨厚沉积岩系被多个不整合面所切割，并伴有背斜、地垒、地隆等大量各种构造体，大大提高了勘探者们的信心。而NAM公司则在1961年和1962年间打了在海区的第一批4口勘探井。1963年英国石油公司（BP）在英国东米德兰前盆地的泰特雷洛奇河岸打了一口陆上探井，无意中发现了与荷兰格罗宁根气田含气组合类似的三套地层。1964年英国、挪威、丹麦、荷兰各国完成了北海海区的划分，促进了有关各国的勘探活动。德国最先开始打第一口海上探井，随后又连打9口井，仅在蔡希斯坦统白云岩中打到了含氮量极大的天然气。英国石油公司在各国海上地质勘探的大量信息激励下，也终于从陆上"下海"了，并于1965年10月在东米德兰前盆地外侧海域所打的第三口探井中，在二叠系赤底统砂岩层位获得了天然气流，这就是西索尔气田的发现井，成为北海油气区的头胎"婴儿"。

西索尔气田的发现，再次证实赤底统含有丰富的天然气，这对北海南部的勘查突破和南部产气区的全面发现极具指导意义。各国石油公司在北海南部英、荷、德三国海域的钻探随之展开。但仅在英、荷海域的钻探获得成功，原因是赤底统砂岩在德国海域发生相变，逐渐过渡为页岩和蒸发岩。钻探的目的层和目的区一经明确，英、荷两国在这一海域的钻探就获得了辉煌的成功，尤其是英属海域，1965年和1966年两年内共打探井28口，其中7口发现了西索尔、利曼滩、"不屈"和赫威特4个大气田，总计获得9200多亿立方米的富含甲烷的天然气，后又于1968年在"不屈"气田西面发现维京气田，再获天然气1400亿立方米。在荷兰海域，因故迟至1968年才开打第一批钻井，5年间共打56

口探井，仅发现了规模均较一般的 9 个气田和 1 个油田。但总算从东往西，已将北海南部连缀成一个壮观的产气区，终于使这个沉睡了数千万年的北海油气巨人，在 20 世纪 60 年代突然惊醒过来！

摸着石头艰难过海，发现了北海中部油气带

随着北海南部的发现减少，至 20 世纪 60 年代后半期，各石油公司的勘探逐步转向气候和海况更为恶劣，但油气发现更具诱惑力的北海中部。首先在挪威海域查明北海中部中央存在一个长条形中央地堑，充填有 3000 米厚的可能属白垩系和古近—新近系的沉积，盆内具有出色的构造显示。但由于当时存在缺乏在此海洋环境下钻探的合适技术条件等困难，以及对区内是否存在油气源岩和储层还几乎一无所知，致使各石油公司信心不足而裹足不前，甚至悲观论一度占了上风。但科学的远见卓识终究战胜了目光短浅的悲观论，各石油公司十分谨慎地展开了钻探。最初的钻探地点选在了中央地堑南侧的丹麦海域，采取摸着石头过海的办法，从丹麦海区稳步向北推进。1966 年整个北海地区打探井 30 口，首次发现了含油显示；1967 年又打井 40 口，菲利普斯石油公司于中央地堑中部获得北海中部的首个发现——产层为古新统砂岩的科德小凝析油田。各石油公司迅即对认为有希望的地段加密钻探，1968 年和 1969 年两年先后打了 109 口探井。菲利普斯公司又于 1969 年接连打了多口无望探井后，终于在第 2/4 区块上打的第 9 口探井中，当钻穿厚达 210 米的达宁阶含油白垩系储层时，出人意料地获得日产 1340 吨的出油量。这就是埃科菲斯克大油田的发现井。此后又打了 200 口井，方完全查明这个属盐丘构造圈闭类型的油田，其石油储量 2.38 亿吨，天然气储量 1090 亿立方米。随后，各石油公司便集中兵力在这个大油田周围的其他 6 个类似构造展开了钻探，并相继于 1969 年、1970 年发现了西埃科斯克、托尔菲尔德和埃尔德菲斯等油田。

中央地堑挪威海域成批油田的发现，极大地震惊了地堑另一侧的英国。虽早于 1965 年英国石油公司就曾在 21/10 区块之古近—新近系底部发现了一个 40 平方千米的圈闭构造，但由于英国人出名的保守性而不敢冒风险一搏，致使他们在北海油气勘察上落后了一大步。随着挪威海区勘探的巨大成功，英国终于决定立即钻探 21/10 区块。钻探极为顺利，钻井在穿过 120 米厚的古新统含油砂岩时获得了日产 750 吨的油量。通过对中央地堑进一步详查，使福蒂斯油田的储量最终上升到 2.8 亿吨。此后又相继在中央地堑发现了一系列古新统大油田，以及中生代和新生代的油气田。北海中部的勘察成功，为此后北海盆地的全面勘察开辟了广阔前景。

乘胜北进全面勘察，北部又有惊人油气发现

北海中部一系列油气田发现的巨大成功，鼓舞着各国石油公司向设得兰台地的东海域迅速推进，从 1970 年至 1975 年共打探井 323 口，重点勘探目标就是维京地堑。

风水轮流转，向北海北部推进首先在英国海域获得成功。1971 年英、挪两方同时都将勘察推进到维京地堑的轴部。Petronord 石油公司经对北海北部各区块三年的地震测量后，在维京地堑中段发现了一个"叶片形"构造。对这个 300 平方千米的构造进行钻探后，顺利地在古近—新近系底部古新统砂岩内获得了工业气流。这个拥有 2250 亿立方米天然气储量的弗里格大气田就此发现。

1971 年 6 月，壳牌—埃索财团在维京地堑北部的 211/24 区块海域打了一口"地层井"，显示有含油远景，此井实际上就成了布伦特大油田的发现井，最终查明油田石油储量 2.8 亿吨，天然气储量 1000 亿立方米。次年，又在北海北部发现了南科莫伦特油田，继而各石油公司把维京地堑的勘察活动推向了高潮。从 1972 年起的四年中，北海北部油气田的发现犹如排山倒海的波涛滚滚而来，接连发现了派珀、希瑟、尼尼安、马格纽斯和国家湾等 5 个（1～4）亿吨的大型油田，以及 10 多个其他油田。

20世纪70年代后半期至80年代初，北海北部的持续勘探仍有惊人的油气发现，并打破了含油气岩相单一的侏罗系砂岩这一格局。其间的重大发现主要有在挪威海域的古尔法克斯大油田（石油储量2.2亿吨）、奥斯贝格油田（石油1.5亿吨，天然气1200亿立方米）和特罗尔油田（石油1.68亿吨，天然气1.3万亿立方米），以及东、西特罗尔两大气田（天然气13000亿立方米）。随着对整个维京地堑的全方位勘探和成批大型油气田的发现，使这里成了世界著名的油气田"大象之乡"。

韧性勘探分步推进，北海油气显全貌

从20世纪60年代初在北海南部发现产气区，到70—80年代北海中部、北部大油气带的发现，20年间，在北海地区共钻井1500口，总计发现40亿吨石油及40亿吨石油当量的天然气，平均每口勘探井发现石油260万吨（及同当量天然气）；按勘探面积计，约每平方千米发现石油8000吨（及同当量天然气），可谓成效显著。北海的成功是有关各国在北海实施分步推进的"韧性"勘探战略的成功，亦即是勘探人员以灵活、开阔的思路，随着地质信息的不断变化而不断修改战略方向和坚持不懈勘探获得的结果。

北海大油气区的发现，使北海沿岸有关国家获得了巨大的经济效益，其中最大的受益者是挪威和英国，近年来两国石油年产量均达1.2亿吨以上。并且，整个北海的油气资源勘察前景与油气潜力仍然很大，潜在的可采量高达近100亿吨。所以挪、英两国至今对北海的油气勘探仍不放松。北海的希望还在于在新区又有新的发现，如继近年挪威海区热点新区发现德劳根油田后，还有向更北部延伸的迹象。西方石油专家认为，只要再持久和系统勘察、在进一步改进技术方法及增加开发资金等保障条件下，北海油气区的前景仍将扩大是确凿无疑的。

（1998年第3期）

马塞勒斯页岩区——美国页岩气生产的骄傲

金 文

美国提升宾夕法尼亚州马塞勒斯（Marcellus）页岩气可采量的前景评估。据由美国地质调查局（USGS）发布的评估报告，马塞勒斯页岩含有未发现的、技术可采天然气约 84 万亿立方英尺，以及未发现的、技术可采天然气凝析液 34 亿桶。这明显高于 USGS 以前于 2002 年对阿巴拉契亚（Appalachian）盆地内马塞勒斯页岩的评估，当时估计约 2 万亿立方英尺天然气以及 0.1 亿桶天然气凝析液。未发现的、技术可采资源的增加是由于新的地质资料和工程数据，在过去十年中能生产非常规资源的技术开发已日益重要。

马塞勒斯页岩区位于美国东部诸州。其页岩的估计为非常规（或连续类型）的天然气资源。自 20 世纪 30 年代以来，几乎通过马塞勒斯每一口的钻探均能发现有显著数量的天然气。然而，在 2004 年底，马塞勒斯被认为是一个潜在的储集岩，而不只是一个区域的烃源岩。技术改进致使天然气生产商业上可行，并且使位于美国历史最悠久的生产石油的阿巴拉契亚盆地重要的、新的可连续产生的天然气和天然气凝析液得以快速开发。美国地质调查局的评估是对马塞勒斯页岩中可连续的天然气和天然气凝析液累计量的估计。对未被发现的天然气的估计范围为（43.0～144.1）万亿立方英尺（概率分别为 95% 至 5%），对天然气凝析液的估计范围为 16 亿～62 亿桶（概率分别为 95% 至 5%）。未在马塞勒斯页岩区中进行传统的石油资源评估。

据美国地质调查局 2012 年 10 月 4 日发布的一项新的评估报告，尤蒂卡页岩含有约 38 万亿立方英尺未被发现、技术可采的天然气。该马塞勒斯页岩沉积地分布在俄亥俄州、宾夕法尼亚州、弗吉尼亚州、西弗吉尼亚州、马里兰州和纽约州部分地区，拥有平均为 9.4 亿桶石油和约 900 万桶天然气凝析液。它坐落在阿巴拉契亚（Appalachian）盆地，这是美国时间最长的产油区。这些估计对 Marcellus 而言还是比较少的，根据美国地质勘探局以前的评估，Marcellus 拥有约 84 万亿立方英尺的天然气。尤蒂卡评估是对上奥陶统时代连续的石油、天然气和 NGL 积累的估计。未被发现的范围的估计为 5.9 亿～13.9 亿桶油，天然气范围介于 21 万亿～61 万亿立方英尺，天然气凝析液范围为 400 万～1600 万桶。

根据 2013 年 3 月 29 日新的 IHS Herold 马塞勒斯（Marcellus）页岩公司分析，最近的管道扩张有助于美国马塞勒斯页岩区达到生产速率超过 70 亿立方英尺 / 天，成为美国最大的天然气生产区。该报告的作者、IHS 首席能源分析师布赖恩·麦克纳马拉指出，随着 2012 年天然气价格达到平均 2.75 美元 / 千立方英尺，马塞勒斯运转的天然气钻井平台数量在 2012 年下降了近三分之一，至约 80 台钻机。在另一份报告中，惠誉国际评级表示，2012 年 Marcellus 页岩气生产的预期增长可能将意味着对美国中游公司而言将有更多的长期业务，惠誉分析师预测，马塞勒斯生产在未来 5 年将增长到超过 100 亿立方英尺 / 天。

Wood Mackenzie 公司于 2013 年 11 月 8 日发布报告称，尽管钻井数量下降，因钻探效率和钻井性能的改进，仍继续推动马塞勒斯页岩的页岩气产量增长。增长速度如此之快，估计有 14 亿立方英尺 / 天的生产量目前被限制在井口。这凸显了该储层的巨大潜力，以及运营商面临的持续的基础设施和天然气定价的挑战。马塞勒斯页岩现是世界上顶级生产的页岩气储层，分为 12 个不同的子储层，拥有不同的井口特点和经济性。一般来说，每口井的初始产率和估计的储量随时间的推移而增长。据 Wood

Mackenzie 公司上游研究分析师估计，平均出气成本范围从该储层的东北核心地带 2.68 美元/1000 立方英尺，到宾夕法尼亚州中部和西北部已出气的某些地区超过 8 美元/1000 立方英尺。现在，马塞勒斯页岩生产超过 100 亿立方英尺/天，并且有超过 80000 口可能的剩余井位于该储层位置，在可预见的未来，马塞勒斯有望主宰美国的天然气供应。在 2013 年上半年，大部分新井已钻在宾夕法尼亚州东北部，主要在布拉德福德（Bradford）郡和其周围。自 2012 年以来钻机已越来越多地集中在马塞勒斯富液体的西南部分，并预测在北部将有稳定的钻探活动。运营商的效益来自 NGL 生产，并且拥有不太大的天然气价格差。在 12 个子储层中，萨斯奎汉纳（Susquehanna）核心地带提供了最好的回报。在这一地区，更大的储层厚度和深度使之钻探了大量井。对于 2012 年钻探的井，Wood Mackenzie 估计，在萨斯奎汉纳核心地带的井拥有 1900 万立方英尺/天，平均 30 天的 IP 产率，相比宾夕法尼亚州西南的子储层平均为 800 万立方英尺/天。然而，这一核心区域占地面积相对较小，并且与其他一些子储层相比，提供较小的运作空间。

根据美国能源情报署的钻探生产力报告（DPR）估计，位于美国宾夕法尼亚州和西弗吉尼亚州的马塞勒斯地区截至 2013 年 12 月的天然气生产量已达到超过 130 亿立方英尺/天。而马塞勒斯地区在 2010 年的生产量还不到 20 亿立方英尺/天，至 2013 年 12 月的统计，已提供美国天然气产量的 18%。马塞勒斯在绝对生产量和占美国生产量的份额两方面均有上升，成为美国天然气市场迅速发展的关键。

马塞勒斯页岩气生产商在美国受益最大，Moody 公司在 2014 年 4 月 3 日发布的报告中称，马塞勒斯页岩区域的天然气生产商，其受益超过美国其他区域的生产商。横跨纽约州、宾夕法尼亚州、俄亥俄州和西弗吉尼亚州的 104000 平方英里的储层，在东北部分分布了大量生产井，靠近主要市场，同时在富集 NGL 的西南部分也增大了投资。由于技术进步迅速，在这一储层的生产量已从 2007 年的 12 亿立方英尺/天提高到 140 亿立方英尺/天，并估计到 2020 年将达 200 亿立方英尺/天。阿纳达科石油公司、西南能源有限公司和切萨皮克能源公司均在天然气价格疲软环境下早期就进入该储层开发。

宾夕法尼亚州和西维吉尼亚州的马塞勒斯页岩气储层已探明的天然气储量超过得克萨斯州的巴涅特（Barnett）页岩区的探明天然气储量，成为美国最大的页岩气储层。

美国能源信息署（EIA）发布钻探生产报告指出：来自马塞勒斯页岩区的天然气生产量至 2014 年 7 月已超过 150 亿立方英尺/天，现占美国页岩气生产量的 40%，使其成为美国最大的页岩气生产盆地。在过去 10 个月内，该地区的钻井平台数量趋于平缓，达 100 个钻井平台。钻探生产效率的改进使运营商更有效地支持了新井。

据 EIA 分析，到 2014 年 8 月，在现有生产中增加超过 6 亿立方英尺/天，这较大地弥补现有生产井产量的下降，从而使生产量增加 2.47 亿立方英尺/天。这是在 2010 年仅达 20 亿立方英尺/天之后，马塞勒斯生产量上升到创纪录的水平。

（2014 年第 5 期）

二十世纪中叶苏联的石油工业

宫 柯

苏联工业化进程中的宣传画：石油工作者，快马加鞭为祖国！（1948年）

新中国成立伊始，石油工业一穷二白，摆脱落后的唯一出路只能依靠以苏联为首的社会主义阵营给予经济技术援助。当时的苏联是中国发展的楷模，党中央颁布了全面向苏联学习的政策，以苏联的政治经济体制为摹本开始了建设中国社会主义的进程。1950年2月，中苏两国政府签订了友好同盟互助条约。1955年7月，国务院序列比照苏联模式增设了石油工业部，同时派出专项考察团，对苏联石油工业的现状做全面系统的了解。

1917年，十月革命胜利前的俄国仅有巴库、格罗兹内、玛依柯伯、恩巴、费尔干五处油田，全部集中在南部的里海西岸，统称为巴库产油区。第一次世界大战前，俄国的石油开采量60%被外国资本控制的三家石油公司占有，追逐利润的掠夺性开采给油田和自然环境造成了严重破坏，在里海之滨的巴库城区见不到绿荫，喝不上淡水，到处弥漫着燃烧石油飘荡的黑烟，作家高尔基曾把这一带描绘成"黑暗地狱"。1920年，苏维埃政权宣布油田国有化的时候，全苏联的石油年产量尚不足300万吨。

在苏联共产党的领导下，社会主义制度的优越性得到充分体现，短短十几年时间苏联发生了翻天覆地的变化，石油工业一跃而起，成为欧洲第一，世界第二大的石油生产国和技术输出国。历史性的转折起源于1934年1月召开的苏共第十七次代表大会，苏共号召石油地质工作者面向莫斯科东部尚未进行石油勘探的广袤区域进军，提出了建设新石油基地的宏伟构想。著名石油地质学家、苏联科学院伊万·米哈依洛维奇·古勃金院士创立了区域石油勘探的崭新地质理论，他对苏联中央地台进行了整体研究，指出在伏尔加至乌拉尔之间埋藏的泥盆纪地层是生成和蕴藏石油的有利地区。天才的古勃金院士高屋建瓴，一语中的，在他的引导下挺近荒原的勘探队驾驭钻机，很快在巴什基利亚、莫洛托夫城、克拉斯诺卡姆斯克、舍次兰、斯达夫罗保尔、布古鲁斯兰等地发现了储量丰富的油藏。1937年新的产油区连成一片，建成了以十月城为中心的又一处大型石油生产基地，苏联人称之为"第二巴库"。这片富集石油的广袤区域，总面积比英国领土大两倍又四分之一，比法国领土还大二分之一，并且油层的埋藏深度浅，石油的品质优良，地下能量充足，60%以上的储量可以自喷开采。第二次世界大战爆发前，苏联已探明的石油储量跃居世界第一位，苏联的石油工业迎来了快速发展的第一个黄金期。

经历了长达四年的反法西斯卫国战争，苏联的部分油田尽管遭到了严重破坏，但是元气没有大伤，战后很快恢复了生产。苏联共产党召开第十九次代表大会时，提出五年内要增加85%的石油产量，用以恢复国民经济和进行新的建设。凭借丰富的矿产资源和强大的重工业实力，苏联制定了优先发展石油装备制造业的战略。早在卫国战争爆发前的1940年，苏联的钢产量已经达到欧洲第一、世界第二的生产规模。战后转为民用生产，充足的优质钢材和技术储备为石油管材、钻机钻具、采油机械、炼化装置的制造提供了保证。1950年，苏联制造的重型钻机最大钻井深度达到3200米，成为石油钻探和开采必不可少的利器。钻采装备全部立足于自己制造，应有尽有，成龙配套。尤其是发明了技术性能先进的涡轮钻具，摆脱了石油钻井依靠钻盘驱动方钻杆的限制，钻出了井筒轨迹可以人为控制的定向斜井，使位于重要建筑物下方、河底、湖底、近岸海底的石油得以开采，钻井和采油工艺达到世界领先水平。1955年统计，美国新钻一口井平均增加的石油开采量仅有500吨左右，而当时的苏联却高达3000多吨，是美国的6倍。

在油田开发方面，苏联全面超过美国。资本主义国家的大油田往往被多家石油公司分区占有，为了追求利润最大化，投资人不会考虑油田的总体开发效果，尽可能在各自的占有区多打井、快采油，不仅造成了天然能源的浪费，还降低了采收率，致使70%左右的石油滞留地下难于开采。实行社会主义制度的苏联，油田归国家所有，为油藏的整体评价、制定开发方案、提高最终采收率提供了保障。20世纪40年代，苏联的油藏工程师终结了靠运气采油的盲目性，把油田开发引向了科学的轨道，提出了前所未有的系统理论。通过在中小油藏进行边缘内和边缘外注水补充油层能量的先导实验，取得了突破性的技术成果。科学开发油田的新方法在杜码兹和罗马什金等特大型油田的开发中得到了全面应用，开创了油田早期内部注水保持地层能量和按照不同性质实行分层开采的先河。20世纪50年代中期，苏联的油田开发已经取得了采收率超过40%的卓越成就，并且还使采油成本下降了三分之一。1957年，苏联的石油年产量飙升到1亿吨以上，占世界总产量的11%。尽管当时美国的石油产量还稳居世界第一，但是科学技术的含量却逊色于蓬勃兴起的苏联。

在油气集输方面，20世纪中叶的苏联已经建成了总长度一万余千米的大口径输油管道和几万公里长的天然气输送管道。这些纵横交错的钢铁巨龙，穿越浩瀚的荒原和原始森林，将各个油气产区与上百座炼油厂连接成一张高效率、低损耗的油气输送网，源源不断地为苏联的石油化学工业提供原料。20世纪50年代末，苏联生产的塑料、合成纤维和人造橡胶的总产量居世界第二位，令当时还没有解决温饱问题的中国羡慕不已。

中国既是苏联的盟友又是陆地接壤的邻国，政治背景和地理环境决定了新中国只能站在苏联一边探索自身发展的道路。苏联给予的援助尽管不是无偿的，也不是最先进的技术，但却是中国最急需的。1957年公布的数据表明，中国占当时苏联对外贸易总额的15.4%，仅次于德意志民主共和国，居第二位。那时候中国只能向苏联出口锡矿、大米、肉类、水果、茶叶、油料作物、毛织品、丝绸、黄麻、服装等低端产品，换回国内尚不能生产的机器设备、各类石油制品和化工原料。1950年，中苏友好同盟互助条约签订后，苏联向中国首批提供了3亿美元的贷款，1954年又向中国贷款5.2亿卢布。同年10月12日，中苏两国还签订了科学技术合作协定，苏联出人员、出技术帮助中国建立国防现代化和工业体系，先后有156个基础项目在苏联专家的指导下开工建设，中国累计获得了7500余份技术资料。其中，石油工业部在苏联的援助下建成了百万吨加工能力的兰州炼油厂，陆续进口了各种型号的石油钻机、钻具、采油机械和石油勘探开发所需的仪器仪表。还选派300名留学生到苏联进修石油专业，参照苏联模式建立了北京石油学院和石油科学研究院。

由于众所周知的原因，中苏友好的蜜月期仅仅维系了10年，但是这10年打下了后续发展的坚实基础，无论以什么样的眼光回望那段历史，都必须承认当时的苏联是中国迈向工业现代化的启蒙导师。

（2020年第6期）

沙特阿拉伯加瓦尔宇宙级大油田
——背斜地质理论的巅峰之作、沙漠土豪财富的经典标志、国际地缘政治的革命

章卫兵

"七井定乾坤"敲开达曼穹隆的"宝藏大门"

1932年,传奇人物阿卜杜勒·阿齐兹(King Abdel Aziz),也称伊本·沙特,历经30多年征伐,依靠借来的40匹骆驼、30支步枪及近百名战士,终于统一了阿拉伯半岛,建立了沙特阿拉伯王国。伊本·沙特是一位精明强干的封建统治者。他以无情的手段和灵活的策略,结束了半岛的分裂状态,起到了维护民族独立的积极作用,并带领这个国家从粗放的畜牧业向生产率较高的农业过渡。

1932年,海湾国家巴林发现了大油田,这使得相隔仅二十千米的沙特阿拉伯燃起了找油的希望。多年的战乱使沙特阿拉伯民生凋敝,财政十分困难,如果能够找到石油,无异于找到了救国民于水火的良药。据《沙漠中崛起》一书记载,1933年春天,沙特阿拉伯建国还不到一周年,国王就特别授予了美国加利福尼亚标准石油公司(Socal)在沙特阿拉伯广大面积国土上的石油开采特许权。为完成这项任务,标准石油公司创建了加利福尼亚阿拉伯标准石油公司(下称标准石油公司),简称Casoc。

标准石油公司获得了沙特阿拉伯的石油租借权时,国际石油勘探的地质理论已经比较丰富,但最为流行的是背斜构造找油和穹隆构造找油。标准石油公司派出6位地质家,作为石油勘探的找油先锋来到了沙特阿拉伯。其中,领头的是罗伯特·P·米勒和殊勒·亨利。沙特阿拉伯政府高度重视这次勘探活动,派出了16名士兵进行护卫,提供几十头骆驼帮助运输物资,并配备了向导、翻译、厨师以及服务员、汽车司机等,为专家提供一系列的服务。

 小贴士

穹隆构造在地质上是指从平面上来看呈卵圆形或不规则的等轴状圈闭的背斜型构造,类似我们经常看到的穹顶形建筑的形态,岩层由中央向四周外倾,无一定走向。其直径长可达数千米至数十千米。穹隆外部是沉积岩的盖层,穹隆内部是变质结晶岩基底。这样就满足生油、储油、盖住油的油藏成藏必要条件。穹隆构造是有利的油气构造,是确定油气勘探靶区的重要途径。

这些专家来到沙特以后在已经出油的巴林国对岸的沙特阿拉伯海岸立即开展了石油勘探工作。首先进行了120千米的徒步勘探,发现了一个巨大的含油气构造,因此地属于沙特阿拉伯东北沿海的达曼,故将其他命名为"达曼穹隆"。通过与巴林油田各地层的对比,发现达曼穹隆简直就是巴林油田的孪生兄弟,地质构造完全一样。勘探结果一出,沙特阿拉伯政府十分兴奋,对找到石油充满信心。标准石油公司随后派出他们最先进的勘探设备,一架双翼螺旋桨飞机,从空中进行航空探测。这种先进的勘探技术大大加快了勘探速度,测绘精度也大大提高。最终,勘探队完成了达曼构造全部轮廓的测绘,并画出了达曼穹隆的高点。按照当时的理论,在高点上部署井位采出石油的概率最大。

随后,标准石油公司任命麦克斯·斯坦尼克(Max Steineke)为沙特阿拉伯项目总地质师主持钻探

工作。麦克斯·斯坦尼克1921年毕业于美国斯坦福大学，是一名优秀的野外地质学家，拥有在新西兰、哥伦比亚和阿拉斯加等地的油气项目的工作经验。这次是他主动向公司管理层提出申请要参加阿拉伯半岛项目的钻探。他精力充沛、热情奔放，在追踪科学调查的过程中态度严谨细致。按照钻井方案，他带人在达曼穹隆的构造高点部署了7口探井。1934年秋，美国加利福尼亚标准石油公司派出的第一支钻井队来到了沙特阿拉伯达曼地区。1935年4月30日，开始钻探第一口探井，即达曼1号井。钻了7个月后，出现钻井事故，只好放弃。

图1 四名最早的地质家

1936年2月，在达曼1号井旁边开始钻探达曼2号井，获得了日产610立方米的油气产量，大大鼓舞了标准石油公司的信心，于是又开钻3号井、4号井、5号井、6号井和更深的达曼7号探井。但是，勘探结果却不尽如人意，频频传来坏消息：达曼2号井出水越来越多，最终变成了一口水井；达曼3号井是一口低产重质油井；达曼4号井、5号井则是两口干井；达曼6号井稍有起色，但只出了少量的原油，而且含水量很大。这让参与钻探的人情绪瞬间低落下来。1937年10月16日，担负着最后一点希望的达曼7号井钻到1097米深度时，发现了油气显示。再往下钻，钻到1382米时，流出了少量原油。这一结果让大家再次陷入失望之中，股东们怨声载道，纷纷要求撤出沙特阿拉伯。

重重压力之下，标准石油公司现场总地质师麦克斯·斯坦尼克返回美国述职。斯坦尼克讲述了自己在沙特阿拉伯进行地质勘探的考察报告，他引用地质理论，对比巴林油田地质构造，最后认为在达曼穹隆构造上勘探大有希望，坚信沙特阿拉伯油气勘探大有前途。他坚定不移的态度让公司高层决定加深达曼7号井的钻进。1938年3月，达曼7号井加深至1440米处时，终于钻到了高产油层。停钻测试产量，日产原油300立方米。这是一口高压的自喷井。喜讯传来，美国旧金山标准石油公司总部顿时一改往日的沉闷，沉浸在柳暗花明的兴奋之中。

图2 达曼7号井

钻探结果证实，达曼穹隆构造是一个大型含油气构造。这个地层被命名为"阿拉伯地层"，载入了沙特阿拉伯的钻探史册。达曼7号井钻探成功的经验，为达曼穹隆其他井的钻探指明了方向，公司决定对达曼2号井、4号井继续加深钻探，一直钻探到与7号井同一个产层为止。这个决策为他们带来了回报，这几口井打到"阿拉伯地层"以后，都出现了高产油流。

标准石油公司决定将最近的海滨城镇拉斯塔努拉建设成为可以接纳50万吨油轮的原油装船港，并立即建设从达曼油田到拉斯塔努拉69千米长的输油管道。当地面管道与港口建设完成后，沙特阿拉伯王室也非常高兴，决定举行一个隆重盛大的投产仪式。1938年5月1日，国王阿卜杜勒·阿齐兹带着500辆汽车共2000人的庞大队伍，浩浩荡荡从首都利雅得出发，穿过沙漠公路来到海边港口达曼小镇，亲手开启了输油管道的阀门，原油缓缓流到停靠在海港边的油轮上。1938年10月，标准石油公司正式对外宣布，沙特阿拉伯第一个大型油田——达曼油田被发现。

自此，沙特阿拉伯正式进入了石油黑金时代。一片荒芜的沙漠开采出了源源不断的石油美元，当年名不见经传的小渔村变成了现代化的海港城市。功勋井达曼7号井是沙特阿拉伯第一口商业化油井，也被称为"繁荣之井"（Prosperity Well）。达曼油田投产后，这片曾经的不毛之地发展成为中东第一个石油城，现在是世界第一大石油公司——沙特阿拉伯国家石油公司总部所在地。国际著名能源专家丹尼尔·耶金说"达曼7号油井开辟了一个新时代"并不为过。

图3　20世纪40年代中期修建的拉斯塔努拉码头

图4　达曼7号井井口

德高里尔的战略性预言

1940年，在美国得克萨斯的一个石油学术论坛上，大家都在聚精会神地聆听美国石油工业界最杰出的地质家、勘探家之一埃弗雷特·李·德高里尔（Everett L.DeGolyer）做有关中东石油的报告。德高里尔在报告中大胆地预言："在今后20年内，中东地区将成为世界上最重要的石油产区。"

埃弗雷特·李·德高里尔是20世纪上半叶美国石油工业突飞猛进时代的代表人物。他就读于俄克拉荷马大学地质系，大学尚未毕业，就被美国联邦地质调查局推荐到墨西哥去工作。在那里，德高里尔展示了他非凡的才华和渊博的知识。他为墨西哥之鹰石油公司定下了一口关键井位，也就是波特罗德拉诺4号井。而该井于1910年创造了世界奇迹，发生巨大井喷。一天喷出原油多达15000吨，相当于年产原油540万吨，一口井相当于一个大型油田的产量。在石油界，人们亲切地称他为"炸药疯子"，因为他发明的地震仪需要不断地放炮测量，才能检测到地下的油气构造。他发明的反射地震勘探技术，光是在俄克拉荷马就发现了361个构造，而其中146个构造发现了石油。丹尼尔·耶金曾评价他说："德高里尔在石油勘探方面的贡献比其他任何人都大，他首创了地震仪，这是石油工业史上最重要的创新之一。"

1941年5月，德高里尔被美国政府任命为战时石油管理局的高级助手，负责组织和合理安排美国全国的石油生产。当时，远离战争的美国产油量占到全球的90%左右。1943年，德高里尔带领一个特别调查团到中东去评价波斯湾的石油潜力。他依次考察了伊拉克、伊朗、科威特、巴林和沙特阿拉伯的油田和已经探明的主要油气构造。在他的眼里，没有沙滩、椰林、海浪、沙漠这些奇特的风光。作为一个地质家，他满眼全是各种地质构造。他以丰富的经验和独到的眼光发现各种地质构造线索，又从现有的地质图、油井报告和地震勘探中找出进一步的线索。波斯湾的一切，让他的脑海里产生了前所未有的"石油海洋"。用他自己的话说:"在半个世纪的石油生涯中,从未见过如此巨大的石油储量。"1944年,德高里尔回到华盛顿后交出了他的考察报告。这个报告表明,波斯湾地区已探明和可能探明的储油量总共达到250亿桶。而口头汇报的时候,他说,实际上他觉得储量要大得多,将高达3000亿桶,光沙特阿拉伯就达到1000亿桶。这是一个让人听起来感觉到"精神错乱"的评估结果。他在报告的结尾说道:"世界石油生产的重心正在从墨西哥湾－加勒比地区向中东波斯湾地区转移,而且这一转移会继续下去,直到重心在中东地区牢固地确立。"这位石油工业界响当当的重量级人物的预言,宣告了美国作为世界石油工业霸主地位的终结。而对于世界地缘政治来说,将发生翻天覆地的变革。

图5 德高里尔在墨西哥

揭开"宇宙级"大油田加瓦尔的神秘"面纱"

在第二次世界大战期间,沙特阿拉伯的石油开采活动被全面冻结。标准石油公司把地质家都撤走了,留下了100多人看守在沙特阿拉伯的油气资产。第二次世界大战结束之后,标准石油公司加大了沙特阿拉伯油气开采力度。考虑到沙特阿拉伯油气资源极其丰富,加利福尼亚标准石油公司单凭一己之力难以快速开采油气,因此,把美国的德士古石油公司、埃克森石油公司、美孚石油公司三家大公司接纳进来,组建成阿美石油公司。合作公司成立后,在沙特阿拉伯东部开展了大规模油气勘探活动。

1951年,阿美石油公司集中三支地质队、两支测量队、两支重力和磁力队、两支地震勘探队和六支勘探钻井队,在沙特阿拉伯东部、首都利雅得以东约500千米处进行甩开勘探。1948年,他们发现了艾恩纳尔大背斜构造。通过重力勘探发现,这个大背斜北部出现重力异常,显示地下有油气藏。于是,在这个北部的背斜高点艾因达尔进行钻探,发现了自喷高产油气流。产油层位于阿拉伯油层。1949年2月。在艾因达尔以南200千米处进行甩开钻探。同样是在"阿拉伯油层",喜获高产自喷油流。当时以为两地相隔这么远,应该是两个油田。1951年,在两个点中间,选择背斜高点进行钻探。探井钻到"阿拉伯地层",也打出了高产油气流。1952年和1953年,再进行探边钻探。又在两个构造高点上同样获得了高产油流。于是,地质学家们终于搞清了,这几口井的井位是同一个庞大的背斜大构造的5个高点。1957年,在第六个构造高点上打井,出现了高产油流。就这样,通过背斜找油理论终于探明了加瓦尔特大油气田的庞大轮廓,它是一个南北长约250千米,东西宽约15千米,总含油面积达3264平方千米的单一超大型油田。原始石油可采储量多达116亿吨,另外还有原始天然气可采储量9241立方米,整个规模相当于三个中国大庆油田。至此,"宇宙级"超级大油田——加瓦尔油田(Ghawar Oil field)横空出世。

时至今日,加瓦尔油田仍是全球探明储量最大的油田,也是世界最大的陆上油田。油田位于波斯湾盆地,主要产油层为侏罗系的碳酸盐岩,深度2200米。该区域具有良好的生油岩、储集层、盖层、圈闭、运移等条件,是世界上最好的油气聚集带。原油含蜡量少,多为轻质油,凝固点低于-20℃,便于运输。所产原油通过输油管道,通向波斯湾拉斯塔努拉油港外运。加瓦尔油田年产量高达2.8亿吨,占整个波斯湾地区的30%,比整个中国的产油量还要高出近三分之一。日产原油400万桶,相当于日产54万吨。有人测算过,如果用载重为20吨的大油罐车拉,则需要2.7万辆。一辆车按10米计算,拉油车队就长270千米,差不多是北京到天津距离的2倍。

图6 加瓦尔油田航拍

第二次世界大战的残酷现实，使得美国政府认识到石油在赢得战争及战后推动美国发展的极端重要性。美国开始从政治上重视沙特阿拉伯的石油，相关政策也开始向沙特倾斜。罗斯福总统宣布"捍卫沙特阿拉伯对捍卫美国至关重要"。1945年2月，在停靠埃及海域的美国"昆西号"巡洋舰上，罗斯福总统会见了沙特国王伊本·沙特，为两国关系奠定了"基调"，从此两国建立了"特殊关系"。

美元与黄金脱钩后，1973年10月，美国总统尼克松派遣基辛格博士秘密访问沙特阿拉伯，与世界上最大的产油国、欧佩克的理事长国家，秘密达成了一项"不可动摇的协议"。双方决定把美元作为石油唯一的定价货币，迫使石油输出国组织欧佩克接受美国的条件，即全球石油贸易必须使用美元结算。这一划时代意义的协议，使得美元与大宗商品石油挂钩，从而确立了美元在世界货币中独一无二的坚挺地位，而石油美元也成为美国进行经济战最为锋利的武器。从此，国际地缘政治因石油而发生了颠覆性的变革。

图7 罗斯福与伊本·沙特在"昆西号"战舰上交谈

（2022年第6期）

百 科

天然气中的氦

张子枢

氦是稀有气体,在门捷列夫周期表中,居零族元素的首席。它具有多种特异功能,如惰性;分子半径小(2.56埃);原子量轻,是仅次于氢的最轻元素;临界温度低(5.2开尔文)。因此常用于航天、潜水、低温、超导、飞艇、原子能、激光等现代工业及新兴技术部门。可是氦在地球的大气中丰度极低(5.2微升/升),而在气田中的丰度却高,一般在1000微升/升以上,有的富氦气田,如四川威远气田可达2600～3400微升/升;美国的亚利桑那州平塔丘气田高达80900微升/升(8.09%),是世界上含氦量最高的气田;美国潘汉得—胡果顿大气田是氦资源量最大的气田,氦储量约50亿立方米。因此工业上用的氦,90%是从天然气提取的。即在低温高压下,使天然气中的烃气及氮液化而被除去,再用活性炭吸附余气中的不纯物而获得纯氦。

氦 的 成 因

油气与氦并非同母所生。油气的母质是有机质。有机质生成油气,再运移到多孔岩石中储集,然后被致密非渗透层圈闭而成油气藏(田)。氦的母质却是放射性元素铀及钍。铀、钍在自然放射性蜕变中产生氦。因一般岩石中都含少量的分散的铀钍矿物,故组成油气藏的生、储、盖层都能产生氦,但所生成的氦量极低,一般每一立方千米的岩石,每年只能生成84毫升的氦。而要使氦达到工业开采的品位(1000微升/升),就要"借腹怀胎",即要借油气藏圈闭的储集性及密闭性,才能使岩石产生的氦逐渐积累,富集到工业品位的丰度,这就是氦在气田中丰度高的内因,也是天然气中普遍含氦的原因。

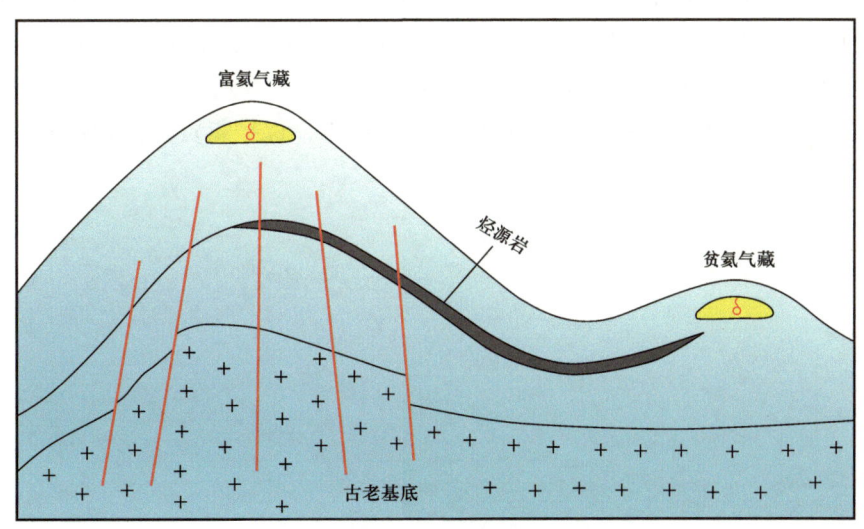

典型富氦气藏剖面

氦培育成才,有两个重要因素,一是要有富含放射性铀、钍矿物的母岩,一般火成岩(如花岗岩)较沉积岩(如砂岩),所含的铀钍量高一百倍,故基底是花岗岩的气田,其含氦量高,四川威远气田,震旦系气层,直接覆盖在花岗岩之上,因此它的含氦量较其他气田高出数十倍;另一个因素是圈闭形成时间早、气层年龄老，才有利于长期捕集氦，形成富氦气田。美国潘汉得大气田及四川威远气田，都是古生代形成的圈闭，而气层也老，故含氦量高。正由于这两个条件，使四川威远气田成为我国唯一的富氦及产氦的基地。相反新生代的气田，一般含氦量只有 5~15 微升/升，比古生代气田低数百倍。

氦的意义

氦与天然气共存，因此利用氦的丰度及氦的同位素可以研究天然气的成因及运聚方向，从而可指导天然气的勘探。

氦的丰度是识别气藏圈闭期的指标。统计资料表明，新生代的气藏，平均含氦量只有 10 微升/升；中生代 188 个气田，平均含氦量是 100 微升/升；古生代 609 个气田，平均含氦量是 1000 微升/升。

氦的同位素是识别气源的标志，氦有两种同位素，即 ^3He 和 ^4He；^3He 是地幔的产物，在地壳乃至大气，^3He 可作为不变的定值，如果天然气中 $^3He/^4He$ 大于 1×10^{-5} 时，则有地球深源气的混入。在东非裂谷带上的基伍湖的天然气及日本的火山气，该比值均大于 1×10^{-5}，故被视为有地幔来的天然气，当 $^3He/^4He$ 小于 1×10^{-5} 时，该比值的变化可指示油气运移方向。若不同的产层具有相似的 $^3He/^4He$ 值，说明有油气的纵向运移；而当同一产层有不同的 $^3He/^4He$ 值，说明油气源不同，一般新生古储型，此值大；古生新储型，此值小。

氦同位素可计算天然气的年龄，进而可识别天然气是原生气及外源气。由于氦同位素中的 ^4He 是放射性元素蜕变物，因而它随年代长而富集，故 ^4He 的丰度是共生天然气年龄的表征。一般由 ^4He 计算出的天然气年龄，若与储层地层年龄相当，则天然气是原生气，否则是外源气。

为氦请命

氦的特优性能及广泛用途早为人类所知；氦"借腹怀胎"难于培育成才，却常被人类忽视。故在开采利用天然气时，一般都未提取氦，而让宝贵氦资源白白损失了，就是富氦气田，我国唯一的威远气田，天然气中的氦也未全部提取，随着威远气田大规模的开采，剩余储量不多，剩余氦资源量更少，而目前我国尚未发现另外的富氦气田，保护氦资源是当务之急。今后随着航天事业发展、新兴技术推广，所需的氦量大增。母亲怀胎不易，"借腹怀胎"的氦更难，保护氦资源，勘探氦资源，寻找新氦资源就是作者为氦的呼声。

（1986 年第 2 期）

明清两代有关天然气的科学著作与文学作品

陈 实

（四川石油管理局）

随着明清两代天然气事业的加速发展，一批有关天然气勘探与开发的科学著作和文学作品相继问世。

明代马骥的《盐井图说》，详细记载了川北地区卓筒井的钻井设施、操作程序、井身结构、套管制作、修井打捞工艺，是我国最早的地质钻井专著。马骥，字明衡，四川射洪县人，曾中举入学。公元1637年宋应星写的《天工开物》，首次绘制出火井煮盐图，并记载了人工碓凿设备、操作程序、井径、井深、钻速，以及浅层天然气的开采工艺。清代嘉庆、道光、同治年间（1796—1874年），先后有严如熤（音 yì）《三省边防要览》，范声山《花笑庼（音 qǐng，小厅堂）杂笔》，吴鼎立《自流井风物名实说》三书，或概述当时自流井的钻井深度及钻采措施，或侧重记述输气输卤管道的建设，或论列油气卤井的地域分布和治井修井工艺工具，均为颇有价值之专题著作。特别是光绪二年（公元1876年）李榕亲自到自流井参观后写成的《自流井记》一文，全面论述了气田的组织管理、钻采工艺、地质录井、产量测试、管道建设、后勤物资供应等一系列问题，详细列举了当时几口高产井的产量和产状，描述了由浅到深的地层岩性、标准层及流体的纵向分布，是一篇很有见地的气田勘探开采专著。李榕，字中夫，四川剑阁人，咸丰壬子年（公元1852年）举人，曾任礼部主事，后替曾国藩办理营务，参加镇压太平天国活动，升任湖南布政使，因事革职，回川后在江油、剑阁两地讲学，年近七十卒。光绪七年（公元1881年），由四川总督丁宝桢主持编纂的《四川盐法志》系统总结了钻井、开采、修井、集输等工艺流程、工具设施、气卤井分布，并一一绘成精美图件。此书卷帙宏富，收罗甚广，论证精详，是一部集盐业和天然气之大成的"百科全书"，历来为研究盐法和油气开发沿革者所重视。

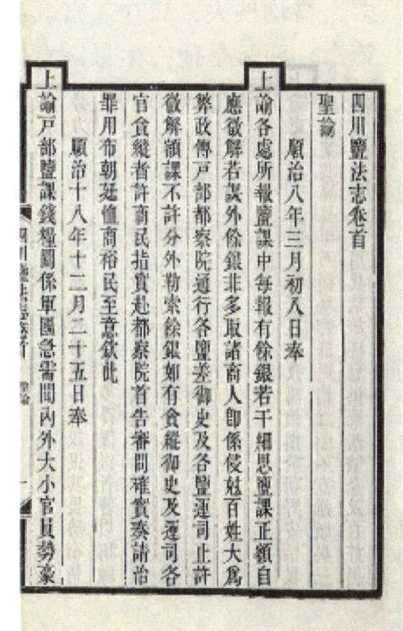

四川盐法志封面及部分内文

清代，以卤火井为题材的文学作品日益增多。康熙初年曾任富顺知县的金肖孙写的《火井诗》，用"有井穿旸谷，烈焰伏其中""九渊一炬起，高岭列灶烘""能省柴山力，兼成煮海功"等诗句，反映富顺、自贡地区在此时已部分用天然气代替煤炭煮盐（诗载乾隆《富顺县志》）。清高宗乾隆皇帝查证了有关火井的史籍并亲自"询诸蜀人之仕于朝者"写成了火井诗，探讨了火井的起源和开发利用历史（诗载《四川盐法志》），虽然缺乏文采，但也反映了清朝最高统治者对火井的高度重视。乾隆年间，长期在川南一带讲学的富顺县学者李芝又写了《火井》《盐井》两赋，论列了卤火两井的发展历史和杰出的历史人物，铺陈了"天车排闼（音 ta）以林立，地架喧豗（音 huī）而鼓作；素绠蛇游以蜿蟺，辘轳霆震而骇愕"的生产现场，描绘了"寻海脉，卜水踪，镇玉女（某些笔记中所记盐井中之女神），驱毒龙（某些笔记中有关含硫天然气井的神秘传说）""觉千仞之犹浅，引一脉以相通"等选定井位、钻达产层、采出气卤的全过程，纵情赞美天然气"熬烟波而利及闾阎（指平民居住地区），代松脂而功资纺织"的功效。作者强调资源的开发程度取决于人的智慧与工艺技术的进步，"水火之所兼资，智力之所矫揉"；明确提出资源的有无固然决定于地质条件，但能否开发出来却取决于钻井的成败，"虽沿象于夙沙（指地质条件），实寓巧于圆刃（指钻头）"。他大声疾呼气卤资源是关系到"富国通商""权税经邦"的大事，尖锐地察觉到在这个"富强之雄都，泉刀之宅窟"的气田盐都中，富商大贾逆旅王孙，"味五鲭、罗八珍"一饭千金，备极享受，而在广大劳动者眼中，她却是"人世之危区"。气卤工作者为了保持最低生活水平，"赴汤蹈火，悬梯入云"，不得不冒着高温煮盐攀上天车操作，"劳苦无昼旦""亭午而气不苏，夜深而汗未了"。可是，等待他们的却是"或焦头而烂额""转相震而身死"的悲惨命运。作者李芝，字瑞五，又字鹤田，号吉山，生于1717年，乾隆戊午科（1738年）举人，戊辰科（1748年）进士，只在山东招远、湖北宜都等地任过知县，仕途不很得意，遂回富顺原籍主持学易书院，曾与著名学者段玉裁合修《富顺县志》，诗文著述甚多，惜均佚失，只在《富顺县志》中录存一些篇章。两赋是他一生最满意的作品，不仅形象地描绘了盐都气田的生产成就，也满怀同情地为封建压榨下工场手工业工人的血泪生活作了真实写照，是古代辞赋中难得的佳作。

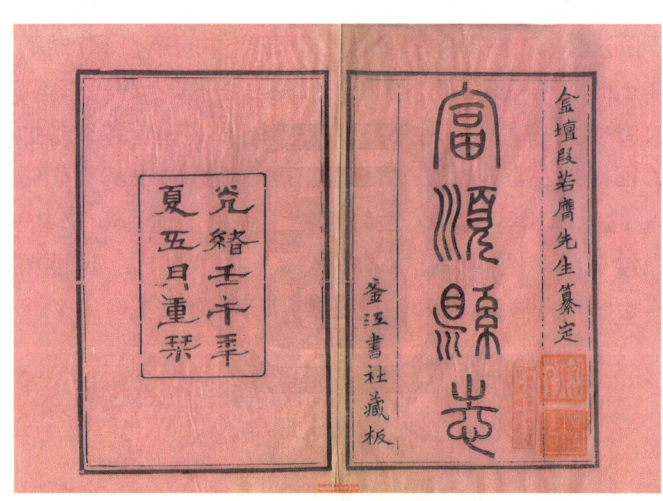

富顺县志封面

同时期的或稍后的其他文学作品和史料中，在反映自流井开发盛况的同时，也透露了气、卤生产者的愁苦生活和难以忍受的劳动条件："人声、牛声、梆声、放漕声，流涧声、汤沸声、火扬声、产锅声、破篾声，打铁声、锯木声""人气、牛气、泡沸气、煤烟气""气上冒，声四起，于是非战而群嚣贯耳，不雨而黑云遮天"（温瑞柏《盐井记》，载《皇朝 经世文编》）。"人多褴褛，甚至不裤"，每人每日工资三十三文"（《自流井第一集》，玉荷山樵甫著）。"凿井之工，岁停除日、元旦；烧盐之工，岁不停日，盖天下之至劳苦者也"（《自流井记》）。

（1988年4月号）

灾变与石油

张 敏

（江汉石油学院）

1812年法国学者、现代地质学奠基人之一居维叶，在研究古生物演化的基础上，首先提出灾变论。他认为在地质历史上曾发生了许多灾变事件，导致一些生物大量死亡，接着又产生新的生物群。但在当时，由于科学水平的限制，人们对于这些灾变的原因无法给予合理的解释，而归因于一种非自然的不可知的"神力"安排。从19世纪下半叶起，许多学者对灾变论中的唯心主义的神创论观点进行了严厉的批判，并否认了在地质历史中曾有过大的灾变事件的客观存在。因而，一百多年来，现代地质学中占主导地位的学术思想是以渐变论来解释大部分重要的地质过程。

但是，近半个世纪以来的自然科学的进展表明，自然界中确实存在着多种灾变现象，如大地震、火山喷发、陨石撞击等。在宇宙中广泛存在着多种高能爆发现象，如超新星爆发、X射线暴等都可以产生灾变，瞬间可对环境和人类造成很大的破坏。因此，灾变论这个观点重新抬头，很引人关注，并将对地质科学的发展产生重大的影响。

新灾变论说的主要依据

近几年，随着地学和其他自然科学的迅猛发展，人们对于古生物、微量元素异常、古地磁等现象的深入研究，积累了许多资料，证明在宇宙中和地球上确实存在过突然发生剧烈变化的现象。有许多现象从进化论观点是难以解释的。因此，各种新灾变论应运而生，归纳其依据主要为以下几点：

（1）古生物的证据：新灾变说是从地层古生物界开始的，人们在深入研究古生物、地层和岩石等基础上，证明了古生物在漫长的地质历史上确曾发生过多次全球性突然灭绝事件。例如在曾经发生过五次大规模生物灭绝事件（寒武纪与奥陶纪之间，泥盆纪与石炭纪之间，二叠纪与三叠纪之间、三叠纪与侏罗纪之间，以及白垩纪与古近纪之间）中，每次事件都使大量生物死亡，涉及许多门类，尤其在白垩纪与古近纪界限上，很多生物门类和不同生态条件的动植物大量死亡，其中比较突出的如恐龙、菊石、箭石等。白垩纪的恐龙体型大，数量多，种类亦多，但在白垩纪末期却全部死亡。这个生物灭绝事实用渐变进化论的观点是无法解释的。

（2）铂族元素（铂、铱、锇、钌、钯、铑）异常。过去，人们对沉积岩中的特性研究较少，一般认为铱在地壳和地幔中，含量不超过0.1纳克/克，沉积岩中的背景值定为0.02纳克/克，而把超过背景值1～2个数量级定为是铱异常。阿尔瓦雷斯在意大利古比奥附近的翁布里亚，对白垩纪与古近纪交界处的4个剖面作了28个元素的微量分析，其中27个元素的变化是正常的，只有铱含量在白垩纪与古近纪界限过渡层的黏土中明显升高，约为背景值的39倍，过渡层的上、下岩层中，铱含量又恢复到原背景值水平。出现这种现象是因为，陨石中铱含量要比地壳铱含量高$6×10^3$～$4×10^4$倍，当陨石撞击地球时，陨石物质因高温而蒸发，进入大气后，再沉积于地表，于是使当时地表沉积物中铱含量显著增高，出现异常。

（3）陨击坑、微粒球大量出现。随着航宇事业的发展，在月球、火星、金星、小行星等天体表面，发现了大量陨击坑，这是由于陨石、小行星或彗星撞击而形成的盆状洼地。在地球上，亦发现了许多陨击坑，据不完全统计，目前在地球上已发现的陨击坑有91个，陨石撞击地球不仅形成陨石坑，而且还有许多微粒球。

此外，古地磁极性倒转等现象，也为新灾变论提供了有力的依据。

新灾变论的主要学说

新灾变说大致可分为两大类：一类是从地球上寻找灾变的原因，称为地内成因说，另一类是从地球以外寻找灾变的原因，称地外成因说。人们通常所说的灾变是指地外成因说，因此，下面对地外成因的重要新灾变说作一简述：

（1）爆发说，分超新星爆发说和太阳超级耀斑爆发说。其主要观点是，当超新星和太阳超级耀斑爆发时，会释放出大量的能量和X射线、γ射线及质子流，对地球造成极其严重的危害，影响地球上的气候、磁层、臭氧层及地磁场的变化。

（2）撞击说，分小行星撞击说和彗星撞击说，小行星（彗星）撞击地球时产生很大撞击能，在地表形成一个盆状洼地，并把大量物质向四周抛溅，细微的尘埃可高达间温层。一部分冲击能转变成热能，使被撞击物质熔化或部分地气化，这些都会给降落地区和周围带来巨大的灾难，主要表现为界线过渡层的黏土中产生铱含量异常高的现象。

灾变与成油

目前，人们普遍认为石油主要是由有机物质在还原状况下，被埋藏至一定深度，在以温度为主的因素作用下，逐渐转化而形成的。成油的物质基础是生物遗体的大量存在，形成的条件是岩性和构造因素。在一定地质时期中生活着众多的各种生物、微生物、细菌等，它们繁殖快、数量大。这些生物死亡而堆积在水底，随着构造运动作用而被埋在地下深处，经过各种物理化学作用逐渐形成生油母质——干酪根，最后导致石油的形成。

过去，人们认为成油的大量生物遗体，主要是由于生物在进化过程中自然死亡而致，而忽视了灾变这个造成生物大量死亡的重要原因。据不完全统计，在距今5亿年的寒武纪末期和距今2.3亿年的二叠纪末发生的灾变事件致使50%生物门类灭绝。在距今0.67亿年的白垩纪末的灾变，生物发生严重的毁灭，有70%的门类消失，盛极一时的恐龙、蜥蜴、菊石都绝迹于世，爬行类也出现了衰败景象，植物大量死亡。同时，有一部分生物仍得以生存和发展，在灾变出现的新环境条件下，促进了新的生物种类的兴起。地球上生物兴亡的发展规律表明，灾变过程及其后的生物新陈代谢都为生油创造了良好的条件。

石油在地史上不同时期的产出情况表明灾变过程对成油有着积极的影响！据统计，中生代和古近—新近纪石油约占世界储量93%，中生代占一半以上，主要集中在侏罗纪—白垩纪，而三叠纪则远不如前。很明显，由于二叠纪末发生的灾变继续至三叠纪，三叠纪末又出现一次较小的灾变，在这个长的灾变过程中，虽然有众多的生物死亡，但并非全部很快转化成油，同时，此时期内对生物的新兴也不是很有利的环境，因此三叠纪为成油的低潮期。至侏罗纪—白垩纪才出现油气形成的高峰，侏罗纪—白垩纪海里的有孔虫空前兴旺，六射珊瑚、腕足类、菊石、鱼类都很繁盛，陆上的爬行类和哺乳类动物也十分昌盛。白垩纪的油气藏遍及全球，它与古近—新近纪构成世界最重要的两个产油时期，在很多区域新生代含油气地台叠加于中生界之上，形成中—新生代巨大的油气藏（中东，西西伯利亚，墨西哥湾等）。古生代石油所占比重很低，一方面是由于生物门类和数量远不及中生代兴旺，加之受多期构造的叠加给油气藏带来影响，只有在稳定的陆台区保存较好。

综上所述，灾变过程对成油有不容忽视的影响，至少有一部分石油的形成与灾变有直接的关系。生物的消亡给石油的形成创造了物质基础。古地理、古气候、古生物是生油的先决条件。岩性和构造则是控制成油的因素，因为生油层中的油珠，经过运移，在有利的储油层和构造圈闭及盖层保护环境中才能聚集成油田。掌握了油气生成、运移和聚集的具体条件和规律，寻找有利的聚集带和圈闭，配合先进的勘探技术，则可能发现更多的油气田。

（1989 年 1 月号）

石油的"特异功能"

张继武

（江汉石油学院）

被喻为现代工业"血液"的石油，随着社会的发展，其本身的价值已远远超出一般的物质生产和经济生活领域，渗透到社会政治、军事、外交等活动范围，日益表现出许多"特异功能"。

战争的"武器"

首先用石油作为军事"武器"的是阿拉伯国家。

1973年10月6日，埃及、叙利亚和巴勒斯坦游击队，在其他阿拉伯国家的支持下，奋起反击以色列军事侵略，打破中东"不战不和"的僵局，摧毁了被以色列吹嘘为"不可逾越"的"巴列夫防线"，收复了一部分失地。在这次战争中，阿拉伯石油输出国组织，除在道义上、财力上、人力上支援埃及、叙利亚、巴勒斯坦战斗前线之外，还以石油为"武器"，制裁侵略者。各成员国决定，把对美国等支持以色列侵略国家的石油供应量，逐月减少5%，并以减产、禁运、提价、国有化和增加本国股份等措施，沉重打击了以色列犹太复国主义及其支持者。

十月中东战争的石油"武器"从此以后，成为广大资源丰富的第三世界国家，反对帝国主义和霸权主义、维护民族经济利益、反对侵略的重要手段。

西方各国由于国内能源消费过分依赖石油，石油进口又过分依赖中东，所以，石油"武器"起到了军事武器所起不到的作用。它加速了资本主义世界经济危机，引起了西方社会动荡。一时间，国际金融货币市场动乱，通货膨胀，人心惶惶。由石油"武器"引起的"石油危机"给西方经济留下了不可消除的阴影。直到最近，美国经济学家还在提醒：如果国内石油需求持续增加，生产量低，进口扩大，类似20世纪70年代的"石油危机"将有再度爆发的危险！

政治的"晴雨计"

石油"武器"的使用，使石油经济蒙上了一层政治面纱，特别是西亚、非洲发生的大大小小争端，几乎都带有浓厚的石油味。油价的涨落和国际政治斗争交错在一起，成为"政治气候"的"晴雨计"，其敏感点还是中东。

中东由于拥有大量石油资源，成为一些大国争夺的战略要地，这里的任何冲突都有微妙的政治背景，牵动着整个世界政治格局。巴勒斯坦和以色列的存在，已同石油政治交织在一起。一旦中东政治斗争激烈，发生军事冲突，缺油国即纷纷抢购石油，油价即上涨。一旦中东政治形势平稳，军事冲突缓和，油价又可能下跌。1987年7—8月，两伊战争转入轰击对方石油设施，开始"油轮战"，伊朗封锁霍尔木兹海峡，油价即猛涨到每桶19.8美元。欧佩克国家即增加石油生产，形成生产过剩，油价又跌下来。1988年4月9日，欧佩克国家同第三世界非欧佩克产油国家促成油价回升联席会一公布，油价又回升，每桶突破18余美元。4月19日，美国国防部宣布暂时中止在海湾为科威特油轮护航，海湾政局有可能缓和，现货油价又略有跌落。

外交的"筹码"

石油的身价，还使其成为国家之间进行外交活动的得力"筹码"。运用石油作为外交活动手段，被美称为"石油外交"。

以石油作为捍卫国家主权，反对霸权、维护民族经济独立的手段，是"石油外交"方式之一。

石油也可以作为国家之间互相控制、互相拉拢、互助合作的手段。在欧洲经互会，苏联用"友谊"输油气管线，以低于世界市场的价格，供给捷克、匈牙利、波兰、东德等国石油，以世界市场价格供给西欧、日本石油。我们国家，尝过"洋油"的苦味，也吃过别人禁运石油的苦头。有时候，为了外交的需要，石油可以高价进低价出，也可能低价进高价出。

石油还可以作为友好合作的表示。我们国家曾以"友谊价格"出售石油及石油产品给东南亚友好国家，也通过"友谊"输油管线，把石油输给兄弟国家，支援他们的社会主义建设，也曾以石油支援过反侵略斗争。

金融市场的"调节器"

由于石油渗入经济生活的流通领域，石油价格的波动，直接冲击着世界金融市场，对金融市场起着一种"调节器"的特殊作用。

1986年油价暴跌，使一些产油国出现债务危机。墨西哥宣告无力偿还债务。尼日利亚、印度尼西亚、委内瑞拉、厄瓜多尔等出口石油的债务国，也出现严重债务困难。对欧佩克国家影响更为严重，据有关机构估算，如果油价跌到每桶20美元，欧佩克国家为维持必要财政支出将短缺800亿～900亿美元资金。如果油价跌到每桶15美元时，必将大笔动用海外资产和存款，由于欧佩克国家提走大量存款，西方国家部分银行因资金周转困难而无法维持，由此可能触发国际金融危机，引起世界经济动乱。

油价下跌，还可引起金融市场连锁反应。以石油为支柱的英镑，由于油价下跌而疲软汇率下浮，为保卫英镑，防止物价上涨，英国中央银行不得不在外汇市场抛出大量美元，购进英镑，调高英镑利率。

油价上涨，会迫使石油进口国增加美元支出，使本国经济下降、通货膨胀上升。而石油输出国可能增加产量，以增加收入，结果油价又下跌。油价下跌，石油输出国又会设法提价，提价又会造成西方国家通货膨胀、美元贬值，从而形成金融市场恶性循环。

经济发展的"催化剂"

石油以其重要的经济政治价值，往往成为一个地区、一个国家社会变革、经济振兴、物质文明的重要支柱。人所共知，许多曾经是贫穷落后的国家，由于发现了石油，很快富裕了起来。"黑金子"的开发和出口，带动了海湾产油国工业、农业、建筑、商业迅速发展起来，社会面貌、人民生活发生了巨大而深刻的变化。一座座现代化石油城，林立的高楼大厦，公寓住宅，川流不息的豪华轿车，出现在昔日的荒凉沙漠上。"石油王国"的沙特阿拉伯，20世纪60年代初，还是个保守的游牧部落社会，经济拮据，国库空空，债台高筑，石油的开发，很快使这个由"骆驼加帐篷的社会"，飞跃到一个"喷气机加计算机的社会"。巨额的石油利润，使昔日默默无闻的沙漠穷国阿联酋，发生翻天覆地的变化。科威特和文莱原来也是个非常落后的国家，人民靠打猎、捞珍珠生活，发现石油后，一跃而成为世界上最富裕的国家之一。

就是对一些资本主义产油国，石油的开发，也具有举足轻重的意义。有许多城市，就是靠石油起家的。号称"世界油气之都"的休斯敦，从前是一个荒凉的小镇，随着该地区油气田的大规模开发，一跃而成为一个拥有两百万人口的美国南方最大工业城市。石油成为该市三大支柱之一。

科学技术发展的"助推器"

石油工业是资金密集、知识密集、综合科学的行业，它的发展有赖于多种科技知识的发展和运用。同时，随着它的发展，也有力地促进着多种学科的发展，这是显而易见的。

20世纪70年代的"石油危机"也从反向促进了科技的发展。特别是低能耗部门尖端技术部门、第三产业有关科技领域。有人认为，石油三次大提价，触发了尖端技术革命，加速了以重工业为基础的20世纪技术向以电脑为基础的21世纪技术的过渡。许多国家通过技术革新降低能耗。通过改进经营管理方法，改进操作技术，减少石油消耗。在一些国家，包括产油国，计算着世界油气资源枯竭的时间表，正持续开展科技攻关，开发新能源。日本为了改变能源消费结构，正在执行大规模的核能建设计划，加紧实施太阳能、地热、合成天然气、氢能开发利用的"阳光计划"。英国正研究以煤变油。巴西已有三百万辆燃酒精汽车在行驰。苏联、法国竞相研制更高级的核能技术和材料的快中子增殖堆。尽管这方面的研究难度大、耗资多，进展还不那么大，但可以预料，它将带动有关学科，特别是某些尖端科技的发展，实现某种科技上的重大突破而造福于人类。

（1989年第3期）

色素与石油

侯读杰

（江汉石油学院）

色素是指在生物体中存在的能够产生颜色的有机物质。自然界呈现出的五光十色、多姿多彩的颜色，给我们的生活带来了鲜明的色彩，这很大程度上要归功于色素的存在。

色素的种类

色素之所以能产生颜色，主要是由发色基因引起吸收光带移到可见光部分。发色基因常常是不饱和键，如羰基、硝基、共轭双键。色素按其成分可分为：（1）氮杂茂色素，如叶绿素、血红素等；（2）多烯色素，如胡萝卜素、番茄红素；（3）花青素色素，常存在于植物的花、叶、果实中，由于pH值的不同而呈现不同的颜色。此外，还有黄烷类色素、醌类色素及氮杂茚色素等。奥尔和格兰德把水生植物、动物和沉积物中的色素大致分为三类：（1）叶绿素，包括叶绿素和卟啉；（2）叶红素，包括橙色素、胡萝卜素和叶黄素；（3）黄素肮、黄色素等。

色素与石油成因的关系

石油的成因是近代自然科学领域中争论激烈的一个重大研究课题。对石油的成因，归纳起来，可分为两大学派，即有机成因学派和无机成因学派。有机成因说认为石油是由地质历史上动植物经过复杂的地球化学过程转化而来；无机成因说则认为石油是由地下深处无机物经过高温高压而形成的。

1984年特雷布斯首次在石油及沥青岩石中发现了卟啉化合物，并认为它是由植物色素叶绿素在缺氧还原条件下慢慢转化而来的。这为石油的有机成因提供了重要依据。由于发现卟啉的重要意义，许多有机地化工作者把1934年特雷布斯在地质体中发现卟啉作为有机地球化学学科发展的开端。

地质体中重要的色素

在植物色素中，含量最高的是叶绿素。在原始的自养生物中，叶绿素以相对游离的状态存在于生物体细胞中；而在进化较高的植物中，叶绿素主要集中在绿色树叶的叶绿体中。叶绿素本身并不稳定，在地质体中很少发现。而它的衍生物却分布很广，如卟啉，在各个时代的沉积物和原油中均有发现。

另外一类较为重要的色素是类胡萝卜素，这常与叶绿素共存于叶绿体中。在春夏，由于叶绿素颜色掩盖而分辨不出，但等到秋冬，叶绿素消失后，就显示出胡萝卜素黄、红等颜色。另外，胡萝卜素也是植物花和根的色素，在植物中约占干重的0.1%，在自然界中分布很广。胡萝卜素有三种异构体。在沉积物中，胡萝卜素主要为β胡萝卜素。如在法国的绿河页岩中就鉴定出胡萝卜素衍生物β-胡萝卜烷。史继扬在胜利油田渐新世原油和沉积物中发现它存在。蒋助生在新疆克拉玛依油田的原油中也鉴定出了丰富的β和γ胡萝卜烷。

角鲨烯是皮脂和病毒的重要成分，存在于鱼肝油中，番茄红素也是一个开链的多烯烃。这两种色素也可以转化为饱和烃的衍生物，在原油中均有发现。如尼日利亚原油就发现有角鲨烷。

色素在石油地质研究中的意义

（1）色素存在于动植物中，含量较高且分布广，可作为一种重要有机物质，直接参加石油的形成。

（2）色素由于其化学性质稳定，在整个地质演化过程中，其骨架和成分大致保持不变，因而可以作为生物标记化合物或分子化石追索石油的母质来源。

（3）类叶绿素卟啉可以帮助我们研究烃源岩或石油的母质环境为海相或陆相。海相环境多为钒卟啉，而陆相环境多为镍卟啉。

（4）卟啉或胡萝卜烷存在均说明沉积物强烈的还原环境特征。

（5）卟啉的存在还可以指示古地温小于 250℃。

（6）卟啉、胡萝卜烷、角鲨烷等色素类衍生物，因为其特殊性，可作为有效的油—油、油—岩对比指标，帮助确定生油岩。

（7）应用这些色素类化合物，还可以确定有机质的演化程度。如 γ- 胡萝卜烷 /β- 胡萝卜烷对热演化程度和生物降解作用均比较敏感。随热演化程度的增加，沉积物和石油中脱氧叶红初卟啉可以向初卟啉转化。此外，由于卟啉等色素类化合物对岩石吸附性较强，还可以提供石油运移途径方面的信息。

综上所述，可以看出，色素同石油并不是风马牛不相及，二者确有着密切的亲缘关系。当你漫步于万花丛中，可能会想到色素、石油及在石油战线上辛苦工作的千千万万的石油工人！

（1991 年第 1 期）

两幅石油古画

张 抗

清朝中后期,清廷大力编辑类似百科全书的各类"大典""全书",各府县亦多修地方志,记录了不少珍贵史料。陕北延长和延川的县志内各有一幅关于石油的图画,颇有些值得称道之处。

油井波灿

在乾隆27年(1762年)由王崇礼主持编修的《延长县志》中有所谓延长八景的记载:如翠屏南、华洞丽崖、酒泉天酿、灵岩漱玉等。"八景"是一般地方志中都有的内容,且不多不少,一律凑成八数,因而有些就流于形式。但这里却有一个其他地方所没有的"绝景",县志里称其为"油井波涵",并记有:"城西翟河岸边,穿石(此处似漏一"成"字,穿石成井更妥)井,水面浮油,拾之燃灯若炬。通志云:云屏山下霍水通焉,水面汲油可以燃灯,距城十里河边亦有。"据此观之,不但人工凿成的井内产油,河边亦有油苗出露,因而能浮在水面上。

县志内有一幅描绘此井的插图。题名为"油井波灿"(图1)。文中的"波涵",图中为"波灿",哪一个是笔误?申力生在1984年版的《中国石油工业发展史》里认为"波灿"为误。我认为"波涵"不可解,而"波灿"恰是水面上浮油,在阳光下呈五彩晕色的形象写照,故文中的"波涵"为笔误。

这是幅颇为挥洒的示意图。奔放的折芦写意出陡峭的山崖,交错的斜晕线突出了弯曲的山道。近处以游丝描勾出两井。有趣的是,井旁立一人,扛着个像芦荻花穗似的物件,这是什么?沈括曾在《梦溪笔谈》里记有:"土人以雉尾裹之,乃采入缶中。"哦,这原来是一个夸大的野鸡尾羽。数百年来,人们一直沿用着这种土"油水分离器"啊。

道路左方也有一口井,与油井图像不同,其下有袋状图形,这可能表示一口干井吧。

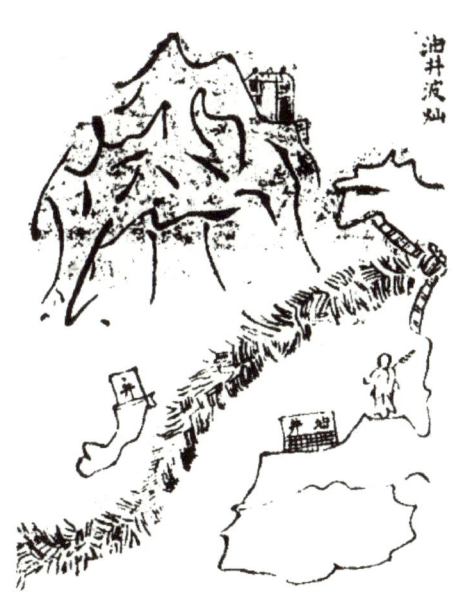

"油井波灿"图

延川石油沟

道光11年(1831年)谢长清主持重修《延长县志》内附有"疆域图"。它也是一幅示意性图画(图2)。高山和黄河皆以示意性图线表示,但水系的流向、曲折及主支流关系与现地图类似,山的相对高低也大抵正确。值得注意的是图中标明的石油沟。县志里记为:"石油井(地名石油沟)在县西北八十里。《元一统志》:永平村井出石油可燃灯。《潜确类书》:延川县井出石油,每岁六月取之涂已疮疾。"按图上的位置对照现今地图,石油井(沟)可能在永坪东的冯家坪一带、永坪川的北侧。但目前所称为石油沟这一村落已在永坪南5千米。不在永坪川而位于文安驿河的上游。看来,石油沟这一地名是因为沟内活油苗而得到的。延川县志里记载的冯家坪附近的活油苗现已枯竭了。久之,此地名石油沟的名称也就湮没了。新出现活油苗的另一沟却获得此名。看来，石油沟这个名称也与油苗一样是"活"的，可以转移变化的。

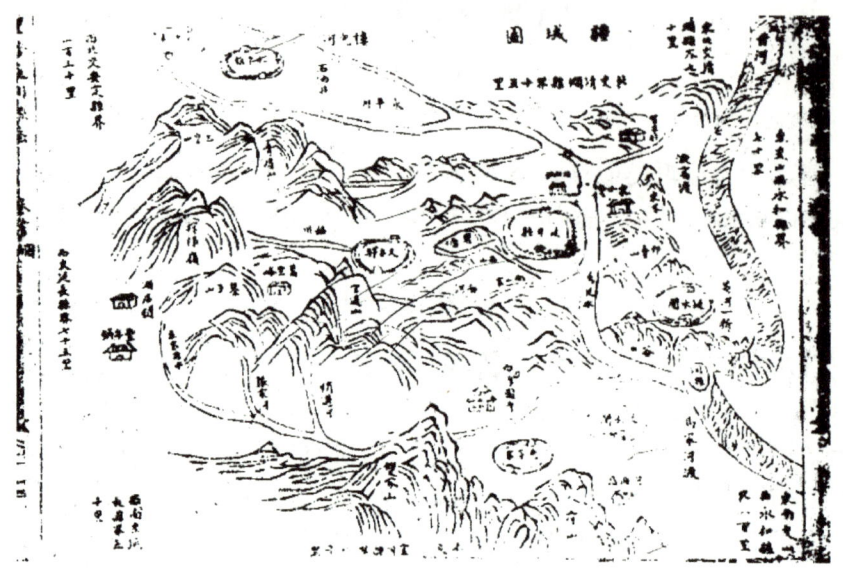

清谢长清纂《重修延川县志》（北京图书馆藏）

（1992年第6期）

是祸水，还是圣火
——甲烷水合物发现的前前后后

冯明章　魏传娟

（大庆油田）

漏网之鱼和老虎屁股

在美国马萨诸塞州伍兹哈尔市美国地质调查所任职的海洋学家威廉姆·P. 狄龙，像是要使访问他实验室的客人惊奇一下似的，不时拿起一些外貌与寻常无异的"冰球"投进熊熊的炉火，而它们竟光亮如焰地燃烧起来。这些冰球与普通的冰毫不相关，是鲜为人知的叫作"甲烷水合物"的物质。它是由被俘获、封闭在因冻结形成的水分子晶格中的天然气单分子组成的。

迄今为止，科学家们尚鲜知于甲烷水合物的地质历史和来龙去脉，但猜想可能是远古沉积物中的细菌作用使其中的有机物生成了这样的甲烷气，在寒冷的低温气候情况下，位于特定深度的海底产生的高压形成了将气体封闭在冷冻的水合物圈闭中的条件。

虽然化学家们早在19世纪就已首次发现了气体水合物，而地质科学家却只是在最近一段时期才在资料中载明其存在于海底沉积物中，并进一步探究它作为潜在燃料的重要性。多年来，它们之所以成为地质研究的漏网之鱼和科学考察的老虎屁股，很大原因在于获得它们异常困难：它们仅只栖身在能将水和甲烷气挤压成固体状态的高压、低温条件下。用钻井取心方法对它采样，未等到将取心筒提到钻井船上，由于压力的降低，气体水合物早就融化分解得无影无踪了。

1970年海洋学家们无意中初次钻到过甲烷水合物矿层。好在那次人与水合物的遭遇平安无事，各不相扰。随后的20多年间，各种调研钻井都特意地避开疑为水合物矿层的地带，因为生怕碰上一个超压气簇——它的强烈迸发燃烧可以使钻探作业机毁人亡。但是，科学家们为与日俱增的好奇心所驱动，再加上千万个小心、设法使超压气体逐渐降压，他们才敢尝试着碰碰这老虎屁股——钻达海底的水合物矿层。

1992年开始实施"国际海洋钻探计划CODP"时，人们才有目的地去摸这老虎屁股，并且，确有很多次平安无事地闯进过当年的禁区——水合物矿层。

储量巨大、凶险重重的能源新军

近几年，有好几位专家尝试过独立地估计在水合物矿层中到底有多少甲烷。这些研究揭示：全球甲烷水合物矿层的含碳量大约有 1×10^{13} 吨。这一数字是所有的煤、石油、天然气储量总和的2倍。

1995年末期，以美国卡罗来纳州大学的海洋地质学家查尔斯·波尔为首的一组专家进行了地下最深处的甲烷水合物的勘探工程，钻入了美国东南海岸之外海底广泛分布的矿层。此次勘探研究的结果已开始载入有关科学文献。初步看来，确是支持了几年前关于甲烷水合物资源的巨大蕴藏量所作的粗略估计。

在这次深海钻探中，波尔等专家沿着离美国东南海岸330千米远的、海水深度达2800米的宽阔海岬——布来克海脊，选择了3个部位进行深水钻采作业。他们在各不相同的深度段上，采用保持压力的密闭取心方法，采到了甲烷水合物的样品，第一次提供了对海底下不同深度段上的甲烷储量进行直接计量的机会。

此海底所蕴藏的甲烷水合物，其数量远大于以前的预计，每升沉积物中获得10～30升的甲烷水合物气体，实属罕见。此外，专家们还第一次测量到圈闭在冷冻水合物矿层之下的巨量自由（甲烷）气体，其蕴藏量甚至超过了蕴含在冷冻水合物矿层中的甲烷气。

多次深海钻探的资料还揭示，甲烷水合物矿层大多深藏在海底之下，由陆坡斜向深海盆的水深达数千米区段内。近年来，海洋地质学家已经按此揭示鉴别出存在于哥斯达黎加、美国新泽西州、俄勒冈州、日本及印度等地海岸之外的和世界其他区域中数以百计的这种矿层。有些大石油公司还在西伯利亚、阿拉斯加、加拿大等地域内钻穿北极永冻层时碰到过甲烷水合物。

钻探甲烷水合物矿层的费用巨大，曾是开发甲烷水合物的一大障碍。但对缺乏传统矿物燃料的能源贫瘠国家而言，利用甲烷水合物的光辉前景使他们跃跃欲试！就甲烷水合物的本性而言，它们也确实险恶难测。开发过程中，处置上稍有不慎，即可酿成灭顶之灾。甲烷水合物本身是易变无常的分子体。只要其压力稍稍下降或其温度向上蠕升，它必然融化。请看这种不稳定性的证据：布来克海脊一带的海底上密麻麻地布满了长宽500～700米、深20～30米的圆坑。海洋地质学家识别出：那里很多的环形坑都是水合物融化时排放出的甲烷气崩成的。加利福尼亚州门洛帕克城美国地质调查所的专家基思·A·克文沃尔登还指出，水合物在其矿层底部的融化也使海底斜坡呈不稳定状态，导致大块的海底地滑。水合物的这一特点正是阿拉斯加、美国北大西洋海岸、不列颠哥伦比亚、挪威和非洲沿海海底地滑的潜藏因素。

水合物这种固有的不稳定性可对未来停泊在富含水合物矿层上部的钻井平台造成安全问题。如果矿层底部塌陷到足够大的程度，它们就能生成滔天的狂浪，引发起罕有的、横贯海区的海啸。

颠倒冷暖的弄潮儿

科学家们还疑虑，水合物可以通过对气候的间接联系进而对环境施展它们最大的影响。因为甲烷是一种强力的温室气体——10倍强烈于二氧化碳，水合物的大量融化及接踵而至的甲烷气排放，势将提高全球表面温度。

圣巴巴拉市加利福尼亚大学的专家詹姆士·P.肯尼特已发现了引人关注的佐证，说明甲烷水合物确是气候突变的弄潮者。加利福尼亚海岸之外的沉积物有迹象表明，该海域中的碳同位素比在最近7万年中曾经多次发生过剧烈而快速的更迭。因为同位素有独特的指纹图谱，它们正好与肯尼特所指明的那些更迭相符。据此，他认为，这些更迭发生的时机，正是大量甲烷从海底喷泻上升的时候。

美地质调查所专家克文·沃尔登提出过另一种机制。据此机制，上届冰河期末，曾有水合物被排放。他认为，随着地球的陆地冰在那一时期的大批融化，地球海平面上升了90多米，淹没了北极的很多存在水合物矿层的地区，相对温暖的海水又融化了水合物而向大气中排放了巨量甲烷。同样的原理也可应用于当今世界。现时，海平面正以每10年数厘米的速率缓慢上升，而温室气体污染所造成的气候增温，将来可使海平面较快上升。某些专家推测，融化着的甲烷水合物能剧增全球温度。

开发利用如同上弦之箭

人们对甲烷水合物的更深认识尚有待于海洋学家打开世界其他地区中的水合物库藏。与常规意义上的矿物燃料——石油、天然气及其衍生物、若干作燃料用的下游产品等相比，甲烷水合物还算是天然气的原生矿物。只不过因其出世较晚，才成为能源家族中的新星罢了。如今，新星既已在布来克海脊登场亮相，那其后的开发利用不就如同上弦之箭，随机待发了吗?

现时，我们又在狄龙的实验室里看到：他已经结束了甲烷水合物冰球的燃烧试验，正指着剩余的一些冰球对客人说："这些冰球现在可作别的用场了。以前我还真没想到过这件事。但你总可以用它们（人工水合物冰球）烹饪吧。我倒不指望这几个冰球能做成一顿盛餐，但你用它炒熟个把鸡蛋也许能行。"

（1998年第1期）

"海洋钻井平台"专利谈趣

陈榟国

世界海上陆棚和陆坡区的沉积面积约为陆上沉积面积的三分之一,石油资源非常丰富,已有 100 多个国家开始海上勘探工作。海上油田已发现近 500 个,已探明的海上油气田的储量约占了世界石油总储量的 42%。由于海洋环境险象环生,具有艰难的作业条件和一定的危险性,使得海上油田的开发比陆上油田的开发在时间上要晚得多。

为适应海上石油勘探与开发事业的发展,海洋石油钻井就应时而生。海洋石油钻井与陆地相比,主要有四点不同,一是如何在水面之上平稳地立起井架,并要经受住风浪的袭击;二是在钻盘至海底之间,如何建立一个特殊的井口装置把海水与井筒隔绝开来;三是海洋钻井直井少斜井多,在海上钻井必须有保证钻机等钻井设备正常工作的海洋钻井平台;四是海洋钻井费用高,要比陆上钻井高 3~10 倍。正因为有这么多的难题横亘在人们的面前,围绕海洋钻井平台的发明及专利的取得才曲折又艰辛,现在看来,曾发生的那些事情十分有趣,同时也很值得人们深思。

早在 1869 年,托马斯·G.罗兰德取得了一项专利,称为水下钻井装置。他构想的钻井平台有几条可以伸缩的支腿,用以把平台船举升到波浪面以上,使平台稳定住,在平台上用旋转工具在浅海上钻井。这种钻井船的动力来自安在驳船或大平底船上的液压泵。他的构想却极似于 1947 年开发的钻井平台,可谓超前思维。不过,罗兰德本人从来没有建造过一座钻井平台。而在同一年,萨缪尔·刘易斯获得了一种真正的自升式钻井船设计的专利权。这是一种蒸汽动力船,有 6 根可调整的支柱。支柱可以降落到海底,用以把船体举升到波浪面以上。

1932 年,G.I.麦克布赖德提出了一个建造可移动的钻井平台的计划。他设想建造一台钻井驳船,往它的压载舱里注水,可以使它沉入水中,坐落在水底,形成一座稳固的钻井平台,这条钻井驳船可以浮拖到井位上去。打完井以后,驳船浮升起来,又可以移动到下一个井位去。海湾石油公司对这一构思非常感兴趣,于是赶紧去专利部门申请专利,令他们吃惊的是,四年以前就已经有人获得了这项专利。取得了这一同样构思的专利人是路易斯·吉得亚索上尉,他是 1927 年去委内瑞拉马拉开波湖服务时,从那里的水上钻井得到的启发。此时,路易斯·吉得亚索上尉已经把专利的使用权转让给了得克萨斯公司(即后来的德士古公司)。得克萨斯公司在 1933 年按这一专利造了两条座底式钻井驳船。其中一艘钻井船命名为吉得亚索号,于 1933 年 11 月 17 日把它拖运到佩尔托湖 10 号井位上。这条船一开始就显示出优越性,在第一年里,吉得亚索号就打了 5 口半井。海湾石油公司在这项专利面前晚了一步,这一步不知给公司带来多少的经济损失,要是在专利信息方面注意检索,或许专利的使用权就非海湾石油公司莫属了。

自升式钻井平台的最早发明人是法国人莱昂·B.德龙上校。他设计的结构是一艘具有若干充气浮筒支腿的平底船。在拖运的时候，这些支腿被提起到甲板上面来，到了井位上，再放下去，一直插入海底，然后继续向下撑，把整个平底船顶升起来，直到高于海浪面。马格诺里亚石油公司于1950年初采用了德龙的设计来建造德龙1号平台，于9.1米深处作业，但该平台却大出设计者的意料，不能进行移动。而真正第一艘德龙式钻井平台是美国外海公司的1号船，于1954年4月投入运行。这条船采用德龙的设计来升降，工作水深12.2米。船的侧部开了槽用于钻井，它有12个直径为1.83米的充气浮筒，钻井船可以以其中一个为枢轴而移动。勒拖诺在此基础上又有了新发展，他发明了电动升降装置，使充气浮筒支腿能够全上全下，把该平台的技术含量又推进了一步。

任何一种发明创造都不是轻而易举获得成功的，都需要经过一番艰苦的劳动。正如马克思所言，在科学上没有平坦的大道，只有不畏劳苦，沿着陡峭山路攀登的人，才有希望达到光辉的顶点。在人们的发明创造活动中，就是不断地发现问题、提出设想、解决问题，使之更加完善，为人类所用，海上石油的勘探与开发也不能例外。

发展到今天，海上钻井平台按其结构特点基本上可分为固定式和移动式两类。前者包括桩基式平台和重力式两种。后者又分为座底式和浮动式，且座底式包括自升平台和沉浮式平台，浮动式包括浮式钻井船和半潜式钻井平台两种。

但是，为满足海洋石油勘探开发的需要，新的专利还会不断涌现，也一定会有更多有趣的事情发生。要记住的就是总结经验、吸取教训，充分发挥专利技术的作用。

（2003年第3期）

不可小觑的甲烷

何品昌

甲烷，也叫天然气、沼气，是一个早为人知的可燃气体，我国是最早使用甲烷的国家。几百年前四川就有人用烧熬皮水、制井盐。而人类到了今天，由于石油资源短缺，需要寻找新的洁净能源，甲烷受到人们的重视，由于大气污染，温室气体存在，形成温室效应，甲烷又是祸首之一从而受到人们的关注，可由于可燃冰的大量发现，人们又跃跃欲试地要开发它。

从石油行业来看，石油和天然气关系密不可分。开采原油时有伴生的天然气。石油是液态，加工后才生产出甲烷和碳二、碳三、碳四等气态烃，其余产品如汽油、柴油仍是液态，它们都是各种烃类组成。甲烷是气体，和汽油的性质可谓是性相近、习相远，是最简单的烃，由一个碳原子和四个氢原子组成，它有几个理化性能指标应当特别关注：一是沸点低，为 $-164℃$，闪点更低为 $-188℃$，相对蒸气密度为 0.55（空气为 1），就是说它非常的轻，无色无臭，不易觉察，易燃易爆。

作为能源，天然气的储量比较丰富。中国天然气总资源到目前为止已查明的约为 40 万亿立方米，我国从陆地到海洋都蕴藏着天然气，资源丰富，东有东海盆地春晓油气田，西边天然气资源更为丰富。目前西气东输，已为东部沿海地区提供了大量的天然气能源。我国南部莺歌海、云贵高原及台湾、海南岛、东沙、西沙、南沙天然气蕴藏量巨大，北方华北、东北、环渤海地区，油气资源有的已经开发，远景可观，中部四川盆地，近年来不断有新发现、新进展。内蒙古鄂尔多斯盆地已发现了大量的油气田，而且内蒙古自治区已经成为我国煤储藏量最丰富的省份，煤层气（HCl）储量也很大。

甲烷的另一种存在形式可燃冰或称甲烷水合物，是由几个水分子包围着一个甲烷分子，像一个笼子，在 $2\sim5℃$ 条件下形成了可燃冰。

可燃冰形成需要具备三个条件：一是低温，在 $0\sim10℃$ 为宜；二是要有一定的压力，约 $20\sim30$ 个大气压；三是要有气源。目前陆地上可燃冰满足这三个条件的有西伯利亚永久冻土层，北美阿拉斯加。最近，我国青海祁连山永久冻土带也发现有可燃冰。而海洋上能形成可燃冰的海域就太多了，到现在为止科学家估算，海洋中有约 4000 万平方千米海域，约占海洋总面积的 10% 有可燃冰的存在，实际上恐怕不止这些。对可燃冰的藏量人们有各种各样的评估，有人说可以用几个世纪，还有人说可以用一千年，以现在人类的社会的物质、文化水平和认知世界的能力，很难预测到几百年后社会发展概貌。总之，只要有太阳在，能源危机是不存在的。

谈到甲烷的用途，在人类社会中可以说它自成一个应用系统，形成一个领域。作为燃料，它可以替代石油，尤其是汽油。在北京街头就可以看到标志有使用天然气（NG）、压缩天然气（CNG）、液化天然气（LNG）和液化石油气（LPG）做发动机燃料的汽车。它岂止可以作为汽车发动机燃料，俄罗斯已然试用天然气作为飞机燃料。天然气作为民用燃料，早已用到各行各业、各家各户。天然气还是重要的化工原料。

甲烷可以制氢；氢加工在石油工业中得到广泛应用，是石油产品精制，制造优质燃料、润滑油的重要环节，加氢也用于制药等其他行业。天然气制造炭黑，是我们祖先早已掌握的技术。在现代工业中，炭黑是橡胶工业的主要材料，炭黑占橡胶总量的 $40\%\sim50\%$。

实际上，以甲烷为原料可以开发出甲烷系列产品。甲烷可以制成甲醇，甲醇是重要的有机化工原料，可以形成甲醇产业链。甲醇脱水制成二甲醚，已经用作内燃机燃料。甲烷经由甲醇制造甲醛，它又是一个重要的有机化工燃料。甲醇也用于精细化工、塑料，农药和医药行业。

可以说天然气在各个行业中的应用的广泛程度可与石油及其产品相媲美。

另外，在当前被广泛倡导的低碳经济中，甲烷也是人们关注的温室气体之一。大气中二氧化碳的浓度是 0.032% 到 0.040%，甲烷的浓度是 0.0002%，也就是说前者是后者数量的 160～200 倍，但就甲烷的绝对数量来说也相当可观。因为大气的总质量是 5.14×10^{18} 吨，而据说甲烷的温室效应是二氧化碳的 20 倍到 50 倍。

甲烷与石油形成的机制不完全相同，石油是古生物在地下经亿万斯年，在高温高压作用下生成的，它含有成百上千种烃类混合物，而甲烷则不尽相同，如前所述可燃冰生成的三个条件比较容易达到。而海洋里的生物，有几百亿吨可提供足够多生物源，所以占地球表面积 3/4 的海洋，孕育着上千亿吨的可燃冰，不足为奇。

甲烷在陆上生成也有足够的生物源，植物腐烂后，可生成甲烷和二氧化碳，动物也如是，新西兰、印度等国牛群众多，它们在食物消化过程中胀气，排放出的气体主要是甲烷。另外，有学者检测到水稻田也会排放甲烷，池塘、沼泽地等湿热地带也会生成大部分的甲烷，等等。

总之，人们不可小觑甲烷，它的开发和利用是双刃剑，预期它是重要的新能源选项，也是重要的有机化工原料，将为人类创造更加多种多样的物质文化生活。每年地球向大气中排放四亿吨到五亿吨的甲烷，它在自然界达到怎样一种平衡，它的存在对大气构成的长期影响还没有完整的长期的科学评估，而可燃冰的开采更有许多技术问题需要解决，不可轻举妄动，人们应审慎对待，要珍惜地球、珍惜大地、珍惜大海、珍惜大气，因为地球是我们的可爱家园。

（2010 年第 6 期）

石油、太阳能及其他

何品昌

石油是太阳能的存储器。根据石油有机生成理论：在水体中沉积于水底的有机物和其他淤积物一道，随着地壳变迁而沉埋地下，在温度、压力、细菌的作用下，转化为碳氢化合物，最终转化成石油。研究表明这个过程最少需要200万年，最长需要五亿年。万物生长靠太阳，有一首歌就是这么唱的。所有生物都是以太阳能为生命之源，化石燃料——煤炭、石油、天然气，实际上是将太阳能储存于地下。

人类进化史有百万年，而人类文明史只有五千年。从18世纪算起，人类大规模使用化石燃料——煤炭约200年，现代化的石油开发，屈指可数只有百余年历史。可到现在为止，人们已消耗了地球上近一半的石油藏量，再有百余年，地球上的石油将全部用完，这前前后后不过200年，在历史发展的长河中，只是"白驹过隙"的瞬间。

石油作为燃料可谓人所共知，可是更重要的作为石油化工原料，很多人就不甚了了，实际上在现代生活中，人们须臾不可离开石油化工产品，它的三大支柱产业：合成纤维、合成树脂、合成橡胶彻底地改变了人们的生活方式。合成纤维（SYNTHETIC FIBER）的五大纶：丙纶、腈纶、维尼纶、锦纶、涤纶不仅使人们摆脱了对丝，棉麻天然纤维的依赖，使人的衣着五彩缤纷，也广泛应用于各行各业。合成树脂（SYNTHETIC RESIN）和以它为基础的塑料工业，取代钢铁，竹、木成为一种全新材质，广泛应用于航空航海、工业交通、建筑、农业以至生活的方方面面，使人目不暇接，聚乙烯、聚丙烯、聚苯乙烯、聚氯乙烯、酚醛树脂、脲醛树脂，环氧树脂不可胜数。另外，一类以石油为原料的高分子聚合物——合成橡胶（SYNTHETIC RUBBER），早已超越天然橡胶，不仅数量多，而且提供性能各异、满足各种使用条件下的要求。诸如，丁苯橡胶、顺丁橡胶、异戊橡胶、异丙橡胶、氯丁橡胶，以及丁腈橡胶，丁基橡胶等。此外，石油还可以用于化肥、农药、医药等行业。可以说石油是上述行业无可代替的原料，这些行业提供了现代社会生活所需的基本材料。

石油作为燃料，其发展方向值得我们认真研究。20世纪初，美国将石油、汽车、建筑业作为国家支柱产业，经过百年努力，取得了辉煌成就，成为今天全球唯一的超级大国，但美国有其先天的优越条件：一是地大物博，国土辽阔、土地肥沃、资源丰富。煤炭、石油、天然气藏量排名全球前列。二是时至今日只有三亿人口，是我国人口的四分之一。美国是个移民国家，全世界优秀人才纷至沓来。三是百年来本土无战争，科技发展执世界牛耳，教育水平高，拥有众多出类拔萃的科学家，软实力、硬实力领先世界。如今，美国早已把三大支柱产业置之脑后。以微软、IBM为代表的高科技产业领跑全球，技术输出盈利世界，第三产业蓬蓬勃勃。奥巴马政府为摆脱对进口石油的依赖，大力寻找新能源。美国产业发展的道路值得深思。

最近我国有关部门宣布，不再把建筑业作为支柱产业，但新兴的汽车工业能否做为支柱产业，值得商榷。

发展汽车工业有三个瓶颈问题：交通、污染，能源。

交通方面：公路交通占据城乡大片土地，特别是我国东部地区，经济发达、土地珍贵、寸土寸金。汽车拥有量猛增，造成城市交通拥堵，这方面北京堪称典型，到现在也没有找到妥善的解决办法。应该有节制地发展汽车业，不能像目前这样，任其发展。有关人士称，美国千人拥有汽车700辆，英国拥有600辆，中国仅50辆，所以汽车业有较大的发展空间。这样讲忽略了一个基本事实，美国、英国是高度发达的资本主义国家，我国是发展中国家，还有1.2亿贫困人口，人均GDP居世界100位之后。费尽九牛二虎之力，保持着全国仅有的十八亿亩可耕地，生产粮食。

污染方面：随着汽车数量的增加，汽车污染和碳排放是个无法绕过的关口。我国经过最近一二十年的努力，汽车排放的污染问题，刚刚得到缓解，碳排放问题又成为一个新的必须逾越的鸿沟，我国的碳排放量居世界前列，备受全球关注。

能源方面：至关重要。2010年我国汽车产量达到1700万辆，世界第一。这就意味着每年要增加2000万～3000万吨汽油、柴油。需要增加3000万～3500万吨的炼油能力和常减压、催化裂化、催化重整、加氢等配套装置，而且如此发展，再有三五年我国将拥有两亿辆汽车，需要三四亿吨汽油、柴油，原油从哪里来，目前60%靠进口，既不安全也不可靠。寻找新能源是摆在发达国家如美国、欧洲的重任，也是摆在我们面前的迫在眉睫的任务。新能源，有作为化石燃料延续的甲醇、乙醇、二甲醚等，也有开发诸如风能、水能、海洋能、潮汐能、生物能、水合物、核电等，而它们都有各自受制约的条件。以水能为例，专家估算，每年建一个三峡大坝，也满足不了我国电力增长的需求。

除了核电外，这些能源有一个共同的起点，那就是通过各种途径，都来自太阳。而核电站，无论是切尔诺贝利，还是三里岛核电事故使人记忆犹新，而处理核废料、拆掉一个旧核电站要比建一个新核电站困难和费力得多，可以说人类应返璞归真，重新认识太阳能是万源之源，我们智慧的祖先，燧人氏取自太阳的天火，普罗米修斯盗取的天火也来自太阳，如今人类掌握了更多的太阳的知识，我们应该站在当今科技发展的平台上更多更好更高效地利用太阳能。阳光普照，遍布全球，人人机会均等，它无需运输，不用开采，没有污染，取之不尽，用之不竭。天文学家测得太阳已存在150亿年，还要存在1000亿年。值得庆幸的是，地球已存在50亿年，还可以存在50亿年。100亿年的地球寿命，完全在太阳活动周期内。太阳在，地球就在。太阳是那么恢宏巨大，它的直径是地球直径的110倍，它辐射到地球大气层的能量只是其辐射总量的22亿分之一。太阳每秒钟照射到地球上的能量相当于500万吨煤释放的能量，人们每年消耗的能量只是太阳辐射能量的两万分之一。

我国地域辽阔，可以充分利用太阳能。有世界屋脊青藏高原，阳光充沛。拉萨又称阳光城，西北地域风能资源丰富，我国广阔海域可以提供各种形式的海洋能，温暖湿润的南方可以提供各种生物能。

石油作为太阳能的存储器，当做燃料使用实在太可惜，直接利用太阳能的太阳能汽车、太阳能飞机、太阳能轮船，以太阳能发电的电动汽车已相继问世，有了雏形就会日臻完善，最终得到普遍发展。而石油作为化工原料，可为人类生活丰富多彩作出更大奉献，也为社会的持续发展，为子孙后代留下一笔财富。

（2011年第2期）

我国各大油田是如何命名的

吴 名

在祖国广阔的陆地与海上，广泛地分布着大大小小的油田。每个油田的背后都有那么一段故事，透过厚重的岁月，那些故事历久弥新，今天就给大家讲一讲关于油田命名的故事。

狭义上讲，油田专指特定的原油生产区域，有时也是特定区域内地下油层聚集的总称。而广义上讲的油田则范围更广，既包括多个大型的原油生产区，也包括整个范围内参与油田生产、生活的所有的人与物。从这些油田诞生，甚至是从打第一口探井开始的那一天起，人们就给它赋予了一个响当当的名字，或是单纯记录、或是纪念、或是歌颂。而经过这么多年的积淀，转头回望，很多油田的命名已经不仅仅是一个名字，更是一段段光辉岁月，是一段段难忘的历史。

陆上油田命名方法

（1）以纪念意义命名。以大庆油田为例，1959年4月11日大庆油田松基3井开钻，9月26日16时，在试油阶段松基3井放喷的原油大量涌出，宣告了松辽盆地第一个油田的诞生。9月27日，黑龙江相关领导到大同镇祝贺，并提议把大同镇改名为"大庆"，既有对发现油田的肯定，又有国庆10周年之意。石油部部长余秋里得知提议后，说道："好么！大庆好么！"随后，石油部经党中央批准，抽调全国的勘探队伍到大庆开展了石油大会战，并将油田命名为大庆油田。

类似的还有胜利油田，1955年，国家决定对华北平原地区展开区域性的石油普查。1962年9月23日，在东营构造上打的营2井，获日产555吨的高产油流，这是当时全国日产量最高的一口油井。胜利油田始称的"923厂"即由此而来。1964年1月15日，石油部决定组织华北石油会战，会战期间进行了坨庄—胜利村战役。1965年1月25日，在胜利村构造上，钻井队打的坨11井，发现了85米的巨厚油层，试油日产1134吨。1971年6月11日，"923厂"正式更名"胜利油田"，在那个特殊年代，这个名字无疑是一种昂扬上进精神的体现。

（2）以发现地命名。这类油田命名最为广泛，当然命名的地名可大可小，可以是省名，也可以是一定范围内地区名。主要油田命名分布如下：

分类依据	代表油田
省名	吉林油田、江苏油田、青海油田、四川油田、河南油田
地区名	冀东油田、江汉油田（江汉平原）、陕北油田、华北油田、辽河油田（辽河下游）、大港油田、玉门油田、中原油田、吐哈油田、滇黔桂油

以长庆油田为例，1970年9月26日位于庆阳县马岭的庆1井喷出工业油流，日产原油30多吨，成为在陇东地区钻获的第一口自喷油井，宣告长庆油田大发现开始。由于石油会战的指挥部最初设在一个名叫长庆桥的小镇，油田因此以"长庆"得名，又暗合了对大庆油田的延续与期望。

大型油田继续细化分类，可以分出多个小油田，各个小油田命名比较灵活。当所在地居民点稀少时，也可以按附近居民地和方向命名，如塔里木轮南油田位于轮台县南数十千米的戈壁荒滩上。在一个居民点附近有一系列相关的油田，则可按序编号，如柴达木冷湖三号、四号、五号油田。作变通时，也以按油田附近的河流命名，如塔里木河旁的塔河油田，塔里木盆地中部玛扎塔格构造上发现的气田没有按地名（玛扎塔格在维吾尔语中意为坟山），而以附近的和田河命名。在无合适居民点时，还可以按照首先发现这个油田的第一口井命名，如大沙漠中的塔中4油田以塔中4井而得名。

（3）以符合当地语言习惯而命名的典型代表是克拉玛依油田。在20世纪50年代初期，有一个叫赛里木的老头，在沙漠里发现了一个冒着黑色液体的山丘，石油勘探者依此发现了油田的存在。最开始，这个油田仅仅被叫做"黑油山"，在维吾尔、哈萨克语里，黑油山音译为克拉玛依。

1956年2月下旬，新疆维吾尔自治区党委第一书记王恩茂、自治区主席赛福鼎到油田视察工作，提出为了习惯当地叫法，建议按照维吾尔语的读音，将黑油山油田更名为克拉玛依油田。1956年5月11日，新华社发布消息，宣布"克拉玛依地区是个很有希望的大油田"，从而使克拉玛依作为一个地名被介绍到国内外，这个油田也就顺理成章被改称作了克拉玛依油田。

海洋油田命名方法

当前国内海上油田主要有三个，均是以海域来命名，即渤海油田、东海油田、南海油田（又分为南海东部油田和南海西部油田）。这只是一个大分类，更进一步，由于海洋环境的特殊状况，又有了更精确的分类方法。

根据1998年中国海洋石油总公司发布的《中华人民共和国海洋石油天然气行业标准》，从原则上规定了海洋钻井井名命名的同时，也对海洋油田的命名作出了规定与解释。

（1）以经纬度加区块来命名。首先，我们按照经纬度，将海洋分为多个方格，我们用左上角的经度和纬度作为本方度区（方格）的编号。如东经118°～119°，北纬38°～39°，这个方格编号即为118/39。

然后，在《中华人民共和国海洋石油天然气行业标准》里，我国海上各个方度区（方格）的编号都已经被具体规定。比如，通过查询官方标准，我们可以知道方块125/29被命名为黄岩，方块113/21被命名为恩平。

最后，在各区块内，以经度、纬度各10分划分为36块并从左向右从上到下依次编号。而各个小方块内如果有若干个构造（小型圈闭、油田），则按照自西向东、自北向南的顺序编号。编号一经确定，不能修改。

此时各个构造均可以落实到小的分方格中，如绥中36-1，则表示该油田位于名字为绥中的方度内，在方度内的方块编号为36号，同时也是分方块里的第一个构造。如果以后在此方块内再发现别的构造，则以先后顺序命名，即绥中36-2。当一个构造跨越两个以上分方块时，构造名称应该以构造主体部分所在分方块的编号进行命名。

油田名称即为按照以上方案定义的构造的名称。海上所钻井名的命名采用多级命名法，井名排序依次为井所在方度区名称、方度内分块顺序号、构造编号、井的编号，以及关于本井的其他信息（比如水平井、斜井、侧钻井等信息）。比如，文昌14-3-A1M井，表示该油所在方度方格名称为文昌，油田落在14号分方格，A1即代表该井是本油田所设计的第一口生产井，M代表该井为分支井。

（2）借用陆地相近地区知名度大的一系列地名、风景加以命名。

这在东海最为典型，如东海陆架盆地北部为浙东坳陷，将这个凹陷构造命名为西湖凹陷。西湖相

南海文昌 14-3 平台

关的风景名胜众多，于是经过近30年的勘探过程中，西湖凹陷内发现的构造（油气田）均以西湖美景对其进行了相关命名。比如平湖（平湖秋月）、春晓（苏堤春晓）、天外天、断桥、残雪（断桥残雪）、宝云亭、武云亭和孔雀亭，都是近年来发现的油气田。此外，还有玉泉、龙井、孤山等若干大型含油气构造。

比如平湖A2H井，表示该井在平湖油气田，A2代表该井为所设计的第二口生产井，H代表该井为水平井。

（3）偶尔脱离命名规则的命名。

实际上，在给油气田起名的过程中，老一辈石油人难免会"任性"一回。比如流花油田，在标准文件里是找不到"流花"这个地名，"流花"是广州一个公园的名字。但是南海东部某油田还是以流花这个词来命名了。

另外，我国南海的油气田区块，"13"这个数字在这里频繁出现。如崖城13、东方13，陆丰13等，这并不是巧合。根据我国统一的命名规则，这些油田并不是都出现在区块的第13小格中。这是由于当时命名那个油田的人对13这个数字情有独钟，认为它是吉利数字，所以盼着起这个名能有大发现，这与管孩子叫"成龙""成凤"的意思有点相近。

东海平湖综合平台

（2018年第1期）

深冷到底有多冷

娄舒洁

天然气储运主要有气态压力运输（CNG）、液化运输（LNG）等方式。液化运输就是先将天然气进行液化，将其改变成为液体进行运输，天然气由气体变成液体（LNG），起到决定作用的是深冷技术。

气体王国的舞蹈

如果用电子显微镜观察看不见摸不着的空气，你就会深入微观世界，发现一个庞大的气体王国。气体王国的公民，比如氧气、氮气这些我们日常生活中的亲密伙伴，以及多种天然气家族成员，组成这些气体的分子都有着轻盈的体态，成日在空中起舞。她们时而相互推挤，时而互相拥抱，热闹得难分彼此。气温越高，舞会的气氛也越活跃。

如果一种气体分子的舞蹈让你一见倾心，那么如何"俘获"她芳心？方法很简单，就是利用液态分离的原理，利用气体分子之间沸点的差异让她从舞会中跑出来。当气温降低时，气体分子就会失去活力变得慵懒，跳舞的步伐逐渐放慢，最终变成液态，你的机会就来啦。

当气温降到 $-42.1℃$ 时，身材高大丰满的丙烷分子开始抱团取暖，她们跳不动啦，只能手拉手地在一起变成液体。如果你相中的是二氧化碳，她可是一个大码的模特，当气温降至 $-56.6℃$ 时，才匆匆从其气体族群分离出来，快带着她离开吧。乙烷比她同族的姐姐丙烷稍显活跃，在 $-88.6℃$ 时就会退出舞池。但也比不过同族的小妹甲烷，如果温度还未降到 $-161.5℃$ 以下，甲烷仍然保持着气体分子的从容优雅，在空中旋舞。氧气和氮气比甲烷更加贪恋舞池，她们的沸点分别在 $-180℃$ 和 $-195.8℃$。

气体分子中最为小巧也最"高冷"的是氦气，她的沸点为 $-268.9℃$，接近理论上自然界中的极寒温度，这是一种让一切分子停止运动的绝对零度。利用气体分子的这一特性，通过工业手段制造低温条件，可以获得纯度较高的气体组分，比如用于外科冷冻治疗的液氮、作为火箭推进氧化剂的液氧、使核磁共振仪工作的液氦。

高冷的分离技术

液化分离的原理虽然简单，但让调皮的气体分子乖乖液化，其中涉及的技术问题却很复杂，首当其冲的就是如何获得如此低的温度。第一种方法是将液化了的气体作为制冷剂，多种液化温度不同的气体逐级使用，可以使温度阶梯下降。好像一场制冷接力赛，第一棒是液氨，制冷温度在 -18～$-25℃$。液态丙烷接过接力棒，可将制冷温度降低到 $-30℃$ 以下。接下来分别是乙烯和甲烷，她们可以将制冷温度降到 $-100℃$，将天然气中除甲烷、氦气外的其他成分冷却和分离，获得以乙烷、丙烷、丁烷为主要成分的天然气凝析液。天然气凝析液是重要的化工原料，它进入裂解炉后脱去身上的氢原子、碳原子之后重新组合，摇身一变成为乙烯或丙烯，是生产塑料和树脂的重要原料。

这种依靠温度逐级下降分离气体的方法被称为梯度液化法。这种方法需要动用的制冷机组多，对制冷剂的纯度要求也很严格，因此单靠液化气体制冷的办法不能俘获氦气、氮气、甲烷等沸点更低的气体分子。面对这些舞会上的"冰美人"该怎么办呢？英国物理学家J.P.焦耳和W.汤姆孙（即开尔文）发现气体通过多孔塞发生绝热膨胀后温度会发生变化，大多数的气体膨胀后变冷，但氢和氦则变热，这就是"节流效应"。

小贴士

进入 21 世纪，"节流效应"仍然在精密制冷仪器中发挥着重要作用，例如医学中用于肿瘤微创治疗的氩氦刀，其原理是氩气在刀头的针孔内急速释放，在十多秒内将病变组织冷冻至 $-120 \sim -165\,℃$，然后针尖急速释放氦气，利用氦气节流效应带来的急速复温升温现象，快速将冰球解冻，消除肿瘤。

1895 年，德国人卡尔·林德利用这一原理制造出世界上第一台空气液化机器，用于制取纯氧和纯氮。林德的发明推动气体液化研究进入低温世界，当然，也为天然气的低温分离和加工奠定了基础。为了进一步提高制冷效率，气体如果绝热膨胀的同时向外做功，则会因失去更多能量而气温进一步降低，获得更好制冷效果，工业上通常采取氮气循环膨胀制冷。

深冷到底有多冷

通常 $-100\,℃$ 以下的低温冷冻为深度冷冻，简称"深冷"。天然气家族中，甲烷、乙烷、氦气三位成员性格"高冷"，因此液化天然气（LNG）、液态乙烷、液氦的生产离不开深冷分离技术。

小贴士

1877 年，甲烷在实验室被液化。1917 年，美国在氦回收装置中实现了天然气液化。1941 年，在美国 Cleveland 建成了 LNG 调峰站。1959 年，美国实现了世界第一次天然气液化运输，"甲烷先锋"号把第一船 LNG 从美国路易斯安那州的查尔斯湖穿越大西洋，运抵英国的坎威岛。1964 年，世界上第一套 LNG 工厂在阿尔及利亚建成，开始了 LNG 的商业运营及正式国际贸易。1965 年，第一艘 LNG 运输船在法国制造成功。2006 年，第一艘 LNG 船到达中国，开始了中国的 LNG 国际贸易。

除了通过节流膨胀与做功制造低温，分离过程还需要通过板翅式换热器实现快速冷却。换热器材质为轻质且散热快的铝合金，设计仿造鸟类翼展时的翅膀，宽大的隔板构成巨大的平面，轻薄的翅片在隔板间整齐排列，交错构成一条条细小的通道，供气体或者液体穿过时快速散热，就像是鸟类的飞羽构成的细小气流通道帮助它们翱翔蓝天。气田中采出的天然气经净化后，仍然含有少量的二氧化碳和水，以及微量的硫化氢。深冷温度下，这些杂质会冻结而堵塞换热器的通道，因此进入换热器之前，必须在分子筛吸附器中将原料气中微量的杂质脱除。

深冷分离的过程中，由于采用了气体压缩循环、换热等技术手段制造出自然界难以达到的低温，是天然气处理过程中的耗能大户。生产每立方米精制氦气消耗能量相当于 89～133 度电，约等于一个三口之家两个月的用电量。

（2021 年第 3 期）

氦气到底有什么用？

秦胜飞　李济远

氦气是一种具有低密度、低沸点和惰性等特质的战略性特种气体。因常常与天然气伴生，因此被人们称为天然气中的"黄金"。近几十年，随着科技的进步，氦气在航空工业、深潜水、医学成像、超导材料、半导体、氦气硬盘、氦冷却核反应堆等多个领域的应用开始变得越来越广泛，起到了不可忽视的作用。

航空航天

我们的征途是星辰大海，先从航空航天开始介绍。在载人航天方面，无论是液氧煤油火箭发动机还是更高比冲的液氢液氧火箭发动机，都是依靠增压的氦气将燃料和氧化剂直接送入发动机。如果用其他种类的气体，排挤1立方容积推进剂氮气质量需要氦气的7倍，自生增压气体（N_2O_4蒸气及燃气）质量是氦气的11.4~14倍。向太空发射起飞重量多斤，成本增加数万。而且氦气不会在高温下与火箭箱体发生化学反应的优点，在航天器变轨方面也发挥着重要作用。因此美苏冷战期间为了在未来的太空竞赛中取得优势，美政府便以高价收购天然气公司分离出来的氦气，在之后的十年间生产的氦气也主要被美国储存了起来。

超导与医学成像

20世纪90年代"冷战"结束，美国储存的几十万吨氦看似失去了战略意义，但是超导领域发展迅速，当年储存的氦在超导医学成像领域大放异彩。一些材料在4.2开尔文的温度下在产生超导现象，电子从材料中流过，产生电流时超导体不会阻碍电子的流动，因此能产生极强的磁场。医院使用的核磁共振机产生磁场，使病人身体内分子磁场的磁力线方向一致，这时磁共振机的磁场突然消失，分子的磁力线方向突然恢复到原来随意排列的状态。这样反复多次，核磁共振机会得到充分的数据，经运算后成像。磁共振成像技术（MRI）以及利用高强度磁场的核磁共振技术（NMR），若不是因为氦气沸点极低，可以冷却超导材料到所需的极低温度，这些技术都不可能诞生。一台医院工作的常规磁共振机通常每半年左右需要2000升的液氦才能正常工作，否则就会出现"失超"现象，无法得到需要的医学图像。

深潜水领域

在潜水区域进行潜水时，所使用的压缩空气成分与空气相同，氮氧比为4∶1。如果潜得更深更久一点，吸入的氮气就会在高压下融入神经细胞使人产生麻醉的现象。但如果使用纯氧潜水，停留一小时以上也会引发大脑的氧中毒。这两种情况在深水中都是十分危险的。因此在深潜水时，使用氦氧气瓶就显现出了它的优势。氦气由于其惰性，即使深水高压下在血液里的溶解度极小不会产生神经麻醉。返回水面时，压力快速降低，溶解在身体里的气体会释放出来堵塞血管甚至是中枢神经，氦气密度小，能更快地被人体吸收，也能比氮气更快地排出体内，减少减压时间。这样携带同样容量的气瓶，潜水员就有更充足的时间在水下作业。而且氦氧混合气密度较小，潜水员吸入会十分轻松。

氦气硬盘

在水下，氧气的缺乏对于那些试图探索海洋奥秘的人来说是致命的，人体需要空气。硬盘也是如此，硬盘驱动器内部的读/写磁头实际上在我们所谓的"空气轴承"上飞过磁盘表面。没有空气，磁头会撞到磁盘上，但硬盘中使用空气则会产生湍流。因此，工程师们把目光投向了密度较小的元素。氢是密度最小的元素，但它太过于活泼，1937年的兴登堡灾难就是一个很好的教训，使用易燃的氢气不是一个好主意。而氦是可观测宇宙中第二轻的元素，由于氦气是惰性的，自然条件下它不会与任何东西发生反应。密度只有空气的1/7，用氦气取代空气，减少驱动器内部湍流，提供的优点是无数的。首先使用氦气的硬盘可以将磁道挤得更近，这也就意味着每个光碟上可以做出更多的磁道。其次使用氦气可以将硬盘做得更薄或者塞入更多的光碟，而更薄、空气阻力更小的光碟在运转的过程中会消耗更小的功率，更少的空气阻力也意味着氦气盘比常规机械硬盘会更安静，噪音声更少。硬盘将氦气密封起来，其他污染物进不去，从而提升硬盘的可靠性。

氦气硬盘

半导体制造

最近几年，华为海思处理器被卡脖子的芯片制造链中，关键一步需要将高纯度的多晶硅放在石英坩埚中加热，使温度维持在1400℃左右，多晶硅生长成无错位单晶硅。在加热的坩埚中必须有氦气的保护，才能保证高温生产出的硅片不会与其他物质发生化学反应影响纯度。

氦冷却核反应堆

日本福岛核电站于2011年3月11日因海啸造成了目前人类历史上最严重的核事故，紧接着的几天，3个机组燃料厂房陆续发生氢气爆炸。为了控制堆芯温度，核废水一直产生到今天，甚至三四十年后，而核废水排入海洋对地球造成的损害有多大已经无法评估。其直接原因是堆芯热量无法排到热阱中被正确使用，3个机组在堆芯余热的作用下迅速升温，金属包壳在高温下与水作用产生大量氢气，进而引发了一系列爆炸。如果日本东电公司用氦冷却反应堆，那么即使温度超过750℃，氦气也不会爆炸或发生反应，简单来说其过程是，氦气冷却剂流过燃料体之间，变成了高温气体；高温气体通过蒸汽发生器产生蒸汽，蒸汽带动汽轮发电机发电。

氦气的检漏

任何机械产品在制作过程中都难以保证完全不出现渗漏点的情况，在半导体器件、集成电路等重要电气设备及许多高精尖仪器中，良好的密封才能保证仪器的运转，所以检漏十分重要。对于大型物体如油气管道的检漏，常常通过管道内外一侧抽真空，另一侧注入氦气用吸枪进行检查。当被检物体体积较小时，常用氦的背压法检漏。首先将被检产品置于高压的氦气室中，如果被检产品表面有漏孔，氦气便会通过漏孔压入被检产品内部密封腔中。然后取出被检物体，将表面的残余氦气吹净后再将被检产品放入与检漏仪相连的真空容器内。待测物体内氦气会通过漏孔泄漏到真空容器，再进入氦质谱检漏仪，从而实现被检产品总漏率测量，通过换算公式就能计算出被检产品的等效标准漏率。

除了以上应用，氦气目前还有电弧焊接中充当保护气、游乐场使用的气球、色谱分析仪中作为载气、氦氖激光器中氦将能量传给氖原子使其成为激发态从而产生激光等众多用途。在未来，氦气还可以作为核聚变的良好燃料，成就我们星辰大海的梦想！

结　语

总之，如果缺乏氦气，很多行业都无法正常进行。但是每年中国的氦气供给几乎完全依赖氦大国进口，上游供应链完全受制于美国等西方国家。随着国际形势变化，我国也逐渐调整氦气进口来源转向卡塔尔。但是这条路并不稳固，卡塔尔的开采技术与设备都严重依赖美国。而现在的氦气资源，大都伴生在天然气中，唯一工业化获取氦气的途径就是天然气分离法——需要经过多次液化、分馏和提纯，才能获得纯净的氦气。相信我们国家的天然气地质人通过不懈的探索，也将像摆脱贫油国一样，把贫氦帽甩到太平洋里！

（2021年第4期）

神奇的氦-3

秦胜飞　东归霖　周俊林

（中国石油勘探开发研究院）

随着全球变暖引发的极端气候问题加剧，探寻新型能源对人类的持续发展具有重大意义，其中，氦-3（^{3}He）将是未来理想能源之一。氦有两种稳定同位素，^{4}He 和 ^{3}He，^{4}He 是由铀和钍发生放射性衰变产生，^{3}He 来自太阳内部的核聚变。地球上的氦-3来自地球初始形成时积累下的原始氦，主要存在于地幔中。氦-3由两个质子、一个中子组成，外层有两个电子，构成氦-3的粒子数是奇数。氦-3也是唯一不能在标准大气压下被固化的物质，而且能够在相对低的温压条件下与氢同位素发生核聚变反应，无害地放出大量能量。由于在聚变过程中不产生中子，放射性小，因此氦-3可作为一种理想的可控核聚变发电燃料。

氦-3的来源

虽然在地球上氦属于稀有元素，但在宇宙中，氦元素占比为24%，排名第二，仅次于氢。太阳由90.0%的氢和8.9%的氦组成，其内部在高温高压环境下能够实现核聚变生成氦-3。核聚变又称质子-质子链反应，首先两个质子（^{1}H）聚合生成一个双质子氦核，双质子氦核由于不稳定而快速衰变为氘（^{2}H）。氘与质子发生聚变生成氦-3，大部分氦-3会继续发生核聚变产生较为稳定的氦-4（α粒子），少部分氦-3元素会脱离反应区到达太阳表面，经太阳风吹向四周广阔的宇宙。

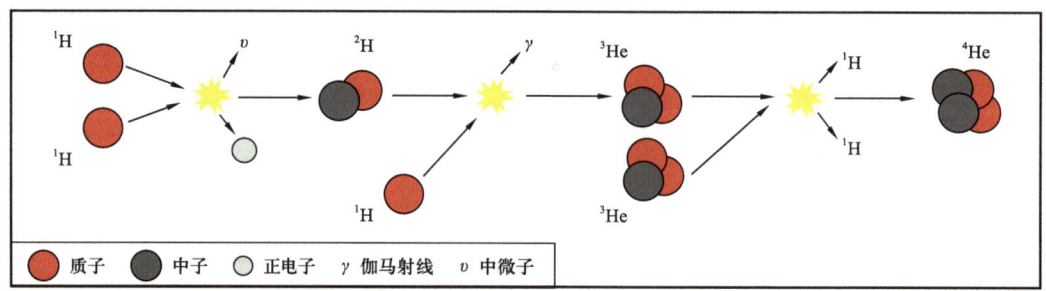

质子—质子链反应

受地球大气层与磁场的阻挡作用，太阳辐射中的氦-3原子很难到达地球。地球上的氦-3大都由氚核通过β衰变或者行星形成初期捕获保留在地幔以下深处。由于地球氦-3的丰度低且提纯成本高，因此地球上能够被人类利用的氦-3总量极少，仅500千克。而太阳风携带的粒子可以直达月球表面并由月壤颗粒吸附，因此月球上氦-3含量远高于地球。

氦-3的用途

地球上氦-3含量稀少，目前主要应用在同位素示踪、核聚变与中子测水等领域。氦-3主要为元素合成时形成的核素，随着星球演化与物质分异，地幔中包含了更多的原始气体。由于熔融物质与火山活动、深大断裂与水循环，地幔捕获的原始氦上升至地壳，幔源氦中相比放射成因氦含有更多的氦-3。因此氦-3与氦-4的比值（^{3}He/^{4}He）可作为判断天然气来源的重要依据。大气中^{3}He/^{4}He 为

$1.4×10^{-6}$,壳源成因的氦比值为 $2×10^{-8}$,而幔源氦为 $1.1×10^{-5}$。而陨石中的俘获氦同位素比值分为太阳型和行星型两类,太阳型 $^3He/^4He$ 为($3.79±0.40$)$×10^{-4}$,行星型为($1.43±0.40$)$×10^{-6}$。

因为氦的两种同位素的粒子构成不同,当两种氦的同位素冷却至足够低的温度时,它们的区别将大大显现出来。20 世纪的物理学家发现,在 2.2 开尔文左右液氦 -4 的比热容是不连续的,从而逐渐发现了超流态现象。当温度低于 0.0025 开尔文时,氦 -3 会变成超流体态,而氦 -4 变成超流体态的温度需要 2.17 开尔文,几乎是氦 -3 的 1000 倍,在这样的低温下,液氦甚至能发生"水往高处流"的"喷泉效应"。氦 -3 超流体的发现帮助天体物理领域验证了宇宙中如何形成宇宙弦理论,同时对凝聚态物理的研究起到了推动作用。氦 -3 因为其更高的沸点、更低的密度、能够突破氦 -4 的 λ 点的温度限制、低超流转变温度等特点,一定能在未来的超低温等领域发挥更多的作用。

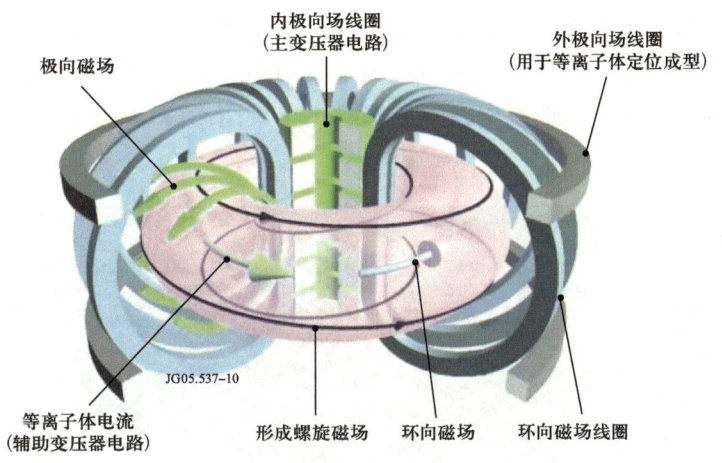

托卡马克磁约束装置示意图

据统计,地球 20% 的电能来自核裂变,但核裂变往往伴随着大量核废料的产生,核废料几乎毫无用处且十分危险,目前发电后剩下的乏燃料只能掩埋处理。托卡马克磁约束装置是实现磁约束从而实现可控核聚变的几种类型之一,也是目前实现可控核聚变研究最深入的类型。未来实现可控核聚变技术后,不同于氘 - 氚核聚变会产生中子可能会对人体、环境造成危害,利用纯氦 -3 融合热核反应只会产生带正电的质子而不产生中子。1 千克铀 -235 释放的能量相当于 2500 吨标准煤,而 1 千克氘发生核聚变的能量相当于 288 万吨标准煤。由于放射性危害较小,氦 -3 作为清洁、安全、高效的核聚变发电燃料将具有巨大的应用前景。氦 -3 用作核聚变材料与使用锂 -6 的氘氚聚变相比,在建造磁约束的聚变堆时氦 -3 只需要增加超导磁场材料,可以有效降低建造成本和运行成本。

由于很难直接探测到电中性的中子,因此可以通过中子核反应来检测反应生成的带电粒子从而实现中子探测,所以氦 -3 还可应用于慢、热中子的探测。利用氢原子对快中子的减速机理将氢原子数和热中子数联系起来。又根据水分子构成将水分含量与热中子数联系起来,得到水分含量。氦 -3 中子探测器具有效率高、性能稳定且无污染产物等优点,可以快速准确连续地测量出物料中的水分含量,测量过程不需取样,对物料无破坏且可以测出物料中水分分布状况。此外,氦 -3 中子测水可以在恶劣的环境下工作,这是其他很多测水技术所不具备的。中子测水技术在钢铁、玻璃、火电、建筑等领域都有极大的应用前景。

中国哪里寻找氦 -3

郯庐断裂带是东亚大陆上一系列北东向巨型断裂系中一条主干断裂带,在中国境内延伸 2400 多千米,切穿中国东部不同大地构造单元。沿郯庐断裂带两侧分布的多个拉张型盆地两侧分布多个油气田，有幔源物质输入，如松辽盆地的万金塔气田 ^{3}He/^{4}He 平均值高达 $686×10^{-8}$；苏北盆地黄桥气田 ^{3}He/^{4}He 平均值为 $267×10^{-8}$，并且黄桥气田 HQ-2 与 HQ-14 井氦气含量更是超过 1%，氦 -3 相比中西部盆地比较丰富；三水盆地 ^{3}He/^{4}He 平均值也超过 $500×10^{-8}$，属于国内稀有的高幔源氦气藏。

在月球上寻找氦 -3

受航空科技水平的限制，目前有关太空采矿的研究仍处于初期设想与地面准备阶段。现阶段对月球矿产资源的开采方式主要有两种设想：一是直接将开采出的矿产资源通过运输飞船运送回地球后再进行处理与利用；二是将矿产资源在月球就地处理后仅运回高价值稀有资源。由于外太空与地球之间往返的燃料成本高，月球无大气包裹火箭靠反推力缓冲着陆消耗的燃料成本高，以及能够实现精确变轨的运输飞船的制造成本远高于火箭等因素，在月球上对矿产资源进行原位处理的开采方式更具经济性。在月球上进行实地开采可采用露天开采与坑内开采两种方式，相较于露天开采，坑内开采具有可有效防止陨石袭击及辐射污染、降低真空及温差影响、可采用微波熔化和化学涂层的方式密封矿坑或进行改造的优势。

畅想中的月球采矿基地

在月球开采氦 -3 的困难因素主要体现在以下四方面：一是由于月球没有大气层而导致昼夜温差极大，对设备材料的强度及耐久性要求较高；二是工作环境恶劣限制了工作人员的人数与操作时间，要求采矿设备具有较高程度的自动化技术；三是由于太空采矿的耗时长、耗费大，机器设备工作所需燃料能源及工作人员必需的 H_2O 和 O_2 等生存物质最好能够实现原地采集制作，例如，可以通过还原月壤的钛铁矿获取氧元素，回采月球风化表土层得到氢元素；四是需要解决低重力环境引发的稳定性及附着摩擦力问题。

近年来我国的航空航天技术飞速发展，2020 年底，嫦娥五号探测器完成月球样品采样并返回任务，通过表取和钻取两种方式带回了属于中国人的 1731 克月球样品。2021 年 10 月 8 日，中国地质科学院的研究人员用嫦娥 5 号采集的样品取得重要科学成果并发表在世界顶尖学术期刊上，这不仅标志着我国航空航天技术已达到世界先进水平，也为实现月球采矿奠定了坚实的基础。

（2022 年第 1 期）

石油史话

从泽中有火到赤壁之战

程希荣

（石油工业部勘探开发研究院）

有时候生活中会出现这样的事：科学不被理解接受，而谬误却堂而皇之地登上讲坛。"泽中有火"石油说便是一例。

已故学者王嘉荫教授二十二年前编著了一本《中国地质史料》，在第XV、石油一章中写道："……易经上有'泽中有火'的记载，按字义来说，是湖面上有了火，可能是石油的燃烧了……"此后很多人辗转引用。有的索性把"可能"二字去掉，竟然肯定地说，"《周易》上的泽中有火是现已发现的我国古代文献中，有关天然气燃烧的最早的文字记载。这一记载表明，在我国早在公元前十一世纪……人们就已发现天然气燃烧的现象"。近几年来这一观点流传很广，不仅上了书、上了电视，而且写进大学的统编教材、写进青少年夏令营的科普资料。但是，只要对史料稍加考证，学习一点科学史，便会发现这一论点的破绽。

"泽中有火"不出自《易经》，而在《易传》，同油气苗的燃烧毫不相关

《易经》，包括卦、爻、卦辞、爻辞四个部分。萌芽于殷周之际，完成于西周初年，当在公元前十一世纪前后。

《易传》，包括彖、象、系辞、文言、序卦、说卦、杂卦等十个部分，称十翼。是孔子及其弟子对《易经》所作的解释。完成时间当在公元前五世纪之后。

"泽中有火"一语出自革卦的象传中，原文如下：

下经夬传　革　第四十九

☲ 离下兑上

革：巳日乃孚，元亨。利贞。悔亡。

彖曰：革，水火相息，二女同居，其志不相得、曰革……天地革而四时成……

象曰：泽中有火，革。君子以治历明时。

……

我国著名学者高亨先生曾对上述引文作过贴切的注释。他说：革为卦名。革、改也。泽中有火乃泽水已枯，火焚泽内之草木，此是泽之大变革，故卦名曰革。泽由有水至无水，其变革由于时间。推之，万物生长盛壮衰亡，其变革亦由于时间。天地四时之变革则直接支配万物运动与人类生活之变革。君子观以卦象及卦名，从而修治历法，以明确时令，以便人能掌握时令变革之法则，适应时令以安排生产与生活。故曰："泽中有火，革。君子以治历明时。"

可见，"泽中有火"与大自然中的油气苗燃烧现象是风马牛毫不相关的。

《易》中之卦是排列组合的产物

古代哲人把宇宙间的各种现象归结抽象为阴（——）阳（—）两个基本范畴，组成为八个基本图形，通称八卦。帛书易八卦的顺序为：乾（☰）、艮（☶）、坎（☵）、震（☳）、坤（☷）、兑（☱）、离

（☰）、巽（☴）。分别代表天、山、水、雷、地、泽、火、风八种自然现象。然后再两两组合，成为六十四卦，用以模拟、比附世界万物。

泽中有火，是离下兑上的卦象。同样道理，在六十四卦中包含火（离）的卦共有十五个。如：睽卦的"上火下泽"；未济卦的"火在水上"；旅卦的"山上有火"；大有卦的"火在天上"等等。如果说"泽中有火"是油气苗的燃烧现象，那么其他的火又为什么不是油气苗的燃烧呢？按照"泽中有火"石油说的逻辑，岂不可以把大有卦的"火在天上"说成是石油宇宙生成说的始祖吗！

由此不难得出结论："泽中有火"石油说是错误的，是望文生义的主观臆断。还要提及的是，在一所大学所编的《石油地质学》中，竟说三国时期的赤壁之战是第一次把石油用于军事的战例。据史书记载，诸葛孔明确实到过四川邛崃的天然气井，但不曾见过诸葛山人用石油火攻的历史考据。就以"泽中有火"石油说而论，笔者也是经历了一个从相信到怀疑、否定的认识过程。几年来，每每见到这种非科学的论述，都曾向有关专著的主编和责任编辑多次提出过意见，但每每都以不了了之告终。我常常想：我国是世界石油古国之一，我们的祖先曾发明了深井钻凿法，对世界石油科学技术的发展作出过重大贡献，这是我们为之自豪的。然而对"泽中有火"石油说这样的谬误，是决不能让它站在神圣的科学讲坛上的。不当之处，敬请各界前辈和朋友们批评指正。

（1985年创刊号）

石油古今异名考

仲岩春

石油一词，创始于北宋沈括（公元 1031—1095 年），在我国古籍中尚有很多异名。在晋以前石油名石漆。梁刘昭注补晋司马彪（？—约 306 年）《续汉书·郡国志》[1] 酒泉郡延寿县下引晋张华（公元 232—300 年）《博物记》[2]"县南有山，石出泉水，大如筥筲，注地为沟；其水有肥如煮肉卤，漾漾永永，如不凝膏，燃之极明；不可食，县人谓之石漆。"

唐代佛教徒称黑香油；地志名石脂水。唐玄奘法师（公元 596—664 年）《大唐西域记》（成书于唐贞观二十年、公元 646 年）卷一："迦毕试国（伽蓝北岭），大城东南三十余里至曷逻怙罗。僧伽蓝旁有窣堵波高百余丈，或至斋日时，烛光明复钵势上，石隙间流出黑香油。"

又李吉甫（公元 758—814 年）《元和郡县志》卷四十肃州玉门县下："石脂水在县东南一百八十里，泉有苔如肥肉，燃之极明。"

五代又称猛火油或火油。北宋欧阳修（公元 1007—1072 年）《五代史记》（即《新五代史》）卷七十四《四夷附录》第三《占城国传》载："占城[3] 在西南海上……显德五年（公元 958 年），其国王因德曼遣使者莆诃散来贡猛火油八十四瓶。"宋范坰·林禹（一说钱俨假托范、林二人之名所撰）《吴越备史》卷二："贞明五年（公元 919 年）火油得之海南大食国[4]，以铁筒发之，其焰弥盛。"

---

1 按今本《后汉书》一百二十卷。南朝宋代范晔撰。原书只有纪传九十卷，梁代刘昭注晋司马彪《续汉书》八志三十卷，与之相配，北宋时合刻，才成今本。现存《后汉书》版本，以涵芬楼百衲本所利用的宋绍兴刊本为最早。
2 《博物记》《博物志》为一书。明杨慎《丹铅录》误以《博物记》为汉唐蒙所著，与《博物志》为二书，清孙志祖《读书胜录》卷四有详细考证。
3 占城，越南古国，又名占婆，位今印度支那半岛东南，公元 192 年建国，我国史籍初称之为林邑，唐元和以后改称环王，五代时又改称占城。
4 波斯语 Tazi 或 Taziks 的音译。原系一伊朗部族的称谓。唐以来称阿拉伯帝国为大食。

宋或称石脑油、石油、石液、石烛。北宋掌禹锡（公元992—1068年）《嘉祐补注本草》[1]："石脑油宜以瓷器贮之，不可近金银器，虽至完密直尔透之，道家多用，俗方亦不甚须。"沈括《梦溪笔谈》卷二十四，杂志一："鄜延境内有石油，旧说高奴县出脂水，即此也。生于水际，沙石与泉水相杂，惘惘而出，土人以雉尾裹之，乃采入缶中，颇似淳漆。然（燃）之如麻，但烟甚浓，所沾帷幕皆黑。予疑其烟可用，试扫其煤以为墨，黑光如漆，松墨不及也，遂大为之。其识文为延川石液者是也。"[2]

南宋陆游（公元1125—1210年）《老学庵笔记》卷五："宋白[3]《石烛诗》：'但喜明如蜡，何嫌色似黳。'烛出延安，予在南郑数见之，其坚如石，照席极明，亦有泪如蜡，而烟浓，能熏汗帷幕衣服。"案从宋氏《石烛诗》描述看，为沥青，非指原油。

明、清石油的异名又有火井油、水肥、石脂、雄黄油、硫黄油、泥油、地脂、耶亚黑等。明杨慎（公元1488—1559年）《丹铅总录》卷二："火井在蜀之临邛，今嘉定、犍为有之。其泉皆油，燕之然（燃），人取为灯烛，正德中方出。"又《丹铅续录》卷六："石烛一名水肥，一名石脂，一名石液，今之延安石油也。"案《汉书·地理志》上郡高奴县下注："有洧水可㸐。莽曰利平。"唐颜师古（公元581—645年）注："㸐，古燃字。"北魏郦道元（公元466或472—527年）《水经·河水注》：清水又东径高奴县，合丰水，《地理志》谓之洧水也。又说"肥可燃。水上有肥，可接取用之。"近人王先谦（公元1842—1917年）《汉书补注·地理志》据《水经注》认为"可燃"前脱一"肥"字，当依补。这里所说的"肥"指石油，无误。但并非说石油名水肥。洧水今为何水，《元和郡县志》卷四延州肤施县下："清水俗名去斥水，北自金明界流入……鲜卑渭清水为去斥水。"清顾祖禹（公元1642—1680年）《读史方舆纪要》卷五十七陕西六延川青洞水条："石油井在县北九十里，井出石油。"则洧水即青洞水，今名清涧河。李时珍（公元1518—1593年）《本草纲目》卷九："正德末年（公元1521年）嘉州开盐井，偶得油水，可以照夜，其光加倍，沃之以水，则焰弥甚，濮之以灰则灭，作雄黄气，土人呼为雄黄油，亦曰硫黄油，近复开出数井，有官主之。"黄衷（公元1474—1553年）《海语》卷下："猛火油，一名泥油……置水中，光焰愈炽。"清方以智（公元1611—1671年）《物理小识》卷二脂流条引《方镇编年录》谓之地脂；"时珍以为石脑油，一曰硫黄油。今云南、缅甸、广东之南雄皆有之。"近人王树楠《新疆图志》卷五十九山脉一疏附县下："石油回人名耶亚黑，由石隙中流出，斯浑大山有之。"

英法联军于1858年发动第二次鸦片战争。清政府在1858年与英法订立天津条约，1860年又订立北京条约。不久进口煤油很快在全国城镇、乡村倾销。当时称煤油为洋油，因为在我国市场销售的煤油，主要来源于美国美孚公司、德士古公司，英国亚细亚公司等。

（1985年第2期）

1　1975年人民卫生出版社影印金泰和刊本《重修政和备用本草》卷五石脑油条引。原书已佚。
2　据胡道静《新校正梦溪笔谈》，中华书局，1957年出版。
3　宋白，大名人，乾德初（公元963年）为玉津令，开宝中（公元968—976年）阎丕、王洞交荐其才。

关于国外石油名称的转变

程希荣

我们知道，人类发现和利用石油的历史至少已有三千年。当然，石油成为重要的能源和化工原料则是二十世纪以来的事。但追溯其历史确系久远，几乎是同人类的文明史同步发生和发展的。

早在公元前五世纪古希腊史学家希罗多德（Herodoti，前484—前425年）所著的《历史（希腊波斯战争史）》（《Historiae》）一书中，就有关于石油井的记载。书中说，石油井位于古波斯帝国首都苏萨城（Susa）附近约88千米的阿尔代里卡（Ardericca）地区。井口上有一绞盘，系着半个皮囊。将皮囊下入井内，然后把汲取的液体提上来倒在一个池子里，接着再倒到另一个池子里。过一段时间汲出物便分离成为固体的沥青和盐，以及液体的黑色石油。这里的油含硫，具有刺鼻的臭味。古波斯人称之为"拉迪那凯（Rhadinace）"，有流动的含意。这便是人类给石油起的第一个名称。该书还描写了在希波战争中使用"石油火箭"的情况，即是用浸蘸了石油的麻布缠裹在箭头上，点燃后射出。如果事先在江河的水面上洒上石油，待有敌船驶来，便放箭点燃航道上的油，水面上顿时燃起大火，致使敌船焚毁。公元前480年古希腊首府雅典城被围困时，就采用这种办法烧毁了斯奇提亚（Scythian）的船队。看来，这是我们迄今所见到的关于石油及其用途的最早的文字记载。笔者查阅的原书是收藏在北京图书馆的由美国芝加哥大学编辑的西方世界经典著作之六，已由希腊文译为英文。

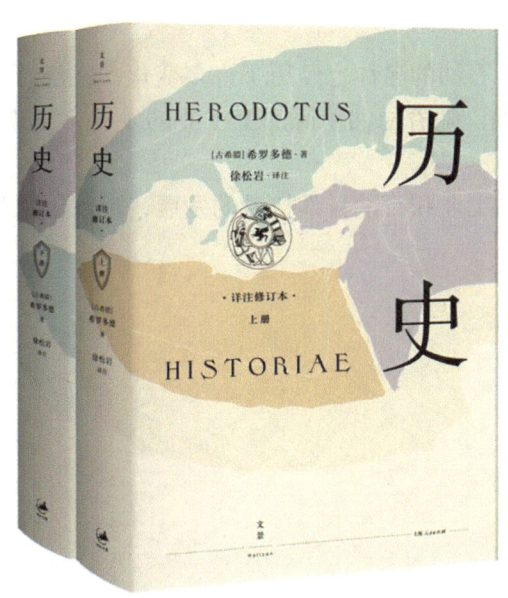

希罗多德著《历史》

纪元前居住在今伊朗高原西北的波斯雅利安系的米太人把石油称之为"Neft"，含有渗流、流动之意。据考证，俄语中的石油"Нефть"一词，就是从"Neft"这个字根变化而来的。

由于古代人对石油缺乏科学的认识，因此往往是根据直观观察的表面现象而确定的名称，有的还带有迷信色彩。诸如：魔鬼的汗（Sweat of the Devil），发光的水（Shining Water），岩石油（Rocks' Oil），普罗米修斯的血（Prometheus' Blood）等。在中世纪有些医生把石油称为"木乃（mumia）"，因为古代用含硫的石油沥青作木乃伊的防腐剂，中世纪的医生用石油做成医治皮肤病的药品，呼为木乃，以增加药物的神秘色彩。

到了十四世纪中期，有人把希腊字中的石头（Petra）和罗马字中的油（Oleum）组合而成一个新词——石油（Petroleum），它最早出现在英国国王爱德华三世（1327—1377年）的宫廷记录和皇室贮藏物品单上，记有从远征探险队那里收到了8磅石油的礼物。

1556年，德国矿物学家阿格里克拉（Agricola）在一篇关于石油开采与提炼的论文中，第一次公开使用了Petroleum一词，而后一直沿用至今。但随着石油工业和石油科学技术的发展，人们对石油物理化学性质的认识已大大加深，今天我们所用的Petroleum一词的含义，较之四百年前是大大丰富了。

1983年8月在英国伦敦召开的第十一届世界石油大会上，由美、苏、加、荷、英、委六国组成的关于烃类物质的命名和分类小组提出了一个命名推荐方案，对各名词的含意定义如下：

Petroleum（石油）：指气态、液态和固态的烃类混合物，具有天然的产状。

Crude Oil（原油）：是石油的基本类型，赋存于地下储层内，在常温和常压条件下呈液态。原油中亦包括一小部分液态的非烃组分。

Natural Gas（天然气）：亦是石油的主要类型，呈气相，或处于地下储层条件时溶解在原油内。在常温和常压条件下又呈气态。天然气内亦包括一部分非烃组分。

Natural Gas Liguids（天然气液）：是天然气的一部分。从分离器、天然气处理装置内使液态回收。天然气液包括（但不限于）甲烷、乙烷、丙烷、丁烷、天然汽油和凝析油等。亦可能包括少量非烃类。

Natural Tar（天然焦油）：是石油天然沉积的产物，呈半固态或固体状态。其天然成分中常含少量硫、金属和其他非烃类。天然焦油的黏度在常温常压下大于10000毫帕·秒。天然焦油需要预处理后才能正常炼制。

我国是世界石油古国之一，石油的名称也经历了许多变化。在汉晋时期称石漆，隋唐时期称石脂，到公元十世纪北宋时期始称石油。随着原油粗炼加工工业的发展，出现了一些轻质油产品，因而又有了猛火油、石脑油等名称。

石油名称的演变反映了石油工业和石油科学技术的发展，反映了人的认识的深化。

（1986年第1期）

古人对石油性质的认识与利用

李仲钧

我国古代人民在西汉时就发现了石油的可燃性，如《汉书·地理志》："上郡高奴县洧水肥可燃。"至晋代梁刘昭注补晋司马彪《续汉书·郡国志》酒泉郡延寿县下引晋张华《情物记》记载利用石油照明，书中说："石出泉水……如不凝膏，燃之极明。"并且知道用作润滑剂，如北魏郦道元《水经注》在引用《情物记》以后作补充说："膏车及水碓甚佳。"至宋太祖乾德时（963—967 年），宋白[1]又记载一种"石烛"，陆游（1125—1210 年）加说明："出延安，其坚如石，照席极明，亦有泪如蜡，而烟浓，能薰汗帷幕衣服[2]。"四川眉山、井研一带，元、明时的驿站人或"官长夜行"，都手持雨淋不熄的火炬，这种火炬，"以竹筒贮而然（燃）之，一筒可行数里，价减常油之半，光明无异"[3]。到了元代，石油用作照明已具相当规模了。在《元一统志》上记载"鄜州东十五里，有一石窟中出石脂。就窟可灌烛，一枝敌蜡烛之三"。[4] 明代曹昭著、舒敏编、王佐增《新增格古要论》卷七，对陕北的石油还有如下的记述："石脑油出陕西延安府，陕西客人云：'此油出石岩下水中，作气息，以草拖引煎过，土人多用以点灯。'"可知，从石油提炼灯油的技术，在五百年前便被我们的祖先发明了。

石油燃烧时"遇水不灭"这一性质，也早为我们祖先所认识，并且首先用于陆上军事战斗中。周武帝宣政中（578 年），突厥包围甘肃、酒泉城，突厥的军队拥有很好的攻城工具，当时酒泉的居民用石油燃火，"焚其攻具，得水愈明，酒泉赖以获济"[5]。三百四十一年后《吴越备史》卷二也记载在战争中以石油作火攻，"吴越文穆王，贞明五年（919 年）四月乙己大战淮人于狼山江……因纵火油焚之"。后来又将石油用于水战中，北宋马令[6]在其所著《南唐书·义死传·朱令赟传》中有这样一段记载："令赟先创巨舟，实葭苇，灌膏油，欲顺风纵火，谓之'火油机'，至此势蹙，乃以火油机前拒。"南宋陆游《南唐书·朱令赟传》也有同样记载，自浔阳湖编木为大筏，长百余丈，大舰至容千人，将突下断采石浮梁，会江水涸，舟筏难阻，王师得设备，北至虎蹲州合战，令赟所乘舰尤大，建大将旗鼓，王师舟小，聚攻之，令赟以火油纵烧，王师不能支，会北风反焰自焚，水陆诸军十五万不战皆溃，令赟惶骇赴火死。"至宋仁宗时曾公亮（998—1078 年）主编的《武经总要·守城篇》中有"猛火油柜图"，对利用石油作"火焰喷射器"御敌，则更有详细的说明："右放猛火油，以熟铜为柜，下施四足，上列四卷筒，卷筒上横施一巨筒，皆与柜中相通……筒首施火楼注火药于中使然（燃）。入拶（相排迫也）丝放于横筒，令人自后抽杖以力蹙之，油自火楼中出，皆成烈焰……若水战，则可烧浮桥、战舰、于上流放之。"[7]

古籍中还有很多把石油用于医疗方面的记载，北齐魏收撰《魏书·西域传》曾记载："服之，齿

---

1 宋白（936—1012 年），字太素，宋大名（今河北大名县）人，建隆进士。曾任翰林学士，官至刑部尚书。太宗时预修《太祖实录》。雍熙中与李昉共同主持编纂《文苑英华》，广藏书画，聚书至数万卷，文集不传。
2 "石烛"即沥青。
3 见明何宇度《益部谈资》卷上。据《学海类编》本。
4 据赵万里校辑《元一统志》，中华书局，1966 年 3 月，383 页。
5 唐李吉甫《元和郡县志》卷四十五门县下。
6 马令，宋常州宜兴（今江苏宜兴县）人。其祖元康，世家金陵，多知南唐旧事，未及撰及，他承先志，于徽宗崇宁四年（1105 年）成《南唐书》三十卷。
7 宋曾公亮主编《武经总要》前集十二守城篇。据中华书局影印明正德间刊本。

发已落能令更生；病人服之皆愈。"[1] 石油作药物收入本草系统书中，始于唐代陈藏器《本草拾遗》，沿《博物志》旧名"石漆"，但未言主治何病，陈氏说："检不见其方，深所恨也。"至宋嘉祐二年（1057年）掌禹锡等撰《嘉祐补注本草》又增入"石脑油"，误以"石漆""石脑油"为二味药，说"主治小儿惊风、化诞、可和诸药作丸散"。后来唐慎微纂《经史证类备急本草》、曹孝忠校勘《重修政和经史证类备用本草》、迄明刘文泰编《本草品汇精要》等书沿误未改，到明李时珍《本草纲目》始并为一药。并增加了"涂疮癣虫癞，冶铁箭入肉"。石油的另一用途，是用炭黑以制墨，北宋沈括在《梦溪笔谈》卷二十四记载："鄜、延境内有'石油'……颇似淳漆，然（燃）之如麻，但烟甚浓，所沾幄幕皆黑。予疑其烟可用，试扫其煤（烟灰）以为墨，黑光如漆，松墨不及也，遂大为之，其识文为延川石液者是也。此物后必大行于世，自予始为之……"笔者按沈氏在指明了石油的产状，可燃性之后，注意到了其浓烟的用途，他强调指出"松墨不及"，并预言"此物必大行于世"，虽然沈氏着眼于用以制墨这一点，但在当时作出如此科学的预言，还是难能可贵的。

关于使用沥青的记载，古籍中比较少，笔者仅见到南宋遗民周密（1232—1298年）《志雅堂杂抄》上记录用沥青补缸的办法，"酒醋缸有裂破缝者，可用炭烧缝内，更用火略烘涂开，永不渗漏，胜油灰多矣"。

利用天然气煮盐，见诸文字记载，始于晋张华（232—300年）《博物志》卷九："临邛火井一所，纵广五尺，深二、三丈，井在县南百里。昔时人以竹木投以取火。诸葛丞相往视，后火转盛。执盆盖井上，煮盐（水）得盐。人以家火即灭，迄今不复燃矣。"张华说的"昔时"距诸葛亮视察的时间不会相隔太久。当时只供人们取火的火井，并未用以煮盐。而在诸葛亮视察后，进行深凿措施，井火转盛，才开始用以煮盐。但因当时的火井不过是一种广口浅井，所产天然气只能是微弱的"草皮火"，故只能用"盆盖井上"的方式，直接在火井上煮盐。直至清咸丰年间，用天然气煮盐始盛。清四川剑州人李榕《十三峰书屋文集·自流井记》中说："国朝道光初年（1821年）见微火，时烧盐者，率以柴炭，引井火者，十之一耳。至咸丰七、八年（1857—1858年）而盛，至同治初年（1862年）而大盛。"并说："火之极旺者曰海顺井，可烧锅七百余口。"

（1987年第1期）

---

[1] 唐李延寿《北史·西域传》："病人服之皆愈。""病人"作"疠人"。

外国油品在中国的倾销

李仲钧

（中国科学院）

自 1840 年中英鸦片战争失败后，两千多年的封建制度从此解体了。中国开始由封建社会变为半殖民地、半封建社会；社会的阶级矛盾和阶级斗争，由鸦片战争前的农民反抗地主的斗争，发展为农民反对帝国主义、封建主义的斗争。1843 年中英订立南京条约，中国开放广州、福州、厦门、宁波、上海五处为通商港口，对英国支付巨额赔款。接着又订立了中英五口通商章程和虎门条约。1844 年规定了片面的最优惠国待遇、领事裁判权、关税协定等不平等条款。引起了中国社会经济结构的剧烈变化。英法两国于 1858 年发动第二次鸦片战争。清政府在 1858 年与英法订立天津条约，1860 年又订立北京条约。

1867 年"洋油"开始输入我国[1]；而海关册资料记载，早在 1863 年就有 2100 加仑煤油进口，供在华洋人点灯之用；中国第二历史档案馆发表的《1927—1936 年帝国主义国家在华倾销石油史料》[2]又说："石油产品之输入，首推煤油，早在 1870 年……"此后，煤油很快在通商港口倾销，在全国城镇、乡村，"洋油"灯代替了菜油灯、桐油灯和豆油灯。至 1890 年，进口的灯油全年已经达到 30756764 加仑（每加仑〔美〕约合 3.8 升）。1906 年又开始进口汽油、润滑油、白蜡。至 1921 年煤油进口达 175110125 加仑，汽油 4664455 加仑，机器油 4349588 加仑，白蜡 253692 担[3,4]（每〔市〕担等于 50 千克）。至 1926 年进口煤油 232991961 加仑，汽油 12797291 加仑，矿质或半矿质滑油膏 31109 担、矿质或半矿质滑油 8360636 加仑，未列名他种滑油 665162 加仑，矿质松节油 95870 英加仑（每英加仑约合 4.6 升），沥青 180234 担，柏油 11883 担，石蜡 589954 担[5]。到 1936 年汽油进口达 45508632 加仑，柴油 182517460 加仑，滑油 13122962 加仑，煤油 104426849 加仑。最高年份为 1947 年，计进口汽油 143359969 加仑，煤油 100349013 加仑，柴油及燃料油 702833122 加仑，润滑油及润滑脂 17818904 加仑[6]。

抗战前中国所需油品，完全依赖在华各外油公司从国外运来，其间，先后开业专营或兼营外油进口的贸易公司，大小达数十家之多。其中以美国美孚煤油公司、英国亚细亚石油公司和美国德士古火油公司规模为最大。该三大外油公司依靠其雄厚的资产、先进的技术设备、强大的运输能力和在世界各重要产油国所控制的油源，以及英、美帝国主义在华所攫取的各种政治、经济特权，将各种油品大批地"自由进口"，运输来华倾销，其中汽油、煤油、柴油及燃料油绝大部分来源于荷印（即今印度尼西亚），其次来源于美国，此外还有来自英国、苏联、日本及其他国家和地区者，唯所占比例甚小，润滑油则百分之八十以上来源于美国，其次来源于荷印、日本，来源于英国和其他各国与地区者，所占比例微不足道。

---

1 见祝仰辰《中国石油之供求状况》，原载《中行月刊》第 2 卷 8 期，1931 年 2 月。
2 孔庆泰编选，载《历史档案》1983 年 1 期。
3 谢家荣著《石油》，商务印书馆，1935 年 6 月第 2 版 117 页。
4 谢家荣著《石油》，118 页。
5 侯德封《中国矿业纪要》第三次、《地质专报》、丙种第三号，前农矿部直辖地质调查所，1929 年 12 月，289 页。
6 见中国石油有限公司档案。转引自孔庆泰《国民党政府时期的石油进口初探》《历史档案》，1983 年 1 期。

美孚煤油公司（Standard VaCuum Oil Co.）：1887年首批煤油运华，1894年正式在华设立机构经销油品，1900年纽约标准石油公司以"美孚"为商标，在中国各地设立众多分支机构推销油品（不久，新泽西州标准石油公司亦曾参加），其在中国沿海城市设有油库、加工厂和码头、仓库，俗称"美孚油公司"。总公司设在旧金山。在上海、南京、汉口、天津、青岛、广州设有分公司，在中国各地还设有二十个支行和五百处经营、经销机构。销售的牌号主要有：老牌、虎牌、鹰牌、美孚汽油、红车油、轮机油、汽缸油。其在华销售之汽油、煤油及燃料油等，除汽油来自美国加利福尼亚州洛杉矶市该公司之煤油厂外，其余油品大部来自中东及荷印，润滑油（脂）则全部来自美国。其在华销售额约占总需要量的四分之一。

民国1926年江西九江码头

亚细亚石油公司（Asiatic Petroleum Co.,〔North China〕, Ltd.）：1907年英国壳牌运输和贸易公司与荷兰皇家公司合并组成的英荷壳牌石油公司的子公司，总公司设在伦敦和海牙，1913年起，正式在中国设立经销机构，在上海、汉口、宜昌、厦门、重庆、广州、青岛、天津设有分公司。出品牌号有：鱼牌、僧帽牌等。其销售之油料，多来自荷印及中东。其在华销售额占全国需要量的四分之一。

德士古火油公司（Texas Co.,〔China〕, Ltd.）：总公司设在纽约州怀特平原。1929年正式在中国设立经销机构。在上海、汉口、天津、青岛、广州设有分公司。出品牌号有红星牌、幸福牌、美国石蜡。其销售之润滑油、润滑脂，均来自美国。其销售之油料，多来自中东。其在华销量亦占全国需要量的四分之一。从1902年到1948年四十六年中，以上三个石油公司在我国获得的利润，可以买280万台拖拉机，或4.8万架战斗机[1]。

在亚细亚石油公司与德士古火油公司未崛起前，俄国是美孚煤油公司在中国市场的倾销石油争夺者，俄国生产的煤油于公元1889年开始进入中国。当年，俄油进口占全国煤油总进口数额的24.5%，第二年达到39%。1898年，中国海关贸易册载，全国"洋油"输入总数为9900万加仑，计美孚4800万加仑，俄油3700万加仑。1904年，日俄战争后，丧失与美孚、亚细亚、德士古竞争的能力。此后，三大油公司"在油料进口商中，向居领导地位，且在各地均设有相当规模之储油及销售等设备[2]"。

---

[1] 叶剑韵《燃料工业的过去和现在》，1957年7月18日《人民日报》。
[2] 见中国石油有限公司档案。转引自孔庆泰《国民党政府时期的石油进口初探》《历史档案》，1983年1期。

三大油公司"在上海、香港设有总办事处，分理华北、华南两区贸易事宜，内分设光油、汽油、润油三部，并直接控制沿江滨海之各大仓栈[1]"。

三大油公司在华各有油料运输系统，无论远洋趸运油品来华或在华滨海沿江运送油品分散储存或推销，均由各公司自备之油轮、机船担任，机船不能航行之处，则改用民船运送，"交通不便地区，三公司例不送油"。三大油公司依靠英、美在华获取之政治特权，对"内河运油……曾充分利用，几达华南、华中，华北以及东北各河流"。

三大油公司在华推销系统，大致相同：福建、浙江省界以南各省，以香港为中心，属华南区；福建、浙江省界以北各省，以上海为中心，属华北区。每区各领中区若干，中区以内又分若干小区，小区之内再分县（如：华北区领有上海、芜湖、九江、汉口、重庆、天津、青岛等七个中区）。各中区、小区和县，分别设有中区经理、小区经理和县经理，县经理负分销各商店之责[2]。

三大油公司在华销售油品"向系经过经理商。因各公司在销售上之竞争全赖经理商，故对经理商之选择及管理甚为严格[3]"。经理商一经选定，便按三大油公司的规定，先向公司的经管机构交付一定数目的保证金，此后便由油公司直接免费送油上门，在按公司规定的价格销出油品后，向公司经管机构结账，并按经销额的多少取得一定比例的佣金，分享各油公司所获利润中之一小部分。各油公司采用这种选择经理商推销油品的方法，可以不必多设分支机构，即可收竞争之效用。

三大油公司各有油料运输系统和各自的推销系统，各有储油设施和系统的业务设备，不相为谋，互争销路。此为表面现象，实际上三大油公司相互之间对油品价格和货源调剂等，均有秘密协定，如：中国购主向三大公司的任何一家公司购油，该公司所开油价，必较其他两家公司为低，而其他两公司既不肯降价竞争，又拒绝与购油单位谈判，终使其中一公司得获购油合同。下次则由另一家公司签定购油合同。如此，三大公司可以轮流出货，推销本公司之油品，轮流赚取巨额利润，而在订购合同中，又总有可用另两家油公司之油品，替代交货之申明。所以，三大油公司在华的销量，全占四分之一。

（1987年第2期）

---

[1] 见中国石油有限公司档案。转引自孔庆泰《国民党政府时期的石油进口初探》《历史档案》，1983年1期。
[2] 见中国石油有限公司档案。转引自孔庆泰《国民党政府时期的石油进口初探》《历史档案》，1983年1期。
[3] 见中国石油有限公司档案。转引自孔庆泰《国民党政府时期的石油进口初探》《历史档案》，1983年1期。

石油工人迎红军

王保国

（延长油矿）

地处陕北高原，革命圣地延安附近的延长油矿（原名延长石油厂），是我国陆上最早开采石油的油田。一九三五年五月，刘志丹同志率陕北红军解放了延长县，石油厂回到人民手中。当年十月，中央红军经过二万五千里长征到达陕北，从此，延长石油厂在边区政府领导下为阶级和民族的解放贡献自己的力量。深受旧社会三座大山压迫的延长石油厂工人，对共产党领导的工农红军有着特别深厚的感情。

一瓶油，一颗心

一九三五年九月，鄂豫皖革命根据地的红二十五军经过长征先期到达陕北，与陕北红军红二十六军、红二十七军在延长石油厂永坪分厂所在地会师，改编为红十五军团。

会师的那天，红军总部邀请在永坪分厂工作的石油工人参加。在旧社会当牛做马的石油工人对红军的热情款待十分过意不去，他们想咱们能为亲人们做点啥呢？后来，听说红军战士用的擦枪油很缺，大伙一合计，就炼制了部分擦枪油送给会师的红军每人一瓶。工人们说："一瓶油，一颗心，礼轻情意重啊。"

咱和红军是一家人

那时，红军兵工厂驻扎在永坪镇附近的石油沟，与永坪分厂是近邻。兵工厂经常帮助石油厂解决生产疑难问题，石油厂工人也常帮助兵工厂修理枪炮和机器，两厂亲如一家。后来兵工厂往吴旗搬迁时，石油厂派出两名工人参加兵工厂工作。工人们说："尔格（陕北方言，即现在）咱和红军是一家人了，红军的困难就是咱们的困难，红军需要什么，我们就支援什么。"

"七七"事变后，延长石油厂划归中央军委军工局领导，上级派来一大批退休老红军到石油厂工作，他们和工人们一起，收集散失在民间的机器设备，打井采油，炼油制蜡，使生产很快得到恢复与发展，成为当时全边区重要军工企业之一。

灯油送给党中央

一九三五年十二月，党中央由保安（今志丹县）移驻瓦窑堡（今子长县）。这里距永坪分厂仅有二十五千米。工人们听说中央首长点灯用的老麻子油非常缺，就千方百计炼制灯油、石蜡，用毛驴驮运到瓦窑堡，给中央首长点灯用，受到国民经济部长毛泽民同志的表扬。当时，红军印书报、文件缺乏油墨。工人们又用渣油熏收烟煤，制作油墨。每人每天熏收三、五斤不等，最多的一天可熏收烟子十五斤，受到上级的嘉奖。那时在石油厂工人中流传着这样一首信天游：

> 妹子拉起哥哥的手，
> 赶上毛驴一搭里走。
> 咱二人没结婚也不害羞！
> 前线等着用咱们的油。

毛主席住进咱石油工人家

一九三六年一月二十八日,毛泽东同志率中国人民红军抗日先锋军渡黄河东征,路过延长县,就住在石油厂工人何延年家的窑洞里(见图)。毛主席在这里召开了重要军事会议,部署东征路线和战略方针,在百忙中来石油厂了解情况,观看工人们炼油和制蜡,并找石油厂负责同志谈话,对石油生产表示极大的关心。工人们听说老何家里住的就是人民救星毛泽东,感到非常光荣。一次,警卫员给主席烧水时,不慎将老何家的风箱烧了个窟窿。主席知道后,立即要警卫员上街买新风箱赔偿。警卫员跑遍延长县的大街小巷,也没能买到新风箱,只好找来木板把烧坏的风箱修好。工人们知道这件事都说:"世界上谁见过这么好的队伍!"

1936年1月28日毛泽东同志率红军长征时路过延长县住过的窑洞

五十余年过去了,当年的延长石油厂,现已发展成横跨三县(延长、延川、子长)一市(延安市)、拥有五个油田、五千多名职工,年产十七万多吨原油的综合石油企业。抚今追昔,许多老红军、老干部、老工人感慨万千,他们语重心长地寄语当代青年:胜利来之不易,四化任重道远。要发扬当年红军长征的革命精神,在建设社会主义现代化强国的新长征中,续写历史新篇章。

(1987年第3期)

抗战时期我国的石油工业

夏步海

抗日战争时期，我国石油工业得到了较大发展。抗战前，每年天然原油产量不过几千吨，最高的1927年，也仅产19300余吨。抗日战争爆发后，由于战争的需要，国共合作加紧开发石油资源，使天然原油产量大增。从1937年到1945年的8年抗战期间，全国每年平均产天然原油37700多吨，特别是1942年以后的4年中，每年产量在5万吨以上，1944年曾达到72000多吨。这个数字在今天看来微不足道，但在当年却是起了很大作用的。

中国近代石油工业尽管起步较早，1878年就开始开发中国台湾苗栗油田，1907年开发陕北延长油矿，但原油产量一直很低。

抗日战争爆发后，国内用油量大增，特别是军用车辆用油、航空用油和军用润滑油的需求量成倍增长。而日本侵略者又进行严密封锁，使洋油进口大受限制。为度过油荒，应付战争的需要，当时全国各地，特别是大后方的四川重庆一带，涌现出许多生产代油品的工厂，如酒精厂、煤炼油厂、植物油提炼厂等，以酒精代替汽油和柴油，用桐油、棉籽油、菜籽油等来裂解提取汽油、柴油和擦枪油。但用桐油、菜籽油等来提炼汽油代用品，产量很低，从1939年至1944年的6年间，仅生产汽油700多吨，柴油2800余吨，机油和擦枪油300多吨，而成本极高，只能部分地满足一时急需，不能从根本上解决问题。

形势所迫，使国民党政府和有关部门不得不把注意力转到发展国内，特别是大陆的天然原油生产上。

玉门油矿的开发

早在1928年，著名地质学家张人鉴根据所掌握的地质资料推断，玉门的石油具有工业开采价值。1936年，国民党政府驻美国大使顾维钧就着手筹备去我国西北部探油的计划，并联名写报告，同年11月获准，在上海成立中国煤油探矿公司筹备处。该处于1937年初，聘请美国地质学家韦勒和工程师萨顿，还要求实业部派一名中国地质家共同去西北考察。原中央地质调查所代理所长黄汲清决定委派孙健初参加。于是，孙健初同韦勒、萨顿，还有20多名工人，于1937年10月来到玉门赤金堡。他们溯河而上，到达石油河。河畔有座孤零零的小庙，名曰老君庙，是过去的淘金人为求得太上老君的保佑而修建的。但见小庙凋檐残壁，香火已断，淘金人早已不知去向。后来的老君庙油田便因此而得名。孙健初他们在老君庙、干油泉沟和二油泉等地作了初步考察便离去了。

1938年6月，甘肃油矿筹备处成立，严爽任主任。为加快玉门油矿的勘探步伐，原中央地质调查所所长翁文灏和曾任陕北石油勘探处处长的孙越崎去国民党政府筹集资金，几经周折，资金总算有了着落。同年12月，严爽、孙健初、测量技术员靳锡庚同工人刘万才等8人，骑上8峰骆驼，顶着凛冽的寒风，在叮当的驼铃声中从酒泉出发，再次奔赴玉门老君庙开展石油地质详查工作。

在资金短缺、没有钻井设备的情况下，他们首先想到了地处陕北革命根据地的延长油矿。于是，由国民党政府资源委员会出面，于1938年6月18日，向八路军武汉办事处送去了一纸公函，请求延长油矿支援两部钻机及锅炉等件。办事处收悉公函后，处长钱之光随即向周恩来同志请示，两天后即复函资源委员会，为了顾全共同抗日的大局，在陕北根据地物资本来就很匮乏的情况下，慨然同意调运钻机,并表示给予工作上的支持。资源委员会即派甘肃油矿筹备处代主任张心田赴延安,张到达后,受到了相关领导的会见和边区政府的热情接待。为了装运方便,边区政府还发动群众,将拆卸后的钻机抬到公路边等候装车。后得知,国民党政府派不出汽车来,八路军总部即派出车辆,将两部钻机及其他机件全部运到咸阳。1939年春,延长油矿还派钻井工、锻工等10余人到达甘肃玉门,帮助安装和钻井。第一部钻机于5月开钻,8月完井喷油,日产原油约10吨。第二部于8月开钻,9月完井喷油,日产12吨,油矿职工无不欢欣鼓舞。从此,玉门油矿在我国西部诞生,这是国共第二次合作的一个可喜的成果。

玉门油矿于1939年投产后,原油产量逐年上升,当年产油420多吨,1941年上升到11000多吨,1944年达到68000多吨,成为我国新中国成立前最大的一个油田。

延长油矿的发展

1935年4月29日,刘志丹领导的陕北红军解放了延长油矿,同时成立延长石油厂,从此延长油矿进入了一个新的发展时期。

延长油矿先后隶属于边区政府建设厅和中央军委军工局。抗日战争开始以后,为加强领导,党中央曾先后派王凯、胡华钦、陈振夏等同志去油矿工作。他们发动群众,把过去坚壁和散失在永坪、延长附近农村里的石油器材设备收集起来,尽快恢复和发展原油生产。1941年秋,工程师汪鹏(汪家宝)被委派去那里勘察定井位,在延长七里村鱼脊状构造上钻成1号井,在35.35米和79.46米处遇油层。后加深到87米喷油,日产96吨多,一时轰动全边区。李强、陈郁等同志还前去参观,赞扬石油职工的奋斗精神。朱德同志还把他乘坐的一辆卡车送给油矿运油。在1943年边区召开的工业战线劳模大会上,毛泽东为延长石油厂厂长陈振夏题词:"埋头苦干";边区政府在给陈振夏的奖状上写有"苦心经营,成绩卓著"的字样。据统计,1935年至1946年共打井20口;有16口见油,其中旺油井6口。1943年生产原油1279吨,比该矿开发初期增长10倍以上。1941年至1946年,延长油矿共生产3035吨油,给陕甘宁边区提供了汽油、煤油、柴油、机油和蜡烛等产品,基本上保证了党中央和边区政府的照明用油及八路军后方兵站的运输用油,为革命根据地的巩固与发展,为抗日战争的胜利立下了功劳,因此,该矿被人们誉为"功勋油矿"。

新疆独山子油矿的发展

1936年春,新疆地方政府同苏联合作,组成独山子油矿考察团。为加快独山子油矿的开发,为抗日战争提供更多的石油,于1938年9月运进苏制钻机6部,到1942年,共钻井33口。1942年生产原油6900多吨。

此外,如四川巴县的石油沟气矿也是在抗日战争期间发现的。后又在威远、隆昌等地钻探,共有两口井获得工业性天然气。不过,这时四川的气矿很小,产量不高,1941年至1946年7月,共生产天然气290万立方米。这期间,东北的页岩油炼制业也得到较大发展。

(1987年第4期)

中国近代石油史从何时起？
——同张文昭同志商榷

石宝珩

张文昭同志的《中国近代石油勘探的回顾（一）》一文，将1907年在延长钻成陆上第一口油井，作为近代石油勘探的开始。对于中国近代石油史（包括石油勘探）从何时开始？我有些不成熟的看法，愿提出来，同张文昭同志讨论，也希望得到更多人的赐教。

对于"史"的断代分期，从不同角度，有不同的划分方法。

从史学观点，中国近代史是由1840年鸦片战争开始的。有人认为，"近代科学技术史似乎可以认为开始得更早些，可以由明末清初西方近代科学技术开始传入我国时算起"（中国科学院干部进修学院：《自然科学史讲稿》上册，1980年）。

那么中国近代石油史从何时算起呢？要了解这一问题，首先要了解世界近代石油史是从何时开始的，并且依据什么划分的。

苏联一些学者认为1848年在里海沿岸的比比—埃巴特钻凿了世界上第一口油井。罗马尼亚人则认为1857年在布加勒斯特以北50千米的普洛耶什蒂所凿的油井，当年出油257吨，是世界最早的油井。然而，美国人宣布，C.E.狄拉克（Drake）于1859年在宾夕法尼亚州西北部泰塔斯威尔（Titusvill）附近所钻凿的井（深度为21.7米）为世界第一口油井，并由此开始了世界近代石油工业。国外一般认为世界近代石油工业是从1859年开始的。

由上可见，世界上多由所钻凿第一口油井作为近代石油工业的开始。那么我国石油工业是由所钻凿油井计算，还是由成立石油机构或是由正式生产原油计算呢？

目前大致有如下一些意见：

第一，由所钻凿第一口油井算起。追溯我国钻井的发展，早在两千二百年前，我们的祖先已开始钻井了（《华阳国志》）；宋代开始，发展了小口井钻井技术，自1040年（庆历年间）以来，钻碗口大小的小口井，称为卓筒井（宋朝文同《月渊集》），这在钻井史上是一次重大发展。据英国资料，我国在公元1100年就钻出了3500英尺的深井。1303年《元一统志》记载了陕北开凿石油井及产油量。明曹学佺（公元1574—1647年）所著《蜀中广记》中记述了明正德（公元1506—1521年）末年，嘉州（今乐山）凿成了一口石油竖井，深达百米，开创了我国钻井取油的新时代。明何宇度写的《益都谈资》则记载"油井在嘉州、眉州、青神、井研、洪雅、犍为绪县有之。"

以上说明，我国钻凿油井，特别是气井，比之苏联美国等都早得多。但是以此作为中国近代石油工业的开端仍似不妥。

第二，清光绪32年（1906年），在陕西省设立延长官油矿，并聘请日本技师，购置日本机器，于1907年7月打出了第一口油井，此井钻深226尺（75.3米），每日可得原油三、四百斤。这是在中国大陆上机械钻井采油的开端。张文昭同志就是据此将1907年作为中国近代石油工业的开端。

第三，清咸丰11年（1861年）淡水厅通事邱苟因案逃匿于中国台湾苗栗出磺坑，即在该地区掘井深约三尺，日可得油40余台斤，到1870年被封闭。这应是出磺坑油田的初步采油。光绪3年（1877年）清开始收归官办，雇聘美国技师，在1878年钻成一口深394英尺（120.1米）的油井出油。光绪13年（1887年）设立油矿局，后又钻井5口，最深达120米，一口井产油。1891年油矿局关闭，采油遂即停顿。

第四，1938年国民党政府资源委员会下设甘肃油矿筹备处，同时派孙健初赴玉门老君庙进行石油地质勘探，1939年5月所钻的第一口井达130米钻遇油层，日产油20余桶，发现了老君庙油田。随之于1940—1941年钻井获油井多口，并见猛烈井喷，证实为有开采价值之油田。

因此，有人认为，1878年中国台湾苗栗出磺坑钻出油井，出现了我国近代石油工业的萌芽，而1939年发现玉门老君庙油田才建立了近代石油工业的初步基础。

综上所述，我认为：

第一，美国狄拉克的第一口油井属机械钻井，出油后随之在宾夕法尼亚开始了大规模的采油，开始了近代石油工业的发展，故美国宣布狄拉克井为"世界石油矿业诞生之时"，成为近代石油工业的开端不无道理。

第二，从钻井技术来讲，正如著名英国科学家李约瑟所讲"今天在勘探油田时所用的这种钻探井或凿洞的技术肯定是中国人的发明……"。大量史料已证明我国有确凿记录的钻凿气井、油井早于西方数百年。但这些钻井技术没有引来石油工业的发展，因此不能作为近代中国石油工业的开端。

第三，1878年中国台湾苗栗出磺坑采用机械所钻油井，不仅日得2.2公斤（1.8吨）原油，而且后来又有油井出现，虽然几年后因时局而关闭，但已证实有产油量记录，这要比陕北的油井早30年。笔者同意将1878年作为我国近代石油工业开端之时，晚于从史学分期，似乎更合于石油工业本身的发展。

（1987年第4期）

日本对中国石油的掠夺

王仰之

中国台湾是我国用新法开采石油最早的地区。早在 1877 年清朝政府就在苗栗设立矿油局,并从美国购置设备、聘请专家,凿井开采石油。1895 年甲午战争后,日本侵占台湾,当年就迫不及待地着手开采苗栗东南的石油。为了更大规模地掠取台湾石油资源,曾组织人力,三次进行石油地质勘查:第一次始于 1906 年,延续时间达三、四年之久,勘查重点地区为著薯寮、凤山、台南、盐水港、嘉义、苗栗;第二次始于 1912 年,勘查范围除中央山脉外,几乎遍及台湾全岛;第三次始于 1927 年,这次勘查分三期进行,每期概查、精查若干区。这三次勘查,每次都写了文字报告,编制了地质图,其中多数都曾出版。

为了发动侵略战争,日本人对我国台湾石油的开发是不遗余力的。从 1909 年开始台湾总督府预算每年都编列钻井补助费。在太平洋战争期间,此项补助费逐年增加。加上军方的支援,使得当时的若干石油股份公司(原译株式会社,下同),先后在台北的中和庄,新竹县的湖口、竹东、宝山、锦水、出磺坑,台南县的六重溪、六头崎、冻子脚、牛山及高雄县的甲仙、千秋寮、内寮等地钻井 251 口,其中最深的井达 3583 米。钻这些井的费用,几乎全由政府津贴。因此,几家石油股份公司,不辞辛劳,大量钻井。从 1904 年至 1945 年,台湾共开采石油 18.5 万吨,天然气 10.4 亿立方米。石油主要产自出磺坑,约占台湾总产量的 90%;天然气的主要产地是锦水,约占全台湾天然气总产量的 80%。

出磺坑位于苗栗东南 12 千米处,为东北—西南向轴线的狭长背斜,长 25 千米,为两个横断层所截切,分为南、北、中三块。中间一块含油较丰富,长不过 3 千米,宽不过 250 米,含油层为新近系的上新统砂岩,有 4 组砂层,厚度分别为 25 米、70 米、50 米、30 米。以第二层为最好:油层的埋藏深度为 300~1200 米。1904 年,日本人在这里钻了第 1 号井和第 2 号井,以后陆续钻探,共钻井 98 口,成功率达三分之一。

锦水矿区位于苗栗东北 10 千米处,背斜构造长 17 千米,轴向为北北东—南南西。共有油气层 14 层,产气最多的有 3 层,深度分别为 510 米、1180 米、1400 米。1914 年 11 月第一次钻进到 517 米,喷出天然气,因无法利用,完全放空烧掉。以后又陆续钻井 47 口,其中半数以上都见到天然气。

除了出磺坑和锦水外,竹东及新营矿区(包括牛山、竹头崎、六重溪、冻子脚等地)在日本侵占期间也有少量天然气出产。

配合石油和天然气的开发,日本还先后在我国台湾省锦水、竹东等地建立了天然气油厂,从天然气中提取汽油。此外还设有液化天然气厂和碳烟厂;又在高雄建立"日本海军第六燃料厂";在嘉义设立溶剂厂;在新竹建立天然气研究所,分别从事石油和天然气的提炼、化工和研究工作。

1906 年 8 月,日本人在东北成立了南满铁道股份公司,内设地质调查所。"九一八"事变后,日本帝国主义者和满洲国政府提出了所谓国防上必要资源问题,使原来设在东北的有关地质矿产调查单位与人员迅速增加,经费增多,调查范围扩大;1932 年,关东军还成立了国防资源调查部,网罗各方面人员,从事广泛的矿产调查。

满铁地质调查所一成立,便着手进行石油地质勘查工作。几十年中,勘查的地点不下数十处,其中工作做得最多的是扎赉诺尔和阜新。

扎赉诺尔原来是一个小煤矿。1932 年,伪满政府派出调查队到现场调查,同时还凿了几十口井,最深的 1000 多米，其中多数都见到了油花，但是却始终没有获得工业油流。钻探同时，满洲石油股份公司专门延聘日本东京帝国大学教授松山博一亲临扎赉诺尔，利用地震、重力等物探方法进行勘探，亦无济于事。

阜新自古就是有名的煤炭产地。20 世 30 年代初，满洲炭矿股份公司在吐呼噜酉山煤矿钻探过程中，于 700 米深处发现少量原油，随后他们便在当地作进一步勘查，并先后钻井 81 口，最深的达 1973 米，一般的也都在三、四百米左右。钻探结果为，在东岗营子和吐呼噜发现了两个小油田，这两个小油田的地质构造，都是不对称的背斜，较大的一个长 6 千米，宽 2~3 千米，产油层为中下侏罗统砂岩，埋藏的平均深度约 600 米。到 1945 年日本投降时，这里共钻了 105 口油井，每口井日产油量，多的可达 3 吨，少的仅几千克。

日本人当年在东北寻找石油，虽然费尽心机，但是除了在阜新发现两个小油田，在扎赉诺尔发现一些油花之外，并无其他值得一提的重要收获。最后他们下了这样的结论："东北的天然石油资源在现在来说没有什么希望，将来希望也不会很大。"

日本人在东北找天然石油没有成功，便下大力气发展人造石油工业。人造石油的主要原料是褐煤、烟煤和油母页岩。在东北，这些资源都相当丰富，特别是油母页岩。当年满铁的董事赤羽曾说过："仅抚顺的油页岩，可供给日本每年 600 万桶，至 300 年而不竭。"

抚顺，是我国煤炭的重要产地。那里的煤层埋藏不深，多数都可以露天开采，平均含油率为 5.5% 的油页岩，就覆盖在露天煤矿之上，平均厚度 135 米，总储量达 54 亿吨。这里的油页岩，不必专门组织人力采掘，而是露天采煤时剥离下来的副产品，因此开采的成本很低。抚顺页岩油从 1930 年开始生产，到日本投降的前一年，平均每年产油 20 万吨，1942 年最高达 25.7 万吨。

此外，对吉林桦甸、和龙等 29 处的油页岩，日本人在占领期间都曾作过调查，同时还绘制了一张"东北区油页岩分布图"。

在"七七"事变五十一周年之际，我们回忆这段历史，无疑会激发我们的爱国热情，更自觉地为发展祖国的石油工业而献身。

（1988 年第 2 期）

石油与现代战争

张毓富

（81983 部队）

我们通常所讲的现代战争，是指交战双方大量使用现代先进武器和其他技术装备所进行的交战，即现代化战争。有人管它叫做"现代机械化战争"。第一次世界大战后期战场上出现了坦克和飞机、潜水艇，从而揭开了机械化战争的序幕。第二次世界大战，军队机械化程度又有了较大提高，几个主要战场上都展开了大规模的机械化战争。战后随着科学技术的迅猛发展，各国军队的机械化、自动化程度迅速提高。特别是原子能、电子计算机和空间技术等现代科学成就在军事上的广泛应用，使现代机械化战争的规模越来越大。战争的历史，特别是第二次世界大战及战后所发生的一些局部战争，都一再说明现代战争对石油的依赖性越来越大。石油保障程度如何，不仅直接影响军队机动性和战斗能力，而且还会影响军队作战部署和战役进程。在现代战争中石油已成为决定战争胜负的首要条件。因此军事家们认为现代战争离不开石油，没有石油就无法进行战争（包括反侵略战争）。

现代战争对石油的需求量大幅度增加

现代战争的特点是大量地使用汽车、坦克、装甲车、飞机、舰艇等现代化武器装备，实施高速度机动作战。这就导致了现代战争石油消耗量大幅度增加。如 1973 年 10 月中东战争，仅在长 150 千米，宽 20 千米和长 75 千米，宽 30 千米的南北两个战场上，阿以交战双方就投入了五千余辆坦克，近两千架飞机，这将近于当时英法两国全部坦克、飞机的两倍。其坦克在战场上的密度平均每千米达到 25～30 辆。除此之外，还投入了数千辆装甲运兵车及各种车辆和其他现代化武器装备。1979 年，我军对越自卫反击战中，仅某一个方向上在 200 平方千米内就有 8000 余辆军车活动，平均每平方千米达 40 余辆。

二战时期的滚滚铁流全依靠石油来提供动力

现在各国都十分重视坦克在现代地面作战的作用,同时更加注重步兵与坦克密切协同作战。自西德和法国20世纪50年代提出"乘车战斗"的战术思想,至今不少国家的陆军都积极发展了集火力、机动力和装甲防护力为一体的坦克、步兵战车等装甲部队。目前发达国家的步兵都已经成为装甲步兵、摩托化步兵、机械化步兵。现在坦克、装甲战争(包括装甲输送车、步兵战斗车、装甲侦察车等)的数量,在美苏陆军总力都达到平均每20人左右一辆。同时,广泛使用直升机进行空降突击、立体攻击和空中机动已成为现代战争的重要标志。因此,在未来战争中,交战双方投入的汽车、坦克、装甲、飞机、舰船等机械化自动化武器装备的数量之多,将会大大超过历次战争。随之而来的必然是战争石油消耗量的空前庞大。

首先,石油在作战物资消耗量中所占比例越来越大。第一次世界大战军队主要需要的是粮秣,而第二次世界大战军队主要需要的则是弹药和石油。据美军统计,第二次世界大战期间,石油消耗量占欧洲战场作战物资的50%,朝鲜战争期间为60%,越南战争期间上升为70%。我军随着现代化程度的不断提高,未来反侵略战争中石油消耗量占作战物资的比率也将越来越大。解放战争时期石油消耗量较少。抗美援朝时期石油消耗量有了增加,但与粮秣相比所占比率仍很小。

其次,战役石油需求量将大幅度增加。第一次世界大战俄军消耗的石油仅几十万吨,而在第二次世界大战苏军消耗石油高达1600多万吨,增加了数十倍。其中库尔斯克战役持续一个月时间,消耗石油20万吨。而在未来战争中,据苏军估计,一次方面军进攻战役(由15个坦克师、25个摩步师编成)如持续十昼夜,将消耗石油48万吨。目前,我军已由单一兵种发展成为具有一定规模的多军(兵)种的合成军队,机械化不断提高,未来作战石油消耗量将比过去大幅度增加。

石油已成为现代战争争夺和袭击的重要目标

由于现代战争中军队对石油保障的依赖程度空前提高,袭击破坏石油保障已成现代作战克敌制胜的主要手段之一。历史上许多战役战斗都是以夺取或破坏油田、炼油厂和石油补给基地,切断石油补给作为目标的。如第二次世界大战期间,德国一开始就动用了大量飞机,对苏联石油工业设施和石油基地进行了猛烈破坏,使苏军遭受了巨大损失。其石油库被破坏了44%。战前虽然储备了10万余吨石油,但战争一开始就损失了一半,造成了石油供应紧张的局面。而苏军和同盟国为摧毁德军石油供应,也对德国87个炼油厂进行了大规模轮番轰炸,共投弹19万吨,使德国炼油厂遭到严重破坏,1944年初产油66万吨,而到1945年3月产油8万吨。1967年6月,以色列侵阿第四天就占领了苏伊士运河东岸的西奈半岛,夺取了阿联酋产油75%的主要油田。1980年9月爆发的两伊战争,一开始,双方的石油设施就成了轰击的主要目标。仅战争的头两个月时间就使伊拉克8个炼油中心的一半受到袭击,一些主要石油工业基地多次被轰炸,出口石油的两个主要港口阿马亚湾和贝克尔港石油运输终点站都被伊朗海军炮火严重破坏,无法使用。1984年2月以来又发动了举世瞩目的"油轮战",即"袭船战",仅1986年就有106艘过往船只遭到袭击。旷日持久的两伊战争,不仅使双方城市遭到严重破坏,而且使一些油田、炼油厂陷于瘫痪。为此而耗费的军费开支也是相当浩大的。伊拉克已负债500多亿美元,伊朗靠石油出口积累的巨额财富也已耗费殆尽。

石油已成为现代战争胜负的首要条件

斯大林在1927年十五次联共党代表大会上提出:"没有石油是不可能作战的。谁若有石油,谁就有战胜敌人的条件。"战争的历史,特别是第二次世界大战及以后所发生的一些局部战争,都一再说明了这个论断的正确。现代战争对石油补给的依赖程度越来越大。也就是说，石油在现代战争中，不仅影响军队机动和战斗能力，而且能改变军队作战部署和战役进程，甚至决定战争的结局。如1942年德意军队在非洲北部沙漠地区作战时，500辆坦克因缺油而失去战斗力、万余人被歼。战役结束后，德意军队最高指挥官隆美尔写道："要使一支部队能够支持得住会战的压力，其首要条件是要有充分的武器弹药和石油储备。而在机动化作战中，如果没有灌满油料的补给车辆及时送到战场，坦克也无法机动，起不了大作用。"1945年苏军在远东战役中，后贝加尔方面军主力接近大兴安岭时，其快速集群的左右路部队都因油料不足及道路难行，不得不在前进中调整部署。其进攻部队不得不暂时混合编队，把所有其他车辆的油料集中起来，供少数坦克使用，以维持继续前进。1945年远东战役苏第六集团军越过大兴安岭到达鲁北、突泉后，因油料补给不上，被迫停止进攻两昼夜，结果遭日军航空兵突击，损失坦克和汽车200多辆。在第四次中东战争中，埃、叙军队均出现了因弹药、石油得不到补给而进攻受挫的局面。战争的第二阶段，以军对叙方油库和炼油厂实施了大规模空袭，切断了油料补给线，严重地影响了部队机动作战。叙军撤退时，因油料缺乏而丢弃的完好坦克就达一万多辆。在这次战争中叙军出现由胜变败的结局，其中石油补给中断是主要因素之一。

今天，世界和平力量正在壮大发展，争取较长时间的和平是有可能的，然而战争的危险并没有消失。局部战争和武装冲突迭起仍然是今后国际局势的"热点"，人们是不能放松警惕的。因此，有效地开发和利用石油资源，大力节约石油资源，国家设立必要的石油储备，对于未来反侵略战争和维护世界和平都具有重要的战略意义。

（1988年第3期）

我国采气工艺史上的一口关键井——陵州盐井

陈 实

（四川石油报）

北宋科学家沈括所著《梦溪笔谈》（卷13）曾记载了在我国钻井和采气工艺史上有重要意义的陵州（今四川省仁寿县）盐井。原文如下：

"陵州盐井，深五百余尺，皆石也。上下甚宽广，独中间稍狭，谓之'杖鼓腰'。旧自井底用柏木为干，上出井口。自木干垂绠而下，方能至水。井侧设大车绞之。岁久，井干摧败，屡欲新之，而井中阴气袭人，入者辄死，无缘措手。惟候有雨入井，则阴气随雨而下，稍可施工，雨晴复止。后有人以一木盘，满中贮水，盘底为小窍；洒水一如雨点，设于井上，谓之'雨盘'，令水下终日不绝。如此数月，井干为之一新，而陵井之利复旧。"

这则不到二百字的科学笔记，精确翔实地记叙了川西南这口古气卤井的井深、井身结构、含硫天然气与卤水同产的情况，以及井下发生事故后洒水压气的修复过程及其设施。

据考证，陵井"系后汉仙者张道陵之所开凿"。张道陵，即东汉五斗米道的创始人张陵（公元34—156年），亦即道教盛称之张天师：据说，张陵于汉顺帝时去四川传道，顺安2年即公元143年，自沛游蜀，占轨为分野，见阳山气象，指门弟子曰："此山直下，有咸泉焉。"其后，又组织人力物力，"被纸排车，引役人唱《排车乐》，凿成此井"。此后，这口井便成了唐宋两代一口高产盐井。据《元和郡县图志》称，唐代日产盐三千斤。至宋代，年仍可产盐二百余万斤。其产量之巨，在四川盐业史上是罕见的。

由秦汉到北宋前期，是大口浅井钻井阶段，即"以木为桶，径五尺"的表层导管式（如南浦盐井）。北宋仁宗庆历、皇祐年间（公元1041—1053年）出现了"卓筒井"新工艺，使钻井跨入了小口深井的新阶段。仁宗到高宗绍兴年间短短百余年，全川盐井由640口猛增到4900口。

隋唐两代史料记述陵井前期井型："周围四丈，深四十八丈"，或"纵广三十余丈"。五代至北宋陵井经过两次大修（公元961年和967年）。比较《梦溪笔谈》等宋人记载与隋唐史料，陵井修复前后的井型及井深结构的变化十分明显。第一，井径缩小，中段仅如"杖鼓腰""小罂口"，并加深到五百余尺，

按宋布帛尺每尺折合0.317米计算，此井深为170米左右。第二，井身结构上采用了"柏木为干"的硬木技术套管，"用障其土"，并掌握了更换朽坏套管的工艺。第三，陵井的采卤方法和设施，在修复前是"以大皮囊盛水引出之，役作甚苦"。修复后改用绞车提捞，"自木干乘绠而下，方能至水。其侧设大车绞之"。四川的许多旧盐井，一直沿用此种设施，即用数十丈竹篾绳或绠绳，一端盘绕于井侧的绞盘上，一端通过竹木井架上的天车（滑轮）下入井内，下系提捞筒，用人力或畜力转动绞盘，带动篾绳即可将盛满卤水的捞筒起出井口。

陵井中能致死"阴气"为何物？《梦溪笔谈》中说得十分含糊。对此，历史上也其说不一，甚至有种种迷信传说。据《隋州郡图经》记载："曾有汲水，误以火堕，即吼沸涌，烟气冲上，溅泥漂石，甚为可畏。"宋初贾琎主持修井时，也遇到"毒气上如烟雾，炼匠缒入者皆死"情景。

众所周知，矿井中令人中毒窒息而死，不外三种可能：一是井中长期缺氧，积存二氧化碳；二是井内有天然气存在；三是有含硫天然气存在。但井内如属二氧化碳，投火于井应即熄灭，不致"烟气

上冲"，故以后两种可能性较大。

现已查明，川西南地区是四川天然气生产的一个重要基地。除有几百年开采历史的自流井气田外，还有含气范围广、储量产量较大的威远含硫气田。仁寿正位于威远气田边缘的西北坡，井深200米的地层，属侏罗系重庆统沙溪庙组，为区域性含气层，其气源则来自深部主要产气层上三叠统气层，气流中含硫较多。在威远、仁寿一带，地面岩石缝隙及溪流中亦常有含硫天然气外冒。从典籍记载、区域地质、气源分布等方面来分析，"阴气"实为含硫天然气，陵井是一口卤水与含硫天然气共生的古井。

在九百多年前的北宋仁宗时期，要对付含硫气井，并不是一件轻而易举的事情。《梦溪笔谈》所记第二次修井主持者杨佐采取的办法非常巧妙。他可能从"有雨入井，则阴气随雨而下"的观象中得到启示，领悟到水可压气吸硫的道理，从而创制出雨盘这一装置。因为，当水下滴入井时，硫化氢为水吸收变为氢硫酸，加上水的动力作用，将新鲜空气源源不断地带入井内，修井工人即可安全操作而无中毒窒息之虑，而雨过天晴，吸收、溶解作用停止，含硫天然气又重新充满井筒，修井工作只好被迫中止。"雨晴复止"即指这一自然节奏。杨佐创制的雨盘"令水下终日不绝"，不论晴雨均可施工，为修井夺取了主动权。这一工艺原理在现代许多工业生产领域中广泛采用，钻采、化工、炼制、制药等工业中常见的喷头和塔盘，都可看成现代化的"雨盘"。

笔者写成这篇浅陋之作，是与胡道静师的鼓励与督促分不开的。这位著作等身、蜚声国内外的学界耆宿，多次来信鼓励说："探讨史实，以辨明真相为可喜""商榷学术，不必有所顾虑"，力促为文发表。

（1988年第3期）

临邛火井与鸿门火井

林 甫

古代，四川人民在大规模开发地下岩盐的过程中不仅发现了天然气，而且创造性地应用天然气加工盐卤，制成食用盐。当时，人们称天然气井为"火井"。

古时，四川火井最著名的当属临邛火井。临邛即今四川省邛崃县，自古以来就以风景秀丽闻名遐迩。它依山傍水，林木葱郁，更有火井奇观，吸引着各地的游客。一位诗人写道："天际蜀门开，西看举别杯。何人不异礼，上客自怀才。夜润青林发，秋江绿水来。临邛行乐处，莫道白头回。"西汉文学家左思也曾用"火井沉荧于幽泉，高焰飞煽于天垂"的诗句，咏叹临邛火井的壮丽景观。

西晋时期成书的《博物志》最早记载了临邛地区人民使用天然气熬盐的史实："临邛火井一所，从广五尺，深二三丈，在县南百里。昔时人以竹木投以取火。诸葛丞相往视之，后火转盛热。盆盖井上，煮盐（卤）得盐……"东晋常璩《华阳国志》的记载更为详细："临邛县，郡西南二百里。本有邛民，秦始皇徙上郡实之。有火井，夜时光映上昭。民欲其火，先以家火投之，顷许如雷声，火焰出，通耀数十里。以竹筒盛其光藏之，可拽引终日不灭也。井有二水，取井火煮之，一斛[1]水得五豆斗盐，家火煮之，得无几也。"

"井有二水"的含义，后人多有考证。清代历史地理学家顾祖禹在其名著《读史方舆纪要》卷七十一"相台山"下曾引述《华阳国志》中上述一段文字，把"井有二水"注解为"火井有二，一燥一水，取井水以井火煮之"。清代仇兆鳌的《杜少陵集详注》在杜甫《盐井》诗注释之后，写了一段"附记"："蜀有盐井，其水下咸上淡，土人取巨竹，尽通中节，惟下梢留节，旁凿小孔，用牛皮掩孔口，皮连绳索下竹之后牵索转皮，则咸水入筒。仍掩其孔，汲起倾泻，不杂淡水……"这段话清楚地叙述了四川地区盐井的特点：井下有淡水层和咸水层，淡水层在上，咸水层在下。由此可见，四川地区的盐井，一般都有淡水层和咸水层，由于地层情况的不同，它们的深度和层位也不同。《华阳国志》记载的"井有二水"，正是反映了这一客观自然现象。

汉代史学家班固在《汉书·郊祀志》记载，西汉宣帝神爵元年（公元前61年）"祠天封苑火井于鸿门"。同书地理志又记载：西河郡鸿门县"有天封苑火井祠，火从地出"。汉代西河郡于武帝元朔四年置，治所在平定（今内蒙古东胜县境），

---

1 "斛"是古代一种量器，最早以十斗为一斛，以后改为五斗。

临邛烽火井号称世界第一井

辖境相当今内蒙古伊克昭盟东部，山西吕梁山、芦芽山以西，山西石楼、陕西宜川以北的黄河两岸地区。《读史方舆纪要》卷五十三"陕西二载：西安府临潼县鸿门阪，在县东十七里……项羽兵四十万在新丰鸿门，沛公兵十万在霸上，此即沛公会项羽处。有鸿门亭，汉神爵元年从方士言，祠天封苑火井于鸿门"。这里记载的鸿门阪，就是人们熟知的秦末闻名的历史事件"鸿门宴"的所在地。不过鸿门亭和鸿门火井却不在鸿门阪。北魏郦道元的《水经注》曾详细记载了鸿门火井的位置："圁（读 yín）水又东迳鸿门县，县故鸿门亭。《地理风俗记》曰：圁县西五十里有鸿门亭天封苑火井庙，火从地中出。"汉代的鸿门县、圁阴县，均在西河郡西境，位于今陕西神木县南、榆林县以东一带。显然，《读史方舆纪要》把陕北的鸿门与关中的鸿门阪混为一谈了。

古代火井

鸿门火井的位置，处于榆林、佳县、绥德之间的广大地区内，这一带经过近年的勘探，证实地下蕴藏有丰富的煤藏，疑为煤成气（瓦斯气）。

（1988 年第 4 期）

关于新疆石油的最早记载
——与王连芳同志商榷

石宝珩[1]　李仲钧[2]

（1. 中国石油天然气总公司；2. 中科院自然科学史所）

《石油知识》1988年第3期上王连芳同志《新疆石油工业今昔谈》一文，在"悠久的发展历史"一节中将李延寿著《北史·西域列传》中关于石油的记载，作为新疆石油的最早记载。文章说："早在1300多年以前，李延寿著《北史·西域列传》中记载：'龟兹国，在尉犁西北……其国西北大山中有如膏者，流出成川，行数里入地，状如餳䬾，甚臭……自后每使朝贡。'龟兹即南疆库车县，西北大山即库车北的哈尔克山。'如膏者，流出成川，就是石油流出地面的现象。早在30年代，我国近代地质事业的创始人章鸿钊先生辑录出版的《古矿录》一书，即认定这是新疆石油最早的古矿资料"。

据查证，上述引文，并非唐李延寿《北史·西域传》的首次记载，而是抄袭北齐人魏收的《魏书·西域传》。仅多"周保定元年（公元561年），其王遣使来献"。魏收，生于梁武帝萧衍天监五年（公元506年），卒于陈宣帝陈太建四年（公元572年）。其作《魏书》时间，据《北史·魏收传》，"北齐天保二年（公元551年），奉诏撰魏史，五年（公元554年）三月奏上，十一月后奏十志"。

唐李延寿生卒年不详。其著《南北史》经过，在《北史》最后一卷附《序传》一篇，叙述甚详。录之如下：

"（贞观）十七年，尚书右仆射褚遂良时以谏议大夫奉敕修《隋书》十志，复准敕召延寿撰录，因此遍得披寻。时五代史既未出，延寿不敢使人抄录；家素贫罄，又不办雇人书写。本纪依司马迁体，以次连缀之。又从此八代正史外，更勘杂史于正史所无者一千余卷，皆以编入。其烦冗者即削去之。始末修撰，凡十六载"。

从上述史料可知，从贞观十七年（公元643年）下推十六年为显庆四年（公元659年），《南北史》始完成。而《魏书》完成于天保五年（公元554年），两书完成时间相距105年。如此，则不是"在1300多年以前"而是1400多年以前。最早记录新疆石油的古矿资料的，不是李延寿，而是魏收。章鸿钊教授亦误。

（1989年第2期）

"战略东移"找油决策的提出

王仰之

（华北油田）

中国向有"油在西北"之说。直到新中国建立初期，这种说法都还是符合实际情况的。

因为当时我国所开发的几个油田，如陕北的延长油田、甘肃的玉门油田、新疆的独山子油田，以及建国初期开发的新疆克拉玛依油田和青海冷湖油田，无一例外地都在西北地区。而东部地区，除了长期在日本帝国主义和国民党政府控制下的中国台湾出磺坑出产少量石油、天然气和东北抚顺等地出产少量从油母页岩中提炼出来的人造石油之外，是不产石油的。

20世纪50年代中，在找油布局上提出"战略东移"，在东部地区开展找油。1959年9月，位于东北松辽平原上的松基三井喷出原油，结束了我国东部地区不产石油的历史。大庆油田和渤海湾地区胜利、大港、辽河、任丘，以及中原、江汉、南阳、吉林、江苏等众多油田的发现、建成，使中国石油工业的面貌为之大变。本来是一个大量进口"洋油"的国家，一跃而成了世界上的产油大国之一。石油的产量，1949年仅12万吨，经过20年的艰苦奋斗，先后闯过了100万吨（1956年）、500万吨（1960年）、1000万吨（1965年）、5000万吨（1973年）大关，到1978年已达到1亿吨。1978年以后，稳中有增，至1986年，年产量已达1.3亿吨以上。建国初期，我国石油产量在世界上居第29位，1987年则仅次于苏联、美国、沙特阿拉伯、英国，居世界第5位。

据有关资料，1987年1.34亿吨石油产量，有十分之九以上，是东部各油田（大庆、胜利、辽河、华北、中原、大港、南阳、吉林、江汉、江苏等）生产的，而西部各油田（新疆、长庆、玉门、青海、延长、四川等）所产的，还不到十分之一。

可见，"战略东移"在中国石油工业发展中所起的巨大作用。那么这个找油决策是怎么提出来的呢？

李四光

石油史话

我国东部地区可能找到石油,在建国以前就有人提出了。早在1928年,李四光在《现代评论》上发表的文章中就曾写道:"美孚的失败,并不能证明中国没有油田可办。"他还进一步指出:"中国西北方出油的希望虽然最大,然而还有许多地方并非没有希望。热河据说也有油苗,四川大平原也值得很好研究,和四川赤盆地质上类似的地域也不少,都值得一番考察。"1939年,李四光在英国伦敦出版的《中国地质学》一书中写道:"……如果我们在华北平原下部钻探足够的深度,将会遇到白垩纪沉积。在这个平原上用地震方法进行勘探时,将会发现有重要经济价值的沉积物……"有人认为,这"有重要经济价值的沉积物",指的就是石油。

20世纪40年代初,孙健初曾编制过一张《中国石油理想分布图》。这张图后来被作为他的论文《发展中国油矿计划纲要》的附图,发表在1947年出版的《地质杂讯》第1期上。作者在分析了我国许多地区的地质条件之后,认为柴达木盆地、塔里木盆地、准噶尔盆地、蒙古高原、四川盆地、陕甘盆地、山西盆地及直鲁(河北、山东)平原,都是可以有油的区域。明确提出华北地区直鲁平原是找油或有希望的区域,孙健初是第一位。

20世纪40年代末,谢家荣也提出了中国石油的分布,绝不止限于西北一隅的看法。他在1948年10月中国地理学会学术年会上,宣读了一篇题为《江南探油论》的论文。论文中写道:"石油虽为重要资源,但据近年来世界各国勘探的结果,知道它在地域上和地史上的分布,却甚广泛。就美国论,油的踪迹几乎遍及各州;自寒武纪以迄第三纪,几乎每一个地质时代,都有石油产生。中国这片广大复杂的土地,大量石油的蕴藏,自是意中之事,不过勘探未周,所以至今还只开发了西北五门的一个角落。"他还说:"我的比较乐观的看法是中国必有油,而且不一定限于西北;四川、陕西的希望固然很大,就是贵州、广东、广西、东北(热河及黑龙江)甚至江南的江浙皖赣湘鄂等省,也未必全无产油的希望。"他介绍了浙江长兴煤矿四亩墩、贵州、山翁项、贵州贵阳泡木冲、湖南湘潭史家坳、江苏无锡北门外、江苏江阴德积街等地油气苗出露的情况,并进一步从地质理论上论述了这些地区产油的可能性。对在中国东部地区找油充满了信心。谢家荣还是首先提出在华北找古生界油藏的人。早在1945年,他和他的同事们在冀东奥陶系石灰岩中见到了油苗,并写了《唐山油苗》一文,报道了这一有意义的发现。

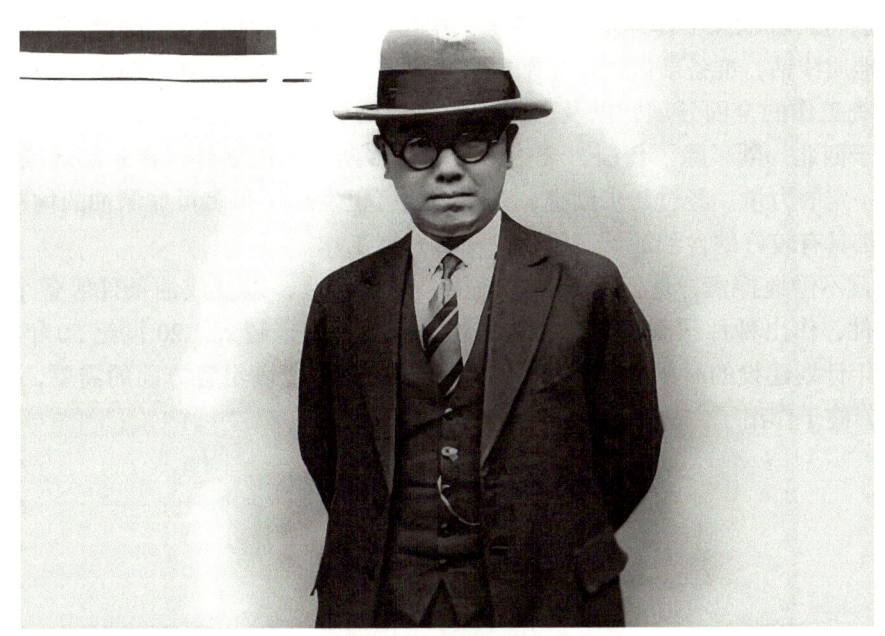

青年时代的谢家荣

1949 年 9 月，谢家荣又发表了《东北矿产概况》一文。此文是他随中华全国自然科学工作者代表大会筹备委员会发起的东北参观团到东北参观后写成的。文中提到，"日本人在锦州和扎赉诺尔两区对于石油的钻探虽然没有成功，却是很有理由的。我们将来还应该继续做，并且要扩大范围彻底钻探"。还说："将来的勘测工作，要特别注意北满，中生代煤田炭分的特低和沥青的产生，可能有发现油田的希望。"

1951 年，李春昱发表的《从地质构造看中国石油》一文中，更具体地提出应在华北平原上探查石油。他写道："华北平原就构造上说，是一个完整的大盆地。太行山东麓地层向东倾斜，燕山南麓地层向南倾斜，泰山西麓地层向西倾斜，生成的时间大概是白垩纪之后始新世前。在这个冲积大平原之下，地质构造不得而知。但这里是基底褶皱，无论如何，不致遭受挤压太烈，而致石油逸去。"

1954 年 2 月，李四光应邀在石油管理总局作题为《从大地构造看我国石油勘探的远景》的报告。报告中指出我国石油勘探远景最大的区域有三：一是青、康、滇、缅大地槽；二是阿尔善—陕北盆地；三是东北平原—华北平原。并认为应该先在以上地区开展找油工作。报告中说："可以这样考虑：从东北平原起，通过渤海湾到华北平原，再往南到两湖地区，可以做工作，先从新华夏系的旁边摸起；同时在覆盖地区着手摸底，物探，钻探都可以上，看来有重要意义的。"

20 世纪 50 年代，为了明确找油方向，许多地质学家都曾对中国石油的分布问题进行过探讨。其中值得特别一提的是 1954 年黄汲清、谢家荣、翁文波、邱振馨等编制的《中国油气远景分布图》。这幅图对我国油气远景作了系统全面的预测，它表明全国沉积厚度大于 500 米的地区约 337 万平方千米，已发现的油气苗 370 处，有含油远景地区约 125 万平方千米。1955 年石油管理总局在北京召开第六次全国石油勘探会议时，该图编制者之一翁文波，曾根据图的内容，在会上作了题为《中国大陆按油气藏的分区域划分》的报告，他将中国划分为 11 个含油远景区；1957 年，该图的另一编制者谢家荣，也曾根据大地构造、沉积厚度和油气苗的分布，将全国 22 个产油区及可能含油区，划分为确定油气区、可能含油区和次要可能含油区三大类。其他如康世恩在 1956 年 2 月所作的一次报告中，也对全国主要含油地区作出了全面的规划。他认为"第一类地区为酒泉、准噶尔、柴达木、四川四个盆地，其勘探任务应为一方面大力准备构造，进行钻探，一方面加强区域勘探工作……第二类地区为华北平原、鄂尔多斯，应大力进行区域勘探工作，发现构造……第三类地区应及早着手进行地质普查工作，配以必要的地球物理和地质浅钻，准备新区，松辽平原、阿尔善、云贵地区应列在前面……"

随着地质普查工作的全面开展，以及国家建设迫切需要有更多的石油，从 1955 年起，找油的着眼点已不仅仅限于西北一隅，除了新疆、柴达木、鄂尔多斯、四川之外，在东部地区的华北平原、松辽平原也安排了一定的力量。经过初步勘查，在东部地区也发现了很多可能储油的构造，并认定华北、松辽两个平原区都具有较好的含油远景，值得进一步开展工作。

地质学家孜孜不倦地探索，他们从地貌、地层、地质构造，以及成油条件等各个方面进行论述，并且编制各类图件，作出种种预测，使问题越来越明，把握越来越大。20 世纪 50 年代中期，正当我国进行第一个五年计划建设的时候，为了能够生产更多的石油以满足各方面的需要，中央集中了众多地质学家的意见，终于作出了"战略东移"的英明决策。

（1989 年第 3 期）

古油井考

程希荣

古油井，顾名思义，系指古代的石油井。我们今天对古代的石油井进行一番考证，既可加深认识人类地学思想的发展，又可得到有关人类凿井工艺技术、录取地下地质资料技术演进的历史证据，这对发展当今石油地质勘探的科学和技术颇有裨益。本文旨在探讨我国和世界最早的石油井是在哪里钻凿（挖掘）的，作为"古油井考"的开篇，以抛砖引玉。

最早的石油井在哪里？诸说不一。

四年前出版的《简明地质学史》（王子贤、王恒礼编著，河南科学技术出版社1985年1月出版）说："据曹学佺《蜀中广记》载：'国朝正德末年，嘉州开盐井，偶得油水，可以照夜……近复开出数井，官司主之。此是石油，但出于井尔。'明正德末年为1521年。我国第一口油井正是这口井。"（见该书第53页）。即是说，在16世纪20年代初，在我国四川嘉州地区（今乐山、犍为、夹江、峨眉、马边等县所辖范围）的石油井为最古老。这一说法在我国已流行了几十年。早在20世纪50年代，我国已故石油地质家胡砺善先生编写的《祖国石油与天然气史话》中就引用过这一记载，并同美国和苏联钻石油井的时间进行了对比，最后得出结论说："历史生动而令人信服地证明：第一口油井是中国人在公元1521在四川钻成的。"（见《祖国石油与天然气史话》第40~42页，胡砺善著，石油工业出版社1957年12月出版）。在此以后的有关文章和论著中，凡提及世界最早的油井时大都沿用了胡砺善先生的观点。

随着科学史研究工作的深入开展，1984年1月石油工业出版社出版的《中国石油工业发展史》（修订本）第一卷中进一步引证了《元一统志》的记载，把我国石油井出现的时间至少提前了235年。《元一统志》卷四、土产条下记有："石油在延长县南迎河有凿开石油一井，其油可燃，兼治六畜疥癣，岁纳壹佰壹拾斤。又延川县西北八十里永坪村有一井，岁办四百斤，入路之延丰库。"另在鄜州（今陕西富县）条下记有："石油在宜君县西二十里姚曲村石井中，汲水澄而取之，气虽臭而味可疗驼马羊牛疥癣。"由此可见，在当时（编写《元一统志》的时间始于1286年）的陕西鄜延地区已经有了一批石油井。可以说，《中国石油工业史》的编撰者们在史料的收集上有了新进展，突破了原本保持了近30年的定论。

然而这并不是结论。

近几年笔者读到香港著名学者陈正祥教授著作的《中国的石油》一书和台湾石油公司编写的《中国石油志》。在这两部书中都引用了我国北宋文人李日方（925—996年）等编撰的《太平广记》中的记载："石油井在延长县北九十里，井出石油，取者以雉尾挹之，采入罐中，燃之如麻，多烟煤，为墨至佳，更疗疾病"（见《中国的石油》第16页，1979年11月香港天地图书有限公司出版，在该书末尾的参考书目中注明的是引自1962年台湾新兴书局印行的《太平广记》；又见于1976年6月台湾中国石油股份有限公司编撰出版的《中国石油志》下册，第三编第775页，其引文少于陈著所引，也未注明《太平广记》的版本）。陈正祥先生在引文后接着评述说："早在宋代，中国人民已经挖井采用石油了。"

《太平广记》的成书时间约在公元980年，比沈括的《梦溪笔谈》要早一百年左右。《梦溪笔谈》

中关于陕西石油的记述已广为人知，不再赘述。《太平广记》的这一记载十分珍贵，它既表明我国石油井出现的时间至迟不晚于公元十世纪，又表明"石油"一词并非首见于沈括的《梦溪笔谈》，也并非沈氏命名。现在的问题是：在我们目前常见的两个版本的《太平广记》中，均未见到上述记载（两个版本是1959年7月人民文学出版社本和1961年9月中华书局修订本）。

笔者认为：陈正祥教授引证的《太平广记》的记载是可信的。理由如下：

其一，目前所见两种版本的《太平广记》是根据宋残本校正过的明、清刻本印行的。既是宋"残"本，则遗漏是必然的。

其二，在《元一统志》的校辑前言中曾说："《元一统志》所引事迹……多它书所未见。延安路石油条，鄜州石脂、石油条等，可补沈括《梦溪笔谈》之遗。"可见宋代已有石油井。

其三，著名科学史大师、英国科学家李约瑟博士（Joseph Needham，1900—）在《关于中国文化领域内火药与火器史的新看法》（载于1981年布加勒斯特第十六届国际科学史大会会议录第一集）一文中说："公元十世纪，中国就已经有石油，而且大量使用。"并说，"在这以前中国人就对石油进行蒸馏加工"。可见，只靠沈括在《梦溪笔谈》中描述的那点"与泉水相杂、惘惘而出"、用野鸡尾在延河水面上撇取的那点油苗是绝对不够用的，必然要有一定数量和产量的石油井才行。李文旨在探讨火药和火器，未谈关于石油的生产，相信这位素以研究中国科学技术史著称的老专家是言之有据的。

其四，陕北的石油早在汉代就已发现，而我国的钻井技术又在世界发明史上居领先地位，早在公元2世纪就传到了安息（今伊朗）和费加纳（今苏联乌兹别克共和国），延长地区的油层埋藏深度又不太深，从汉代到宋代这一千年的历史中，是会钻凿过石油井的。

其五，有人认为《太平广记》是小说、神话，而非可信的史料，笔者认为，那些文人笔下生花的故事我们可以不信，但在作者编撰这部《太平广记》的时候已经有了石油井应是可信的。

因而笔者认为：中国至迟在北宋太平兴国年间，即公元976—983年间，在陕北已经有了石油井。

至于世界上最早的石油井在哪里？笔者根据目前所查阅到的文献认为：世界上最早的石油井出现在公元前480年的古波斯帝国。著名的古希腊历史学家希罗多德（Herodotus，公元前484—前425年）写有一部《历史——希腊波斯战争史》。在该书第6册第119节中记载，在古波斯首都苏萨（Susa）城附近的阿尔代利卡（Ardericca）地区有用人工挖掘的石油井，并描述了两千五百年前的古人是怎样采油的。现根据乔治·罗林森（George Rawlinson）的英译文第208页上的一段文字译成中文，供读者参考。

"在距苏萨（古波斯帝国首都，今伊朗西南部胡泽斯坦省）城210浪（1浪约为201米）处有一个叫阿尔代利卡的地方，离那40浪处有一口井生产沥青、盐和油三种不同产品。其中取油的方法是，用一根杆子系上半个皮囊（不用桶），人们把它下到井里汲出液体倒在一个池子里，由此，再流到另一个池里。在这里可得到三种产品。盐和沥青很快凝聚一起变硬，而油则抽到木桶里。古波斯人把这种呈黑色并有刺鼻臭味的油称之为'拉迪那凯'油。"这或许是石油的最早称谓。查阅有关资料证实，阿尔代利卡就在目前伊朗盛产石油的扎格罗斯山附近。

笔者不是搞历史工作的，仅是对地质学史的研究有些业余爱好而已。文中定有许多不当之处，敬请各方专家和读者赐教。

（1990年第1期）

"干酪根"一词的来历及对石油地质的贡献

苟玉森

（山东胜利石油学校）

目前对于石油的成因还是活跃着两大学说，即无机成因和有机成因。随着科学的发展和石油勘探的实践，有机成因学说被越来越多的石油地质工作者所接受。可以这样说，绝大多数的油气田是在有机成因学说的理论指导下发现的。

有机生物体在沉积的过程中，要遭受到氧化等作用的破坏。有人对海洋环境中有机生物体的沉积作过统计：到达海底淤泥中的有机质仅占生物体总量的0.02%~2%。这些微量的有机生物体要转变成油气还需要漫长（千百万年）而复杂的过程。

1978年蒂索和韦尔特合著的《石油生成与油藏》一书，对这个问题作了系统的总结和论述。他们认为，有机质沉积埋藏在地下以后，首先转化成"干酪根"。然后，"干酪根"再经过复杂的化学改造而形成油气。这种生油机理，经科学家们化学、热力学模拟实验而得到证实，因而获得了绝大多数石油地质和地球化学家的公认。

"干酪根"一词是英语"Kerogen"的音译。它的原意是指斯科特油页岩中的有机质，因为能从这种油页岩中干馏出石油，所以又叫油母质。后来，石油地质研究者逐渐借用"Kerogen"一词来代表有机质中不溶于碱性溶液也不溶于有机溶剂的组分。

从"干酪根"一词的来历及其后来的引申义可知，它具有两大特点：（1）它混存于沉积物中；（2）它是一种不溶的有机质。由于它的这些固有特性，"干酪根"的重要意义是：（1）它提示石油地质研究者，研究成油过程应研究成岩作用；（2）研究石油的物质来源要改变常规，从一贯重视的可溶组分的研究转变到对不溶组分——"干酪根"的研究，因为干酪根是沉积物中的一种有机组分，是有机碳的最主要组分，是形成石油的主要物质来源。

"干酪根"的研究，对石油地质学的贡献是：针对石油的形成，总结提出了以"干酪根"的碳、氢、氧为指标，以热裂解分析为手段，以热分解反应速为基础的研究方法，充实了石油地质理论。尤其是对石油的形成等长期争论不休的重要问题，作出了比较令人满意的解释。

总之，自20世纪70年代以来，对"干酪根"的研究，有力地促进了"有机成因"学说的迅速发展，其理论对油气田的勘探起到了重要的指导作用。

（1991年第1期）

《梦溪笔谈》中所论述的石油和地质问题

潘景为

（大庆研究院）

《梦溪笔谈》是我国古代科学家沈括在他晚年定居润州（今江苏镇江）梦溪园所写的一部科学著作。全书26卷，另有《补笔谈》3卷，《续笔谈》1卷，共30卷。分为故事、技艺、器用等17目，609条，内容涉及天文、地理、气象、物理、石油、地质等许多领域。是我国科学史上一部极为重要的文献，获得了国内外学者的高度评价，称作是"中国科学史上的坐标"。

《梦溪笔谈》中论述石油和地质的知识十分广泛。据考证，"石油"一词的提出，就出自《梦溪笔谈》。沈括曾这样记述：这种油"生于水际砂石，与泉水相杂，惘惘而出"。于是把它命名为"石油"。这比以前的石漆、石脂水、猛火油、火油、石烛等名称都贴切得多，一直沿用至今。

沈括著《梦溪笔谈》

沈括于1079年出任延州时，曾考察鄜延境内的石油矿藏与用途。看到陕延一带人民燃烧石油取暖，见到石油燃烧起来，浓烟滚滚，于是他亲自动手搞石油燃烧实验，利用石油不容易完全燃烧而生成炭黑的特点，创造了用石油烟代替松烟作原料，制造墨的工艺方法。《梦溪笔谈》这样记述："（石油）燃之如麻，但烟甚浓，所沾帷幕皆黑。予疑其烟可用，试扫其煤以为墨，黑光如漆，松墨不及也。"当时，沈括已经注意到石油资源丰富，指出："石油之多，生于地中无穷"，还预料到"此物后必大行于世，自予始为之"。这一远见已为今天的实践所验证。

《梦溪笔谈》在地学方面也有许多卓越的论断。1074年，沈括出使浙东，考察了雁荡山，对于峭拔险峻、高耸云天的奇峰异岭的地貌特征进行了解释，指出："原其理，当是谷中大水冲激，沙土尽去，唯巨石岿然挺立耳。"他明确判定为流水侵蚀作用形成的地貌特征。他还联系西北黄土地区的地貌特征，同样做了类似的解释，把西北黄土高原和雁荡山进行对比，指出："今成皋、陕西大涧中，立土动及百尺，亦雁荡具体而微者，但此土彼石耳。"把南北相距万里不同地区的地貌成因论述得比较清楚。而且正确论述了华北平原的形成原因，他说："予奉使河北，遵太行而北，山崖之间，往往衔螺蚌壳及石子如鸟卵者，横亘石壁如带。此乃昔之海滨，今距东海已千里。所谓大陆者，皆浊流所湮耳。"他根据河北太行山山崖间有螺蚌壳和卵形砾石的带状分布，推断出这一带是远古时代的海滨，而华北平原是由黄河、漳水、滹沱河、桑乾河等河流所携带的泥沙沉积而形成的。他还观察研究了从地下发掘出来的各种各样的化石，曾这样记述："近岁延州永宁关大河岸崩，入地数十尺，土下得竹笋一林，凡数百茎，根干相连，悉为化石。"他明确指出这些都是古代动物和植物的遗迹，并且根据化石推断了古代的自然环境。这都表明了沈括可贵的唯物主义思想。在欧洲，直到文艺复兴时期，意大利人达·芬奇对化石的性质开始有所论述，比沈括晚了四百多年。

1075年沈括视察河北边防的时候,把所考察的山川、道路和地形,用木屑、面糊、熔蜡等材料制成立体地图模型,这个做法当时被推广到边疆各州。1076年沈括奉旨编绘《天下州县图》。他查阅了大量的文件和图书,经过近二十年坚持不懈的努力,终于完成了我国制图史上巨作《守令图》,共计二十幅。其中全国大地图高一丈二、宽一丈,图幅之大,内容之详,都是以前少见的。在制图方法上,沈括提出了分率、准望、互融、傍验、高下、方斜、迂直等多种方法,使图的精度有很大提高,是我国古代地图学的杰作。

《梦溪笔谈》是沈括毕生从事科学活动的成果,在距今九百多年前科学技术条件下,能在许多学科领域有重要的贡献,是和沈括朴素的唯物主义思想和科学方法密切相关的。他认为"天地之变,寒暑风雨,水旱螟蝗,率皆有法",并指出"阳顺阴逆之理,皆有所从来,得之自然,非意之配也"。他认为自然界的变化都受客观规律的支配,不以人的意志为转移。他的研究方法不是停留在直观观察上,而是尽可能深入实践,坚持实验,然后运用理性思维进行科学推理。这种科学的方法,促使他取得了那个时代在科学技术方面达到的高度成就,也是我们今天从事石油、地质研究的楷模。

(1991年第1期)

台湾的石油勘探开发与现阶段的油气供应

王树芝

（辽河油田）

  1998年元月赴中国台湾扫墓探亲。蒙原玉门老君庙油矿吴德楣、虞德麟、杨玉璠、江齐恩等老友接送照顾，并由吴、虞二兄陪同到苗栗、高雄、台南各地参观。特别是1月10日在苗栗石油勘探总处，由陈瑞祥、陈富营两位处长赠送资料并引导参观（台湾）油矿陈列馆，对台湾石油勘探又增加若干前所未闻的知识，现简记如下。

  1946年我在原上海石油总公司期间，每周见到台湾石油勘探处生产报表，即熟知苗栗出磺坑乃中国石油开采之鼻祖。这次从台北市乘汽车以2小时20分路程即到达苗栗县公馆乡开矿村出磺坑矿厂。距村约10分钟路程，陈列馆在一山涧中的平台上，楼房建筑精美，馆内照片、历史资料较丰富。据华北油田老友王仰之兄编辑的《中国石油编年史》21页载：1885年台湾改为行省，巡抚刘铭传奏准在苗栗设立油矿局……4年共钻井5口，仅有一口井出油。此次看到的中国第一口出油井在山涧河畔之堤岸边坡上，河岸陡峻，不易上下，未得目睹该井。我建议两位陈处长最好在原井址立一标志，证明其中的第一口油井，以表彰刘铭传之功绩。

  中日甲午战争后，1901年日本派技术人员来出磺坑调查，1903年出油，此后直至1945年。日占据50年期间在全岛共发现35个可储油的构造，并在其中21个构造钻井251口，仅在出磺坑获得石油，在锦水、竹东、六重溪、冻子脚、牛山竹、头崎六个矿区获得天然气。

  1945年，抗日战争胜利。1946年初，甘肃玉门油矿局即派玉门杨玉璠兄先期到达苗栗接收。此后玉门李同照（1953年病逝于北京）任台湾油矿勘探处第一任处长，1948年董慰翘又由玉门赴台替回李同照。原资源委员会在台勘探处5年内共接收生产井66口，钻新井5口，修旧井14口，勉力维持生产。此外，在台中、台南各钻一口探井无所获。1949年，上海解放前夕，总公司协理金开英先生赴台，以后出任台石油公司总经理，为台石油开发（特别是炼油石化）界的奠基人。

  台湾中国石油公司（简称台中油）从1949年5月至1959年初十年间，因经济拮据，建树不多，仅在台中、新竹、桃园、台北、苗栗等地18个地区钻探井30口，仅桃园见气，收获不多。但1959年在锦水的38号井（日本占据时期所钻，深3583米，当时号称远东第一深井）续加深至4063米时，日产天然气10万立方米，日产凝析油约10立方米。据吴德楣兄称，此举给台湾人以巨大鼓舞和在深地层勘探油气信心，也给台中油注入了经济活力。

  锦38井加深成功后20年（1959—1979年）的头10年，所钻探井皆以3000米至5000米为目标，成功地发现了铁砧山、崎头、宝山、青草湖、白沙屯、永和山等6处油气。20世纪70年代至80年代中期（1971—1985年），发现新营及八掌溪气田，此期间是台湾油气生产的全盛期，如1978年年产原油约22万吨，产天然气近19.8亿立方米，为台中油的最丰产年。近10年（1986—1995年），勘探仅发现新隆构造（出磺坑之南）、北寮构造及云林县的永光构造，以后者为佳。此10年间，产油最多的年份是1990年，全台5个油田（锦水、出磺坑、青草湖、铁砧山、八掌溪）年产油16万吨。5个油田产气1989年最多，共产气14亿立方米。1995年，油递减至年仅5.2万吨，气9400万立方米。

  由于台湾陆地面积小（3.65万平方千米），因此虽经近百年（1885—1995年）勘探，尤其1946—1995年台中油50年的努力，仅在15个构造（出磺坑、锦水、铁砧山、崎头、宝山、青草湖、白沙屯、永和山、台西、嘉盛、新营、八掌溪、新隆、北寮、永光）钻井 225 口，出油气井 152 口（成功率 67.6%）。重磁力勘探工作量也较大（地质野外调查 2.5 万余平方千米，地震测线 19984 千米，重力勘测 2.7 万平方千米，勘探程度达 80% 左右），而显示结果并不理想。为解决岛内油气能源，故于 20 世纪 60 年代中期转向海域发展。

台海上勘探始于 1965 年。1973 年开始海上钻井，至 1995 年共在海上钻井 117 口，只在 23 口井发现油气，成功率仅约 20%。较突出的成就是 1982—1986 年在新竹海外发现了长康油气田，及时解决了台供气不足。经过近 30 年海上作业勘探，对台湾海峡及台北方海域各沉积盆地，已了解其古近—新近系沉积厚度达 4000 米至 10000 米。1989 年至 1995 年的 6 年间，又在台南部海域致昌、致胜、建丰等构造及台中、台西海上盆地勘探，均发现油气，仍待开发。海上勘探最大成果为从 1980 年开始生产的长康油气田，至 1995 年停产时的近 15 年内共产天然气 8.3 亿立方米，凝析油约 25 万吨。以我们各油气田规模效益比较，他们所做的工作量均属投入大于产出。

综上所述，台湾以天然气为主。天然气市场从 1970 年起发展较快，1978 年达最高峰，此期间也是台经济起飞阶段。除供民用气外，还供应台电力公司及化肥与水泥业用。1978 年后，因气源衰减，先后停止工业用气。但全省仅靠年进口 3600 万吨原油及高雄、桃园两个炼厂，远远满足不了经济发展对能源的需要，故从 1984 年计划进口液化天然气，并选定高雄县永安乡海滨进行规划设计；并开始填海造地 75 公顷，建防波堤，围成 300 公顷港湾及两个 10 万吨级泊位，并建 3 座 10 万立方米地下储罐。我于元月 13 日参观时，了解到 1990 年建成了进口（从印尼）150 万吨的这座液化气厂。该厂港湾水深 14 米，有 6 艘 5 万吨液化天然气船（船上有 5 个超低温圆形储罐），泊位卸载能力每小时约 2000 吨。地下 10 万立方米超低温（-162℃）常压储罐建在地下 35 米深处，罐周围有 40 厘米厚保温层及混凝土墙。液化气从罐内经过泵，进入三级海水换热，使其汽化，再用压缩机输送至北部新竹转至台北及南部高雄、屏东、凤山各地。输气干管直径 26 英寸，长约 330 千米，沿途设 15 个配气站、7 个开关站及 23 处隔离站，将其送至电厂、各工厂及城镇输气公司。台中油建成这座液化气站后，大大缓解了台能源紧张局面。现正计划扩建工程，再增建三座 13 万立方米地下储罐，年可输入 450 万吨液化气。台与印尼双方合同期为 20 年。

20 世纪 90 年代初，液化天然气输入有余，台中油的苗栗勘探处又利用铁砧山天然气田接近枯竭的 3 口气井作为注气储备用，在该矿建 7000 马力注气压缩机一部，用于注气，以调节天然气供需不平衡的矛盾。

通过对台中油各地的参观，了解到他们完全是靠中东供给原油，靠印尼供给天然气，又以炼油为主的一家台营大企业。目前，他们也在探索多元化供应能源的渠道，以保应急之需。

（1998 年第 3 期）

"红线协定"与古尔本基安

王才良　周　珊

（中国石油天然气总公司）

《石油知识》1997年第5期发表了《"红线协定"》一文。"红线协定"在中东石油史上是一个重要事件，但此文有些史实可能有误。本文的主要目的是介绍这一事件的前前后后，同时也对该文是一个订正。

在中东石油工业创业过程中和在"红线协定"签订及后来的废止中，古尔本基安起着重要作用。

卡洛斯特·古尔本基安（注：有的书上译为古尔班坎、古尔本金、高宾金）是亚美尼亚人，不是美国人。亚美尼亚是同土耳其、阿塞拜疆相邻的一个西亚国家，当时同阿塞拜疆同是沙皇俄国的属国。他的父亲是在土耳其君士坦丁堡销售沙俄巴库（属阿塞拜疆）原油的商人，很富有。古尔本基安在君士坦丁堡大学毕业后，在英国剑桥大学皇家学院学习过采矿工程。他的毕业论文就讲到了石油开发，被评为优等。回到土耳其后，父亲把他派到巴库油田去考察学习。他在巴库结识了诺贝尔兄弟（他们当时是那里最大的石油资本家），学习掌握了多方面的石油知识。1891年写了一本书，比较系统地总结介绍了巴库石油的勘探和生产。由于他青少年时代曾经在美索不达米亚访问过，因而他从巴库石油联想到那里（现今的伊拉克）也一定很有希望。土耳其国王读了他这本书很感兴趣，曾专门邀请这位青年人去作报告。国王于是把美索不达米亚的摩苏尔和巴格达两省从国有领上中划出来，作为皇室的私产。

古尔本基安以父亲给予他的3万英镑起家，也做起了石油生意，并同一位亚美尼亚富女结了婚。他把俄罗斯巴库石油销往欧洲，伦敦和巴黎是他主要活动场所。在英国，他的合作伙伴是皇家荷兰壳牌石油公司。他同壳牌董事长德特丁有良好的私交，出主意让壳牌进军美索不达米亚。

此时在这一带活动的还有三支势力。一是在波斯（今伊朗）找油起家的英伊石油公司（现今的英国石油公司BP），这是英国政府的"亲儿子"；一个是美国退休的海军上将科尔比·切斯特，此人急切想获得美索不达米亚的石油租借地；再一个是德意志银行，它已经在罗马尼亚有了不少石油权益。它通过建设阿纳托里亚铁路（从欧洲延伸到巴格达以至科威特的铁路）取得了铁路沿线20千米以内的石油开采权。

古尔本基安自身财力不足。在他策动下，1914年，组成了土耳其石油公司。英伊石油公司占50%股权；德意志银行和壳牌公司各占1/4股权，后两家各让出2.5%给古尔本基安，他拥有的5%股份，是这两家给他的酬劳。

1914年爆发了第一次世界大战。土耳其、德国、英国都卷入了战争。刚刚组建的土耳其石油公司事实上还没有正式从土耳其王室取得租借权。

战争期间英国占领了波斯和波斯湾，1916年夺得了对美索不达米亚南部的控制权。法国取得了对摩苏尔省的控制权。第一次世界大战结束以后，德国和土耳其是战败国，1920年在圣雷莫协议中，英法作成一项交易：土耳其奥斯曼帝国的叙利亚和黎巴嫩由法国托管；而整个美索不达米亚（伊拉克）及其他阿拉伯领土由英国托管；作为交换，法国接收土耳其石油公司中原德意志银行的23.5%股权，将来土耳其石油公司的原油管道可以通过叙利亚和黎巴嫩到达地中海边。

这样，英法就把美国排除在美索不达米亚之外了。美国非常恼火，美国国务院抗议这一做法，要求对老土耳其帝国版图上的有油资源"门户开放",最垂涎的是新泽西标准石油公司(今埃克森)和纽约标准石油公司(今莫比尔)。他们派去的地质调查人员被拒之门外,英国人强调:这是一次大战的战利品,美国没有参战,自然没有份,美国政府策动几大石油公司去争。

古尔本基安首先倒戈向美国。原因在于,他本来以为他为壳牌公司争得的土耳其石油公司25%的权益是他的,但不料壳牌只分给他2.5%,他生气了,他怨恨壳牌"背信弃义"的"篡夺行为",于是他的立场转到了美国一边。他主张让美国公司参加进来,理由是土耳其石油公司其实并未真正获得租借权,那项协议是不牢靠的。

英国、法国也碰到了一些其他的麻烦,包括那位退休上将还在活动。他们也不想过分把事情搞僵,英国开始时表示,土耳其石油公司的12%股权让给美国公司,美国不同意。

1925年伊拉克在英国保护下"独立",脱离土耳其。新成立的伊拉克政府同土耳其石油公司签订了协议,授予该公司享有在摩苏尔地区勘探和生产石油的权利,有效期到2000年。于是土耳其石油公司也改名为伊拉克石油公司。

就在英法同美国讨价还价的时侯,1927年10月15日,巴巴古尔井大量喷油,日产原油9万桶,基尔库克大油田发现。美国于是加紧对英法施加压力。

经过六年的持续谈判,1928年7月在比利时的奥斯廷开会,各方达成协议,美国五家石油公司的集团在伊拉克石油公司中取得23.75%的股权;壳牌公司、英波石油公司、法国石油公司各保留23.75%,仍给古尔本基安5%。于是这位古尔本基安有了一个"百分之五先生"的雅号。

不久,由于另外三家美国公司退出,埃克森和莫比尔两家分享23.75%股权。

作为回报,美国方面承认伊拉克石油公司对原土耳其奥斯曼帝国的领土有石油独家开发权。又是这位古尔本基安用红铅笔在地图上划了一条红线。有关各方达成协议,在红线规定的范围(注:这个范围包括沙特阿拉伯及海湾各阿拉伯小国,但不包括科威特)内,今后任何一家成员公司不得单独获得石油开发权。要干,就由伊拉克石油公司出面一起干。

这就是"红线协定"的由来。

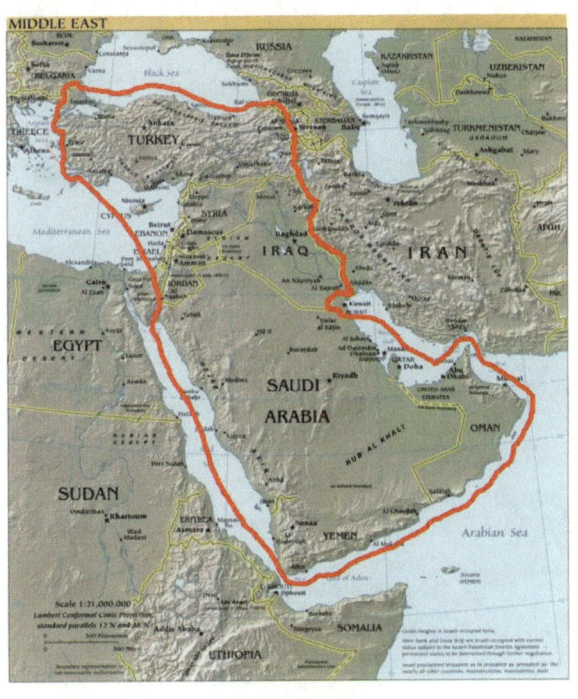

古尔本基安红线画出的区域

伊拉克石油公司并不是一家独立经营的公司，而是上述几家的一个联合体，所产石油由上述几家按股权分享。

古尔本基安本人没有原油运销、加工能力，就把他的那一份原油长期供给法国石油公司。

20世纪30年代后期，伊位克石油公司获得了在卡塔尔和阿联酋（主要是阿布扎比）的石油租借地。

"红线协定"于20世纪40年代中期被埃克森和莫比尔撕毁。

1933年，不是伊拉克石油公司成员的加利福尼亚标准石油公司（今谢夫隆公司）获得了在沙特阿拉伯的石油租借地，并找到了油。1936年德士古参加进去。1939年沙特阿拉伯第一个油田投产。二次大战胜利后，沙特阿拉伯阿拉姆科公司的产量猛增，为了寻求建设大输油管线的资金和为沙特原油找到出路，阿拉姆科公司的两大老板谢夫隆和德士古决定让埃克森和莫比尔加入进来，但是埃克森和莫比尔是"红线协定"签字公司，要进入沙特阿拉伯，必须废止"红线协定"，为此，它们同英、法，同古尔本基安进行了艰苦的斗争。

英国石油公司和壳牌公司在英国政府授意下，没有出面坚决反对，因为战后英国十分困难，要依靠美国的援助，不敢得罪美国。而且，埃克森和莫比尔私下同这两家谈判，签订一个协议，答应长期购买这两家在伊朗和科威特生产的原油，支持它们建设新的输油管，要这两家不要反对。

法国石油公司坚决反对，它看出了沙特阿拉伯的潜力很大，除非让他们也进去。法国石油公司决定提起法律诉讼。古尔本基安更是大发雷霆，他发表通电并在英国上诉，声明"任何恐吓或巧妙的法律诡计都不能打动我"。

埃克森和莫比尔不愿意把事情闹大，更不愿对簿公堂，他们不愿把"红线协定"及其他不宜公开的秘密暴露出来，影响商业利益。最后到1948年11月，在古尔本基安起诉的法院要公开审理的前一天，六方负责人在葡萄牙里斯本的阿维兹饭店内古尔本基安的住处，签订了新的协议，"红线协定"正式废除。埃克森与莫比尔进入沙特阿拉伯，分别在阿拉姆科公司中取得30%和10%的股权。

作为条件，埃克森和莫比尔同意为伊拉克石油公司新建两条输油管，把产量增加到6倍，使法国石油公司和古尔本基安从伊拉克得到大的实惠。而对于古尔本基安，除此之外，还让他从伊拉克石油公司得到一份免费原油。

（1998年第4期）

资源委员会的陕北探油

李玉屏

（华北油田）

陕北有油，早在班固的《汉书·地理志》中就有记载。他在该书中记述说："高奴有洧水可燃"，可算是我国古代典籍中关于石油的最早记述了。此后，对于陕北的石油，北魏郦道元的《水经注》、唐代段成式的《酉阳杂俎》、宋代李昉的《太平广记》、沈括的《梦溪笔谈》，以及后来的《元统一志》、明清各时期的地方志（如乾隆《延长县志》、道光《延川县志》等）都有越来越详细的记载。当地人民，则早已利用石油作燃料、照明、膏车、制墨、"治六畜疥癣"之用。以至光绪末年，清政府在延长设立石油官厂，创立了大陆上第一个以开采石油为业的机构，并于1907年假日本技师、工匠及钻机，打出了第一口油井。1910年至1912年间，又连续钻了3口井，其中两口井出油。1921年到1931年，国内又先后在延长钻井8口，但都没有太大的成果。前后所钻12口井，只有3口井一度生产石油。

1914年2月，北洋政府与美孚石油公司合办"中美油矿事务所"，委熊希龄为督办，统管陕北的石油勘探开发事宜。而实际上是将一应作业事务包给美孚公司执行，先后在今黄陵、延安、延长、铜川等地境内钻井7口。但收效甚微，故美孚石油公司对在陕北开发石油持悲观态度，甚至推而广之，对整个中国的石油资源评估也唱低调。

中国老一辈地质学家们并不以美孚的失败为然，也未被由此产生的悲观论调所束缚。1923年、1931年、1932年、1933年，原中央地质调查所王竹泉、潘钟祥、谢家荣等地质学家先后数次到陕北作石油地质调查，做了大量工作，尤其是1932年4月，王竹泉、潘钟祥通过对陕北地区的再次调查发现永平油田，并认为该油田前景较好，可多钻浅井小规模开采。王、潘的调查结论引起了当局，特别是国民政府资源委员会的重视。翌年，成立不久的资源委员会即筹划在陕北地区进行新一轮石油钻探。

资源委员会成立于1932年11月，起初名称为"军事委员会国防设计委员会"。1934年秋改名为"资源委员会"，仍隶属于军事委员会。是一个经管全国资源开发，举办国防工矿事业的机构。

1933年秋，资源委员会派孙越崎、张心田前往陕北，为在陕北探油作准备。孙、张二人返回南京后，即在资源委员会的领导下筹备陕北找油事宜，并由张心田负责筹办钻机及其他设备材料。

1934年夏，陕北油矿探勘处正式成立。这是资源委员会成立以来兴办的第一个事业实体。处长由孙越崎担任，下设延长、永平两个办事处，分别由严爽、刘梦符（南开大学矿科毕业）任办事处主任。每办事处仅有矿业及机械人员和会计兼事务人员各一人。探勘处在延长还设有一个机厂，有车、钳、铆、锻等技术工人十余名，皆从北平、天津等地招雇而来。不久，孙越崎调往河南中福煤矿任整理专员，勘探处处长一职遂由严爽代理。1935年2月，刘梦符前往开滦煤矿任职，由北洋大学矿科毕业的刘启端接任永平办事处主任。

陕北油矿探勘处成立后，即着手组织石油钻探工作，探勘处除利用原石油官厂的旧钻机一套外，又新购进了3套冲击式钻机。所用蒸汽锅炉从德国进口，钻头、钻铤、钻具、钢丝绳等购自美国，其他器材在上海置办。当时，西安到陕北没有公路，只有崎岖小路相通，钻机、器材发运后经铁路转辗运至太原，然后在太原雇卡车经汾阳运至黄河东岸的军渡。在军渡转船运至下游西岸的延水关，从军渡到延水关，黄河水流湍急，并有不少暗滩，行船艰险。当时黄河上通行宽体船，约七八尺宽，吃水浅，每船最多承载4.5吨。上百吨钻井物资共征用民船30多只，编号结队，绕过礁石险滩，终将全部器材运达彼岸。从延水关到延长和延川的永平镇均不通公路，上百吨钻井物资主要靠骡马驮运，由于每驮只能负重二百多斤，故大件用大量人工抬运。前后动用骡马444头、骡车166辆、民工418人。由于延川县贫穷，少骡马，有相当部分骡马是从绥德、清涧等县征集而来的，从延水关到延长约90千米，沿途困难重重，诸多险象，历时达五六天之久。但由于精心安排，组织措施得力，所有器材均安全到达目的地。当年8月，第一口井即延长的101井开钻。11月，部署在延川永平的201井也投入钻探。

当时的钻井工人主要是在当地招雇。一部分是操作较熟练的原延长石油官厂钻工，一部分是新招的当地人，经短暂培训后即跟随老钻工作业。其他如木工、杂工等亦在当地雇用，井架是当地采购的木料搭制而成的。

探勘处所有的4部钻机，一部布在延长县城，一部布在延长附近的烟雾沟，另两部布在延川县永平镇附近。从1934年8月到1935年4月，陕北油矿探勘处共钻井7口，其中延长及烟雾沟4口、永平3口，均为浅井，最深的只有140多米。7口井中仅两口井出油较多，一口是延长县城西门外的101井，日产约1.5吨，另一口是永平镇东5千米处的201井，日初产约3吨。两口井产量都不高。其他几口能出油的井日产仅几十千克。由于产量不多，所产原油装桶后用驴、骡等牲口驮运到延长石油官厂，利用旧有的设备炼制，成品油在当地和附近销售，最远的销至西安。

探油期间，陕北红军正值发展壮大时期，刘志丹领导的红军游击队经常在延长、延川一带活动，打击国民党驻军，钻井井场附近也常有游击队来去，他们有时也驻足观看钻机探油作业，但对钻井工作秋毫无犯，可见当时共产党领导的陕北红军对石油工业已有较高的认识。

1935年4月，陕北红军解放了延长县城，5月初又解放了延川永平镇，延长油矿真正获得了新生，边区政府十分重视延长油矿的石油生产，积极组织油矿的恢复和发展工作，并派陈振夏、高登榜等得力的干部担任领导，给延长油矿注入了新的生命和活力，延长油矿也为中国人民的革命事业作出了自己的贡献。

至此，资源委员会在陕北的探油活动宣告结束。1936年9月，资源委员会在重庆附近的巴县石油沟成立四川油矿探勘处，参加过陕北探油活动的部分人员又加入了四川油矿探勘处的活动。

应当指出的是，对于在陕北发展我国的石油事业，老一辈地质学家如王竹泉、潘钟祥、谢家荣、杨公兆、胡伯素等是有很大贡献的，他们数度跋山涉水亲临陕北进行地质勘查，调查了大量的地质构造和地层、岩性，纠正了外国地质专家对陕北地层划分的错误认识（把原定的石炭系改正为侏罗系，把原定的二叠系安定石灰岩归正为上侏罗统），推翻了美孚石油公司对陕北地层的错误论断，发现了永平油田，提出了钻探建议，为确定钻井井位提供了大量依据。潘钟祥等还专门调查了陕北的油页岩分布状况，测绘了1∶3万的油矿区地形图。王竹泉、潘钟祥根据多次的调查研究，写成了《陕北油田地质》一文（刊《地质汇报》第20号，1933年出版）。这些，都为发展陕北的石油工业奠定了基础。

（1998年第5期）

海上石油平台转换角色

——介绍用于航天发射的"希隆奇"国际合作计划

周有恒

(湖北荆州师专)

海上石油平台，本是用于勘探开发海洋石油的专用设施。然而，随着现代科学技术的发展，科学家们通过巧妙构思和精心改造，却让海上石油平台"转换角色"——变成航天发射场，进而在人类走向太空的征程中一展身手。

我们知道，航天发射场是专门供运载火箭发射航天器的地方（它还有一些其他的"名称"，如运载火箭发射场、航天港、航天中心、卫星发射场、卫星发射中心等）。不是在任何地方都可以建造航天发射场的，因为航天发射是空间科技——一门新兴的综合性尖端科学技术的组成部分，现代最新科技成果的含量非常高，所以它在许多方面的要求十分苛刻。除了科学技术水平和工业发展程度这一先决条件之外，它还受地理位置、环境条件，甚至受政治因素的制约。如法国原在它的殖民地阿尔及利亚建有哈马圭尔卫星发射场，那里是撒哈拉大沙漠，地势开阔，人烟稀少，位置比较理想，但阿尔及利亚独立后，根据协议只得关闭撤离。又如拜科努尔发射场是苏联最大的航天发射场（也是世界上最大的航天发射场之一），苏联解体后，因其在哈萨克斯坦境内，现今俄罗斯只能出重金向哈借用。

火箭发射时，如能借助地球自转的力量，则可以增加速度，节省燃料。地球自西向东旋转，所以火箭最好向东发射。地球的自转速度，在赤道附近最大。因此，在赤道附近建发射场最合适。看一组数据即可说明这一问题：法国的"钻石"火箭在北纬31度40分的哈马圭尔发射场只能发射70千克重的卫星，而用同一型号火箭在欧空局的库鲁发射场（北纬5度18分）则可把113千克的卫星送入同样高度的轨道。

但是，赤道附近适合发射的地点实际上是非常有限的，因为地面发射场的发展受到种种限制。第一，建设和使用一个大型的地面航天发射场，其占地面积约上百平方千米，这一区域不能进行工农业生产，以便建跟踪测量站，并保证安全。第二，使用地面发射场还伴随一系列十分复杂的问题，比如对生态环境的影响便需首要考虑。这是由于运载火箭携带大量易燃易爆、有毒的推进剂，火箭发动机点火后喷出大量有害气体，加之火箭发射时的剧烈震动和巨大噪声，均会造成环境污染，火箭发射失败则可能会造成更大的危害。第三，现有发射场因受地域限制，地理位置很难达到理想状态，况且是固定式的。

为了解决上述矛盾，俄罗斯航天专家提出了建立可移动的"拜科努尔"航天发射场的设想，即将当代先进的空间技术与海洋技术结合起来，从海上发射航天器。这种方案的诱人之处甚多，优点之一是机动灵活，可以按需要在任何纬度上进行发射；优点之二是无"后顾之忧"，发射场处于没有人烟的国际水域，所以不用担心火箭飞行对地面安全的威胁，也不用采取专门的安全保障措施，这样就既节省了土地，又大大减少了火箭发射对附近居民的影响。

哺育出这一"海空"技术合作成果的是已进入实施阶段的"希隆奇"国际合作计划，或称"海上起飞"计划，这项合作计划是由1995年组建的海上发射公司实施的，其参加者有美国波音商用航天公司、俄罗斯能源科技生产公司、乌克兰的南方联合体（包括设计局和机器制造厂）及挪威克韦尔纳造船公司。美、俄、乌三国的公司将为"海上起飞"计划提供先进的航天技术保障，挪威公司则以其在建造和应用浮式石油平台方面的技术实力，负责发射平台、装配指挥船等多项设施的准备工作。

追溯起来，浮式发射综合体实际上并不能算作"最新创造"。早在20世纪50—60年代，人们曾建立舰基导弹发射系统及潜射系统，那时就曾有专家提出过"浮式发射综合体"方案，但受当时技术和资金限制没有实现。20世纪50年代中期，用于海上石油开发的自升式钻井平台和浮式钻井船相继问世。20世纪60年代初，人们又建成了适于较深水域的半潜式钻井平台，它比浮式钻井船具有更可靠的抗风浪能力，并适用于深海，成为深海钻探的一种可靠装置。进入20世纪80年代之后，更先进的石油平台，如无人值守平台、柔软式平台、强力腿平台等新型平台的建成，标志着现代海洋石油开发技术迈上了更高的台阶。在新技术发展的今天，古老的方案又重新燃起了希望的火花。这就是"海上起飞"计划得以"诞生"的技术背景。

挪威是北欧石油资源最丰富的国家。自1971年开始生产原油之后，在短短20多年间油、气产量迅速增长，已经从一个贫油国一跃成为世界新兴的石油大国。克韦尔纳公司是挪威一家著名的造船企业。在"海上起飞"计划中，该公司负责把北海油田一座3.1万吨的半潜式钻井平台改装成一艘自行推进的海上航天发射平台。克韦尔纳公司还要设计和建造配套的650英尺（约合198米）长的装配指挥船。

据报道，目前，海上航天发射场工程已基本完成。改装后的石油平台面积约为两个足球场大小。此平台运至俄罗斯维堡造船厂后，发射装置——"天顶"系列火箭，以及查询、监测等设备的安装也将接近尾声。此外，在苏格兰格拉斯哥的克韦尔纳公司拥有的船坞里，一艘用于运输运载火箭、助推装置和人造卫星的专用指挥船也已建造完毕，即将开往美国加利福尼亚州的长滩基地。海上发射公司利用公海作为发射场，不仅可以节省用于陆地发射场的选址、建设、维护和保卫等方面的大量投资（据专家评估，发射同样的有效载体，海上发射要比陆地发射场节省60%～70%的费用），而且具有极大的机动灵活性——发射平台和配套的后援船可以驶到国际水域中的所需位置，使火箭达到最佳发射效果。例如，将一般性发射安排在夏威夷以南靠近赤道的海域进行，而极地发射则驶到太平洋北部进行。日前，海上发射公司已同美国的休斯公司和洛拉尔公司签订了18个发射合同。看起来，海上石油平台在未来的岁月里还将为人类的航天事业"再立新功"。

（1999年第1期）

回忆毛主席视察隆昌气矿

刘学如

（四川油田）

1958年，毛泽东主席专程到圣灯山四川石油勘探局隆昌气矿视察。这是毛主席生前唯一的一次对石油企业的视察。时过40年，谈及毛主席当年视察的情景，川南、川西南广大石油职工还都感慨万千，激动不已。

1958年3月27日下午，一列从成都方向驶来的火车徐徐进入隆昌站。中央领导一行人下车后，身材魁伟、面目慈祥的毛主席首先被附近一位少先队员发现，叫着："看！那是毛主席！"周围群众的注意力立刻被吸引了过来："啊！果真是毛主席！"这时，负责安全保卫工作的隆昌县城关派出所陈永彬和大家一样也激动得情不自禁地走向毛主席，向他问候，握手。事后，该同志以"忘了自身任务"，受到组织上的批评。

这天下午，隆昌气矿正召开党委扩大会议，书记安增彬闻听有中央领导来矿，立即让矿长刘选伍先去火车站迎接。这天，矿里唯一的一台威力斯吉普车赶去火车站，临到隆昌县城时，对面驶来了一辆小轿车，后边紧跟着一部大卡车。大车上有人向他们示意往回开。刘选伍忙叫司机掉头。17时10分，毛主席已先到气矿，进了专家招待所会议室。气矿几个年轻干部得知中央领导和毛主席来矿，轻手轻脚地从小会议室门前探望。毛主席发现了他们，招手让他们进来，亲切地和他们一一握手。这时刘选伍急促地从外面进来，见到毛主席，有点不知所措。毛主席含笑地向他伸出手来，刘选伍用双手轻轻握着毛主席宽大的手，等紧张的心情稍放松些才向坐在毛主席旁边的四川省委书记李井泉说："我们向毛主席汇报一下情况吧！"李井泉说："主席主要是来看一下气井和天然气生产。"陪同主席的中共湖北省委第一书记王任重问："气井有多远？"刘选伍说："离这里有四公里，炭黑车间只有一公里多，都在后面山坡上。"李井泉说："那我们就去看看吧！"毛主席微笑着点点头。

天下着小雨，刮着风。这次陪同毛主席来视察的还有上海市委第一书记柯庆施。新华社新闻摄影科长侯波，隆昌县委书记李金铭等也随行。

李井泉让刘选伍坐毛主席的车一道去炭黑车间，小车起步行驶在厂区蜿蜒曲折的公路上，毛主席和蔼地问刘选伍："天然气里含有什么成分？"刘选伍汇报说："主要成分是甲烷、乙烷等碳氢化合物，含有少量的硫化氢。"毛主席说："还有氮气吧！"刘选伍答："有，我们正准备把天然气合成石油。"毛主席点了点头又问："天然气合成汽油要去掉哪些成分？"刘选伍说："主要去掉硫化氢和氮气等成分。"毛主席满意地点了点头说："好！"

汽车顺着弯曲的公路驶向井场方向，毛主席看见山上矗立的井架，听到轰轰隆隆的响声，问道："这是井架吧？"刘选伍汇报说："这是正在打钻的隆23井，生产天然气的井也在这山上边。"由于下雨路太滑，刘选伍建议先去看槽黑车间。轿车开到了槽黑车间停下了，正好矿党委书记安增彬陪着柯庆施坐的小汽车也开来了。毛主席一行走到生产炭黑的火房面前，车间副主任梁锡远打开火房的小门，毛主席弯下腰观看火房里火嘴的燃烧情况，他看着排列整齐的千百只火嘴喷射出的金色火焰，高兴地笑起来。火房是在露天，毛主席不顾风雨，索性蹲下聚精会神地看起来，一边看，一边仔细地询问着天然气支气管线装置情况、天然气脱硫情况，以及炭黑年产量等等。问完后才慢慢地站起身来，回过头问上海市委第一书记柯庆施："老柯！你看到了没有？你认为怎样？"柯庆施说："看到了，和自流井烧盐一样，自流井用天然气热能烧盐，这里用天然气烧炭黑，热能没有利用。"毛主席说："自流井用天然气熬盐放跑了炭黑；这里是收了炭黑跑掉了热能。"

毛主席像一位专家，一针见血地指出天然气综合利用中的一个重要课题。

下午六点十分，风刮得更紧，雨还下个不停。毛主席的大衣帽子都被雨淋湿了，但兴致未减，还想去看远山上的气井，李井泉和柯庆施好不容易把他劝住了。毛主席一边走，一边问："这个矿是外国设计的，还是中国设计的？"梁锡远汇报说："是我们自己设计，自己施工建成的。"毛主席满意地点了点头。

毛主席视察完，大家一起送毛主席上车。圣灯乡街上居民、社员、职工、家属注视着远处从槽黑车间驶下来一辆灰绿色华沙牌小轿车转左弯，往隆昌方向驶去。这一天许多干部、工人都为没有见到毛主席感到非常遗憾。

如今40年过去了，贯彻毛主席关于"回收炭黑，利用热能"的指示已见到显著成效。四川天然气，炭黑工业发生了翻天覆地的变化。天然气田由当年圣灯山、石油沟、黄瓜山等几个气田生产少量天然气发展到现在川东、川东北、川南、川西南、川西北、川中六大天然气综合矿区，天然气由1957年产0.67亿立方米上升到现在70亿立方米，成为全国最大的天然气工业基地。炭黑年产量1957年仅1000吨，到20世纪60年代中后期，装置能力扩大了30倍，炭黑年产量达到2万多吨。

（1999年第1期）

科索沃战争与石油

王 丰 侯朝利 盛富林

(后勤工程学院 37914 部队)

1999 年 3 月 24 日,以美国为首的北约对南联盟实施代号为"联盟行动"的大规模空袭,给南联盟人民造成了巨大的灾难。此次战争与石油有密切的关系。

控制石油资源

以美国为首的北约悍然发动科索沃战争,其目的除了推行其霸权主义和强权政治,实现其称霸世界的野心外,其中的一个重要的目的,就是控制全球资源。由于北美和西欧是石油资源消耗最多的地区,这些国家要取得长久发展,必须要有可靠的石油等资源作保证。而亚洲、非洲和拉丁美洲,以及苏联控制的地区蕴藏丰富的石油等资源。北约国家要控制这些地区的资源,能否控制科索沃是关键。因此,北约国家通过发动科索沃战争,控制了科索沃,就可以把俄罗斯挤出巴尔干地区,并可由此向东扼制俄罗斯由黑海进入地中海的咽喉要道,进而保护美国在里海的石油利益,挤压俄罗斯的生存空间。向南还可以加强北约南翼,辖制中东、北非等产油国,确保中东石油通道的安全。可以说,科索沃战争也是一场石油等资源的争夺战。

破坏石油设施

在北约对南联盟持续 79 天的空袭中,除了对南联盟的防空系统、导弹阵地、通信中心、指挥部、雷达,以及地面部队等军事目标进行狂轰乱炸外,对南联盟的油库、炼油厂、石油中转站、储油设施、加油站等民用设施也进行了疯狂的轰炸。初步估计,此次轰炸摧毁了南联盟 80% 的燃油储备、100% 的炼油能力,致使南联盟的经济遭到了毁灭性打击。如在 4 月上旬的几天内,北约就轰炸了建在斯梅代雷沃的石油中转站和位于潘切沃的南联盟的最大炼油厂,以及从贝尔格莱德通往科索沃的主要公路所经过的克拉伊列沃和博古托瓦茨的主要燃油库。北约动用卫星和无人驾驶侦察机,侦察识别南联盟经过伪装的油库位置,跟踪南联盟的军用车辆从一个加油站驶往另一个加油站的情况。此外北约还炸毁了多瑙河上的三座主要大桥,以限制南联盟用驳船从黑海运送石油。正如北约所宣称的,对南联盟经济基础进行打击的目的就是要"彻底摧毁南联盟的战争机器",摧毁南联盟的战略石油储备,限制南联盟军队的机动能力和作战能力,削弱或摧毁其战争潜力,达到"不战而屈人之兵"的目的。

石油封锁

为了防止南联盟军队获得燃料,北约在加强对南联盟空中打击的同时,从 4 月底对南联盟实施石油禁运的计划。美国宣布对南实行经济制裁,禁止向南出口包括石油在内的大部分种类的商品、服务,以及软件和技术。在战争爆发前,南联盟通过陆路输油管道和海运获得石油,战争爆发后,迫于北约压力,克罗地亚、保加利亚和匈牙利先后关闭了运往南联盟的输油管道。南联盟只有通过黑山共和国的巴尔港从海上获得石油。尽管俄罗斯表示向南联盟继续提供石油,但是这种援助也只是杯水车薪。由于南联盟的石油主要依靠进口,石油禁运给南联盟人民的生产和生活带来严重后果。

(1999 年第 6 期)

辽河找油峥嵘岁月

陈专初

（辽河油田研究院）

如今，开发 30 余年的辽河油田已成为国内第三大油田，油田的指挥中心就坐落在新兴的盘锦市中心。而 30 年前，这里人烟稀少，遍布芦苇沼泽。人们不禁要问：油田是如何发现的？打开尘封的档案，在泛黄的纸片案卷里，找到了一些原始信息。

百年前外国人入境找油

1863 年，正是我国清朝末年。帝国主义列强为了寻找油气资源，纷纷踏上这块荒凉的退海之地。当地居民曾见过几个外国人背着包袱东走走、西看看，他们时而钻进苇塘，时而在地上挖着什么，还不时地向当地人打听，问他们见没见过一种黑色的油膏。领头的是德国人，名字叫理希霍芬，是专门来这里寻找石油等矿产的。

1903 年，美国找油人也曾涉足过这一地区，但仍一无所获。

1909 年，日本人小藤文郎到我国东北地区进行矿产调查，并成立了南满地质调查所。但从留下来的文件看，为找油气也是无获而归。

新中国成立前，我国的地质学家李四光、赵亚增、王竹泉、黄汲清等人对下辽河地区的地层构造、地质特点及找矿等方面做过大量的调研，为新中国开发石油资源做了许多理论和实地考察的基础工作。

1954年在阜新地区发现了油苗

1950年，中国科学院生物研究所的王珏等人在辽东太子河地区地质调查，著有《辽东太子河流域地层》一文，为新中国成立后的下辽河地区的地质调查走出了第一步。1954年后，我国以找煤和石油为目的地球物理勘探工作正式启动，其中区域性重磁力普查、航磁和电法勘探在找油中提供了系统性的资料。当年地质工作者张传淦、陈良鹤等同志在阜新、北票、义县等地作了油苗调查，证实了这些地区中生代地层含有油。沈乐山等人著有《阜新盆地专题报告》，认为这些地区应积极开展石油勘探工作。1955年至1956年，地质部物探局北方物探大队112队在阜新地区进行了重磁力普查，部分地区作了电测深剖面，取得了有价值的资料。1957年，物探局航磁大队904队在盘锦上空进行了航空磁测，并作了《渤海及周围地区航空磁测总结报告》，对这一地区大地构造特点和沉积状况提出了新的看法。

石油专家预言在渤海底发现大油田是可能的。1959年，我国的地质工作者在大庆发现了一个特大油田，中国从此摘掉了贫油的帽子。与此同时，渤海湾地区的石油地质勘探工作也在紧锣密鼓地进行。

1959年4月，地质部的勘探大队正式开始野外勘查，完成了庄河至大连、大连至盖县、锦西至山海关全长2000千米的海岸线，以及大长山岛、小长山岛等9个海岛的地质调查。终于在瓦房店侏罗系中发现了油苗，根据此次地质调查提供的大量资料，石油专家们认为在海底可能存在大油田。30年后得以证实。

勘探队进入下辽河沼泽地

随着大庆油田会战的全面展开，国家对下辽河地区的石油勘探越来越重视。很多地质专家认为，渤海凹陷可能是一个非常有希望的中新生代含油凹陷。中央隆起和西部斜坡是最有希望的油气聚集区。

1960年，在前几年的勘查基础上，又在渤海地区开展了为期两年的石油地质调查。地质部第一普查勘探大队辽河区队，踏勘下辽河地区，取得了大量的第一手资料，特别是在沈北地区和盘山县南欢喜岭地区发现了可燃的自喷气。在阜新地区发现了工业油流。但由于地质条件复杂、交通不便、机械器材供应不上等综合性原因，使钻井勘探地质工作未能完成计划。

1964年1月中旬至6月中旬，地质部第二物探大队221队使用高精度重力仪在下辽河南部苇塘、沼泽地、水田区进行了勘查，花费4个月时间拼成一幅完整的下辽河地区重力、磁力异常图，为今后的石油勘探提供了地质依据。

盘锦地区的第一口探井找到了油气层

1964年2月，地质部第二普查大队3207钻井队在下辽河平原踏勘井位。因交通不便，钻井设备难以运输到位，第一口探井的设备搬迁和安装用去四五个月时间。7月4日，下辽河黄金带地区的第一口探井——辽1井开钻了，于1965年2月17日完钻，井深2720.48米，在该井中成功地找到了多层良好的油气显示，测井时，因井壁坍塌，未能得到完整的测井曲线，也未能试油而成为报废井。但辽1井见到的油气层为下一步勘探提供了目的层位。

1965年7月，地质部第一普查勘探大队在大平房构造上成功钻探辽2井，一举喜获工业油气流。到1966年底，在下辽河地区共打探井13口，先后在欧利坨子、热河台、大平房、荣兴屯等4个构造上获得工业油流。在黄金带、牛居、田家镇3个构造上见到了油气显示。这一切向人们展示着下辽河凹陷含有丰富的油气资源。

"六七三厂"开赴下辽河石油会战

1966年5月，为接替地质部在下辽河的勘探工作，大庆油田派出由童晓光、谭时勇、吴铁生、陈玉根等12人组成的地质小分队赴下辽河开展现场录井等收集资料工作。

1967年初，石油工业部发出了加速下辽河石油勘探开发的指示，并从大庆油田抽调3个钻井队，2个试油队，还有安装队、运输队、供应队，以及地质、测井、射孔、机修、生活服务等人员共1000余人，组成大庆"六七三厂"开赴下辽河地区进行勘探、开发。厂部设在盘山县沙岭公社（现沙岭镇）。

"六七三厂"在下辽河全面大范围地开展勘探，找油的喜讯频频传来：1968年1月热河台地区完钻的辽6井、辽12井喜获工业油流，从而发现了热河台油田；6月17日，32146钻井队在黄金带构造上钻探的黄1井获工业油气流，从而发现了黄金带油田；7月5日至9月10日，于1井获工业油流，发现了于楼油田；8月，在热3井钻探中钻达设计井深后未见油气显示，当时在地质队工作的张林生同志提出加深钻探，在新层位发现油层，并获高产油气流，为以后的勘探找到了新目的层；1969年11月22日，32146钻井队在黄金带构造东部距离辽1井东南方仅470米处钻探的黄5井，发生强烈井喷，表明地下储藏着丰富的天然气；1969年9月9日，兴隆台地区的兴1井喜获高产油气流，用8毫米油嘴试油求产，获日产原油152.4吨，从而又发现了兴隆台油田……

"三二二"油田全面会战开始

下辽河的石油勘探喜讯一个接一个传到北京。1970年2月，石油工业部专门研究加速下辽河和渤海湾的石油勘探部署。国务院指示：要大上，打破常规打出一批高产井来。3月5日，原沈阳军区司令员陈锡联下令从沈阳市调出100台汽车、从原沈阳军区调出200台汽车迅速开往下辽河支援油田会战。胜利油田抽调部分职工组建辽河油田建设团。大港油田抽调放射性测井队、射孔队伍。同时招收沈阳、鞍山、营口等地下乡知识青年和转业军人充实到油田各个基层队伍中。从大港油田调入13支钻井队和部分机关人员支援下辽河会战。从营口市和辽阳市调入专业卫生技术人员充实油田医疗队伍。从大港油田调入54人与原供应服务队合并，成立了"三二二"油田供应营……

1970年3月22日，在兴隆台地区的兴4井井场上，召开辽河石油会战誓师大会，原"六七三"厂更名为"三二二"油田，同时组建21支钻井队，还有10个作业队，以及采油、油建和辅助生产队伍。大会后，兴3井和兴4井同时开钻，拉开了辽河石油大会战的序幕。1973年6月，"三二二"油田更名为"辽河石油勘探局"，以后人们习惯称为"辽河油田"。目前该油田已有黄金带、兴隆台、海外河、欢喜岭、曙光、沈阳、滩海等近30个油气田；地跨13个市（地）、35个县（旗）；勘探总面积达11万平方千米。

（1999年第6期）

现代战争的发轫与石油

解晓燕

[石油大学（华东）社科系]

在给人类带来空前灾难和无限希望的20世纪里，人类曾多次经历战争，面临血与火的考验。现代战争发生于20世纪，也成熟于20世纪。在20世纪即将过去的今天，谈现代战争是怎样发生的？现代战争的发生与石油的关系如何？还是颇有意义的一件事情。

迄今为止，人类战争模式经历了这样几种变化：第一次战争模式是公元前8000年至公元前2000年，主要是肉搏战，使用的兵器是矛、盾及手脚，作战半径30千米/天；第二次战争模式是公元前2000年至公元1900年，主要是骑兵战，使用的兵器是弓、箭、畜力，作战半径100千米/天；第三次战争模式是公元1900年至公元2000年，主要是机械化战争，使用的兵器是坦克、飞机、战舰，作战半径是500千米/天。随着科学技术的发展，下一个世纪战争模式将发生再一次转变，进入空械化时期，主要兵器是空间战车、飞行坦克等，作战半径将达到5000千米/天。

我们常说的现代化战争，是指上述第三次战争模式，即交战双方大量使用现代化的先进兵器和其他技术装备所进行的战争。现代化战争的主要特点是使用汽车、坦克、装甲车、飞机、舰艇等现代化武器装备，实施高速度机动作战，所以又称为机械化战争。第一次世界大战因开始使用了以内燃机为动力的武器系统，从而揭开了机械化战争的序幕。到第二次世界大战时，机械化战争的程度有了较大的提高，二战后所发生的一些局部战争使机械化战争的规模越来越大。

现代化战争对石油的依赖是无人不晓的，石油是飞机、舰艇、坦克、装甲车等装备的"粮食"，是现代战争的"血液"。如果石油中断，再好的装备也只是一堆废铁，石油保障程度如何，不仅影响军队的机动性和战斗力，而且直接影响军队的作战部署和战役进程，甚至决定战争的结局，石油已成为现代战争决定胜负的首要条件。因此军事专家们认为现代战争离不开石油，没有石油就无法进行战争。

19世纪后期经济急剧发展壮大的德国，萌生了以战争来实现称霸世界的野心。1905年，德皇威廉二世就制定了作战计划，并认为自己拥有了在当时条件下取得战争胜利所必须的一切条件：丰富的煤、四通八达铁路网、无人堪比的来福枪、健壮的马和勇敢的士兵。在第一次世界大战中机动车第一次登台亮相、坦克问世、烧油舰艇出现、飞机成为武器等因素，使得某些战役的结果发生了转变，使整个战争进程也大大改变。

战争与石油

"摩托化"运兵车登台亮相

现代战争

1914年8月,当强大的德国军队根据蓄谋已久的计划开始其征战历程时,欧洲几个邻近小国便迅速沦陷,一个月后德军已距欧洲大国法国首都巴黎仅40英里,法国政府与十万平民一起已经撤出巴黎,首都沦陷似乎已迫在眉睫。在这关键的时刻内燃机出乎意料地证明了其战略的重要性,不仅挽救了巴黎,而且改变了一战初期德军长驱直入、势不可挡的局面。当时任巴黎军事长官的加利纳将军另有想法,他最终说服法军总司令,准备发动反攻。

法军除了开始构筑壕堑和路障、集中火力外,就是把巴黎近郊的增援部队迅速运往前线。然而法国的铁路实际上已经瘫痪,不能运送部队。军事奇才和随机应变的能手加利纳将军,面对这种紧急形势,首先想到把机动运输和内燃机结合起来以应付战争紧急情况。他下令把可用的三千辆出租车加以征用。由这支运兵车连夜把后方的增援部队源源不断地运到前方,法国战线加强了,局面也扭转过来了。9月8日军队充满活力地投入战场,9日德军处于劣势而开始退却。

出租车队,这支摩托车运兵车队在战争中的使用,证实了内燃机在战争中的作用。

坦克问世

第一次世界大战的大多数日子里是双方部队掘壕据守,在两军对垒中间形成了一条宽阔的无人地带,这种长期的、无意义的静态防御战使双方的军队僵持在相距不远的两条战线上。打破这种相持局面的唯一途径是寄希望于一种技术上的创新与武器上的革命,坦克——内燃机驱动的履带装甲车就是在这样一种情势下应运而生的。坦克兼有矛与盾二者之功能,一经问世便出手不凡,逐渐登上了陆战的第一把交椅。

1916年索姆河战役第一次使用,这种装有轮子和履带的怪物突然闯入德军阵地横冲直撞,无往不胜,德军闻风丧胆,溃不成军。1918年8月8日的亚眠战役中,英军的456辆坦克一起突破德国防线奠定了胜利的基础。德军最高统帅的副手鲁登道夫将军后来称之为"战争史上德国陆军的倒霉日子"。1918年德国宣布投降,一战结束。

燃油舰艇海上独领风骚

在一战的海上角逐中英国获得了战略上的主动,德国舰艇一直被围困在国内基地,陷于被动的境地。其原因是英国海军用的燃油舰艇在速度、航程方面明显优越于烧煤的德国舰艇。

1904年,担任英国海军大臣的约翰·费希尔将军独具慧眼地认为,"只有当燃料发生革命性变化我们才能保证不让我们自己成为被别人超越的等外品",海战的黄金规则就是较大的航程和较高的速度。当时英国战列舰的最高时速是21海里,如果速度能达到每小时25海里,那么这种"快速的分舰队"就能胜过目前新出现的德国舰队。英国政府在各方的强烈呼吁与努力下,1912年、1913年、1914年制定的海军计划使海军在火力和经费方面取得了有史以来的三次大规模扩充,三次计划中建造的全部船舶都是用石油作为燃料的,有些战舰原来设计烧煤,后来也改为燃油。

飞机成为战斗机

1906年莱特兄弟首次飞上天空,人们一致认为这是一项不错的体育运动,对军队毫无价值。随着飞行时间、飞行速度的提高,再给飞机装上机枪带上炸弹,在战争中就成为战斗机了。1916年飞机开始编队飞行,并发展了空战的战术,在战争中英国人采用了战术轰炸配合步兵作战,对付土耳其人;德国人于1918年3月突破英国防线时,飞机又被用于阻止冲锋。德国人用齐伯林飞船后来又用轰炸机发动对英国的直接攻击,英国人则以德国内陆作为空袭目标。在战争过程中,英国生产了5.5万架飞机,法国生产了6.8万架,意大利是2万架,德国是4万架,英国空军参谋长在谈到皇家空军时说:战争的需要使皇家空军在一夜之间诞生了。

战后西方政论家一再强调:石油就跟人身上的血液一样重要,如果没有石油,我们便输掉了这场战争,协约国的军队是石油浪潮把他们送到胜利的彼岸的。

一战期间协约国的石油来源于美国和波斯,现代化战争的进行使得欧洲国家迫切需要石油供应,为此建立了协约国间石油协议,协调和管理所有的石油供应和油船航运,但实际起作用的还是新泽西标准石油公司和英国石油公司。1914年美国生产了2.66亿桶石油——占全世界产量的65%,到了1917年产量升至3.35亿桶——占世界产量的67%,其产量的1/4运往欧洲,美国满足了协约国战时石油需要的80%,美国亦成为十足的能源沙皇。英国自1901年获得波斯的石油开采权后便大量地从波斯获得丰厚的石油。1912年和1918年间波斯的石油产量增长了10倍多。到1916年后期,英国石油公司满足了英国海军全部石油需要的1/5。

现代战争发轫于第一次世界大战,它使得石油成为战争中最关键的因素之一。

(2000年第4期)

不可忽视的油砂矿资源
——关于阜新盆地油砂炼油试验的回忆

胡朝元

　　根据美国"油气杂志"资料，2002年世界石油剩余可采储量为1661.5亿吨。较前一年增加17.6%，创近年来年增长率新高。主要因素在于加拿大将239.5亿吨油砂沥青计入石油可采储量，使该国的石油储量由7.15亿吨上升为246.6亿吨，在全球由第15位升到第2位，仅次于沙特阿拉伯。同时，也使西半球的石油储量由2001年的205亿吨，增到429.6亿吨，增长109.4%，为近数十年之最。阿尔伯塔盆地阿莎巴斯卡油砂矿为加拿大最大的油砂矿，饱含油砂岩厚约30米，分布在长约160千米，宽约58千米的广大地区，呈单斜产状，地质储量860亿吨以上。1978年建成首座中型用油砂作原料提取石油的工厂，日处理油砂25万吨，生产石油12万桶。经过20多年的试验性生产，完善了工艺技术，积累了成套经验，在目前原油高价位形势和世界石油资源日趋紧张的情况下，油砂矿资源已有条件转化为具有经济价值的石油可采储量。

　　除加拿大外，委内瑞拉的奥林诺科、俄罗斯的伯绍拉地区等，也有较多的油砂矿资源。仅加拿大的油砂矿石油储量就占目前世界剩余储量的14.4%。油砂沥青矿已成为全球石油资源中的一个重要的新成员。

　　由此，我联想到曾亲身经历过的一段往事。1958年夏季，我还在北京石油研究院工作。一天，翁文波副院长向我们传达余秋里部长的指示，要求研究院走科研与生产紧密结合的道路，近期要找出4个油气田。院里经过分析以往资料，决定派几个小组到各有利地区，分头落实找油气田的任务。我被指定为组长，同唐曾熊等4人去辽宁省阜新盆地东岗乡，负责查明东岗构造的含油情况。东岗构造位于东岗乡政府（也是东岗火车站所在地）以东约5千米处，为一低丘陵高地，我们住宿在乡政府，每天去东岗构造及邻近地带做地质调查工作，后期得到位于长春市的松辽石油勘探处的支持。在该构造用手摇钻机进行构造制图。虽查明了该构造的背斜形态，但手摇钻机50米井深内未发现工业油气层。后来，我们得到了信息，在车站西北面的煤洞中，见到了石油气味很浓的石头。我们徒步几十里路去实地调查，先在煤洞旁的煤矸石堆中找到褐黄色的含油砂岩，心中非常兴奋。接着在煤矿工人的引导下，我们头戴矿灯，沿着煤洞下爬而进，到达数十米深的巷道后，对两侧的岩层进行仔细观察，看到含油砂岩与煤层伴生，呈蜂窝状分布，时厚时薄，断断续续，有几处还在向外渗油，但是油量很小。我们边看边想，既然油页岩能提炼出人造石油，从油砂中是否可以炼出石油呢？大家满怀着敢想敢干的心情，即刻采集了几十斤含油砂岩，背回住地，利用在大学中学过的简易化工知识，设计了一个土蒸馏炉子。接着在铁匠铺的废料堆中，捡回一个旧铁罐和几根铜管，请铁匠工人敲打成形，并焊接为一个与茶炉相似的土油砂炼油炉。将油砂装入罐内，加热后，石油即缓缓汽化，沿弯曲的铜管向外溢出，遇到稍远处的冷水降温又凝结成褐黑色石油，一滴一滴地流进玻璃瓶中。看到这些经过多次试验后得到的一瓶石油，我们的心情十分高兴。油虽不多，但它是我国东部地区的一点星火。松辽石油勘探处的领导对此也很重视，专门邀请我带上一瓶石油，随他们一道去参加石油部召开的克拉玛依现场会议，并在会议展厅中陈列了这瓶油砂炼出的原油。

1958年阜新油砂熬油炉前，作者胡朝元和找油小组的同事们合影

次年9月，大庆油田发现后，这一小插曲自然也早被遗忘干净了。今天重忆此事，特别是加拿大的特大油砂沥青石油可采储量信息，或许可引起大家对中国油砂矿的注意。克拉玛依斜坡及辽河西斜坡、松辽西斜坡、二连盆地、东营南斜坡、江汉的小板凹陷北坡等地的油砂是否有潜在经济价值？是否应进入石油资源评价的视线？作为前瞻性研究内容我想是值得大家关注的。

（2003年第5期）

新疆与苏联合作开发独山子油矿始末

罗治形　董海海　罗　刚

（新疆油田公司勘探开发研究院）

　　1933年盛世才取得新疆政权后，为了巩固新疆地方政权，积极向苏联寻求支援，新疆在"反帝、亲苏、民平、和平、清廉、建设"六大政策下，成立苏新贸易公司，将新疆产的毛皮、棉花、葡萄干等大量运往苏联，从苏联聘请军事顾问和教官来新疆工作。苏联也派大批华籍联共党员到新疆进驻要津。

　　"迨民国二十四年，苏联专家两人（应该为科学考察团团长沙依道夫、副团长拉木则斯组建的科学考察团，成员还有苏联技师克瓦西力奇、阿依瓦实、格列兹基、西得洛夫、一个司机、一个保管员），得盛（世才）督办（口头）同意，从事钻探，规模甚小。新省亦因财政困难，未敢冒险投资。所有购运机件、钢管、建立炼油厂设备和苏联专家薪俸，由苏方垫支。而新省仅派厂长一名，率同事物方面之职员数十名，协理总务（"盛世才指派了他的卫士10人跟随戴润博配合拉木则斯，这些人都是20岁左右的青年人，后来成了独山子炼油厂的技术骨干力量。除他们外，又招募了几名哈萨克族青年，总共不到20人，跟随苏联技师打井勘探"）。凡就地能予供应之物资，其价款即由新省拨付，日久遂成定例"。"在表面上苏联认为独山子油矿属于新省，不过由苏方贷款而已，期间尚无明显合约，唯实权操于苏方。"故此，实际生产管理局面是省政府主席和边防督办任命厂长，负责行政管理和生活供应等事物性工作，苏联政府委派总工程师，总揽生产组织、技术、计划、财务、人事、销售大权。苏联驻乌鲁木齐总领事馆经常到矿上小住，了解掌握情况。由于没有详细的合同条约限制，新苏合营独山子油矿期间，各种矛盾较多。如独山子成品油销售一向由苏方总工程师独揽，并没有明确的分配比例规定。当时新疆汽车尚少，汽油需要量有限，主要是灯用煤油需要量大。新疆省政府规定，石油产品实行专卖，首先满足机关单位和军事部门，然后售给商民。凡购油者必须呈请财政厅批准，由该厅发给"提油证"，炼油厂凭证发油。公用汽油每吨700元，煤油每吨600元；民用煤油每吨1300元，后调整为每吨1000元。苏联在新疆的贸易机构——苏新贸易公司有大批汽车，另有一些苏联汽车运送援助我国抗日物资，对汽油需要量大，对煤油并不感兴趣。苏方凭苏新公司的提油单即可从炼油厂提油，不受任何限制。苏新贸易公司多次以低价（每吨700元）煤油的提油单换取商民的土产（牛、羊、羊毛等），商民凭单提油后加价倒卖，扰乱市场，被财政厅查出。由于发油权掌握在苏方人员手中，对于持财政厅"提油证"到厂提油的中方单位，经常不肯如数发给。如1942年11月，迪化医院持2吨的提油证只发给1吨，阿山金矿局持15吨提油证只发给10吨。代厂长文自漩多次向省方密报："近来苏方在乌市购买牛羊因感困难，致将余存汽油石（煤）油以高价暗卖与乌市商人，以所得之油价购买牛羊""关于政府需油，如再不迅为解决，恐被贸易公司在最短期间尽数提运"。为了限制苏方，新疆省财政厅通知独山子炼油厂：必须有财政厅发出的"提油证"才能提油，并致函苏联驻乌鲁木齐商务代办，强调"独山子石油乃本省产品，而贸易公司在本省内出售仍以土产交换，办法实为欠妥"，要求予以制止。

　　1942年10月初，盛世才政府的独山子公安局密报一份苏方窃油数量及情形报告表，列出从8月9日至9月28日，苏方采用多发少报或不记账发油等方式，窃取汽油29885千克，煤油12287千克。10月30日，独山子公安局局长王恩九又密报，从9月18日至第二年1月24日，苏方超过提油单多发汽油 7358 千克，无提油单发汽油 22400 千克，煤油 12600 千克（估计数），并称釜式蒸馏装置炼出的油既不过秤，也不入库，均由苏方提走，有 10 余吨。独山子公安局以"苏方窃油案"立案调查，苏方否认上述事实，不了了之。独山子公安局监视苏方人员行动，对苏方人员的生活供应也加以限制。11 月 23 日，苏联驻乌鲁木齐总领事则致函新疆省政府，指责中方停止供给苏联驻乌机关的汽油。当时，矿区生产管理混乱，1942 年 11 月 19 日，独山子井架安装工人向政府提出要求增加工资、改善生活条件等要求，罢工 18 天，全矿停产 2 天。紧接着 2 号井和 22 号井锅炉工为要求改善生活条件，拒绝上班。12 月 2 日由于柴油工人不小心抽烟引起火灾，烧毁了几十吨原油和其他的物品，国民党政府有意地把责任推到苏联专家身上，说苏联专家放火，制止他们领导生产。1943 年 7 月 17 日，中苏双方办公室被烧毁。1943 年 1 月 39 号井完钻后钻探工作基本停止，7 月炼油工作停止。采油生产受严重影响，当时能够采油的井 4 口，日产 20 吨左右。

　　由于没有合同约束，诸如此类的事频繁发生，纠纷迭起，使双方关系逐步恶化。根据重庆外交部当时驻新疆外交特派员吴泽湘一份电文说："查独山子油矿，苏方与省政府合办，据盛督办云：并无合同，缘五年前，苏方请以试探矿苗为由，进行工作，嗣后发现石油，苏方即开始设厂提炼，省方累请签订合同，均为苏方拖延不办。是否属实，不得而知。"总之，随着生产规模的扩大，按照旧的惯例组织生产矛盾越来越多。到 1942 年盛世才归附国民党中央，独山子交由经济部资源委员会甘肃油矿局接办，资源委员会考虑自办该矿，但在资金、技术和器材供应上均有困难，便通过外交途径向苏联提出欲继续合营，苏方这时（1942 年 4 月）才提出草案。7 月 5 日国民政府经济部长兼资源委员会主任委员翁文灏来新，同行的有甘肃油矿局总经理孙越崎、交通部公路总局局长龚学遂等。7 月 14 日翁文灏一行到独山子油矿考察。7 月 17 日盛世才致函苏联外交部长莫洛托夫，声明独山子油矿应由中国中央政府与苏联政府共同管理。8 月 21 日，莫洛托夫复函盛世才，表示同意。9 月 3 日国民政府外交部致函苏联驻华大使馆，要求就合办开采独山子油矿问题进行谈判；28 日，苏联大使馆复函同意。1942 年 10 月 15 日开始在重庆举行中苏协议合办新疆独山子油矿的会谈，国民政府代表为傅秉常（外交部次长）、翁文灏（经济部长），苏方代表为潘友新（驻华大使）、巴库林（商务代表）。中方提出《中苏合办新疆独山油矿协定草案》和《独山子油矿特种股份有限公司章程草案》，1 月 18 日苏联驻华大使潘友新派秘书向国民政府外交部递交草案，经前后四次会谈，双方意见相去甚远，合营谈判破裂。5 月 17 日苏联驻华大使通知国民政府外交部，苏联政府已决定将独山子油矿设备拆运回苏，双方谈判终止。6 月 16 日苏联驻华大使潘友新以节略（外交文书的一种）送达蒋介石，表示苏联"停止独山子油矿及炼油工作，召回各专家，并将自有设备运回苏联"。谈判主要分歧：（1）苏方主张投资各出 50%，中方主张外资最多占 49%；（2）苏方主张董事会双方人数相等，董事长轮流担任，经理由苏方担任，副经理由中方担任，总会计由苏方担任，副总会计由中方担任，中方主张董事会由 7 人组成，中方占 4 人（含董事长 1 人），经理由中方担任，协理由苏方担任；（3）苏方主张任何法律与协定之原则或规定不符者，不得适用，中方主张必须遵守中国法律；（4）苏方提出公司所用地段无偿使用，中方主张应作为中方投资。

　　合营破裂后，1943 年 1 月 2 日苏联方面要求中国接受所有的设备，并付款。但国民政府通知不要任何设备，就这样生产自然而然停止下来了。1943 年 1 月 19 日苏联专家全部撤回。随后，驻哈密的苏联红军以保卫苏联专家和设备为名，出动了 19 辆汽车，70 多个士兵；9 月 13 日又增添 3 辆汽车，兵增至 117 名，控制了独山子油矿。11 月 25 日新疆政府财政厅、建设厅委派陈玉章、栗致远、王林森、文自漱到独山子与苏方核对中苏双方投资及勘估苏方剩余油井及房屋价值后向省政府报告：苏方投资美金 434.617 万元，剩余房屋、油井共价美金 201.263 万元；新疆投资折美金 105.3878 万元，用于矿场者为 43.4462 万元，转回者 61.9415 万元，房屋、机件 19.7409 万元，油料 42.2009 万元。1944

年 2 月 16 日国民政府资源委员会代表吴泽湘（外交部驻新疆特派员）与苏联对外贸易人民委员部代表马克诺夫在迪化签订了苏方让售中方购买新疆省独山子油矿属于苏方所有油田建筑物及设备合同，苏方将独山子油矿苏方所余建筑及设备转卖给国民政府资源委员会，计 170 万美元。2 月 19 日中央银行由重庆将全部价款 170 万美元一次汇付美国纽约有利银行，入苏联国家银行户下。2 月 21 日中苏双方代表在独山子油矿完成现场交接工作。2 月 27 日苏联驻独山子油矿的 117 名武装士兵全部撤离。2 月 28 日在独山子油矿工作的苏方人员于 12 时全部离开矿区，将所有设备运过霍尔果斯口岸就扔掉了，已经投产的 11 口井灌入重泥浆，井口焊接封闭，井号为 30、20、42、41、36、37、39、43、2、17、3。中国政府规定苏方"以书面说明所有油井封固之正常方法，以及将来启封步骤"，苏方答应在合同签订一个月内，"将有关该矿油井工程方面记录图表如：（1）电探记录，（2）钻井记录，（3）岩层剖面图，（4）独山子地质构造等，以及其他可能供给之各种图表"交给中方。1944 年 5 月 16 日，苏方交还独山子油田地质图（比例尺：1∶100000）、独山子油田古近—新近系地质构造图和 25 口井的电测记录，其余 11 口井的电测图借故为报废井，没有交还中国。6 月 30 日，苏方交还独山子油田原油及天然气采收登记簿和钻井日志。至此，新苏合营就此结束。

会谈期间，经苏方同意，国民政府资源委员会派出以地质学家黄汲清为首的地质查勘队和以甘肃油矿局业务处长郭可诠为首的设备估价队到独山子实地调查。黄汲清编写了《新疆部分油田地质调查报告》，郭可诠编写了《新疆独山子油矿调查报告》，这两份研究报告对于后期独山子油气田的持续生产都有重要指导意义。

参 考 文 献

[1] 黄汲清. 黄汲清石油地质著作选集[M]. 北京：科学出版社，1993.
[2] 王连芳. 克拉玛依地方史料辑注[M]. 乌鲁木齐：新疆人民出版社，2001.

（2008 年第 2 期）

BP 墨西哥湾"深水地平线"爆炸漏油三宗罪

宋玉春

墨西哥湾"深水地平线"钻油台自 4 月 20 日爆炸起火沉没后不断漏油至 5 月 10 日泄漏的原油估计达 300 万加仑，如果按这个速度计算，可能会超越 1989 年的埃克森·瓦尔德斯油轮灾难 1100 万加仑的漏油量，并且泄漏原油正通近美国 4 个州的海岸，或最终演变成美国历来最严重的油污大灾难。如果情况继续失控，墨西哥湾海水将把油污带向大西洋，最终将成为史上最严重的生态大灾难。

祸起甲烷气泡

作为"深水地平线"租用方，BP 公司在事故发生后就加紧调查爆炸原因。

美国加利福尼亚大学伯克利分校工程学教授罗伯特·贝亚接受 BP 的调查委托，以数名钻井平台工人为询问对象，还原了爆炸前后过程。

工人在钻井底部设置并测试一处水泥封口，随后降低钻杆内部压力，试图再设一处水泥封口。这时，设置封口时引起的化学反应产生热量，促成一个甲烷气泡生成，导致这处封口遭破坏，甲烷在海底通常处于晶体状态。深海钻井平台作业时经常碰到甲烷晶体。这个甲烷气泡从钻杆底部高压处上升到低压处，突破数处安全屏障。

4 月 20 日事发时，钻井平台上的工人观察到钻杆突然喷气，随后气体和原油冒上来。气体涌向一处有易燃物的房间，在那里发生第一起爆炸。随后发生一系列爆炸，点燃冒上来的原油。当时升起一片"气云"，罩住"深水地平线"，钻井平台大型引擎随即爆炸。引擎爆炸点燃钻井平台。

石油工业形象受损

在过去的 30 年中，随着人们的环保意识的逐步提高，石油公司加大力度解决与环境保护相关的问题。证明环境改善的证据是海上油罐漏油的历史纵向对比。自 20 世纪 70 年代，由油罐和其他储油设备引起的大规模漏油事项从 1970—1979 年的每年 25.2 起降至 2000—2008 年的 3.4 起／年，漏油数量也有大幅下降。再加上致力于通过技术创新节能减排，石油工业由此在社会上逐步树立了安全环保新形象。

1996 年，BP 公司则遭到对其在哥伦比亚滥用人权的指控。社会和环境问题重要性的高涨使得 BP 重新思考与社会的关系，目前，BP 被认为是最负责任的企业之一。

BP 向来自诩为环境的朋友，是"超越石油"的能源公司。但这项价值数百亿美元的环保形象，已因 BP 无法控制墨西哥湾油井漏油危机而受到重创。石油工业好不容易树立的新形象也因此黯然失色。此次漏油事件还导致公众对油气生产尤其是海上油气生产的安全性再生质疑。

BP 多年来刻意打造环保形象，可从其选用绿、黄两色的四射阳光图案为商标看出，该公司还耗费巨资在发展太阳能、风力发电计划及生物质燃料研究。BP 过去曾平安度过不少重大事故，如 2005 年得州炼油厂爆炸造成 15 人死亡，2006 年又发生阿拉斯加州的油管外泄，但此次墨西哥湾钻油平台爆炸所引发的海底油井漏油危机与随之而来的环保灾难，却正演变为对该公司信誉的严重考验。自意外发生以来，BP 的市值已缩水约 250 亿美元，而该公司表示愿负责油污清除工作，每天恐得花上 600 万美元，最后的清理费用更可能高达 30 亿美元，这还不包括罚款与诉讼赔偿费用。

此外，这场危机还可能成为 BP 未来在墨西哥湾这个全球重要产油区的营运障碍，并让石油业界以全新角度看待环保威胁。鉴于 BP 漏油事件严重冲击经济，美国沿岸各州的参议员提案，拟加重石油业者在灾难性漏油案中承担的经济损失费用，由目前的 7500 万美元大幅调高至 100 亿美元。石油业分析家赫顿表示，就算 BP 不必为这起事故直接负责，但 BP 的整体信誉，以及在能源业界继续经营的能力都会受到冲击。

值得一提的是，行销专家与环保人士都认为，BP 到目前为止的反应，远比艾克森石油当年处理克森·瓦尔德斯油轮漏油事故好得多，BP 不但在公司网站首页随时报告危机处理进展，更定期召开记者会与外界沟通。

美国经济深受打击

随着墨西哥湾原油泄漏事件的影响升级，其对墨西哥湾经济乃至美国经济复苏的负面作用也在逐渐显现。漏油事件的发生将使美国经济二次衰退的可能性进一步增大。坎伯兰顾问公司 5 月 3 日发表市场评论称，漏油事件的处理和善后最后账单可能高达数千亿美元，经济冲击将祸延下一代子孙。

美国政府财政赤字或将大幅上升。美国总统奥巴马 5 月 4 日发表演讲时谈及，漏油事件表明美国经济随时可能面临突至的严峻危机。

美国资产管理公司坎伯兰顾问公司首席投资官大卫·科托克表示，墨西哥湾在长达 10 年的时间里将成为一片废海，造成的经济损失将达数千亿美元。不管油井何时被封，这场灾难都将使联邦赤字大增"数百亿，甚至数千亿美元，因为政府须动用紧急应变款以扩大清理浮油。在此同时，墨西哥湾周边相关企业的税收却会减少"。科托克预料，美国自 5 月起发布的经济数据将出现恶化。

一旦出现大面积的漏油污染，将给受灾地区带来巨大的环境和经济损失。渔业部门担心，海洋生物会因污染大面积死亡，而消费者不可能购买产自受污染水域的海产品；旅游部门官员担心旅游者不会光顾受到石油污染的海滩。

百慕大再保险公司估计钻油平台爆炸相关成本最多达 2000 万美元。德国排名居次的再保险公司汉诺威再保估计，这起事件的净损失将近 5300 万美元。摩根大通银行于 4 月 23 日发布报告指出，再保险业理赔支出将达 16 亿美元。

物价上涨势头已然显现。密苏里州的一家媒体说，漏油事件已经对当地经济造成了影响：海鲜和进口食品价格已经上涨。

减少依赖进口石油的努力受挫。墨西哥湾原油泄漏事故发生后，针对美国近海油气开发的质疑声音再起，奥巴马政府计划扩大开发近海油气田以确保能源安全的政策被蒙上一层阴影。作为世界第一大石油消费国和第一大石油进口国，美国仅在墨西哥湾地区，拥有未探明但可开采的石油资源就达 360 亿至 415 亿桶，而未探明但可开采的天然气资源可达 161 万亿～207 万亿立方英尺。然而，尽管近海富含油气资源，美国却长期禁止开采，其中环保是重要原因。为了让美国尽快走出全球金融危机的阴影，摆脱对化石燃料和外国石油的依赖，转而依靠本国生产的燃料和清洁能源，奥巴马在今年 3 月 31 日宣布，考虑部分开禁近海石油钻探，扩大对美国近海油气田的开发，以推动经济的复苏。但是，自此次原油泄漏事件发生以来，奥巴马政府的态度已经悄然发生改变。美国矿产资源管理局 5 月 1 日在一份声明中说，位于美国墨西哥湾的 2 个海上生产平台在发生了大规模的原油泄漏事故以后已被关闭，而第 3 个生产平台已撤离了所有的作业人员。墨西哥湾更多的海上生产平台或将因原油大量泄漏而被关闭。尽管 3 个海上生产平台的产量仅占到墨西哥湾日产量的 0.1%，但是，美国矿产资源管理局的这份声明是表明泄漏的原油已影响到美国海上油气生产的第一个征兆。

生态环境遭破坏

受此次漏油事件影响最大的还是墨西哥湾的生态环境。漏出的原油已对墨西哥湾海洋生物造成伤害，油污正威胁当地生物链的每一个环节，从浮游生物直至人类食用的多种海鲜。

环保组织已经列出了最易受墨西哥湾原油泄漏影响的物种名单，包括海龟、抹香鲸、海豚、小燕鸥、牡蛎等。由于石油泄漏，路易斯安那州很多牡蛎采集场已经被迫关闭，一些专家警告说，如果任由有毒原油继续泄漏，墨西哥湾很可能变成一片死区，整个海域将毫无生机，只留下生命力极其顽强的细菌在此生存。

生物学家警告，一些生活在墨西哥湾沿岸的野生动物眼下正处于孵化期，鹈鹕、短吻鳄等动物处于繁殖期。动物"宝宝"有可能受到泄漏原油侵害，"家长"在觅食过程中也可能身处受污染海域。

美国路易斯安那州立大学海洋学者卡尼表示，焦油和沥青会组成冰雹大小的油块，这些油块沉到海底，并在海床上滚动；另一些较小的油块，则会在数百米深的深海随着洋流移动。

据了解，细菌、浮游生物和海底微生物吃下这些油块，这些生物随后会被小型鱼类、虾类和蟹类食用，之后又为红鲷鱼等较大鱼类及海龟等生物所食。科学家表示，油块会造成这些生物死亡，不然就是将它们污染，使人们不能再安全食用它们。

更严重的是，漏油的地点就位于墨西哥湾大陆架附近，油污可能会杀死那里连串的珊瑚礁。如果珊瑚大量死亡，海底将出现生态灾难。

这场环境灾难的首个动物受害者已经出现，一只北鲣鸟在路易斯安那州沿岸水域被发现油污覆盖全身，幸而得到及时救治。加利福尼亚州一家动物保护机构的负责人齐卡尔迪说："我们预计今后几天会有更多受害动物。"

齐卡尔迪指出，鸟类身上沾上了石油后，它们浮动、游泳和飞翔时会变得困难。石油可能使它们的皮肤被烧伤和刺激它们的眼睛。鸟类用喙整理羽毛时，更会把石油吃进肚子里，使消化系统受到损害。更糟糕的是，现时是大西洋的蓝鳍吞拿鱼（濒危动物之一）的繁殖期，墨西哥湾的海龟正在迁徙，但据估计它们有数百只被油污所困，不能游动。

位于路易斯安那州海岸的湿地和野生动物保护区已受油污侵袭，威胁数百种雀鸟、海豚、鱼类、虾，蚝和蟹的生存。路易斯安娜的海岸是美国70%海岛的越冬地，同时也是100多种热带候鸟途经的地点。鸟类对石油高度敏感，因为它们惯用其防水的羽毛来充当"潜水衣"。油污裹住羽毛后，就会在这层屏障上形成空洞，使得冰冷的水能直接接触它们的皮肤。由于水鸟的正常体温为39℃到41℃，所以在水中热量的丧失将会是致命的。棕背鹈鹕是路易斯安那州的州鸟，去年刚从美国涉危物种列表中除名。如今她们正在海湾沿岸处于筑巢繁殖，正对着石油泄漏的扩散路径。

除了无数的水鸟，还有其他很多动物也面临着墨西哥湾石油泄漏的威胁。这其中包括一些体毛浓密的类群，如水獭和海狸鼠。海豚和鲸鱼会患皮肤过敏。海龟容易摄入油污，因为它们经常浮出水面摄食，对于海龟来说，BP石油泄漏来得最不是时候。因为它们正在进入春季孵卵期。

在密西西比三角洲最近海的荒野地区，渔民也已嗅到石油的异味。

科学家还在密切关注，油污是否会随着强劲的"弧形洋流"漂至美国东海岸；若如此，那将是最糟的，美国东海岸和大西洋的海洋生物都将受到威胁。

（2010年第3期）

大庆最早的石油科普馆——"地宫"

宫 柯

萨尔图油田生产试验区一投产，三个月的原油产量就超过了玉门油田，几万名会战职工欢呼雀跃，情绪空前高涨。

但是若问石油是从哪儿来的？深埋地下的油藏长什么样？却没有几个人能说清楚，即便是从玉门、新疆、青海、四川来的"老石油"也是知其然不知其所以然。因此很多参加松辽石油会战的新人把地下的油藏想象成江河湖海，甚至传言苏联那边一打井，就能把松辽盆地蕴藏的石油给偷走了。招收的学徒工和退伍兵以为干石油这一行要像煤矿工人那样下到矿井里去采油，四面石头夹着一块肉的恐惧使一些人没报到就打了退堂鼓。

职工队伍文化程度低造成的蒙昧无知，导致参加松辽石油会战的多数人不能正确理解"石油工作者的岗位在地下，斗争的对象是油层"这句话的含义。如何向新成员占主要成分的广大会战职工普及最基础的石油生产知识？是松辽石油会战指挥面临的一项紧迫任务。在安达召开的第一次五级三结合技术座谈会上，康世恩副部长就提出了办"地宫"、游"地宫"这组新鲜词儿。可是"地宫"什么样？谁也没见过，脑子里没印象。

康世恩副部长设想的"地宫"，并不是神话传说的阴曹地府，也不是任何隐蔽性的地下建筑，而是用实物、模型、图表、文字等方法介绍松辽盆地这个陆相环境生成的大型砂岩油田总体模样和局部状态的科普展览。意在让投身石油会战的职工干部像参观博物馆那样，在一走一过的感受中了解石油勘探开发的基本方法和主要技术手段。游"地宫"相当于进了培训班，形象化展示比啃书本更容易理解，事半功倍。

1960年5月以后，随着生产试验区第一批生产井的陆续完钻投产，采油工人开始进入重要角色。薛国邦、李明明、李天照、贾世安等第一批接管油井的井长们在自己掌控的一亩三分地开始建立井史资料、绘制采油综合曲线、油层相互连通的栅状图、井身结构图，基本摸清了地下情况之后又动手制作了简易的油层模型。在一些新投产的采油井场还摆上了教学用的清蜡绞车、录井钢丝、刮蜡片、防喷管和各式各样的阀门，作为师傅带徒弟的练兵场，向新招收的学徒工和转业了还穿军装的"黄师傅"传授管理油井的技艺。这便是最初的"地宫"雏形，但是某一口井都是局部，不足以反映萨尔图油藏的总体面貌，更起不到系统普及石油知识的宣传教育作用。因此，三探区指挥部决定办一个像点样的大"地宫"，把生产试验区的地下状态缩小比例临摹到室内，让所有人一看便知工作对象是什么样子，打破油藏的神秘感。

盛夏之际，时而雷雨倾盆，时而骄阳似火，疯长的百草中掩藏着数不尽的蚊子和小咬，一栋崭新的木板房占据了飞虫栖身的领地，愤怒的微型"飞行军"不停地袭击在这里创建"地宫"的人们。

从繁忙的生产线抽调来的技术人员是设计师也是操作工，由于时间久远，众多创办这处"地宫"的人员姓名已经淹没在模糊的记忆里，地质专家李德生隐约回忆起是石油工业部的陈世泰工程师牵头搞的总体设计，北京石油学院教授吴崇筠的长女朱小鸽撰文说她的母亲也参与了创建。尽管首座"地宫"在文字记载的史料中没有留下确切的人名，但是"地宫"的影响力却深深镌刻在石油的丰碑上，许多人是在参观"地宫"的启蒙中受到石油科学技术的熏陶，成长为非凡的油田创业者。

石油史话

在那个激情似火的年代，石油会战指挥部发出每一项号召都会掀起日夜不息的推进浪潮。创建第一处"地宫"的那栋木板房，连续一个多月没有熄过灯，白天斧锯交响，夜晚绘图画表，心血和汗水浸染的创作呈现了技术与艺术的完美结合。创建者将一套比较完整的油层静态资料、即20项资料72种数据中的油层渗透率、孔隙度、含油饱和度、油层有效厚度等抽象的概念，转变成五颜六色的美术示意图；把钻井、测井、射孔、试油到自喷采油生产的全过程，像切西瓜一样绘成剖面图从皮看到了瓤；生产试验区开发以来获得的动态资料地层压力、油气比、生产压差、采油速度、井口油套管压力等变成了波浪式的曲线。看不见摸不着的地下油层被巧手制作成缩小比例的立体模型，井位布在何处、钻到什么深度、采的是哪些层的油，油水过渡带的环状分布，配以真实的岩心、油样标本、井下工具等实物样品，无须一一解说，谁都能够看懂。

职工们在地宫前合影

首座"地宫"麻雀虽小五脏俱全，系统地展示了松辽盆地的勘探成就和萨尔图油田生产试验区的开发现状，融入的石油科学技术知识涵盖了所有专业，宛如浓缩的石油院校教科书活了起来，从圣殿下凡到民间，穿越亿万年漫长的时光，揭去上千米的沉积覆盖，端出了一目了然的油藏真相。

1960年8月2日，二探区创办的生产试验区油田"地宫"正式开放，12日的《战报》头版用"实践出真理，革命创科学"的醒目标题，报道了盛况：

"地宫"内陈列着的每一件图幅和实物，都引起观众的莫大兴趣，长2米、宽1.8米的生产试验区立体模型，不仅反映了地面上井架林立，油井星罗棋布的轰轰烈烈景象，而且使观众清清楚楚地看到了地下油层的情况。

油田"地宫"开放以来，短短的三四天中，已有数百名石油职工，怀着喜悦的心情参观了自己的劳动成果，康世恩副部长也到"地宫"进行了长达两小时的参观，详细地观看与询问了每一件图幅和实物，他热情地赞扬了广大职工的劳动成果，并对"地宫"的布置给予了很高的评价（《战报》1960年8月12日第57号，头版头条）。

通过办"地宫"、游"地宫"这种方式，使少数石油地质工作者掌握的油藏状态一下子被成千上万的石油职工所认知，朦胧迷茫的专业术语顿时变成了透明的玻璃，虽然摸不着看不见的油层还是远在千米之下，但是微缩的模型拉近了距离，省去了循环渐进冗长的培训过程，使退伍兵和刚来油田的学徒工产生了浓厚的学习兴趣，很快由石油白丁出落成能说出子午卯酉的岗位能手。

开放的萨尔图油田生产试验区"地宫"每天人山人海，前来参观学习的车辆络绎不绝。这片本来没有名字的草原，成为干石油、学石油人的朝圣中心，大家约定俗成亲切地称其为"地宫门"。意思是说，来这里参观学习相当于跨入了石油地质学、石油工程学的殿堂，皈依石油行业有了入门资格。

办"地宫"、游"地宫"的群众运动由此掀起了高潮，各指挥部、各基层队纷纷效仿，雨后春笋般涌现出来的大"地宫"、小"地宫"起到了培训学校、研究所、参谋部三大作用。使技术干部和职工群众的沟通从说不清、听不懂的云山雾罩中解脱出来，出现了推开"地宫"一扇门，展现油藏一片春的喜人景象。"地宫"的成功使数万人快速脱离了油盲，印证了革命导师恩格斯说过的一句箴言："社会一旦有技术上的需要，则这种需要就会比十所大学更能把科学推向前进。"

"地宫"的影响不仅感染广大的石油工人，也让石油科技工作者感到荣耀，1960年9月成立了生产试验区指挥部，下设的地质管理机构当时取名叫"地宫大队"。

石油科学研究院翻译俄文资料成名的留学生李淑贞，拿出了一张珍藏多年的结婚纪念照片，背景就是一座木板房"地宫"，她满脸绽放收获幸福的甜蜜微笑，和道贺的同志们一起见证了"地宫"在油田创业者心中的神圣。

当年的"地宫"还是荣誉的象征，受到表彰的先进个人或集体都希望能在"地宫"门前留个影，把自豪的情愫和青春的面容定格在那处让他们一生都为之骄傲的地方。地质师裘怿楠奉献了一张高擎"一级红旗队"的集体合影，背景仍是展现他们研究成果的"地宫"。

（2014年第6期）

仿照苏联模式创建北京石油学院

宫 柯

新中国成立前，中国没有一所专门的石油院校，除了 1944 年李四光在重庆大学开办了一个石油专业班之外，其他所有的理工科大学当时都没有设立石油专业课程，石油工作者大都是来自学习地质、探矿、采矿或者相关专业的毕业生。

新中国成立后，石油高等教育问题提上了国务院的议事日程，1950 年 6 月 1 日，第一次全国教育会议在北京举行：

燃料工业部石油管理总局副（代）局长徐今强列席会议并在会议上发言，阐明了石油工业在国民经济中的地位和作用，我国石油工业的发展远景以及对科技人才的需求。[1]

1951 年 11 月，全国高等工业院校会议在北京召开，徐今强再次代表燃料工业部石油管理总局出席会议，并做了长篇发言。再次阐述了石油工业的重要性，介绍了石油工业技术人员奇缺的情况，呼吁重视石油技术人才的培养，希望有关大学为石油工业培养高级技术人才。同时，建议学习苏联经验，建立我国的石油教育体系，不仅要办石油中等技术学校，还要办正规的石油高等院校，在条件成熟的时候，及时筹办石油学院。[2]

1952 年，清华大学率先创建了石油工程系，这是我国石油高等教育的开端。随后，国家决定仿照苏联高等教育以专业学院为主的模式进行大学院系调整。1953 年 10 月 1 日，以清华大学石油工程系为基础，抽调北京大学、北洋大学（现天津大学）、大连工学院、西北工学院等院校的师资力量创建了北京石油学院。贾皞任总支书记，闫子元任院长。

20 世纪 50 年代的北京石油学院

---

[1]《中国石油通史》卷三，第 437 页。总编梁华、刘金文，中国石化出版社 2003 年 12 月第 1 版。
[2]《中国石油通史》卷三，第 437 页。总编梁华、刘金文，中国石化出版社 2003 年 12 月第 1 版。

北京石油学院的诞生，标志着我国石油高等教育迈出了正规划培育石油专业人才的第一步。在北京西直门外大学校园区筹建校舍的石油学院拟定开设石油地质、地球物理勘探、采油、钻井、炼厂机械、石油矿场机械、石油储运、石油炼制、人造石油、石油工业经济10个专业。最初的学员来自清华大学石油工程系和其他院校，1954年开始正式招收应届高中毕业生。

北京石油学院几乎就是苏联莫斯科石油学院的翻版，从专业课程的设置到选用的教材都是对苏联的临摹。当时，调入北京石油学院任教的老师，最紧张繁重的工作就是尽快把苏联的石油专业教科书翻译成能够让中国学生看懂的中文。从美国路易斯安那州立大学学成归来的岩石学专家吴崇筠，奉调北京石油学院任勘探系岩矿教研室主任，她女儿撰文回忆：那时学校在建制、教材等方面都学习苏联，为了看懂俄文教科书还得自学俄文。[1]

创办北京石油学院，当时最缺乏的是教授专业课程的教师，除了从国内现有的石油地质、石油工程专业技术人员当中抽调一部分有教学能力的人任教之外，还要聘请外籍师资。从1954年起，学校先后聘请16位苏联和民主德国专家到校任教。[2]

我国著名的油藏工程学科带头人韩大匡，毕业于清华大学采矿系，留校任石油工程系助教。随清华大学石油工程系整体并入北京石油学院后接受的第一项任务，是为苏联专家吉玛都金诺夫当课堂翻译。他的俄文功底非常好，读、写、说的能力出类拔萃，在北京石油学院创建初期为翻译教材和辅助苏联专家开展教学工作作出了突出贡献。

北京石油学院的各专业实验室清一色是从苏联进口的仪器和装置，其中最为珍贵的是可以模拟油田开发状态的电网模型，当时中国仅此一套。这套模型是研究编制油田开发方案必不可少的实验装备，用电压模拟油层压力，用电阻模拟油层渗透率，用电流模拟产量。在电子计算机还没有普及的时代，多参数多变量的矩阵计算是一项难以完成的浩繁工作量，通过电网模型实验可以比较方便地取得油田注水开发的设计参数。这套模型曾为编制大庆油田146平方千米开发面积的第一个方案起到了重要作用，可以称得上是北京石油学院的功勋实验装置。

北京石油学院图书馆是石油专业藏书最丰富的图书馆，绝大部分专业藏书来自苏联，不仅对苏联石油专家出版的学术专著搜集得比较齐全，还有相当数量的苏联各油田勘探、开发、地面工程以及技术经济统计资料，20世纪60年代以前苏联发行的石油专业杂志、技术标准、地质图幅也是馆藏的珍品。例如，1936年苏联地质学家毕列宾发表的石油储量计算方法，由我国石油地质学家谢家荣翻译成中文，解决了当时我国尚未解决的石油储量计算难题。

北京石油学院是我国石油科技的摇篮，从这所学院各专业毕业的本科生、研究生纷纷奔向荒原大漠、炼油厂和机器制造车间，成为推动石油工业开始腾飞的生力军。他们在中国石油工业战线上尽显才干，谁也无法否认是苏联石油专业高等教育成就在中国的体现。

（2018年第2期）

1《吴崇筠朱康福的石油人生》第62页，朱小鸽著，石油工业出版社2012年6月第1版。
2《中国石油通史》卷三，第436页。总编梁华、刘金文，中国石化出版社2003年12月第1版。

苏联专家为玉门和克拉玛依油田编制开发方案

宫 柯

1953 年，在制定第一个五年计划的时候，恢复玉门油田的产能被列为重点项目，国务院要求用三年左右的时间建成第一个天然石油生产基地。因此，最先来我国援助建设的石油专家大都到过玉门油田。先后有 40 多位专家在勘探、钻井、采油、地面建设和炼制加工方面业绩斐然。

由于玉门油田是在抗日战争最吃紧的相持阶段发现的，迫于国内各大战区急需油品供应的压力，钻井见油就采，根本没有精力详细研究制定科学的开发方案。因此，到 1950 年前后，玉门油田的天然能量损失很大，产量也下滑到不足高峰期的十分之一。

1953 年，苏联石油地质专家特拉菲穆克院士到玉门油田考察时，针对老君庙油藏开发只顾一时高产，没有考虑提高采收率的乱象，提出了边缘注水补充地层能量，实施有计划开发。扭转地层压力下降、产量下降被动局面的建议。

在玉门油田工作的苏联专家组，详细研究了老君庙油藏的开发现状。结合苏联油田注水开发保持地层压力取得较长时间稳产的经验，编制了一套双管齐下的补救性开发调整方案：

老君庙油田 L、M 油藏开发方案设计，各采取一套井网、一套层系、合注合采的方式进行开发。在注采相对平衡的情况下，遵循水线均匀推进，油水边界均匀收缩原则，布置注采井网和确定油水井合理工作制度，实施边外注水、顶部注气补充地层能量，转变驱动方式。使油层压力保持在饱和压力以上，求得最高原油产量。[1]

这一举措是中国油气田史上第一个经过计算论证、在一定程度上符合油田开发科学原理的方案。虽然不尽完美，但却成效显著。1954 年 1 月 23 日，顶部注气在 51 号井试验成功。1954 年 12 月 27 日，L 油藏第一口边部注水的 M27 井试注成功。到 1959 年全部按设计实施了苏联专家制定的开发方案，共有 90 口注气、注水井相继投产，很快油层的压力开始上升，采油井的自喷生产能量变得充足，原油产量大幅度提高。1957 年玉门油田的年产量达到 75.54 万吨，占全国总产量的 87%，成为我国第一个天然石油生产基地。具有里程碑意义的老君庙油藏注水、注气开发的实践成功，为我国培养了一批油藏工程和采油工程方面的技术人才，积累了科学采油的初始经验。时任石油工业部副部长的康世恩曾深怀感情地说："这些经验应用到大庆油田后，又发展成为早期、内部、切割、分层注水，创出了当时油田开发的世界先进水平。"[2]

然而，十分不幸的是纳入科学轨道的开发在玉门油田没有持续多长时间，受到了 1958 年"大跃进"风潮的冲击，原石油工业部副部长焦立人曾痛心地反思：

如果玉门油田在 1958 年至 1960 年的 3 年中，不按当时的年产 100 万吨以上强化开采（采油速度超过 4%），而是从油田的实际出发，以年产 75 万～80 万吨相对合理值生产（按当时 6162 万吨地质储量计算，采油速度为 1.2%～1.3%），则油田稳产期就能延长到 8 年以上，而不是 4 年，也不至于那么快就进入了递减阶段，而使生产长期被动。然而这样的损失是无法挽回的。[3]

同样的厄运也降临到苏联专家组为克拉玛依油田编制的开发方案上。

---

[1]《中国油气田开发志》综合卷（上）第 156 页，王乃举主编，石油工业出版社 2011 年 9 月第 1 版。
[2]《中国油气田开发志》综合卷（上）第 157 页，王乃举主编，石油工业出版社 2011 年 9 月第 1 版。
[3]《中国油气田开发若干问题的认识与思考》第 3 页，编委会顾问焦立人，石油工业出版社 2003 年 8 月第 1 版。

1958年10月至1959年2月，石油工业部石油科学研究院在苏联莫斯科全苏采油研究所的指导下，双方合作共同编制了克拉玛依油田第一个开发方案——《克拉玛依油田Ⅰ—Ⅳ区初步开发设计》。苏方项目负责人为克雷洛夫和马克辛莫夫，还有油田地质专家维·维·伏依诺夫、水动力学专家维·谢·奥尔洛夫、经济分析专家阿·尼·布钦。

方案编制过程中，我国专家组两次赴莫斯科全苏采油研究所汇报审查方案。完成了中文、俄文两个版本各10万字的报告。

苏联专家组的工作在《中国油气田志》上有明晰的记载：

方案编制过程中，苏联专家组两次来华，积极认真帮助设计工作，在方案设计中应用了许多苏联油田开发的先进技术。例如，在计算分块地质储量方面按苏联发布的《储量计算规范》进行计算；在划分有效厚度上严格按每口井的资料，扣除夹层厚度；应用了达西定律和先进的行列注水和面积注水公式（巴利索夫科学院士研究的最新成果，当时尚未发表）计算了各方案的产量等指标；采用了苏联先进的电网模拟手段，拟合和预测压力、产量、含水量等开发趋势；应用了苏联科学院通讯院士克雷洛夫《油田开发科学原理》，对克拉玛依油田分区块进行了开发地质分析研究、水动力学计算分析研究和经济分析研究，即通常称"三大块"分析后，优选最佳方案。[1]

结果费了九牛二虎之力研究的科学方案，却没有按照科学的程序一以贯之，举国狂热的"大跃进"令苏联专家措手不及：

克拉玛依油田开发方案设计时，没有重视地质资料的录取，吃了大亏。由于地质资料缺乏，苏联专家组审查了初步开发设计后，地质专家伏依诺夫多次郑重提出，并在分区井位图上分别提出取心井号、井数和系统试井井号和井数、限期取全资料，为下一步编制正式开发设计创造条件。但是，时过近一年，没有补取到新数据、新资料。原因众所周知，许多资料都不取了。当苏联专家第二次来华指导、帮助编制正式方案时，发现没有补取一点新资料，说："这样无法编制正式开发设计"。中方领导和技术人员召开会议研究，请新疆局地质研究所所长田在艺和苏联专家组商讨，提出"由于合同年限的约束，能否编制修正开发方案设计"的意见获得了苏联专家组的同意。这样，中苏合作的正式开发设计变成了"修正开发设计"。[2]

1959年12月至1960年6月，双方又共同编制了《克拉玛依油田修正开发设计》。由于特殊情况，部分井"不取心""不试井"，根据原有不多的资料，很难认识克拉玛依工区含油层系的特征，加上行列注水井开发方式不适应地下油层"窝窝状"分布、油层不是连片分布等众多问题的发生，严重影响了开发效果。[3]

修正后的开发设计方案不完全适应克拉玛依油田的具体情况，岂能责怪苏联专家？而是我们自己的指导思想出了问题，违反认识油层的科学规律，造成了欲速则不达的惨重损失。多年来，一直有人把苏联专家当成替罪羊，昧着良心硬说苏联专家为克拉玛依油田做了一个非常糟糕的开放方案，这盆污水至今还没有完全洗清。

沉痛的教训警醒了从事石油开发的中国学者，后来在编制大庆油田开发方案的时候格外慎重，严格按照革命精神与科学态度相结合的方针，从始至终坚持实践第一，稳步推进。曾在玉门、新疆、四川有过切身体验的闵豫担任了大庆油田的总地质师，他的案头放着苏联石油专家的著作，空闲时间反复学习，深刻领会了科学开发油田的精髓。他在1979年的一次报告中指出："对注水开发油田发展比较有贡献的是苏联，20世纪40年代后期，苏联在第二巴库油田的开发上发展了一套比较有系统的、

---

[1]《中国油气田开发志》综合卷（上）第158页，王乃华主编，石油工业出版社2011年9月第1版。
[2]《中国油气田开发志》综合卷上，第158页，石油工业出版社2011年9月第1版。
[3]《中国油气田开发志》综合卷（上）第158页，王乃举主编，石油工业出版社2011年9月第1版。

有科学性的开发方法。这和当时苏联社会制度有关,油田归国家统一考虑,有可能来全面安排开发工作。因此,促进了对油田全面研究,开发上全面规划、全面部署。1945年以后开发的第二巴库的大油田,如罗马什金诺油田就走上了科学开发油田的道路,我觉得在那个时候可以讲油田开发进入到一个科学的时代了。当时以克雷洛夫为代表,写过一本书叫《油田开发的科学原理》,此后又写了《油田开发设计》。这几本书代表了20世纪50年代的开发水平,把油田注水开发提到了一个比较高的水平。我觉得这个贡献应该归功于苏联的一些科学家和苏联的石油工人。"[1]

尽管开发大庆油田的进程再没有苏联人参加,但是从苏联人那里学来的科学开发油田的方法已经生根开花,结出了丰硕的果实。1960年开始的开发试验,在充分研究苏联第二巴库油田的开发实例的基础上,以罗马什金油田注水开发的成功经验为蓝本,剔除不符合大庆油田实际的做法,汲取精华。大踏步创新,走出了一条早期分层注水,争取长期高产稳产,具有中国特色的油田开发道路。回望这项技术的源头,闵豫总地质师曾怀着师生情谊宣称:"真正解决了油田开发早期高产稳产的是我们中华人民共和国的石油工作者。我们在接受苏联注水开发这一套科学的方法基础上,有了自己的发展。"[2]

1979年8月,闵豫总地质师在玉门召开的全国油气田开发科研项目协调会上再次谈道:"真正做到从油田整体考虑,全面开发,全面规划,把油田开发提高到科学水平,作为一门科学,应该归功于苏联。这基本上是20世纪50年代以后,以克雷洛夫为代表的一批苏联搞开发的科学家是有功劳的,原来我们读的米尔钦科(柯)写的那本书《油矿地质学》,基本反映了20世纪30年代水平,反映了老巴库的开发水平,还没有提到科学开发水平上来。油田开发以一门科学面貌出现,对一个油田不是以单井来考虑,而是以油田整体来考虑,以油藏的概念来研究。采油工作不是以今年和目前来考虑,而是以一段时间的开发规划来考虑。这样,油田开发就由孤立的研究到整体研究。其后,苏联连续出版了几本书,像注水开发的理论研究、设计研究等几本书,都反映了油田开发进入到一个科学的时代,初步形成了一门科学的学问。在这个基础上,大庆油田开发又把它提高到了一个新的水平,把苏联稳产时间比较短的这个问题突破了,把它延长了。而且按照油层非均质性的特点,搞分层开采,把油田开发的科学又加深了一步。"[3]

如今,大庆油田的科学开发和长期高产稳产已经取得了世界公认的高水平,这些成就是站在巨人肩膀上的摘星夺冠。回头看,无论油田开发技术持续发展的长河多么浩荡,都离不开涌出涓涓细流的泉源,苏联的油田开发科学理论无疑是滋养中国学者产生创新动力的源泉。诚然,任何科学技术的发展都是只有更好,没有最好。苏联专家当年编制的玉门油田和克拉玛依油田开发方案虽然不尽如人意,但是挫折与成功同样是宝贵的财富,正是由于学习了苏联的经验,吸取了玉门和克拉玛依注水开发试验的教训,才有了后来开发大庆油田严谨的科学态度。

(2018年第3期)

---

[1]《闵豫与油田开发》第234页,石宝珩著,石油工业出版社2000年12月第1版。
[2]《闵豫与油田开发》第234页,石宝珩著,石油工业出版社2000年12月第1版。
[3]《闵豫与油田开发》第249页,石宝珩著,石油工业出版社2000年12月第1版。

大庆成就展第一次就办到了北京！

张　彬

自 1964 年初，毛泽东发出"工业学大庆"的号召之后，全国掀起了学习大庆的热潮，大庆石油人依靠"两分法"前进，不断取得新的成绩，做出新的贡献。大庆，这面全国工业战线的旗帜高高飘扬。

1965 年 5 月，时任国家工交政治部主任的陶鲁笳到大庆总结经验，看到大庆自己办的大庆成就展很有新意，报中央批准后，大庆成就展决定在北京中国革命博物馆隆重展出。

1965 年 5 月，时任国家工交政治部主任的陶鲁笳到大庆总结经验，看到大庆自己办的大庆成就展很有新意，报中央批准后，大庆成就展决定在北京中国革命博物馆隆重展出。

经过几个月的日夜奋战，1966 年 3 月开始预展，4 月正式开展，接待来自全国各地的参观群体。此次展览以图片为主，讲解员全部来自大庆油田，经过层层选拔，抽调了 200 多名优秀青年参加。

大庆的展览深深吸引了全国各地的人们，参观者络绎不绝，每天都有一万多人参观。讲解员没有扩音设备，每天要连续工作六七个小时，有的人嗓子哑了，有的人脚下磨出了血泡，可是他们没有人请假休息，也没有人叫苦叫累。

当时大庆会战工委提出"全国学大庆，大庆怎么办"，在北京办展的同志们也表示，身为大庆人，必须首先带头学好、发扬大庆的优良传统，用铁人精神做好讲解，宣传好大庆！

当时讲解员身穿大庆工作服，讲解时由于人多天热经常浑身汗水，许多观众就主动给他们送水、擦汗。

讲解员们上下班都是军事化管理，大家每天排着队，唱着大庆石油工人的歌曲通过天安门广场，走进天安门门洞，直到进入西华门。整齐的队伍、嘹亮的歌声成为一道亮丽的风景线，就连天安门广场执勤的交警都非常佩服，看见大庆的队伍来了，优先让大家通过，并敬礼致意！

开展不到半年，参观人数就达到 100 多万，成为当年的一大盛事。大庆展览的参观券，在当时可是"一票难求"！当时如果能搞到两张参观券，周末带着朋友一起参观，不亚于现在去听一场交响音乐会！

"同志，周末一起去看大庆展览，好不好？""哇！你居然有票！我愿意！"

1966 年，是新中国"三五"计划的第一年，也是"工业学大庆"运动进入高潮的一年，大庆的成就展第一次办到了北京，大庆的成绩和贡献深深地印刻在每一名观众的心中！

（2019 年第 6 期）

石油史话

周恩来总理哪年宣布过"我国石油基本实现自给"

许俊德

最早宣布"我国原油实现自给"是哪次会议？是谁宣布的？在一些书刊、网站上，甚至一些领导人的讲话中提到石油自给，一般都说是周总理在1963年12月第二届全国人大第四次会议上宣布的。

比如《百年石油》一书就是这样的观点：

1963年11月17日到12月3日，全国人大二届四次会议召开，周恩来总理正式向与会代表宣布："由于大庆油田的发现和建成，我国经济建设、国防建设和人民需用的石油，过去大部分依靠进口，现在不管是在数量上或者品种上，都已经基本自给了。"

宋连生的《工业学大庆始末》中也有这样的观点：

1963年12月3日，在全国人大二届四次会议上，周恩来庄严宣告："我国经济建设、国防建设和人民生活所需要的石油，不论在数量或者品种方面，基本上都可以自给了！中国人民使用'洋油'的时代，即将一去不复返了！"

还有的甚至说周总理在全国人大二届四次会议的《政府工作报告》中讲的。

傅广诚主编的《大庆企业文化辞典》"中国石油自给"、李懂章主编的《大庆之最》"我国原油实现自给"条目中，都没有提到"我国实现原油自给"是周总理宣布的。两个条目中的文字叙述一致：

1963年12月4日，《第二届全国人大第四次会议新闻公报》宣布："我国需要的原油，过去绝大部分依靠进口，现在已经可以基本自给了。"1963年12月26日，《人民日报》又发表消息："中国人民使用'洋油'的时代，即将一去不复返了。"

查阅全国人大网站：

第二届全国人民代表大会第四次会议于1963年11月17日至12月3日在北京举行。国务院副总理李富春向大会作了《关于1963年国民经济计划执行情况和1964年国民经济计划草案的报告》。国务院副总理李先念作了《关于1963年国家预算草案和预算执行情况、1964年国家预算初步安排的报告》。国务院总理周恩来就国内外形势和任务讲了话。

就是说，周总理没有在这个会上做报告，只是"就国内外形势和任务讲了话"。笔者查阅了当时的《人民日报》。《人民日报》发表了此次会议的"新闻公报"，公报上是这样表述的："我国需要的原油，过去绝大部分依靠进口，现在已经可以基本自给了。"和上面两本书的记载一致。

《余秋里回忆录》第38章标题是"周总理宣告，石油可以自给了。"文中说：

1964年12月，周总理在三届一次人大会议上的《政府工作报告》中宣布："我国经济建设、国防建设和人民生活所需要的石油，不论在数量或品种方面，基本上都可以自给了。"时间是1964年12月的三届人大一次会议，不是1963年12月的二届四次会议。

据《工业学大庆始末》中记载，在人大二届四次会议期间，即1963年11月19日这天，余秋里向代表们汇报了我国石油工业的现状。余秋里既然参加了会议，他的《余秋里回忆录》记载的周总理宣布石油自给的日期，为什么不是1963年的会议，而是1964年呢？

《工业学大庆始末》等书毕竟是在摘取各方面资料的基础上写成的，带有"报告文学"的成分，所以不能当历史去看。

既然周总理没有在第二届全国人民代表大会第四次会议上做报告，只是就国内外形势讲了话，那

- 455 -

么在讲话中是否宣布石油自给呢？这个讲话无法查到，但是1966年摄制完成的纪录片《大庆战歌》中是这样说的：1963年，全国人大二届四次会议新闻公报宣布"我国石油基本实现自给了"。该片提到周总理肯定大庆经验，也说是1964年12月召开的三届人大一次会议《政府工作报告》中。

《大庆战歌》毕竟拍摄于1966年，离1963年不远，那么该片解说词的表述应该是接近史实的。也就是说，首次公开宣布石油自给是在1963年12月召开的二届人大四次会议，出处是"新闻公报"，不是周总理的报告和讲话。

《人民日报》1963年12月26日头版头条发表"石油自给"的消息，这一天是毛泽东的生日，刊登"石油自给"的消息有向伟大领袖"献礼"之意。

那么周总理是否宣布过石油自给？答案是肯定的，但时间不是1963年的二届人大四次会议，而是1964年12月21日至1965年1月4日在北京召开的第三届全国人民代表大会第一次会议上。这次会议听取了国务院总理周恩来作《政府工作报告》。在这个报告中，周总理正式总结并肯定了大庆经验。周总理报告中讲大庆的文字如下：

"这个油田的勘探和开发速度是最快的，建设质量是优等的，采油技术和管理水平是很高的，有一些是世界第一流的。现在，由于大庆油田的开发和一些新炼油厂的建成。我国经济建设、国防建设和人民所需要的石油，不论在数量或品种方面，基本上都实现自给了。"

周总理在报告中没有说"中国人民使用'洋油'的时代，即将一去不复返了！"

《余秋里回忆录》第38章标题是"周总理宣告，石油可以自给了"，说的也是这次会议。

我们可以这样整理如下：1963年12月4日，二届人大四次会议《新闻公报》中最早宣布了我国石油自给。周总理讲没讲，只有看到他在会上的讲话内容才能肯定。但周总理确实没有作政府工作报告。1964年12月的三届人大一次会议，周总理在《政府工作报告》中首次总结、肯定了大庆经验。

（2020年第1期）

中国海上第一井——海1井

闫建文

渤海是中国的内海，面积约8万平方千米，海底比较平坦，平均水深18米，有14海域在水深10米以内。从陆地流入渤海的河流有近20条，它们带来了大量的沉积物，其中黄河每年冲入渤海的沉积物就达208亿万吨，为油气生成创造了条件。

中国的地质工作者自1916年起就陆续在渤海周边地区进行地质调查。1954年3月，当时中国的地质部部长、著名地质学家李四光就将渤海湾列入中国三大石油勘探远景区之一。许多国外的地质专家都认为，渤海具有生成油藏的条件，是石油的富集区。从1959年开始，原地质部对渤海及周边地区进行了多次地质概查。

1957年，石油工业部华北石油勘探处与地质部华北石油普查大队对渤海南部沿岸进行油气苗调查。1969年，地质部航磁大队904队在渤海及其周边地区进行了1∶100万的航空磁测，推断渤海是个大坳陷。1960年至1964年，地质部第五物探大队、青岛海洋研究所先后在渤海海上进行了重力、地震、电测深等各种地球物理勘探试验。第五物探大队还做过几条大剖面。在辽东湾和渤中地区进行过地震概查，并在辽东湾局部有利地区进行加密测网普查。通过概查和物探试验，证明渤海海域是跨越辽宁、河北、山东、河南四省，面积达20万平方千米的渤海湾含油气盆地的一个组成部分，做出了渤海是有利的油气勘探地区的判断。

1964年4月，华北石油勘探指挥部成立一支浅海地震队——216地震队。这个队20世纪50年代组建于青海，1961年参加大庆石油会战，1964年初到华北参加大港石油会战。在下海前又增加一些人员，全队共有80多人。

地震队租来一条木壳机动船河——河北海运局的"冀海103号"，只有百吨位，后来成为216队工作的"母船"，除了承担信号接收、资料分析及指挥任务外，还兼队员们的宿营地。接着又从东沽渔业大队租来三条木制机帆船，将陆地用的设备装在船上，分别改装成测量定位船、放线船和爆炸作业船。1964年8月正式出海作业，采用六分仪定位，人工插检波器，人工放电缆。经过四个月的努力，1964年底成功实验完成了6000米地震测线，为后来海上地震作业积累了宝贵经验。

1965年1月，石油工业部在北京召开厂矿长会议，根据部党组指示精神，正式向石油系统发出"上山、下海、大战平原"的号召。上山，就是派一部分人上四川找油气；下海，就是组织力量到大海里找油；大战平原，就是让物探队伍在华北平原进行地质剖面调查，开展勘探大会战。随后，华北石油勘探部第25次党委扩大会议决定，由河北石油勘探指挥部（代号641厂）组织人员筹备下海，要求"三年打开局面，五年拿下面积"。为了落实下海找油的战斗部署，641厂于1965年2月成立了由十余人组成的精干机构——海洋勘探室，1966年8月改建为海洋勘探指挥部，任命华北石油勘探指挥部副指挥钟一鸣兼任海洋勘探指挥部指挥，任英发为副指挥，张志友为党委书记，刘福来任党委副书记兼政治部主任，着手组织下海的工程设计和勘探准备。海洋勘探指挥部设在天津北仓641厂指挥部所在地叫双街的小房子里，半年后搬到胡家园。后来经与塘沽城管处共同选址，决定在海河防潮闸东侧、回淤研究所以南地带建立基地。那里背靠大沽炮台，面临渤海，与天津港主航道相望。

1965年3月15日至20日，在康世恩的指导下，下海工程技术座谈会在641基地天津北仓召开。地质勘探司赵声振总工程师主持会议。参加会议的有石油科技情报研究所和北京石油科学研究院钻井室的人员、大港油田分管海洋石油勘探的副指挥余萍和刚成立不久的海洋勘探室情报室的人员,还邀请了国防科学技术委员会、国家海洋局、交通部、地质部、海洋工程部、航海保障部、天津大学、大连工学院(现大连理工大学)和上海六机部七院八所、上海打捞局、天津港务监督等专家、教授共计50余人。石油工业部康世恩副部长在筹备会上说:"美国有个墨西哥湾,委内瑞拉有个马拉开波湖,中国有个渤海湾,渤海湾面积很大,沉积岩厚,我们有条件下海,现在就要作下海准备。"座谈会上,石油部勘探司和情报所的代表分别作了发言,介绍了国外海上油气勘探开发情况,工程技术人员也在会上谈了下海的设想。会议决定开展海上钻井方法的研究试验工作,试制混凝土钻井平台及钢结构导管架,同时决定加强海洋物探队伍建设,抽调5个地震队、2个重力队和1个测量队共500余名职工组成海洋地质调查一大队,负责渤海海域的地球物理勘探。这次会议是中国海洋石油勘探开发史上的一个里程碑。

下海工程座谈会后,641厂立即着手筹建海洋勘探指挥部,多方联系要船、要基地,同时积极寻找试验下海钻井的地方。石油部从北海舰队、交通部等单位陆续商调来了"海渔26""海潜506""海测503""黄河号"(原从国民党海军起义的军舰"重庆号")、"天祥号"(原慈禧太后游艇)、"民主20号"客轮以及"东油3号""东油7号"等船舶。同时,又从华东石油局调来了十几条木船。接着60多名海军战士转业到指挥部,渤海的石油队伍正式诞生了。

海洋地质调查一大队在下海前,组织测量技术干部到国家测绘总局、海军司令部、航道局等单位,收集渤海沿岸地区的测量成果、高等级三角控制点的分布,了解海底地形地貌、水深变化、潮汐规律、海底地质以及定位测量方法;组织物探技术干部到地质部第五物探大队、中国科学院青岛海洋研究所等单位了解他们海上物探试验工作情况,收集沿渤海各港口重力基点的成果;组织地质、物探的室内解释人员到地质部航空磁测大队、物探大队以及大港油田、胜利油田等单位收集渤海周边陆地物探、钻探和海区航磁的地质成果;请石油部规划研究院南海地震方法研究队技术负责人前来指导工作;认真吸取216地震队在高沙岭一带进行浅海试验的经验;又参照大庆石油地震会战行之有效的物探大面积连片勘测的经验,在渤海南部近4万平方千米的海域统一设计测网,整体部署,将物探队分为海滩队(工作区域由海岸至枯潮线)、浅海队(工作区域由枯潮线到6米水深线)和深海队(工作区域由6米水深线至无限水深)。由于采取的是分段、分区、分时和分队施工,为保证在同一条线上所获的物探资料能连续追踪对比,要求各队在测网的连接处重复1~2千米。该队在海上作业至1966年,使用"51"型地震仪,在歧口凹陷的南坡自北而南相继发现了海1、张巨河、赵家堡三个断裂构造带,画出了渤海第一张地震构造图。

1966年1月7日,石油工业部华北石油勘探指挥部决定依靠自己的力量设计、建造一个钻井固定平台,再开展海上勘探。1966年12月15日,坐落在海构造断裂带上中国第一座自行设计、制造、安装的海上固定式钻井平台建造完成。

1966年1月7日,石油工业部华北石油勘探指挥部决定依靠自己的力量设计、建造一个钻井固定平台,再开展海上勘探。1966年12月15日,坐落在海1构造断裂带上中国第一座自行设计、制造、安装的海上固定式钻井平台建造完成。

我国第一座自行设计、建造的海上固定式钻井平台

1966年12月31日23时，海洋勘探指挥部3206钻井队在自制1号固定式桩基钢钻井平台上开工，中国海上第一口深探井——海1井开钻，队长康于义、指导员成焕仁，技术员丁洪升、张荃祥。井位于岐口坳陷的岐口17-2构造断裂带上，距天津岐口22千米，距塘沽基地51.8千米，水深6.5米，隔水导管直径为529毫米，入泥深度为22.88米，钻至井深293.87米，下入直径为324毫米表层套管，次年1月3日表层套管完井。由于天气寒冷，停钻休工，钻井人员回陆地冬训。

1967年3月19日，钻井队职工重返平台，22日第二次开钻。1967年5月6日完钻，10日完井，井深2441米。钻探过程中，经地质录井，不断发现油浸和油斑砂岩，在明化镇组下段和馆陶组的岩屑中都有荧光显示，经完钻电测在明化镇组和馆陶组均发现油层。6月14日在明化镇组下段1615～1630米井段射孔测试3个层段，用4毫米油嘴试出了油流，日产原油35.2吨、天然气1941立方米。这一喜讯使海洋勘探指挥部全体将士一片欢腾，迅速向石油工业部报喜。海1井，渤海海域第一口发现井，也是中国海上第一口工业油流井，标志着中国海洋石油进入工业发展的新阶段。钟一鸣称海1井试油成功"如一只报春的燕子"。6月21日，国务院为此发来贺电，赞扬海洋石油职工"创造了我国海上打探井出油的先例，标志着我国石油工业钻井技术的新发展……"。党中央国务院的关心和鼓励，进一步鼓舞了全体海洋石油职工的斗志。

海1井钻井结束后，接着又在这个平台上钻探了3口定向井，其中海1-2井发现2.4米油层，获日产原油24吨，天然气1867立方米。截至1967年底，海1井生产原油203吨。1970年8月，海洋勘探指挥部在渤海1号固定钻井平台基础上建成1号试验采油平台，当年产油1963吨。

（2020年第5期）

二战时美英盟军在英吉利海峡秘密铺设燃油管道始末

郭永峰

1944年6月6日清晨，盟军先头部队总计176万人，从英国跨越英吉利海峡，抢滩登陆诺曼底，攻下了相近的5处海滩。此后，共计36个师，288万盟国大军如潮水般涌入法国，势如破竹，成功开辟了第二次世界大战的欧洲大陆"第二战场"。

"二战"时期的诺曼底战役是目前为止世界上最大陆海两栖登陆作战，使第二次世界大战的战略态势发生了根本性变化，为世界各国人民彻底打败德国纳粹，奠定了重要基础。

在诺曼底战役，以及后来盟军彻底摧毁德国法西斯的"第二战场"中，石油工人做出卓越贡献，并且获得后来历史学家的高度评价。但是由于种种原因，石油工人在诺曼底战场上所起到的重要作用和做出的巨大贡献，至今鲜为人知。

为何铺设"诺曼底"海底燃油管道？

当美英盟军通过诺曼底海滩，向德国腹地长驱直入时，为了确保不给纳粹德国军队以"喘息"之机，盟军始终保持高速推进。美英盟军所拥有的36个师均为机械化整装师，共配属13700架飞机，5300艘战舰，11000辆坦克，160000辆军车。这些庞大数量的机械化装备，每天需要消耗燃油约3000吨。

当时如果使用油轮从英国向法国"诺曼底"附近的港口运输燃油是不可能的。德国纳粹空军专门在英吉利海峡寻找美英盟军的油轮目标，予以攻击；德国军方的首要战略目标，就是切断美英盟军登陆部队的燃油供应线。

为了解决诺曼底登陆部队的燃油问题，美英盟军统帅部提出在英吉利海峡底部秘密铺设输送燃油管道的初步设想。随即"英国—伊朗联合石油公司"，即英国BP公司的前身，总工程师Arthur·Hamel（亚瑟·哈特利）提出第一实施方案，即使用铅管为输油管方案；英国石油工程师John·Hais（约翰·哈金斯）提出更完善的第二实施方案，即使用钢管为输油管方案。

为了保密起见，整个海底燃油输送管道计划被命名为"普鲁托（PLUTO）"计划，其实就是迪斯尼动画中那只名为"普鲁托"的小狗。第一和第二方案的名称，也以提出者的名字命名，即Hamel方案和Hais方案。至此，石油人跨过英吉利海峡，随军登陆"诺曼底"，开始铺设海底燃油管道的绝密工程。

铺设"诺曼底"海底燃油管道的方法

"诺曼底"输送管道计划，借鉴当时英国较为成熟的海底电缆铺设技术。方法是在改装民船上安装巨大滚筒，缠绕着直径3英寸、长度为4000英尺的铅管或钢管。这些软管是由焊工将长度为20英尺的单管焊接而成。

装管后的滚筒，每个约1600吨重。民船从英国海港怀特岛驶向法国海港瑟堡，全长70英里。在民船移动过程中滚筒也缓慢旋转，将缠绕的铅管或钢管从滚筒上解脱，沉入英吉利海峡海底。虽然铅管弯曲性好，但由于十分沉重，且成本过于昂贵。每英里铅管需要用掉46吨铅、钢带与钢丝，故驶出和接近港口时，使用铅管，而在海峡中间，则使用钢管；因为钢管虽然弯曲性较差，但重量较轻，且成本相对较低。也就是说，管道的起始与终点，使用 Hamel 方案；而海峡中间，使用 Hais 方案。1944年8月14日，美英两国石油工人完成第一条海底燃油输送管道的铺设。

美英盟军很快要求铺设另一条燃油输送管道。起点是英国铺设船队的"锚地"邓杰内斯港，终点是31英里以外的法国港口布洛涅。在整个战役期间，石油人在英吉利海峡上共铺设17条海底管道，每天最大燃油输送量为3000吨。总共为美英盟军输送燃油约60万吨，为取得"二战"的最后胜利提供了燃油保障。

建造"自升式"诺曼底可移动离岸码头

具备了海底燃油输送管线，还需要建设"诺曼底"岸边码头，不仅要安放铺设海底燃油管线的物资，而且还要装卸运抵"诺曼底"的战争物资与设备。"诺曼底"海滩较为平坦，潮汐海水位差达20英尺，海水边界相差1800英尺。在世界上属于潮汐较大海岸。如何在短时间建设能够独立使用的"诺曼底"离岸码头？

此时石油人提出新的办法。1869年美国石油钻井工程师托马斯·菲茨·罗兰提出"海洋石油钻探平台及装备"方案，并且获得美国国家技术发明专利。这是一座有4条腿的海上石油钻井平台。

受到美国石油钻井工程师专利启发，参加"诺曼底"登陆战役的石油人，设计了新型码头装卸货物平台。改进方法是在石油平台中心安装一个巨大浮筒，4条平台支架腿可以上下伸缩。当海水退潮时，平台可以依靠4条腿的向下滑动"自升"起来，或者称自行"站起来"；当海水涨潮时，平台将4条腿回缩，平台依靠浮筒漂浮起来，或者说躺在海面上。

1944年6月，美英盟军在法国海滩设立一处高度机密的人工码头建造基地。用于装卸成吨货物的人造码头，即新型"自升式"平台，矗立在岸边。平台代号为 Mulberrys。平台是由一条长200英尺、宽60英尺的驳船改装而成，每条驳船均配有4根可自由伸缩的60英尺高的桩腿。每条驳船均有一条延伸到海滩的浮动航道。

战争结束后，作为战争剩余物资，这些"自升式"人工码头平台被美英盟军公开拍卖。美国科麦奇公司购买了其中一个平台，改装为海洋石油钻井平台，KerrMac No.16，并在1947年在美国墨西哥湾的20英尺浅海中，成功完成海洋钻井作业。这种平台就是如今闻名遐迩的海洋石油"自升式"钻井平台，行业内又称 Jack-up 钻井平台。在我国至今还有近20台的保有量，并在我国海洋石油浅海钻井中发挥重要作用。

（2021年第1期）

"诺曼底"战役前美国神秘的"跨大陆"燃油管线

郭永峰

1944年6月的一天清晨,美英盟军突然从英国跨越英吉利海峡,抢滩登陆法国诺曼底,以36个整装机械化师,288万人的规模,强行攻入德国纳粹统治下的法国,成功开辟"二战"的欧洲大陆"第二战场",为"二战"的最后胜利,奠定坚实基础。

"诺曼底"战役是人类历史上迄今为止最大陆海两栖登陆作战。进入法国的美英盟军,共拥有近1400架飞机,5300艘战舰,170000辆包括坦克在内的军用车辆。这些机动装备每天需要消耗3000吨燃油。到二战结束时,这支部队共消耗60万吨燃油。

在不到一年时间里,美英盟军用掉几十万吨燃油。这些油料从何而来?美英盟军又使用何种办法保护燃油供应渠道安全,最终战胜德国纳粹? 实际上,"诺曼底"战役及后续战役使用的油料,全部来自当时美国刚建成的横跨美洲大陆的燃油输送管线。

为何建造美国战时石油长输管线

1941年珍珠港事件后,美国正式加入"二战",并继续信守承诺,为英国对纳粹德国的领土保卫战提供大量军用物资与燃油。当时美国的"主力"油田均在美国中西部,而炼制原油并提供成品燃油给英国的炼油厂,均在美国东部。当时将美国西部生产的原油运送到东部的主要方式,是依靠海上油轮运输。海上运油的比例占美国原油"东运"总量的64%。

针对这一情况,德国调集大量U型潜艇,在美国东海岸、加勒比海和墨西哥湾等运油航路上截击美国大型油轮,以达到切断英国的外部石油供应,从而迫使英国投降的目的。仅在1942年1月11日至2月28日,在不到2个月时间里,德国U型潜艇就在航道上对美国74艘油轮进行袭击,除了一艘美国油轮侥幸逃脱之外,其余73艘油轮全部沉没或严重损坏;使美国大型油轮总量的25%沉入大西洋海底。与此同时,德国U型潜艇反而无一损失。

如何规划美国战时石油长输管道

在美国油轮连连遭袭的情况下,1942年6月美国"石油协调局"和"战时石油委员会"召集67家石油公司开会商议对策。会上决定投资9500万美元,在陆地建造一条"大英寸"原油输油管道,管道直径为24英寸,起点为东得克萨斯油田,终点为伊利诺伊州,全长1254英里。管道工程于1942年8月3日开工,于1943年2月19日完工并开始输油。

1943年1月26日,美国政府批准投资建造一条"小英寸"成品油输油管道,管道直径为20英寸,起点为得克萨斯州,终点是新泽西州,全长1318英里。"小英寸"输油管道于1943年4月23日开始建设,同年10月8日在美国东海岸铺设最后一根管道。"小英寸"管道输送的成品油,包括汽油、燃料油、柴油和煤油。

"小英寸"与"大英寸"输油管道的石油设计流速,为每小时5英里,全部投资为1.46亿美元。

怎样铺设美国战时石油长输管道

根据"大英寸"原油输送管线的设计规划，管线直径为24英寸，这是20世纪40年代世界上最大英寸的石油输送管线。如何保证铺设管线时钢管的结构强度，是技术上遇到的第一个难关。技术人员摈弃当时管线建设常采用的"钢板卷管焊接"，最后连接成长输管线的保守工艺，而采取较为先进的"螺纹管焊接"，或者当时人们称之为"炉管焊接"的工艺。从而大大增强管道的抗压强度，保证这条当时世界上口径最大的原油长输管线，一次试车输油成功。同时还创造了当时世界上长输原油管线建造周期最短的纪录。

为了保障"大英寸"管线如期完工，道线建设者从美国中部到东部，开挖了一条4英尺深、3英尺宽、1254英里长的埋设管线沟渠。在横贯美国东西海岸的输油管线沟渠线路上，最为壮观的是石油长输管线穿越密西西比河的"管基"结构。线路过河之后，管线顺着伊利诺伊州南部向费城与纽约市进发。

在铺设"小英寸"成品油输油管线时，操作者遇到的十分棘手的困难，是如何将不同成分的成品油分开输送，而且要做到各种油品之间互不污染。经过技术人员对当时已有的各种成品油管道输送方式的研究与筛选，最终选择"实心橡胶球成品油隔离法"，即在长输管线输油过程中，用比管道内径稍小的实心橡胶球，分隔管路中不同的成品油，例如，分隔汽油、燃料油、柴油或者煤油。从而保证由东得克萨斯油田出发的成品油，无论是汽油、燃料油、柴油或者煤油，均没有污染地输送到美国的东海岸。

美国战时石油长输管道为取得最后胜利做出贡献

1942年初，美国东海岸的原油和成品油的总供给只有4%来自输油管线输送。到1944年底"大英寸"与"小英寸"石油长输管线竣工之后，管道运油量占全部石油供给的42%。在整个二战期间，"大英寸"与"小英寸"输油管线的总运量达到5000万吨。

而从1941年12月到1945年8月，美英联军在各次战役中，包括法国"诺曼底"登陆作战中，共消费了70亿桶石油，其中的60亿桶石油来自美国，更确切说是来自美国的跨美洲大陆的"大英寸"与"小英寸"两条石油长输管线的输送。

美国著名石油历史学家基思·米勒说，如果没有美国庞大的石油管线输送系统，特别是没有"大英寸"与"小英寸"两条石油长输管线，要赢得"二战"最后胜利是不可能的。

战后，"大英寸"与"小英寸"两条石油长输管线作为战争剩余物资，于1947年1月30日由美国政府进行公开拍卖。得克萨斯东部输电公司购买了这两条管道，并且经营超过40年，继续在和平时期经济建设中发挥巨大作用。

（2021年第2期）

大庆油田照片泄密说因何而起？

宫 柯

近年来，网络上经常出现 20 世纪 60 年代我国公开发行的杂志泄漏大庆油田机密的撰文，说法虽然五花八门，但大同小异，都是谈论日本人看到铁人王进喜在钻台上打井的照片，从中分析出大庆油田的确切位置和产能规模等内容。众多写手列举的依据和阐述的观点基本雷同，看似言之凿凿，实则漏洞百出，虽然也有人提出质疑，但是没有说清楚事情因何而起，导致以讹传讹的跟帖热度不减。

笔者对这件事进行了追根溯源，在 2009 年石油工业出版社出版的一本图书中找到了与起因相关的线索。这本书名为《石油记忆》，作者白智勇，他在介绍中国科学院图书馆编辑的《资料工作文选》一文中透露了可信度极高的信息。这本文选是 1984 年 8 月内部发行的汇编，其中收录了一篇标题为《要重视情报资料的分析工作》的文章，谈到了日本人通过搜集我国公开发行的报刊进行分析，从中获得有重要经济价值的情报。文中简述了我国公开发行的刊物不经意间泄露了大庆油田的机密："六十年代初，当我国开发大庆油田时，日本人迫切想要得到有关大庆油田的地点、位置和规模方面的情报。他们苦于手边没有资料。后来，他们在 1960 年 7 月我们公开出版的画报上，找到了一张大庆油田工人的照片，根据工人的衣着服装，断定大庆油田位于零下 30℃的我国东北，大致在哈尔滨与齐齐哈尔之间。不久，来我国访问的日本人发现往来油罐车上有一层厚厚的尘土，从土的颜色和厚度，进一步证实了大庆油田位于我国东北北部的论断，但是具体地点还不清楚。他们又从《人民中国》杂志上，发现了王进喜的先进事迹，从事迹介绍的分析获悉，最早的钻井是在安达……"笔者认为，这篇署名发文的作者董一鸣是引起网上热议的始作俑者，他在文字表述中阐明两处关键性的要素：

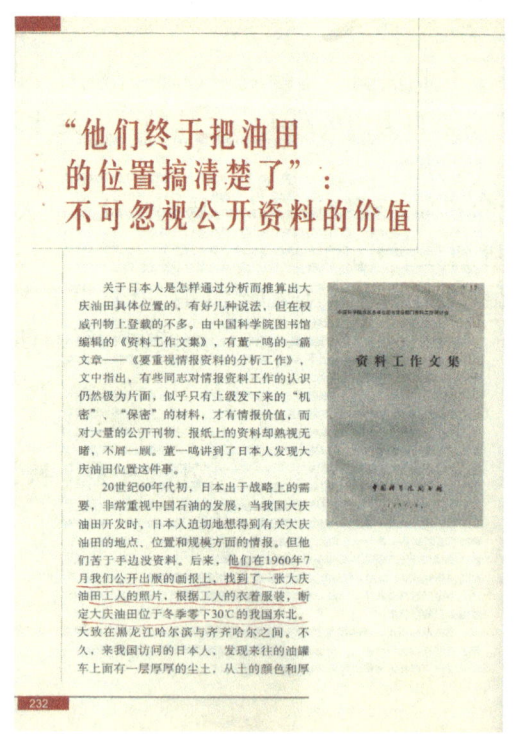

其一，明确指出日本人是依据我国 1960 年 7 月公开刊载的大庆石油工人冬天施工照片进行情报分析。但是并没有说这张照片拍摄的人物就是被誉为"铁人"的王进喜，也没有透露这幅照片来自何种刊物的哪一期。让日本人如获至宝的照片到底是哪一张成为网络写手捕风捉影的噱头？谬传是 1964 年发行的《人民画报》。然而，当年的大庆油田还处于高度保密的开发初期，《人民画报》的封面根本就没有刊载过铁人王进喜的工作照。

其二，文中提及日本人是在《人民中国》杂志上看到了王进喜的先进事迹，但是并没有言明是哪一年的第几期，也没有说文稿是否配发了王进喜扶刹把打井的照片。众所周知，关于大庆油田和王进喜的事迹报道发生在毛泽东主席号召"工业学大庆"之后，从 1964 年 4 月 20 日《人民日报》刊发新华社记者袁木和范荣康合写的通讯《大庆精神大庆人》开始，国内各大媒体才公开披露大庆油田开发建设的基本情况和石油工人先进典型的精神风貌。在此之前，钻井队长王进喜尽管已经被石油工业部授予"铁人"荣誉称号，但是还没有在国内公开发行的报刊上广泛宣传。日本人所能看到的王进喜先进事迹，肯定不会早于这个时间点。

由此可以判定，一石激起千层浪的网络炒作虽然不全是空穴来风的虚言，但是其中掺杂了许多写手揣摩想象的主观臆断。事实上，大庆油田的地理位置早已不是什么猜不透的秘密，精明的日本情报机关若想弄清楚，根本用不着大费周章。在大庆油田的勘探阶段，我国已经公布了"松辽平原有石油"的确切消息。

1958年6月25日《人民日报》刊载的新华社电讯中披露："地质部松辽石油普查大队在最近获得的成果中，已经初步证实松辽平原不久将成为我国最重要的油区之一。早在今年4月底，这个普查大队在吉林省扶余县一个储油构造的钻孔中，就曾经钻到了七十厘米和五十厘米的两个油砂岩层，证实松辽平原深处有很多的石油集储。6月17日，这个普查大队又在公主岭西北杨大城子镇附近的构造钻孔中，遇到了一个厚度在三十厘米以上（现在尚未穿透）的含油砂岩层。岩心取出后有原油渗出，进一步说明了在这个地区内找到油田的希望极大。"

这则二百多字的报道，日本人绝不会视而不见，其中涉及的地域名称相当于向世人宣告我国在东北发现石油踪迹的大致范围。虽然当时尚未锁定储量丰富的大庆长垣，但是曾经侵略东北14年的日本人一定会按图索骥，把搜寻的目标定在距离见油地点不远的松辽盆地中心区。

1960年，在保密状态下投入开发的大庆油田引起全世界的关注实属必然。美国、苏联、日本情报机关更是竭力想知道中国新发现的油田面积有多大、储量是多少、油层埋藏深度、生产能力、原油性质等数据，从公开发表的刊物上猎取情报信息本无可厚非。中国科学院图书馆编撰的这册资料汇编，意在提醒发表图文资料的时候要警惕无意间泄密。没成想在网络发达的当下激发了众多写手的跟帖，高光杜撰的议论人云亦云，缺乏事实根据的照猫画虎，演绎的越离奇越不靠谱。由此，希望广大读者保持清醒的头脑，在网络文稿的阅读中学会明辨是非，去伪存真。

（2022年第1期）

古近代石油的用途

马新福

要说起对我的了解和利用,中国人的老祖宗无疑是走在前面的——这可不是吹牛,有史为证。在成书于西周(公元前1066年—前771年)初年的《易经》中,就记录了"泽中有火""上火下泽",这其实就是湖泊和池沼的水面冒出石油蒸气起火的现象。

因为天然气可燃,我国古代长期把天然气井称为火井,自西汉以来,记载不断见于典籍。东汉班固的《汉书·郊祀志》写到,汉宣帝神爵元年(公元前61年),"祠天封苑火井于鸿门"。鸿门是西汉设置的一个县,在今陕西省北部神木县西南。天封苑是当时的一个军马场。《汉书·地理志》谈到这个地方时也写道:"有天封苑火井祠,火从地中出也。"

北魏地理学家郦道元在《水经注》中记载:"高奴县有洧水肥可燃,水上有肥,可挹取用之。""洧水"即当时人们对石油的称谓。

到了北宋,科学家沈括在《梦溪笔谈》中写道:"鄜延(今陕西延安一带)境内有石油……此物后必大行与世。"自此,我正式有了"石油"这个称呼。

今天,回过头来看沈括的千年预言是否实现了呢?老祖宗在自然界中发现了我,了解了我的能量和作用,慢慢地,又掌握了开发和利用我的技术。

燃气煮盐

早在战国后期,四川先民就在广都(今双流)钻凿盐井,秦代又陆续在广汉、临邛诸地穿凿盐井,并且逐渐对天然气有了一定认识,利用它为井盐生产服务。20世纪50年代,在成都和邛崃出土的东汉画像上,就有利用天然气煮盐的场景。西晋张华《博物志》说,当火井熊熊燃烧时,"执盆盖井上煮盐(水)得盐"。东晋常璩《华阳国志·蜀志》说:"井有水火,取井火煮之,一斛水得五斗盐,家火煮之,得无几也。"看看,老祖宗都知道,用柴火煮盐,"得无几也",还是天然气效率高啊。

进入宋代,开发天然气的技术有了提高。以前煮盐都是收集的地表天然气,宋代四川人发明了深井钻凿器,钻出了深数十丈的小口筒井。明代宋应星的《天工开物》,更详尽地记述了天然气煮盐的工艺:"西川有火井,事奇甚。其井居然冷水,绝无火气。但以长竹剖开去节,合缝漆布,一头插入井底,其上曲接,以口紧对釜脐,注卤水(即盐水)釜中,只见火意烘烘,水即滚沸。启竹而视之,绝无半点焦炎意。"

石烛照明

人们在跟"火井"接触的过程中,逐渐认识到天然气能自燃而不助燃的性能,最迟在汉魏间就已克服了火井爆炸的困难。

范晔的《后汉书》里,类似的记载就更加明朗,"(延寿)县南有山,石出泉水,大如,燃之极明,不可食。县人谓之石漆"。这里的"石漆"指的也是石油,"燃之极明"一句更是说明那时的人们已经开始把石油作为照明之用了。

《华阳国志·蜀志》记载:"夜时,光映上照。民欲其火,先以家火投之,顷许,如雷声,火焰出,通耀数十里。以竹筒盛其光藏之，可拽行终日不灭也。"

唐朝的《十道要记》一书记载道，邛州（今邛崃）"火井有水，郡人以竹筒盛之，将以照路，盖似今人秉烛"。

不过根据沈括在《梦溪笔谈》里对自己亲身试验的记载，石油照明的效果很不好，其中最主要的缺点就是油烟太大。石油"颇似淳漆，然之如麻，但烟甚浓，所沾幄幕皆黑"。用现代化学的分析方法，油烟太大乃是原油中所含杂质过多所致。于是古人又想到了制成石烛。

《新增格古要论》卷七云："石脑油（石油）出陕西延安府……此油出石岩下水中，作气息。以草拖引，煎过，土人多用以点灯。"

到了宋代，石油能被加工成固态制成品——石烛，且石烛点燃时间较长，一支石烛可顶蜡烛三支。宋朝著名的爱国诗人陆游（1125—1209年）在《老学庵笔记》中，就有用"石烛"照明的记叙。石烛燃烧时间较蜡烛长，但是油烟依然很大，所以没能取代用动物油脂做成的蜡烛。

清人李榕著《自流井记》记载，海顺井"水、火、油三者并出。"磨子井钻到了大火，兼"水、油二种"。同文又云，井油凡四色："米汤油，色白；绿豆油，色青；子油，色黄；黑油，色黑。青、黄、黑三者，气薰人如硫黄。白者气较轻，光较明。"由上可知，我国古代人民用石油照明，自汉代至清代历时两千多年。

但是，最早采用蒸馏法从原油中提炼出煤油据说是9世纪波斯学者拉齐。1846年加拿大地质学家亚伯拉罕·格斯纳从烟煤和油页岩蒸馏出煤油实验成功，1850年，格斯纳创建了煤油煤气灯公司，并开始在哈利法克斯和其他城市的街道上安装照明设备。

1854年，他的业务版图扩张到美国，并在纽约长岛创建了北美煤油煤气灯公司，庞大的业务需求增长直到石油的发现，煤油可以更容易地生产，才算解决了供应问题。

格斯纳的画像

文房成墨

我国北宋著名科学家沈括，利用石油燃烧所产生的"石烟"，试制成功墨锭。他在《梦溪笔谈》卷二四中述道："鄜、延境内有石油，旧说'高奴县出脂水'，即此也。生于水际沙石，与泉水相杂，惘惘而出，土人以雉尾甃之，用采入缶中。颇似淳漆，然之如麻，但烟甚浓，所沾幄幕皆黑。余疑其烟可用，试扫其煤以为墨，黑光如漆，松墨不及也，遂大为之，其识文为'延川石液'者是也。此物后必大行于世，自余始为之。盖石油至多，生于地中无穷，不若松木有时而竭。今齐、鲁间松林尽矣，渐至太行、京西、江南，松山大半皆童矣。造煤人盖知石烟之利也。"

这里沈括论述了采用石油烟制墨的优势，"黑光如漆，松墨不及也"即是，况且采用松木制墨有"松木有时而竭""今齐、鲁间松林尽矣……"等缺点。由此他得出结论："此物后必大行于世"，即认为用石油烟制成的墨，即其谓"延川石液"日后一定会流行起来。

沈括还曾写过《延州诗》："二郎山下雪纷纷，旋卓穹庐学塞人。化尽素衣冬未老，石烟都似洛阳尘。"形象地描绘了陕北一带石烟生产的情景。

据说沈括的"延川石液"受到当时的制墨行家苏轼的极大赞赏，可谓上乘。遗憾的是"延川石液"似乎并未在其后大行于世，或是由于他后来离开了延川，从此不再推广他的"延川石液"，但或许更多的是由于在当时条件下，石油烟制墨的成本远不及松木的低，毕竟石油在当时远没有像松木那样在全国遍布。

沈括利用石烟（即炭黑）制作墨锭，获得成功，开辟了石油利用的新用途，为我国早期的炭黑工业奠定了基础，也是世界上以石油制造炭黑的开端。

车辆润滑

除了燃火和制墨，石油也能用于润滑，就像今天市面上出售的种类繁多的润滑剂一样。晋代张华的《博物志》提到甘肃玉门一带有"石漆"，云石油"与膏无异，膏车及水碓缸甚佳"。"膏"就是现在所说的润滑剂。

唐朝段成武所著《酉阳杂俎》言："高奴县石脂水……采以膏车……"，"膏车"即把石油涂于车轮轴上作润滑用。又据《资治通鉴》卷七四魏邵陵厉公正始二年略云："春，吴人将伐魏。零陵太守殷札言于吴主曰：'便当秣马脂车，陵蹈城邑，乘胜逐北，以定华夏。'""秣马脂车"即喂饱马匹，脂车即用石油润滑车轮。石油作为润滑剂倒也并非都用于军事，也有用于民间生产的。

《资治通鉴》也说古人在出征前常常"秣马脂车"，也就是喂饱马匹，润滑好车轴，而且润滑用的也是石油。

郦道元在《水经注》卷三中说石油"膏车及水碓缸甚佳"。唐李吉甫著《元和郡县志》卷四十里亦说，古玉门县的石油，人们"以草孟取用，涂鸱夷酒囊及膏车"。由此可见，在我国古代，石油用于"膏水碓缸"已在民间较为普遍。

铺路盖房

石油被发现是因为它可燃，几乎所有在古代应用过石油的国家都有用油照明、点灯的记载。但目前发现最早的、确凿可考的用途是最匪夷所思的——盖房子。在国外，印度河流域今巴基斯坦境内的达罗毗荼人——他们在公元前4000年左右用沥青建造的一个浴室，已被考古学家发掘。

公元8世纪，阿拉伯帝国的新都巴格达，全部街道都由柏油铺成，这是世界上第一座"柏油马路化"的城市。在中国，明代人方以智撰《物理小识》（卷二）还述道："石油如脂膏，人取燃灯，或作油漆用。"坚结的石油即沥青，用于修补酒醋缸的裂缝渗漏，效果超过油灰。

引火做饭

乾隆皇帝根据四川富顺地区火井的情况，写过一首《火井诗》，其中四句是："凿井如置产，恒引供烹饲。亦可用煮盐，盐井则别异。"他还对前两句自注道："火井昔著于临邛，今则富顺山中尤甚。居民每凿一井，则擅为恒产，于井旁穿穴，剖竹去节，涂以盐泥，可引火供炊爨，其竹不热也。"

乾隆年间修的《富顺县志》，对火井有着类似记载："以竹去节入井中，用泥涂口，家火引之则发""或欲别用，以竹筒通窍引之，可以代薪烛"。

看到了吗？老祖宗的智慧不得了啊。用竹筒盛之，这是不是原始的煤气罐呢？把竹子去节，接缝处包起来，这不就是原始的民用天然气管道吗？

攻城略地

在古代，我国人民在石油开采和利用实践中，认识了石油特有的易燃、"燃之极明""水不能灭""性质暴烈"、火速迅猛等性能。因之，在古代战争中，石油是制作进攻火器的优质原料。

《诸葛武侯秘史》上卷中，就记载了三国时期，用石油沥青配制"引火毯"和"蒺藜火毯"等火器，以攻敌人城堡。沥青为制作"火毯"的重要原料之一，它在"火毯"中起着"延发剂"的作用，以控制燃烧速度，延缓燃烧时间。

到了宋代，"火毯"制作技术有了进一步的提高，各种"火毯"爆炸性增强，破坏威力更大，同时在战争中有了较广的应用。据北宋曾公亮（999—1078年）在《武经总要》前集卷中记载的"烟毯""毒药烟毯"等毒性火球，其配方中，均用了石油沥青。

到了宋代，石油更广泛地用于军事。据史书记载，北宋专门设有用于制造军事装备的作（类似于现代的军事装备车间），其中之一就是"猛火油作"。可见石油在古代战争中的作用。《武经总要》前集卷云："于踏空板内放猛火油，中人皆糜烂，水不能灭火；若水战，则可烧浮桥、战舰。"

根据《武经总要》记载，当时的猛火油柜就是以石油为主要燃料，这种武器类似方形柜子，上有出油口，后方有手推拉杆，利用气压差将石油喷出，原理类似于今天的喷壶。在出油口被点燃的石油会变成一条六七米长的"火龙"，既可焚烧敌军又可纵火焚毁敌方攻城器械，可以说是当时宋朝军队的守城利器。

阿塞拜疆人在中世纪的城防模式，就是建造很多高塔，居高临下，先泼石油，再扔火把，这种办法被中亚大国花剌子模广泛使用，使得后者成为著名的防御强国。

在海战方面，东罗马帝国的秘密武器"希腊火"曾让阿拉伯海军闻风丧胆。由于石油的易燃性，遇水不灭，所以它成了"希腊火"的主要原料。据记载公元678年阿拉伯对东罗马帝国发动了大规模进攻，当年6月25日，阿拉伯海军遭遇了东罗马帝国的舰队，阿拉伯海军仗着自己战船多于东罗马，于是集结成密集阵型进攻。而东罗马帝国则派出小型战船，载着这种威力十足的"希腊火"冲入敌方舰队，利用抛射器械将这些燃烧的"希腊火"抛入敌方舰船。当时的战舰都是木头材质，一接触到燃烧的石油便都燃起了熊熊大火，霎时间，阿拉伯舰队中火光冲天。当时的阿拉伯舰队指挥官法达拉斯连忙下令撤退，但只有三分之一的战船从大火中冲出。一场战斗下来阿拉伯舰队几乎全军覆没。就这样石油成功帮助东罗马人赶走了强大的侵略者。

描述十二世纪拜占庭帝国海战中运用"希腊火"攻击敌船的壁画

有意思不？从古至今，我与战争就扯上了千丝万缕的联系。古人将我当作军事装备攻城略地，今人研究了更为先进的装备，为了我打得不可开交。可是，我一直渴望和平，渴望能好好地为人类服务……

治病救人

在古代，我国人民认识和发现石油的医药功用，已有 130 多年的历史了。唐初史学家李延寿著的《北史》卷九七"西域"条记载，我国西北新疆库车地区，有大量的石油出露地面，人们不仅采集起来点灯，而且还研制了它的医疗用途，石油"状如，甚臭，服之发齿已落者，能令更生，疗人服之皆愈"。同时，石油还能杀虫"治六畜疥癣"。

我国古代人民不仅发现了直接敷用石油可治疥癣等疾病，而且还利用石油配制其他药物。宋朝寇宗奭著《本草衍义》中就有生砒霜加入石油可制砒霜伏的记载。

到了元朝，《元一统志》记述："延长县南迎河有凿开石油一井，拾斤，其油可燃，兼治六畜疥癣，岁纳壹佰壹拾斤。又延川县西北八十里永平村有一井，岁纳四百斤，入路之延丰库。"还说，"石油，在宜君县西二十里姚曲村石井中，汲水澄而取之，气虽臭而味可疗驼马羊牛疥癣。"说明约 800 年前，陕北已经正式开始手工挖井采油，其用途已扩大到治疗牲畜皮肤病，而且由官方收购入库。

明代医学家李时珍（1522—1596 年）所著的《本草纲目》里详细记载了用石油涂身的种种医学效果，其卷九云：

"石油气味与雄硫同，故杀虫治疮。其性走窜，诸器皆渗；唯瓷器、琉璃不漏。故钱乙治小儿惊热、膈实、呕吐、痰涎，银液丸中用。和水银、轻粉、龙脑、蝎尾、白附子诸药为丸，不但取其化痰，亦取其有透经络，走关窍也。"同书《本草纲目》卷九又说："主治小儿惊风、化涎，可和诸药做丸散，涂疮癣虫癫，治铁箭入肉，药中用之。"总结史书记载，中国古代石油的功用主要有三方面：一是治疗驼、马、牛、羊等六畜疥；二是石油与诸药作丸，治疗小儿凉热、惊风、膈实、化痰、呕吐等疾，同时还医治铁箭入肉，"透经络"等；三是石油与其他药物混合，可配制成新的药物。

在国外，著名的"医学之父"希波克拉底早在公元前 400 年左右就指出，石油中的沥青成分能有效愈合伤口并防止感染。古罗马博物学家普利尼更具体说明了沥青的多种功效：止血、止泻、止牙痛，治疗白内障，缓解慢性咳嗽，治疗肌肉扭伤等。

欧亚之交高加索山地的阿塞拜疆，被称为"无癣国"，1000 多年来一直延续了一种奇怪的习俗——"石油浴"。来到阿塞拜疆，你会看到岩石和灌木之间布满了钻井平台和勘探塔，石油浴场就坐落其间。成千上万的皮肤病患者躺在石油浴缸里，让黑乎乎的高加索原油直没到脖颈。洗过之后的皮肤细腻光滑，身上皮癣立时就不痛不痒了，又硬又厚的顽癣，也随着原油的浸泡变得柔软，很多做满疗程的患者都反映，皮癣真的逐渐缩小软化，直到被完全去除。

（2021 年第 6 期）

两次中东"阿以"战争背后的油田争夺

沙 峰

"乌栖古树争残叶，雨趁西风下短墙"，是明末清初诗人尤侗的名句。此诗可以用于形容世界上多数战争的残酷与无情，包括迄今已逾半个世纪的第三次与第四次中东地区的阿拉伯与以色列之间的"阿以"战争。这两场战争已经渐渐淡出我国民众记忆，年轻人更是知之甚少。然而这两场发生于1967年与1973年的"阿以"战争，其引发战火的经济原因是什么？参战各方究竟为何而战？为何这块著名的"中东火药桶"各国至今和平相处50年？

以色列"捉襟见肘"的国内石油工业

百年来中东地区号称是世界经济发展的"油库"，多数人印象里中东国家都以富产石油而著称。而以色列虽然也位于中东，却是中东国家中极少的"贫油国"。据2020年相关统计，以色列的原油年产量位居世界排行第83位，而同期的世界产油国总数仅有87个。

具体来说，以色列是中东地区最发达经济体之一，人均GDP（国民经济总产值）超过4万美元。国民不仅拥有名列世界前茅的生活水准，而且科技创新享誉全世界。然而人们较少提及的是，以色列本土的石油储量十分有限。

截至2017年底，以色列的探明石油储量为174万吨，大约相当于中国大庆油田探明原油储量的2.6‰。2017年，以色列原油年开采量仅为29.5万吨，而同期的年石油消费量为1170万吨，以色列的石油对外依存度高达97.5%。

"石油是一切经济行业的血液"。以色列自1948年新中国成立以来，不仅始终未放弃在本土勘探石油，还精心建立多元化石油进口渠道。除此之外，早期的以色列还在多年领土扩张的努力之中，悄悄地将他国的油田划入自己的扩张规划之中，这就是引发多次中东战争的主要原因。

以色列借第三次中东战争之机强占埃及等国多个油田

以色列发动第三次中东战争的主要目的，是占领西奈半岛与苏伊士湾的埃及油田，使以色列实现"石油自给"。

自1976年6月5日是开始的第三次中东阿以战争亦称"六日战争"

第三次中东战争又称为"六日战争"。从1967年6月5日开始，战争持续6天。5日上午，以色列发起"焦点行动"，200架军机飞越地中海，突袭埃及18个机场，歼灭90%的埃及空军。以色列空军又袭击了约旦、叙利亚和伊拉克的空军。随后以色列的400辆坦克越过边界，由陆上强行进入西奈半岛和加沙地带。

战争结束时，埃及伤亡11000人，约旦伤亡6000人，叙利亚伤亡1000人，阿拉伯国家共被俘40000人，而以色列仅伤亡700人。以色列占领加沙地带，埃及的西奈半岛及苏伊士湾，约旦河西岸，以及叙利亚戈兰高地，共获取6.5万平方千米的土地。而西奈半岛及苏伊士湾正是埃及的重要产油区，其原油年产量占埃及年总产量的83%。

在以色列占领的苏伊士湾，有埃及最大的油田Al-Morgan油田。该油田发现于1964年，1966年开始投产。油田探明储量约为3.7亿吨，每日产油15000吨桶。该油田原油产量占埃及全部原油产量的76%。另外，在以色列占领的苏伊士湾上还有Alma油田。该油田原油储量1400万吨，被誉为埃及最具发展前景的油田。

第三次中东战争后，以色列完全占领西奈半岛，控制半岛上全部油田。1971年，以色列在西奈半岛总共开采600万吨原油，接近以色列当年国内石油总消费量。为此，以色列扩大炼油能力。到1973年初，以色列的炼油能力已经达到年炼制原油360万吨。总之，以色列通过占领西奈半岛等阿拉伯领土，实现"石油自给"的初衷，确保自身经济安全与发展及稳定。这是以色列第三次中东战争的最大收获。

以色列于第四次中东战争后被迫归还西奈半岛及苏伊士湾全部油田

埃及针对叙利亚发起的第四次中东战争，主要经济目的是迫使以色列归还非法占领的西奈半岛等地油田。

第四次中东战争开始于1973年10月6日，至26日结束。阿拉伯国家的埃及与叙利亚联军，首先攻击以色列，摧毁其"巴列夫防线"，打破以色列不可战胜的神话。埃叙联军投入57万人，坦克4000辆，军机1000架。以色列军队投入31.5万人，坦克1700辆，军机500架。经过11天战斗，埃叙联军死亡8500人，损毁坦克2200辆，损毁军机440架；以色列死亡2800人，损毁坦克850辆，损毁军机110架。

1973年10月6日至26日进行第四次中东阿以战争

从军事行动上看，在第四次中东战争中，埃及与叙利亚联军的态势为"先赢后和"，即战争开始的前两自1973年10月6日至26日进行的第四次中东阿以战争天，埃叙联军"初占上风"；而从第2周开始，以色列突发奇兵，从埃及的第 2 集团军与第 3 集团军的中间地带穿插突进，强渡苏伊士运河，打到距离埃及首都 100 千米位置，最终通过国际组织周旋实现战场停火。

但从参战双方实现的经济目标来看，第四次中东战争迫使以色列考虑与埃及"停战"。1975 年 9 月，以色列最先将极具经济与战略价值的 Abu Rudeis 油田归还埃及。此油田为埃及最古老油田，投产于 1957 年。在以色列占领期间，油田满足其国内 65% 的石油消费需求。随后以色列于 1979 年完全撤出西奈半岛，将半岛所有油田的控制权转交给埃及。

显然，中东地区多次战争与交战双方争夺地区石油出产地有关。而第四次中东战争之后，埃及等阿拉伯国家基本达到收复被以色列非法占领的油田的目的。故自 1973 年以来的半个世纪，中东再也没有发生类似较大规模的战争。

两次中东战争起因与结局的初步结论及启示

通过思考两次中东战争中的油田争夺因素，即思考战争区域主要油田的储量、产量与采出石油外输方向及受惠国情况，可得出以下初步结论：（1）在第三次中东战争之前，埃及石油基本自给，而以色列石油基本依靠进口；（2）在第三次中东战争之后，埃及石油基本依靠进口，而以色列石油基本自给；（3）从第四次中东战争之后至今，埃及石油基本自给，而以色列石油基本依赖进口。

第四次中东战争后，以埃及为首的阿拉伯国家的经济状态基本上恢复到第三次中东战争之前，相对来说，阿拉伯国家获得了巨大而切实的经济利益，并带来持续半个世纪的和平环境。所以，第四次中东战争的赢家是埃及等阿拉伯国家。

研讨两次中东战争，离不开对战争的石油经济与开采工艺分析。国内以前对两次中东战争的研究，很少涉及战争中双方反复争夺的油田。作为例证，两次战争中多次"易手"的西奈半岛与苏伊士湾主要油田，至今无中文译名。离开对于两次战争的石油角度分析，就很容易得出第四次中东战争只是"阿以之间博弈的平局"的结论。

相比欧美学者而言，国内世界近代史等研究中存在研究渠道单一、方法单薄的现象，特别是一些近代发生的重大事件研究中，从石油业角度分析力度不够，甚至存在缺位问题，因而影响研究质量的提高。

由于迄今为止世界经济体系对于石油的高度依赖性，或者说由于"石油美元"的存在，对于世界近代重大事件的研究，一定不能忽略其中的石油因素。应当鼓励石油行业专家积极参与国内诸多文科专业研究，例如，运用石油知识去适当解读世界近代史中地缘政治学与地缘经济学的各种现象，进行世界突发新闻事件的研究背景分析等，从而提高近代史等学科的研究质量与水平。

（2022 年第 1 期）

欧美军舰从燃煤到燃油的转型之路

沙 峰

"鱼逐新生水,蜂寻未落花",是明初诗人梁寅的名句。自古以来,科学技术的发展就在于人们追求更为新颖、便利、高效的生产与生活方式,从而勾画出人类历史不断创新与前行的波澜壮阔场面。

然而,虽然人类社会科技创新的趋势是必然的,但是这种"进步"所花费的时间与代价,却因事而异。在近代西方海军军舰设计中,究竟使用何种能源驱动方式为好?是使用燃煤抑或燃油?这在今天是极易回答的问题,但是欧美军舰建造史上,却花费半个世纪才得出相应结论。

美国第一口探井出油能让军舰"不烧煤"吗?

英国发明家詹姆斯·瓦特于1776年研制出世界上第一台实用蒸汽机。1807年,美国工程师罗伯特·富尔顿在瓦特发明的基础上,制成世界上第一艘实用的"明轮"推进蒸汽机船"克莱蒙"号。从此,蒸汽机驱动的舰船风行世界百年。当然,蒸汽机只依靠燃煤动力运行。

1859年8月27日,美国宾夕法尼亚州东北地区的一口勘探井喷出原油。井深21.69米,日产油20桶。这是美国历史上第一口商业油井,并以现场钻井作业经理德雷克的名字命名,史称"德雷克油井"。自此美国进入石油时代。

美国宾夕法尼亚居民站在油桶上观看美国第一口油井诞生

石油相对于燃煤而言,单位体积燃烧值高、发热量大,而且重量轻。按理说,美国新发现的地下石油,应很快进入国内市场,成为国民经济体系的重要驱动燃料。事实上最初石油燃料并没有受到应有的重视。

在"德雷克油井"喷油之后,欧美各国采出的石油主要用途有3个方面:一是家庭点灯照明燃料;二是制成专利药品供医学使用,三是制成各类机器的润滑油。

在长达半个世纪的时间跨度,欧美社会生产与生活主要燃料仍是煤炭。原因有多方面,除了由于人们的保守或者说惰性思维，更主要是由于煤炭商业巨头已经拥有或者即将拥有的巨大商业利益，他们不愿意让石油"打破"300年来"铸成"的"蒸汽机"利润"蛋糕"。简单说，"蒸汽机"大亨不愿看到，由于使用石油而招致已经使用300年的"蒸汽机"退出历史舞台。

美国国会拨款论证让军舰"烧油"的可能性

美国第一口商业油井喷油后的第7年，即1866年国会基于公众舆论，专门拨款5000美元，聘请专家评价石油潜在用途。这笔拨款的"隐秘"意图是论证石油是否能够替代煤炭，作为海上大型军舰的动力燃料。

专家组给国会的最终答复，竟是"展望未来，石油仍无取代煤炭成为军舰动力的可能"。美国海军上将乔治·亨利·普雷布尔到国会作证，称虽然燃油比燃煤产生的热量更多，而且简化了军舰的动力燃料补给，但前者比后者的体积与重量并没有明显地减少。

显然，美国"煤炭与蒸汽机"大亨的"御用"专家组，平息了第一次有关石油潜在用途的争论。

美国建造的"世界之最"战列舰成为最后一艘"烧煤"军舰

19世纪初，另一机缘又挑起美国国内有关石油潜在用途的争论。根据19世纪80年代美国国会有关提案，美国海军要建造一艘当时世界上最大的战列舰"得克萨斯"号。1914年此军舰服役时，美国海军史学家评价说，"得克萨斯号战列舰是当今世界上最强大武器，也是工业国家最复杂产品；军舰本身就是世界各国不可小觑的战略威慑"。

然而令这位海军史学家没有想到的是，这艘世界上最大的战列舰，也是世界上最后一艘使用燃煤作燃料的军舰。这艘巨舰在起航前，需要水手用煤铲将2891吨燃煤填满20个巨大的蒸汽机"加煤舱"。

在军舰的航行过程中，平均每天要消耗10吨原煤。更为奇葩的是，当军舰燃料即将用尽时，需要运煤驳船预先停靠某海域，作为军舰"加煤站"；军舰则专程抵达"加煤站"完成海上燃煤补给。

得克萨斯号为最后一艘燃煤驱动大型军舰

美国与西班牙战争导致各国淘汰"烧煤"舰船

美国与西班牙战争爆发于1898年，是美国为了夺取西班牙的古巴与菲律宾等殖民地而发动的战争。当年2月15日，美国派往古巴的军舰"缅因"号在哈瓦那港发生爆炸，造成美海军266人死亡。

4月24日及25日，两国宣战。双方共有13艘大型军舰参战。至8月12日，战争以西班牙失败而结束。战争持续百日，双方死伤4000人，被俘3万人。

美西战争中一个小的"插曲"，导致全球的大型军舰数年内迅速由"燃煤"改成"燃油"。5月19日西班牙"无敌舰队"进入圣地亚哥港后，美国派遣4艘巡洋舰封锁港口，企图置"无敌舰队"于死地。但是2天之后，西班牙舰队竟然"大摇大摆"驶出圣地亚哥港，原来是美国舰队的4艘巡洋舰此时正在距封锁线45英里的"安全"海面"装煤"，而大型军舰从运煤驳船进行燃煤补给，时间均在3天以上。

事实上，如果美国军舰使用燃油驱动，则加油船可以在交战海域利用输油管线为军舰"快速加油"，不会发生美方港口封锁线形同虚设的现象。在美西战争中，曾凭借《海权论》享誉世界的阿尔弗雷德·塞耶·马汉，作为美国海军指挥官参与战役全过程。马汉敏锐注意到主力军舰这类"幼稚"缺陷，并在战后以海军少将身份主持进行弥补。

美国通过法案为"燃油"军舰设立储备油田

1898年美西战争后，马汉所供职的美国海军战争委员会着手美国军舰动力的"燃油"化进程。1901年1月10日，美国休斯敦东北140千米处发现巨型油田，即"纺锤顶油田"，并钻出世界第一口日产万吨井。海军委员会启动立法程序，将新发现的巨型油田，作为美国海军军舰"燃油化"的储备基地。

1910年7月25日，美国国会通过著名的"皮克特法案"，授权美国总统从私人资本中撤回美国境内大片潜在含油土地，包括"纺锤顶"油田部分土地，作为海上军舰燃油的来源。根据这一法案，美国在15年内，建立7个海军储备油田，从而保障美国军舰的动力燃料由煤转为油的重要战略的实施。

英国政府也依照美国政府模式采取相似战略，加速军舰动力的"燃油化"进程。由于20世纪初英国国内无大型油田可供海军使用，故英国政府出面收购英（国）伊（朗）石油公司的大部分股份，成立后来闻名遐迩的英国BP（国家石油）公司，保障英国有足够燃油供海军舰队使用。

第一次世界大战期间，创造在大西洋中部一艘加油补给船为34艘驱逐舰加油的纪录。截至20世纪20年代，欧美各国海军主力军舰基本完成动力由"燃煤"到"燃油"的转型。美国战列舰得克萨斯州号于1925年完成从燃煤锅炉到燃油锅炉的改造。

欧美军舰"燃料"转型带来的启示

发生于20世纪初的欧美军舰动力由燃煤向燃油转变过程，为我们当今社会由传统能源向清洁能够转变，提供有益的借鉴。

能源转型是一个长期过程，转型不可能一蹴而就。一个世纪前由"煤炭燃料"向"石油燃料"转型，实际上是对等的"化学能"的转型，即使不同观点人士对所使用的"能源"本身无异议，转型过程还是足足用了50年。而当今时代能源转型则是"化学能"向"电能""风能""太阳能""核能"或者"氢能"等转型，转型方法与途径还存在很多不完善之处，故转型过程应该是更加漫长。

因此，对于传统石油行业来说，继续心无旁骛地做好常规油气的勘探与开发工作，完成时代赋予的建设强国使命，是当务之急，也是义不容辞的责任。

（2022年第2期）

我国曾经历军用油危机

高梁红

中华人民共和国成立不久,一场与世界头号强敌较量的抗美援朝战争,让红色中国深刻认识到国防现代化建设的紧迫性,陆海空三军全面更换苏联援助的军事装备,核武器的研制也开始秘密筹措。伴随着军队机械化程度的提升,当时所需的各种油品绝大部分依赖进口。大量消耗特种燃油和润滑油的空军,几乎全部靠苏联提供的油品维系战斗力。

1958年,中苏两国关系出现严重分歧。为了防止事态恶化造成的断供后果,解放军原总后勤部根据巩固国防的最低需要,向石油工业部提出140种军用油品的订购清单,要求尽快试制生产,防患于未然。

当时,我国石油生产和炼制加工能力十分弱小,年产原油仅有226.5万吨,能够自行生产的成品油不但数量少而且质量差,普通民品供给尚且捉襟见肘,试制高端的军品难度可想而知。刚刚在北京成立的石油科学研究院,紧急承担了军用油品的研制任务,由海外留学归来的侯祥麟院士主持炼制技术攻关。经过一年多的群策群力,到1959年11月试制成功102种,占140种军品油之需的72.9%。但是最短缺、最关键的航空燃油却没有取得技术上的突破,空军的飞行训练和战备巡航面临被苏联卡脖子的凶险。

1960年1月21日至29日,时任石油工业部副部长的李人俊主持召开军品油试制和生产推进会议,余秋里部长到会督战,要求各炼油厂在保证军用润滑油质量的同时,加速补齐航空燃油这块短板。1960年7月,苏联单方面决定撤回全部援华专家。8月16日,聂荣臻副总理在写给余秋里部长的一封亲笔信中说:"……航空油料仍完全依赖进口,煤油的技术问题还未解决,汽油只能生产部分型号,润滑油也有不少问题。这些情况使人担心,一旦进口中断,飞机就可能被迫停飞,某些战斗车辆就可能被迫停驶。"要求石油工业部"现在应迅速、切实地解决这些问题。"8月31日,空军后勤部向中央军委报告:苏联已经取消十几个品种润滑油的订货,没被取消的品种,供应量也大大减少。更严重的问题是其中15种润滑油库存量已不多,如不迅速解决进口或生产问题,将会产生严重后果。

形势日趋严峻,在兰州召开的全国炼油新技术现场观摩座谈会上,余秋里部长严令今冬明春必须把军用油品试制过关,要求石油科学研究院集中力量、不惜代价,全力以赴攻克难关。

当时石油工业部曾经组织试产这种航空油料,但在地面试验和空中试飞时,均出现了喷气发动机火焰严重烧蚀问题。余秋里曾对负责主持研制任务的侯祥麟发过狠话:"你再解决不了航空燃油问题,我就把你们石油科学研究院的牌子给倒过来挂!"

航空燃油的研制难点在于降低含蜡量,由于高空环境温度低,必须满足-60℃不凝固的指标,同时还要保证推力大、热值高。为推进这项研制计划的落实,国家专门成立了航空油料鉴定委员会,严格掌握油品质量。据光明日报记者齐芳写的《提炼至精至纯的人生》一文记载,在中国科学院兰州化学物理研究所、大连化学物理研究所、北京石油学院等单位的协同下,52岁的侯祥麟亲自挂帅,组织6个研究室的力量,参照苏联的航油标准,亲自带领科研人员日夜苦干,甚至连除夕夜都是在试验室度过的。忆及此事,侯祥麟曾坦言:"在这种形势下,我所承受的压力是前所未有的。"

经过试验、失败、研究、再试验、再失败、再研究……他们克服了一系列的困难,终于在1960年9月让"喝饱"了国产航空燃油的战机试飞成功。1961年通过技术鉴定,开始投入批量生产。从此,我国的空军和民航飞机摆脱了"吃进口粮食"的窘境，使用国产燃油的雄鹰翱翔蓝天，连通世界。

在研制军品油的过程中还有一项使命更为艰巨，考验着我国炼油技术的研发能力。1958年12月15日到1959年1月6日，国家科委在上海召开重要会议，讨论当时称为"两弹一机"（原子弹、导弹、超音速飞机）的研制计划，1962年改为"两弹一星"（人造卫星）。这项国字号排名第一的绝密工程，需要石油工业部试制高真空油脂、耐氟油脂、耐高低温润滑油脂，其中的氟油是用于分离制造原子弹铀原料的关键所在，中苏友好期间苏联对我国严格保密，不知道用什么方法提炼。为了解决原子弹的远程运载问题，仿制苏联的东风导弹所需的特种润滑油脂，国内完全空白。从1961年1月起，石油工业部承担了"两弹一星"计划当中45种专用油品的研制任务，1962年底试制成功24种。

大庆油田的发现和开发建设，使我国的石油产量节节攀升，炼油技术随之突飞猛进。在研制军用油品的进程中，我国自主研发的流化催化裂化、铂重整、延迟焦化、尿素脱蜡装置以及相关的催化剂、添加剂发挥了至关重要的作用，并称为20世纪60年代的"五朵金花"，不仅促使我国结束了高端油品依靠进口的局面，也推动了炼油技术的进步，缩小了与世界先进水平的差距。

（2022年第3期）

中国古代钻井工具的"西传"之谜

郭永峰

中国古代文学名著《西游记》中唐僧师徒四人去西天拜佛求经的故事,几百年来通过小说、评书、戏剧等形式,不胫而走,传遍东西南北。时至今日,妇孺皆知中华民族有"西天取经"之典,却极少听说有"西天送经"之事。

成立于1913年的美国石油工程师学会(SPE),是世界上最大的石油学术组织之一,2020年5月推出世界石油技术发展百年"时间轴线",列举了石油发展史上93个技术创新"节点"。其中第一个技术创新点,就是彰显中华民族卓越智慧的"西天送经"的故事——中国古代钻井技术的西传。

寻找近代钻井"第一井"的钻具来源

2020年SPE版的石油技术创新节点,自信地将位于亚洲西部巴库地区的"火焰之国"——阿塞拜疆的石油钻井,列为世界近代史的第一次石油钻井。理由是这次石油钻井发生在1848年,是近代史上第一次运用近代方法打井及开采石油。从背景资料看,这一结论足够可信。

这次关于世界近代石油钻井开始时间的修正,不仅改变了人们原有的时间概念,还给中国石油史工作者出了一个挑战性的"课题"。美国石油工程师学会石油技术创新节点,提出阿塞拜疆近代最早的石油钻井作业,使用的是由中国传入的钻井索具,而这种钻具此前已在中国古代传承数百年。

中国古代钻具如何传入西亚?

然而几十年来,中国各类书籍,包括石油教科书,几乎从来没有提到过中国古代石油钻井技术,包括钻具技术传入阿塞拜疆的历史。而这次意义重大的中国古代钻具传播,如今已经发展成遍布全球、规模宏大的国际石油装备产业。有文献称中国古代钻具向阿塞拜疆传播,是"全球近代石油工业的真正开端"。

公元11—13世纪,阿塞拜疆族区域基本形成。中国民众熟悉的意大利商人,著名国际旅行家马可·波罗,在他闻名于世的游记中,就对位于波斯海岸的阿塞拜疆巴库石油开采作了详细描述。其于1273年途经里海,在那里看到人们从地层渗漏处收集石油,用作治病的医药和晚间照明,还看到地表处永不熄灭的火焰。

中国古代钻井钻具,究竟何时、以何方式,以及沿着何种路径由中国传入阿塞拜疆?从中国古都长安到阿塞拜疆首都巴库,直线距离5200千米,今日作为"一带一路"重要通道的"十字交汇点",从中国西安到阿塞拜疆巴库的火车就要走17天。而在200年前,中国的钻井索具是如何运抵阿塞拜疆的?又是如何工作的?

目前已知近代钻井"第一井"的线索

在19世纪,阿塞拜疆遭俄罗斯帝国吞并。俄罗斯于1834年成立一个军事化组织——采矿工程师团,负责俄罗斯管辖版图内的采矿和石油开采。俄罗斯财政部长耶戈尔·坎克林是采矿工程师团的第一任领导人,康斯坦丁·切夫金少将担任团参谋长。

1842年，巴库油田主管，俄罗斯采矿工程师团成员，毕业于圣彼得堡矿业学院的尼古拉·沃斯科博伊尼科夫，根据他在地下汲取盐水工程中的经验，阐述新的开采石油设想。其提出建议使用专门研制的冲击钻机钻探石油，以代替工人手工挖坑取油。沃斯科博伊尼科夫推测，由于自然压力，石油和盐水一样，会从冲击钻头钻出的小孔眼中流出。从此在石油钻井中，是否为"小孔井眼"采油，成了"挖井采油"与"钻井采油"的分水岭。

近代钻井"第一井"的钻井过程

1844年，沃斯科博伊尼科夫将他的报告提交给一位俄罗斯官员，时任俄罗斯国家顾问的瓦西里·塞米约诺夫，由其将报告转交给当时管理高加索地区（巴库地区）的俄罗斯地方政府。

1845年，时任高加索总督的俄罗斯大公米哈伊尔·沃龙佐夫核准了报告并拨发了石油钻探资金。总督在一份备忘录中写道："我特此授权在里海巴库 Bibi Eybat 区通过钻井方式进行石油勘探，并为此分配 1000 卢布。"

1848年7月14日，在国家顾问塞米约诺夫的监督下，俄罗斯采矿工程师团少校阿列维耶夫在阿塞拜疆巴库 Bibi Eybat 地区，使用原始的冲击钻机钻探了世界上第一口油井，井深21米。钻井取得了预期成果。钻井中使用了起源于古代中国的原始缆索钻井工具。而且有证据表明，这些钻井工具已经在中国使用了数百年。

19世纪50年代，阿塞拜疆巴库地区的石油钻井的井数达到218口，呈现出一派繁荣昌盛的景象。

盼望不久的将来，国内石油史工作者能够厘清古代中国石油钻井索具传入阿塞拜疆的"脉络"，告诉国人一个现代版的中国人"西天送经"的故事。弘扬中华文明与文化，为"一带一路"所在地区民众更深刻了解中国传统与文化，增加各国人民友谊，作出应有贡献。

（2022年第4期）

彩南油田更出彩
——准噶尔盆地典型油气田发现背后的故事之五

王屿涛

20世纪80年代后期，在准东勘探会战十年之后，先后在该地区北部发现了火烧山油田，南部发现了北三台、三台地区、甘河油田、马庄气田等，此时，准东已步入大规模勘探开发的后期，准噶尔盆地下一步勘探开发的接替区在哪呢？这又成了摆在新疆石油管理局决策层面前的一个迫在眉睫的问题。

通过法国地震队在盆地腹部中央沙漠区所做的区域大剖面地震概查，首次获得了准噶尔盆地腹部地震反射资料，对区域构造格架及沉积岩分布有了初步了解，中央隆起带被认为是最有利的含油构造带。而在此期间，整个准噶尔盆地的综合研究及第一次资源评价为制定进军盆地腹部勘探开发的决策奠定了坚实的基础。1989年，新疆石油管理局做出果敢决策，确定了"区域上甩开钻探，立足大凹陷，寻找大油田"的勘探战略方针。

1. 技术攻坚克难，催生沙漠油田

20世纪80年代后期，随着沙漠地震采集技术和相应设备保障能力的提升，打破了腹部沙漠地震勘探的禁区，首次获得了准噶尔盆地腹部地震反射资料，为认识盆地区域地质结构、油气资源评价及下一步钻探目标优选打下了坚实基础，为进军盆地沙漠腹部创造了条件。勘探方向剑指沙漠无人区，勘探战略进行了再一次大范围转移。

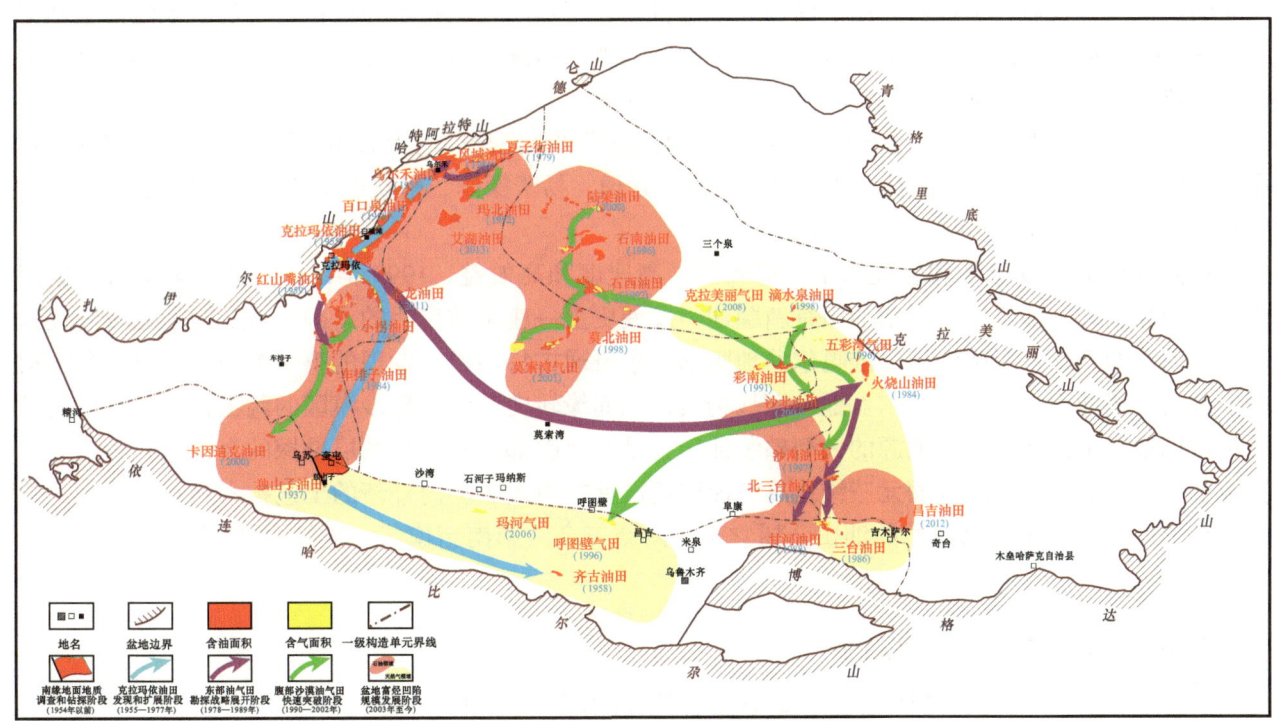

准噶尔盆地油气勘探战略迁移路线

首先选定的是临近准东的白家海凸起。它是一个三面环绕凹陷的继承性大型鼻状隆起，是公认的油气聚集的有利指向区。在鼻状隆起的一个平台上，发现了一个二叠系的低幅度背斜。原来准东发现的油藏都是二叠系油藏，大家认为这是个有利目标。后根据地震剖面追踪，初步认为该背斜仅存二叠系较薄的残余厚度，而且其中的生油层也可能缺失。所以预探目标必须多层兼探才能减少勘探风险。研究人员在二叠系背斜上部发现了一个侏罗系的鼻状构造，后来经过反复研究分析，在仅有四条半地震测线上勾画了一条断层，形成了一个侏罗系的断鼻圈闭，在圈闭高处确定了彩参2井。1991年5月11日彩参2井在三工河组2381.5～2389米井段试油，获日产油72.1吨，日产气量7260立方米，从而发现了彩南油田。

彩南油田的发现，突破了原有二叠系作为主要勘探目的层的固有观点，为盆地腹部新区侏罗系勘探展现了光明的前景。新层系为新疆油田增储上产发挥了巨大作用。

彩南油田侏罗系三工河组、西山窑组油藏为燕山期形成的构造、构造-岩性油藏。油气充注期次有两期：第一期发生在白垩纪末，此时阜康凹陷深处二叠系平地泉组烃源岩达到生油高峰，油气通过油源断裂及不整合面到达侏罗系三工河组、西山窑组成藏；第二期发生在晚古近系，凹陷深部的侏罗系烃源岩陆续进入成熟生烃高峰阶段，通过断裂运移到侏罗系三工河组、西山窑组成藏。

2. 两新三高建彩南，创新管理新模式

1992年6月，时任新疆石油管理局局长的谢宏向中国石油天然气总公司领导汇报，如何加快彩南油田的开发建设问题。中国石油总经理王涛指示，彩南油田是我国第一个沙漠整装油田，一定要依靠新的工艺技术、新的管理体制把彩南油田建设成高速度、高水平、高效益的油田，这就是后来常被人们所提的"两新三高"的彩南新模式。

从勘探到开发，彩南油田倾注了众多克拉玛依石油人的心血，1993年彩南油田投入开发，1995年全面建成投产，当年生产原油150万吨，是我国第一座整装沙漠自动化油田。

油田投入开发后，引进和应用了国内外油田自动化管理的先进技术和设备，实现了采注计量站无人值守，坐在值班室的计算机大屏幕前，各个油井的地下情况和地面集输情况，便一目了然。这一举措大大减少了劳动力的投入，完全符合沙漠作业的要求。

彩南油田在管理体制上，也告别了传统的"大而全""小而全"的大兵团作战方式，完全以油公司作业区的模式来组建队伍。坚持以职责分明、方便管理、易于操作、精益求精的原则设置复合型岗位，一专多能、一人多岗，满时率、满负荷地工作。

彩南油田的开发水平和管理水平，都实现了高速度和高效益。1999年，彩南油田被中石油集团公司列为高效开发油气田。彩南油田是新疆油田发展史上一座承前启后的丰碑，自从诞生之日起便被罩上了无数的光环。彩南油田是准噶尔盆地腹部古尔班通古特沙漠中发现的第一个油田，更是我国第一个沙漠整装油田，它是准噶尔盆地勘探战场由盆地周缘转向广阔腹部沙漠区的跳板；彩南油田是准噶尔盆地第一个具有侏罗系油源的大型整装油田，是开启腹部侏罗系目的层勘探的金钥匙；彩南油田实施了准噶尔盆地第一块大面元三维地震，油田建设首次引入了国内外新的工艺技术和管理体制，建成了高速度、高水平、高效益的油田，树立了"两新三高"彩南新模式，连续11年稳产原油百万吨以上。

3. 彩南油田发现的重要启示

（1）坚定信心、锁定有利目标孕育了油气发现偶然中的必然性。

20世纪80年代，准噶尔盆地加强了东部勘探，发现了火烧山、北三台、三台地区等一批油气田。

该时期的综合研究与勘探成果表明，该区油气与二叠系平地泉组烃源岩紧密相关，远离平地泉组生烃中心的地区勘探效果都不好。该时期确定了白家海凸起为有利勘探目标区，同时发现了彩南背斜。20世纪90年代初，研究人员于原来解释的二叠系之下识别出一套较难追踪对比的层序，区域对比将其划归为二叠系，该认识拓展了准东地区二叠系分布范围。彩南构造新认识落实了相当厚的二叠系。正是基于地质认识的深化，锁定彩南地区为盆地沙漠区勘探的首选领域，为推进腹部沙漠区勘探提供了地质目标。

地震落实彩南背斜后，针对彩南背斜东圈闭部署了彩参2井。基于当时的认识，彩参2井主探目的层为二叠系，但在侏罗系三工河组获得重大突破，同时明确了油源主要是侏罗系的贡献。虽然钻探成果与前期认识存在较大差异，但认定白家海凸起勘探目标区、锁定彩南背斜有利构造，彩南油田侏罗系勘探突破存在其必然性。

（2）勘探技术瓶颈的突破打破前期勘探禁区，机制和管理模式创新推动油气勘探的快速增储上产。

勘探历程表明，地震勘探技术的不断进步是彩南油田发现的关键。20世纪80年代初，数字地震勘探发现了火烧山、北三台、三台地区等一批油气田，同时确定了白家海凸起为有利勘探目标区；80年代后期，沙漠地震采集技术打破了腹部沙漠地震勘探的禁区，沙漠区域网格大剖面发现了彩南背斜；1988年后，沙漠二维地震勘探工作量逐年增大，为落实彩南背斜的构造特征及彩参2井获得突破奠定了资料基础。

彩南油田是准噶尔盆地当年发现、当年建产的首个高效油田，机制和管理模式创新是油气勘探快速增储上产的保障。彩南油田是我国第一个高度自控开发的沙漠油田，在油建工程中，实行了新的机制和管理模式，探索和积累了许多经验，这些新的机制和管理模式为今后大规模开展盆地腹部沙漠区的勘探工作提供了丰富的经验与借鉴。

（3）成藏新认识的形成与提升实现了油气勘探的战略接替。

彩南油田发现之前，准噶尔盆地的油气勘探曾长期停滞在盆地周缘地区。彩南油田发现后提升了侏罗系在盆地腹部区的勘探地位，助推了腹部勘探持续突破。且彩南油田为侏罗系油源，属于在准噶尔盆地腹部找到的首个以侏罗系油源为主的大型整装油田，这一发现填补了准噶尔盆地油气生成领域理论与实践方面的空白。同时，侏罗系勘探层系的发现拉开了盆地以侏罗系为目的层勘探的序幕，具有重大的里程碑意义。

据统计，1963—1991年近30年间准噶尔盆地侏罗系提交的探明石油储量为6803万吨，而自彩南油田发现后，1992—2015年的23年间侏罗系提交的探明石油储量迅速增长至4.18亿吨，达到之前的6倍。

（2023年第2期）

海洋石油钻井早期的三大探索

王一端 岳渤峥[1] 魏颂河[2]

(1. 中国石油长城钻探工程有限公司;2. 中国石油海洋工程有限公司)

从20世纪60年代开始,石油与天然气就成为能源舞台上的主角,海洋石油开采也逐渐成为越来越多国家能源战略的重要发展方向。海洋油气勘探开发技术是陆地油气勘探开发技术的继承与发展,同样经历了一个由陆地走向浅水、由浅水走向深水、由简易到系统复杂的发展过程。海洋石油平台是为海上进行钻井、采油、集运、观测、导航、施工等活动提供的生产与生活设施的构筑物。海洋石油平台的发展,经历了一个由浅到深、由木质到钢制、由钻井到采油和油气加工的三大探索过程。

构木入海探黑金

1859年8月27日,比尔斯和他的合伙人埃德温·德雷克,在美国宾夕法尼亚州泰特斯维尔村钻井获得了石油。因此,这个地方被称为现代石油工业的发祥地。从陆地到水里,世界上第一次从水下打井出石油则是在1891年,但不是在海洋上,而是在湖泊里。这油井诞生在美国俄亥俄州的圣玛丽大湖,当然其施工平台不能被称为海洋平台,而是湖泊平台,作业水深也仅有15米。彼时还没有海洋平台的概念,因其材料为木质,所以仅被称作"木桩"但已具备了平台的雏形。

加利福尼亚海滩的木栈桥平台

1894年,在美国加利福尼亚州的圣巴巴拉附近,石油"探险家"们发现了萨默兰德油田。经过多年的开发,人们发现,越是靠近海边,油井的产量越高。这时,有一个名叫威廉姆斯的房地产开发商他判断油田可能向海里延伸,水下部分的油田可能比陆上部分还要好。于是在1896年,他就开始往海里打木桩建造码头,再把钻机安在码头上打井。最早的两座码头分别深入海里90米和150米每座码头上可以钻6~12日井。后来另外两个人——斯特文斯和克拉克则往海里修建木头栈桥,在栈桥上进行钻井。第1座栈桥长76米,把钻机放在上面打井,世界上第一口海上钻井就这样诞生了。虽然这口油井距离海岸仅 200 多米,但它标志着海洋石油工业的诞生,从那时起的 100 多年来,特别是 20 世纪 40 年代末以来,海洋石油工业蓬勃发展。到 1900 年,这个海滩上一共建了 11 座码头,其中最长的一座长 374 米,是特雷德威尔建造的。当时用的是轻便的冲击钻机,并用汽油发动机作动力。

另一次借木水上找油的实践是在路易斯安那州的卡多湖上。海湾石油公司的前身格菲石油公司,发现并开发了卡多油田,在湖的三面开采石油。1907 年,一个名叫麦克兰的人发现湖中有气苗出现。于是在他的主张下,梅隆接管了这家公司,并改名为海湾石油公司,花费 8 万美元,买下了湖区 8000 英亩土地。公司的钻井经理梅拉特把钻机用驳船沿密西西比河和红河运来,让工人们砍倒湖边的大树,用作木桩,建成了木制钻井平台。1911 年,卡多湖上第一口油井钻成了,日产油 450 桶。这一年,海湾石油公司共在湖上打了 8 口井,并铺设了集油管网,建了 4 座水上集油站。到 1915 年,这里共钻 300 口油井,年产油达到 183.6 万吨。

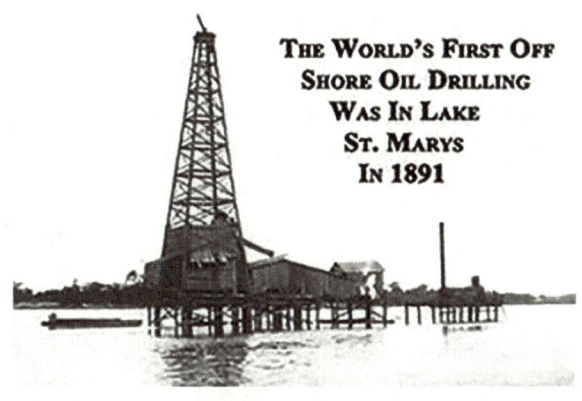

圣玛丽大湖湖泊平台

而在地球的另一边,在阿塞拜疆的巴库,富产石油的阿普歇仑半岛上的油田也不断向里海水域延伸。1923 年,为了开发比比艾巴特油田伸向海中的部分,工人们开始向海里填土并在人工小"半岛"上钻了一口井,在井深 2160 米处喷出了石油,就此揭开了开发里海石油的序幕。1925 年工人们又在浅海区,堆筑了一座人工岛用来打井。可是由于建造人工岛的造价实在太高,因此这里同样采取了建造木头栈桥的办法,开采 5~6 米浅水区的石油。

以钢代木固平台

在海里找油,用木质材料搭建平台,固然有便于运输、节约成本等优越性,但是,它的牢固性、稳定性以及耐腐蚀性等方面,却存在着先天不足。于是,海洋找油人开始尝试"以钢代木",搭建平台。

1934 年,美国加州开始开发第二个海滩油田——艾尔伍德油田。这时候,冲击钻机已经被旋转钻机取代焊接技术也已经被广泛应用,因此艾尔伍德油田主要采用钢质栈桥。

1936 年,美国为了开发墨西哥湾陆上油田的延续部分,钻成了第一口海上油井并建造了木质结构的生产平台,最终于 1938 年成功开发了世界上第一个海洋油田。第二次世界大战之后,木质结构平台就被改良为钢管架平台

1945 年 8 月,路易斯安那州成功招标了第 1 批海上石油租借地。马格诺利亚石油公司捷足先登,并在离岸 96 千米外用 338 根木头和 52 根工字钢,建造了一座固定式钻井平台。从此,钢材逐渐取代木材,用来建造钻井平台。

而同在墨西哥湾找油的另一家公司——科麦吉石油工业公司,也在 1946 年 8 月,花费 3 万美元获得了 2 个区块。但是,它却把大部分股权转让给了菲利普斯公司和斯塔诺林德石油天然气公司,自己只保留了 1/8 股权。探区距离海岸有 16.9 千米,如果建造固定平台,而打出来的却是干井,则损失很大。于是工程师们经过反复研究,最终建议采取固定平台同浮式驳船相结合的方案,将钻机安在平台上,其他设备则安在驳船上。这样,只需要建造一座小平台,便能在满足钻井施工条件的情况下,将风险降到最低。第一次建造这样的平台难度可想而知。经过反复筛选,最终将这个艰巨的任务交给了

布朗路特公司。这家公司首先在井位上打了3根试验桩，经过测试，每根直径06米的钢桩，打入海底31.7米，可以承受48吨载荷。于是，他们按照科麦吉公司的设计，一共制作了16根钢桩和6根经过防腐处理的木桩，牢牢打入21米深的海底，把上部平台支撑在低潮位以上6米的高度，由钢桩和木桩分别支撑平台的两个部分。就这样，海上钻井平台就此由"木头人"变身成超级"钢铁侠"。

乘船出海打油井

在海边修栈桥、搭平台找油采油，只能算海油的"小儿科"，往海水深一些、再深一些的地方找油，栈桥和平台恐怕修建不起来，也修建不起。因此，只有开发并且拥有了多种多样的能在水上进行钻井作业的船只，人们才能真正"下海"找油。

看到了墨西哥湾的"黑色宝藏"，加利福尼亚州的石油公司也都无法抵挡财富的诱惑，纷纷把目光投向了浩瀚的大海。他们也希望走出一条"海上淘金路"。但加州西海岸与墨西哥湾并不相同，此处的大陆架坡度很陡，而且当地的人们也不希望海上有固定的平台阻挡视线。

难题往往能够激发出人们无穷的创造力。加利福尼亚的石油专家们认为，这里的环境更适宜采用浮式钻开船，打算另辟蹊径。于是，大陆、联合、壳牌、苏必利尔四家公司组成的CUSS集团，开始着手研制"下海找油神器"——钻井船。专家们先是从战争剩余物资中，找来了一条长53米、宽7米、吃水2.5米、重300吨的旧船，然后在船的中部加上悬臂式平台，并伸向后方，这样就可以在船的后部进行钻井作业了。可是在1953年，当这条钻井船——Submarex号投入试验后，却发现了很多问题，只能重新设计。于是，CUSS集团再次到战争剩余物资市场上去找合适的旧船。1955年，他们又购买了一条大型甲板驳船，并重新加以改造。这次不再采用在船上加装悬臂式平台的方式，而是选择在船的底部切出一块菱形空间，在上面安装钻机，并采用桅杆式井架，大钩的载重能力为024千牛，每2根钻杆组成1个单根。另外，船上共有3块甲板，工作面积超过03万平方米。当驳船到达井位后，由柴油发动机驱动绞车，带动6根钢缆对其进行锚定，同时设计了一套独特的立管和井口。

CUSS-I号钻井船

1957年，"CUSS-I号"钻井船终于改装完毕，一个长78米、宽12.5米、型深45米、吃水3米、总吨位3000吨的庞然大物诞生了。可是虽然它被6台锚机和6根钢缆系于浮筒之上，但是用浮船钻井却始终无法避免由波浪、潮汐引起的船舶漂移、摇晃和上下升沉，从而导致钻头随时可能离开井底、钻井液返回漏失、钻遇高压油气大直径的导管由于伸缩运动而不能耐高压等一系列问题，因此，只能把防喷器放到海底来尽量减轻海上自然因素对钻开施工造成的不利影响。就这样，"CUSS-I号"钻井船首次使用了简易水下设备，再次把浮船钻井技术向前推进了一大步。

后来，贝克休斯公司建造了自行驱动、吃水量高达5800吨的Glomar号浮式钻井船，逐渐成为新一代钻井船的典型代表。

（2024年第4期）

石油人物

我国石油工业的奠基人——翁文波

潘云唐

(中国科学院研究生院)

中国科学院地学学部委员、石油工业部石油勘探开发科学研究院总工程师、著名地球物理学家翁文波教授是我国石油测井、石油地球物理勘探技术的创建人之一。他的很多动人业绩为人们所传颂。

潜心攻读　志在报国

翁文波 1912 年 2 月 18 日出生在浙江鄞县（今宁波市）一个破落的工商业者家庭，排行第七。十岁时，父母双亡。他靠多方支援读完小学，考进了一个不收学费的"中等工业学校"不久，经二哥翁文涛介绍又进入宁波效实中学学习。由于他专心致志，努力学习，1930 年中学毕业并以优异的成绩考进了清华大学物理系。1934 年，他的天然地震研究论文，顺利通过答辩，荣膺理学学士学位。毕业后，他被介绍到北平研究院物理研究所工作，任助理员。由于他精明能干，刻苦钻研，深得所长严济慈的器重。不久，便成严所长的助手，与严共同撰写学术论文，并在《法国科学院院报》发表。他自己撰写的论文也在英国的《物理学杂志》上发表。最近，人大常委会副委员长严济慈一直把翁文波当年送给他的学术论文油印本精心珍藏着。

1936 年，翁文波考上了中英庚水赔款基金会的留学生，到英国伦敦帝国大学深造，专攻应用地球物理学科。他虚心求教，潜心攻读，大胆探索，终于改制一台新型的重力探矿仪。

1939 年，他又获得哲学博士学位，时年 27 岁。

这时，曾有人劝他留在英国工作或者去美国继续从事科研工作。但他为了报效祖国，放弃了国外的优越条件，毅然决定起程回国。第二次世界大战阴云笼罩着欧洲，交通很不方便。翁文波只好先由英国坐船去法国，由法国乘船到越南西贡，再由西贡坐火车经河内回到祖国云南昆明。他在英国托运的行李、书籍散失了；经过多次中转；随身携带的东西也只得忍痛扔掉一些以便轻装，然而他改制的珍贵仪器——重力探矿仪却始终不离身边，因为它是报效祖国的有力工具啊！

奔赴玉门　为油出力

1939 年，翁文波回到祖国后，先在台湾中央大学物理系任教授。他不仅重教学，而且重视实际运用。斯年冬，他应好友王樾之邀，去四川巴县石油沟搞电测井。1940 年，他又与中央大学的教师赵仁寿一起去玉门油矿搞地球物理勘探，这是当时我国最大的油矿。1941 年，他被聘正式调任玉门油矿工程师。从此，开始了他的石油物探生涯。

在月白风清的夜晚，翁文波独自漫步在矿区周围，面对浩瀚的戈壁滩，王之焕的《凉州词》："黄河远上白云间，一片孤城万仞山。羌笛何须怨杨柳，春风不度玉门关"便脱口而出。他回头再看看沙滩环绕的玉门油矿，虽只有几座不太高的石油井架和一些土坯房舍，但却标志着我国石油工业的萌芽。他又情不自禁地默念着清人的诗："大将西征尚未还，湖湘子弟满天山。新栽杨柳三千里，引得春风度玉关。"啊！这雄居西陲的玉门关今天确实是春风初度，前景无限了。想到这些，他匆匆回到寝室，伏案伸纸，奋笔疾书，向他相爱多年的未婚妻冯平畅叙衷曲，希望她能到玉门来完婚，在这里甘苦相随，为振兴祖国石油事业而奋斗。冯平接信后，欣然同意，很快到了玉门。

在油矿职工宿舍平房内，翁、冯举行了婚礼。新房布置得简单朴素，庄重大方。婚礼热闹非凡，人们纷纷向年轻的新郎、新娘表示热烈祝贺。当有人问新郎："您是英国留学回来的博士，又当上了中央大学教授，怎么来到我们玉门这个荒凉的油矿？还在这结了婚，看来您是打算在这里安家落户了！"翁文波毫不迟疑地回答："我们祖国积弱太甚，长期受帝国主义欺凌，有的外国人说我们是贫油国，过去我们仅在陕西延长等地找到了少量石油，我正应该为祖国多找石油。我看到了玉门的希望，我的事业在玉门……"在座者无不为之感动。

新婚后不到一年，妻子临产之际，翁文波突然接到一个任务，要参加以经济部原中央地质调查所黄汲清为首的石油地质考察队去新疆工作。他二话未说，迅速对家庭生活作些安排，便告别临产的妻子，奔向了目的地。

翁文波与卞美年先期到达乌鲁木齐。相继黄汲清、程裕淇、杨钟健、周宗浚等也来到这里。乌鲁木齐的市容、周围地形、地貌，兄弟民族的风俗，一切一切都引起了他们的兴趣。城北六道湾，开采沥青质页岩的土坑，水磨沟温泉冒出的天然气泡，八道沟煤矿地下煤层自燃的"矿火"，更使6人大开眼界。

新疆的十二月，气温已是零下二三十摄氏度了。为了进行野外考察，他们虽准备了防寒的三件宝——羔皮帽、皮袄和长统毡鞋，但困难仍然重重。为了完成独山子油矿矿区周围的野外考察，六位专家分工合作，队长黄汲清主管全面，并与程裕淇、卞美年一起研究地层、构造、矿床等问题，杨钟健专看地层并采化石，周宗浚负责地形测量，翁文波则从事地球物理勘查独当一面。这里气候多变，一会儿狂风大作，寒风刺骨，一会儿大雾弥漫，雾琐群峰。但他们这些地学健将都能"全天候作战"。有时，一双手冻得连心痛，可没有一个叫苦的。他们紧张地工作了一个月，终于圆满地完成了勘察任务。

随后，翁文波又和黄汲清、杨钟健、程裕淇、卞美年去天山考察。他们饱赏"天山月"下的山景、雪景、茂林古寺，大自然的无限美，使地学健儿们竟忘记一个月的独山子之苦，感到苦有限而乐无穷，乐在大自然中，乐在工作中。

他们骑马上山观天山高处地质、煤窑；下山看四棵树油苗、"冒烟山"的煤层自燃现象。年轻活泼的翁文波凭着高明的骑术，总喜欢拍马奔驰，跑在大家前面。1942年底，考察任务胜利结束。翌年1月18日返回乌鲁木齐。

辛勤劳动取得了丰硕成果，1947年6人联名发表了专著《新疆石油地质调查报告》，文中提出了"陆相生油""多期多层含油"的理论，对我国石油地质科学的发展多有建树。

回到乌鲁木齐不久，翁文波就接到重庆电令，返回甘肃玉门。此间，他用电阻、自然电位法完成了玉门老君庙油田的测井任务，还在现场实际操作中，培养了一批批石油地球物理勘探方面的技术人才。他无愧是我国石油测井技术的奠基者。

迎接解放　再立新功

抗战胜利后，1946年翁文波被调到上海中国石油公司任勘探室主任。他对玉门油矿工作的经验进行了总结，在《中国地球物理学报》第1卷第1期上发表了《一些重力异常的记载》及《电测中一种有潜力的梯度方法》两篇学术论文。又在美国有名的《油气杂志》（1948年第1期）发表了《与定碳比有关的中国石油远景》文章，引起国内外石油科学界极大注意，新中国成立后多年对我国石油事业的发展仍有指导意义。这期间，他还筹备了我国第一个反射地震队。还总结了当时所有油田资料，写成了《中国石油资源》这一总结性报告，油印几十份。这篇长文对中国自20世纪初开始到当时为止共四十年间的石油地质工作进行了系统的综述与概括。全面系统地论证了当时世界上石油地质理论的发展及勘探工作的基本经验，归纳总结了对中国石油资源的认识，并且分区论述了四川、华北、东北、新疆、陕甘各地区油气分布的地质概况。为中国石油的发展展现一线曙光。

新中国成立前夕，上海地下党同志常秘密与翁文波联系，希望他能保存好科学资料、器物，多联络些科技人员留下来为即将诞生的新中国服务。翁文波遵嘱，把他所写的《中国的石油资源》等珍贵文献资料藏在特制的夹墙里，墙上挂着大地图，遮挡得严严实实。上海刚一解放，华东区工业部部长孙冶方、驻中国石油公司军代表徐今强一到该公司，翁文波就和盘献出了这些珍贵文献和若干器物，为人民再立新功。

发展石油　不遗余力

1951年，翁文波被调到北京，任燃料工业部石油管理总局勘探处副处长。1958年又任石油工业部勘探司总工程师、石油科学研究院副院长，科学技术委员会副主任。优越的社会主义制度，更使英雄大有用武之地。他不仅具体指导了全国各大油田的地球物理勘探工作，为大庆油田的地球物理勘探作出了积极贡献，还写成了若干重要论文，如《世界油田的分布规律》《介绍苏联从大地构造研究石油资源的理论》《反射地震勘探中用直射线的计算法》《氟》《纬度变化和地极运动》《我国十年来的石油和天然气的地球物理勘探工作》《地球的化学成因》和《地球科学中有关原子核性质的几个问题》等。

从1966年邢台地震后，周总理指示翁文波等积极从事预测理论方面的研究工作，经过多年艰苦工作后，1979年他着手撰写《信息代数》和《预测论基础》两部书，后者已于1984年5月由石油工业出版社出版发行。此书出版后，深得国内外预测工作者的重视，很快被抢购一空，日本等国学者专门来信索购，以致出版社只好重印发行。

1986年12月27日，翁文波以全国政协委员身份交上提案："预测1987年我国东部可能发生洪涝，请有关部门密切注意。"水力电部、国家气象局等单位立即发文，对他的意见高度重视。

1987年10月15日，翁文波又提出预测：美国加利福尼亚州南部、美国与墨西哥边境于1988年2月17日将有7级地震（以后又改为3月17日将有6.5级地震）。结果，1987年11月25日《人民日报》载："美国加利福尼亚南部，23日当地时间5点54分发生6级地震"；1988年1月10日《人民日报》载："美国加利福尼亚州发生6级地震"；1988年2月12日中央电视台播出："1988年2月12日美国加利福尼亚州发生5级地震，且有破坏现象"都与他的预测相近。

翁文波学术上的精湛造诣，事业上的卓越成就，为国内外学术界高度重视与肯定，有很高的享誉。他曾先后任中国地球物理学会副理事长、中国石油学会副理事长、中国地震学会名誉理事、中国科学院地学学部委员、中国科学技术协会全国委员会委员，以及全国六七届政协委员等职。

翁老平易近人，和蔼可亲，关怀青年，扶掖后进。他热切希望中青年科技工作者勤奋努力，勇攀高峰。他最近书赠后学者："在科技研究领域中，创新则昌，守旧则亡"。他本人大半生的光辉实践正是遵循了这样的格言。

（1988年第3期）

孙越崎对我国石油工业的贡献

潘云唐

青年时期的孙越崎

孙越崎先生是浙江绍兴人，早年在天津北洋大学和北京大学学矿冶，毕业后曾任东北煤矿找矿队队长、工程师。1929—1932年留学美国，并考察了英、法、德、苏等国矿业。回国后历任国防设计委员会专员、资源委员会委员长等职。新中国成立前夕，他毅然脱离国民党反动政权，参加到人民革命阵营中。新中国成立后历任煤炭工业部顾问、中国国民党革命委员会（民革）中央委员会副主席等职。现任全国政协常务委员，民革中央监察委员会主席。他是我国工矿实业界的著名人士，在我国石油资源勘探与开发事业上作出了很大的贡献。

勘探陕北油田

1933年，孙越崎受国防设计委员会派遣到陕北延长、延川、延安一带调查石油资源。陕西省政府主席邵力子是孙的同乡、老师，给了孙很大的支持和帮助，派北京大学地质系毕业的赵国宾陪同去陕北，他们骑马前往，初步摸清陕北油矿资源分布情况。1934年夏，孙奉派担任陕北油矿探勘处处长。处本部设延长县，在延长县和延川县各有一个油矿探矿队。他们在上海订购了两台钻机和很多器材物资，辗转经太原、延水关到延川县城和延长县城。在延长打的第一口井出了油，但压力小，不能自喷，只好用抽油机抽出后，用蒸馏锅制成汽油、煤油、柴油和蜡烛等产品。

玉门油矿的勘探与开发

1938年，国防设计委员会改为资源委员会，隶属经济部。翁文灏，是部长兼主任委员，其工作重点是抓工矿企业，特别重视能源矿产——煤和石油。1940年夏，孙越崎受翁文灏派遣，陪同资源委员会副主任委员钱昌照去玉门油矿视察，并与油矿工作人员共同编制了开发预算计划，共需500万美元在美国购买钻机与炼油设备。回到重庆以后，资源委员会通过经济部把预算送到行政院，再转最高国防委员会审议。开会时，钱昌照报告玉门油矿开发计划和预算款项。首先遭到教育部长朱家骅反对。朱是留德的地质博士，除教过书外，没作过实际地质矿产工作。朱说玉门油矿远在戈壁滩上，偏僻闭塞，开发很难，抗战期间外汇主要应直接用于军备，不应花在远水不救近火的玉门油矿上。人们认为朱是内行，说话有理。财政部次长徐堪、四大家族之一的陈果夫等都附和朱的意见，翁文灏、钱昌照在会上无力回天，因而无结果散会。

翁在会后找孙越崎商量，把希望寄托在未出席会议的孔祥熙身上。翁、孙一起去向孔疏通。孙向孔详细汇报了油矿情形与做计划、造预算的经过。特别说明，只需500万美元，在美国购置物资器材、设备，保证三年内出产的汽油可满足西北公路局和后勤司令部之用。终于使孔高兴地拉着孙的手说："我相信你的话，同意你的意见，500万美元，可以照准，但要知道国家的困难，千万不要浪费。"后来，孙又单独去说服了朱家骅、陈果夫。玉门油矿开发的预算终于通过了。接着，资源委员会就正式设立了甘肃油矿局，以孙越崎为总经理，下辖玉门油矿（矿长严爽）、玉门炼油厂（厂长金开英）。孙虽兼任四川天府、嘉阳、威远、石燕桥四煤矿总经理之职，但把主要精力放到开发与建设玉门油矿上。他一般是冬春在重庆（油矿局本部设此）办理财务、购料、运输、销售等业务，夏秋在玉门现场督导工程建设与生产事宜。

玉门油矿矿区大部分技术人员是来自中央大学、西南联合大学、重庆大学、西北工学院等院校的本科毕业生，他们事业心强，在实践中锻炼成长。孙越崎特别通过邵力子夫人傅学文（现任民革中央监委副主席）在重庆办的女子学校物色动员应届毕业的女学生到油矿担任财务、会计、教师、医疗、文娱体育等方面的工作，既活跃了矿区生活，又帮助青年人解决了婚姻问题，使他们扎根矿区、艰苦创业，从而为我国培养了第一批油矿工程技术和管理人员，不少都是当今石油系统的骨干。

玉门油矿经历三年的建设，员工及家属已达1万多人，矿区生活用燃料成为急需解决的一大问题。最初从几十千米外自开小煤窑，用骆驼、骡马驮运到矿区，而炼油剩下的重油和油渣却白白弃掉，并污染环境。孙越崎悬赏鼓励职工大搞技术革新，用炼油废料代替煤炭。结果机械修造厂研制出烧废品油的小炉子，终于变废为宝，既不必去远地挖煤、节省运费，又净化了环境，真是一举数得啊！

1942年，玉门油矿计划生产180万加仑（681万升）汽油。孙越崎回想起1932年在苏联考察时，苏正大张旗鼓在人民群众中宣传提前超额完成第一个五年计划，他觉得这方法很可取。于是，他事前在重庆的油矿局本部和玉门矿区职工中大肆宣传，以后在矿区每遇到一个职工都问今年要生产多少汽油，大家不约而同地回答说180万加仑。他为这一宏伟目标家喻户晓而无限欣慰。由于充分发动群众，在当年11月份就提前一个多月完成了年产180万加仑汽油的计划。矿区各厂汽笛齐鸣，全体职工欢聚广场，把孙越崎总经理高高抬过头顶，送上露天戏台，举行祝捷大会。孙并规定发给职工每人羊肉2斤，白酒4两。饭后演戏，并在祁连山坡上立下了大牌坊，用彩色电灯标出"180万"四个大字。

180万加仑汽油，在今天看来不是什么了不起的数字，然而在那抗战的艰苦岁月，却对支援前线与发展后方工业解决了大问题。当时玉门油矿所产油品，大都供应西北军用交通和重庆工业与民用等需要。1942年8月在兰州举行的中国工程师学会年会上特授孙越崎一枚金质奖章，以表扬和鼓励他在开发大后方石油和煤矿等方面的贡献。

接办新疆独山子油矿

新疆"边防督办"盛世才是新疆的"土皇帝"，他为了巩固自己的统治地位，一度执行亲苏反帝等政策，并与苏联合办了乌苏县的独山子油矿。1942年，斯大林格勒战争时，他误以为苏联将失败，于是反苏反共投蒋。苏联派了外交部副部长狄卡诺佐夫到迪化（今乌鲁木齐市）与翁文灏谈判独山子油矿合办事宜，没有结果。后来苏方把除了炼油厂设备以外，凡可拆迁的机器材料及水管油管等全部拆走。盛世才要求经济部去接办该矿，由资源委员会出资100多万美元在纽约交款将苏联留下的财产购买了，并将该矿交玉门油矿接办，由孙越崎负责。孙就派玉门工程师李同昭为乌苏独山子油矿主任，并带过去一批工程技术人员、管理人员及若干设备器材。

1943年7月初，孙越崎与玉门油矿矿长严爽、炼油厂厂长金开英及新任命的独山子油矿主任李同昭等同去新疆办理交接事宜，在新疆期间，孙应邀在省政府大礼堂对省府职员演讲。他除了讲到经济部资源委员会应盛世才的要求，派他接办乌苏独山子油矿，请大家多帮助等例行的客气话外，又以生动的比喻破除人们对油矿生产的误解。他曾听说盛世才手下的人以前怀疑乌苏油矿出油不多是由于苏联人故意少出，以免影响苏联巴库油田的出油。这种幼稚的、无稽之谈实有排除之必要。会上他对听众说，产妇有两个乳房，孩子吃奶时，吃空一边再换另一边，可见如此近的二乳房，乳汁并不相通。

因此，不仅相距几百千米、几千千米的油田不会在地下连通，互相影响产量，就是在同一油田里，也要打很多油井来出油，井间相距不过几百米、几十米，各出各的油，如同婴儿吃母亲奶汁一样。听众哄堂大笑，顿释疑团，实在是上了一堂很好的石油科普讲座。7月17日，他们在乌苏独山子油矿举行了交接仪式，由李同昭主持矿上工作。

玉门油矿的保护与解放

孙越崎由于在工矿实业建设上的突出贡献，后来升任资源委员会委员长、经济部长等要职。在解放战争期间，他在无数事实教育下，认清了蒋介石国民党政府的反动、腐朽与必然灭亡的命运，逐渐坚定了弃暗投明的决心。他于1949年初，抗拒蒋介石与国民党当局的迫迁命令，使资源委员会很多企业留在了大陆。他本人也于5月间辞去经济部长之职，出走香港，正式脱离国民党政府。同年8月，中国石油公司协理兼甘青分公司（玉门油矿）经理邹明由兰州飞往香港找到孙越崎，告诉他国民党的西北军政长官公署代长官刘任及玉门油矿特别党部主任委员王思诚等企图破坏油矿。邹明虽团结全矿员工组织护矿队进行护矿工作，但处境很艰难，希望解放军迅速进兵油矿，并派人指导护矿工作，以保住这个中国最大的油矿（西北唯一的重要企业）。孙越崎立即通过中共香港组织联系人罗哲明，电请在北京的邵力子、钱昌照转陈中共中央，请求尽快解放油矿，很快得到满意的答复。邹明仍回玉门从事护矿工作。9月间，解放军进展神速，玉门油矿很快解放，未遭破坏，在康世恩为首的军管会领导下，为新中国石油事业开始谱写新的篇章。

而今，98岁高龄的孙越崎依旧神采奕奕，为祖国四化建设、特别是能源矿产（煤、油）之开发而奔走、思虑着。

（1991年第4期）

刘铭传与台湾石油

王仰之

刘铭传（1836—1896年），字省三，安徽肥东县人。他家世代务农。刘铭传小时候读了几年私塾，即弃学贩卖私盐，以后闯荡乡里邻县，杀土豪，劫富户，"捍法网"，成为官府追捕的要犯。约在公元1859年初，刘铭传接受官府招安，在乡兴办团练，后被李鸿章看中，编入淮军，因帮李鸿章镇压太平军和捻军有"功"，官升直隶总督。1884年7月，正值中法战争爆发之际，刘铭传奉旨督办台湾军务，曾领导台湾人民英勇地抗击法国入侵者。1885年10月清廷宣布台湾建省，刘铭传即被任命为首任巡抚。

刘铭传任台湾巡抚先后六年。在此期间，他积极改革，实施产业开发计划，使台湾的政策、经济、军事、文化教育都有了空前的发展，实为台湾近代化的先驱者。他所兴办的工业企业涉及交通运输、机器制造和能源开采等各个方面。对台湾的石油，积极主张开发。他到任不久，就上奏朝廷，陈述开发台湾石油之利。1887年奉准再次在苗栗设立矿油局，委派林朝栋前去主持。矿油局经营了4年，一共钻了5口井，最大深度达到120米，但仅有一口井产油，而且产量不高。由于经济拮据，使得刚刚恢复的台湾石油事业，又处于岌岌可危的境地。与此同时，基隆煤矿也年年亏损，维持困难。在这种情况下，刘铭传曾设想利用外国投资开发台湾的煤和石油。他曾多次与英商接洽商谈，并于1889年上了一个奏折，陈述外商经办煤矿和石油的理由。

刘铭传给皇上的奏折，还附有候补知府张士渝与英商范嘉士承办油矿所草拟的合同。该合同分为9条，其中规定："由该商工师履勘台湾生产煤油之处，先用钢钻探明油苗，无论成否，所用经费均由该商自给，与官无涉。倘能寻得油源，足以开挖油矿，禀官准其先在一处兴工挖井采油。凡离该井十英里限内，任其取油。倘此处煤油显有馨尽之势，准其再迁一处，其界限仍照前定……以十五年为限，限内全台非该商不准用机器采取煤油。限满之日，应即撤退所有机器……或就地变价……"同时规定，"该商所采取煤油，应照十取一之例，每百担取十担以为地基租课"。

清政府对刘铭传的这一套做法，很不以为然。他们认为宁可"停止不采，也不能利源外泄"。刘铭传也因此遭到疑妒，终于1890年即光绪十六年被革职。第二年，新巡抚邵友濂查封了台湾矿油局，刘铭传在台湾所开创的新政，全被废除。刘铭传悻悻地离开了台湾，满腔悲愤回到故乡，隐居于九公山，至1896年1月病逝。

（1992年第1期）

诺贝尔兄弟——沙俄的石油大王

周 珊

鼎鼎大名的诺贝尔奖创立人、瑞典的炸药大王阿尔弗雷德·诺贝尔,曾是石油资本家。他兄弟三人合伙经营的诺贝尔兄弟公司,曾经是沙俄最大的石油公司。

石油大王

老诺贝尔——诺贝尔的父亲伊玛纽埃尔·诺贝尔因为贫困,从瑞典移居沙皇俄国,成为一名发明家。他发明的水雷,曾在克里米亚战争中把英国海军阻挡在克朗斯塔得和圣彼得堡要塞之外,因此获得沙皇颁发的金质帝国勋章。后来又在俄国经营船舶发动机和机器制造业。老诺贝尔在沙俄上层社会多有结交。

老诺贝尔生有三个儿子。老大罗伯特在赫尔辛基(芬兰首都)开办了一座用煤炼油的工厂。老二路得维格在芬兰的维堡经营军械厂。老三阿尔弗雷德于1863年回到瑞典,他把火药和硝酸甘油混合,发明了炸药,办起了炸药工厂。

1873年,路得维格接到芬兰政府一大笔订货,为政府制造45万支步枪。为了解决步枪枪托所需要的胡桃木,他请兄长罗伯特到俄国的高加索去寻找货源。精明的罗伯特·诺贝尔在找胡桃木过程中,访问了当时刚处于寻油热潮中的巴库。

巴库是俄国石油工业的摇篮。当地居民很早以前就挖坑采油,装进皮袋子用毛驴或骆驼运往中东阿拉伯等地销售。1848年,这里打成了第一口油井。1873年,巴库油田一口井曾发生强烈井喷。罗伯特·诺贝尔看到此景,便想到这是发财良机。在巴库搞石油比用煤炼油要强得多。他匆忙赶回说服了两个弟弟一起去巴库投资石油业。1875年,他们在巴拉汉尼油田区买了不少产业,从美国宾夕法尼亚州(当时是美国主要的产油区),雇来美国钻井队,用美国的旋转钻机,在巴库油区打出了一批高产油井,在阿普歇伦油田建造了俄国第一条原油集输管道。

诺贝尔兄弟石油公司还办了炼油厂。由于罗伯特拥有以煤炼油的技术和经验,应用了连续蒸馏工艺,所以降低了炼油成本。而当时洛克菲勒的美孚石油公司还在一批一批地分"锅"蒸馏。

诺贝尔兄弟利用父亲以往在沙俄上层的关系,把沙俄的米哈伊尔大公也拉进来,疏通了官场关系,使生意越发兴隆。

老三阿尔弗雷德留居在瑞典，继续经营军火工业，向西欧各国推销炸药和军事装备，为诺贝尔兄弟石油公司筹措了不少资金。

在管理上，诺贝尔公司对工人们采取了一些当时比较进步的改良措施。他们为工人修造了一批宿舍。在按资本额分配掉8%红利以后，把其余利润的60%分给股东们作追加红利，把另外40%分给管理人员和工人们。规定不得雇用不足13岁的童工，并把工作日缩短到10.5小时。还从工人工资中提出1%作为办学基金，兴办学校。这样，他们在当地享有较高的威望，生产效率也比较高。历时8年后，到1883年，诺贝尔兄弟石油公司已控制了巴库石油生产的51%。

为了开拓西欧石油市场，同美国的美孚石油公司抗争，1880年，经沙俄政府批准，诺贝尔石油公司兴建横贯高加索的铁路。他们同法国巨头阿方索·特·罗思柴尔德达成协议，由罗思柴尔德家族为建铁路提供贷款，并取得俄国出口石油的销售代理权。1883年，油罐列车开始把巴库原油运到里海边上装船运往西欧。1885年，诺贝尔石油公司的第一条散装石油船开始行驶。美孚石油公司在欧洲石油市场的垄断地位被打破。

到19世纪80年代后期，诺贝尔兄弟石油公司在原油生产上就超过了美孚石油公司，但在炼制和销售上还远远不及。罗思柴尔德家族曾经企图吞并它，但没有成功，后来也在巴库经营原油生产和炼制。但俄国石油业的第一把交椅一直由诺贝尔兄弟石油公司来坐。此时，俄国的石油产量增长很快，曾一度超过美国。诺贝尔公司成为仅次于洛克菲勒美孚石油公司的世界石油大亨。

1917年，俄国爆发十月社会主义革命，接着对石油工业实行了国有化。诺贝尔兄弟才结束了在俄国的石油生涯。

（1992年第4期）

我国早期的石油专家——严爽

张叔岩

（江苏油田）

严爽（1896—1962年），字潆波，江苏泰兴人，1919年毕业于北京大学矿冶系，曾赴美国攻读石油工程。他是我国早期的石油专家，近代石油工业的拓荒者之一。

早年，严爽任吉林穆棱煤矿采煤和探煤技师。九一八事变后，东北沦陷，他返回内地。1934年5月，严爽任陕北油矿勘探处技术员兼延长区主任。7月，处长孙越崎去焦作整顿煤矿，严爽代理处长职，继续组织钻探，先后钻井7口，有4口产油，证实了永坪油田具有开采价值。在延长101井完井时，他还组织改进采油方法，成功地进行了以柴油机为动力的机械采油。

1935年，中央红军长征到达陕北，急需石油产品。中华苏维埃共和国国民经济部部长毛泽民任命严爽为延长石油厂厂长。严爽与党代表高登榜一起，组织员工把四散的设备收集起来，维修安装，全面恢复了生产，并把永坪的原油运往延长炼制，炼出了煤油、擦枪油、蜡烛、石墨等产品，及时供应党中央机关和红军各部队。当时，中央红军经过长征，脚皮厚而且硬，天一冷，又加气候干燥，裂开了道道血口，行军作战疼痛难忍。为此，红军兵站部急求凡士林以期治疗。那时陕北正处于国民党军队封锁之下，遂要求延长石油厂试制凡士林。严爽运用他学过的科学知识，以石蜡为原料，亲自试验，很快把凡士林生产出来，及时供应红军，解决了急需。

1937年1月，严爽赴日本、美国考察油田、炼厂，随后入美国俄克拉荷马州诺曼大学攻读石油工程。当日本侵略者侵占我国沿海地区后，"洋油"来源断绝。1938年6月，资源委员会决定开发玉门石油，成立甘肃油矿筹备处，任命严爽为筹备处主任兼矿务工程师。9月，严爽返国到职，组建筹备处于酒泉。他受命于国家危难之际，面对荒凉戈壁、交通闭塞、专业人才和技术装备两缺的状况，以满腔的爱国热忱，展开各项筹备工作。严爽拟订了勘探计划，组织完成准备工作，率领勘探队，冒着数九严寒，骑着骆驼，踩着积雪，于12月26日进入玉门石油河区域，在老君庙旁架起蒙古包，安营扎寨。翌日，他和孙健初踏勘了石油河、弓形山、干油泉、三橛湾、石油沟一带地质。随后，他又拟订了1939年的钻探计划，内容包括地质、钻探、运输、矿区建设、器材、费用预算等。1939年3月，在人工方井中采得原油，严爽组织试炼，炼出了汽油、煤油、含蜡柴油、粗蜡等产品。是年5月6日，在严爽的主持下，位于石油河区域老君庙北15米处的第一井正式开钻，8月钻遇K油层，初日产原油10吨左右，随后相继钻了7口K层井，均获工业油流，乃命名该处油田为老君庙油田；在石油河畔建设炼油厂，就地加工原油，油品运往重庆，煤油等产品还在酒泉、兰州等地销售。严爽为扩大钻探成果，多次向资源委员会要大钻机，还奉命组织编制了《甘肃油矿二年扩充计划》，计划向美国购买价值300万（钱昌照回忆为500万）美元的钻井、采油、炼油、机电、运输等设备、材料。

1941年3月16日，甘肃油矿局成立，严爽改任矿场矿长。是年4月21日3时，当第四井钻至439米时，遇老君庙油田的主力油层——L层，发生强烈井喷，响声似雷鸣一般，严爽从梦中惊醒，即与值班工程师奔赴井场，约在井喷半小时后发生瓦斯爆炸。严爽在现场指挥员工抢救，至第二天凌晨4时井喷方止。严爽向远在重庆的甘肃油矿局急电报告，准备受处分，可孙越崎总经理看到报告后却高兴地说："你们找到了大油层。"随后8井、10井又相继钻达L层，均发生强烈井喷。作为矿区直接组织指挥生产的严爽，面对油流成河、钻机烧毁、油井报废的状况，把自己在美国看到的、学到

1939年5月,在严爽(右三)领导下,玉门油矿首次用蒸馏锅试炼原油成功

的全部搬出来,把在诺曼大学学过的石油工程书籍拿出来,组织大家学习,还亲自讲解。其中莱贝的《钻井工程手册》和尤尔的《采油工程》作用最大,成为玉门技术人员开发老君庙油田高压油层的"圣经"。严爽在上级的支持下,组织人员去四川等地找高压防喷器和重晶石、坩子土等钻井液原料,研究配制重钻井液在钻井工程中使用,使井喷初步得到控制。后来从美国购买的部分设备到矿应用,聘请的美国技师来矿工作,终于结束了钻井失控的局面,采用衬管完井法,进入了正规完井采油阶段,这是我国石油钻井工艺技术的重大进步。

玉门油矿L油层油层井喷

为了提高老君庙油田的开采技术,严爽特别重视培养技术人才。他除了要求技术人员边干边学外,还把新毕业来的大学生放到生产第一线各岗位实习,然后到基层生产单位担任工务员(技术员),参加

实际操作锻炼，从而培养出一批石油专业技术人才。严爽就依靠这批年轻的石油专业人才，努力推进油田开采技术近代化。在 L 油层开发之初，由于缺乏采油设备，完井后直接用套管出油，使钻杆和井口控制器不能替下来再钻新井。他采纳了刘树人等人的意见，在美国购回采油设备后，于 1943 年 6 月以后完成各井均采用油管出油，实施机械清蜡。从 1944 年起又采用小油嘴，严格限制各井采油量，建立正规的选油站和输油流程，组织测试井底压力，绘制采油曲线图，分析油井生产状况和油田动态，使之制度化，并对所获资料组织研究，这是我国采油工艺技术的重大发展。至 1944 年，该油田已有 23 口油井投产，是年生产原油 68510.853 吨，占当年全国原油产量的 93%，成为我国当时规模最大、产量最高、工艺技术比较先进的油田，奠定了我国近代石油工业的初步基础。从这一年开始，在世界原油产量统计中开始有了中国的产量。1939 年至 1945 年，老君庙油田共生产原油 255556 吨，直接支援了抗日战争。

1945 年 7 月，严爽任甘肃油矿局协理兼矿厂管理处主任。1946 年初，他决定在矿场工程室内设置研究室，这是我国最早的一个采油研究机构，对油田地下构造、驱动类型、油井动态、各井最经济之采油率、最有效之防砂措施及清蜡方法等展开研究，推进采油技术的提高。

1946 年 6 月，严爽任中国石油有限公司协理兼矿务处处长，分管公司勘探、采油工作。在此期间，他先后在延长、玉门主持勘探开发油矿，1942 年参加接收中苏合办独山子油矿，1947 年亲临中国台湾、四川油气田调查，并把经历和掌握和资料，撰写了我国第一本近代石油工业发展状况的文稿——《中国油矿纪要》，于 1948 年 3 月油印成册。其中不乏独到的见解。如提出"将来四川即无油产，而气产则甚可靠，宜尽量利用天然气，或提炼汽油，或作动力燃料，或烧制炭烟""为保存（老君庙）油田产能及油井寿命，每井日产量宜以 150 桶为限"等。

1949 年，上海解放不久，严爽任上海炼油厂建厂委员会主任委员，主持上海炼油厂的建设工作。同时，他撰写了《中国石油事业概况》一文，文中阐述了中国石油资源，石油产品供需情况，中国石油有限公司现状，各油田和人造石油厂的生产情形，各在华洋油公司的规模和经营，石油储运状况等。他在文中提到中外地质家对我国石油蕴藏量估计过低时说："因美（国）人在油苗最多之陕北凿井采油之不成功，乃以我国为无油之国。至今正式采油之地惟有玉门、延长、台湾三处，至中国腹地之油究有若干，固难预为论断，然知其绝非仅如现在已有产量。"文中还提出了解决新中国成立初期液体燃料的途径，认为除积极开发现有油田外，还要恢复页岩油厂和煤炼油厂，输入国外原油设厂提炼，还论证了炼厂设置的原则和石油运输方法等问题，对部署建国初期石油工业的恢复建设具有参考价值。

1950 年 6 月，严爽奉调燃料工业部。8 月，经政务院第 45 次会议通过，周恩来总理任命严爽为石油管理总局副局长。这位 54 岁的石油专家以满腔热情经常深入油田、探区，几度去延长、玉门、新疆等油田和兰州炼油厂建设工地调查研究，并以中国专家的身份与苏联专家一起研究勘探部署、开发方案、重要探井和重大技术措施，为新中国石油工业贡献他的经验和才智。他还针对石油工程名词的不统一，编译了《采油工程中英名词》，共收地质、物探、钻井、采油等名词数千条，统一了名称，深受当时石油战线科技人员的欢迎。

1955 年 10 月，石油工业部成立，严爽任地质勘探司副司长。1960 年 9 月 5 日，他以一级工程师的资格任石油科学研究院研究员。此后，他以娴熟的英语和俄语，潜心翻译美国、英国、苏联和中东、北非的石油勘探开发资料，贡献他剩余的光和热。

1962 年 5 月 2 日，严爽病逝于北京，享年 66 岁，《人民日报》为他发了讣告，葬于八宝山革命公墓。

（1996 年第 5 期）

翁文灏的陆相生油说

张叔岩

（江苏油田）

翁文灏（1889—1971年），字咏霓，浙江鄞县（今宁波市）人。1912年毕业于比利时罗文大学，获地质学博士学位，年底回国。1913年起从事地质工作，历任地质研究所讲师、教授，地质调查所矿产股长、代所长、所长，清华大学地学系主任、代理校务长等职。20世纪30年代开始从政，官至国民政府行政院长，1951年由法国回到北京，任全国政协委员。毛泽东主席在《论十大关系》一文中说他是"有爱国心的国民党军政人员"。

翁文灏是中国早期著名的地质学家，中国地质科学的创始人之一。曾担任过中国石油有限公司董事长、总经理，对于石油地质理论也有着独到的见解。

早在20世纪10年代，翁文灏根据中国地质的实情，在地质工作实践中就注意到石油地质问题。1919年，翁文灏在《中国矿产志略》一文中说："盖中国地质，二叠纪与三叠纪间初不易得一定之界线也。其时地层，大抵皆为陆相，以砂岩、页岩、煤层为多。北方如山西大同一带，除煤矿外，其他无足重焉。唯陕西侏罗纪砂岩中含有石油。渭北河西，皆其分布之地，西延至于新疆，亦以产油著闻。又热河同时代地层中，亦犹见其踪迹，南方中生界分布极广。而四川盆地之地质，与陕西盆地隔秦岭而遥相对称，犹足注意。四川煤层之下，兼有铁层，其情形与山西、湖南之上部古生界略同。尤有价值者，则为其上之盐层及石油。盖自流井一带之石盐，为世界有数之富源，固不待论。即新发现之钾盐，及尚待详探之煤气及石油诸矿，其矿业价值亦颇有希望……"他在文中还进一步指出："三叠纪时代，西北如新疆、甘肃，西南如四川、云贵，仍复沉于海底。其余沿东各地，则已全部成陆，故当中生代之初，环绕西藏大岛者，南北皆为海水。自是以后，海面渐窄，陆地渐广。惟尚剩有大小盆地，成为里海。最主要者，在北为陕西北部至甘肃东部，在南即四川盆地，中隔秦岭，遥相对称。当时大海交通，即渐隔绝。复以气候变化之影响，水分蒸发，遂成盐层，而石油地层，亦与之先后告成。其有植物蕃滋之地，已复成煤层。此皆侏罗纪之事也。"这里，我们可以看到，翁文灏指出了陆相地层以"砂岩、页岩、煤层为多""陕西侏罗纪地层中含有石油"，认为陕西这种陆相侏罗纪地层在渭北、河西走廊直至新疆均有分布，都产石油，就是热河也有它的踪迹。表述了陆相石油生成问题，无疑具有开创性，这是他最早的陆相生油说。

到了20世纪30年代，翁文灏在组织石油地质调查和石油地质研究的基础上，对陆相生油问题有了进一步的阐述："一般地质家辄以寻求背斜层为唯一妙诀，然必原来有油，背斜层始有聚集之效。而油之所由成及其分布之法则，则唯有从理论地质，以为探索。"足见他对石油生成研究的重视程度。就文章通篇来看，翁文灏结合中国地质的实际，阐述了一个十分重要的观点，就是在海相地层和陆相地层中都可以生储石油。他在文中说："陕川二省油田希望孰优，殊难决定。或谓陕北构造太简，层皆水平，故油泉虽多，而富聚甚少。四川则背斜构造显著者多，故油矿希望似应川胜于陕。然陕北地质近来复加研究，已发现四、五度倾斜之背斜数处，可见亦并非完全水平。而川中构造优良如自流井者，钻井遍地，亦复得油极少，反尚不及延长一井所得之多，究何故耶？"他接着说："据最近研究，似川陕二省之油皆原出于三叠纪，其上之侏罗纪、白垩纪所见者，似皆由三叠纪而上升。或言大量石油必在海成地层，四川三叠纪确为海成。陕西三叠纪则迄今未有海成证明，大致似为陆相。如此则得油之望，似又川多于陕。然陆成地层果绝对无（生）储油之望耶，若以油泉之多观之，陕北实远过于四川。"

20世纪40年代初，翁文灏把他的陆相生油说运用到找油实践中去。1942年4月、7月，翁文灏先后视察了玉门油矿和独山子油矿后，于1943年3月4日，他针对有的地质家在找油工作中"专重纯粹海相地层"和"各时代生油之价值亦皆等量齐观"的状况，致函时任资源委员会矿产测勘处处长谢家荣说："兄（翁自称）于天山北麓及玉门油田略观大概，大致形势天山及祁连山峰峦陡峭，极为崇高，其中有火成岩、有变质岩，其本身并非产油区域，但山之北部另有一带较低之山陵，悉为时代较新之砂岩、页岩所成，凡遇构造相宜之处，皆有储积石油之望。"他在信中还说："就构造言之，陕北地层过平，因之积油不易，特富新甘二省，则折曲较多，于矿业自较有利。"他又进而写道："兄窃觉中国生石油者当不只一个时代，志留纪、石炭纪、二叠纪、三叠纪、侏罗纪、白垩纪、第三纪，视海侵海退地位相宜皆尝有之，至储集层位除极少数之例外地方外，虽与生油层并不相同，但因种种页岩层之阻隔，以及不整合之相间，距离不致过远。复睽之世界成例按之中国实情，时代较新之地层更附以地史上新海略移之关系，如西北之第三纪油田当为油量最多，希望最大；次之为四川油田，兄之愚见当作为中生代油田，宜例入第二等，尚有希望，但已大不及西北；更次为古生代各油田，如贵州翁项者，外貌虽若尚丰，实际价值恐当远逊。"这里他不但重申了海相地层和陆相地层都可以生油的观点，科学地表述了他的陆相生油说，而且还对各个时代地层作了找油远景评价，指出了找油方向。尤其把陆相古近—新近纪油田列为油量最多，希望最大，可以说前无古人，对指导当时找油工作和对以后找油工作的意义是显而易见的。

（1997年第4期）

侯祥麟与我国炼油工艺技术的"五朵金花"

王志明

（中国石油文联）

侯祥麟

1996年10月17日，被称为中国的诺贝尔奖——何梁何利基金颁奖大会在北京隆重举行。侯祥麟健步走向领奖台，庄重地接过"科学与技术成就奖"的奖牌；他又微笑着从少年儿童的手里接过一束鲜花。鲜花与奖牌把他银色的头发和消瘦的脸颊映衬得更加熠熠生辉。此时此刻，他心花怒放，肺腑之言从心底迸发而出："我从事石油科技工作四十几年，看到我国炼油工业从无到有，从小到大，在努力争取外援的同时，坚持以自力更生为主，依靠自己的力量研究开发，攻克了一些主要的炼油新技术，并在设计、制造、基建、生产等有关方面共同努力下，应用这些技术，建成了我国的现代化炼油企业，使石油产品从依赖进口变成了国内自给，并逐步向石油化学领域延伸，对这些成就我感到无限欣慰……"说着，他情不自禁地举起奖牌。此情此景不由令人想起10年前那激动人心的一幕。

1986年7月8日，侯祥麟荣获"马太依国际奖"。这项在世界上有一定声誉的国际奖是为在科技、人文、经济等领域中作过杰出贡献的科学家所设立的。与他同获这项殊荣的是诺贝尔文学奖获得者尼日利亚作家索茵卡和埃及经济学专家道德里。在金碧辉煌的意大利罗马巴比雷尼宫举行的颁奖大会上，侯祥麟作为中国获得这项国际奖的第一位科学家，第一个走向领奖台。阿吉普公司董事长把意大利著名雕塑家卡隆制作的铜像"征服空间"授予了侯祥麟。侯祥麟微笑着将其高高举起……

侯祥麟举起的不仅仅是奖牌和雕塑。这位我国石油化工科技的奠基人和开创者，在近半个世纪的拼搏中，一直高擎着石油圣火，使祖国的石油之光更加灿烂辉煌。

20世纪60年代初，天灾人祸像一双巨大的魔掌，突然扼住了中国的发展进程。就在中国国民经济进入严重困难时期，大庆油田的发现像一声春雷，为国民经济的发展带来了希望之光。但是如何尽快将松辽盆地的汩汩石油注入祖国的肌体，使国民经济的命脉充满生机，是炼油工业面临的迫切任务。

大庆油田开发后，虽然原油产量突飞猛进，但大庆原油含蜡量高，难以得到低凝固点油料，轻油馏分少，汽油辛烷值低，因此只有发展先进的二次加工技术，才能有效地利用资源，生产出满足国家急需的优质油品。然而，我国当时炼油二次加工装置不足，技术落后，相当于国际二十世纪三四十年代水平，各种催化剂和添加剂的开发和生产刚刚起步，如果不迅速开发炼油新工艺，我国炼油工业将无法适应国民经济的建设和国防建设的迫切需要。

1960年底，在石油部召开的石油炼制科研计划会议上，决定以军用油为纲，解决石油产品的品种问题；抓紧现有设备改造、开发新工艺、提高收率，抓好催化剂、添加剂和尖端技术产品的开发。此后，侯祥麟与科研人员经过多次论证，针对大庆原油的特性及世界先进炼油技术的发展趋势等，认为应以提高二次加工深度，提高轻质油品数量和质量，扩大产品品种为主；要在学习吸收外国先进炼油技术的基础上，依靠自己的力量，尽快掌握流化催化裂化、铂重整、延迟焦化、尿素脱蜡，以及有关的催化剂、添加剂等五个方面的工艺技术，并在工业生产上加以应用。当时正值国产影片《五朵金花》刚刚问世，剧中有5位勤劳、聪明、美丽的少数民族姑娘，名字都叫金花，很受观众喜爱，于是人们就将这5项炼油工业新技术形象地称作"五朵金花"。

至今，侯老回忆起"五朵金花"时，仍沉浸在无比激动和幸福之中。他说：在制订石油炼制专业1963—1972年十年科学技术发展规划中，对天然原油加工、人造石油及炼油基础理论等16个科学技术问题的研究，作了全面的安排和部署，规定前5年重点攻关项目就是对"五朵金花"的研究、建设和投入生产。对此我们是胸有成竹、充满信心的。因为我们在"大跃进"时没有乱放"卫星"，而是作了几件实事，下了几步"闲棋"。

侯老是位围棋爱好者。围棋中讲究先下几个"闲棋"，看似无意却是有心；看似无用却植下了希望的种子。如果将他的这些重点攻关项目也看作几粒"闲棋"的话，那么，他早就把振兴祖国炼油工业的"种子"深埋在心中了。

1950年6月，侯祥麟历尽艰辛和周折，从美国越过太平洋扑向了祖国母亲的怀抱。映入眼帘的是战争的创伤和旧政府留下的烂摊子。他一到北京，清华大学化工系主任就请他到新成立的燃料研究室工作。他在该室担任研究员兼化工系教授。1952年调往中国科学院大连石油研究所任研究员、代主任。1954年调燃料工业部石油管理总局炼油处任主任工程师。古比雪卡、安加斯克、布拉格……在苏联和东欧的一些国家的炼油基地上、炼塔丛林中，都留下了侯祥麟的足迹。可是，我国的石油化工几乎是个空白。1949年，全国每年才有12万吨石油（其中包括5万吨人造油）。石油产品的90%以上依靠进口。新诞生的共和国到处在呼唤着维持生命的血液。毛泽东主席曾忧心忡忡地感叹道："天上飞的，地上跑的，没有石油是转不动的。"然而，没有石油，搞炼油也就无从谈起，于是侯祥麟便致力于人造石油的研究，他在参加恢复扩建老的人造石油厂的同时，四处奔波勘查，终于建起了新的人造石油基地——茂名油页岩油公司。

"五朵金花"之一的催化重整是制取高辛烷值汽油组分和轻质芳香烃的重要手段，它的产品既可作为高辛烷值车用汽油的组分，又可将其轻质芳香烃抽提出来作为合成纤维、合成橡胶、合成塑料的原料或制造炸药的原料，所以，这项工艺在石化工业中有着举足轻重作用。但是，由于这项工艺需要金属铂，而铂比金子还贵重，中国无铂，全部进口，所以，一些人认为搞这项研究不符合国情，没有必要。但是，具有科学预见的侯祥麟，从1952年开始下了这步"闲棋"。1956年，国外归来的博士武家深、林正仙、闵恩泽带领科技人员就投入试验之中。所以，很快取得了成功并投入了生产。

当催化重整设备的研制还没有完全把握的情况下，他们做了两手准备，一方面是依靠自己的力量在大庆炼厂研制安装自己的设备，另一方面经过艰难的谈判从意大利进口成套设备，并在抚顺石油二厂试投产。对大庆炼油厂，侯祥麟和工程技术人员暗暗较上了劲，他们以"为国争光，为民族争气"的精神誓与进口设备比高低。经过日夜奋战，终于比计划提前两个多月试验投产成功。在实践中经受锻炼的技术人员到抚顺石油二厂指导和帮助他们调试开工。

尿素脱蜡工艺技术能从馏分油中分离出石蜡，同时还能制成国家急需的低凝固点油品，脱蜡油凝固点可达到−50℃以下。因此，这项工艺被列为"五朵金花"之一。侯祥麟组成尿素脱蜡工业化试验小组，经过科研人员的顽强拼搏，终于在1962年生产出−50℃的克柴油，并副产轻、重液体石蜡等。

在培育"五朵金花"的日日夜夜里，侯祥麟在研究院、在实验室、在炼油厂之间奔波着。他急着、盼着，千方百计、争分夺秒让这些炼油新工艺早点开花结果。当年负责硅铝小球催化剂研制工作的闵恩泽院士回忆说："侯院长大到科研方向、试验方案的制订，小到试验的每个环节都亲自抓，亲自过问。一次，兰州炼油厂的一份催化剂研制设计书需要修改，叫我们把有关资料寄去。侯院长听了很着急，说：'不能寄，你立即乘飞机送去！'这件事对我印象极深，因为那次是我平生第一次乘飞机。由此可见，侯院长急到什么程度。"

是啊，侯祥麟怎么不急啊！余秋里部长曾经讲过："航空煤油搞不出来，我走在天安门前，个子像矮了半截。"同样，侯祥麟走在大街上，看到汽车背着煤气包，像肺气肿病人喘着粗气的时候，他的心头像压着一块石头，也喘不出来气啊！

侯老回忆起当年，情不自禁地说："我们为了冲破外国封锁，发展自己的炼油技术，甘愿献出一切，这是为了祖国的振兴，为了使我国不受外国欺凌，这是爱国主义，不是排外主义。科学应为全人类造福，科技的发展很需要国际间的交流与合作，但首先要有自己的科学成果，才有基础去交流。科技工作者是有祖国的，只有祖国的强盛，才有基础为人类谋幸福。"

然而，最令侯祥麟欣慰和振奋的是，"五朵金花"终于结出了丰硕的果实，我国炼油工艺技术实现了重大飞跃，接近了国际先进水平。后来，这些成果还获得了1978年全国科技大会奖。"五朵金花"使我国的汽油、煤油、柴油、润滑油等四大类产品自给率达到100%，从此，结束了中国人使用"洋油"的历史。

（1997年第6期）

坚实的足迹
——记中国工程院院士胡永康

郑 伟

（抚顺石化研究院）

青年时代的胡永康

1961年，风华正茂的胡永康从云南大学化学系毕业，带着南国山水滋润的灵性，来到远离家乡和亲人的东北石油化工科研基地——抚顺石油化工研究院工作。北国30多年风霜雨雪，练就了他顽强的意志，把人生最美好的青春年华都奉献给了祖国石化工业，与我国加氢裂化技术结下了不解之缘，默默实践着他的人生价值。他先后从事过催化剂物化性质测试、无机元素分析、沸腾床加氢裂化催化剂、多金属重整催化剂担体、苯加氢催化剂、己二腈加氢催化剂、橡胶防老剂催化剂等研究开发工作，这段工作经历使他积淀广博的基础理论知识，为他日后的成功奠定了坚实的基础。

机遇总是选择那些对事业不断追求的人们。20世纪70年代末，我国引进了4套加氢裂化装置，为了配合催化剂国产化，胡永康主持了国家"六五"重点科技攻关项目——轻油型3825加氢裂化催化剂的研制。为此，他将精力和心血全部倾注在研究开发中，与同事们共同提出了催化剂制备方案，确定成型黏结剂，特种MoO_3碾压、挤条等制备工艺条件，解决了高沸石含量催化剂强度差等难题。功夫不负有心人，经实验室小试和A-2中型装置评价表明：3825加氢裂化催化剂的活性、选择性和稳定性均达到国外同类催化剂的先进水平。1985年通过中国石化总公司技术鉴定，1985年获得中国石化总公司科技进步一等奖。1991年，3825加氢裂化催化剂首次在上海石化股份有限公司90万吨/年高压加氢裂化装置应用，他亲临现场指导和参加开工方案制定、开工和标定等工作，解决了1#床层催化剂氮中毒活性下降等关键问题，保证了催化剂工业应用一次成功。该催化剂不仅填补了国内空白，还可以替代同类进口催化剂，节约催化剂费用1600多万元，节约外汇额度250万美元，为企业年增经济效益1659万元。3825加氢裂化催化剂又先后在辽化公司100万吨/年，吉化公司60万吨/年，扬子石化公司200万吨/年，燕山石化公司100万吨/年加氢裂化工业装置应用，年总加工能力已达550万吨。

成功的喜悦没有使胡永康陶醉，迎接更大的挑战是他的性格。1985年，他又承担了国家"七五"重点科技攻关项目——高活性中油性3903加氢裂化催化剂研制开发任务。该催化剂1990年通过中国石化总公司技术鉴定，1991年通过国家科委验收，1995年获得中国石化总公司科技进步一等奖。3903催化剂的应用成功，不仅完成了引进装置催化剂国产化和更新换代的双重任务，也标志着我国加氢裂化催化剂开发进入了创新阶段。3825、3903催化剂工业制备和工业应用获得1996年国家科技进步二等奖。

工作中的胡永康

从胡永康担任院科研管理处处长、副总工程师、总工程师开始，他就别无选择地肩负起全院的科研管理工作的重担，在全院科研事业发展过程中，他协助院长重点抓科技成果的开发和推广工作，经过全院职工的共同努力，该院科技成果的研制开发和推广应用逐年递增，市场占有率不断扩大，科研发展后劲明显增强。其中，加氢裂化催化剂在国内15套装置应用，成果覆盖率已达90%以上，加氢精制催化剂在国内56套装置应用，成果覆盖率已达50%以上，科技成果转化为国家年创造经济效益20多亿元。他指导青年科技人员研制的"高活性中压加氢裂化催化剂""一种低钠高硅Y型分子筛的制备方法"分别获得中国石化总公司科技进步奖和中国发明专利。1997年在扬子石化公司引进加氢裂化装置应用，由他指导研制的"新一代轻油型加氢裂化催化剂"和"一种最大量生产柴油的抗氮型催化剂"已分别被列为国家"九五"重点科技攻关项目和中国石化总公司重点科研项目，目前已取得重大进展。

当笔者请他谈谈当选中国工程院院士的感受时，他说能当选中国工程院院士心情十分激动，深感国家对科技工作者的重视和关怀，同时感受更多的是肩上责任的重大。他深情地告诉笔者，他今后最大的心愿，就是用自己掌握的知识和经验，培养出更多的青年科技人才，为加快我国加氢裂化技术发展，建设石油化工支柱产业作贡献。我们相信，他在我国加氢裂化技术发展史上一定能再写上辉煌的一笔。

（1998年第2期）

洛克菲勒和他的"美孚"

石 清

(辽河油田)

在美国石油工业发展过程中,约翰·洛克菲勒曾是位举足轻重的人物。他是名副其实的石油巨头,世界上第一个也是最大的现代跨国公司——美孚石油公司就是由他创办的。

1839年,约翰·洛克菲勒生于纽约州乡下,1937年谢世,享年98岁。

约翰·洛克菲勒生来爱做买卖。中学读书时,他数学成绩最好,在学生中心算稳坐头把交椅;他最感兴趣的是数字,尤其对有关钱的数字。他学做售火鸡生意时,年仅7岁。16岁时洛克菲勒在克利夫兰一家农产品运销公司当营销员。1859年,20岁的洛克菲勒就同莫里斯·克拉克合伙办自己的公司,从事销售小麦、食盐及猪肉生意。1859年德雷克上校钻出石油后,该公司又经营石油并大发其财。

1865年2月,洛克菲勒和克拉克因扩大生意问题发生矛盾,两人同意举行一次私下拍卖活动,出价最高者将获得公司全部股权。结果,洛克菲勒以7.25万美元出价取胜。26岁的洛克菲勒一下子成为克利夫兰30家炼油厂中最大一家的老板。从此,他真正开始从事一个新兴、任性、难以驾驭、反复无常和高风险的事业——石油业。

洛克菲勒从不满足已有的成绩。他的生意秘诀是:扩大再生产,保证产品质量,控制成本上升,争得更多市场,与人合作,包括自己的竞争对手,知人善用。

他把供应和分销统一起来,避免经营活动受市场波动影响;他购买土地,种植红橡木,用来制作油桶;他买油罐车、仓库及船只,用来运油;他自始至终让自己公司在市场竞争中保持强有力的地位。

洛克菲勒有个坚定信念:"相信石油。"当油价下跌时,他认为是买进石油的好时机。1884年,他指示公司执行委员会:"希望原油价再下跌,我们将不因任何统计和信息而停止买进……如果我们不买进,肯定会犯大错误。"1887年,每桶油跌至15美分,洛克菲勒不顾董事会中一些人的异议,一下子购进4000万桶利马原油。2年后,利马原油果然从每桶15美分上升到30美分。

1870年1月10日，以洛克菲勒为首的5人小组创建美孚石油公司（即标准石油公司）。最大股东洛克菲勒拥有公司的25%股权，当时公司控制美国炼油业的10%。1871年，因生产能力过剩，加之价格不稳，使美国炼油商多数无利可图。美孚石油公司同样处境艰难。此时，洛克菲勒又大胆设想：将整个炼油业合并为一个大型联合体，说干就干，洛克菲勒以一个战略家和指挥家的身份，组织实施这项合并活动。他以软硬兼施的手段，迫使众多炼油企业就范。这就是先以高利润引诱，如此招不灵，则利用市场杀价手段让对手经营亏损，最后认输。1879年，兼并战告一段落。美孚石油公司不仅控制了美国炼油能力的90%，还控制了油区的集输油系统及运输部门。

1879年5月，宾夕法尼亚州的石油生产商为摆脱美孚的控制，建成了170千米长输油管，这对铁路运输尤其是一种有力的竞争。美孚立即也来个回报：用很短时间建成了从油区到克利夫兰、纽约、费城及布法罗4条长输管线。至此，美孚在炼油界犹如个巨人，控制着炼油、运输系统——铁路及进出油区的管道。

美孚的垄断，引起石油生产商强烈不满。19世纪70年代末，生产商向法院对美孚发起了一系列诉讼。宾州一大陪审团控告洛克菲勒等人阴谋建立垄断和危害竞争。

为了避开法院和公众舆论，美孚又采取了如下对策：声称全美各地炼厂的联合并没有明确的法律基础；美孚公司本身并不拥有或者控制一大批公司；拥有这些公司中股份的是美孚的股东，而不是美孚公司。1882年1月20日，签订《美孚石油信托协定》，确定了信托（托拉斯）一词的法律含义。美孚托拉斯有股东41个，计70万股，最大股东洛克菲勒有19.17万股，次大股东弗拉格勒有6万股。美孚托拉斯是世界上第一个最大的合法托拉斯。它的建立，使洛克菲勒及其同伙能更有效和灵活地经营全球性产业及需要的法律保护。

美孚的经营战略是：做低成本生产者。为此，公司、企业都要运作有效，严格控制成本上升，努力扩大生产（经营）规模和产量，不断革新技术和扩大市场。

为使生产高效，又进一步合并炼油企业，19世纪80年代中期，美孚的3家炼油厂就生产世界煤油供应量的25%。为控制生产成本，公司经常对数字要计算到小数点后第三位。洛克菲勒的格言是："一切都要计算清楚，这一直是我经商的原则。"

在商海竞争中，美孚善于利用良好的通讯手段，从而能在股票套汇生意及油价调整方面占据优势。美孚还注意发挥内部情报及谍报系统监视市场变化及竞争对手情况的作用，公司全国油料收购商情况分类卡，能随时查出各独立商运出的每桶油去向和每个店主从哪里购得煤油产品。

美孚公司中设有5人组成的高级经营管理集团，洛克菲勒居首席，5人共拥有美孚股份的57%。1885年，美孚新总部落成。这就是纽约百老汇大街的26号9层大楼。美孚的高级经营管理者每天在大楼的专用餐厅共进午餐，交流信息，研究对策，指挥生意。美孚为使油品销售更有效和降低成本，还推出了新方法：用铁路油罐车取代堆放油桶的车厢，用马拉油罐替代油桶直接向零售商支付煤油。

洛克菲勒深知，如果没有石油，所有的硬件设施和投资都将失去价值，为此，他又采取一项重大战略决策：直接进入石油生产领域。他不顾集团内一些人的反对，购买了大块产油地产。到1891年，原置身于石油生产之外的美孚已生产美国原油产量的25%。

1911年，美孚托拉斯已发展成为一个庞大石油帝国：宾州、俄亥俄州及印第安州生产原油的80%由它运输，美国原油产量的75%归它炼，美国半数以上的油罐车归它所有，美国消耗煤油的80%和出口煤油的80%由它经销，铁路用润滑油的90%由它提供。还拥有78艘蒸汽轮船、19艘帆船。

托拉斯在全美兴起。1898年，已有82个托拉斯。1899年，托拉斯已成为美国面临的重大道德、社会和政治斗争问题。1900年，解决托拉斯问题竟成为总统竞选的一个重要问题。于是一批报刊编辑、记者们便在这方面大造舆论，而被选中的一个典型目标便是美孚托拉斯。1904年，塔贝尔的《美孚石油公司史》一书出版。书中揭示了公司的复杂历史，谴责了洛克菲勒和美孚托拉斯的残忍行为。1904年，竞选成功的罗斯福总统，立即着手对美孚石油公司和石油工业进行调查。1906年11月，罗斯福政府在圣路易联邦巡回法庭对美孚公司提出起诉，控告它阴谋限制贸易活动。经过2年审理，出庭作证人达444个，出示证物1371件，法庭记录21卷14495页。1911年5月，最高法院支持政府，联邦法院裁决，勒令美孚公司必须解散。1911年7月末，美孚公司这个庞然大物正式宣布解散，公司股权分给诸多公司。其中最大的控股公司新泽西美孚公司分得近一半净资产（后来成为埃克森公司），其次是纽约美孚公司得净资产9%（后来成为莫比尔石油公司）。

美孚的解散，是一次生产力的大解放。它使分出公司的领导能充分施展自己的才智，给工业技术进步带来新的推动力。1913年初，伯顿第一座热裂化塔建成，生产出裂化汽油。公司解散，对洛克菲勒本人同样是一大好事。公司解散前，有人建议，洛克菲勒应趁股价高时卖掉一部分本人在美孚中的股份，因为解散后股价会下跌。洛克菲勒没有同意，他认为，美孚肢解，分配在各公司的股票将很快会超过解散前的总值。一年后，分出的各公司的股票值果真都翻了一番，一下子，占原有公司25%股票的洛克菲勒，个人财产上升到9亿美元（约为今天的90亿美元）。

1890年后，洛克菲勒经常感到疲劳，并患消化不良症，3年后又患脱发症，身体开始发胖。1897年，他刚58岁，就决定退出繁忙的工作岗位。他把行政领导权交给自己选定的接班人约翰·D·阿齐博尔德董事，此后，洛克菲勒除了专心地看好他永远增长的个人财富（如1893—1901年，美孚石油公司分红2.5亿美元，洛克菲勒就分得6250万美元）外，大部分时间用来搞慈善事业，打高尔夫球。新的生活方式，使身体日渐康复。他老年的健康长寿经是：无忧无虑，进行充分的户外活动，不暴饮暴食。

（1999年第3期）

攀登，未有穷期
——记著名催化专家闵恩泽院士

陈贵信

（中国石化科学研究院）

工作中的闵恩泽院士

近些年来，在中国石油、石化和科技媒体中不断出现闵恩泽的名字和关于他的消息。这位曾是中国石化总公司石油化工科学研究院首席总工程师的科学家，现仍任石油化工科学研究院学术委员会主任，并在国内外兼任着十几个重要职务。他被中国石化科学研究院院长李大东院士称为"我国炼油催化科学的奠基人"。

跛足而不迷路　能赶过虽健步如飞但误入歧途的人

一步步成功的足迹，一串串丰硕的果实，让许许多多后辈科技工作者对闵恩泽敬仰之至。他们都很想从这位中国炼油催化应用科学奠基人和开拓者的经历中获得教益和启迪。于是，一个研究室请闵恩泽给中青年科研人员介绍他近40年从事应用催化科技研究的经历，但没想到闵恩泽却说出了这样的开场白：

"同志们，今天我想将几十年来我在科研工作中遇到的挫折和感受告诉大家。"听到闵总这句开场白，许许多多双眼睛都闪现出惊奇的光。

"我1955年回国后，组织上交给我研究炼油催化剂的任务，可我从未见过催化剂，怎么办？我一方面以我所学的化学和化学工程为基础，努力自学，积极参加实践；另一方面就是不断总结经验和教训，特别是认真从失败和挫折中找原因，找措施，想办法，不断积累知识和经验。毛泽东同志说过："错误和挫折教育了我们，使我们变得比较聪明起来了。"

他接着说，"我一直很欣赏英国唯物主义哲学家弗朗西斯·培根的一句话'跛足而不迷路能赶过虽健步如飞但误入歧途的人'。我就是这样，虽然走得慢，但总是不断瞄准并调整自己前进的方向。我们做科研工作，要获得成功，除了刻苦钻研，博闻强记，努力实践，还必须有正确的工作方法。可正确的方法从哪里来？很重要的一点，就是来自不断总结经验，尤其是挫折和教训"。

接着，他谈到他最初研制磷酸硅藻土叠合催化剂时，由于没有选择准备好挤条成型机在试生产中遇到的麻烦；在研究铂重整催化剂时未考虑对原料进行预精制而导致的在半工业装置试验中的砷中毒；在小球硅铝催化剂研制中开始没有认识到胶球破碎是技术关键，未预先安排研究，致使在工业装置试运中造成了被动等等。

他说，正因为他注意了不断总结经验，尤其是教训，才使他后来在设计科研方案和指导研究试验时越来越周密和完善。例如，在研究微球硅铝催化剂时，以往的挫折和教训就成为他很快取得成功的因素，从选题到建成工业装置并投产只用了 5 年时间，不仅填补了国内空白，还使我国在 20 世纪 60 年代前期就成为世界上第 4 个能生产这种催化剂的国家。

最后他说，"我的这些挫折和教训告诉你们，今后做科研工作，就应该踏踏实实，尽量做到少走弯路，不入歧途，这样似慢却快，会使我们的科研早出成果"。

落后不可怕，可怕的是落后而不思进取的懒汉思想

1951 年，闵恩泽和夫人陆婉珍在美国双双获得博士学位后决定回国参加新中国的建设。面对美国当局的阻挠，他们斗争了四五年，终于在 1955 年在中国政府的帮助下实现了愿望。当他们打点行装时，一些好心的朋友再三挽留他们说："你们在这儿有很好的工作条件和优厚的生活待遇，而中国十分贫穷和落后，何必去找苦吃呢？"闵恩泽回答很简单："那是我们的祖国啊！"一句话使劝说者不再进言，他们理解了这对海外赤子对祖国的挚爱之情。

年轻的闵恩泽与妻子陆婉珍

1955年，当闵恩泽开始在石油部中央研究所（即今石油化工科学研究院）做炼油催化剂研究时，摆在他面前的是几台二十世纪三四十年代的破烂设备和简易工棚改建的实验室，更不用说建国初期那清苦的生活。这与他在国外的情形真有天壤之别。当人们同他谈起对此的感受时，这位"自找苦吃"的博士的话仍很简单："落后并不可怕，可怕的是落后而不思进取的懒汉思想。"果然，人们很快看到了这位年轻博士开拓进取、顽强拼搏的那股劲头、那种精神。

研制用于以炼厂气生产叠合汽油的磷酸硅藻土催化剂，是闵恩泽接受的第一项任务。这位没见过催化剂的博士一方面调查文献，一方面向搞过催化剂研究和生产的技术人员和工人学习、请教。他亲自去采购仪器、设备，和大家一起夜以继日地在装置上操作、试验；20世纪60年代初，在中型装置试验成功并取得设计数据后，便在他指导下在石油六厂建成了工业装置，并顺利投产。所产的催化剂性能达到了国外同类产品水平，而强度和耐水性则更好。这一成果1964年获得了国家发明奖。

20世纪60年代初，苏联对我国施加压力，停止了生产航空汽油的催化剂供应，我国的银燕、战鹰面临飞不起来的危急局面。于是，研制用于生产航空汽油的小球硅铝催化剂的攻关任务落到了闵恩泽身上。在兰州炼油厂催化剂生产现场，身为会战副指挥的闵恩泽，天天吃在车间，睡在办公室，随时观察和掌握试验情况。一再出现的胶球破碎是一大难题。闵恩泽一面查阅资料，一面反复在装置上查看，并和大家讨论研究，终于找到一种可以降低催化剂表面张力的活性剂。经过3个多月的苦干，试生产终于成功。我们自己生产的小球硅铝催化剂性能还优于苏联产品，而成本仅是其售价的一半。

会战期间，闵恩泽身体状况在下降，同志们都劝他快去就医，他说，不要紧，可能是由于鼻炎犯得较重，能顶得住。他一直坚持到任务完成，待回到北京一检查可不得了！他肺部长了腺癌，医生不得不给他做手术，切除了他的两片肺叶和一根肋骨。

大病初愈，闵恩泽不顾医生和家人劝阻，又投入紧张工作。不久，他又领导科研人员研究出用于流化催化裂化新技术的微球硅铝催化剂。

人们还记得，20世纪60年代前期，我国炼油工业开出了"五朵金花"，使我国十分落后的炼油技术一下子接近了世界水平。闵恩泽领导研究的这几种催化剂即是其中一朵，它的盛开还关键性地促成了催化裂化、催化重整等"金花"的开放。

"文革"以后，闵恩泽以非常急迫的心情抓紧科研工作，他多么想赶快把失去的时间抢回来！他通过查阅文献和出国考察了解到，我们与世界水平的距离又拉大了！他为此痛心疾首、为此洒下了那自古男儿不轻弹的泪水！

这时的闵恩泽已年近花甲，身体又做过大手术，可他顾不得这些，又给自己压担子加任务。尽管他是院领导，又有那么多兼职，却又要求兼任了一个研究室主任和一些重大课题攻关组的负责人。在他的日程表中根本分不出八小时工作、夜晚和节假日的界线，大量的文献资料他都是夜晚阅看，许多技术路线都是在夜晚形成构思，不少科研难题都是在夜晚想出解决办法的，一篇篇论文也都是在夜晚成稿的；而星期天则又成了他指导博士、硕士研究生的宝贵时光。超负荷的运转难免招来病魔的缠扰，好几次出国，他都病倒在异国他乡。可他"衣带渐宽终不悔"，在病榻上，他还是不停地看文献、查资料，构思着新的课题和技术路线。对此，他的学生感触更深。他们说，闵老师在卧床不能动弹，鼻孔里插着氧气管的情况下，还在以很吃力的话语对我们的论文进行指导。

这期间，闵恩泽先后指导成功研究一氧化碳助燃剂、Y-7半合成分子筛催化剂和CRC-1渣油裂化催化剂。这些在当时具有世界水平的成果，推广应用后都产生了很大经济效益。

开拓创新，争取技术领先权易于我手

1980年金秋，闵恩泽接待了一位来自太平洋彼岸的客人——美国飞马石油公司中心实验室主任万斯。两位不同肤色的科学家徜徉在故宫、天坛的红墙碧瓦之中，万斯先生一再向闵恩泽表述他对中国古老文明的折服与激动。对此，闵恩泽感到自豪。可他想得更多的是今日，是如何借他山之石，再造祖国的辉煌。他钦佩"飞马"在二十世纪六七十年代开展导向性基础研究和创新，在催化科学领域一次次取得的突破性成果；因而他一再向万斯先生提出问题，虚心求教。后来，闵恩泽说他与万斯的交谈对他启发和影响很大。从此，闵恩泽便把注意力更多地集中于国内外技术竞争上。

闵恩泽认为，我国炼油和石油化工科技要发展，就必须走创新之路；而要创新，就必须开展导向性基础研究和开拓性探索，以此所获得的新知识带来新技术突破。闵恩泽在一篇论文中研究了世界工业催化技术进步S形曲线发展周期，即每种技术按照这个规律发展到一定极限就会阻碍进一步的技术进步。因此，近年来国外都在寻找非连续式技术突破。据此，他提出，我们在科技工作中也要重视非连续技术进步，后来居上，争取技术领先权易于我手。

此后，闵恩泽身体力行，花费很大精力进行导向性基础研究、开拓性探索和创新方法的研究。他百忙中经常挤出时间阅看每一期关于炼油和石油化工的国外文献和专利期刊，特别注意从那些给世界石化工业带来重大突破的新技术发明中汲取创新的经验。在外事活动中，他也经常与国外同行探讨他们怎样在科研中组织实现创新的。同时，他还认真总结了石油化工科学研究院历年重要科研成果的创造发明经验，分析了石油化工科学研究院一批重要专利，新颖性构思的形成过程。然后，他把这些心得加以提炼，先后写出《炼油催化技术的创新与导向性基础研究》《石油化工催化技术的创新与开拓性探索研究》《新型催化材料的开发》等论文。1997年他还出版了重要专著《工业催化剂的研制与开发——我的实践与探索》。

在科研实践中，闵恩泽也利用各种机会在科研人员中倡导创新，在制定科研规划中部署创新。近10年来，在他的启发、组织和指导下，石油化工科学研究院的科研创新获得显著成效：层柱分子筛、非晶态合金、高硅八面沸石、氧化物改进分子筛、RN-1加氢催化剂、催化裂解、MGG、MIO、ZRP催化剂等一大批成果获得了高等级奖励和30多项专利。其中层柱分子筛和催化裂解还在美国和欧洲一些国家获得了专利；RN-1催化剂、催化裂解和MGG还先后荣获了中国专利创造发明金奖（每次全国仅10项），催化裂解还获得中国石化总公司科技进步特等奖和国家科技发明一等奖，而ZRP-1分子筛则被评为1995年度中国十大科技新闻（名列第四）。

（1999年第5期）

皇家荷兰石油公司及总经理

石 清

（辽河油田）

在世界石油工业发展史上，皇家荷兰石油公司是个举足轻重的公司。它的建立与发展凝聚着三位总经理的心血。

从火把说起

公元 1880 年，东苏门答腊烟草公司经理艾科·杨斯·泽伊尔格尔为了开阔视野，轻松一下紧张的神经，一天来到海滨种植园访问。不巧，突遇暴风雨袭击。当晚，他只好躲在废烟草棚内过夜。他久久不能入睡，向窗外望去，一个土著人手里拿的火把引起了他的注意。他问土著人，火把里烧的是什么，怎么这样亮？土著人告诉他："火把上涂浸了一种蜡质矿物，是当地人从附近水塘里撇出来的。"暴风雨刚停，泽伊尔格尔急忙让土著人带路赶到水塘。他亲自用瓶取了泥浆样，并送到雅加达进行化验。结果，样品中含有 60% 的煤油。泽伊尔格尔高兴极了，他随即在苏门答腊东北部买到一块租借地——特拉加塞德，准备开采石油。

1885 年，泽伊尔格尔钻成第一口井。但因技术落后、资金短缺，使工程进展相当缓慢。后来，他终于得到荷属东印度中央银行和总督的支持，荷兰国王还允许他在公司前冠上"皇家"二字。1890 年，皇家荷兰石油公司宣告成立，泽伊尔格尔任第一任总经理。当年秋，泽伊尔格尔在新加坡突然病故。从此皇家荷兰公司的领导权便落在让·巴普蒂斯特·奥古斯特·凯斯勒手中。

多干实事 少宣扬

凯斯勒，1853 年生。他组织能力非凡，能使人们同他一道去实现既定目标。1891 年，他在钻井现场组织工人们钻井、铺输油管道。1892 年 2 月，一条长近 10 千米输油管投产。这年 4 月，凯斯勒便开始卖自己公司的皇冠牌煤油。但过多的支出，使公司流动资金极缺。凯斯勒只好四处求援。最后在荷兰贸易商会处借到了钱。凯斯勒办公司的信条是：公司要发展，必须扩大生产。在他领导下，皇家荷兰公司发展迅速，原油产量大幅增加，购置了油轮，建起了储油罐。

1895—1897 年，原油产量增长 5 倍。凯斯勒并没有因此而陶醉。他告诫公司全体成员，为了获得更多租借地，为了不引起竞争对手的注意，要装得很穷，要少宣扬成就。

1900 年 11 月，凯斯勒返回荷兰。12 月，因心脏病而突死于那不勒斯，时年仅 47 岁。凯斯勒去世第二天，34 岁的年轻人亨利·迪特丁便任命为"代总经理"。

总想坐第一把交椅

迪特丁，荷兰阿姆斯特丹人，生于 1866 年。他离开学校后，便进入了银行界。此间，作为业余爱好，他专门研究各家公司的资产负债表，以便从中找出这些表与公司的经营状况关系。银行界并没有使他的聪明才智得到很好发挥。后来他漂洋过海来到东印度（今印尼），就职于荷兰贸易商会。商会的工作使迪特丁初露锋芒。当时，正逢凯斯勒总经理寻求流动资金之际。凯斯勒在东印度找到了同乡迪特丁。迪特丁为凯斯勒想出了一个好主意，即以公司煤油向商会做抵押贷款。抵押贷款达成协议，皇家荷兰公司有了流动资金，贸易商会找到了赚钱新门路。

1895年，凯斯勒邀请迪特丁任新建远东贸易机构总裁。在凯斯勒眼里，迪特丁是最好的人选。迪特丁有活力，会经营，经验多，目光锐。最后，迪特丁同意加盟皇家荷兰公司。

迪特丁因其超人才干，很快由代总经理擢升为总经理。

从加入公司起，迪特丁就常想和其他公司合并问题。和谁合并？令迪特丁最感兴趣的是壳牌公司。该公司的总经理是马库斯·塞谬尔，犹太人。壳牌公司主要经营油轮。1895年，公司有油轮69艘，都以海洋贝壳类生物命名。

壳牌和皇家荷兰的联合并不一帆风顺。首要问题是新联合体谁当主角。塞谬尔以为自己财大气粗，理应坐第一把交椅，而迪特丁从不想当副手。在莱恩的调节下，多次谈判后，1901年12月，塞谬尔在壳牌与皇家荷兰的联合草约上签字。此时，迪特丁经过各种努力，又把荷属东印度的一些石油生产商联合在自己公司下，有效地控制了东印度的石油生产权。公司的实力壮大，使迪特丁当一把手的欲望更增。最后，两人达成协议，塞谬尔任新公司董事会主席，迪特丁当总经理及首席执行总裁。联合后公司称壳牌运输和皇家荷兰石油公司，简称英荷公司。

迪特丁坐在伦敦的亚细亚石油公司办公室里，以总经理身份控制和调剂着壳牌、皇家荷兰和罗氏家族的财力，指挥着东印度公司的石油生产。1902年11月，塞谬尔竞选成功，10日正式就任伦敦市长。从此，他再无暇过问公司业务。1903年5月亚细亚石油公司的3方正式签约十项合同，公司的股份每家各占1/3。每项合同中，皇家荷兰所得实惠最多，更重要的是迪特丁当上了亚细亚石油公司的总经理。尽管塞谬尔提出总经理任期应限制3年，可迪特丁却坚持21年。

抓住机遇　加速发展

身兼两职，大权在握的迪特丁全身心地投入了新公司的业务活动中。他说："在石油工业中，机不可失，失不再来。"他乘有利时机，不仅使皇家荷兰兼并了东印度多数石油生产商，还使亚细亚的汽油打入欧洲市场，取得市场大量份额。同时，在塞谬尔忙于市长政务之时，皇家荷兰公司的地位显著抬高，而壳牌的日子越来越不好过。当时壳牌的股息仅5%，而皇家荷兰的股息有时高达73%。

1906年冬，壳牌的雇员科恩告诉塞谬尔，壳牌要生存，只有与皇家荷兰合并。考虑再三，塞谬尔便向迪特丁提出了合并的请求。最终在迪特丁的坚持下，1907年，壳牌与皇家荷兰城下结盟，成立皇家荷兰—壳牌集团。股权比例皇家荷兰60%，壳牌40%。后来，皇家荷兰又购买了壳牌1/4的股权。

皇家荷兰—壳牌集团（现称英荷壳牌石油公司）的成立，标志着在塞谬尔和迪特丁两巨头的多年争斗中，迪特丁胜利了。塞谬尔被挤出了领导层。新集团还使称雄世界石油市场的美孚石油公司有了真正的竞争对手。两者号称世界石油市场两大"巨人"。

两大"巨人"开始角逐。迪特丁是个从不认输者。他的"集团"第一个口号是："到美国去！"1912年，迪特丁在苏门答腊组建煤油销售分行；翌年在加利福尼亚直接从事石油生产；还派塞谬尔的外甥马克·亚伯拉罕作为"集团"的代理去美国俄克拉荷马一带活动，成立罗克萨纳公司。迪特丁的第二个口号是，"重返俄国"。结果"集团"成为俄国境内一支重要的石油生产、炼制和销售商。"集团"至少控制俄国石油生产的1/5。

迪特丁，为促进世界石油工业的发展作出了重要贡献。然而，他的晚年却在政治上迷失了方向。他崇拜纳粹，简直到了神魂颠倒地步。1935年，是他亲自同意公司向德国赊售年用的石油量。迪特丁，1936年底退休，随后移居德国。1939年初，这位世界石油界叱咤风云的人物谢世于德国，终年73岁。

（1999年第6期）

受诲于李四光的著名石油地质学家——康玉柱

陈伟立

一项世界瞩目的重大突破、开辟中国古生代海相油气勘探的新纪元,此乃基于对探井再往下打了28米后方露出水面,这一大胆作为的提出者就是康玉柱同志。

之后,以塔北勘区为中心的塔里木大会战节节连获高产油气流,不断发现诸多大中型油气田,引起了中央决策层的重视,1990年8月22日,江泽民同志考察了新疆塔北勘区,听取了油气联合勘探指挥部指挥、专家组组长康玉柱同志对油气勘探重大进展和前景的汇报。

1960年完成本科学业,毕业于长春地质学院的康玉柱同志,四十多年来的石油天然气勘查生涯中,他转战祖国的大江南北22个省,并对45个盆地进行了石油地质勘探工作。21世纪头两年即2001,2002年,他参加了12口探井的井位确定和设计审查。其中,准噶尔盆地中庄井于侏罗系获高产油气流,实现了西部新区首次重大突破。由他主笔编写的规划、设计、报告、论文、专著(10部)等100多篇约800万字,着实是为我国油气工业的发展作出了突出的贡献。

毕业后工作的第十个年头即1970年5月,在北京紫竹院李四光住宅,康玉柱等同志面对面地亲自接受了著名地质学家李四光教授教诲和学术上的指示,如在生油层调查时,并确认之,"找油就有了基础……对全盆地的油气远景进行评价……找到了生油区,一定是大油田"。之后,由他任分队长率领分队遵循李四光的这一指示开始了对塔里木盆地进行油气前景的评价研究。按照李四光创建的地质力学理论,结合自己独立思维和分析,他认为该盆地属很有前景的大含油气区,并积极向地质部建议,可以上勘探队。正如《人民日报》所载最早对塔里木盆地远景给予很高评价的,并主动要求到新疆工作,对荣获特等奖的沙参二井井位选择起了主要作用的是西北石油地质局副总工程师康玉柱。

1977年7月,根据全国石油工业发展的战略需要,国家地质总局前瞻性地决定组建并点名曾在库车向石油部发表建议的康玉柱任负责人的塔里木油气勘探筹备组,到塔里木盆地进行调研,准备建立油气勘探基地,并明确筹备组要完成《关于拟编塔里木盆地石油普查设计方案的通知》。此间,以康玉柱同志为主,为总局上勘探队伍作了科学而详细的可操作性设计方案。1978年1月,康玉柱同志接到一封电报,专程从湖北荆门被请到上海浦江饭店,在一间会议室里挂着一张一张又大又鲜艳的地质图、构造图、规划图面前,由他向部领导作《塔里木盆地石油地质普查初步设计方案》的汇报,他坚定地指出:"塔里木盆地是寻找几个大庆式油气田的含油远景区""西南坳陷区油气前景最佳,北塔里木隆起区和中央隆起区是寻找古生界油气藏的有利地区,北民丰—若羌地区相对说较次些"。这位四十岁刚出头的青壮年声音宏亮地向部领导介绍说:"塔里木应大干快上,站稳脚跟后先易后难,采取重点突破与区域展开相结合,主攻喀什—麦盖提地区,逐步扩大的方针……总体部署是:突破西南、查清东部,探索中央。"最后,就是在这次浦江饭店汇报会上,部长们当场决定:同意康玉柱同志关于成立"新疆石油普查勘探指挥部"(现为西北石油局,以下简称"新指")的建议,采纳了以他为主制定的这个方案,指定该指挥部仍由他任技术负责人。从此,开始了西气东输具有历史性决定意义的塔里木盆地油气勘探工作。

1978年9月,他在"新指"于阿克苏召开的地质工作座谈会上,所作《塔里木盆地石油地质特征及找油方向》专题报告中,首次肯定西南坳陷区的油气前景极佳的预测。

指挥部在喀什—麦盖提地区进行了侦察性勘探后发现,目的层埋藏深,构造亦复杂,并急待寻找新的勘探区。1979年9月，以他为主，用地质力学构造体系控油的理论，首先提出了勘探重点向塔北沙雅隆起转移，在上级部门的大力支持下，次年初，将重点从喀什向塔北沙雅斜坡转移。春节刚过，康玉柱和他的新伙伴贾润胥、陆青、蒋炳南、张文献等同行共商移师塔北的大计。经后来的实踏证明，沙雅斜坡实则是沙雅隆起，且雅克拉是一个完整的构造。这是一个可观的油气富集带，并发现了多个大、中型油气田。顿时，给勘察指挥部上空带来了一派生机盎然的春天。

就在这年，也就是1980年的12月，康玉柱根据西北石油局新作二维地震资料，又率先提出了在雅克拉雁列构造带上的雅克拉构造上打沙参2井的意见，并写入1981年"新指"总体设计中。三年后，在他的主持下和大家一起确定了井位，1984年8月16日，沙参2井钻到5363米，便抵达了古生界白云岩，仍未发现油气显示，按设计要求，钻到此时，即为目的层终孔。此时，有人灰心失望地要求停钻完井。在是否往下再接着钻，争论很激烈的关键时刻，康玉柱同志顶着巨大的风险和莫大的压力，在其他同志的支持下，建议局书记徐生道召开紧急会议，他果断提出："决不能停钻！至少再打100米。"

此时，诸多人有疑虑，他举出了三大理由，一是该井于3800多米见良好油气显示，证明这油肯定从深部运移上来所致，因此，在下面可能还有油气存在；二是见到了一些白云岩，也就是说，还不能确定地质时代，原地质任务尚未完成；三是根据我国古潜山油气藏的特点，油气不一定在古风化壳表面，而往往富集于古风化面之下一定深度的风化淋滤带内。这一分析，使众人对深部有油气充满了信心，更得到了上级领导的支持。经过6天的继续往下钻，只推进了28米，即在1984年9月22日凌晨3点15分，下钻到5391米时，油气龙昂首呼啸着奔腾而出，并喜获日产油1000立方米，天然气200万立方米的高产油气流。一位美国商人在乌鲁木齐听说后，惊叹道："又一个科威特出现了。"从而实现了中国古生代海相油气田首次重大突破，成为我国油气勘探史上继大庆、海上油气突破后的第三个重要里程碑的突破，时任副总理的万里说："中国人自己标出来的，了不起，是一个大贡献。"国务委员康世恩说："沙参2井高产油气流是一个大大的突破。"它开辟了中国古生代海相油气勘探新纪元，亦是塔里木油气勘探新的重大转折。因此，1985年康玉柱同志荣获地矿部特等奖，并记一等功，又获自治区有突出贡献奖。

这一转折是历史性的，它为国家石油工业确定"稳定东部，发展西部"的战略方针，提供了重要的科学依据。正是由于沙参2井的成功，犹如25年前，东北松基3井打出了工业油气流后，组织松辽石油会战一样，从而拉开了塔里木油气勘探大会战的序幕。

继此重大发现后，康玉柱等同志立刻提出：沙雅隆起形成了一个油气富集带，并建议地矿部加大勘探力度向寻找大的油气田推进。

1985年，为迅速扩大沙参2井的这一重大成果，国家成立了以康玉柱任指挥、兼任专家组组长的"塔北油气联合勘探指挥部"。调集了6个地区6000多人参与塔北找油大会战。之后的5年里，先后在8个层系发现了雅克拉、阿克库木、阿克库勒、轮台、艾协克和达里亚等6个油气田。紧接着，在此连续突破的基础上，1989年，致使中国石油天然气总公司调集了万人队伍再上塔里木，进行了空前规模的勘探工作。

1990年，以他为主依据古隆起、古斜坡控油的新理论，力排诸多认识上的种种分歧，首先一眼看准了巴楚—麦盖提地区，随即开始了勘探。之后的第2年、第5年，亦即"八五""九五"期间分别在该地区的麦3井及巴楚隆起的巴参1井石炭系试获高产油气流，实现了两个构造单元的导向性首次重大突破，为我国又找到并建立了两块油气勘探开发基地。

沙参2井奥陶系实现重大突破后，从此，迎来了塔里木以古生代海相为主要目的层的勘探热潮，先后发现了10多个油气田。1990年10月，在康玉柱主持下于艾协克构造上（塔河3号）设计的沙23

井，经再测试于石炭系获高产油气流，这就是塔河大油田的第一口发现井。1991 年，他们在桑塔木构造上（塔河 1 号）设计的沙 29 井又获高产油气流，属塔河大油田第二口发现井。由于以他为主一直坚持古生代克拉通，坚持寻找原生大油田的勘探思路，1995 年，又坚持上三维地震后，又有一批探井均获高产油气流。因此，发现了塔河亿吨级大油田，2002 年已获探明储量 2.5 亿吨，三级储量之和达到 3.5 亿吨，成为中国第一个古生界大油田，预计可拿到 8～10 亿吨的超大型油田。

大学本科毕业后，李四光亲自面授和直接教诲下的康玉柱同志，踏上了一个石油天然气勘察生涯的不归之途。在上述一系列重大发现和重大突破后，他深入研究，总结了塔里木盆地，乃至国内其他有代表性油气田的成藏特征，特别是以他为主主持的国家科技攻关项目的研究成果，于 1992 年首次创立了中国古生代海相成油理论（专著：《塔里木古生代海相油气田》），填补了我国石油地质理论的空白，"九五"，还是以他为主主持的国家科技攻关项目研究又充实了这一理论。

当年，我国利用著名地质学家李四光创建的构造体系控矿理论，指出了中国东部三个沉降带含有丰富的油气，进而发现了大庆、华北、江汉等一系列大油田。康玉柱等同志创造性地运用了这一理论，在塔里木发现了一系列油气田，并研究了新疆乃至全国主要构造体系特征及其与油气的关系（专著：《中国主要构造体系与油气分布》），并提出了构造体系控油具有明显的级次性，从而丰富和发展了地质力学理论。

1967 年开始，他在甘肃、宁夏、青海、新疆等省（区）30 多个盆地进行过石油地质研究和勘探工作，几十年的实践中，他总结了一套关于叠加盆地成油理论。由于他成果卓著，1985 年 1 月 29 日，他在北京中南海怀仁堂——握过了谷牧、胡启立、郝建秀、严济慈、宋平、钱昌照、周培源的手后，接受了地矿部油气发现特等奖、记一等功和一万元奖金，次日，《人民日报》这样写道："最早对塔里木盆地远景给予很高评价，并主动要求来到新疆工作，对荣获特等奖的沙参 2 井井位选择起了主要作用的西北石油地质局副总工程师康玉柱。"同年，又获自治区突出贡献奖，之后，康玉柱同志多次获奖，1993 年，又获第三届李四光地质科学奖，2001 年获中国石化集团特等奖等。

康玉柱同志对工作一丝不苟，勇于实践，执着追求，开拓创新，自强不息，总结立论。他说：若是后人在我们放弃过的地方发现了油气，我们就会遗臭万年。他始终以研究地质为乐，以寻找油气为志，孜孜不倦、锲而不舍，努力探索着地下奥秘，不愧是我国一位德高望重的石油地质学家。最近，康玉柱等同志又有一部关于《中国古生代海相油气田形成条件及分布规律》问世。

（2003 年第 6 期）

成也石油？败也石油？
——伊朗国王巴列维命运

解晓燕

（中国石油大学人文学院）

石油在 20 世纪可谓是扮演了多重的角色：石油的政治威力让受力国感到了石油武器的威力，石油的经济力量让一贫如洗的国度摇身一变成为地区强国，石油的军事声威让一些国家乘着石油的波涛走到了胜利的彼岸，石油的动力作用让这个世界飞速运转，石油的化学功能使得现代文明生活多姿多彩，然而石油也是毁人之物，它既成就了一些人的丰功伟绩，也葬送一些人的身家性命，而伊朗的前国王巴列维就是这类饮尽了石油带来的酸甜苦辣人间百味的典型代表。

20 世纪 60 年代前伊朗是一个贫穷落后的国家，人均收入不到 300 美元。22 岁的巴列维国王从父亲的手里接过了一个贫穷衰弱、人民多数是文盲的国家，这个出生在欧洲从小接受西方文明长大的年轻人在巩固了自己的政权后，发誓要让伊朗跻身于世界最发达国家的行列，丰厚的石油美元助长了他的野心，于是疯狂的现代化开始了，最初的绚丽的成就造就了巴列维国王二十世纪六七十年代的辉煌。伊朗著名城市阿赫瓦兹往南 120 千米耸立着世界上最大的阿巴丹炼油厂，从方圆 300 千米的油田开始，输油管道越高山，穿峡谷，沉大海通往哈尔克岛。在那里世界上五大洲的油轮正等待着装运石油，阿巴丹使伊朗成为世界上第四大产油国和第二大石油出口大国，使国家获得大约 200 亿美元的收入。伊朗经济从 1950 年代末开始迅速发展，1960 年代出现经济奇迹，这首先得益于石油美元。1959—1960 年度，伊朗石油工业的产值大约是 3.7 亿美元，1968—1969 年度达到 11 亿美元。此后扶摇直上，1972 年达 24 亿美元，1974 年达 174 亿美元，1975 年估计达到 200 亿美元。政府用这些钱大量投资工业，推动经济飞速增长。在 1959—1960 年度和 1970—1971 年度间，国民生产总值从 38 亿美元猛增到 107 亿美元，即增长 181%，年平均增长率接近 10%。此后经济发展势头更猛，1972—1973 年度国民生产总值增长 20.8%，1973—1974 年度增长 47.3%，1974—1975 年度增长 70.7%，也就是说，这三个财政年度中，国民生产总值翻了 3.7 倍，这是难以想象的奇迹！国民总收入增长速度也非常快，在这三个年度中分别为 20%、34% 和 42%。工业是巴列维经济发展计划的支撑点，在第三个经济发展计划（1963—1967 年）期间，工业增值率达到年平均 12.7%，第四个发展计划（1968—1972 年）期间达到 15.2%。第五个发展计划（1973—1978 年）的预定指标是 20%，其完成情况超过预定数。在他的领导下，经济迅速增长，短短十几年，国内的 GDP 就达了人均 16500 美元（今天值），伊朗大踏步进入了发达国家行列。

总之，伊朗的工业发展速度是惊人的，引起全世界的广泛关注，研究者们一致承认："1960 年以后工业在伊朗的增长速度之大，几乎在历史上举世无双。"1970 年代初，伊朗成了世界上第九个最富的国家。在发展经济的同时，伊朗也成为军事大国。1954 年，伊朗军费开支仅 7800 万美元，1974 年跃增至 36.8 亿，3 年之后竟达到 94 亿美元！军费开支占政府预算的 1/3，国民生产总值的 9% 以上。伊朗不仅建立了一支强大的陆军和一支现代化的空军，并准备组建远洋海军，还拥有最先进的雷达、中短程各式导弹、坦克和大炮，其空军的装备也是世界上一流的——刚研制出来的美制飞机还没有装备美国空军，伊朗空军竟已经有了。巴列维王朝不仅以丰厚的石油美元为国家的工业化注入活力，使伊朗成为中东一枝独秀的经济强国，而且还武装起一支在中东傲视群雄无人敢小视的军事力量。

正是在这样的背景之下，1971年10月伊朗国王举行了声势浩大的庆祝二千五百年前建立波斯帝国的盛会，为此在古波斯帝国首都的遗址上架起三座巨大的帐篷和五十九座稍小的帐篷迎接来自世界各地的达官显要。美国时代杂志称之为"整个历史上最盛大的狂欢会之一"。参加庆典的有：苏联部长会议主席、美国副总统、南斯拉夫铁托元帅、二十位国王和酋长、五位王后、二十一位王子和公主，还有十四位总统、三位副总统、三位总理、两位外交部长。在整个典礼的过程中集中体现的就是现在的国王是波斯王居鲁士的传人、上帝的指定人，他现在是一个拥有财富、权力和自豪的人，是万众瞩目的人，是中东舞台乃至世界舞台上的关键角色。石油真让人疯狂！

然而这终究给伊朗带来什么？巴列维国王的命运最终走向何方？

现代化过程是一个传统性不断削弱和现代性不断增强的过程。每个社会的传统性内部都有发展出现代性的可能，现代化是传统的制度和价值观念在功能上对现代性的要求不断适应的过程。就是在这样一个剧烈的变动过程中伊朗现代化迷失了方向。进入20世纪70年代中期，伊朗简直不能吸收正在源源流入的大量增加的石油收入，石油美元被胆大妄为地乱花在奢侈的现代化计划上，或者丧失于浪费和腐败之中，石油美元正在导致全国性的经济混乱，以及社会和政治紧张。

农村人口正在大量涌入，已拥挤不堪的城镇农业产量下降，通货膨胀笼罩全国，伊朗的基础设施，无法应付突然而来的人口压力，落后的铁路系统垮掉了，德黑兰街道上车辆拥挤不堪，全国的电网不能满足需求，发生故障。更可怕的是疯狂的现代化带来是道德的没落和信仰的丢失，被剥夺了特权的宗教势力与国王势不两立，日益觉醒的知识分子和中产阶级聚集在一起揭露着这个充满愚蠢冒昧、渗透着独裁专制的政治体制。伊朗的暴风雨就要到来了。

20世纪70年代后半期发生在伊朗的一波又一波的示威抗议活动，迫使巴列维国王五易内阁，但终究没有能挽救他垮台的命运。这个国家越来越多人举行罢工，其中包括石油工业的技术人员。伊朗的石油工业处于日益严重的混乱状态。人们立即感受到罢工的影响，伊朗石油日产量为550万桶，其中450万桶用于出口，其余供国内消费，到了1978年的11月初，出口量已减少到每天不足100万桶，30艘油轮依次在哈尔克岛的装货设施处排队等待装油，但那里缺乏石油，而此时冬季的石油需求旺季刚刚开始，伊朗本身的稳定取决于石油的收入，这是整个国家的收入基础，于是伊朗国家石油公司的负责人到南方的油田谋求同罢工石油工人对话，但遭到了工人们的拒绝，罢工再次控制了产油区，石油的生产量迅速减少，到了12月25日圣诞节这一天，伊朗的石油出口完全停止，欧洲的石油现货价格猛涨到比官方价格高出10%～20%，石油的减产还使伊朗国内石油供应落空，在德黑兰，人们排起了长队，以取得少量配额的汽油和标准烹饪燃料的煤油，军人朝天开枪维持秩序，石油工人拒绝向军方提供任何石油产品使部队无法调动，最后一艘美国油轮驶向伊朗以提供它继续的燃料。这本身就是一个极大的讽刺，一个产油大国需要进口石油！

1979年1月8日，巴列维国王带着落寞和凄凉、带着一小匣伊朗的泥土乘飞机离开了。国王离开的消息一经公布德黑兰随即成为欢腾的海洋，人们载歌载舞欢呼不已，风光一时曾颐指气使的巴列维王朝和它的时代消亡了，那个八年前庆祝波斯帝国两千五百周年的那种盛况已成了过眼云烟，权力一去不复返了！似大厦倾。希望用堆积如山日进斗金的石油美元让自己重温昔日波斯帝国梦的荣光，然而，事与愿违，落得个国破人亡，客死他乡。这个自认为是个有远见的君主、正带领他的国家走向"伟大的文明"的人在凄风苦雨的流浪中最终结束了自己的一生，到死的那一天他也不相信自己有什么错误或者错在什么地方。

（2008年第3期）

丘吉尔与石油

解晓燕

（中国石油大学人文学院）

众所周知，温斯顿·丘吉尔是第二次世界大战期间带领英国人民取得反法西斯战争伟大胜利的民族英雄，是与斯大林、罗斯福齐名并立的"三巨头"之一，是矗立于世界史册上的一代伟人。在他的头上戴有各种流光溢彩的桂冠：著作等身的作家、辩才卓越的演说家、经邦治国的政治家、战争中的传奇英雄等，他经历了许多次政治上的升沉起伏，每次都以不屈不挠的努力，最终战胜艰难险阻，在英国处于历史危机的严峻关头，成为众望所归的政治领袖，最终登上了光辉的顶峰。有关这位政治家在第二次世界大战中为大家所熟知的业绩不再赘述，这里想通过三段鲜为人知的，与石油政治有关的历史事件重新认识一下这个英国历史上的伟大人物。

一

发生在欧洲但波及全世界的第一次世界大战在 1914 年 8 月不可避免地在同盟国和协约国之间发生了，这场欧洲历史上破坏性最强的战争之一，总共持续了四年之久。但熟知这段历史的人都知道，四年中的大多数日子里敌我双方的部队是掘壕据守，严阵以待，甚至由于长期的这样对垒以至在两军的中间形成了一条宽阔寂静的无人地带，这种长期的无意义的静态防御使得双方部队僵持在相距不远的两条平行战线上，只是因为双方武器装备惊人的相似，敌我双方共同拥有的来福步枪无疑将进入中间地带的来犯者毙死在点射之中。那么打破阵地战战场上的相持局面的唯一途径只能是在武器装备上的某种创新，这种武器将有可能为军队提供强大的防御盾牌，以有助于冒着炮火突破壕堑继续前行。在这样的一种战争的胶着状态下，一位英国上校在精心研究了美国农用的拖拉机后，开始大胆地设想并研制一种由内燃机牵引前进的，不怕任何机枪子弹和铁蒺藜的装甲车。但是他的创新却得不到英国陆军最高指挥部顽固派的认可并加以压制，如果后来没有丘吉尔的采纳和支持，这个设想可能就夭折了。时任大英帝国海军第一大臣的丘吉尔很欣赏这种军事创新，并由于陆军部未能发展这种车辆感到愤怒。于是 1915 年 1 月他上报首相，他说当前的战争把有关火力方面的所有军事理论都彻底改革了，研制新的武器是十分必要的。得到首相的支持后，丘吉尔还拨出海军专款作为这种新车辆的研究费用，并且丘吉尔命名它为履带牵引车，为保密起见为这个新式机器起的名称叫坦克。

最终的决战爆发了。同盟国与协约国之间终于在 1916 年爆发了决定成败的经典战役——索姆河战役，该战役因第一次使用坦克而载入军事史册。这种装有轮子和履带的怪物突然闯入德军阵地，横冲直撞无往不胜，德军猛烈炮火倾泻在这个钢铁怪物上，却丝毫无损，德军瞬间溃不成军。之后 1918 年 8 月 8 日亚眠战役，英国以 456 辆坦克一起突破德军防线为最后真正的胜利奠定了基础，1919 年德国宣布投降，第一次世界大战结束。

今天，无论现代化的武器怎样地花样翻新和水涨船高地发展着，坦克作为现代战争中的主战武器一直是各国军事技术角逐与竞争的主战场。拥有强大的坦克，就要拥有大量石油！没有燃料的坦克犹如废铜烂铁。其实丘吉尔已经料到如此了，所以为英国谋得源源不断的油源就是他的国际战略的一部分了。

二

丘吉尔这位影响了20世纪世界走向的英国政治家，对于技术问题也是独具慧眼，在20世纪日益保守僵化的英国当权者中是十分罕见的。正因为如此，他不仅支持并直接参与了坦克这个陆路武器的研制开发并最终把士兵从炼狱般煎熬的堑壕战中解脱出来，而且对海军舰船的燃料石油化也功不可没，正是他使得一次世界的大战的形态与模式彻底发生了改变。1903年，英国第二海军大臣约翰·费希尔在朴次茅斯港进行了首次以石油为燃料的试验。1910年，在第一海军大臣丘吉尔的督促下，英国格林尼治海军学院进行了一项研究，发现石油燃料可以使舰队的航速提高至25节，由此产生的新型"快速分舰队"可以胜过当时出现的任何德国舰队。

过去，军舰在加煤时至少要动员全舰1/4的人力，燃料用尽的时候还要动用许多人力，甚至包括动用枪炮手来铲煤，把煤炭从偏远的煤舱搬运到离锅炉较近的煤舱，由此引起的紧张、劳累和不适很可能在作战的重要时刻影响军舰的战斗力。而改用油料做燃料的话就完全不会出现这样的问题，还可以减少一半以上的司炉工。另外蒸汽机船烟囱高耸，黑烟滚滚20英里外就能清楚地看见一支舰队，并凭其烟囱便知每艘战舰的型号，而燃油的舰只就完全可以拆除这些烟囱，这既节约空间，又易于隐蔽。最为可喜的是燃料改革之后的英国舰只的机动性增强战斗力大幅度提升。海军的黄金规则就是较大的航程与较高的速度，当时英国的战列舰的最高时速是21海里，如果速度能达到25海里，那么这种舰只的速度就能胜过德国新出现的舰只的速度。英国政府在各方的呼吁与努力下，1912年、1913年和1914年制定的还聚计划使海军在火力和经费方面取得了有史以来三次大规模的扩充，三次计划中建造的舰艇全部都是用石油作为燃料的。1912—1914年，英国皇家海军开始建造完全以石油为燃料的"伊丽莎白女王"级战列舰，在第一次世界大战最终的海战中起到了不可替代的作用。第一次世界大战中的英德海战没有太多悬念，改革后的英国海军几乎获得了完全的海上主动权，而德国的舰艇却一直被围困在国内基地陷于了被动。

第一次世界大战使所有西方国家的政府都认识到石油对生存的重要性，于是开始有了石油外交的说法，战争越是扩大，对石油的倚重就越突出，油船队的海上航线成了交战国的生命线，各国政治家发表了诸如此类的言论："石油就跟血液一样重要""没有石油便输掉了这场战争""协约国军队是由石油的浪潮送到胜利之彼岸的"。

迄今为止，海军动力系统的发展大致经历了蒸汽机、内燃机、核动力三个阶段。丘吉尔对英国海军的最大贡献在于，不仅是实现了英国海军由蒸汽机向内燃机的转轨，并解决了转轨后的燃料供应问题。用石油代替煤炭并非是单纯的技术问题，而是一个严重的政治问题，放弃安全，可靠的威尔士煤炭而改烧无任何保障的海外石油，无疑将葬送皇家海军。丘吉尔清楚地知道要让海军不可改变地依赖石油，可能会带来无边的麻烦，但他仍决定将"海军至高无上的地位置于在油之上"。

当陆上海上的主要武器都以石油关燃料之后的英国就不得不在它的对外方略上有所调整。于是对于英国来说，英波石油公司在波斯的油田开发及英荷皇家壳牌石油公司在婆罗洲的油田开发就是与之互为因果的。

三

伊朗原名波斯，曾长期沦为英国的殖民地。英国人早在19世纪下半叶就盯上了波斯的石油资源，试图在波斯找油。1870年，有犹太血统的德国人保罗·朱利叶斯·路透首次从波斯国王手里获得探采石油的特许权。他取得了波斯国除了黄金、白银、钻石之类贵重金属之外的全部矿产的开发权，此举由于胃口太大遭到波斯北方邻国沙皇俄国和波斯公众的反对，没有实施。1889年，还是这位路透男爵，通过英国驻波斯公使，第二次获得在波斯的石油探采特许权。到了 1899 年，还是没有找到油，特许权过期作废，路透本人也于这一年去世。真正拿到特许权、下了血本找油、并开创伊朗石油工业的人是英国人威廉·诺克斯·达西，并终于在 1908 年 5 月 26 日获得商业性石油发现。1909 年达西和缅甸石油公司联合组成了英波石油公司。在波斯内地开采的石油转运到世界各地，还在阿巴丹岛上建立了炼油厂，成为英波石油公司王冠上的宝石。

1911 年丘吉尔到海军部任职，这个野心勃勃的政治家对廉价的石油感到极大的兴趣，他意识到石油和大英帝国的海外事业之间有着极其重要的关系。为了能更具体地了解到实际情况，丘吉尔派了一个石油调查团到波斯进行实地考察。这个调查团回到伦敦后热烈地赞扬了波斯油田储量丰富、大有前途。有专家意见作为依据英国海军部同意拨款二百万英镑给英波石油公司，并取得了该公司 2/3 的股份，1914 年 5 月，英国海军部（丘吉尔当时任海军大臣）同英波石油公司签署了为英国海军供油的长期合同。从此英波石油公司在国内处于特殊优越的地位，它有一个不可或缺的石油生产基地，有一个稳定的客户——英国海军，有一支英国皇家军队保护。而且英国政府长期将英波石油公司卖给海军的石油价格保密，当年官方和公司所签订的协议条件，直到签约之后五十年才公开。这个协议是十分有利于英国海军的，海军以每吨的固定价格三十先令，运费除外的优惠价长期获得石油，如果公司获得超额利润海军用的每吨石油还得到十先令的回佣。

英波石油公司成立后，英国政府就给其以"特殊的保护"，同时要求该公司不能将其股份让给外国人，并要求这个公司必须永远是英国公司，它的每一位董事都必须是英国人，从此英波石油公司就改名为英国石油公司，成为官商合办的重要企业，公司是大不列颠殖民事业不可分割的一部分，是大英帝国加速工业现代化的动力，英国政府不许这家公司把石油卖给其他外国人，并调派印度英殖民政府的一支军队驻扎在波斯的土地上，保护英波石油公司的人员，实际上是对其实行军事占领。

（2010 年第 5 期）

怀念石宝珩先生

谈 谈

2015年9月16日,饱受疾病折磨的石宝珩先生在家中悄然离世。他生前曾嘱咐家人,死后不设灵堂、不搞纪念活动,因此,我们也无缘和他见上最后一面。但石宝珩先生为石油工业所作的贡献、为《石油知识》杂志创刊与发展所付出的心血,却让我们难以忘怀。

石先生其人其事

石先生在世时,不仅是《石油知识》杂志编辑指导委员会委员,关心和指导着《石油知识》的编辑出版工作,更是在当代中国石油工业享有一定威信、在多学科有着杰出贡献的石油专家。

2015年2月,春节来临之际,《石油知识》杂志正在准备开展纪念创刊30周年活动,为征求石先生的意见,我曾专程去看望他老人家。在北京西城区六铺炕的一座普通的高层住宅里,我第一次见到了敬慕已久的石先生。此时的石先生因患帕金森综合征,已经无法说话和行走,但精神状态还十分矍铄。我把我的来意说给他听,他十分高兴,脸上洋溢着近乎童真的兴奋之情,打着手势、断断续续地吐出几个词,向我们表达着他的心里话。在他老伴和家人的帮助下,我们理解了石先生话语的含义,同时,也对他的工作与生活有了更多的了解。

石老先生是一位一生都在与石油地质打交道的专家。1938年在辽宁锦州出生。1963年从北京大学地质地理系毕业后,就投身于大庆油田的创业热潮中,从事石油勘探工作。15年后,因工作需要,他被调入石油工业部任职,先后担任过石油工业部科技司油田科技处副处长、中国石油天然气总公司科技发展局局长等职,主持过很多国家石油地质重大科技攻关项目。他还在中国石油学会、中国地质学会、中国矿物岩石地球化学学会、中国地质学史研究会、中国地学哲学研究会等社团组织中,担任常务理事、副理事长等职,积极参加和组织多种形式的学术研究活动,推动石油地质学科的发展。而他在科学研究过程中留下的著作也十分丰富,主要有《石油地质论文辑录》《石油工业通论》《天然气汽车技术》《天然气地质研究》《中国地质科学新探索》等专著和100余篇科技论文,他提出的诸多理论与观点,对我国石油地质研究和油气开发都有着十分重要的意义。

在积极组织和参加科研工作之余,石先生十分热衷于传道授业解惑,为培养石油科技人才付出了巨大的努力,他先后在北京大学、中国石油大学(北京)、江汉石油学院、西安石油学院、中国地质大学担任兼职教授,不遗余力地将自己的研究成果传播给年轻一代的石油人。他的很多学生,都已经成为中国石油工业科技创新的生力军;他讲课时的音容笑貌,也在很多人的脑海中留下了难忘的印记。

石先生与石油史研究

石先生不仅在科研领域取得了令人瞩目的成就,在石油史研究方面,也卓有成就。1970年,他还在大庆油田研究院区域地质研究室工作,就发起组织部分同志编写了《松辽盆地勘探编年史》。这部书出版后很受读者欢迎,多次再版。

石先生一直坚持下来进行石油史研究著述,由于凭他长期在油田地质部门工作所见所闻,发现很多记述石油工业发展史的回忆文章,因为多种原因出现了失实的现象。他觉得应当给后人留下一部断清，真实的石油史。于是，石先生一边从事科学研究，一边进行石油史勘误，不断地纠正，弥补着前人和同代人在记述石油史事和人物时留下的偏差与渊涧，还原着历史的真相。他先后写出了《对我国石油工业发展史中几个问题的讨论》《关于石油学史研究的几个问题》《中国石油史实九则》《发现大庆油田的前前后后》等文章，针对大庆油田的发现者之争、陆相生油观点是如何提出来的、玉门油田的发现者等问题，在查找了大量资料的前提下进行了详细的考证，提出了较为可信的观点。后来，他将这些文草续续集成为《石油史研究辑录》《中国石油史研究》《闪豫与油田开发》等专著，为中国石油工业史的研究留下了一笔宝贵的财富。

中国地质学家、中国科学院院士王鸿祯在《石油史研究辑录》一书的序言中说："宝珩同志在田基层工作达10年以上。他的写作很注意第一手资料的收集和评价，对'史料'的分析是比较全面的。他对大庆油田发现过程的概括叙述，以及对'陆相生油理论'的由来和发展研究的评述都能做到比较全面和符合实际情况，我想应当能为地质界与石油界所认同。"这也许是对他最好的肯定。

总结自己的经验，石先生提出了进行石油史研究要遵循的原则。他在《关于石油学史研究的几个问题》（1991）一文中，提出了石油学史研究的目的：开展石油学史研究，就是为石油生产建设服务，对今后石油工业的发展起一份推动之力。他认为研究时目的和意义主要表现在资政、教化、正史等几方面。在内容上，他提出要进行石油事业史、石油学科史、石油科技史、石油人物等方面的研究，全方位、多角度地记录中国石油工业发展的工程。针对当时石油史研究常常局带干对史实的表面记述，缺少有价值观点的问题，石老先生则提出了石油学史研究要总结带有规律性的认识、要探讨石油学术思想史，要同哲学史研究紧密结合起来等观点。这些论述，对今后一段时间的石油史研究具有很大的指导作用。

石先生与《石油知识》

《石油知识》杂志主要创刊发起人、中国石油学会科普委员会主任田在艺（右）和副主任石宝珩（中）一起在辽河油田研讨办刊问题

石先生在科学普及教育方面也作了大量工作，不仅组织了很多科普活动，写了大量科普文章，还倡议出版了我国迄今为止唯一的石油石化类科普杂志——《石油知识》。

那天看望石老先生的时候，他说过的一句话让我至今难忘，经石先生老伴的转述，石先生说，他感谢《石油知识》杂志能够经常来看望他；他一直在读这本杂志，一直关心这个他"带大的孩子"。

石先生称《石油知识》是他的孩子，这句话包含着他与《石油知识》深厚的感情。据石先生自己撰文回忆，读中学时，他就对科学知识的普及很有兴趣，阅读科普书是他生活工作中的乐事之一。到石油战线工作后，他就说："石油工业对国计民生如此重要，应当有一本科普杂志向大家宣传石油知识，提高人们的生活质量和认识。"

1984年，田在艺院士任中国石油学会科普委员会主任，石宝珩被推选为第二届石油科普委员会委员。在一次会议上，石宝珩根据当时我国石油科普工作的实际情况，提出了出版一本石油科普期刊的建议，得到了与会同志的热情支持。会议通过了这项提议，并确定期刊名称就叫《石油知识》。

他是倡导者，也是力行者，石先生当仁不让担起了杂志的筹办工作。1984年底，他满腔热情地来到了辽河油田，亲自设计栏目、组稿、撰稿。1985年1月试刊号出版了，石先生的内心充满了别样的幸福。1995年，杂志创刊10周年，他主编出版了《石油识文萃》书。这本书不仅汇集了《石油知识》创刊10年来的优秀作品，也记录着石先生对石油科普工作的热爱。

此后，一直在领导岗位上忙碌的石先生虽然工作担子越来越重、时间越来越紧，但他仍然关心、支持着这本杂志，帮助他解决一些实际问题，带领着他一步步前行。

30年前的1986年10月，石先生发表过一篇题为《对我国石油工业发展史中几个问题的讨论》的文章，在提到为中国石油工业的起步与发展作出贡献的中外专家时，他说了这样一句话："凡为石油事业做过贡献的人，都值得纪念。"现在，这句话也许更适合我们这些晚辈的石油人表达对石宝珩先生的怀念。

（2016年第1期）

为准噶尔盆地勘探把脉的安德列依柯
——援华石油专家略记之四
宫 柯

在石油工业部的前身——石油管理总局,就有了苏联石油专家工作组,组长安德列依柯,乌克兰人,来华前任苏联石油工业部东方石油管理局副局长兼总地质师。石油工业部成立后,安德列依柯仍任石油工业部苏联专家顾问组的组长。

此人不像多数西方人那样具有伟岸的身材,显得有些瘦小,但却十分精明睿智,总爱穿风衣戴前进帽,工作热情特别高,在石油管理总局任职期间曾到过东北阜新盆地,亲自查看了日本人钻探石油遗留的探井和出油的煤坑。1954年协助康世恩局长开辟了青海柴达木盆地石油探区。1955年石油工业部成立后,陪同李聚奎部长视察了新疆地区的石油勘探。1956年,他向刚组建的石油工业部提交了"关于最近几年内发展中国石油工业的一些措施"的建议,表述了苏联顾问组对促成石油勘探大发现的急切渴望。

中苏石油股份公司开发新疆独山子油田

安德列依柯最突出的贡献,是新疆准噶尔盆地的石油钻探。早在20世纪的第一缕阳光照亮新疆大地的时候,中外探险考察的地理学家就在当地维吾尔人的引导下发现了准噶尔盆地的独山子油苗和黑油山石油露头。1909年,清朝末年的新疆官府曾经聘请俄国工匠在独山子钻凿石油,用于制造蜡烛,两年后因清朝灭亡经费断绝而停采。1936年民国政府新疆当局与苏联签约合办独山子油矿,共钻井33口,开采低产石油,1942年合作关系破裂,封井停产。1944年,国民政府资源委员会恢复了独山子油矿的采油生产,不到一年再度封井停产。直到新疆全境解放,独山子油矿仍在沉睡。

新疆祖露的石油信息,无疑是新中国成立后首选的勘探目标。1950年3月,中苏两国政府遵照《中苏友好同盟互助条约》确立的原则,在莫斯科签订了《中苏关于在新疆创办中苏石油股份公司协定》。

1951年到1954年,中苏石油股份公司在新疆准噶尔盆地和塔里木盆地部分地区进行了石油地质调查,通过航空磁测、浅井和深井钻探取得了一些有价值的地质资料,但是没有发现新的油田。

1955年1月1日，苏联将中苏石油股份公司的股权全部转交给中国，成立了国有独资的新疆石油公司。决定当年在准噶尔盆地的西北缘布钻两口探井，其中1号探井位于被称为黑油山的石油露头。1955年11月26日，新华通讯社发布了黑油山1号井钻遇工业油流的消息。

刚刚成立的石油工业部喜不胜收，部长李聚奎亲自带领领导班子主要成员和苏联顾问组20多人一同赶赴新疆，为如何扩大勘探成果会诊把脉。

1956年4月，肆虐的寒风仍在扫荡着一望无际的戈壁滩，布钻在黑油山南部的4号探井再度喷出黝黑而又黏稠的石油。本该庆贺的初探告捷，却因苏联石油地质专家之间学术看法不同，引发了激烈争论而举棋不定。

黑油山，维吾尔族语称为克拉玛依，在这一地区是否隐藏着一个没有遭到地质运动破坏的油藏成为苏联石油地质专家们争辩的焦点。

在新疆石油公司工作的苏联地质专家潘切列夫，来自苏联的巴库油田，他根据苏联的石油地质理论和以往的勘探经验判断：

黑油山大面积的含油岩石层出露于地表，大量轻质油挥发后形成沥青丘，说明地下原油已经大量散失，油层已被破坏，现在留下的只是"氧化残余油"，不可能形成大油田，反对在黑油山地区钻探，认为新疆含油远景地区在天山山前坳陷地带。[1]

持不同意见的是石油工业部苏联顾问组组长安德列依柯，他的理论素养很高，却不参加争论，私下里向康世恩阐述了自己的观点：

"克拉玛依构造，是盆地边缘的一种地层超覆油藏，其特点是随着深度增加，地层越来越多，出露地表的只是上覆的几个层。因之（此），暴露在地表上的石油是局部地层的一小部分，大部分石油仍保存在地下，而且已出露地面的石油被氧化后又成为地下油田的封堵层。我可以肯定，地下应该有大油田，我们应该积极开展钻探工作，迅速拿下这个大油田，我在苏联克拉斯诺达尔油区工作时，曾遇到过与今天克拉玛依类似情况，也确实发现了大油田。"[2]

康世恩对安德列依柯的见解非常欣赏，夸奖他不墨守成规，能够运用唯物辩证法结合地质理论和勘探实践具体问题具体分析，提出了一个大胆而又有科学依据的勘探思路。因此，力排众议采纳了安德列依柯的建议，断然决定调整部署：把新疆石油勘探的重点由准噶尔盆地南缘转向西北缘，向乌尔禾进军，做出了《克拉玛依——乌尔禾工作的决定》，改变原来只在几个局部构造上打十字剖面的钻探部署，把克拉玛依油田的详探和克—乌油区的区域勘探结合起来。康世恩把这个部署形象地叫做"撒大网，捞大鱼"。即从克拉玛依以南的红山嘴到乌尔禾以北长130千米、宽30千米共约3900平方千米的广大面积内，开展区域勘探，部署了10条钻井大剖面，第一批定下20口探井井位。这是我国石油勘探史上第一次从整体解剖盆地二级构造带入手，进行综合勘探的伟大实践，摆脱了长期沿用的沿盆地四周找油苗、查构造，在一个个局部构造上打十字剖面，即人们常说的"溜边转、找鸡蛋（构造），见油苗就打钻"的落后勘探方法，这是学习苏联经验结合新疆实际的具体运用，是一个大胆的、从实际出发的勘探方案，也是我国石油勘探史上第一次整体解剖一个大型盆地。[3]

按照苏联顾问组组长安德列依柯提供的思路，新疆准噶尔盆地的石油勘探取得了重大成果，继1956年宣布发现了克拉玛依油田之后，1957年发现了白碱滩油田，1958年发现了白口泉油田，1959年发现了红山嘴油田，1960年基本探明了9个油藏，含油总面积达到290平方千米，新增地质储量远远超过当时全国最大的石油基地——玉门油田，迎来了新中国成立后石油工业大发展的第一个高潮。

1《盛世恩传》第76页，《康世恩传》编写组著，当代中国出版社1998年10月第1版。
2《盛世恩传》第80页，《康世恩传》编写组著，当代中国出版社1998年10月第1版。
3《盛世恩传》第81页，《康世恩传》编写组著，当代中国出版社1998年10月第1版。

中国石油储量徘徊不前局面的大改观,苏联顾问组的作用不可小觑,组长安德烈依柯堪称是发现新疆准噶尔盆地油气富集区的第一功臣。他不但以高涨的热情、渊博的学识、极端负责任的态度从事石油地质工作,而且对石油工业部的其他事项也尽力帮助,看到一些不尽如人意的问题,他比谁都着急,经常到康世恩副部长那里去提意见,依据自己了解的情况出主意,例如从苏联引进什么装备,找哪些部门要技术资料,把中国的事情当成自己国家的事情一丝不苟地认真办。

1956年国庆节庆祝游行

安德烈依柯是在石油工业部持续工作时间最长的苏联石油地质专家,始终担任高级顾问,参与了新疆、青海、甘肃、四川、陕北、鄂尔多斯、松辽等盆地的油气勘探规划部署,协助石油工业建立了一整套的业务流程和管理体系,与石油工业的领导成员和部门负责人结下了深厚的友谊。他又是最后离开石油工业部归国的苏联专家,十余年的黄金年华贡献于发展中国的石油工业,康世恩称赞他是一位值得信赖的好朋友。

(2017年第2期)

两个代县人与新中国的石油事业

张卫平

（山西省作家协会山西文学院）

新中国成立以来，中国石油事业蓬勃发展成就辉煌。在这辉煌成就背后曾有两个代县人为之付出了毕生的心血。他们就是原石油部副部长张文彬同志和副部长张定一同志。两人一个踏遍千山万水寻找石油，一个呕心沥血研究石油化工，珠联璧合，双翼齐飞。为新中国石油事业的建设和发展作出了卓越的贡献。

张文彬同志1919年出生于山西省代县韩曲村，7岁开始上学，15岁毕业于省立第五师范学校，17岁参加"抗日牺牲救国同盟会"，同年8月经人介绍加入中国共产党，19岁参加了抗日决死队，20岁担任太岳区72团政委，30岁时被任命为中国人民解放军第19军57师政委。张文彬在十几年的革命战争中打了许多大仗、恶仗、胜仗，为新中国的建立立下了汗马功劳，1952年张文彬所在的57师被就地转业为中国人民解放军石油工程第一师，从此张文彬的后半生就与新中国的石油事业紧紧联系在一起。

1954年张文彬担任新疆石油管理局局长。为了满足我国第一个五年计划对石油的迫切需要。张文彬始终支持尽快开发克拉玛依油田。得到中央批准后，张文彬率领广大干部职工团结拼搏昼夜奋战，经过几年努力，终于将克拉玛依建成我国第一个大油田。

1960年中央命令张文彬率领新疆石油管理局部分干部职工参加大庆油田会战。张文彬任工委副书记、副总指挥，主管一线生产。当时正是三年困难时期。再加上苏联和我国断交，撤走大批援华专家，面临的困难可想而知。每天天一亮张文彬就到生产现场组织生产，傍晚回来参加工委的碰头会，之后再把工委的决定在生产办公会上具体化。那些日子张文彬没有一天是在12点以前睡的觉，眼睛熬得通红通红。张文彬和同志们用了一年多的时间，硬是咬紧牙关勘探一个800多平方千米的大型构造，探明石油储量41亿吨。并于当年6月拉出了第一列车原油。大庆油田的建成是新中国创业史上一件具有重大历史意义的大事，它的建成不仅标志着新中国石油的基本自给，而且充分显示了中国人民那种不畏艰险、勇往直前、势不可挡的精神风貌。大庆油田成了当时整个工业战线的一面旗帜。

1964年，张文彬被国务院任命为石油部副部长。同年冬天受命指挥山东东营地区石油会战。会战期间，他们利用严寒季节土地坚硬，大型车辆通行方便的条件。对这个地区进行了综合性地震、钻井勘探，掌握了数百平方千米地下油气结构，为胜利油田的顺利建成奠定了良好的基础。在油田内部找高产区是石油勘探中一项十分重要的工作。1964年底，张文彬和同志们在东营地区找到了蛇11号井。1965年元旦，蛇11号井开井放喷试油。放喷时，电话接通北京石油部大楼，石油部工作人员都能听到蛇11号井那欢腾的井喷声。蛇11号井日产原油1000吨，是新中国第一口日产1000吨的油井，整个石油战线都为之一振。

1965年，党中央、毛主席做出建设大三线的决定，各部委派出一名副部长参加三线建设委员会的工作。石油部党组决定派张文彬同志参加该委员会的工作。随后张文彬奔赴四川，任四川油气会战领导小组组长、会战总指挥，负责四川的油气勘查工作。经过一段时间的调研，张文彬决定重点勘探开发四川威远地区的大气田，同时兼探川东、川北等地。会战开始时指挥部召开了全体职工动员大会，会战职工群情振奋，干劲倍增。在一年半的时间里共钻探大型构造42个，钻井125口，探明石油储量

486亿吨。

1970年4月张文彬获得解放，随后参加"八三"工程会战。"八三"工程先后历时5年，铺设了大庆到各大炼油厂及各港口的输油管线2471千米，为以后石油工业的进一步发展奠定了坚实的基础。1974年"八三"工程接近尾声。张文彬又接受了新的任务。担任任丘石油会战领导小组组长及总指挥，组织任丘石油会战。张文彬根据多年石油会战积累的勘探经验，告诉技术人员要密切注意震旦纪地层。技术人员仔细观察沙样后发现五六颗油沙。张文彬立刻命令进行裸井完井试油，结果日产原油1000吨以上。随后以震旦系底层为目地层，布探井19口，当年完成的任7井日产原油4600吨，任9井日产原油5400吨，使全国的石油产量又上了一个新的台阶。十一届三中全会后，国务院为了加快海洋石油勘探开采步伐，决定利用国外技术力量勘探南海油气情况。年届60岁的张文彬又奉命出访美国、英国、法国、意大利等国家，经过比较，签订了8个地球物理勘探合同，利用一年时间完成了地震测线11万千米，基本探明了南海、黄海的油气构造情况，为石油工业的未来开辟出一个更加广阔的发展空间。

1954年，北京石油学院院长阎子元（中）与副院长张定一（左）、贾晔（右）在办公室前合影

另一位代县人张定一同志1910年出生于山西省代县西北街，1923年随父亲到北京师范大学附中读书，1929年考入太原工专，毕业后到太原修械所等厂矿工作。抗日战争爆发后，参加了山西工人武装自卫队，随后奔赴延安。1941年加入中国共产党，先后任中央青委经济部秘书、管理科长、延安自然科学院教师、关中铁厂厂长、延安军工部研究员、鸡西铁道煤矿副矿长等职。1946年随大军挺进东北，接收了大批化工厂矿，任吉林化学工业公司副经理、东北工业部化学公司副经理，狠抓化工工业的恢复生产，为新中国石油化工的发展奠定了基础。

1950年张定一被任命为东北化学工业管理局副局长。当时的东北地区是我国人造油、炼油工业的重要基地。张定一上任后一手抓恢复，一手抓生产，锦州合成油厂很快修复，第二年年初就投产出油。

在此基础上，张定一又率领科技人员昼夜攻关，研制成功"一种合成油"技术，使锦州合成油厂的产量不断翻番，有力地支撑了新中国工农业的发展。1952年东北石油管理局成立，张定一被任命为局长。担任局长后，他不仅将原来的油厂全部恢复生产，而且解决了许多技术难题，使石岩油、煤制气合成油、煤干馏制油三大人造油门类都取得了突破性进展。在我国三年恢复和第一个五年计划期间，人造油产量一直占据全国石油总产量的一半以上。

1953年，张定一奉调筹建新中国第一所石油大学——北京石油学院。当时的北京西郊正比邻同建八大学院，但各工地上流传的顺口溜却是"穷石油，富钢铁，了不起的地质和矿业。"这个"穷"字看似贬义，却恰恰反映了当时建设石油学院所面临的困难和艰辛。张定一到达筹备处后，立刻审查学院图纸，完善设计后又亲自监督施工，为学院建成了价低、质高、实用的教学主楼。在主管教学工作期间，从高教部、燃料部调集来许多资深专家，连同国外顾问共同成立了学术委员会，保证了学院的教学质量。北京石油学院现已更名为中国石油大学，几十年来为新中国的石油事业培养了大批有用人才，有力地推动了我国石油工业的发展。

北京石油学院

1959年9月张定一同志因十二指肠溃疡住院治疗，尚未痊愈即调任青海石油勘探局局长。到任后张定一立刻深入各基层单位调研，待全面掌握情况后，便决定生产、生活一起抓。当时正值全国困难时期，由于粮菜不足，职工不是消瘦就是浮肿。为此，张定一立即组织了狩猎队，并动员家属开荒种地，职工们的生活得到了改善。在生产上建成了冷湖油田，由于投资设备有限，再加上勘探开发经验不足，油田产量不是很稳定。为了解决这一问题。张定一干脆住进了采油厂，与技术人员详细分析研究，终于找到了解决问题的办法，实现了稳产均产。1961年夏天，由于操劳过度，张定一的十二指肠溃疡穿孔，被送回北京救治。

1961年大庆油田建成后，原油产量即达97万吨，这是全国的大喜事，但出现了一个新的问题，炼油厂不够用，油田开发出现了"拦路虎"。就在这关键时候，大病初愈的张定一奉命出任北京石油设计院院长、党委书记兼石油部基建司副司长，炼油厂的设计、基建一起抓。为了赶进度，张定一索性住进了办公楼旁边的单身宿舍，与另外三名技术人员挤在一屋，辛勤工作。那时的北京石油设计院每晚都灯火通明，人们常常会看到一个戴着老花镜细细描图的老人的身影。到了半夜，一人一碗热面汤，零点过后老院长便逐室催促大家休息。经过三年多的刻苦攻关，张定一和同志们先后成功设计了150万吨常减压装置、催化裂化装置、延迟焦化装置、铂重整装置和加氢裂解装置，这就是新中国成立初期石油战线上闻名遐迩的"五朵金花"。"五朵金花"的研究成功，标志着新中国的炼油工业发展到了一个新的历史高度。"五朵金花"与大庆油田也成了当时整个石油战线上人们最为骄傲和自豪的两件大事。1965年在国务院任命张文彬为石油部副部长一年后，张定一也被任命为石油部副部长。一部两同乡，一业两枝花，同乡比肩，比翼齐飞，一时被人们传为佳话。

当人们还沉浸在"五朵金花"研制成功的喜悦中时，张定一的目光已向更高的目标望去。随后，张定一提出发展石油化工工业的主张，即利用炼油厂气体合成橡胶、纤维、塑料、氮肥。并亲自组织协作，展开合成橡胶的试验、设计、试产，直至完成工业生产。这项由我国自主研究开发的全套技术，于20世纪80年代获得国家重大科技发明奖。

1982年按照中央有关规定，张文彬同志和张定一同志愉快地从石油部副部长的岗位上退下来，但两人身退心不退，仍时刻关注着新中国石油事业的发展。张文彬退休后先后担任石油部顾问、石油及石化工程研究会会长、中国石油摄影家协会主席等职务，倡导并出版了《中国石油画报》《中国石油影友报》《中国石油地质》大型系列画册等，继续发挥余热。张定一退休后受聘为国务院技术研究中心、中国能源研究会、中国石油化工总公司顾问委员会和石油部咨询委员会顾问、委员等，主持编制了《国家能源政策》，编写了《东北地区科技发展史——石油篇》，撰写了许多有关石油建设的文章。1987年7月石化总公司技经顾问委员会在兴城召开会议，年近80的张定一抱病参加会议。为了准备这个会，张定一同志治病期间即赶赴各有关厂矿、海上平台进行调查研究，详细掌握第一手资料，然后连夜修改长篇发言稿，不幸在开会前一天，因病情突然恶化，嘱咐工作人员将遗体留给医院、书第捐赠家乡、几千元存款全部上交党费后溘然而逝。

（2018年第5期）

中国测井第一人与测井诞生日

子 长

著名地球物理学家翁文波先生是我国测井的创始人。1912年2月18日出生于浙江宁波，1939年在英国伦敦大学帝国理工学院获博士学位。回国后受聘于当时因抗战迁到重庆的中央大学（现南京大学），担任物理系教授。1947年，翁文波先生发起成立中国地球物理学会，先后担任学会副理事长和理事长。新中国成立后曾任第三届全国人大代表和第五、六、七届全国政协委员。在"文化大革命"中受到过不公正待遇。作为"大庆油田发现过程中的地球科学工作"重大成果的主要贡献者之一，1982年翁文波先生荣获国家自然科学奖一等奖。

20世纪40年代的翁文波先生（左1）

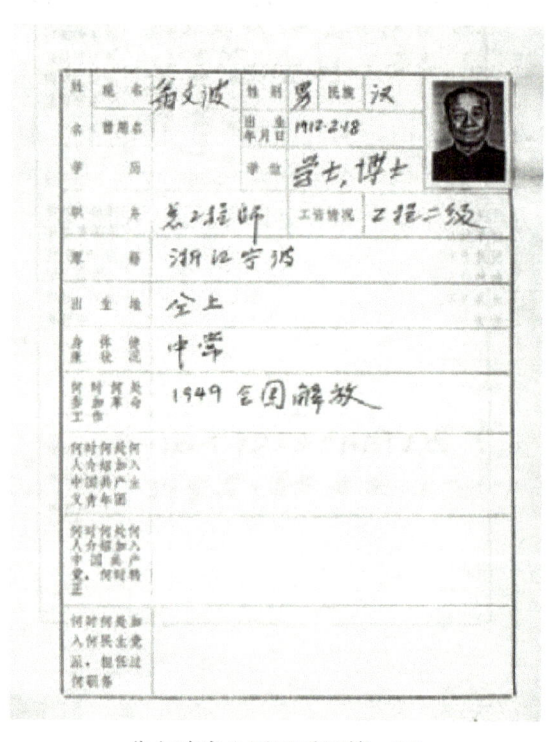

翁文波先生履历手迹第一页

1939年12月20日，时任中央大学物理系教授的翁文波先生和助教高淑奇去玉门石油沟油矿1号井作电测井试验。他们使用的是从中央大学物理教研室借来的一般电工仪器，再用两根普通电灯皮线作电缆，每隔1米扎上麻绳作为深度记号，在井内每一米测量记录一个点。首先测出了井内的自然电位，然后用干电池供电，又测出了地层的视电阻率。根据测得的数据手工绘制成测井曲线，分析后发现了高产气层。经试油验证，测量的气层位置准确无误。

上面这段文字摘自已故著名测井专家谭廷栋先生《测井的回顾与展望——纪念我国测井诞生50周年》一文。这篇文章发表在1989年第3期《地球物理测井》杂志上，它真实记录和描述了翁文波先生当时在玉门油田现场所做的开创性测井工作，下图是这篇文章手稿的复印件。

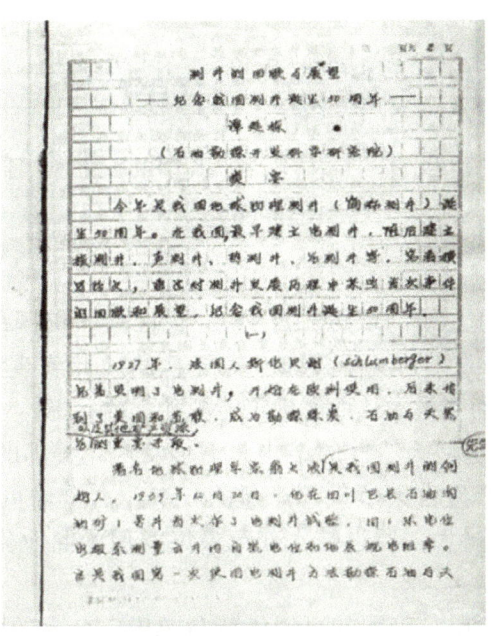

谭廷栋先生文章送审稿（张广敏抄写清稿，修改处为谭廷栋先生手迹）

关于玉门石油沟油矿1号井测井时间的确定还有一段鲜为人知的故事。1927年法国斯伦贝谢兄弟发明电测井，从此一门崭新的学科——"地球物理测井"应运而生。12年后的1939年，翁文波先生开创中国大陆侧井先河，在中国石油发展史上竖起了一座里程碑。

为了纪念这一重要事件，中国石油学会测井专业委员会决定在1989年隆重举行中国测井诞生50周年系列庆祝活动。其中包括在《地球物理测井》杂志上刊登翁文波先生的亲笔题字和纪念文章。要写文章，首先要确定第一次测井的准确时间。由于谁也说不清，所以需要去问翁文波先生，加上还要请翁文波先生题字，这两个任务就很自然地交到了刚获得博士学位，正准备去中国科学院地球物理研究所做博士后研究工作的李宁老师身上。

李宁是华东石油学院勘探系测井77级本科生，是翁文波院士和谭廷栋先生培养的我国首位地球物理测井学博士。因工作与学习的需要，经常往返于石油勘探开发研究院和鼓楼附近翁文波先生的家。这次李宁是专程为此事去找翁文波先生，向自己的导师询问求证他当年在玉门第一次测井的确切时间，并请他在方便的时候为期刊题字。

翁文波先生听清来意后笑了："五十年喽，哪里记得呦！印象嘛，马马虎虎有一些。因为在准备过元旦，那天应该离1940年的1月1日不远，好像是个阴天。"说到这儿翁文波先生下意识摇摇头："不确定，记不清喽。"

李宁闻言后思忖了一下，试着建议道："您看定为12月20日行吗？"。翁文波先生非常爽快地答道："我没意见，同意！"

返回单位后，李宁将访问经过和这一结果向谭廷栋先生做了汇报。谭廷栋先生当即将这一日期通报给测井专业委员会的其他几位德高望重的老前辈。经协商，大家一致拍手赞同。于是，1939年12月20日就这样被正式确立为"中国测井诞生纪念日"。翁文波先生专门为此兴致勃勃地提笔写下了"敬贺测井创建五十周年"的贺词，勉励中国测井人继续前行。

（2020年第5期）

美国"页岩气革命"中的"三个火枪手"
——技术狂、冒险家和商业奇才的淘金之旅

章卫兵

实现能源独立,是美国多任总统的梦想。自 1973 年 11 月,美国总统尼克松正式提出"美国能源独立"的战略构思以来,历经 46 年共 9 任总统,美国于 2019 年实现油气总产量为 22.6 亿吨油当量,而当年油气消费量为 22.2 亿吨油当量,从而实现了能源独立的目标。

细看美国的油气结构,特别是天然气的结构,不难发现,美国的能源独立源于一场"页岩气革命"。2018 年,美国的页岩气产量占天然气总产量的 67%,占全球页岩气产量的 95% 以上,达到了 6153 亿立方米。美国页岩气储量大,通过技术变革最终实现了商业化开采,进而改变了世界能源格局,因此被称为"页岩气革命"。

国际能源专家丹尼尔·耶金说,美国的页岩气革命源于一个人的引领,这个人就是乔治·米歇尔(George P. Mitchell)。但从技术的角度来看,很多专家认为美国页岩气革命是两个人推动的革命,除了乔治·米歇尔之外,还有美国戴文能源公司的 CEO 拉里·尼克斯(LarryNichols)。而从产业界的层面来说,美国页岩气革命却是三个人掀起的革命,那就是在上述两个人之外再加上商业奇才奥布雷·麦克伦登。

19 世纪浪漫主义作家大仲马创作的小说《三个火枪手》讲述了三个忠于国王的火枪手阿多斯、波尔朵斯、阿拉宓斯的故事。那么集合了技术狂、冒险家和商业奇才的三个掀起美国页岩气革命的"火枪手"在你方唱罢我登场的美国页岩气舞台上,又能秀出什么样的刀光剑影呢?

美国页岩气革命之父乔治·米歇尔

美国页岩气革命之父——乔治·米歇尔

1919 年,乔治·米歇尔出生于得克萨斯州,父亲是从希腊移民到美国的放羊娃,到美国后以开鞋店为生。出身贫寒的米歇尔曾就读于得克萨斯州农工大学,师从行业巨匠哈罗德·万斯教授。万斯教授曾教育他说:"如果你想去亨布尔石油公司工作,好,那么你就可以开一辆相当不错的雪佛兰出去兜风;但是,如果你想要开着卡迪拉克出去兜风的话,那么最好还是自己去奋斗!"恩师对米歇尔有很高的期望,后来的米歇尔也没有辜负老师,凭借自己的杰出成就成了母校的杰出校友,并获得了学校颁发的金怀表。

1946 年,他和哥哥一起在休斯敦创办了米歇尔能源开发公司。当时石油工业的传统做法还是以经验主义为主,也就是以"野猫井(wildcat)"的方式打井,打井成功率只有 10% 左右,而学院派出身的米歇尔追求的是理论指导下的科学油气开采。

> **知识链接**
>
> "野猫井"是指在20世纪50年代至60年代,人们对石油科学知识掌握得还不够深入系统的时期,美国石油淘金者凭借经验钻探的石油普查井。这种工作相当于一种赌博,成功率一般只有10%左右。现代石油工业发展以后,人们以石油科技知识指导石油勘探,成功率大幅提升,相应的"野猫井"也改称勘探井。

为此,他经常跑到休斯敦一家图书馆查阅钻井记录,试图找出被别人忽视的油气资源。终于,他搜寻到美国得克萨斯州北部的怀斯县(Wise County Texas)地质圈闭构造,并用学到的专业知识在脑海中勾画出了在坚硬的地质"天蓬"底下,出现了一个巨大的天然气宝库。谋定而后动,1951年,他购买了该地块后打出第一口井——D.J.休斯#1井,幸运地开采出来了天然气。随后连续打了10口井,都成功发现了天然气。开门大吉!米歇尔从此将天然气开发作为毕生的追求。

米歇尔的幸运不仅体现在他对天然气藏区的判断,更体现在适逢水力压裂技术的进步。1948年,美国一位叫鲍布·法斯特的专家试验成功了水力压裂技术,但并没有进入商业化应用阶段。米歇尔的天然气井初期产量不高,经济性不太好。后来,他大胆采用水力压裂技术,通过向井筒中压入凝胶,在砂岩中形成无数条裂缝,极大地增大了井筒与岩层的接触面积,形成了一个庞大的天然气逸出网络。通过技术引进,米歇尔的气井产量成倍上升,终于可以经济有效地开采了。米歇尔迈出了取得成功的第一步,虽然只是砂岩气田的开发,但为日后进行页岩气开采奠定了基础。

宾夕法尼亚的天然气井

成功的喜悦激发了米歇尔继续探索天然气开采的热情,长期的供气协议也催促他去寻找更大的气田,生产更多的天然气。1982年,一份地质研究报告指出,天然气除了蕴藏在常规储层外,还圈闭在像"磨刀石"一样坚硬的页岩中。这份报告给了米歇尔很大的启发,让他把目光投向地层更深处的美国福特沃斯盆地巴奈特(Barnett)页岩层。他买了块地,试验性地向页岩层中钻探,发现这里"井井吐气,井井气不足"。故伎重施,他采取常规的水力压裂技术改造地层,但效果不佳。米歇尔是那种"一根筋"硬到底的人,他笃信页岩下的天然气可以工业化地开采出来,自此就全身心地投入页岩气开采的事业中。在美国福特沃斯盆地巴奈特(Barnett)开采页岩气的老板为数众多,但经过一段时间的试验后都放弃了,只有他一个人还在坚守!

> **知识链接**
>
> 页岩气是从页岩层中开采出来的天然气,成分以甲烷为主。页岩特别致密,例如,海边沙滩的渗透性比页岩渗透性高 5000 倍,因此页岩密不透气,没有自然产能。页岩气一般都以微量形式分散存在于页岩中,采用常规开采方式只能见到气,没有经济开采价值。

功夫不负有心人,米歇尔不仅有心,更有坚韧的意志。1998 年,也就是在他决定开采页岩气的 16 年后,终于找到了打开页岩的"密钥"。米歇尔能源公司的工程师斯坦因斯伯格探索出一种用廉价的水来替代凝胶压裂的方法,用水量达到原来用凝胶时的 4～5 倍之多。这可是教科书上都没有的创新!但是,经过 4 次试验都失败了,斯坦因斯伯格决心继续进行最后一次试验,如果失败的话他就离开。

这次试验在格里芬 #4 井进行,压裂 5 天后,气体从一口巨型气井中喷薄而出,并且连续 90 天达到每天 3.7 万立方米产量而不下降!米歇尔能源公司终于成功研发了一种名为"轻砂压裂"的工艺技术,这种技术采用高压将大量掺杂了砂粒及少量化学药剂的水注入地下 3200 米深处的页岩中,压开地下 106 米厚的页岩,为封闭在页岩中的零零星星天然气打开一丝一丝的通道。注入的砂粒支撑压开的地下裂缝不再闭合,使得气体从裂缝中源源不断地富集起来,积少成多,流动到井筒里,最终被采出地面。

米歇尔的页岩气开采终于实现了工业化,并在美国《1980 石油暴利税法案》第 29 条税收抵免政策的支持下开始大量盈利,公司市值增加了数十亿美金。但遗憾的是,数年后,斯坦因斯伯格还是离开了米歇尔能源公司,不过他不是被解雇,而是创业成立了另外一家专门的压裂公司。

页岩气开采技术的整合大师拉里·尼克斯

与米歇尔的出身迥然不同,拉里·尼克斯出生于美国俄克拉荷马州一个殷实的家庭,毕业于普林斯顿大学地质专业,后来又获得法律学位。他的父亲约翰·尼克斯(John Nichols)是一名精明的石油商人,利用政府的税法漏洞减免了巨额的联邦所得税,从而积累大量财富。1970 年,拉里·尼克斯的父亲成立了戴文能源公司,为了避税和融资,母公司注册在卢森堡。戴文公司利用竞争对手阿莫科石油公司、标准石油公司等大型石油公司决策迟缓、程序复杂的痼疾,抢先购买大石油公司看上的矿区,从而大大提高了钻探成功率,公司规模 10 年之内就扩大了一倍。2000 年,在公司负责法律事务的拉里·尼克斯接替父亲担任公司董事长和总经理。

"商业侦探"在美国油气行业是公开合法的行为。在米歇尔能源公司多年试验页岩气开采的时候,经常会发现井场周围有人在观察记录一些数据,这些人就是所谓的"商业侦探"。米歇尔页岩气开采成功后没有公开消息,一直"闷声发大财",保密工作做得很好,竟然骗过了许多"商业侦探"。但是,精明、敏锐的拉里·尼克斯注意到,米歇尔能源公司的天然气供应突然大量

戴文能源公司创始人约翰·尼克斯和他的儿子拉里·尼克斯

增加。他判断米歇尔的公司已经掌握了开启页岩气宝藏大门的"金钥匙"。于是，他有目的地派出了"技术侦探"——公司决策机制中专门设置的反对派，收集打听米歇尔公司的技术材料，终于搞清了米歇尔能源公司的技术突破和所有矿区的可采页岩气储量。2002年，已经83岁的米歇尔萌生退意，经过讨价还价，戴文能源公司以35亿美金如愿收购了米歇尔能源公司。

拉里·尼克斯有他自己的"小九九"。戴文能源公司收购米歇尔公司时，其市值估算是按照直井控制储量折算的。而戴文能源公司的绝活是水平井技术。如果将水平井技术与轻砂压裂工艺技术相结合，那么这起买卖的价值将翻好几倍。直井就好像一部电梯，在每层楼（相当于油层）都有乘客（油气）。但是"乘客"走到电梯只有106米的宽道（巴耐特页岩厚度），必须"排队"。而水平井相当于水平电梯，直接穿进页岩深部1～3千米长，这样，气体就可以顺畅地进入井筒。再加上米歇尔公司的轻砂压裂技术，在水平井中横向压开大量的裂缝，井筒就接触到了相当于直井几十倍的页岩面积。同时，还可以采取"贪吃蛇"一样的地质导向技术，使水平井"闻着气味"专门钻到页岩气富集的岩层。

2002年11月，戴文公司休#6井成功应用技术整合，产气量达到原来直井的7倍多。戴文能源公司通过商业并购实现了技术整合的目标，最终带来了页岩气开采技术的变革。从这个意义上说，米歇尔将公司出卖给戴文公司，是一个十分正确的决定。

页岩气革命的"野蛮缔造者"奥布雷·麦克伦登

在三大"火枪手"之中，奥布雷·麦克伦登的商业传奇最为耀眼，已经成为美国梦想家冒险淘金的经典代表。他的一生同切萨皮克能源公司水力压裂技术发展交织在一起，成为美国商业发展史册和"页岩气革命"历程中最具吸引力的一章，讲述着一个个远见卓识、投机取巧、惊险跌宕的离奇故事。他领导的切萨皮克能源公司就像一辆奇特的赛车，惊险地高速驶过一个又一个弯道，一度成为美国国内第二大天然气供应商，仅次于行业巨头埃克森美孚。他为人高调奢华，曾经合伙购买了NBA超音速队，并将其搬迁到俄克拉荷马城，改名为雷霆队，NBA著名球星杜兰特、哈登和威斯布鲁克都曾经在他的球队效力。他在美国页岩气发展过程中的最大贡献就是在短短几年的时间里，迅速将革命推向高潮，并形成了燎原之势。

奥布雷·麦克伦登1959年出生在美国俄克拉荷马州，其家族是一个与石油生意及政治有关的家族。上大学时麦克伦登主修历史，兼修经济金融，毕业后就在舅舅家的石油公司任内部会计师。他并不满足于朝九晚五的稳定工作，不久就到地产部门就职。当时美国的采矿权与地产权是分开出卖的，麦克伦登的工作就是绞尽脑汁签下地下可能有油气的地块的采矿权。这项工作让他颇感兴奋、刺激。1982年，不到一年时间，熟悉了工作之后的麦克伦登就自己注册了一家油气公司。他绘制了一张当地的油气资源分布图，按图索骥地低价买进再高价卖出，干起了倒买倒卖的行当。

切萨皮克能源公司前CEO麦克伦登

在这期间，他遇到了一生的商业伙伴汤姆·沃德（Tom Ward）。他们利用州政府鼓励油气工业的强制令，变相窃取大石油公司地质学家和工程技术人员的成果，倒卖采矿权。1989年，两人又合伙建立了切萨皮克能源公司。汤姆·沃德负责租地，麦克伦登负责融资，天生绝配的一对冒险家为了财富绞尽脑汁地工作着，每天都要忙碌十几个小时。1990年，切萨皮克能源公司不再只是投机取巧，开始实际涉足油气开采业务，最初拥有两口油井，年销售额达40万美元。1992年时发展到29口油井，年收入达到1050万美元，公司开始迅猛发展。

尽管戴文能源公司在2002年将水平井技术与轻砂压裂技术成功整合，但拉里·尼克斯等人并没有充分认识到页岩气即将改变世界能源格局。因此，他们的开发态度十分谨慎，两年内只打了59口井，一直在观察技术的长效性。而麦克伦登却清晰地认识到美国页岩气开采将掀起一场能源革命，开始投入几十亿美元的赌注扩大生产规模。他认为公司的投入包括四个部分：租地、资金、科技、人才，产出的就是油气。善于"讲故事"和"画大饼"的他到处拜会各路金主，描绘公司的宏伟蓝图，四处融资。对麦克伦登来说，债务不是一种负担，而是他最有价值的工具之一。

作为一个精明到了毛孔的油气商人，麦克伦登善于抓住一切商机。2000年，在一次商务活动中，加利福尼亚卡尔派集团介绍说已经拥有多座电厂且都用天然气发电，未来将扩大4倍产能。麦克伦登迅速地计算了一下，该公司未来每天将烧掉50亿立方米天然气，以此推算美国全国天然气消耗将增长10%！

"我们有机会了！"麦克伦登开始跑马圈地，到处大肆购买矿权，并购小公司，甚至采取"野蛮人"做法巧取豪夺，强行并购。麦克伦登还通过资助环保组织搅黄了得克萨斯州11座燃煤电厂，推动天然气价格大涨了4倍！高峰时期，公司聘请了5000多名租地员广泛撒网，签订了26万份协议，动用了100多台钻机，年投入350亿美元高杠杆进行外部融资。业务涉及阿肯色州、路易斯安那州、俄亥俄州、得克萨斯州等热点页岩区。麦克伦登领导的切萨皮克能源公司成为美国第二大天然气供应商，市值达到375亿美元的顶峰！ 2012年，麦克伦登告诉《滚石》杂志："能够借来还款期限长达10年的资金，然后安然度过经济繁荣与萧条周期——这种洞察力几乎和水平钻井技术一样重要。"

麦克伦登掀起的这场页岩气狂飙运动，带动了美国油气行业所有参与者的投资热。这场运动就像跑步机一样越来越快，停不下来。2000年美国页岩气产量占其天然气产量的1%，2011年上升到25%。2011年，奥巴马总统宣布："近期的技术创新使得我们能够从脚下的页岩当中开采出更多储量。也许足够用100年"。而到了2018年，美国页岩气产量继续上升，占到天然气产量的67%。页岩气产量已经与曾经的天然气第一大生产大国俄罗斯总产气量相当。

但页岩气革命有时会显得过了头，在改变世界能源格局的同时，也革了自己的命，令"多收了三五斗"效果慢慢显现。2008年，美国金融风暴暴发，页岩气这头"疯牛"不得不停下了脚步。天然气价格腰斩后，麦克伦登的苦日子来了，公司股价下跌59%。他被迫清空自己持有的切萨皮克能源公司股票，因为这些股票都已经按照3比1质押到银行。为了还债，他甚至还卖掉了自己的藏品。2013年4月，麦克伦登被迫离开他23年前一手创立的切萨皮克能源公司。

"什么遗憾也没有，我乐此不疲！"离职后的第二天，麦克伦登就重新开了一家新公司，雇佣了600个员工，又通过发行股票和债券筹集了100亿美元资金，再次开始新的钻探事业。

能源世界已重塑"三个火枪手"的结局尘埃落定

美国页岩气革命改变了世界能源版图，为了维护自身利益，必然会遭到传统产油国的抵制。2016年1月，欧佩克成员国发起了油价换市场的价格大战，国际油价跌至每桶25.99美元，2020年4月石油期货甚至跌为负值。压力就是动力，"工厂化"作业模式等管理和技术创新，掀起了美国页岩气新一轮革命。2018年，美国页岩气综合成本下降了69%，在每桶20～30美元油价下仍然盈利。

此时，美国页岩气革命的先驱们已经因多种原因开始逐步退场，技术狂、冒险家和商业奇才们演绎的淘金之旅开始降下了帷幕，而三个标志性人物的结局也水落石出。

> **知识链接**
>
> "工厂化"作业模式,就是应用系统工程的思想和方法,集中配置人力、物力、资金、设备等要素,以现代科学技术、信息技术和管理手段,科学合理地组织传统石油开发施工和生产作业。工厂化压裂就像普通工厂一样,将施工目标视为待加工的产品,通过优化生产组织模式,在一个固定场所,连续不断地向地层泵入压裂液和支撑剂,使压裂施工向资金技术劳动力密集型发展。

2009年,90岁的乔治·米歇尔离开了休斯敦这片石油热土,回到了出生地得克萨斯州加尔维斯顿。他的10个子女各奔东西。他一生的财富足够让他受人尊重地安享晚年。加尔维斯顿老商业区一栋19世纪的老建筑特里蒙特酒店的一间套房成了他最后的归宿。酒店餐厅永远给他"预留"一张专桌,院子里的棕榈树下也"预留"了一张小桌。他喝着咖啡,听着钢琴曲,往事历历在目。这个时候不需要开着卡迪拉克汽车兜风了,他经常骑着一辆4轮摩托车到处转悠,胸前挂着得克萨斯A&M大学杰出校友的标志性金怀表,寻找儿时的记忆。2013年7月,94岁的米歇尔安然离世。《经济学人》称他为"页岩气之父",认为"在改变世界方面,没有几个商人做出的贡献能与乔治·米歇尔相媲美!"

拉里·尼克斯是幸运的,他没有那种"儿卖爷田不心疼"的冲动,保住了父亲的产业,当然也失去了跻身世界一流跨国石油公司的机会。他仍然执掌着戴文能源公司。2012年,有记者问已经60多岁的拉里·尼克斯是不是太保守,从而失去了一个主宰美国页岩气的机会。他心平气和地说:"现在回想起来,我不认为当时是个错误。""原因很简单,技术上可以把控,但世界上还没有出现过哪个人,精明到准确知道石油和天然气的价格何时上涨何时下跌。"2020年5月18日,戴文能源公司位列《财富》美国500强排行榜第419位。

步入暮年的乔治接受业界的奖项

最悲摧的莫过于麦克伦登。2016年3月2日,被视为美国页岩气革命标杆传奇人物的奥布雷·麦克伦登死于一场车祸,享年56岁。就在此前一天,麦克伦登还受到美国联邦法院针对其涉嫌密谋操控石油和天然气区块报价的指控。麦克伦登去世后,切萨皮克能源公司发表声明,对这位创始人的离去"深感痛心","我们的惦念与祈祷将陪伴麦克伦登的家人一同度过这段艰难的时光。"亿万石油大亨T·布恩·皮肯斯称誉他为"引领美国能源行业复兴的一个主要人物","人无完人,麦克伦登在美国能源行业留下的印记将永远被铭记。"是非功过,且任人评说吧,这对后人会有所启迪。

麦克伦登车祸身亡现场

2020年6月28日，切萨皮克能源公司申请破产保护，成为近年来申请破产保护的美国最大油气厂商。公司股票26日报收于每股11.85美元，自当年年初以来下跌93%，市值仅剩1.16亿美元。在这次石油价格暴跌行情下，美国两个季度就有23家石油公司倒闭。路透社评论，"这意味着这家页岩气先驱企业时代的终结"。

美国的页岩气革命是众多专家和商业奇才共同努力的结果，米歇尔等三个"火枪手"只是他们当中的代表而已。但是，正是这三个人的努力，演奏出世界页岩气产业的华美乐章。而且这乐章一旦发声，就在全球能源界持续精彩上演，"打不死"的页岩气已经呈现席卷全球之势：2020年，全球页岩气产量达到7688亿立方米，其中美国7330亿立方米、中国200亿立方米、阿根廷103亿立方米、加拿大55亿立方米。美国的页岩气革命已然形成了世界性的页岩气开发格局。

参 考 文 献

[1] 拉塞尔.戈尔德.页岩革命：重塑美国能源，改变世界[M].北京：石油工业出版社，2016.
[2] 丹尼尔.耶金.能源重塑世界[M].北京：石油工业出版社，2012.
[3] 胡文瑞.重新发现石油：石油将缓慢地失去青睐度[M].北京：石油工业出版社，2018.
[4] 胡文瑞，马新华.中国页岩气示范区建设实践与启示[M].北京：石油工业出版社，2020.
[5] 胡文瑞，马新华.中国页岩气开发概论[M].北京：石油工业出版社，2020.

（2022年第3期）

陈俊武留下了一束康乃馨

谈 谈

2016年3月26日下午1点，洛阳高层次人才小区，陈俊武从一辆轿车里下来，立在车旁没有马上离开。他指指后座，对随行的人说："把那束康乃馨给我，让我老伴儿看看……"陈俊武手中这束鲜花的背后，有着一个感人的故事。

2010年，年逾八旬的陈俊武牵头在郑州大学化工与能源学院组建了河南省石油补充替代能源研究院士工作站，指导生物燃料方面的研究论证工作。在此后的6年时间里，陈俊武每月坚持到郑州大学讲课、讨论。同时，他还通过电子邮件等方式，对郑州大学的孙培勤团队给予悉心指导。2016年1月，这个科研团队取得了丰硕的研究成果，并以80多万字的专著《生物基燃料技术经济评估》呈现出来，为国家能源战略决策提供了重要参考。

鲜为人知的是，6年来，陈俊武对郑州大学化工与能源学院支付的酬金分文不取，也不让学院负担任何吃住行费用，还不计成本地为学生复印资料，为他们提供力所能及的帮助。在团队取得阶段性成果之际，化工与能源学院再次奉上陈俊武6年兼职应得的酬金。

这一次，陈俊武收下了，但也只是做了一次"过路财神"，他转手就将这20万元捐了出来，用于奖励和支持该校化工领域的优秀青年学子。捐赠活动结束后，陈俊武谢绝了郑大师生的款待请求，只愉快地接受了学生们送上的一束鲜花。他说，他要把花送给卧病在床的老伴儿……

陈俊武在抚顺石油三厂工作时，与抚顺矿务局医院护士长吴凝芳相识，并于1957年结为夫妻。多年以来，陈俊武一心扑在科研工作上，照顾家庭和子女的重担大部分落在了老伴吴凝芳的身上。退休后不久，吴凝芳因病卧床生活无法自理，陈俊武一直悉心照料，无微不至。在他当选院士的时候，他对女儿说，"这个荣誉也有你妈妈的一半。"

1961年底，国家决定自力更生、自主研发被誉为"五朵金花"的五项炼油新技术。1965年5月5日，陈俊武领衔设计的我国第一套流化催化裂化装置在抚顺石油二厂投料试车成功，被誉为新中国炼油工业的第一朵"金花"。此后，他主持设计的兰州炼油厂50万吨/年同轴式催化裂化工艺技术、大庆常压渣油催化裂化技术，双双获得国家科技进步奖一等奖。正是在陈俊武等几代人的共同努力下，我国才成为名副其实的世界炼油领域催化裂化强国。

进入21世纪以来，陈俊武十分关注中国碳减排战略研究，用时3年写就24万字的专著《中国中长期碳减排战略目标研究》。他对中国甲醇制烯烃技术开发和工程设计更是倍加关注，和年轻人一样每天上班、加班，多次主持讨论会，先后8次到陕西华县甲醇制烯烃工业试验装置现场了解情况，甚至爬上数十米高的装置平台实地查看。

在青春时代，陈俊武曾经为了实现祖国的"石油之梦"，在日记写下这样一句话："外面的春天与我何干，最重要的，是要让内心充满芬芳。"这个一生都在实验室里努力让自己的内心充满芬芳的人，这个获得"时代楷模""最美奋斗者"称号的中国著名炼油工程技术专家，于2024年5月1日，悄然地离开了世界。在他离开的背影里，他与妻子分享的那束康乃馨，似乎传递到了无数人的手中，生枝吐蕊，散发着别样的芬芳。

（2024年第3期）

为女基井"输血"的罗平亚

谈 谈

1972年的一天,毛泽东主席在中南海接见阿尔及利亚一位高级官员。在谈到中国石油开采的情况时毛主席说,中国一定要打出6000米的超深井。数年之后,毛主席的愿望终于实现了,1976年2月27日,四川石油管理局在武胜县万善场龙女寺构造打成深达6011.6米的"女基井"。该井是名副其实的中国第一口超深井,首次在川中地区钻穿了全部沉积岩地层,并在川中二叠系获得了具有工业价值的高压天然气流。

超深井钻探必须攻克钻井液、取心、固井、测井等复杂的工艺技术难关,而研制有针对性的有"钻井血液"之称的钻井液则是重中之重。当时已有的钻井液都是由一些简单的材料制成,想用于超深井根本行不通。因为井越深,温度越高,压力越大,原有的普通钻井液会失去效能,无法发挥保护井筒的作用,钻井工作将无法继续进行。最终解决钻井液问题的是当时西南石油大学的罗平亚教授。

罗平亚,1958年考入西南石油学院,1963年大学毕业后留校任教。20世纪70年代,川中石油会战在艰苦的形势中逆势展开。1973年冬,承担超深井钻井任务的四川石油管理局成立了"钻井液技术攻关组",要求西南石油学院派出一名教师下到钻井现场协同攻关。罗平亚主动提出申请,来到钻井队,投身于川中石油会战之中。

作为生产现场唯一的油田化学专业大学生,罗平亚担任了钻井液技术攻关小组技术负责人,率领20余人开始研究抗高温深井钻井液。当时,全国没有人搞过这种钻井液,理论和技术均要从头开始。罗平亚毅然挑起了这项重任。他们的实验室在遂宁,中试工厂在成都、重庆,钻井队在武胜,来回奔波成了家常便饭。再加上极度缺少材料,试生产一直在极度艰难的状态中前行。

在新产品实验过程中,使用的原材料多属于有毒物品或危险品,罗平亚曾多次遇险受伤。其中有一次是在重庆化工厂做实验时,100℃以上的高压苯酚把反应釜的安全阀冲掉,高温且带有腐蚀性的苯酚液体从头淋到脚,致使罗平亚全身烫伤,双眼瞬间因毒气侵害无法看到任何物体。

罗平亚躺在医院的病床上,心想要是变成盲人,恐怕再也无法搞科研了。但出乎意料的是,在医院治疗了13天后,罗平亚的双眼竟奇迹般地复明了。此时,尽管伤势未愈,脸部麻木,他还是偷偷地跑出医院,奔向了钻井工地,继续进行高温钻井液的研发。

汗水和心血搅拌的800多个日夜过去了,罗平亚等技术人员先后做了1249个处理剂研发方案,进行了633组实验。在现场技术干部和工人师傅的密切配合下,终于探索出了打超深井最关键的钻井液技术新途径,研制出急需的抗高温钻井液新型控制剂SMP-1、SMP-2和抗高温钻井液处理剂璜甲基腐殖酸SMC。

1975年秋,使用罗平亚等人研制的钻井液进行的中国第一口超深井女基井钻井成功,实现了毛主席提出的"我们也要打6000米"的愿望,为中国石油钻井史谱写了新的篇章。而罗平亚,却不声不响地继续投入到新系列钻井液的研究中,最终成长为中国著名的石油工程专家。

(2024年第4期)

课堂笔记

重新发现新能源？

胡文瑞　崔玉波

 课前预习

胡文瑞院士和他的《重新发现石油——石油正缓慢地失去青睐度》

胡文瑞院士在长庆油田工作长达30余年，从普通的基层员工成长为长庆油田的掌舵人。而他在这里带头掀起的磨刀石上的革命，使长庆油田获得了"西部大庆"的美誉，一跃成为中国陆上三大油气田之一。

在科技创新方面，他提出的具有哲学内涵的"三个重新认识"——重新认识鄂尔多斯盆地、重新认识长庆低渗透、重新认识自己，奠定了长庆"发展大油田，建设大气田"的思想基础；他提出低渗透、特低渗透油田渗流遵循"孔隙渗流为主，裂缝渗流为辅"的新观点，揭示了低渗透、特低渗透油田采油、采液指数下降过快的根本原因；他首创的"超前注水"技术，从根本上解决了"特低渗透油田不能注水和油层压力低"的重大工程技术难题。

胡院士出版了很多在低渗透油田开发领域具有划时代意义的著作，如《低渗透油气田概论》等。但近年来最为引人瞩目的无疑是历时8年完成、于2018年付梓的《重新发现石油——石油正缓慢地失去青睐度》。

该书虽名为《重新发现石油——石油正缓慢地失去青睐度》，但并非通常勘探开发意义上的发现新的石油资源，而是在世界范围内，新能源开始崛起、石油储藏量日趋增加、环境污染日益得到重视的大背景下，从石油战略、石油政治和商业属性等方面，重新审视和发现石油的战略属性与商业价值。

耐人寻味的是这本书的副标题：石油正在缓慢地失去青睐度。2016年胡院士受邀在浙江大学做了有关能源话题的报告，题目是"重新认识石油"，副标题是"石油将缓慢地失去青睐度"，结果反响热烈。这次演讲的主副标题经过修改，最终印在了这本书的封面上。在序言中，胡院士写道："根据资源采掘业和能源演化的基本规律，'石油将会缓慢地失去青睐度'，石油迟早会走到其拐点出现的时候，这也是毫无疑问的，可能已经为时不远了。"

石油会走到拐点，并不是它被开采殆尽，而是环境治理的迫切要求和新能源的崛起。从这个意义上来说，胡院士讲的新能源与绿色发展这个主题，似乎是"重新发现石油"的延伸。

 院士语录

在人类进入信息时代，化石能源给人类的生存环境带来了重大危机，而不是继续创造新的文明

胡院士回顾说，人类在 200 万—250 万年前发明了工具，大约在 150 万年前掌握了火的使用，从此摆脱了野蛮和愚昧；人类在 300 年前开发利用了煤炭，150 多年前开发了石油，从而依靠化石能源建立起现代文明。

听了这段话，很多人的思维都会在课堂上开小差，会去回味人类第一次钻木取火成功时的惊奇，会畅想第一块煤炭投进蒸汽机炉膛去远航时的喜悦。但想得更多的仍是石油圈中那句经典的广告语：假如世界没有了石油……随后的一长串省略号启示人们没有石油的世界，国家的经济命脉将会被掐住七寸，人们的衣食住行将陷入混乱。

也正是因为石油对于国计民生的重要性，20 世纪中后期，中东地区曾经长期战火不止，石油美元成为霸权主义的屠刀。而对被定义为不可再生资源的石油会越来越少的担心，一直困扰着能源学家们。

但进入 21 世纪后，开始有更为清醒的有识之士告诉大家：煤炭在世界能源的失宠，并非是它被开采一空，而是石油来了；石油有一天不再受人青睐，也不会是因为石油被地球人挥霍完了，而是有更清洁的能源光顾人类。正如胡院士所言，石油正在缓慢地失去人们的青睐度，这个过程很缓慢，但却不可逆转。

这个过程虽然经过数年的认知，正在被更多的人接受，但是在今天的讲课中，胡院士一语惊天："在人类进入信息时代，化石能源给人类的生存环境带来了重大危机，而不是继续创造新的文明。"

化石能源不仅仅有石油，还包括煤炭和人们认为很清洁的天然气。胡院士是搞了一辈子石油勘探开发的专家，但他却勇敢地宣判了化石能源的生命周期，可谓振聋发聩。

他的论断产生的原因之一是石油等化石能源的开采利用对生态环境的损害，在大数据、人工智能等技术飞速发展的当下，越来越得不到世界各国的谅解，建设低碳社会的理念已经在世界范围内形成共识。欧洲各国近年来频频出台的禁油时间表已经表明了这一点。

2020 年 2 月 13 日《俄罗斯报》报道，空气污染每年导致全世界 450 万人过早死亡。独立研究机构——能源与清洁空气研究中心（CREA）的专家证实了这一数据，并表示，同时使世界经济遭受的损失约为 27 亿欧元。能源与清洁空气研究中心还披露说，全球由化石燃料造成的空气污染成本每天为 80 亿美元，约占世界 GDP 的 3.3%。国际非政府环境组织——绿色和平组织的代表表示："向可再生能源的过渡，放弃柴油和汽油发动机以及扩大公共交通网络是解决这种情况的方法。"在这样的数据面前，没有人会认为胡院士的论点是"虚张声势"。

 **划重点啦**

胡院士提出了六大解决方案，和你产生共鸣了吗？

1980年联合国召开的"联合国新能源和可再生能源会议"对新能源的定义为：以新技术和新材料为基础，使传统的可再生能源得到现代化的开发和利用，用取之不尽、周而复始的可再生能源取代资源有限、对环境有污染的化石能源，重点开发太阳能、风能、生物质能、潮汐能、地热能、氢能和核能等。因此，通俗地讲，新能源一般是指在新技术基础上加以开发利用的可再生能源。

化石能源是通过燃烧提供能量，而新能源只需要通过转换即可使用。化石能源非常稀缺，新能源是可再生能源，理论上是"取之不尽"的。化石能源污染环境，新能源具有较高的环境保护和社会效益，符合"低碳化、清洁化、绿色化"发展理念，没有碳排放的压力。

因此，胡院士提出了"融合创新，实现低碳社会和绿色发展"的六条发展途径，即探讨建立新能源发展体系，传统化石能源行业转型升级，交通运输行业绿色出行，工程造物数字化、智能化建造，提升能源使用效率和建设节约型社会。从以上六个方面，大力开发和利用新能源，坚持"低碳化、清洁化、绿色化"发展方向，才是可行的、符合实际的解决方案。

这是胡院士给中国能源业长远发展开出的"药方"，也是向社会各界发出的呼吁：从能源的生产与供给开始，还原世界的绿色与清洁，已经势在必行，必须从我做起。

 课后思考

人类真的离不开石油，只不过在并不遥远的将来，不再成为主要能源；新能源日趋迫近，但很多问题亟待解决

在石油被开采一空之前，胡院士告诉大家，人类迫不及待地要离开石油的前提是新能源的研发与生产技术的逐步成熟，并具备了工业化生产条件。"低碳、脱碳、零碳、碳中和"成为社会关注的焦点。中国工程院最新研究表明：2025年，全国非化石能源消费量占比将达到18%～20%，2035年占比将达到22.5%～25%，2050年占比35%以上，已经呈现出舍我其谁的发展势头。

胡院士表示，石油是作为能源的一种，首先被新能源替代的。但石油并不只是帮助人们在高速公路上奔跑、帮助航天器向太空升腾。日常生活的角角落落，工业制造的点点滴滴，在材料制造等领域，石化产品仍将发挥不可替代的作用。因此，全面否定石油，是对胡院士今天课程的一种误解。

另外，胡院士指出，要正视新能源利用仍存在关键技术、成本、行业融合等诸多困扰，如何找到行之有效的解决方案还困难重重，其利用价值和前进方向，也将长期处于不断的"重新认识"之中。因此，在新能源走上"C位"之前，在漫长的过渡阶段，明确如何更好地进行煤炭的清洁化利用、更全面地气化中国、更节约地利用石油，或许更有意义。

新能源时代终将要来到。企业与能源消费者都要做好迎接的准备。我们要记住胡院士的叮嘱：坚持"低碳化、清洁化、绿色化"发展方向，才是可行的、符合实际的解决方案。

（2021年第1期）

中国要迎来页岩革命?

金之钧　崔玉波

金之钧院士在讲课

 课前预习

金之钧院士和他的页岩油气讲座

金之钧院士是我国著名的石油地质家。长期以来，主要从事深层油气成藏机理与海相油气地质理论研究及勘探实践工作。参与研发的成果先后于2004年和2006年获国家科技进步二等奖，他本人也于2009年、2012年分别获得第十一次李四光地质科学奖和第二十一届孙越崎能源大奖。

作为页岩油气富集机理与有效开发国家重点实验室主任，金院士是较早将美国页岩油气革命情况介绍到中国的专家之一，并在页岩油气勘探开发实践中，取得了显著的成绩。

在此次到中央电视台讲课之前，金院士多次应邀作科普报告，向公众普及页岩油气的相关科学知识。

2016年，金院士在山东科技大学作"美国页岩气革命及其影响"专题报告，介绍了美国页岩气革命的发展历程，分析了中国页岩气勘探开发的现状，并勾画中国页岩气开发和利用的美好愿景。

2017年8月，金院士出席"2017年能源大转型高层论坛"，介绍了美国和中国两国页岩能源革命的最新进展之后，指出了中国页岩油气开发面临的油藏埋藏深、开发成本高等问题，并指出"低成本战略是下一步技术创新的关键"。

2018年6月，在中国科学院第十九次院士大会全体院士学术报告会上，金之钧以"中国迎来了页岩革命吗"为题，再次谈到了中国页岩油气发展的前景和面临的挑战。他指出，中国在继美国和加拿大之后，成为了第三个具备商业化开发页岩气能力的国家，但革命性的阶段还远未到来。

2019年1月,"2019影响力峰会——预见未来"在北京举办。金院士在演讲中指出:"对于油气开发来说,技术进步是关键:从资源扩张型向降本增效型转变。我们的油气资源是丰富的,关键的问题是能不能够给人类提供廉价的油气。"再次强调了技术研发和开采成本的问题。

除了进行学术和科普报告外,金之钧院士还走遍了大部分中国页岩油气田,讲解页岩油气开发的关键技术和重要意义,为中国的非常规油气开采奔忙着。

院士语录

过去吃着碗里的不知道锅在哪儿,现在能够比较踏实地一边吃着碗里的一边知道锅里还有

从金院士在此次"开讲啦"栏目的讲述中得知,2003年,中国地质大学张金川教授先后两次向他介绍了美国页岩气的生产情况,引起了他的重视。2004年,金之钧和张金川教授联合发表了论述页岩气富集机理的论文。可以说,金院士是中国进行页岩气研究较早的专家之一。

他们的研究换来了可喜的成果。2010年,中国石化在合肥进行了风险探井钻探,虽然有气体显示,但没有商业开采价值。2011年,国家能源局提出页岩气"十二五"规划,促进了页岩气的发现与开采。2012年11月,位于重庆涪陵的焦页1HF井钻获高产页岩气流,优质海相页岩气田——重庆涪陵页岩气田横空出世。一年后的9月,国家能源局正式批准设立涪陵国家级页岩气示范区。从2003年开始关注页岩气,到2012年获得成功,整整用了十年的时间,金院士称为"十年磨一剑"。

此后,中国的页岩气开发驶入了快车道。2012年页岩气产量为1亿立方米,2018年,开采量达到了109亿立方米。预计到2030年,中国将有能力实年产800亿~1000亿立方米的页岩气产量,占全国天然气产量的三分之一。

目前,中国已经成为世界第一大页岩气储藏国,第二大页岩气生产国。在课堂上,金院士用一个十分形象的比喻:"页岩气带给大家的这种兴奋度就在于我们终于从过去吃着碗里的不知道锅在哪儿,到现在能够比较踏实地一边吃着碗里,一边知道锅里还有。"

讲到页岩气,自然会想到页岩油。中国页岩油资源十分丰富,初步估算有200亿吨,与常规石油资源量相当。2011年,国内首次在陆相页岩中发现纳米级孔和页岩油,证实了陆相页岩可产油、产气,打破了观念认识的"禁区",迈出了中国版"页岩油革命"的第一步。在此理论指导下,先后发现了10亿吨级的庆城油田和新疆吉木萨尔油田,使中国的页岩油开采迈出了大大的一步。

划重点啦

海相页岩革命与圈层作用预测

中国页岩油气储层类型多样、储层横向展布差异大、开采难度大。金院士说:"美国所生产的页岩油主要是轻质原油,具有成熟度比较高、地下流动性好、地层能量充足、易开采的特性。而中国的陆相页岩油三分之二的资源成熟度比较低,流动性较差,开采难度大。借鉴美国页岩油开采技术,在中国只能开采三分之一的轻质原油。"因此,中国大部分陆相页岩油气的开采还需要形成中国自己的理

论、技术，研发适合国情的装备，才有可能实现跨越式的发展。

对于中国页岩能源的未来发展方向，金院士以长庆油田为例回答说，目前开采的都是地表浅层部分黏稠度高的页岩油，而绝大部分的蕴藏量是在地层深处。正在研发的"原位开采技术"一旦成熟，将会带来更大资源的开发，为中国年产两亿吨石油稳产20年作出贡献。他满怀信心地憧憬未来："如果说1997年美国实现了海相页岩革命，我期待着在中国能够实现陆相页岩的革命。为此我们期待着。"

不过，更令人期待的是，金院士在这堂课上做出了另外一个预言："我个人判断，一场新的革命即将到来，这场新的革命的核心思想就是圈层的相互作用及其资源环境效应，就是地核、地幔和地壳，还包括水文圈、生物圈、大气圈，甚至包括太空的内圈外圈，各种圈层的相互作用。为此，中国的科学家将在新一场地球革命当中发挥着重要的作用，为阐述地球科学的发展规律，无论是资源预测还是环境预测，做出我们应该做的贡献。"

 课后思考

中国页岩油气工业发展道阻且长，尚需努力

这堂课形式独特，在提问环节，不是老师问学生，而是学生问老师。台下的学生（包括机器人小V）提出的问题主要有人造石油的进展、天然气中氦气的提取等。但大家最关心的，还是中国的页岩能源革命的进程。回答这个问题，首先要知道美国的页岩气开发为什么会被称之为"革命"。

美国页岩油气的大规模开发始于20世纪90年代末。经过近20年时间的发展，在政府政策的大力支持、大规模的科研投入和强劲的市场需求推动之下，实现了大规模的商业开发，一改天然气大举进口的局面，实现全面的自给自足。

2009年，美国以6240亿立方米的产量首次超过俄罗斯成为世界第一天然气生产国，从而在经济、政治、自然与社会等方面给美国带来了深刻的影响。仅在能源安全与地缘政治方面，美国就兑现了2001年小布什在《国家能源政策报告》中提出的"保证美国外交政策永远不会被外部能源供应者胁迫"的承诺。

不过，发展迅猛的美国页岩油气业，在新冠疫情肆虐的2020年，仍然有众多的中小企业因市场萎靡等原因而被迫关闭。这足以说明，生产成本较高的页岩油气业，在一些不可抗力和意外事件的打击下，抵抗能力还有待提升。

这无疑会给世界各国的页岩企业以警醒。中国的页岩油气在勘探开发方面虽然成就巨大，但仍面临着诸多难题需要解决。金院士在报告中也多次谈到进一步实现核心技术的突破，降低单井的生产成本，才有可能真正触及革命性的飞跃。

目前，世界正步入第三次能源转型，人工智能、大数据等现代信息技术正在推动石油科技迭代进入高速发展期。中国页岩油气开采，能否在信息技术的帮助下能否实现弯道超车，并进入真正的革命性阶段，令人翘首以盼。

（2021年第2期）

氢能的能与不能

张玉卓　崔玉波

 **课前预习**

张玉卓院士和他的氢能之缘

张玉卓，中国石化集团董事长、中国能源领域的著名专家。1990年，被国务院学位委员会和国家教委评为"做出突出贡献的中国博士学位获得者"，1993年，被授予孙越崎科技基金"青年科技奖"。先后三次获得国家级和省部级科技进步奖。2011年，当选中国工程院能源与矿业工程学部院士。

2021年4月17日，针对氢能的科学利用和战略布局等问题，张玉卓院士和隆基股份总裁李振国、国家电投集团氢能科技发展有限公司董事长李连荣、明阳集团董事长张传卫，四位不同领域的行业领袖一起受邀到中央电视台财经频道《对话》节目进行访谈，主要就氢能的发展与利用展开对话，给广大观众上了一堂新能源大课。

作为本次访谈的主角张玉卓院士近年来多次就氢能源发展问题在各种论坛、会议场合发声，为中国石化氢能发展擘画大局，为中国氢能工业的未来建言献策，可谓与氢能源结缘日久。

2020年3月，张玉卓提出了中国石化发展的"一基两翼三新"战略，明确指出清洁能源的发展为重要的一翼；2020年11月19日，他在"创新经济论坛"上表示，中国石化正在大规模布局氢能产业，计划未来将旗下很多加油站改造成加氢站。

 **小贴士**

"一基两翼三新"战略，即着力构建以能源资源为基础，以洁净能源和合成材料为两翼，以新能源、新经济、新领域为重要增长点。

这次走进央视，张院士谈到的内容则更加详细具体，涉及氢能产业如何具有经济价值、氢能装备如何自主化、氢能基础设施如何搭建、氢能场景如何打造、氢能产业如何帮助企业实现碳中和等话题。

 **院士语录**

中国石化氢能发展愿景就是"要让大家加氢像加油一样方便"

也许有一天，你开着车去中国石化的加油站，你对加油员说的不再是加200块钱的油，而是说："嘿，你好，给我加200块钱的氢。"张玉卓院士在对话中介绍了中国石化正在努力让这样的场景成为现实。

在全球为实现碳中和目标而努力的大背景下，张玉卓院士在这次访谈中指出了中国石化公司的氢能发展方向："我们的目标就是对氢能全产业链进行系统布局。最重要的是，（有一天）要让大家加氢像加油一样方便。"

目前,在世界范围内正在掀起氢能的发展热潮。截至2021年4月,已有日本、法国等30个国家发布了氢能战略计划。世界油气巨头也纷纷开始转身。2021年2月,道达尔总裁宣布将利用相关技术从天然气中生产蓝氢,然后通过可再生能源生产绿氢,努力成为全球清洁氢能供应商。2021年3月,壳牌石油公司出台绿色转型战略,决定大力投资氢能,到2050年将氢能放在公司净零排放计划中的一部分……

而在中国,氢能产业发展最快的企业就是张玉卓领导的中国石化。因企业自身在进行油品炼制加工的过程中,加氢裂化、加氢精制等流程需要大量的氢,氢能产业由此而得到持续推进。在全球石油公司低碳化转型的大趋势下,中国石化蓄力氢能产业外溢,助力碳中和目标的实现,水到渠成。

2020年,中国石化在氢能领域的布局持续深入,4月,与广东签订新建20座以上加氢、加油、充电、非油、光伏发电等"五位一体"的综合能源销售站的战略合作协议;5月,开始与河南新乡市政府携手推进氢能基础设施建设;9月,首套拥有自主产权技术、能生产燃料电池级高纯氢气的试验装置在高桥石化开工,一次成功……

目前,中国石化氢气年生产能力超过350万吨,约占全国总产量的14%。已经布局10座氢能源加注站,"十四五"期间要建成1000座。无论从制氢规模还是技术上,中国石化已经是国内最大的氢能加工企业。

2021年1月,在"中国电动汽车百人会论坛之高层论坛"上,张玉卓院士明确提出,中国石化"将把从烃到氢作为新能源发展的最高优先级,大力推进氢能业务。"而今后中国石化的加油站,"不仅仅是加油,可能是油、汽、氢、电加上综合服务,加油站将来就是一个综合服务站。"

划重点啦

在碳中和的背景下氢能为什么会是终极的绿色能源?

在中国承诺2030年碳达峰、2060年碳中和的宏大战略背景下,被专家和业界称为"终极清洁能源"的氢能终于登上了能源舞台的中央。

作为能源,氢有两个极具竞争力的特征:高能量密度,单位质量的热值约是煤炭的4倍,汽油的3.1倍,天然气的2.6倍;可存储且无碳,相比电力可以实现跨时间及地域的灵活运用。因此,在全球能源转型过程中,氢是最佳的碳中和能源载体。

碳中和为人类描绘了更新更美的发展未来,也是构建人类命运共同体的必然选择。而氢作为二次能源,具有来源多样、终端零排、用途广泛等优势,对于保障国家能源安全、应对全球气候变化具有重要意义。

预计我国将于"十五五"初期实现碳达峰,温室气体排放峰值不超过130亿吨,能源活动二氧化碳排放峰值不超过105亿吨,碳汇约9亿吨;2060年实现碳中和时,我国能源活动二氧化碳排放量约5亿吨。想要实现这个目标,压力十分巨大。

在这次对话中,李振国指出,目前,中国碳排放来自于电力系统的占比约42%,其余的来自能源化工、冶炼、交通运输等。想要让这些行业脱碳,引进氢能是最佳的解决方案。

脱碳路上,中国石化已经进行了周密的布局,张玉卓院士介绍说,中国石化已经梳理了一百多个企业的碳排放基数,对今后每一个领域如何实现减排、减排的时间表都进行了认真的深入研究。辅以中国石化比较完备的技术体系，已经从全产业链上游、中游、下游如何进行碳减排进行了系统的安排，对2060年实现碳中和充满信心。

 小贴士

所谓的碳中和是指企业、团体或个人测算在一定时间内直接或间接产生的温室气体排放总量，通过植树造林、节能减排等形式，以抵消自身产生的二氧化碳排放量，实现二氧化碳"零排放"。

 课后思考

制氢的技术与成本在相当长一段时间内仍然是亟待解决的问题

如此丰富的氢能近在咫尺，但直至今日，在世界范围内，制氢的技术与成本问题仍然没有得到很好地解决，这也是氢能产业面对的最大瓶颈。

虽然氢气可广泛从水、化石燃料等含氢物质中制取，但能够提供全程无碳的技术路线却十分有限。中国石化每年300万吨的氢产能也都是灰氢，还不能让碳排放达到零。世界上更多的采用太阳能、风能和生物能制氢的技术虽然取得了一定的突破，但受制于较高的运行成本，大多数项目仍然在靠政府补贴维持。

 小贴士

灰氢是利用石油天然气、煤炭制氢，石化燃料制氢，有碳排放；蓝氢是指在使用石化燃料制氢同时，使用碳捕集和碳封存，碳排放较少；绿氢是利用风电、水电、太阳能等可再生能源制氢，制氢过程没有碳排放。

目前，全球碳捕捉与封存量仅为全部排放量的0.1%，全球18个碳捕捉项目分布在6个国家，总容量约3200万吨。国际能源署预计，要实现全球控温2度的目标，累积到2060年需要封存至少1000亿吨二氧化碳，约17%的减排来自碳捕捉封存技术。

目前，工业中产生的氢气主要还是灰氢。中国总体上年产2500万吨氢，有96%是灰氢。氢能发展的前景十分远大，极有可能成为将来的终端能源，但目前受限于技术、成本等原因，还不能过快地提速发展，这就是氢能的能与不能。

因此，在现有条件下，张玉卓院士认为，绿氢在不远的未来一定会成为主角。但现在不能为了取得更好的排放效果，一步到位地去生产绿氢，而是扎扎实实地进行碳捕集等技术的研发，在降低成本上下功夫，才会促进氢能的快速发展。

（2021年第3期）

中国陆相页岩油革命

赵文智　王大锐　赵　霞

工作中的赵文智院士

课前预习

页岩油与美国的页岩油气革命

赵文智，中国工程院院士。石油地质与油气勘探专家。从事中国陆上主要含油气盆地油气成藏理论技术研究与勘探实践。研究提出的富油气凹陷"满凹含油"论、有机质"接力成气"、岩性油气藏大面积成藏和中低丰度天然气大型化成藏理论以及叠合含油气盆地"多勘探黄金带"等新认识，在多个前人尚少涉足勘探的新领域实现突破，发现多个大型油气田。

页岩油是指以页岩为主的页岩层系中所含的石油资源。其中包括泥页岩孔隙和裂缝中的石油，也包括泥页岩层系中的致密碳酸岩或碎屑岩邻层和夹层中的石油资源。而陆相页岩油在一般情况下，其埋藏深度要大于 300 米。

我国丰富的陆相页岩油资源能否对原油 2.0 亿吨稳产，甚至在 2.0 亿吨基础上实现规模上产发挥有力支撑作用？为了让广大读者了解我国陆相页岩油发展前景与未来地位等方面的内容，我们访问了中国石油学会石油地质委员会主任、中国工程院院士赵文智，赵院士面对面地给我们上了一堂生动的关于页岩油方面的科普课。

院士语录

"我国中高熟页岩油对支撑我国原油年产2.0亿吨有很好的现实性,但贡献的产量份额不够大"

赵院士认为,美国页岩油气革命成功的原因有四点:一是基础研究走得早,为后来页岩油气"甜点"选区与先进适应性技术突破奠定了基础;二是关键技术选得准,寻找到水平井+体积压裂这一解决页岩油气开发的最佳技术组合;三是甲乙双方通力合作做得好,对开发成本控制好;四是中小企业家面对资源新领域敢闯天下有胆识。

中美两国的页岩油类型不同,资源品质有很大差异,发展模式也有所不同。如美国页岩油气革命首先是由中小企业开启了成功之路,而中国则主要依靠大型油气企业的参与和引领。但两国发展路径应该大同小异,就是对这样一个全新的资源领域,既要有前期国家的政策扶持,还要有超前基础研究支撑下的技术创新,甚至革命。

中国的陆相页岩油包括三大部分:一是埋藏深度小于300米的油页岩油,这是可以通过地面干馏的方式开采的一类资源。对其资源潜力与未来开发利用地位,特别是环保方面面临的一些问题目前还有争议。只有单层厚度大、分布有一定规模且含油率高的油页岩才可能投入经济开发利用。从这一点来说,我国油页岩油的资源总量就比较有限了。

二是中低熟页岩油,是指页岩中只有一小部分有机物转化为石油,且已转化的石油丰度低、黏度高、流动性差,不能利用现有成熟的技术进行开采,需要采用地下人工加热的方法,将页岩中剩余有机质和高黏度石油转化为易采出的轻质石油和伴生天然气。据初步评价,我国中低熟页岩油资源总量巨大,一旦技术成熟,将带来我国石油工业的一场革命,人们称为陆相页岩油革命。

三是中高熟页岩油,是指地下温度、压力比较高,埋藏时间比较长,大部分有机质已经转化为石油和伴生天然气并大量滞留在页岩层系内。通过水平井技术增加井筒与页岩地层的接触面积,水力压裂技术提高地层内页岩油向井筒的流动能力和规模,即可获得工业产量。我国陆相页岩的资源禀赋和现有采收率水平决定了中高熟页岩油经济可采总量比较有限。从目前已有试采资料看,我国中高熟页岩油对支撑我国原油年产2.0亿吨有很好的现实性,但贡献的产量份额不够大。

划重点啦

中国陆相页岩油革命内涵的四个方面

赵院士认为,我国陆相页岩油革命的实现需要中高熟页岩油与中低熟页岩油的接续发展。中高熟页岩油现实性好,可以依靠成熟的水平井和体积压裂技术实现有效开发利用,是我国"十四五"期间原油2.0亿吨稳产的重要补充。中低熟页岩油资源潜力巨大,但现有技术的稳定性和适应性还有待先导试验验证,目前还有不确定性。一旦技术取得突破,将带来原油产量的大规模增长,对保障国家油气供应安全发挥重大作用。因此,实现陆相页岩油革命的主体是中低熟页岩油。总体看,我国陆相页岩油革命一旦实施将具有四方面内涵:

首先是资源类型的革命——从"人工油藏"迈向"人造油藏"。我国的中高熟页岩油开发思路与美国无异，即依靠改变地下流体渗流环境和补充地层能量，在"甜点"内形成高渗透流动通道，即人工改造油藏。中低熟页岩油开发的关键是采用人工加热改质的方法，使富有机质页岩在地下原位产生轻质石油和天然气并采至地表，是真正意义上的"人造油藏"。

二是开采技术的革命——从"水平井+体积压裂"迈向"地下原位转化"。中高熟页岩油的开发可以照搬页岩气开发的成功技术和经验，即通过水平井+体积压裂技术形成复杂人工缝网，提高地层内页岩油向井筒的流动能力和规模。中低熟页岩油的开发则需要地下原位转化技术，这是和现有的水平井+体积压裂技术完全不同的一类全新技术，但相关工具都是成熟的，就待先导试验予以证实。这套技术一旦成功，将带来页岩油地下原位转化的技术革命。

三是开发方式的革命——从地上"井工厂"迈向地下"油炼厂"。当前，中高熟页岩油的开发普遍采用"井工厂"的方式，即利用一个作业平台完成多口水平井的钻完井，达到降本增效的目标。中低熟页岩油的开发除利用"井工厂"技术完成钻完井外，还需要人工升温使页岩中的有机质发生裂解生成轻质石油和天然气，并把裂解过程中产生的焦沥青、二氧化碳和部分硫化氢等污染物留在地下，相当于在地下建立一座"炼厂"，从而实现油气的绿色开采。

最后是资源地位的革命——从"保 2 亿吨原油稳产"迈向"大规模上产"。我国中高熟页岩油的开发已经起步，"十四五"将是我国陆相页岩油的快速发展期。中低熟页岩油地下原位转化技术有望在"十四五"期间完成先导试验并向工业化生产迈出关键一步。同时关键装备的国产化也在积极推进中，一旦先导试验成功，中低熟页岩油产量将在"十五五"期间大规模增长，那时我国原油对外依存度将大幅降低，值得期待。

 课后思考

我国页岩油革命已经启动，该产业发展的瓶颈问题有哪些？如何破解？

页岩油革命所面临的挑战从经济的角度可以分为以下几类：是否有足够的资源，影响了开发的可行性和可持续性；是否有成熟的技术，决定了技术可行性和开发成本；当前和未来的油气价格是否能够盈利；政策法规是否友好，生产合同制度如何；其他如稳定的市场、完善的配套基础设施等等。

我国中高熟页岩油的开发已经取得较大突破和进展，但在开采成本、单井累计采出量、关键技术装备国产化等方面与美国相比仍有较大差距。例如美国依靠技术进步，桶油成本由 2014 年的 80 多美元降至 2019 年的 40 美元。而我国地质条件更复杂，加上国有企业技术服务的市场化程度不够高，造成我国陆相页岩油的桶油成本远高于美国。我国水平井钻完井部分关键技术和装备还依赖进口，这容易受到复杂外部环境的影响，打乱我国页岩油正常生产节奏。

所以，我们要以积极进取的态度，加大石油科技创新力度，特别是在装备方面的革新与创新，在百年不遇的世界大变革的形势下，迎接中国陆相页岩油的革命！

（2021 年第 3 期）

郭尚平院士谈微观渗流

郭尚平　崔玉波

课前预习

郭尚平院士的渗流人生与渗流力学研究

郭尚平，中国著名的流体力学家、生物力学家、油气田开发专家，中国科学院院士。祖籍四川隆昌，1929年生于四川荣县，1951年毕业于重庆大学，1957年4月毕业于莫斯科石油学院并获副博士学位。归国后曾任石油部勘探开发研究所筹建处（石油科学院）工程师、中国科学院渗流力学研究室主任、长庆油田研究院副院长、中国石油勘探开发研究院副院长等职，1983年被任命为中国科学院兰州分院院长。1995年当选中国科学院（数学物理学部）院士。曾获国家自然科学奖、何梁何利科学技术进步奖以及"石油工业有突出贡献科技专家"称号。

郭尚平院士的科研工作历程，可以大致划分为三个阶段，第一阶段是从苏联留学归来到20世纪70年代初期，这一阶段的科研成果主要包括克拉玛依油田开发设计和大庆油田第一个开发区146平方千米开发设计，非均质油田开发过程水动力计算方法和非均质油层二相渗流小层动态分析计算方法，以及一次成型人造地层宏观大模型技术等。

第二阶段是20世纪70年代后期到20世纪90年代后期，主要科研成果是微观渗流和生物渗流两个分支学科的建立，以及微观模拟和测试成套技术的发明。这也是郭尚平一生当中最为重要的三项科研成果。随着时间的流逝，其在石油开发、生命科学等学科的奠基性作用愈加显著。

21世纪初年到20年代初期，这一阶段是郭尚平科研工作的第三阶段。在这一阶段，郭尚平对页岩油气、致密油气、煤层气、可燃冰等非常规油气新领域的开发问题和渗流研究进行了科学的思考，但是他对微观渗流的思考更加深入，提出了诸多富有独创性的观点。

郭尚平的主要研究成果可以概括为四个方面八项成果：一是参加了新疆克拉玛依和大庆萨尔图两个油田的开发设计；二是建立了非均质油田开发过程的水动力学计算方法和小层动态分析方法两个计算新方法；三是研发成功一次成型大模型宏观模拟和测试技术、微观模拟和测试成套技术两项物理模拟新技术；四是创立了"微观渗流"和"生物渗流"两个学科分支。

郭尚平院士在科研工作中一直围绕着一个核心：多孔介质及多孔介质内的流体运动——渗流。"渗流"二字是他生命当中最为醒目的关键词，贯穿了他一生的追求和热爱。在或细微、或宏大、或澎湃、或寂静的多孔世界里，他执着地凝视着深深的地层下常人无法看到的各类流体渗流的图景，不断探索将工业的血液——石油输进当代中国能源大动脉的新的科学方法。因此，有媒体将郭尚平的人生称为"渗流人生"是十分恰当的，因为他的一生都在研究渗流科学及其应用，并为此付出了自己的全部力量。

划重点啦

微观渗流研究的过程和取得的成果

在与郭院士的交谈中笔者了解到，自法国工程师达西于1856年发现渗流基本规律的渗流实验开始，人们对渗流力学的"宏观渗流"研究持续了一个多世纪。郭尚平的"微观渗流"力学理论和技术出现之前，世界渗流力学研究只局限于宏观领域。宏观实验具有很多优点，但是它也有本质的不足：不能直接观测孔隙裂隙中流体运动的具体情况，以及流体之间、流体与孔隙表面之间的相互作用等具体细节。这种不足在注水驱油中存在，在注入热能、化学剂、高压气和生物剂等强化采油过程中也同样存在，情况比注水驱油更为复杂。因此，随着石油开采工程的发展和计算研究工作的逐步深入，对关系到油田开采速度、采收率和经济效益等重大问题的渗流力学研究的进一步细化和深入提出了更高的要求。显然，渗流力学必须找到继续发展的道路，并为上述问题的解决提供方案。

20世纪70年代后期，郭尚平及其科研团队将渗流力学的实验研究推入了一个更为精细深化的领域，即在孔隙层次上研究流体的渗流规律。郭尚平在世界上第一次提出了"微观渗流"概念和科学思想。"微观渗流"是指孔隙水平（层次）的渗流研究，主要研究各种类型的孔隙、裂隙、孔隙—裂隙体系内的渗流细节、机理和规律。郭尚平的这种科学思想是在20世纪60年代初期产生的，但由于当时的科研环境限制，不能开展这种性质的科研工作，直到1978年科学的春天到来后，其科学思想才真正从郭尚平的大脑进入实验室。

郭尚平提出了"微观渗流"的概念和科学思想，但是，实现科学思想的技术路线呢？郭尚平认为一般可以考虑两种技术路线：微观物理模拟和微观数值模拟。两条路线都非常困难。思索良久，他决定首先探索微观物理模拟技术。于是，郭尚平带领团队研发微观物理模拟技术和测试技术。

郭尚平团队潜心钻研、攻坚克难，终于成功研发光刻仿真微观模型等三种微观物理模型技术，以及高温高压微观模拟、黏土矿物微观模拟、孔隙裂隙表面润湿性微观模拟、孔隙裂隙表面粗糙度微观模拟、表面润湿性改性、微观模型再生、二相流体微量测试、三相流体微量测试等11项配套技术及相应的实验设备，叩开了微观渗流研究的大门。使渗流力学、储层物理、油藏工程和提高油气采收率等科研实验拥有了深入到孔隙裂隙层次的条件。微观模拟测试配套技术还可应用于涉及多孔介质和流体渗流的非石油行业的其他各种工程技术。

经过几年的系列化实验和研究，郭尚平团队以石油开采工业为背景，以复杂的物理化学渗流微观理论为重点，以提高原油采收率和产量为目标，运用自主研发的微观模拟测试配套技术，先后开展了孔隙介质中的多相渗流、泡沫驱油渗流、碱水驱油渗流、多种类型的表面活性剂驱油渗流、高分子聚合物溶液驱油渗流、高温高压下的油气水和扩散剂体系驱油渗流、渗流过程中黏土膨胀、运移和吸附以及裂隙介质中多相渗流等方面的实验研究，取得了丰富的实验数据，发现或明确了54项微观渗流机理。1990年出版了世界上首部微观渗流专著《物理化学渗流微观机理》，初步建立起微观渗流理论，加强了提高原油采收率和产量的理论基础。

微观渗流研究是郭尚平在渗流力学领域，随着理论研究、科学实验和生产实践的逐步深入，从宏观发展到微观的顺理成章、水到渠成的结果。这种水到渠成，包含了郭尚平及其团队难以计数的思考和实践，浸润了众多科学家的心血和汗水。

从理论到实践，郭尚平等人的努力换来了巨大的收获。1986年11月，兰州渗流室郭尚平等人初期完成的渗流微观模拟技术部分成果获得了中国科学院科技进步一等奖。

 院士语录

我的科学思想是"科研创新，为国为民"

1986—1987年间，中科院推荐微观模拟实验技术部分成果申报国家科技进步一等奖，但郭尚平团队并未申报。原因有二：一是郭尚平认为应当在报奖成果中加上光刻仿真模型技术和高温高压微观模拟技术等主要内容；二是当时一位熟悉成果管理的同志说，这项微观模拟技术是重要发明，大概可授权约10项发明专利，应当申报国家技术发明奖。

但是，要申报国家发明奖，首先要获得授权发明专利。当时发明专利审批授权需要3年时间。郭尚平考虑到这就会使微观模拟测试技术为石油工业作技术支撑的时间迟滞3年，会影响该项技术的快速普及，不利于促进石油工业的科研和生产。不行！不能拖石油工业后腿，我们不报专利！也正是在这种情况下，为使微观模拟技术能尽快为油气科研和生产服务，更好更快地普及这项微观模拟技术，以促进我国石油工业的发展，郭尚平团队决定不追求本单位和个人的利益与荣誉，将成果快速且不求回报地推广到石油行业，进一步为油田生产做好科研实验的技术支撑工作，最终他们放弃申报专利和国家奖励，转而申请在中国石油天然气总公司无偿举办培训班，公开推广该配套技术。石油人无私奉献的大庆精神、铁人精神在这里得到了很好的体现。

鉴于该套微观模拟技术对油田开发的重要作用和广阔的应用前景，1989年5月16日至18日，中国石油天然气总公司在河北廊坊万庄分院举办培训班，公开推广渗流所原创的微观物理模拟和测试技术。这次培训，来自全国各大油田、科研院所和高等院校的代表们集中学习了这项成套技术，掌握了基本的实验原理和工艺技术。回到本单位后，陆续建立了自己的微观模拟实验室，微观物理模拟测试技术在很大范围内很快得到普及，逐渐成为常规实验项目。

这套微观模拟测试技术不仅可以应用于油气领域，同样适用于涉及渗流过程的非石油的科学技术和工程领域。多年来，虽然石油行业内外的众多实验室和科研人员都在应用这项技术进行科学实验，但很多人并不知道，"微观渗流"概念和科学思想及微观模拟实验技术最早的发明人是郭尚平及其团队和渗流力学研究所。

一套由十余项实验技术组成的技术系列在短时间内迅速普及到全国，这在中国石油工业发展史上是十分罕见的。现在，微观模拟实验和测试技术已经成为常规实验技术。一项独辟蹊径的发明飞入众多实验室并迅速发挥作用，发明创造者"科研创新，为国为民"的爱国情怀起到了决定性作用。如果郭尚平团队不是无私地向社会和石油行业奉献自己的科研成果，这样的局面是很难形成的。郭尚平团队将千辛万苦研发出来的世界首创微观渗流模拟成套技术无私奉献给社会的精神和行动，获得了很多人的称赞，但也有人为他们惋惜，觉得个人和单位都失去了获得回报的机会。但是，只要能够助力中国石油工业的发展，他们就无怨无悔。他们说：生为中国人，科研为人民；身为中国人，为国争创新！

"这么多年，我进行科研工作的指导思想就是'科研创新，为国为民'"。郭院士这句话道出了多年以来他的工作和学习宗旨。只要于国有利，为民谋福，他并不看重个人以及团队的得失。

课后思考

微观渗流力学研究将如何持续深入

从 20 世纪 90 年代末期至今，郭尚平院士对页岩油气、致密油气、煤层气、可燃冰等非常规油气开发新领域的渗流问题进行了科学思考，但是他对微观渗流研究与应用的思考却更加深入，并提出了诸多富有独创性的观点。结合郭院士的谈话，可以总结出以下几个方面的思考：

一是"宏微结合"，即宏观渗流研究和微观渗流研究相结合的问题。为了促进渗流力学理论和应用与石油天然气、地下水、地热、煤和铀等地下能源资源的开采紧密结合，郭尚平院士多年来一直在思考微观渗流与宏观渗流相结合的问题。他认为，通过微观渗流研究能知道孔隙裂隙内的物理、化学、生物学和力学等细节，认识微观渗流机理和规律，但是不能提供宏观综合数据，而后者为生产实际应用所必需；凭借宏观渗流研究能提供宏观综合数据，但却不知道或不确切知道孔隙裂隙内的微观机理和规律。微观宏观结合可使渗流理论深化，使渗流分析计算更接近生产实际。更重要的是，"宏微结合"的渗流研究计算能够为每一瞬间同时提供宏观综合数据及多孔介质内任何空间点的微观细节，这将大大促进渗流理论和计算方法的发展，从而提高生产应用效果。郭尚平认为，"宏微结合"的实现需要采用微观数值模拟的技术路线。当计算设备的能力足够大时，不但能够进行多孔介质及其中的渗流的精细模拟，知道某一时间点该多孔介质整体的渗流宏观综合数据，还能同时知道该多孔介质中任一空间点的复杂的渗流物理、渗流化学、渗流生物学和渗流力学的各项微观细节、机理和规律。郭尚平认为，这一科学设想在不久的将来就会实现。

二是用天然岩样制作微观模型，即在天然岩石的微观模型中进行微观渗流研究的技术。郭尚平认为有必要发展这方面的技术。这项技术存在的困难就是孔隙裂隙和其中的流体显示得不清楚。目前随着渗流研究不断取得新进展，成功研发了一种高清晰度的天然岩样微观模型，实验观测效果很好。郭尚平建议有必要继续努力，进一步完善工艺技术以达到更容易更快捷地制造这样高清晰度的天然岩样微观模型。

三是必须考虑纳米级孔隙组成的多孔介质中的微观渗流研究。长期以来，渗流研究计算涉及的多孔介质的孔隙尺寸一般是微米级，其渗透率一般是毫达西级。如今，生产实际中的非常规油气储层多孔介质多属纳米级多孔介质。其孔隙尺寸小至数十至数百纳米甚至只有几个纳米；其渗透率小至数十至数百微达西，甚至仅数个微达西。纳米级多孔介质内的微观渗流细节、机理和规律以及相应的计算分析方法等与微米级多孔介质渗流相比，很可能有很大差异。亟需开展纳米级孔隙多孔介质中的微观渗流研究。应当采用什么技术路线？如果采用物理模拟技术路线，其科技难度和投资成本会非常巨大，因为这种工作的难度十分接近当前的芯片技术。郭尚平认为微观数值模拟是比较实际可行的路线。

（2022 年第 3 期）

听孙金声院士讲"地下珠峰"如何开采出油气宝藏

孙金声 崔玉波

课前预习

关于油气钻井工程专家孙金声院士

1965年，孙金声出生于江西于都。1985年，江西师范大学化学系本科毕业，1988年，南开大学元素有机化学硕士毕业，2006年，获西南石油大学油田应用化学博士学位。参加工作后，先后在中国石油勘探开发研究院、中国石油钻井工程技术研究院（现改为中国石油工程技术研究院有限公司）从事科研工作。

孙金声院士长期从事油气井工程钻井液理论、技术研究与工程实践。带领团队发明了化学成膜水基钻井液、抗温240摄氏度的水基钻井液和抗温300摄氏度的泡沫钻井液，研制出稳定井壁、低摩阻复杂结构井高性能钻井液，研究成果在塔里木油田、大庆油田等17个国内油田和肯尼亚等12个国家的油田得到规模化应用，取得了显著效果，为加速勘探和高效开发我国深部复杂地层油气资源，获取海外油气资源提供了重要技术支撑。

孙金声院士先后主持完成了重点科技攻关项目40余项，曾获2项国家科技进步二等奖和1项国家技术发明二等奖，省部级一等奖7项，授权发明专利27件。因科研成就卓著，先后获得"中华国际科学交流基金会杰出工程师奖""孙越崎能源大奖""何梁何利产业创新奖"。2014年当选为俄罗斯自然科学院院士、俄罗斯工程院院士，2017年当选为中国工程院能源与矿业工程学部院士。

课堂焦点

地质勘探、钻完井、储层改造、采油采气四大关键技术十分重要

石油作为最具代表性的化石能源，被誉为黑色的金子、工业的血液、经济的命脉，不仅关系到广大人民的生活，更关系到国家经济发展和能源安全。既然石油天然气如此重要，那么又是如何将其从几千米甚至上万米的地下开采出来的呢？孙院士从地质勘探、钻完井、储层改造、采油采气四大关键技术，揭开了油气开采的神秘面纱，让大家了解石油工程师如何从地下"龙宫"中，抽丝剥茧抓出"油龙、气龙"。

地质勘探是明确油气在哪里的手段。孙院士将石油天然气深藏于地下的情景比喻为一个看不见摸不着的"黑箱子"。如何让"黑箱子""透明"，进而准确地找到地下油气就是地质工程师的任务。他用四个生动的比喻概括了地质勘探工作：（1）野外地质调查——初次"问诊"是基础，这是寻找油气的开端，所取得的调查资料能够为地质学家确定油气开采有利区块提供重要参考；（2）地震勘探——给地球做"心电图"，地震勘深首先要在目标区块人工制造微型地震，然后收集和分析地震波，从而获取地下岩层的相关信息寻找石油和天然气；（3）电磁勘探——给地球做"磁共振"，由于地层中岩石和油气等流体的电学性质不同,所以在外加磁场作用下,工程师可以收集到不同的电磁信号,以此来探查地下岩层中是否存在石油和天然气;(4)地球化学勘探——给地球做化验,工程师利用化学方法对岩层和岩层中流体的成分进行分析,寻找地球化学异常的线索,判断地层中是否存在油气资源。找油如同给人做体检,这四个比喻让大家形象地了解地质勘探工作的内容。

钻完井工程建立连通地下油气和地面的通道。地质勘探结束后,需要修建一条由地面通向地下的"人工通道",以便让油气能够流出来。要修建这样的通道,首先要打一口通到地下的井,这就是通常所说的钻井。打完井还要用很多办法让这口井保持稳固,这就是固井和完井。钻完井过程中,工程师要通过录井和测井精准地确定油气存在的层位,为后续储层改造和油气开采奠定基础。在钻井这一环节中,孙院士把井型比喻为钻井工程的"作战图",把钻机装备比喻为钻井工程的"主心骨",把钻井工具比喻为工程师的"百宝箱",把钻井液比喻为钻井工程的"血液",把海上钻井平台比喻为可移动的"油气堡垒",而把井控安全说成是钻井作业的"保险栓"。这些新奇而贴切的比喻让大家很好地了解了钻井工程的流程和原理。

储层改造是拓宽油气流动通道的保证。孙院士介绍说,有的储层内部的孔隙直径只有头发丝的几千分之一,油气难以在其中流动。为了开采致密储层中的油气,需要对其进行人工改造,也就是储层改造。储层改造的主体技术是水力压裂,通过把液体"挤入"地下并给液体加压,从而在地层中"破碎"岩石、"憋出"无数裂缝,这些裂缝好似地层和井筒间的"高速公路",可以确保油气顺畅地被采出来。水力压裂离不开压裂液、压裂装备和压裂工具。孙院士将压裂液比喻为疏通地层油气的"活血药",将压裂装备比喻为压开地层的"动力源泉",将压裂工具比喻为压开地层的"攻城利器"。在这样一系列法术面前,油气只能乖乖地从地层中流出来。

采油采气工程是采出地下油气的手段。孙院士将石油天然气开采的前期、中期和后期比喻为人类的青年、壮年和老年。石油天然气开采的不同时期,工程师会使用不同的设备、不同的方法尽可能多地将深埋于地下的油气采出来,这就是采油采气工程。孙院士通过比喻介绍了采油采气的装备和方法,将采油装备说成是采出地下石油的"利器",就像"水井中的打水工具"一样,通过外力将石油从地下"打捞"到地面。将采油方法比喻成采出石油的"锦囊妙计",针对不同开采时期,工程师会采取不同的采油方法:开采初期,可以利用地层的天然能量;开采中期,地层能量大幅消耗,需要为地层补充能量;开采后期,工程师便开始"八仙过海各显神通",使用各种物理、化学、热力,甚至生物手段开采石油。而采气装备是工程师的"采气法宝",主要包括采气树、套管头、管柱、井下工具、电动潜油泵以及地面集输装备等。有了装备再采用合适的采气方法,最终为天然气"搬个新家"——将天然气从地下储气层搬到地上储气罐。

勇攀"地下珠峰"——万米深地钻探工程

深层油气资源勘探开发是开展地球深部探测的重要组成部分。我国深层、超深层油气资源达671亿吨油当量,占全国油气资源总量的34%。加快深层油气勘探开发也成为保障国家能源安全的必然选择,钻井技术则是油气资源勘探开发必不可少的重要手段。万米深井钻完井工程是我国深部油气探索、地质科学与装备发展的必经之路,万米深井钻探也被喻为攀登"地下珠峰"。长期以来,中国石油着力打造深地油气工程原创技术策源地,推动深地钻探工程向世界顶尖水平发展。孙院士从五个方面介绍了我国深层超深层油气的发展情况和未来趋势。

重点一：我国深层超深层油气资源丰富，为保障国家能源战略安全，超深层油气钻探的号角已经吹响。我国深层超深层油气主要分布在塔里木、四川等盆地，其中，塔里木盆地奥陶系、震旦系超深层估算石油 10.17 亿吨，天然气 1.9 万亿立方米；四川西部灯影组超深层估算天然气 5.6 万亿立方米。"向地球深部进军是我们必须解决的战略科技问题"，中国石油正着力打造深地油气工程原创技术策源地，推动我国"深地钻探工程"高质量发展。

重点二：万米深地油气钻探工程开启了人类探索地球深部的新纪元，重要性不亚于探月工程。地球半径近 6400 千米，大陆地壳厚度也超 30 千米，人类至今钻探最大深度仍未超过 １３０００ 米，而人类探测器旅行者 1 号已经飞出了太阳系，并已实现载人登月，可见深地探索比"登天"还难。2023 年，将在塔里木盆地和四川盆地实施井深 11100 米和 10520 米的两口万米深井钻探。中国石油启动的万米深地油气探索工程，不断突破工程技术短板，有力推动了国家深地战略实施。

重点三：万米深井钻完井工程是我国深部油气探索、地质科学与装备发展的必然选择。万米深井钻完井工程代表当今世界钻井最高水平，是复杂的系统工程，被中国工程院列为"超级工程"，面临许多世界级难题。国外自 20 世纪 70 年代开展特深井钻探，苏联 SG-3 井标志着人类深井钻探进入万米时代，耗时 22 年。2023 年，我国四川蓬深 6 井突破 9000 米大关，达到 9026 米，用时仅为 561 天。

重点四：我国深地钻探难度与国外相比，钻井综合难度世界罕见。塔里木、四川盆地超深井与国外相比，对标全球 13 项工程难度指标，其中高温、高压、高含硫、砾石厚度、盐层厚度、盐层套数和盐水压力系数 7 项难度指标世界第一。

重点五：万米深地钻完井技术面临挑战。为了顺利完成万米深地钻探工程，围绕"打成、打快、打好"万米深井，凝练出"十大"技术挑战、"五大"卡点、"两大"科学问题，中国石油组织产学研科技力量，开展跨学科跨专业跨单位联合攻关，加强极端工况理论方法及耐特高温、高压材料研究，加快工程技术装备突破，助力万米深层油气资源勘探与开发。

 院士寄语

希望国家和全社会给予油气行业更多的关注及支持，也希望更多的青年学者能够积极投身其中

在实际生产中，油气钻采仍面临诸多技术难题，特别是系列"卡脖子"重大技术难题，制约了油气工业的发展。因此，希望国家和全社会给予油气行业更多的关注及支持，也希望更多的青年学者能够加入这个光荣的行业，成为促进中国石油工业持续高速度、高质量发展的一员。

中国油气产业的发展速度、产量规模、产业结构、技术创新、对外开放均取得了非凡成就。在中国式现代

化的新征程中，石油人应以"四个革命、一个合作"能源安全新战略为根本遵循，弘扬"大庆精神铁人精神"，加强油气领域关键核心技术攻关，加快实现科技自立自强，推动油气产业高质量发展，将能源的饭碗牢牢端在自己手中，保障国家能源安全。

（2023 年第 3 期）

听李宁院士揭秘特深地球物理测井

李 宁　王大锐

课堂上的李宁院士

2023年5月30日，我国发生了两件具有标志性意义的科学事件：神舟十六号载人飞船发射圆满成功、我国首口万米科学探索井——"深地塔科1井"在新疆塔里木盆地开钻。这两项看似不相干的科学进展，却有着相似的科学意义——继探测"深空"之后，我国科技界擂响了进军"深地"的战鼓！

最近，中国工程院院士、中国石油勘探开发研究院李宁教授在中国科技馆进行了一场别开生面的讲座。我在现场认真学习，之后又专门采访了李宁院士。愿意在这里和读者一同分享地球物理测井是如何通过"反向探月"来实现地球深部奥秘的探索。

课前预习

进入"深地"到底难在哪儿

地球深处到底什么样？自古以来一直是人类十分好奇并试图了解的"梦想境地"。上天、入地、下海，是人类为拓展生存空间向自然界发起挑战的三大壮举，一直吸引着科学家们孜孜不倦地探索。如今，人类的航天探测器已在月球留下足迹，深潜器也一次次突破洋底极限深度。相比"上天下海"，人类的"入地"之旅却由于地壳岩石阻隔、钻探技术和探测技术等原因而困难重重、格外艰难。

"深地"泛指地球的深部，是包括地壳、地幔（含软流圈）、地核和地心在内的整个地球层圈系统。"深地"研究分为两大层次：岩石圈与上地幔，这是地球深部探测研究的首要层次，也是解决资源环境问题的关键；下地幔与地核，这是最终揭示地球动力学的核心。"深地"是一个大科学，是人类探知自然面临的重大挑战之一，需要全新的地质理论指导、地球物理探测技术突破、地球化学原理创新、材料工程支持、反演理论和超强计算与模拟能力保障。

地下岩石层的温度过高。2007年4月，美国科学家探测出地幔边界的温度基本上已经高达3700℃，地球核心内部很可能在5000℃左右。基本上与太阳表面的温度相持平。仅仅是这一个条件，就已经让人类望而却步了。显然，对于深部钻探和深部地球物理探测，温度是一个大问题。

 院士语录

测井是油气及其他矿产资源勘探开发的关键手段

从李宁院士的讲述中了解到，物理勘探是人类"窥探"地球深部奥秘的最早且最实用的技术手段。地球物理测井简称测井，是根据物理学的基本原理对地层进行测量，并建立各物理测量参数与储层特性之间关系的一门学科。通过测井能够判断地下深部岩石的类型、确定储层的位置、计算油气含量、预测油气产量等，测井被誉为深入地下的"眼睛"，是油气及其他矿产资源勘探开发的关键手段。

自1927年斯伦贝谢兄弟发明测井以来，测井技术的发展经历了模拟测井、数字测井、数控测井和成像测井四个阶段，这四个阶段是基于测井仪器及数据采集特点划分的。由于测井技术的发展是以油气勘探开发实际需求为主要驱动，因此上述历程同时也是测井评价对象从简单到复杂、从常规到非常规的发展历程。特深储层物性差，非均质性强，有用油气信号所占比例严重下降，再加之高温高压的恶劣测量条件，尽管测井数据采集及解释评价的基本原理不变，但仪器的结构、性能以及数据处理与评价的具体技术都将发生很大变化，这也是地球物理测井为了实现"洞察"万米深井必须练就的武功。

 划重点啦

李宁院士梳理特深地钻探3个核心难点：高温、高压和狭小空间

登月，30万千米，1969年实现；入地，30千米，至今遥不可及。210℃高温、170兆帕高压和直径10余厘米井眼狭小空间限制，万米深地勘探，到底有多难？万米井下精准定位、高温高压下毫秒级精确延时起爆、厘米射程内穿透钢套管并进入地层近2米，类比反坦克导弹的万米井下射孔器材装备有多先进？

李宁院士指出，地球物理测井是利用电磁波、声波、放射性和核磁共振等地球物理方法在井中探测油气、煤炭和其他矿产资源的工程技术学科，是国家实施"深地"战略的重要技术支撑。现代测井是石油工业中高科技含量最多的学科，它像是"深入地球内部的窥测镜"，在几千米以下的井筒（洞）中，对地层性质以及石油、天然气等是否存在进行准确判识（察），给出准确的解释评价结果（洞察）。

为了形象说明测井是高新技术密集应用行业，李宁院士分别以医学心电图、CT、核磁共振，军用声呐、雷达和氢氚热核反应等类比常规测井、微电扫描成像测井、核磁共振测井、有源相控声波测井、多频阵列感应测井和中子能谱测井。近年来，中国石油测井公司率先突破全井壁高精度电成像技术，填补了由仪器下放上提过程中极板收缩和张开导致的探测空白；突破二维核磁共振测井技术，利用不

同流体弛豫时间和扩散系数的差异直接评价孔隙中油、气、水等流体的性质；研发远探测声波测井技术，利用反射声波对井旁缝洞进行高精度成像，有效识别深部地层隐蔽储层；发明元素分群逐步精细波谱技术，实现对矿物种类和含量的精细计算。

上述先进方法技术已全部集成于中国石油全新一代测井软件CIFLog中。补齐短板、打破封锁，CIFLog软件是国家油气重大专项取得的首个标志性成果，具有里程碑意义，提升了中国测井的整体实力。该软件的最新版本CIFLog3.5以复杂岩性测井评价新技术体系为核心，已成为装机量最大、年处理井最多，全部关键核心技术都掌握在中国手中的测井利器。

当钻井钻至足够垂深1.5万米、2万米或者更深，则有可能回答"可否无机成烃"这个悬而未决的重大科学问题。若发现并确认可以无机成烃，石油天然气就是取之不尽、用之不竭的可再生能源。李宁院士强调了钻万米特深井的重大科学意义，并梳理了3个核心难点：高温、高压和狭小空间，相对于常规中浅层储层而言，测井仪器要在万米深井中承受5倍（即1500～1700个大气压），200～300摄氏度高温，以及10余厘米井眼直径限制。能够独立完成探月工程的国家有美国、俄罗斯和中国，而现阶段中国、美国和俄罗斯无一例外，均不具备在万米深井中实现全系列测井的能力。万米特深地球物理测井可谓一项极具挑战的"反向探月"工程。

展望未来

征途上不仅有星辰和大海，还有通向地球深处的隧道

在科学钻探方面，自20世纪50年代末美国启动"莫霍计划"以来，苏联、德国、法国、英国、美国等国家先后实施多个大陆科学钻探工程。中国从20世纪60年代开始筹备大陆科学钻探计划，目前已经实施了10余个科学钻探项目。通过对东海一井、松科二井等大陆科学钻探井的测井解释，在基础地质、岩石物性、深部资源探测等方面取得了诸多进展。

在深层油气探测方面，近年来塔里木盆地中深1井、中深5井等的钻探，证实了寒武系深层、超深层白云岩储集层具有广泛的勘探前景。2019年7月完钻的轮探1井，井深8882米，在8000米以深白云岩获得工业油气流。元素能谱、高清电成像和远探测声波等测井新技术在轮探1、中秋1和克探1等重点井矿物与孔隙度精确计算、裂缝与储集空间评价、井外隐蔽缝洞体识别等方面发挥了重要作用，在风险勘探领域的油气重大发现、博孜—大北万亿立方米大气区和富满10亿吨级大油气田增储上产工程中发挥了不可替代的关键作用。

目前，仅塔里木油田超过8000米的超深井就有95口。随着国家"深地"战略的实施，更多超深井、特深井将要开钻。作为深入地下的"眼睛"，地球物理测井必将在万米钻探时代发挥更大的作用，在弄清万米深层岩石声电核等物理性质、储层物性及含油气性的同时，极大提升我国测井仪器装备的整体研发水平。

人类的征途不仅有星辰和大海，还有通向地球深处的隧道，更加贴近地聆听地球母亲的"心跳"，人类探索地球深部奥秘的脚步不会也从未停止过。

（2023年第5期）

听刘合院士揭秘大庆古龙页岩油

刘 合　白云雪　唐大麟

刘院士工作照

近十年，我国在页岩油领域创新了中国陆相页岩油富集地质理论，解决了陆相页岩"生油""储油""产油"的世界性科学难题，"陆相页岩产油"开启了新一轮"石油革命"。那么什么是页岩油？页岩油来自哪里？地下有多少页岩油？如何高效开采这些页岩油？2024年3月16日，中国工程院院士、中国石油勘探开发研究院刘合教授走进中国科学技术馆，通过"中科馆大讲堂"为我们揭开了页岩油的神秘面纱。

 课前预习

刘合院士与大庆古龙页岩油开发

2023年，我国石油产量2.0891亿吨，天然气产量2324.29亿立方米，原油产量站稳2亿吨，并连续六年保持增长。石油产量增长的同时也伴随着石油消费量的快速增长，2023年我国石油消费量增至7.56亿吨，同比增长11.5%，创历史峰值纪录。面对如此巨大的石油缺口，加大页岩油勘探开发力度，推动中国"页岩革命"，对立足国内保障国家能源安全和石油工业长远发展具有重要战略意义。

2021年8月，松辽盆地传出捷报，大庆古龙页岩油勘探取得重大战略性突破，新增石油预测地质储量12.68亿吨，成为百年大庆的重要战略接替资源，实现了从陆相页岩生油到陆相页岩产油的理论突破，也是页岩油勘探开发的关键性技术突破，为保障国家能源安全开辟了新领域。为了加强中国陆相页岩油的继续研究，中国石油天然气股份有限公司在大庆建立了多资源协同陆相页岩油绿色开采全国重点实验室，这也是唯一一个把实验室建在油田上的全国重点实验室，地位十分重要。

2022年1月，刘合院士代表中国石油天然气股份有限公司勘探开发研究院团队，亲自参加榜单项目"古龙页岩油相态、渗流机理及地质工程一体化增产改造研究"的答辩，并成功揭榜。小到岩心观察，大到勘查指挥、方案优化，刘合院士都亲力亲为，带领团队为大庆油田增储上产贡献智慧和力量。

2023年，在由中华人民共和国科学技术部、国家发展和改革委员会、工业和信息化部、国务院国有资产监督管理委员会、中国科学院、中国工程院、中国科协、北京市政府共同主办的面向全球科技创新交流合作的中关村论坛上，刘合院士参与并主导的"陆相页岩油技术革命及战略突破"被评为2023年中关村论坛十大科技成果之一。

 院士语录

古龙页岩看上去就专家语录像一页页薄纸，一米厚的页岩包含2000多个纹层

刘合院士在讲座中，首先科普了常规石油与非常规页岩油的基本知识。

我国古代的《富顺县志》上对石油的颜色已有记载："井里出的油，米汤油色白，绿豆油色清，栀子油色黄，墨漆油色黑，白者为上选。"在四川黄瓜山和天津大港油田都曾产出无色石油，玉门油田曾产出过暗绿色石油，克拉玛依油田产出过棕黄色、深褐色石油，四川自流井油气田产出过黄绿色石油等，所以石油并不是只有一种颜色。古龙页岩油颜色为草绿色，具有油质轻、密度低、黏度低的特点。

页岩油是在富有机质页岩层系中生成、保存和产出的石油资源。页岩垂直于层面方向，岩石易平行于层面裂开成片状，呈现出像"书页"一样的构造，称之为"页理"，页岩因此得名，在1米厚度之内最多可达1万条页理。

古龙页岩岩心与书

页岩油因其赋存于富有机质页岩层系而得名，根据形成的环境，页岩可以分为海相、陆相和海陆过渡相页岩，按照其储集特征分类，又可分为夹层型、混积型和纯页岩型页岩，古龙页岩油就是纯页岩型页岩油。古龙页岩看上去就像一页页薄纸，一米厚的页岩包含2000多个纹层，这些纹层叠合而成"千层小薄饼"微结构，纳米级的空隙和结构只有头发丝的千分之一大小，却记录着"油龙"生长的亿万年历程。

常规石油在生成后，可以通过运移找到一个稍微"宽敞"、容易保存且不易泄漏的地方集中"待命"，而古龙页岩油却因其自封闭系统与地质变迁，在生成后就被紧紧地困在密不透风的"襁褓"里。"嫁出去的女儿"和"大胖小子生在家里"这两句话可以生动形象地比喻常规石油和页岩油的区别。而

不同的经历造就了古龙页岩油之"三好"（烃源岩品质好、物性好、油品好）、"三高"（游离烃含量高、气油比高、压力系数高）、"一有利"（地势埋藏适中有利开发）。

我国对页岩油的研究已有近百年的历史，1929年谢家荣先生就提出页岩油可以作为石油的替代。从世界范围来看，页岩油的发展历史可以追溯到14世纪中叶的奥地利，贝尔托尔特·冯·埃本豪森爵士被授予开发蒂罗尔州塞费尔德油页岩的权利，这也是目前所知世界上关于页岩油使用的最早记录；17世纪初期的意大利，由于其易于燃烧的特性，页岩油被用于摩德纳的街道照明；1830年的法国和1840年的苏格兰也开始将页岩油用作燃料，提炼沥青使用，甚至用其来替代昂贵的鲸油作为油灯燃料。19世纪末，已经有很多国家建立起页岩油开采工业。但是，随后发现的常规石油使页岩油工业迅速衰落。时过境迁，到了21世纪，石油储量愈发紧张，页岩油的开采又被多个国家重新提上日程。

划重点啦

古龙页岩的生油和排油过程，形成了大庆油田的常规油、致密油和页岩油

接下来，刘合院士讲述了古龙页岩油的生成情况。他说，从全球的视野来看，我国中纬度地区也曾有多个大型盆地和超大型古湖泊，但是青藏高原隆升和一系列山脉的形成阻挡了来自西部的水汽输送，这些古湖泊逐渐干涸，生物大量死亡，在盆地里逐渐埋藏演化生成大量油气资源，也就是中国的陆相油气资源。

作为全球25大超级盆地之一的松辽盆地，在4.9亿年前是一片汪洋大海和离散分布的五个地块，2.5亿年前完成了地块的拼接，1.6亿年前盆地的周边出现山脉，至此盆地形成。松辽盆地形成后经历了四个发育期：在断陷期，西太平洋板块高角度俯冲到松辽盆地之下的岩浆岩中，陆壳拱起和大规模的火山喷发，早期以火山岩充填为主，中期发育数个孤立的地堑湖泊，晚期再次出现大规模的火山运动并伴随湖泊沉积；在断坳期，盆地范围逐渐扩大，湖泊逐渐萎缩，河流发育；在坳陷期，松辽盆地整体沉降，经历了两期湖盆扩张和萎缩的过程，青一段和嫩一段沉积时期，为松辽湖盆两次大规模湖盆扩张阶段，松辽盆地几乎全区被湖水覆盖；在反转期，受区域挤压应力作用，松辽盆地的构造格局发生了翻天覆地的变化，形成一系列典型反转构造，为油气聚集提供了圈闭。松辽盆地经过水与火的洗礼，经过伸展沉降和挤压反转的过程，造就了世界上最大的陆相油气田。

早在20世纪60年代，在大庆油田发现后不久，细心的大庆石油人便在钻井取心中发现，一些地区的页岩岩心刚出筒时，裂缝处有油气冒出，敲开的页岩新鲜面可见有油渗出。显微镜下观察，可以看见古龙页岩里有大量的沥青和轻质油显示。

石头里能生成石油，这中间发生了什么？有什么奥秘？其实，生油的物质是岩石中的沉积有机质，也就是石油地质家常说的"干酪根"。干酪根的英文为"kerogen"，这个词源于希腊语 kēros（蜡）与 -gen 词根组合，意为产蜡的物质，最早用于描述苏格兰发现的一种加热能生成蜡脂的页岩，后被石油地质家用于描述岩石中所有能生油的固态有机质。古龙页岩干酪根是什么样的？从哪里来？干酪根的原始生物母质来源包括细菌、浮游植物（藻类）和高等植物等。干酪根的形成是原始生物分子到干酪根的转化过程，在岩石成岩过程中，由沉积有机质经历生物化学降解、缩聚作用和非溶解作用等复杂过程，转变形成的有机聚合物，形成干酪根。地球化学家认为，干酪根在持续的埋藏升温作用下，会发生热解反应，形成石油和天然气。

古龙页岩的生油和排油过程，形成了大庆油田的常规油、致密油和页岩油。距今8500万年至

6500万年，页岩中有机质受热作用，开始大量生油，部分油向上或向下排出，形成常规油或致密油；6500万年前，古龙页岩生成的油停止排出，滞留在页岩里；6500万年前至今，页岩中滞留的油继续受热，发生裂解生成轻质油。

 课后思考

古龙页岩油田的发现让人振奋，但它的开发任重而道远

古龙页岩油勘探开发挑战性大。刘合院士说，从古龙页岩自身特征来讲，古龙页岩孔隙直径多小于100纳米，成年人一根头发丝的直径约为70微米，大约是页岩孔隙的700倍。古龙页岩孔隙如纳米级的"卧室"，页岩油流动难，增加了页岩油勘探开发的难度。因此在古龙页岩油压裂的过程中，"千层小薄饼"储层在裂缝扩展过程中遇层层遮挡，扩不高、延不远。除此之外，古龙页岩油黏土含量远高于其他页岩油藏，具有强塑性特征，黏土矿物含量高，这就像在类似"橡皮泥"的纯页岩中采油，而且没有先例。那么面对古龙页岩油超过150亿吨的预测资源量，如何将其从地下"铁板一块"的岩石中开采出来呢？

地质学家需要在找"甜点"的过程中精选靶体，找到"黄金靶体"，把井钻到储层的准确位置上，找到页岩油最富集的地区。正如人们通过"水井"把地下水取出，工程师们也需通过"钻井"将地下的石油采出。页岩油层更适合"水平井"，与直井相比，水平井可贯穿天然裂缝带，增加井眼与储层的接触面积，因此产量也提升数倍。在开采过程中古龙页岩油形成了自己的"井工厂"模式，按丛式井原则进行立体平台设计，采用可移动钻机进行批钻，统一配置资源，这种"井工厂"具有建产周期短、成本低、收益大的优势。

由于页岩气藏超低渗透率和低孔隙度，其水平井需经过多级大规模水力压裂处理，才能保证页岩气藏的经济生产。1947年，美国在堪萨斯州Hugoton油田，第一次用凝固汽油进行水力压裂试验，1949年在俄克拉何马州Velma油田进行两口直井商业化加砂压裂，开启了水力压裂技术时代。利用泵车的大排量和高压，将携带支撑剂的压裂液通过井筒注入被封隔地层，使其破裂延伸成缝，在支撑剂的作用下，控近扩远，形成油气"高速公路"。

近年来，通过采用可溶式工具，实现了井下自动溶解，减少了压裂过程工具磨洗的流程，提高了生产效率。虽然储层如"磨刀石"般坚硬致密，孔隙尺寸微纳米级，基质流动能力差（纳达西），但压裂后形成的人造裂缝可以有效沟通纳米级"卧室"，但如何"请"出页岩油仍具有很大难度。

基于此，可从以下几方面提供助力：一是深入研究动力机制，"推页岩油一把"。页岩油从基质孔隙向井筒的流动同样需要提供足够的驱动力，毛细管渗吸作用、压力衰竭驱动、气携液同出等都是能够为页岩油流动提供动力的方式。二是合理设计排采制度，使其启动更易、流动更好、采出更多，以实现细"油"长流，保持页岩油流动动力充足。三是创新立体开发及补能模式，从而助力高效、绿色开发，拓展二氧化碳埋存新空间，支持国家"双碳"目标。

古龙页岩油田的发现让人振奋，但它的开发任重而道远。纵观我国所有油田，在开采过程中都出现过各种各样的挑战，但在大庆精神、铁人精神的鼓舞下，这些困难最终都迎刃而解了。

（2024年第3期）

后　　记

1985年1月，《石油知识》在辽宁石油勘探局正式创刊。40年来，办刊地从辽河油田到北京，刊期从季刊发展为双月刊，主办单位从辽河油田变更为中国石油学会，《石油知识》陪伴着中国石油工业一起走过了一段难忘的历程。在这四十年里，作为中国石油石化行业唯一科普期刊，《石油知识》共计出刊230期，发表各类科普文章7000余篇，刊载图片上万幅，为石油科学技术的普及发挥了较大作用。

为总结办刊经验，繁荣科普创作，传播石油知识，迎接创刊四十周年的到来，本书编委会征集海内外散佚期刊，撷英四十年科普佳作，耗时四个月秋冬时光，动用多家单位人力物力，终于辑成这本《石油知识精品文萃》。书中板块以现行栏目为主，以发表时间为先后顺序，以科学性、通俗性、思考性为择稿标准，以230篇之数象征出刊230期。一卷在手，抚今追昔，不仅可以尽览中国石油工业四十年的无尚荣光，更可感知代代石油专家为普及石油科学所做的不懈努力。

四十年来，田在艺、石宝珩、葛泰生、涂敏、洪定一和齐树彬等无数院士、专家和编辑为本刊的创刊、编辑和出版做出了贡献。本书出版首要意义之一，就是向这些先行者表达由衷的敬意。四十年来，期刊编辑部地址多次变动，期刊搜集整理进行两年有余，方集齐四十年所有刊期。在此过程中，得到了国家图书馆、中国石油勘探开发研究院档案馆、石油工业出版社有限公司、万方数据、中国知网等单位和部分作者的大力支持，在此向这些单位和个人表示真挚的感谢。

本书入选文章均保持最初发表原貌。因时过境迁，科学理念和技术方法与当今相比或许略有不同，敬请广大读者辩证阅读。本书编辑时间较为匆促，难免挂一漏万，敬请专家学者批评指正。

《石油知识精品文萃》编委会
2025年元月